中国国家标准汇编

2008年修订-97

中国标准出版社　编

中国标准出版社
北京

图书在版编目（CIP）数据

中国国家标准汇编：2008年修订.97/中国标准出版社编.—北京：中国标准出版社，2009

ISBN 978-7-5066-5593-4

Ⅰ.中… Ⅱ.中… Ⅲ.国家标准-汇编-中国-2008 Ⅳ.T-652.1

中国版本图书馆CIP数据核字（2009）第204343号

中国标准出版社出版发行
北京复兴门外三里河北街16号
邮政编码:100045

网址 www.spc.net.cn
电话:68523946 68517548
中国标准出版社秦皇岛印刷厂印刷
各地新华书店经销

*

开本 880×1230 1/16 印张 34.5 字数 1 021 千字
2009年12月第一版 2009年12月第一次印刷

*

定价 200.00 元

出 版 说 明

1.《中国国家标准汇编》是一部大型综合性国家标准全集。自1983年起，按国家标准顺序号以精装本、平装本两种装帧形式陆续分册汇编出版。它在一定程度上反映了我国建国以来标准化事业发展的基本情况和主要成就，是各级标准化管理机构，工矿企事业单位，农林牧副渔系统，科研、设计、教学等部门必不可少的工具书。

2.《中国国家标准汇编》收入我国每年正式发布的全部国家标准，分为"制定"卷和"修订"卷两种编辑版本。

"制定"卷收入上年度我国发布的、新制定的国家标准，顺延前年度标准编号分成若干分册，封面和书脊上注明"20××年制定"字样及分册号，分册号一直连续。各分册中的标准是按照标准编号顺序连续排列的，如有标准顺序号缺号的，除特殊情况注明外，暂为空号。

"修订"卷收入上年度我国发布的、被修订的国家标准，视篇幅分设若干分册，但与"制定"卷分册号无关联，仅在封面和书脊上注明"20××年修订-1，-2，-3，……"字样。"修订"卷各分册中的标准，仍按标准编号顺序排列(但不连续)；如有遗漏的，均在当年最后一分册中补齐。需提请读者注意的是，个别非顺延前年度标准编号的新制定的国家标准没有收入在"制定"卷中，而是收入在"修订"卷中。

读者配套购买《中国国家标准汇编》"制定"卷和"修订"卷则可收齐上一年度我国制定和修订的全部国家标准。

3. 由于读者需求的变化，自1996年起，《中国国家标准汇编》仅出版精装本。

4. 2008年制修订国家标准共5946项。本分册为"2008年修订-97"，收入新制修订的国家标准42项。

中国标准出版社

2009年10月

目　录

ICS 13.110
J 09

中华人民共和国国家标准

GB/T 17454.3—2008/ISO 13856-3:2006

机械安全 压敏保护装置 第3部分：压敏缓冲器、压敏板、压敏线及类似装置的设计和试验通则

Safety of machinery—Pressure-sensitive protective devices—Part 3: General principles for design and testing of pressure-sensitive bumpers, plates, wires and similar devices

(ISO 13856-3:2006, IDT)

2008-03-31 发布 2008-10-01 实施

中华人民共和国国家质量监督检验检疫总局
中国国家标准化管理委员会 发布

前 言

GB/T 17454《机械安全 压敏保护装置》由以下三部分组成:

——第1部分:压敏垫和压敏地板设计和试验通则;

——第2部分:压敏边和压敏棒设计和试验通则;

——第3部分:压敏缓冲器、压敏板、压敏线及类似装置设计和试验通则。

本部分是GB/T 17454的第3部分。

本部分等同采用ISO 13856-3:2006《机械安全 压敏保护装置 第3部分:压敏缓冲器、压敏板、压敏线及类似装置设计和试验通则》(英文版)。

本部分等同翻译ISO 13856-3:2006。为便于使用,本部分做了下列编辑性修改:

——用“本部分”代替了“ISO 13856的本部分”;

——删除了国际标准的前言并按照我国标准的要求重新起草了前言;

——用小数点“.”代替作为小数点的逗号“,”;

——修改了规范性引用文件的导语;

——对ISO 13856-3:2006引用的其他国际标准中,用已被采用为我国的标准代替对应的国际标准,未被采用为我国标准的直接引用国际标准;

——删除了范围中的注,该注释是为了说明本部分与欧盟机械指令以及电磁兼容指令的联系,与我国标准无关。

本部分的附录A为规范性附录,附录B~附录E均为资料性附录。

本部分由全国机械安全标准化技术委员会提出并归口。

本部分起草单位:机械科学研究总院中机生产力促进中心。

本部分主要起草人:张晓飞、李勤、宁燕、富锐、付大为、王学智、王国扣、肖建民、居荣华、郭曙光、赵茂程、汪希伟。

引　言

压敏保护装置广泛应用于极限负荷、电气、物理和化学环境等相关的不同条件下。压敏装置被致动时，它们通过接口和机器控制器相连接以确保机器回复到安全状态。

机械的安全防护(见 GB/T 15706.1—2007 中的 3.20)能通过很多不同的方法实现。这些方法包括防护装置(通过使用物理障碍防止进入危险区，例如：GB/T 8196 中的固定式防护装置和 GB/T 18831 中的联锁防护装置)、保护装置(例如：GB/T 19436 中的电敏保护装置)以及本部分中的压敏保护装置。

C 类标准的制定者和机械/装置的设计者(见下面关于机械安全标准不同类别的解释)需要考虑通过最佳途径来达到所需的安全水平，这种安全水平考虑了预定使用以及风险评价(见 GB/T 16856)的结果。最好的解决办法可能是几种不同方法的结合。在决定选择何种安全防护装置之前，建议机械/装置的供应商和使用者一起仔细检查已有的限制。

涉及到具体应用的压敏保护装置，本部分不规定其感应表面的尺寸和形状。但是，所有安全装置的制造商都需提供足够的信息，以使用户[也就是机械制造商和(或)机械使用者]有充分的安排。

不宜认为本部分中规定的力始终能避免伤害或重大事故。这取决于几个因素，包括：传感器、致动速度、接触面积、所用材料以及受影响的身体部位。

本部分中规定的力主要用于评价压敏保护装置性能。这些力处于进一步研究中。

压敏保护装置的每种应用类型会出现不同的危险。本部分的目的不是来识别这些危险或推荐具体设备的具体应用。本部分也可能不包含特定应用中必要的特殊要求。

机械安全标准的结构如下：

a)　A 类标准(基础安全标准)，给出了适合于所有的机械的基本概念、设计原则和一般特征。

b)　B 类标准(通用安全标准)，涉及机械的一种安全特征或使用范围较宽的一类安全防护装置：

　　1) B1 类，特定的安全特征(如安全距离、表面温度、噪声等)标准；

　　2) B2 类，有关安全装置标准(如双手操纵装置、联锁装置、压敏装置、防护装置等)标准。

c)　C 类标准(机械安全标准)，对一种特定的机器或一组机器规定出详细的安全要求的标准。

按照 GB/T 15706.1，本部分属于 B2 类标准。

C 类标准中的条款与 A 类或 B 类标准不同时，对于按照 C 类标准条款设计和制造的机器优先采用 C 类标准中的条款。

机械安全　压敏保护装置　第3部分：压敏缓冲器、压敏板、压敏线及类似装置的设计和试验通则

1　范围

本部分给出了在GB/T 17454.1或GB/T 17454.2中没有列出的带或不带外部复位装置的压敏保护装置的基本要求。这些压敏保护装置中的大多数是针对具体应用生产的，而不是现成的。本部分也给出了以下装置的具体要求：

——压敏缓冲器；

——压敏板；

——压敏线(绊网)。

本部分的目的主要是叙述安全与可靠性而非适宜性之间的联系(安全和可靠性之间的关系见GB/T 16855.1—2005中的附录D)。本部分不规定与任何具体应用有关的压敏保护装置的尺寸。具体应用的细节要求在相关的C类标准中规定(见GB/T 15706.1及引言)。

本部分不适用于仅用于机械正常操作的停止装置(包括急停装置)，也不适用于压敏保护装置用在老年人、残疾人或儿童容易接近的地方，这些地方必需有特殊的附加要求。

2　规范性引用文件

下列文件中的条款通过GB/T 17454的本部分的引用而成为本部分的条款。凡是注日期的引用文件，其随后所有的修改单(不包括勘误的内容)或修订版均不适用于本部分。然而，鼓励根据本部分达成协议的各方研究是否可使用这些文件的最新版本。凡是不注日期的引用文件，其最新版本适用于本部分。

GB/T 2423.3　电工电子产品环境试验　第2部分：试验方法　试验Cab：恒定湿热试验(GB/T 2423.3—2006,IEC 60068-2-78:2001,IDT)

GB/T 2423.6　电工电子产品环境试验　第2部分：试验方法　试验Eb和导则：碰撞(GB/T 2423.6—1995,idt IEC 60068-2-29:1987)

GB/T 2423.10　电工电子产品环境试验　第2部分：试验方法　试验Fc和导则：振动(正弦)(GB/T 2423.10—1995,idt IEC 60068-2-6:1982)

GB/T 2423.22　电工电子产品环境试验　第2部分：试验方法　试验N：温度变化(GB/T 2423.22—2002,IEC 60068-2-14:1984,IDT)

GB/T 3766　液压系统　通用技术条件(GB/T 3766—2001,eqv ISO 4413:1998)

GB 4208　外壳防护等级(IP代码)(GB 4208—1993,eqv IEC 60529:1989)

GB 5226.1—2002　机械安全　机械电气设备　第1部分：通用技术条件(IEC 60204-1:2000,IDT)

GB 7251.1—2005　低压成套开关设备和控制设备　第1部分：型式试验和部分型式试验成套设备(IEC 60439-1:1999,IDT)

GB/T 7932　气动系统　通用技术条件(GB/T 7932—2003,ISO 4414:1998,EQV)

GB 14048.5　低压开关设备和控制设备　第5-1部分　控制电路电器和开关元件　机电式控制电路电器(GB 14048.5—2001,IEC 60947-5-1:1997,EQV)

GB/T 14048.14—2006　低压开关设备和控制设备　第5-5部分：控制电路电器和开关元件—具

有机械锁闩功能的电气紧急制动装置(IEC 60947-5-5:1997,IDT)

GB/T 15706.1—2007 机械安全 基本概念与设计通则 第1部分:基本术语和方法(ISO 12100-1:2003,IDT)

GB/T 15706.2—2007 机械安全 基本概念与设计通则 第2部分:技术原则(ISO 12100-2:2003,IDT)

GB/T 16855.1—2005 机械安全 控制系统有关安全部件 第1部分:设计通则(ISO 13849-1:1999,MOD)

GB/T 16855.2—2007 机械安全 控制系统有关安全部件 第2部分:确认(ISO 13849-2:1999,MOD)

GB/T 16935.1—1997 低压系统内设备的绝缘配合 第1部分:原理、要求和试验(IEC 60664-1:1992,IDT)

GB/T 17626.2 电磁兼容 试验和测量技术 静电放电抗扰度试验(GB 17626.2—2006,IEC 61000-4-2:2001,IDT)

GB/T 17626.3 电磁兼容 试验和测量技术 射频电磁场辐射抗扰度试验(GB 17626.3—2006,IEC 61000-4-3:2002,IDT)

GB/T 17626.4 电磁兼容 试验和测量技术 电快速瞬变脉冲群抗扰度试验(GB 17626.4—1998,idt IEC 61000-4-4:1995)

GB/T 17626.5 电磁兼容 试验和测量技术 浪涌(冲击)抗扰度试验(GB/T 17626.5—1999,idt IEC 61000-4-5:1995)

GB/T 17626.6 电磁兼容 试验和测量技术 射频场感应的传导骚扰抗扰度(GB 17626.6—1998,idt IEC 61000-4-6:1996)

GB/T 17799.2 电磁兼容 通用标准 工业环境中的抗扰度试验(GB 17799.2—2003,IEC 61000-6-2:1999,IDT)

GB/T 19876—2005 机械安全 与人体部位接近速度相关的防护设施的定位(ISO 13855:2002,MOD)

3 术语和定义

GB/T 15706.1确立的以及下列术语和定义适用于本部分。

3.1

压敏保护装置 pressure-sensitive protective device

根据GB/T 15706.1—2007中3.27的定义,用于感测人体或人体部位接触的“机械致动断路类”安全装置,它可以用作阻挡装置。

注1:压敏保护装置由以下部分组成:

——压力作用于其部分外表面时能产生信号的传感器,以及

——控制单元,控制单元响应传感器的信号并输出信号到机器控制系统。

注2:压敏保护装置除能用作断路装置外,按照GB/T 15706.1—2007中3.26.5的定义,也可用作存在传感装置。

3.1.1

压敏缓冲器 pressure-sensitive bumper

带有传感器的压敏保护装置,其特征是:

——具有贯穿压敏区域(可以是规则的或不规则的)的横截面;

——横截面的宽度通常大于80 mm;

——有效敏感区能局部变形或能整体移动。

3.1.2

压敏板　pressure-sensitive plate

带有传感器的压敏保护装置，其特征是：

——有效敏感区通常是平的，但并不要求必须是平的；

——有效敏感区的宽度通常大于 80 mm；

——有效敏感区整体移动。

3.1.3

压敏线　pressure-sensitive wire

带有传感器的压敏保护装置，其特征是：

——具有保持拉紧的线、绳索或电缆等；

——感测到张力变化时能产生输出信号。

3.2

传感器　sensor

压敏保护装置的部件，此部件对施加在其表面足够的压力产生响应信号。

注：此定义与控制单元(3.3)的定义包含了压敏保护装置的功能部件。这些功能可集成在单个装置中或者包含在许多单独的装置中(见图 1)。

3.3

控制单元 control unit

压敏保护装置的部件，此部件响应传感器状态并产生输出信号给机器的控制系统。

注：此定义与传感器(3.2)的定义包含了压敏保护装置的功能部件。这些功能可集成在单个装置中或者包含在许多单独的装置中(见图 1)。

3.4

输出信号开关装置　output signal switching device

压敏保护装置的部件，此部件与机器的控制系统相连并且传输安全输出信号。

3.5

接通状态　ON state

输出信号开关装置的输出回路完好并且允许电流或流体通过的状态。

3.6

断开状态　OFF state

输出信号开关装置的输出回路断开并且中断电流或流体通过的状态。

3.7

致动力　actuating force

作用于传感器并能使输出信号开关装置变为断开状态的任何力。

3.8

接近速度　approach speed

人体部位与传感器表面接触时的相对速度。

3.9

有效敏感区　effective sensing surface

制造商规定的传感器或传感器组合的一部分，在其有效敏感角度和有效敏感长度内，施加致动力会使输出信号开关装置产生断开状态。

3.10

有效敏感方向　effective sensing direction(s)

致动力的方向，在此方向上传感器将被致动。

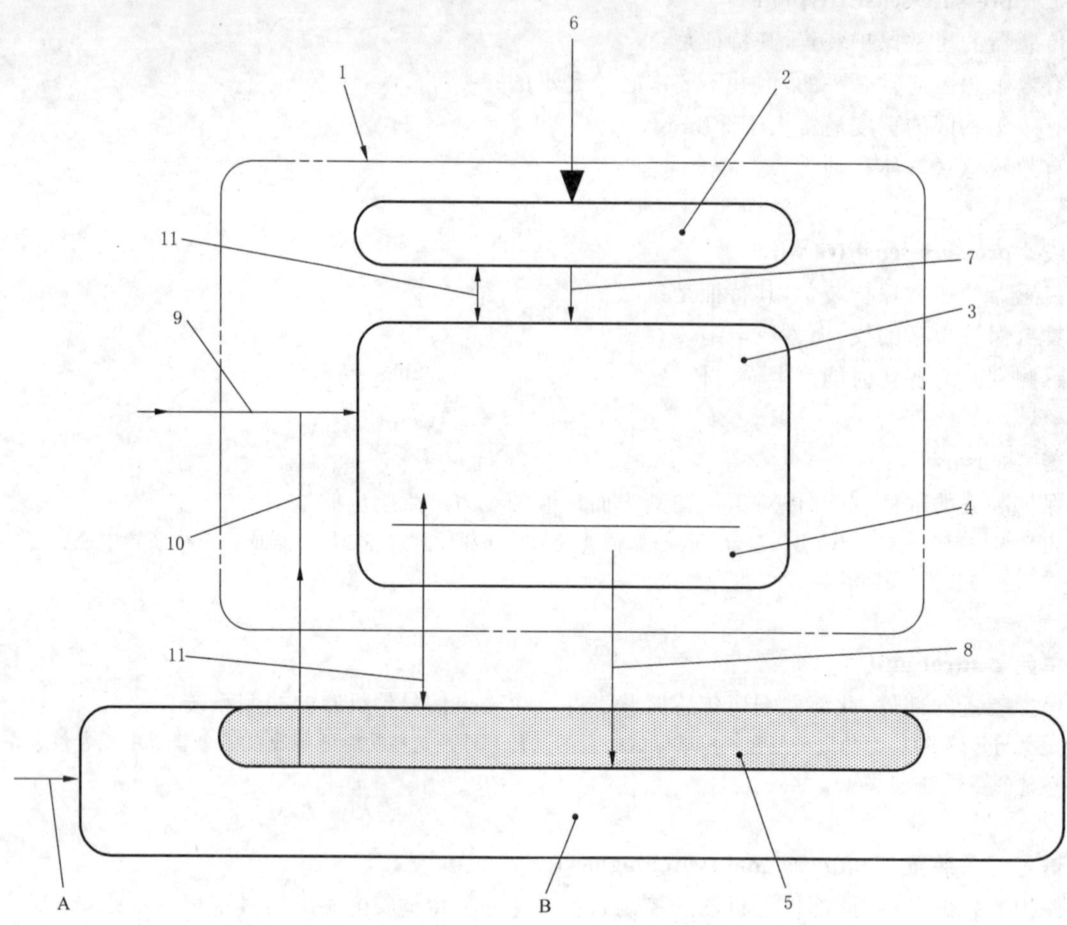

A——给机器控制系统的手动复位信号[a]；

B——机器控制系统。

1——压敏保护装置；

2——传感器；

3——控制单元[b]；

4——输出信号开关装置[a]；

5——机器控制系统中处理压敏保护装置输出信号的部件；

6——致动力；

7——传感器输出信号；

8——接通状态/断开状态信号；

9——手动复位信号[c]；

10——来自机器控制系统的复位信号(需要时)；

11——信号监测(可选)。

[a] 需要时,可替换 9。

[b] 能够位于机器控制系统内或作为机器控制系统的部分,例如作为逻辑单元。

[c] 需要时,可替换 A。

图 1 用于机器的压敏保护装置

3.11

死区　dead surface(s)

传感器有效敏感区以外的表面区域。

3.12

致动行程　actuating travel

指定目标体沿致动力的作用方向移动的距离，在指定条件下，此距离从目标体接触有效敏感区的位置起，至输出信号开关装置变为断开状态时的位置止。

见图2。

注：致动行程区别于预行程，预行程是与压敏保护装置有关的术语(见GB/T 17454.2)，并且是垂直于参考轴方向上的行程；致动行程是沿作用力方向上的行程。

3.13

工作行程　working travel

目标体沿着垂直于参考轴方向上行进的距离。在指定条件下，此距离从目标体接触有效敏感区的位置起，至作用于目标体上的力达到规定限制力时的位置止。

见图2。

注：也可见附录B。

3.14

超行程　overtravel

在相同条件下，同一目标体测量的工作行程和致动行程之间的差。

见图2。

3.15

力-行程的关系　force-travel relationship

工作中，作用力与压敏保护装置移动的距离之间的关系。

见图2。

3.16

复位　reset

假如满足一定条件，允许输出信号开关装置接通状态的功能。

3.17

安装方向　mounting orientations

传感器在空间上的定位。

3.18

存在感应装置　presence-sensing device

PSD

产生一个敏感区域或平面用以感测人体或人体部位存在的装置。

注：按照GB/T 15706.1—2007中3.26.5的定义，压敏保护装置除能用作存在传感装置外，也可用作断路装置。

3.19

总行程　total travel

在致动力的方向上，从与有效敏感区接触的位置起至其无明显变形时的位置止，压敏保护装置的有效敏感区的位移或变形。

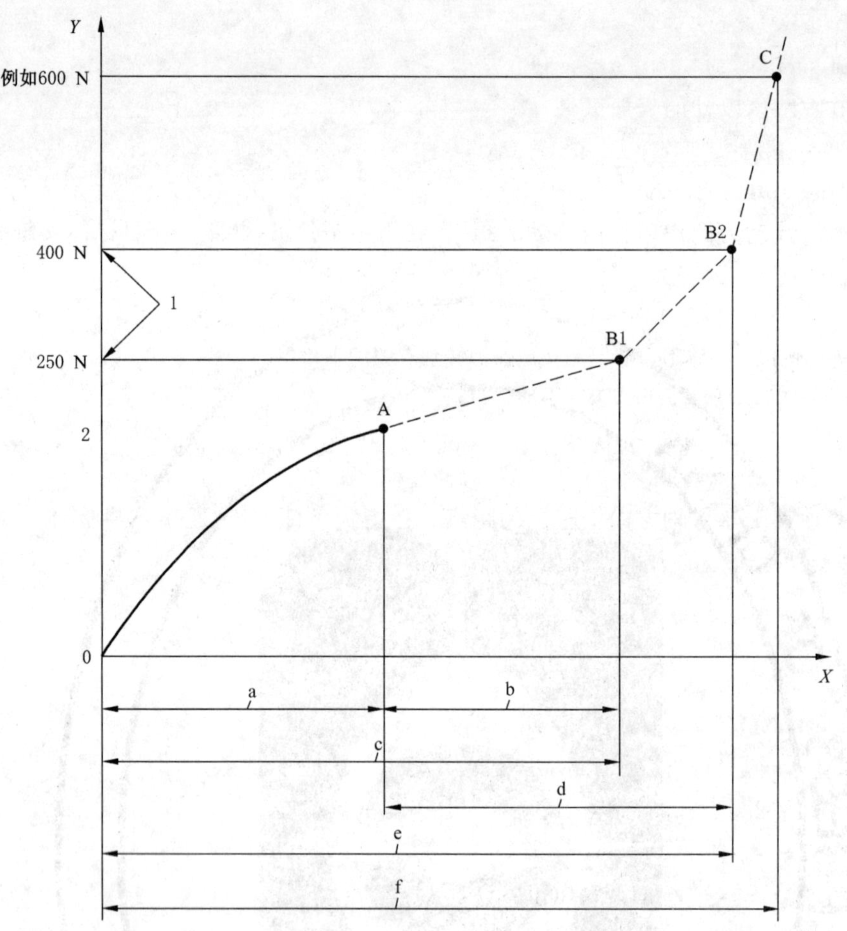

X——行程(单位:mm);

Y——力(单位:N)。

1——规定的限制力;

2——最小致动力。

点 A 为致动点且是最大操作速度点。

点 B1 和点 B2 操作速度=10 mm/s,致动力为 250 N 或 400 N 时发生的点。

本例中,点 C 是操作速度=10 mm/s,致动力为 600 N 时发生的点。

注:试件 1(见表 1)是用来施加力的。

[a] 致动行程;

[b] 250 N 时的超行程;

[c] 250 N 时的工作行程;

[d] 400 N 时的超行程;

[e] 400 N 时的工作行程;

[f] 总行程。

图 2 力-行程关系图示例

4 要求

4.1 一般要求

本部分所包含的装置大多数是为具体应用而制造的。需要时,装置制造商和机器制造者应根据风险评价的要求达成一致,并指定实际应用的基本力-行程数据。

装置的尺寸和定位应使传感器能通过接触来感测人员或人体部位处于危险状态或接近危险区域。

通常,压敏保护装置有如下两类应用:

a) 用于停止离传感器较远的机械危险部件。在此应用中,传感器与机器移动部件之间的距离应在人体任何部位能到达危险区之前使得机器停止。此距离应根据 GB/T 19876 给出的原理计算得出。示例见 C.3.2。

b) 传感器安装在机器危险部件上或邻近机器危险部件,以便在传感器致动后发生伤害前机器会停止或返回到安全位置。示例见 C.2.10。

以下的基本要求适用于本部分包含的所有装置。对于压敏缓冲器、压敏板和压敏线,还给出了附加具体要求。4.3～4.5 中的具体要求优先于 4.2 中给出的基本要求。

4.2 基本要求

4.2.1 致动力

注 1:验证见 7.1.1 和 7.1.5。

按以下条件施加致动力时,引起输出信号开关装置变为断开状态必需的最小致动力不应超过表 1 中指定的值:

——沿参考方向施加;

——作用于整个有效敏感区;

——以相关的接近速度施加;

——传感器在安装方向时施加;

——用相应的试件施加;或

——在温度范围内施加。

上述条件是装置制造商规定的,或者是装置制造商与机器制造者协商一致给出的。

对于传感器的具体应用和设计,最小致动力需低于表 1 规定的值。例如:4.5.3 中引起压敏线控制单元变为断开状态的必需最小致动力。

注 2:对于特定应用,应通过风险评价给出所考虑的人体部位,以便选用相应试件进行试验。

注 3:在本章中规定的力主要用于评价压敏保护装置的性能。不应认为这些力是安全的力(指南见附录 C 和 GB/T 8196—2003 中的 5.2.5.2)。

注 4:某些应用,例如:用于保护脖子,可能需要灵敏度更高的装置,即致动力低于表 1 中的值。

表 1 试件、致动力及试验方向

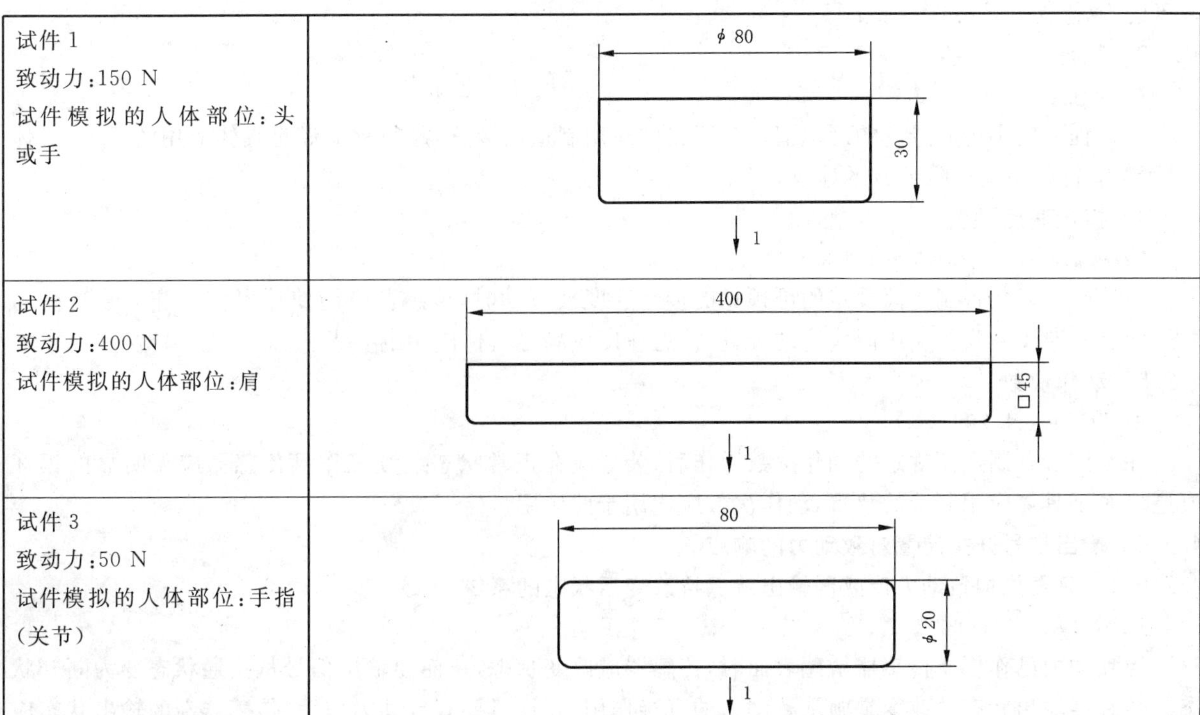

试件 1 致动力:150 N 试件模拟的人体部位:头或手	ϕ 80 30 1
试件 2 致动力:400 N 试件模拟的人体部位:肩	400 □45 1
试件 3 致动力:50 N 试件模拟的人体部位:手指(关节)	80 ϕ 20 1

表 1（续）

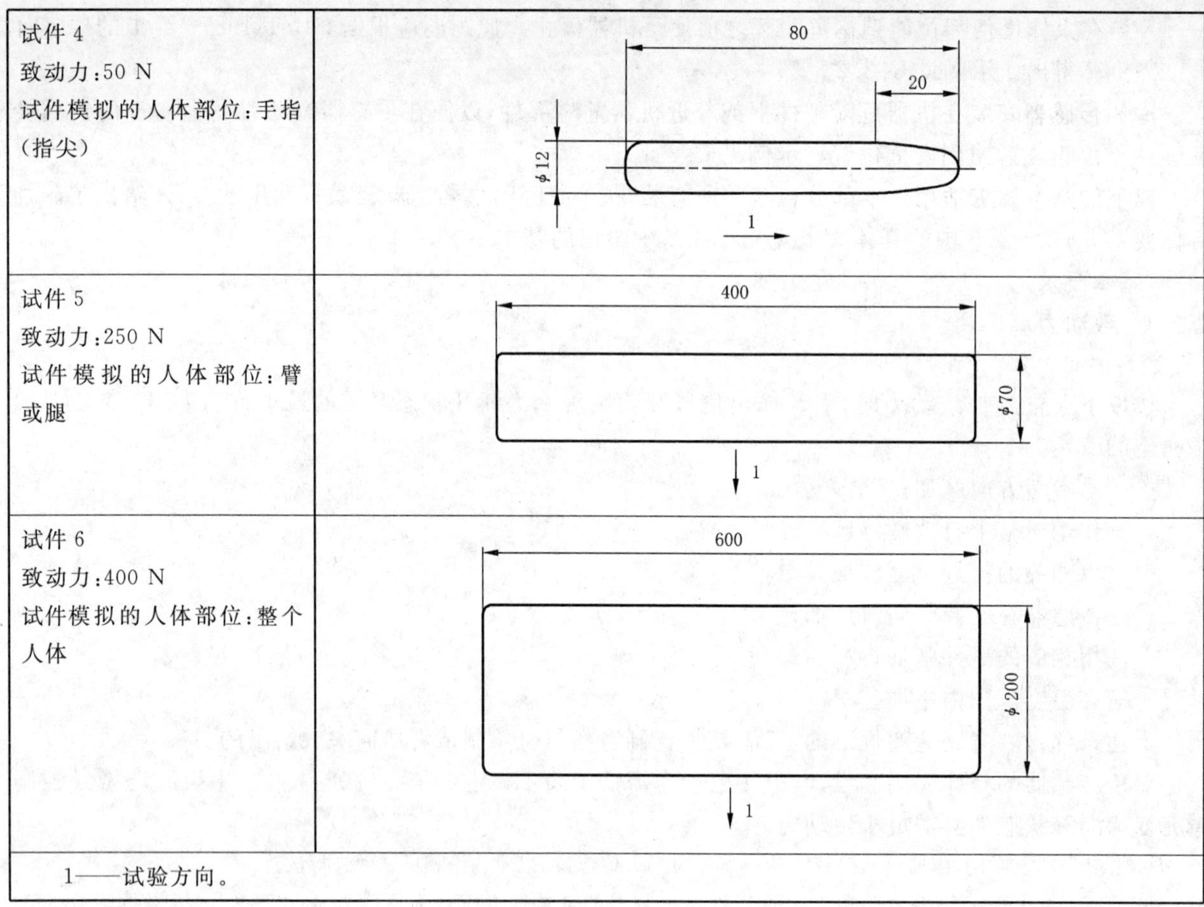

试件	图示
试件 4 致动力:50 N 试件模拟的人体部位:手指(指尖)	80 20 ϕ12 1
试件 5 致动力:250 N 试件模拟的人体部位:臂或腿	400 ϕ70 1
试件 6 致动力:400 N 试件模拟的人体部位:整个人体	600 ϕ200 1
1——试验方向。	

4.2.2　**致动行程**

注：验证见 7.1.1 和 7.1.6。

致动行程不应大于装置制造商规定的值。对于专用装置致动行程应适合于具体的应用(有关专用装置的力-行程关系参见附录 B)。

4.2.3　**超行程**

注：验证见 7.1.1 和 7.1.7。

超行程不应小于制造商的规定值。对于具体应用制造的装置,超行程应满足具体应用的要求(具体装置的力-行程关系见附录 B 的建议)。

4.2.4　**接近速度**

注：验证见 7.1.1、7.1.5、7.1.6 和 7.1.7。

当传感器以装置制造商规定的可预见的接近速度被致动时,传感器应能使输出信号开关装置变为断开状态。对于为具体应用而制造的装置,接近速度应满足具体应用的要求。

4.2.5　**动作次数**

注：验证见 7.1.1 和 7.1.8。

在按照装置制造商规定的动作次数操作后,装置应在正常状态继续工作且传感器应无明显的损坏痕迹。对于具体应用制造的装置,动作次数应适用于此应用。

4.2.6　**输出信号开关装置对致动力的响应**

4.2.6.1　**只要施加致动力传感器输出就保持改变后状态的系统**

注：验证见 7.1.1 和 7.1.9。

当致动力已作用于传感器敏感表面时,传感器应改变状态,从而使输出信号从接通状态变为断开状态。传感器输出状态的改变是施加致动力的直接作用,并且只要有致动力作用,传感器新的输出状态应一直保持。

只有在以下情况下,输出信号才改变为接通状态:

——对于有复位装置的系统,去除致动力且施加复位信号(见图 A.1 和图 A.2),或

——对于无复位装置的系统,去除致动力(见图 A.3)。

4.2.6.2 保持致动力时,传感器输出不保持改变状态的系统

注:验证见 7.1.1 和 7.1.9。

致动力已作用于传感器的敏感表面时,传感器应发出信号,从而引起输出信号从接通状态变为断开状态。只有施加复位信号或采取附加安全措施(如:危险运动的自动反向)保证无危险时,输出信号开关才应变为接通状态。这种附加措施应在使用信息中声明,见 6.3.1 中的 a)。

某些装置需要附加措施:见附录 A(图 A.4),C.2.6 和 C.2.7。

4.2.6.3 复位功能

注:验证见 7.1.1 和 7.1.10。

压敏保护装置的复位功能应满足 GB/T 16855.1—2005 中 5.4 的一般要求以及本部分中附录 A 的功能性要求。

为复位压敏保护装置的启动联锁或重新启动联锁,复位信号应:

——直接施加在压敏保护装置的控制单元上,或者

——通过机器控制系统施加。

提供有手动复位时,手动复位应按照附录 A(见 A.1 和 A.2)以及 GB/T 16855.1—2005 的 5.4 实现其功能。

4.2.7 环境条件

4.2.7.1 正常工作的要求

注:验证见 7.1.1 和 7.1.11。

在制造商规定的环境条件下,压敏保护装置应连续正常工作。在这些条件下并且满足以下条件时能达到正常工作:

——只要无致动力作用,输出信号开关装置保持在接通状态;

——有致动力作用时接通状态变为断开状态。

4.2.7.2 温度

注:验证见 7.1.1 和 7.1.11.3。

系统至少应在 5℃~40℃的温度范围内连续正常工作。如果制造商规定压敏保护装置适用于更大的温度范围,那么在整个规定的温度范围内,压敏保护装置应满足此要求。

4.2.7.3 湿度

注:验证见 7.1.1 和 7.1.11.4。

所有设备都应满足制造商规定的湿度要求。

仅对于电气设备,在温度为 40℃,相对湿度为 93%的条件下贮存 4 天后,系统应连续正常工作且应保持电气绝缘的完整性。

4.2.7.4 电磁兼容性

注:验证见 7.1.1 和 7.1.11.5。

相关时,在 GB/T 17799.2 和表 5 中给出的条件下,压敏保护装置应连续正常工作。制造商可以声明压敏保护装置连续正常工作的更高水平。

4.2.7.5 振动

注:验证见 7.1.1 和 7.1.11.6。

依照 GB/T 2423.10,在以下振动条件下,压敏保护装置应连续正常工作且不改变其状态:

——频率范围:10 Hz~55 Hz;

——位移:0.15 mm;

——每轴向循环:10 个;

——扫描速率:1 oct/min。

如果制造商规定压敏保护装置适合更大的振动范围,则在整个规定的范围内应满足此要求。

4.2.8 动力源变化

4.2.8.1 一般要求

注:验证见 7.1.1 和 7.1.12。

按照 4.2.7 的规定,压敏保护装置受到 4.2.8.2 和 4.2.8.3 中动力源变化的影响时应连续正常工作。

4.2.8.2 电源变化

注:验证见 7.1.1 和 7.1.12.2。

压敏保护装置应满足 GB 5226.1—2002 中 4.3 的电源变化要求。

4.2.8.3 非电动力源变化

注:验证见 7.1.1 和 7.1.12.3。

依照 GB/T 3766 液压系统和 GB/T 7932 气动系统的相关要求,在受到制造商规定的非电动力源变化时,压敏保护装置应能按照 4.2.7 的规定连续正常工作。

动力源没有配备过压保护装置时,规定范围以外的过压变化不应降低装置的安全性能。

规定范围以外的动力源变化不应降低装置的安全性能。

4.2.9 电气设备

4.2.9.1 一般要求

注:验证见 7.1.1 和 7.1.13.1。

压敏保护装置的电气设备(部件)应:

——符合现行的国家标准;

——满足预定使用;

——在规定等级内工作。

4.2.9.2 电击防护

应依照 GB 5226.1—2002 中的 6.1、6.2 和 6.3 提供防电击防护。

4.2.9.3 过电流保护

应依照 GB 5226.1—2002 中的 7.2.1、7.2.2、7.2.4、7.2.8、7.2.9 和 7.2.10 提供过电流保护。

4.2.9.4 机电设备

机电控制单元和输出信号开关装置应满足 GB 14048.5 中的相关要求。

4.2.9.5 污染等级

电气设备依照 GB 7251.1—2005 中的 6.1.2.3,应满足污染等级 2 的要求。

4.2.9.6 电气间隙、爬电距离和隔离距离

电气设备的设计和结构应符合 GB 7251.1—2005 中 7.1.2 的规定。

4.2.9.7 布线

电气设备布线应符合 GB 7251.1—2005 中 7.8.3 的规定。

4.2.10 气动设备

注:验证见 7.1.1 和 7.1.13.2。

气动设备应满足 GB/T 7932 和 GB/T 16855.2 中的相关要求。

4.2.11 液压设备

注:验证见 7.1.1 和 7.1.13.3。

液压设备应满足 GB/T 3766 和 GB/T 16855.2 中的相关要求。

4.2.12 机械设备

注:验证见 7.1.1 和 7.1.13.4。

根据 GB/T 15706.2—2007 中的 5.3 和 GB/T 16855.2，机械设备应满足压敏保护装置的相关要求。

4.2.13 外壳

注：验证见 7.1.1 和 7.1.14。

4.2.13.1 传感器

传感器应适用于特殊环境，例如潮湿或粉尘的环境。应依照 GB 4208 的防护等级指定传感器。包含电气元件的那些传感器部件的外壳最低防护等级应为 IP 54。如果制造商规定传感器可以浸入水中时，则传感器的外壳最低防护等级应为 IP 67。制造商还应规定传感器浸入水中的时间和深度。

4.2.13.2 控制单元和输出信号开关装置

控制单元和任何外部输出信号开关装置的外壳最低防护等级应为 IP 54。当控制单元和输出信号开关装置设计成安装在另一控制设备的外壳中时，该外壳应满足此应用相关保护标准的要求。在这些情况下，控制单元和输出信号开关装置最低防护等级应为 IP 2X。

4.2.14 进入

注：验证见 7.1.1 和 7.1.15。

需要进入压敏保护装置任意部分的内部时，应只能通过钥匙或工具才可进入。

4.2.15 符合 GB/T 16855.1 的类别

注 1：验证见 7.1.1 和 7.1.16。

压敏保护装置应满足制造商规定类别的要求。对于压敏保护装置，其部件类别的要求如下：

——传感器应满足类别 1 的要求，或者其与压敏保护装置的其他部件联合使用时应满足类别 2、3 或 4 的要求；

——控制单元和输出信号开关装置应满足类别 2、3 或 4 的要求。

注 2：压敏保护装置就是由有关安全部件组成系统的范例，因此压敏保护装置部件的类别可能各不相同。

注 3：起草本部分时，大多数已知的传感器都基于类别 1 的要求。如果传感器满足本部分和 GB/T 16855.1 的要求，可认为其满足类别 1 的要求。检验安全功能时，气动脉冲系统可能满足类别 2 的要求(见图 A.4 和 C.2.6)。

注 4：为达到相关的安全水平，C 类标准可能会根据相关的应用规定其他要求。

注 5：起草本部分时，大多数传感器不可能满足类别 3 或 4 规定的所有要求，尤其是考虑到机械损坏和长期的磨损。

4.2.16 调整

注：验证见 7.1.1 和 7.1.17。

压敏保护装置不应有手动调整方法。如果在试运行或维修期间必需进行调整，制造商应提供说明书以使所做的调整满足本部分的要求。应有检查这些调整是否正确的安排。可调元件应只能通过钥匙、安全密码或工具进入。

4.2.17 传感器固定和机械强度

注：验证见 7.1.1 和 7.1.18。

应提供把传感器所有部件安全固定在指定安装方向上的方法。固定后的传感器应有足够的机械强度以经受在制造商规定方向上的最大力。

4.2.18 连接

注：验证见 7.1.1 和 7.1.19。

在压敏保护装置内部，通过插头和插座连接的不同结构的元件可互换时，这些元件的错误布置或更换不应降低装置的安全性能。

如果传感器通过插头或插座连接，在插头或插座处，从控制单元移除或断开传感器应使得输出信号开关装置变为断开状态。

4.2.19 抑制和阻塞

注：验证见 7.1.1 和 7.1.20。

构造压敏保护装置的传感器应使得不能通过简单的方法故意抑制或阻塞其运行。

4.2.20 锐边、尖角、粗糙表面及楔入

注：验证见7.1.1和7.1.21。

压敏保护装置暴露在外面的部分应没有尖角、锐边及粗糙表面等，因为人员接触到这些装置时，尖角、锐边及粗糙表面等能导致伤害(见GB/T 15706.2—2007中4.2.1)。

4.2.21 碰撞

注1：验证见7.1.1和7.1.22。

在实际应用预期的碰撞条件下，压敏保护装置应连续正常工作。

注2：碰撞的影响很大程度上将取决于其大小、方向及压敏保护装置传感器的设计。更精确的要求只用于压敏板(见4.4.1)。

4.3 压敏缓冲器的具体要求

4.3.1 力-行程关系

注：验证见7.1.1和7.2.1。

力-行程关系应至少与制造商所规定的一致。制造商应提供图2示例的力-行程关系，且应规定确定这些数据的条件。

4.3.2 传感器的附加覆盖物

注：验证见7.1.1和7.2.2。

如果使用了附加覆盖物，则附加覆盖物所覆盖的传感器应满足本部分中的所有要求。

4.3.3 变形后的恢复

注：验证见7.1.1和7.2.3。

传感器有效敏感区按工作行程移动或变形24 h后，有效敏感区的恢复应与表2一致。

表2 变形后的恢复

恢复时间	高度变化 不大于在250 N致动力、10 mm/s速度条件下工作行程的百分比/%
30 s	20
5 min	10
30 min	5

如果制造商规定压敏缓冲器适合连续变形24 h以上，则在变形持续了规定的时间后，传感器的恢复应与表2一致。另一种方案是传感器应有足够的超行程来补偿规定时间内的变形量。

传感器有效敏感区按工作行程变形或移动24 h后，压敏缓冲器在30 s内应能正常工作。

4.3.4 表面为半刚性或刚性的压敏缓冲器的感测

在具有开口结构的压敏缓冲器上，例如图C.3和图C.4中所示，站在缓冲器上而没有在其内部探测到是不可能发生的。对于具有例如图C.3和图C.4中所示的开口结构的压敏缓冲器，站在缓冲器结构内而不能被感测到是不可能的。

4.4 压敏板的附加要求

4.4.1 碰撞

注：验证见7.1.1和7.3.1。

在以下条件下，无致动的压敏板应连续工作。

以下要求应只适用于压敏板传感器的参考方向及其反方向上，且应符合GB/T 2423.6：

——峰值加速度：100 m/s^2；

——脉冲持续时间：16 ms；

——脉冲形状：半正弦；

——每个方向上的脉冲数：1 000；

——频率：约1 Hz。

碰撞试验完成后,压敏板应连续正常工作。

如果制造商规定压敏保护装置适合更大的碰撞范围,则在规定的整个范围内都应满足此要求。

4.4.2 致动后的恢复

如果致动后的恢复有超过 30 s 的时间延迟,则应考虑 4.3.3 的要求。

4.5 压敏线(绊网)的具体要求

4.5.1 电气开关

注:验证见 7.1.1。

压敏线所用的电气开关应满足 GB/T 14048.14 中的要求。另外,还应满足以下要求(4.5.2~4.5.5)。

4.5.2 压敏线断路或脱离

注:验证见 7.1.1 和 7.4.1。

压敏线的设计应使压敏线在出现松弛、断路或脱离时产生断开状态(见图 C.8)。

4.5.3 致动力

注:验证见 7.1.1 和 7.4.2。

施加于压敏线用以在控制单元产生断开状态的必需致动力,在其沿 90°方向通过试件 5 作用于压敏线有效敏感区的任意一点时,应小于 100 N。压敏线的有效敏感区应由制造商规定。

4.5.4 传感器的抗拉强度

注:验证见 7.1.1 和 7.4.3。

传感器(包括所有连接)应经受住 1 000 N 的拉力而不失效。

4.5.5 压敏线的致动挠度

注:验证见 7.1.1 和 7.4.4。

在所有的致动方向上,产生断开状态所需的压敏线位移应小于 150 mm,见图 C.8。对于特殊应用,当风险评价表明可接受时,位移可大于 150 mm。

5 标志

5.1 一般要求

单独投放市场的压敏保护装置应按照 GB/T 15706.2—2007 中 6.4 a)进行标识,电气设备至少应标识出额定电压和电流。也可见 GB 5226.1—2002 中 17.4。

5.2 标牌

在加贴标志的压敏保护装置的部件预期寿命内,所有的标牌应牢固且所有标识应持久、清晰。

5.3 参考编号

根据说明书,可替换的所有压敏保护装置以及每个部件,都应标出溯源代码和根据手册给出的参考类型或者部件号。

6 用于选择和使用的信息

6.1 一般要求

附录 D 和附录 E 中给出了关于应用、试运行和定期检查的信息和指南。要提供的信息及其表述方法应与 GB/T 15706.2—2007 中第 6 章一致。这些信息应与压敏保护装置的信息有明显区别。

6.2 用于选择合适装置的基本数据

为帮助选择合适的压敏保护装置,制造商应根据下列清单给出可用的相关信息:

——压敏保护装置是否只适用于断开功能或者也适用于断开和发出信号功能的组合;

——关于与一个控制单元相连的传感器的结构、数量和长度的限制;

——关于传感器和控制单元之间连接的长度和规格的限制;

——安装方向,在此方向上传感器可用;

——传感器和控制单元的固定方式；
——已安装传感器能经受的力以及此力的作用方向；
——用于规定有效敏感区的尺寸；
——传感器的最大尺寸；
——传感器每米长度的质量和控制单元的质量；
——传感器附加覆盖物详细资料(需要时)；
——按照图2以表格或图表的形式给出致动行程和超行程的力-行程关系图；
——超行程后指定的力；
——规定的动作次数；
——传感器的化学耐性表；
——工作温度范围；
——动力源要求；
——符合GB 4208的控制单元外壳技术规范；
——符合GB 4208的传感器外壳技术规范；
——依照GB/T 16855.1的类别；
——依照附录D.1的选择程序；
——单个元件之间连接的临界长度；
——随时间的变形特性；
——依照GB 14048.5，输出信号开关装置的开关容量；
——应用指南；
——输出信号开关装置的接触结构；
——适宜或不适宜感测手指；
——最小操作速度(需要时)，例如对于气动系统。

6.3 使用信息

6.3.1 安装和试运行信息

制造商应给出以下的相关信息。

a) 与装置有关的信息：
——装置的详细描述；
——关于与一个控制单元相连的传感器的结构、数量和长度的限制；
——关于传感器和控制单元之间连接的长度和规格的限制；
——确定压敏保护装置超行程的程序，此程序应包括示例(见附录B)；
——装置预定的或经认可的应用和工作条件范围，包括依照GB/T 16855.1的类别；
——电路图，用来提供安全功能的图解以及机器控制接口线路图的示例；
——依照4.2.6.2能达到具体应用所要求的安全等级的附加安全措施；
——所有输入/输出终端的额定值、特征和位置(例如保险丝最大额定值，或者过电流保护装置的设置)；
——自动检测系统的类型和频率(需要时)；
——关于环境适应性的指南(化学的、物理的，例如：抗溶性、允许承载的重量、工作温度范围、允许的动力源变化范围)；
——关于在可选择的安装方向上使用装置的指南；
——依照A.1～A.3或A.4，装置是否设计有外部复位装置。

b) 关于装置包装、运输、搬运和贮存的信息，包括：
——尺寸；

——质量；

——防止装置损坏的包装说明和拆包方法；

——防止损坏或人员伤害的运输和搬运方法，以及

——贮存要求，例如：平放、直放或卷放、温度范围。

c) 有关装置安装和试运行的信息，包括：

——对在尝试任何安装前宜完整阅读使用信息的警告；

——用于安装传感器的表面要求；

——安装方法，包括所需的工具；

——影响安全功能的有效敏感区的设计特征以及如何通过安装(需要时包括图样)使死区的影响降到最小；

——安装后要实施的试验进度表，以确定装置已安装好且与机器控制器正确连接，并且正常工作；

——对机器及其安全装置的整体安全性取决于质量、可靠性以及它们之间接口完整性的警告；

——装置依照 GB/T 16855.1 所需的类别应与风险评价确定的类别一致；

——记录单，由安装人员记录已安装的控制单元和传感器。

6.3.2 有关装置操作和维护的信息

压敏保护装置制造商应给出以下相关的信息，机器供应商或制造商应向机器使用者提供这些相关信息。

a) 关于装置使用的信息，包括：

——控制单元和指示器操作的用途和方法；

——关于使用限制的信息，以及

——故障确认的说明和干涉后重新启动的说明。

b) 维护信息，包括：

——对在任何维护前宜阅读维护说明的警告；

——试验、检查和维护的类型和频次；

——允许设置、调整和清洁的说明；

——需要特定技术知识和(或)专门技能的任务宜由经过适当培训、熟练的人员专门执行；

——使经过培训的人员能执行故障查找任务的信息，例如：图样和电路图；

——为确保更换部件后的装置能够正确工作所需的试验详细资料；

——关于维修的警告：所有维修期间拆卸的部件，例如：盖、线夹、压边条和紧固件，宜在维修后重新安装，如果这些部件不能正确重新装配，会削弱装置的性能；

——用户可更换的零件清单；

——关于更换零件的警告：只有经制造商认可的零件用户才能更换；如果使用未经制造商认可的备件或进行未经认可的更改，装置的性能可能被削弱；

——制造商和(或)有资质的服务机构的名称和地址。

注：GB/T 15706.2—2007 中的 6.5.1、6.5.2 和 6.5.3 给出了关于起草和编写说明书的更多建议。

7 验证

7.1 适用于本部分包括的所有压敏保护装置的验证要求

7.1.1 一般要求

本部分中所有的试验应视为是每一类装置的型式试验。在装置设计中，根据需要某些实验可以发生变化。

验证是否已满足本部分中的要求应通过目视检查和(或)分析来进行。通过检查和分析不可能进行验证或者试验是更可行的选择时，应进行试验。在任何情况下，制造商应提供如何满足使要求已满足的信息。

在许多应用中，压敏保护装置设计并制造成为机器的部件，在其安装在机器上时，这些必需的试验

可在装置上进行。在这种情况下,试件、接近速度、接近方向和传感器位置应模拟在安全条件最差的情况下预定探测的人体部位接近。

7.1.2　验证过程中的条件

应在制造商规定的最低有利条件下,对准备使用的压敏保护装置进行试验。除非有其他规定,这些试验应在20℃时进行。公差应满足以下条件:

——温度:±5℃;

——试验速度:±10%。

对于特殊的试验,如果压敏保护装置的性能明显不受规定范围内的温度影响,那么试验可只在环境温度下进行。

其他相关的周围环境应作纪录,例如:大气压力和湿度。

注:以下是一些能够影响性能的参数:

——传感器的长度;

——传感器的材料;

——有效敏感区顶部或覆盖物的材料;

——传感器组合;

——相互连接的电缆或管子的类型和长度;

——传感器的安装方向。

7.1.3　试验样品

7.1.3.1　传感器

为了完成本章指定的试验,需要一个或一个以上的准备使用的传感器。

如果压敏保护装置设计有由传感器组合组成的有效敏感区,则应提供传感器与一个控制单元的连接。如果相关,规定的最大传感器组合数应用来验证相关的要求。

如果传感器尺寸影响其输出特性,应采用制造商指定的传感器最小有效敏感尺寸。

7.1.3.2　带有输出信号开关装置的控制单元

应提供相当于产品单元的带有一个输出信号开关装置的一个控制单元,并且,如有必要,应提供为在故障条件下特别准备的带有一个输出信号开关装置的一个控制单元。

7.1.4　试验1:合适装置的选择、安装、试运行、操作和维修的有关安全数据

应检验制造商的数据表是否包含了所有的有关安全数据。

注:见6.3.1和6.3.2。

7.1.5　试验2:致动力和接近速度

7.1.5.1　一般要求

注:要求见4.2.1。

致动力应至少以最大和最小接近速度沿相应的试验方向通过相应的试件来施加。每次通过试件施加的致动力小于或等于表1中规定的值时,都应验证输出信号开关装置是否变为断开状态。

7.1.5.2　传感器上的试验位置

当预期需要最大致动力来使输出信号开关装置产生断开状态时,则试验应至少在传感器有效敏感区上5个不同的试验位置上进行。这些试验位置可能通过位置、几何、工艺和经验来确定。如果装置是由传感器组合构成,应考虑传感器之间的接缝。

7.1.5.3　传感器的试验按照方向

应在以下情况下进行试验:

a)　传感器的规定安装方向处于最不利的条件;

b)　传感器已达到特殊的温度平衡后。

7.1.5.4　待用试件

试验应采用与待探测人体部位有关的试件来进行,这些人体部位:

a） 由装置制造商规定，或

b） 由具体应用的风险评价给出。

如果一个或一个以上的试件明显的给出了最不利的结果，那么试验可只采用这些试件进行。

在图3、图4和表1中给出了试件的图解。

7.1.6 试验3：致动行程

注：要求见4.2.2。

应采用试件1或与应用中人体部位相关的试件来进行试验。试件应以最大的接近速度或制造商规定的速度作用于传感器上预期经常接触的位置。致动行程应在制造商规定的距离内。对于为特殊应用制造的压敏保护装置，致动行程应适用于此特殊应用。

7.1.7 试验4：超行程

注：要求见4.2.3。

应采用试件1或与人体部位有关的试件来进行试验。试件应以≤10 mm/s的速度施加于传感器上在应用中预期通常接触的位置。超行程应在装置制造商规定范围力和距离内。对于为特殊应用制造的压敏保护装置，超行程应适用于此特殊应用。

7.1.8 试验5：动作次数

注：要求见4.2.5。

应采用试件1以规定的接近速度来进行规定次数的试验。试验完成后，试验用的传感器应没有明显的损坏痕迹，并且致动力、预行程和超行程仍然满足要求。

需要的致动次数应与制造商规定的一致，或合适于应用。试件1（或与待探测的人体部位有关的试件）应施加于传感器有效敏感区预期致动力最频繁作用的位置。装置的每次致动应使输出信号开关装置产生断开状态。试验参数（包括速度）应是最接近模拟使用条件寿命下的参数。

单位为毫米

半径公差为±0.2

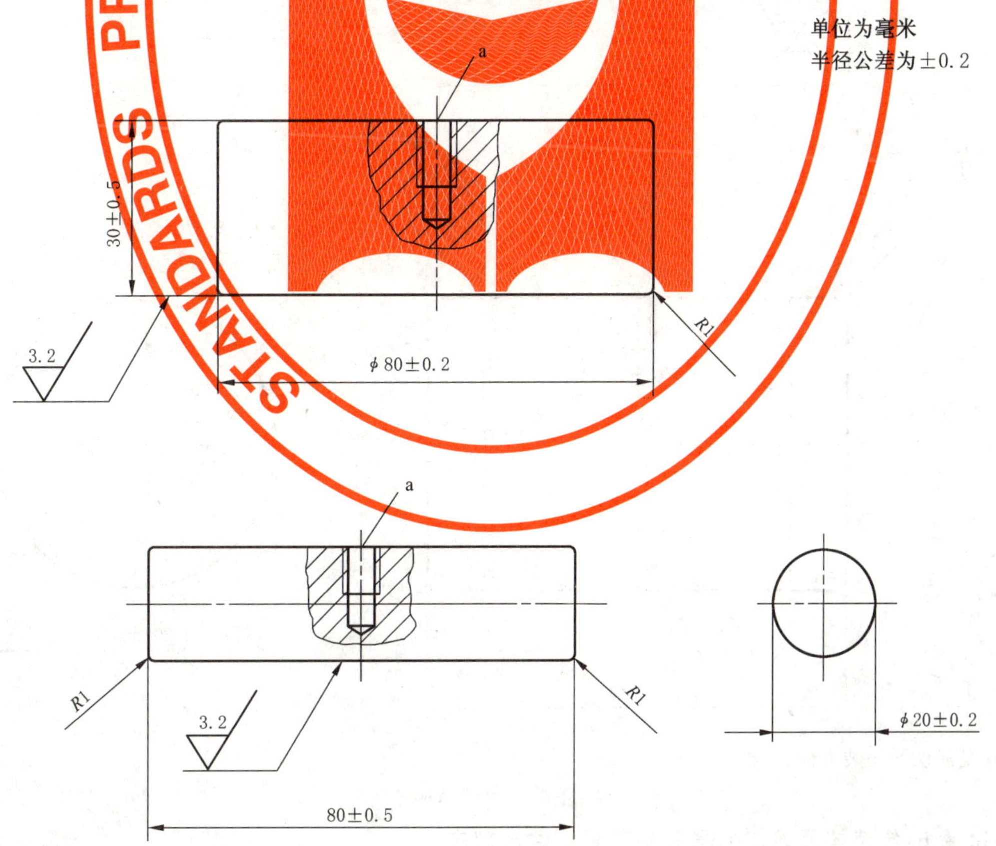

a 仅是建议的安装方向。

图3 试件1～3

单位为毫米
半径公差为±0.2

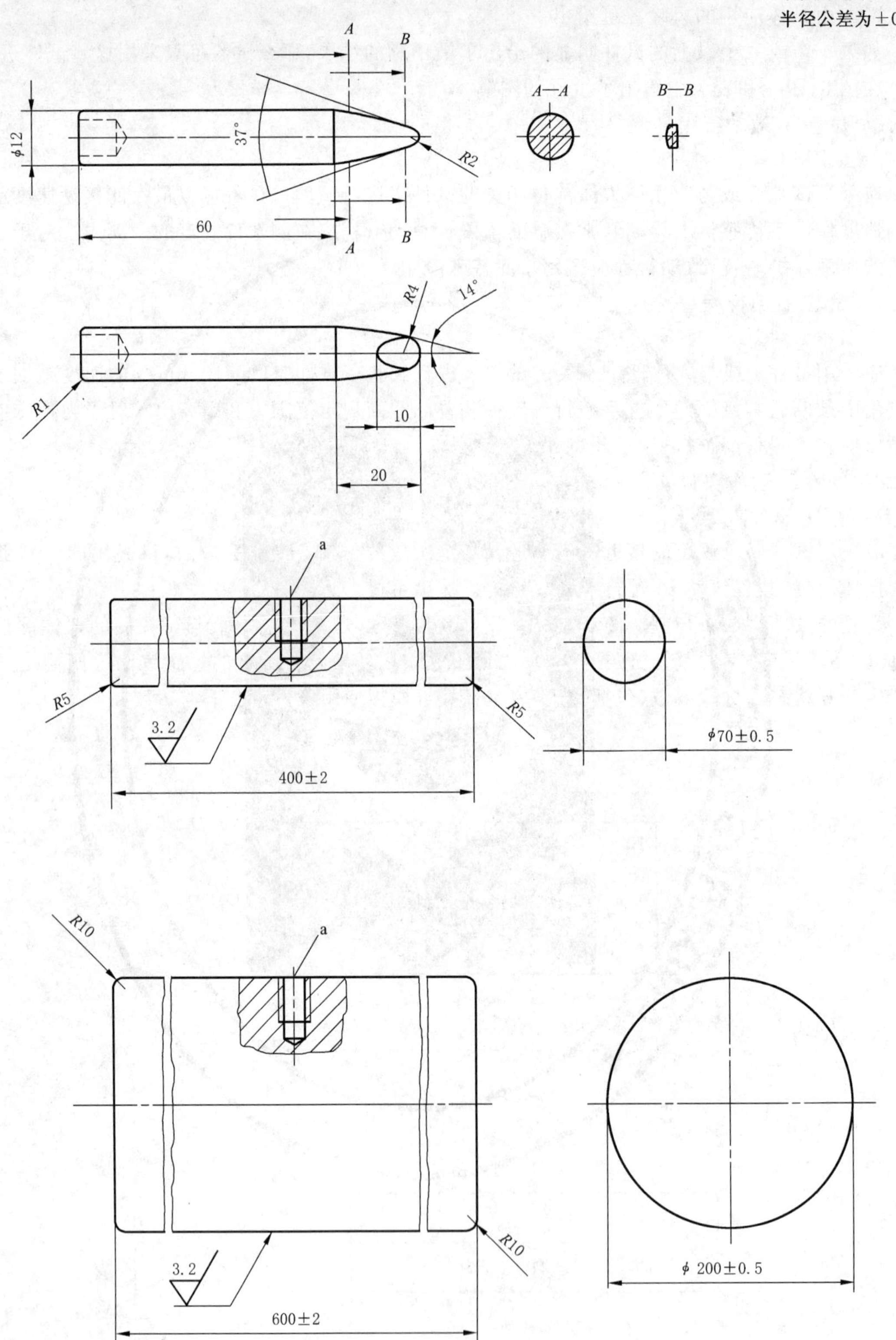

[a] 仅是建议的安装方向。

图4 试件4～6

7.1.9 试验6:传感器及输出信号开关装置的输出状态

注：要求见4.2.6.1和4.2.6.2。

致动力应通过试件1沿参考方向作用于有效敏感区的任一位置10 min。在致动力作用过程中，输出型号开关装置的状态应依照图A.1～图A.4变为断开状态且保持住。移除该力时，传感器输出信号的值和输出信号开关装置的变化应与图A.1～图A.4一致。

对于4.2.6.1中的系统，传感器状态的改变应依照图A.1～图A.3进行检查。

7.1.10 试验7:输出信号装置对致动力、复位及动力源状态的响应

注：要求见4.2.6.3。

在图A.1～图A.4给出的单独功能的交互作用应采用试件1来进行验证，并且致动力沿参考方向作用于有效敏感区的任一位置。

7.1.11 试验8:环境试验

7.1.11.1 一般要求

注：要求见4.2.7。

环境要求应通过分析来验证。不可能通过分析来验证时，应完成7.1.11.2至7.1.11.6的试验来验证。

7.1.11.2 功能性试验

下面每个试验(见7.1.11.3～7.1.11.6)结束时，应使用试件1验证压敏保护装置的正常功能。试件应：

——垂直于有效敏感区；

——以表1中相应的致动力施加；

——以最大操作速度施加；

——作用于有效敏感区任一位置。

如果输出信号开关装置变为断开状态则满足此要求。

7.1.11.3 试验8.1:工作温度范围

注：要求见4.2.7.2。

规定的工作温度范围的要求应通过表3给出的试验程序来验证。

表3 工作温度范围

试验程序	试验条件
GB/T 2423.22 试验Nb	压敏保护装置与动力源连接

在整个加热和冷却的温度范围内，温度的变化率应为(0.8±0.3)K/min。

在该试验程序中，应采用试件1以1 min的时间间隔施加表1给出的相应致动力来验证压敏保护装置的功能。试件应以(10±1)mm/s的速度垂直作用于有效敏感区任意位置。试件施加后应使输出信号开关装置变为断开状态。

7.1.11.4 试验8.2:湿度

注：要求见4.2.7.3。

湿度要求应通过表4中给出的试验程序来验证。

表4 湿度

试验程序	试验条件
GB/T 2423.3 试验Ca	压敏保护装置不与动力源连接。本试验结束后，电路与导体暴露部分或控制单元/输出信号开关装置的可及表面之间应满足GB/T 16935.1—1997中表1和表5高电压试验的要求

7.1.11.5 试验8.3:电磁兼容性

注：要求见4.2.7.4。

有关安全的要求应只根据 GB/T 17799.2 进行验证。在以下情况,应根据试验程序、表 5 给出的特征值以及 7.1.11.2 规定的条件对抗扰度进行验证:

——压敏保护装置带有动力源;

——压敏保护装置带有动力源且施加了致动力;

——压敏保护装置带有动力源,移去致动力后完成复位之前。

表 5 电磁兼容性

试验和特征值	试验程序
3 级浪涌(冲击)安装	GB/T 17626.5 电源、接地和输入/输出线
电快速瞬变脉冲群,3 级	GB/T 17626.4 试验的持续时间:2 min 电源、接地和输入/输出线
静电放电,3 级	GB/T 17626.2
辐射,射频电磁场,3 级	GB/T 17626.3
射频场敏感的传导骚扰,3 级	GB/T 17626.6

7.1.11.6 试验 9:振动

注:要求见 4.2.7.5。

这些要求应按照表 6 进行验证。试验过程中,应验证输出信号开关装置是否保持接通状态。振动试验完成后,应检验压敏保护装置的正常功能。

表 6 振动

试验程序	试验条件
GB/T 2423.10	压敏保护装置与动力源连接。 传感器可以通过检查和(或)分析进行验证。 控制单元和输出信号开关装置应在相互垂直的三根轴上进行试验

7.1.12 试验 10:动力源变化

7.1.12.1 一般要求

注:要求见 4.2.8。

压敏保护装置应满足以下分析、检查或试验的要求。

7.1.12.2 试验 10.1:电源变化

注:要求见 4.2.8.2。

应根据 GB 5226.1—2002,4.3 的要求验证压敏保护装置的正常功能。该正常功能应在参考方向上,按表 1 中给出的相应致动力,采用试件 1 以最大操作速度作用于有效敏感区任一位置来检验。如果输出信号开关装置产生断开信号,则满足每项要求。

7.1.12.3 试验 10.2:非电动力源变化

注:要求见 4.2.8.3。

应在制造商规定的动力源变化的极限值处验证压敏保护装置的功能。规定范围以外可能的变化不应导致压敏保护装置产生危险失效。

7.1.13 试验 11:电气、气动及液压设备

7.1.13.1 试验 11.1:电气设备

注:要求见 4.2.9。

应通过分析、检查及必要时进行试验来验证是否满足 4.2.9.1～4.2.9.7 的要求。

7.1.13.2 试验 11.2:气动设备

注:要求见 4.2.10。

应通过分析、检查及必要时进行试验来验证是否满足 GB/T 7932 的要求。

7.1.13.3 试验 11.3:液压设备

注:要求见 4.2.11。

应通过分析、检查及必要时进行试验来验证是否满足 GB/T 3766 和 GB/T 16855.2 的要求。

7.1.13.4 试验 11.4:机械设备

注:要求见 4.2.12。

应通过分析及必要时进行试验来验证是否满足 GB/T 15706.2—2007 和 GB/T 16855.2 的要求。

7.1.14 试验 12:外壳

注:要求见 4.2.13。

应通过检查、分析及必要时进行试验来验证是否满足 4.2.13.1 和 4.2.13.2 的要求。

7.1.15 试验 13:进入

注:要求见 4.2.14。

这些要求应通过目视检查来完成验证。

7.1.16 试验 14:类别

注:要求见 4.2.15。

应验证是否满足 4.2.15 的要求。

参照 GB/T 16855.1—2005 中,6.2 及 GB/T 16855.2,应通过分析(必要时通过试验和仿真)来验证制造商规定的传感器、控制单元及输出信号开关装置(假如有)等的类别是否已实现。分析的基础应包括制造商为规定类别(经验证的原则、容错能力、故障排除等)而提供的基本原理。

7.1.17 试验 15:调整

注:要求见 4.2.16。

应通过检查及必要时进行试验来验证 4.2.16 的要求。

7.1.18 试验 16:传感器固定和机械应力

注:要求见 4.2.17。

应通过检查及必要时进行试验来验证 4.2.17 的要求。

7.1.19 试验 17:连接

注:要求见 4.2.18。

应通过目视检查来验证 4.2.18 的要求。

7.1.20 试验 18:抑制和阻塞

注:要求见 4.2.19。

应通过目视检查和通过简单方法(例如:通过线、销、胶带、楔或磁铁的插入)进行的功能性试验来验证 4.2.19 的要求。

7.1.21 试验 19:尖角、锐边、粗糙表面及楔入

注:要求见 4.2.20。

应通过目视检查来验证 4.2.20 的要求。

7.1.22 试验 20:碰撞

注:要求见 4.2.21。

应通过目视检查、分析以及必要时按照 7.3.1 进行的试验来验证此要求。

7.2 仅对压敏缓冲器的验证要求

7.2.1 试验 21:力-行程关系

注:要求见 4.3.1。

应通过目视检查、分析以及必要时进行试验来验证 4.2.18 的要求。

必需要进行试验时,应依照图 2,采用试件 1(见图 3 和表 1)以最大接近速度作用于图 2 中的 A 点来确认力-行程关系。在达到致动力前,从试件接触到有效敏感区的点开始,应连续测量传感器的反作

用力以及试件移动的距离。应依照图 2,通过试件 1 以等于或小于 10 mm/s 的速度作用于传感器来确认 B1 点、B2 点和 C 点。然后可用直线连接 B1、B2 和 C 点得出力-行程关系。应在 20℃时,在有效敏感区的典型位置(例如:在其中心)进行本实验。

7.2.2 试验 22:传感器的附加覆盖物

注:要求见 4.3.2。

如果制造商指定了附加覆盖物,应验证是否已满足 4.3 的要求。

7.2.3 试验 23:变形后的恢复

注:要求见 4.3.3。

通过试件 1(见图 5)作用 24 h,工作行程引起传感器有效敏感区变形或移动后,有效敏感区的恢复应与表 2 一致。本例中的工作行程来自于试验 4。此试验中,试验速度为 10 mm/s,力为 250 N。

通过试件 1 作用 24 h,工作行程引起传感器有效敏感区变形或移动后,压敏缓冲器应能在 30 s 内正常工作。

7.2.4 试验 24:具有半刚性或刚性表面的缓冲器的探测

注:要求见 4.3.4。

应通过检查来验证站立在缓冲器内部而没有探测到是不可能的(见图 C.3 和图 C.4)。如果缓冲器上没有直径大于 50 mm 的开口,则满足该要求。

通过试件 1 作用 24 h,工作行程引起传感器有效敏感区变形或移动后,压敏缓冲器应能在 30 s 内正常工作。

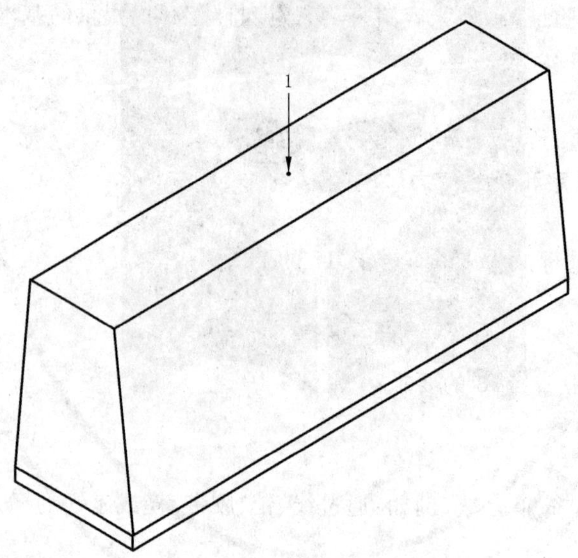

1——试验方向。

图 5 压敏缓冲器表面上的试验位置和试验方向

7.3 仅对压敏板的验证要求

7.3.1 试验 25:碰撞

注:要求见 4.4.1。

应通过目视检查、分析以及必要时进行试验来验证此要求。

依照表 7,应验证试验过程中输出信号开关装置是否保持在接通状态。

表 7 碰撞

试 验 程 序	试 验 条 件
GB/T 2423.6	压敏板与动力源连接。 应只在相应的参考方向及其反方向上对传感器进行试验。

碰撞试验完成后，应验证压敏板的正常功能，并检查压敏板是否有机械损伤、部件松动等。

7.3.2 变形后的恢复

见7.2.3。

7.4 压敏线要求的验证

7.4.1 试验26:压敏线的断路或脱离

注：要求见4.5.2。

当压敏线上正常的张力被移除后，应产生断开状态。

7.4.2 试验27:致动力

注：要求见4.5.3。

试验应在指定的方向上，通过试件5以等于或小于10 mm/s的试验速度作用于有效敏感区最不利的位置来进行。

7.4.3 试验28:传感器包括所有连接的抗拉强度

注：要求见4.5.4。

试验应在传感器试样上进行，以确保1 000 N的张力作用1 min后传感器不会断开。

7.4.4 试验29:压敏线的致动挠度

注：要求见4.5.5。

应采用制造商规定的具有最大长度压敏线的传感器试样来进行。

7.5 其他试验

7.5.1 试验30:标识

注：要求见第5章。

应通过检查来验证第5章的要求。

7.5.2 试验31:信息的选择和使用

注：要求见第6章。

应通过检查来验证第6章的要求。

附 录 A
(规范性附录)
时 序 图

图 A.1～图 A.4 阐明了致动力、复位信号、传感器输出及输出信号开关装置(见 4.2.6)之间的关系。

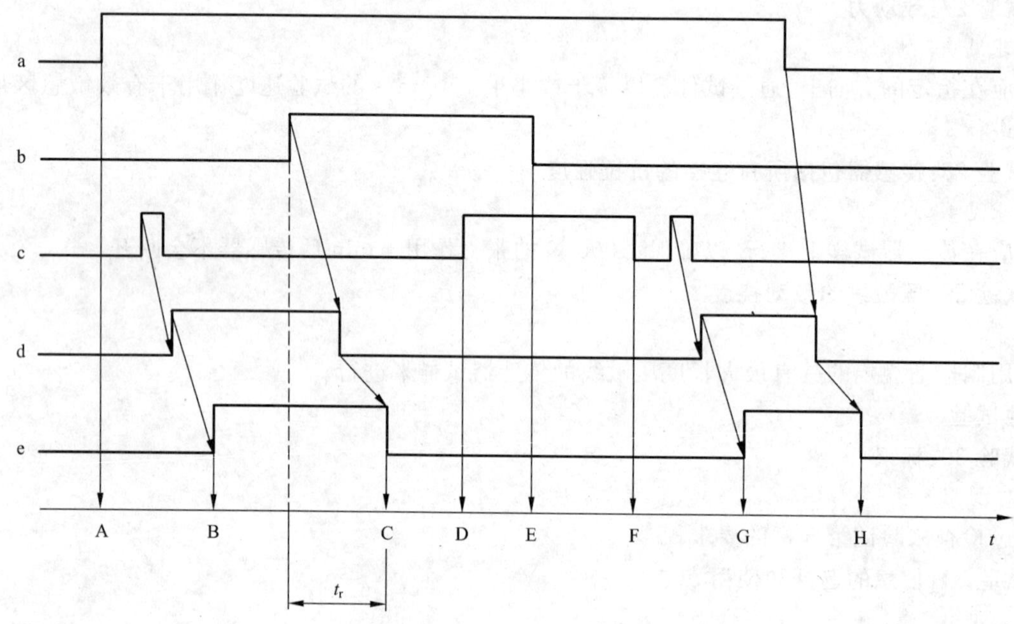

t——时间；

t_r——响应时间。

A——装置的动力“接通”,输出保持“断开”,因为装置没有被复位。

B——复位信号出现。因为在没有致动力作用于传感器时操作复位按钮,传感器“接通”,装置的输出变为“接通”。

C——由于有致动力的作用,传感器变为“断开”,因此输出信号开关装置断开。

D——复位信号出现。只要致动力作用于传感器,操作复位按钮对装置的输出就没有影响,装置保持“断开”。

E——致动力从传感器处去除。即使复位信号依然存在,装置的输出仍保持“断开”。

F——去除复位信号。即使致动力已经从传感器去除,松开复位按钮对装置的输出也没有影响。

G——复位信号出现。由于在没有致动力作用于传感器时操作复位按钮,传感器变为“接通”,从而装置的输出变为“接通”。

H——断开装置的动力;传感器输出和装置的输出均变成“断开”。

a——压敏保护装置的动力；

b——致动力；

c——复位信号；

d——传感器输出；

e——输出信号开关装置的输出。

图 A.1 由复位功能触发传感器输出

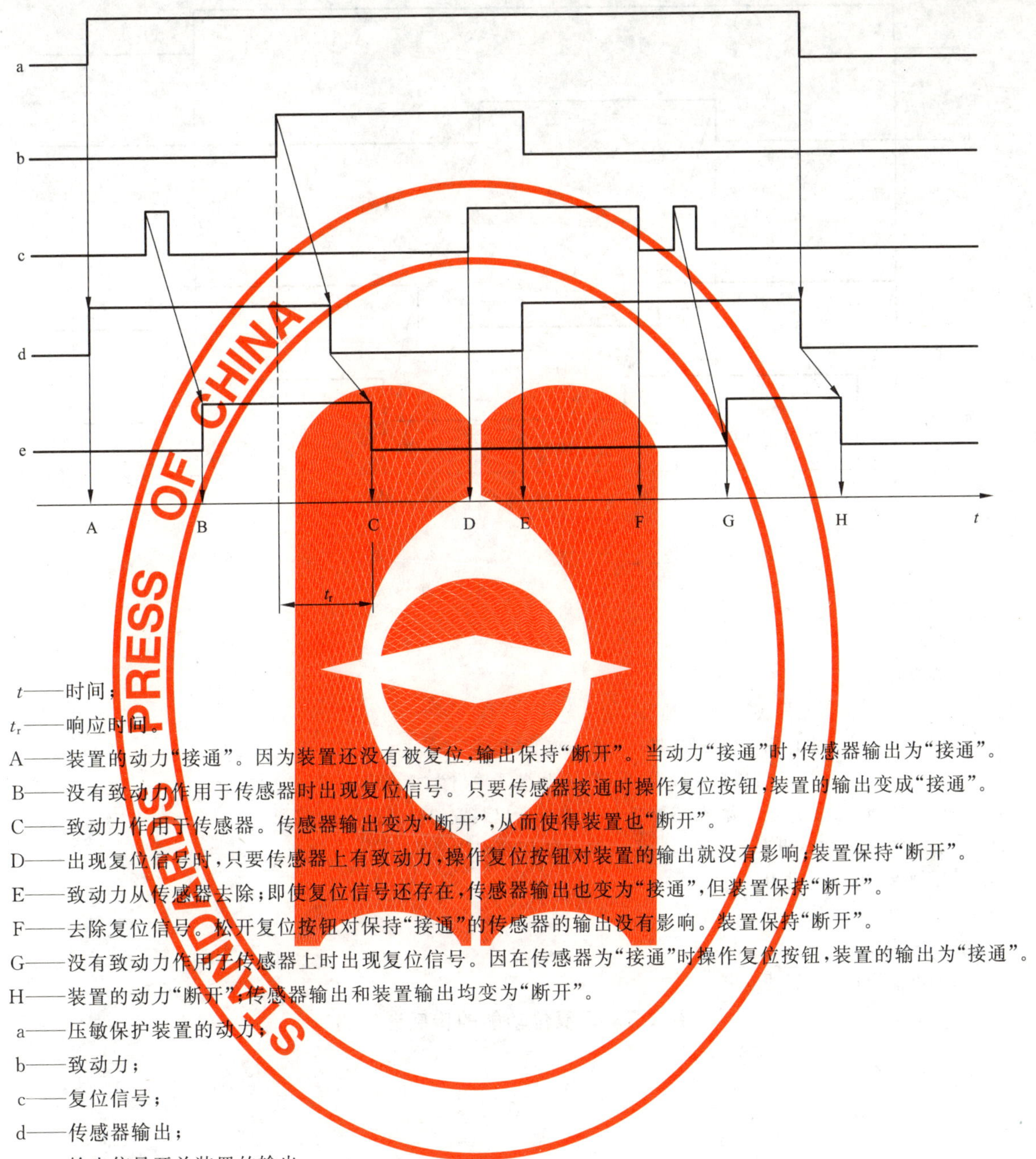

t——时间；

t_r——响应时间。

A——装置的动力“接通”。因为装置还没有被复位，输出保持“断开”。当动力“接通”时，传感器输出为“接通”。

B——没有致动力作用于传感器时出现复位信号。只要传感器接通时操作复位按钮，装置的输出变成“接通”。

C——致动力作用于传感器。传感器输出变为“断开”，从而使得装置也“断开”。

D——出现复位信号时，只要传感器上有致动力，操作复位按钮对装置的输出就没有影响；装置保持“断开”。

E——致动力从传感器去除；即使复位信号还存在，传感器输出也变为“接通”，但装置保持“断开”。

F——去除复位信号。松开复位按钮对保持“接通”的传感器的输出没有影响。装置保持“断开”。

G——没有致动力作用于传感器上时出现复位信号。因在传感器为“接通”时操作复位按钮，装置的输出为“接通”。

H——装置的动力“断开”；传感器输出和装置输出均变为“断开”。

a——压敏保护装置的动力；

b——致动力；

c——复位信号；

d——传感器输出；

e——输出信号开关装置的输出。

图 A.2 传感器输出和复位功能相互独立

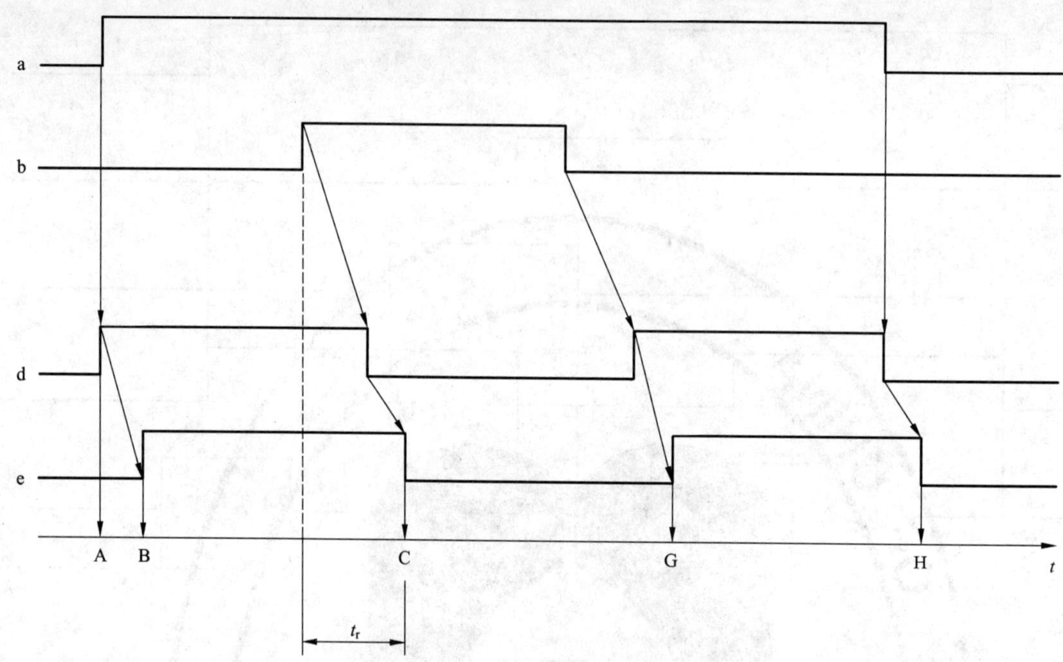

t——时间；

t_r——响应时间。

A——装置的动力“接通”；传感器“接通”。

B——因为没有致动力作用于传感器，装置的输出变为“接通”。

C——因为有致动力作用，传感器输出为“断开”，所以装置输出为“断开”。

G——由于致动力从传感器去除，传感器变为“接通”，所以装置的输出也变为“接通”。

H——装置的动力为“断开”；传感器和装置的输出均为“断开”。

a——压敏保护装置的动力；

b——致动力；

d——传感器输出；

e——输出信号开关装置的输出。

图 A.3　无复位功能的传感器输出

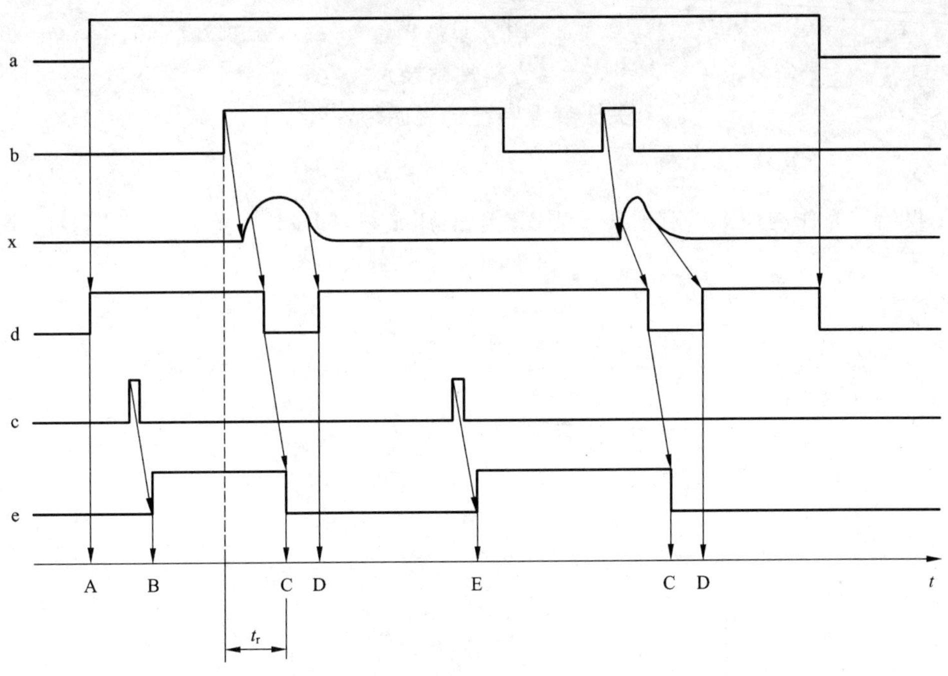

t——时间；

t_r——响应时间。

A——装置的动力“接通”。

B——复位信号出现。装置的输出变成“接通”。

C——由于有致动力作用于传感器，装置的输出“断开”。

D——由于传感器上的压力衰减使得装置输出变成“接通”。

E——复位信号出现。虽然致动力存在，但装置输出仍变成接通。这可能导致危险。这类装置不应用作存在传感装置。

为确保没有危险性重启发生，机器的控制系统有自己的安全系统是必要的。例如，对于带动力的门，它可以以机器自动反向或手动复位的形式实现。这类控制的正确功能应在相关的C类标准中阐述。如所示，这样的系统没有检查传感器动作对压力脉冲响应的方法。对于门来说，为了满足类别2，必须是门控制系统的功能。

注1：D发生的点取决于很多因素，例如：施加力的水平及气体从系统泄漏的控制率。

注2：正如4.2.15的注3中指出，可认为大部分气动脉冲系统不满足GB/T 16855.1—2005中类别1的要求。

注3：关于气动脉冲系统的附加信息见C.2.6。

a——装置电路的电源；

b——致动力；

c——复位信号；

x——传感器上的压力脉冲；

d——传感器电气信号输出；

e——输出信号开关装置的输出。

图A.4 致动力连续作用时传感器输出不保持在关闭状态的脱扣装置其传感器的输出(如气动脉冲或压电系统)

附 录 B
（资料性附录）
关于装置特征的说明性注释

图 B.1 仅给出操作的原则。对于某些装置，例如：压敏板，其设计可能使力-行程关系曲线有不同的形状。

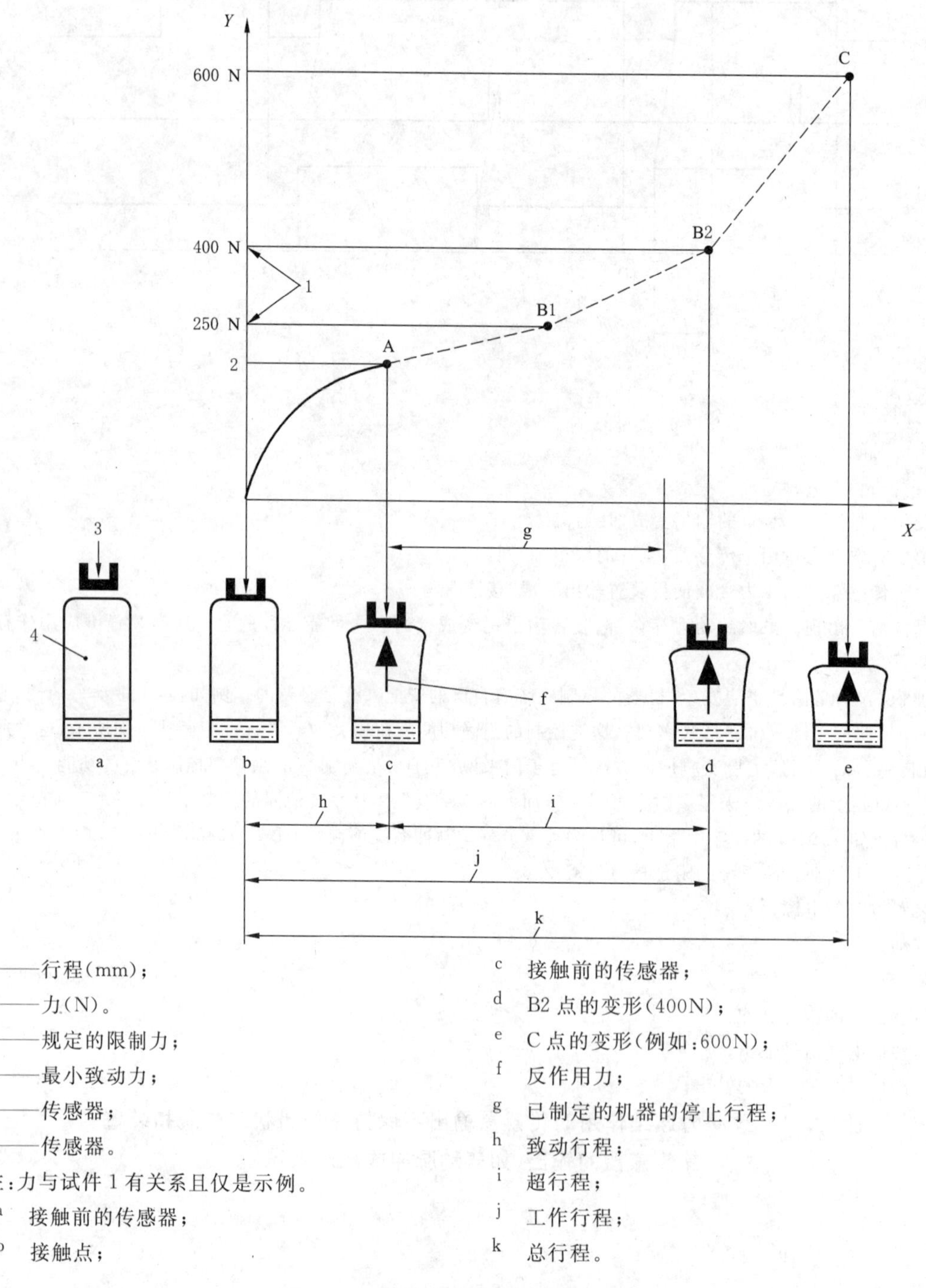

X——行程(mm)；
Y——力(N)。
1——规定的限制力；
2——最小致动力；
3——传感器；
4——传感器。

注：力与试件 1 有关系且仅是示例。

a 接触前的传感器；
b 接触点；
c 接触前的传感器；
d B2 点的变形(400N)；
e C 点的变形(例如：600N)；
f 反作用力；
g 已制定的机器的停止行程；
h 致动行程；
i 超行程；
j 工作行程；
k 总行程。

图 B.1 压敏保护装置的力-行程关系

致动行程：力从接触障碍物的点开始增加。在指定的点，传感器发送信号至控制单元产生”断开”状态的信号，然后此信号被送到机器的控制系统来停止危险的运动。这两点之间的距离称作预行程。此距离会随着接近速度和环境条件改变。

超行程和总行程：超行程是速度减小并且增加施加的力时移动的距离。对于实际应用，供应商指定的及用户选择的最大可允许力宜小于C类标准或风险评价给出的极限力，并且此力应发生在超行程范围内。见图B.2。

很多因素能导致超过最大可允许力，当传感器可能没有更进一步的变形，作用于人体相关部位的力过大时，这些因素的任何一种都能导致伤害。

例如：制动器退化（老化），响应时间延长，机械磨损，危险速度增加。

由于其设计的原因，压敏板的超行程或者非常小（即：有意的限制其行程）或者无限制（即：压敏板设计成使其完全移出工作路线）。

在所有的应用中，作用于人体的力宜保持在最小。最大可允许力能受到力作用的持续时间、传感器的尺寸、传感器的材料以及要探测的人体部位等因素的影响。宜特别考虑用于保护小孩或老人的应用。

1——行程方向。

a 致动行程；

b 超行程；

c 总行程；

d 压敏缓冲器的全部高度。

图B.2 安装于木工机械上的压敏缓冲器示例

移动的动力传送原件和工具用固定式和联锁防护装置保护。压敏缓冲器用于进入移动外壳路径上的人员。

附 录 C
（资料性附录）
设计注意事项

C.1 一般要求

C.1.1 目的

本附录给出了关于设计压敏保护装置的一些指导。然而，忽视这些注意事项并不意味着是最终构造的装置是不安全的。

C.1.2 工作频次

压敏保护装置在某些应用中很少使用，装置长时间没有被致动。然而，一旦他们被驱动，他们宜安全地工作。

相反，某些压敏保护装置在应用中经常被致动。有时，这能导致灵敏度随时间而改变。

C.1.3 组件

压敏保护装置的组件宜完全保护起来以免受可预见的损坏，例如：采用保护外壳。

C.1.4 液体的影响

组件与油、化学药品或水等液体接触时，传感器宜由不会被腐蚀、退化或膨胀的合适材料制成，腐蚀、退化或膨胀将导致灵敏度变差。

C.1.5 外形材料

传感器的外形材料宜能经受工作任务以及耐环境条件。

C.1.6 传感器的灵敏度

传感器的压敏表面可能某些部位的灵敏度低于其他部位，某些部位比其他部位更易损坏。在靠近引入电缆、管子、光纤或导体的连接处或接触元件分开处，灵敏度会降低。

C.1.7 位置探测开关的使用

在使用位置探测开关的场合，例如：作为压敏板或压敏缓冲器的传感器的一部分，宜考虑以下的设计特点：

——传感器的位移或移动；

——由于过载引起的传感器顶表面的永久变形；

——由于频繁使用引起的位置探测开关的粘滞；

——凸轮操作系统中凸轮未对准或过度磨损；

——支架上的位置探测开关松动而引起未对准。

位置探测开关与刚性传感器一起使用时，它们的可靠性宜与它们失效的结果一起考虑。推荐使用按照 GB 14048.5 制造的位置探测开关。

C.1.8 陷阱点

在设计具有刚性传感器的压敏保护装置时，宜考虑陷阱点的预防。如有可能，传感器偏移/移动时关闭的缺口宜在设计阶段予以消除。如果传感器的移动或偏移/变形时缺口缩小，那么宜使缺口保持足够大以避免其有绊倒危险。

C.1.9 传感器致动后的结果

压敏保护装置致动后，机械控制系统可能设计用来：

——停止机器，或

——使机器反向运动。

如果压敏保护装置的致动使机器已停止，那么宜不可能自动复位（见参考文献[1]，附录 1，1.2.3）。

只有手动操作复位装置后，机械才可能重新启动。复位功能可能由压敏保护装置的控制系统或机械的控制系统提供。

根据实际应用和风险评价的结果，可能可以自动复位。

C.1.10 压敏保护装置用作组合防绊倒装置和存在感应装置

压敏保护装置用作组合防绊倒装置或存在感应装置时，只要有人员存在，装置就应执行其防绊倒和复位功能。

C.2 压敏缓冲器

C.2.1 一般要求

压敏缓冲器通常有两种形态：发泡材料或刚性表面。它们可能安装在机器的主导边缘，或预先覆盖于侧边。泡沫缓冲器的示例见图C.1和图C.2。类似的刚性缓冲器如图C.3和图C.4所示。

依照图C.1或图C.3设计的缓冲器一般用于直线运动的场合。见图B.2。

依照图C.2或图C.4设计的缓冲器一般用于多方向运动的场合。车辆转过拐角处就是一种情况。

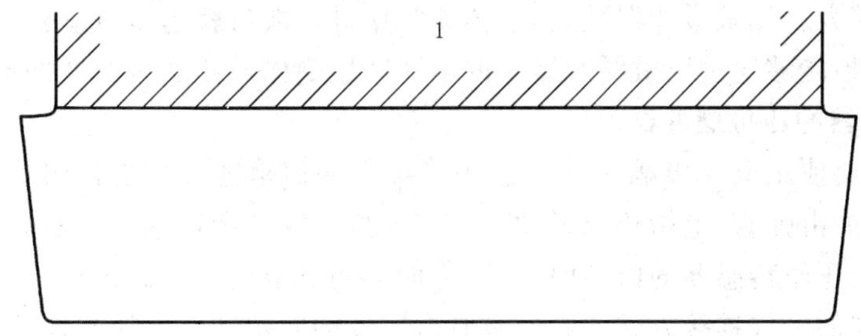

1——安装表面。

图C.1 泡沫缓冲器

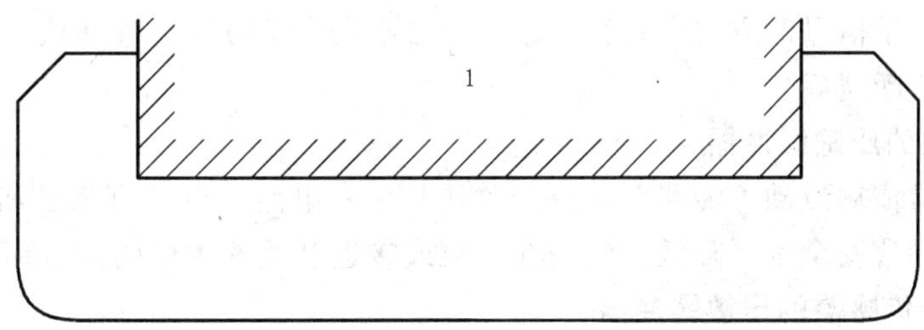

1——安装表面。

图C.2 泡沫缓冲器

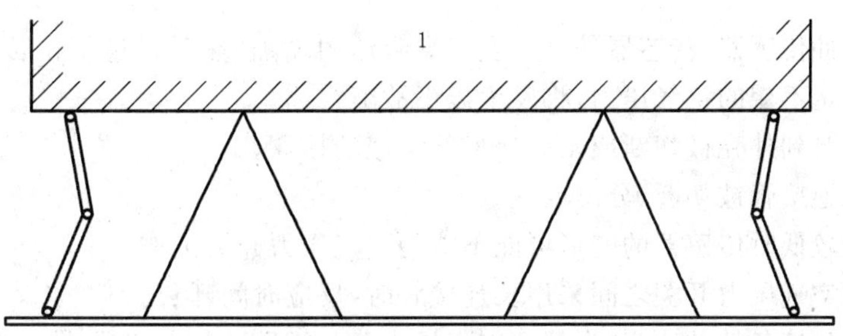

1——安装表面。

图C.3 刚性表面缓冲器

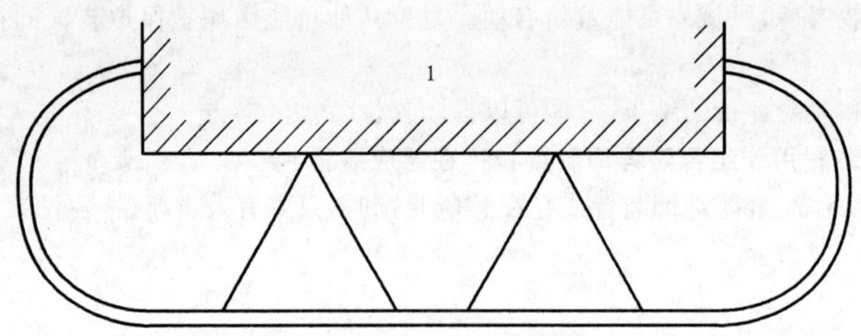

1——安装表面。

图 C.4 刚性表面缓冲器

C.2.2 物理影响

在压敏保护装置被使用的区域可能存在的物质(大的或小的颗粒)、害虫或液体,侵入后可能导致由弹性泡沫制成的传感器退化或其灵敏度降低。

在定期的检查中,可能探测不到弹性泡沫表面上非常小的孔。然而,这些孔对于允许液体流入压敏缓冲器内部来说已足够大。压敏缓冲器越大,液体或污垢进入缺口就越多,进而形成能阻碍传感器致动的障碍。反过来说,如果能够通过压敏缓冲器上的多孔区域确保液体从压敏缓冲器上流走可能非常好。

C.2.3 具有电气传感器的压敏缓冲器

在某些设计中,需要使用电气接触元件。这些接触元件通常通过气隙隔开,当压力作用于其表面时,气隙关闭。气隙可能由弹簧、绝缘垫或弹性泡沫来保持。宜考虑这些组件的失效影响,例如:失效不宜由部件脱落和移动到压敏传感器的内部引起的,进而削弱灵敏度或妨碍运行。

也宜考虑与传感器的电气连接方式。它们宜具有高度的完整性。导线的连接宜使任何开路和单个传感器都能探测到。

C.2.4 具有光纤传感器的压敏缓冲器

这类装置通常依靠通过光纤的光减少来工作的。宜考虑在光发射器、接收器和光纤中发生的长期改变。机械力转换为光学信号的方式宜相当稳定。光接收器宜不可能接收到从光发射器发出没有通过光纤的光,例如:在光纤断裂后。

C.2.5 具有限位开关的压敏缓冲器

这类装置工作通常依靠致动力转移至限位开关使其中断电路。设计宜保证机械失效、未对准或其他可预见的情况不会导致安全水平降低。应用在光束或接近开关的条件同样适用于限位开关的情况。

C.2.6 具有气动脉冲传感器的压敏缓冲器

气动脉冲传感器或其连接元件上的破裂/刺孔等类似的裂缝或刺孔能导致瞬间丧失安全功能。这种情况下,如果有破裂/刺孔存在,控制单元宜探测到这些破裂/刺孔并保持输出信号开关装置在断开状态。这可通过带有定期检查系统完整性的系统达到。在经授权人员手动复位以前,输出信号开关装置宜保持在断开状态。

对于某些气动脉冲传感器,传感器外壳的变形导致压力增加,然后通过管子传送到空气压力开关。如果系统没有保持恒定不变的空气压力,将发生以下故障:

——可能无法探测到外壳被切断或永久变形等类似的损坏。

——无法探测到连接管被切断、分离或扭绞。

——在接近速度较低时传感器的变形可能不能使空气压力开关工作。

——当传感器与空气压力开关之间采用长连接管时,反应时间延长。

——为补偿周围环境条件的改变,大部分空气压力开关需要进行空气泄放。如果空气泄放被阻塞,压敏缓冲器可能无法工作。

——空气泄放的设置将取决于传感器外壳的横截面形状、传感器的长度、传感器的材料以及应用的温度范围。见 4.2.16。

——如果空气泄放太大,装置的灵敏度将降低。

——如果传感器受压而排出去大部分内部气体,释放传感器后将产生局部真空。此真空能严重降低传感器的灵敏度或阻碍其立即被重新致动。

C.2.7 具有动力传感器的压敏缓冲器

几种技术可能使用到动力感测,例如气动脉冲或光脉冲监测。其效果就是定期检查系统状态以使任何的失效都导致输出信号开关装置变为断开状态。在经授权人员手动复位以前,输出信号开关装置宜保持在断开状态。

此系统也能用来设置灵敏度的预定水平,此水平在机器的每个周期都需要重新设定,并且在机器的周期内按照预定的方式变化。

C.2.8 高冲击力

某些情况下,在工作过程中可能有高冲击力(例如:来自于手动操作式叉车的叉力)作用于传感器。如果可预见到此情况,宜有额外的措施。

C.2.9 具有半刚性或刚性表面的压敏缓冲器

注:见图C.3和图C.4。

压敏缓冲器的半刚性或刚性表面的运动存在被抑制或阻塞的风险。这可能由以下任何一种原因造成的:

——阻塞或楔入引起的失效;

——长时间积累的灰尘;

——刚性表面的永久变形;

——导轨卡住。

C.2.10 安装在机械移动和固定部件上的压敏缓冲器

C.2.10.1 安装在机械移动部件上的压敏缓冲器

以下的注释适用于安装在机械移动部件上的压敏缓冲器所有应用,例如:动力操作门的主要边,或自动导轨式车辆。

图C.5 安装在动力门上的压敏缓冲器

当压敏缓冲器安装在机械移动部件上时，在机器风险评价和压敏缓冲器的选择设计和应用过程中有几个重要的因素需要考虑。

由于压敏缓冲器只有在人员已经接触到它后，它才能探测到人员(或其他障碍物)，因此以下要求是必需的：

——缓冲器的可靠性适合机械的风险评价；

——作用于人体的压力(力)没有危害(也就是压敏缓冲器的总行程是可接受的)；

——在所有可预见的情形下，机械的停止性能是可接受的。

在评价机械的停止性能时，应考虑最坏的情况。至少应考虑以下因素：

——由于其他原因而采用旧的制动器或降低制动性能；

——地面条件(楼面修整、导轨等)；

——地板环境条件(水、冰、油或其他光滑物质)；

——能量供应的损失或波动。

C.2.10.2 接近速度

允许的接近速度取决于机器的风险评价，它宜包括：

——人员和机器接近的合速度；

——碰撞的能量消散；

——决定性的风险，以及

——机器所带载荷的稳定性。

某些情况下，可能需要第二安全装置(非接触)用以在接触前把接近速度减小到可接受的水平。

C.2.11 固定式压敏缓冲器

固定式缓冲器致动时，在与机器移动部件接触前，机器应到达安全状态。如果情况是这样，C.2.10中给出的指南也适用于固定式缓冲器。

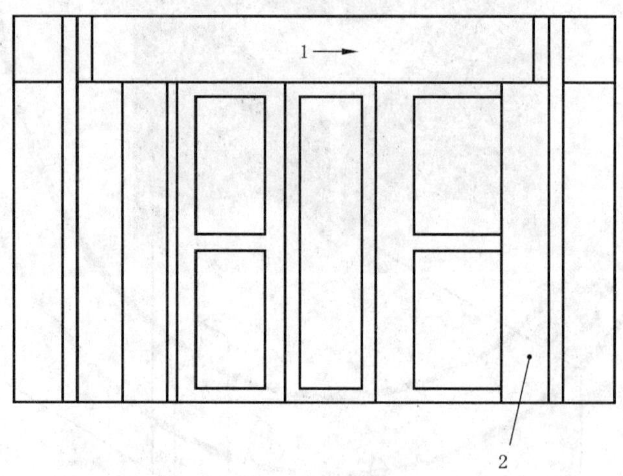

1——旋转；

2——主要竖框上的缓冲器。

图 C.6 动力旋转门的竖框上的缓冲器

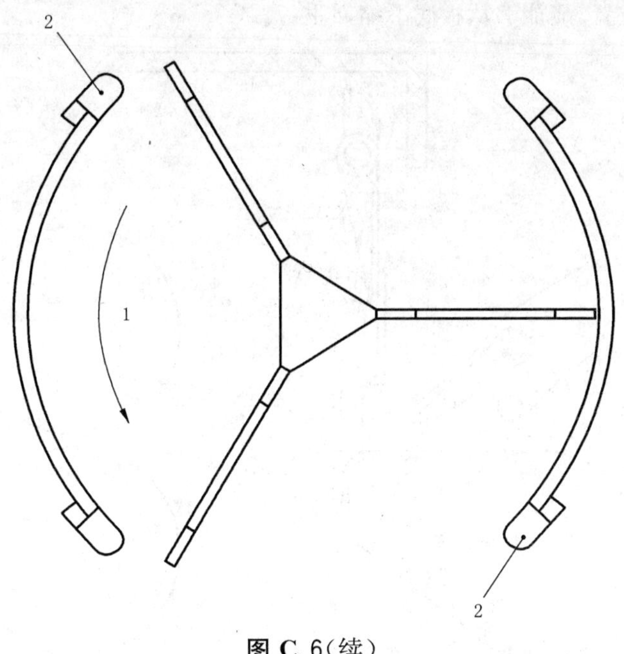

图 C.6(续)

C.3 压敏板

C.3.1 一般要求

压敏板用在危险区进入开口时,存在传感器移动部件被抑制或阻塞的风险。这可能由以下任何一种原因引起的:

——阻塞或楔入引起的失效;

——长时间积累的灰尘;

——刚性表面的永久变形;

——导轨卡住。

应调整传感器以使压敏板以正确的移动距离运行达到输出信号开关装置变为断开状态。

C.3.2 最小分离间隙

见图 C.7。

压敏板的距离和尺寸由 GB/T 19876 给出的基本原则确定。该基本等式为:

$$S=K\times t+C \qquad \text{(C.1)}$$

式中:

S——危险区与探测点、线、面或区域之间的最小距离,单位为毫米(mm);

K——人体或人体部位的接近速度(代表性的速度为 2 000mm/s)[1);

t—— 全部系统的停止时间(压敏板的响应时间加上机器停止所用的时间),单位为秒(s);

C——防护设备致动前进入危险区的附加距离(即:在通过压敏板的移动探测到手之前,伸出手至危险区的距离),单位为毫米(mm)。

探测到位置改变时,如果铰接的压敏板与固定部件之间的开口小于 40 mm,那么防护装置能够探测手臂。C 取决于探测点处的实际开口 d,单位:mm。$C=8(d-14)$,但不能小于零。

在致动点处的开口(d)为 40 mm～120 mm 时,上肢可以举过肩膀。此时 $C=850$ mm。

---

1) 对于详细的计算,GB/T 19876 规定了该公式的以下一些参数:

最小距离 $S\leqslant500$ mm,同时 $S\geqslant100$ mm 时,$K=2\ 000$ mm/s;

最小距离 $S>500$ mm,同时 $S\geqslant500$ mm 时,$K=1\ 600$ mm/s;

不管压敏板处于何位置,应能够从板底下缩回手。

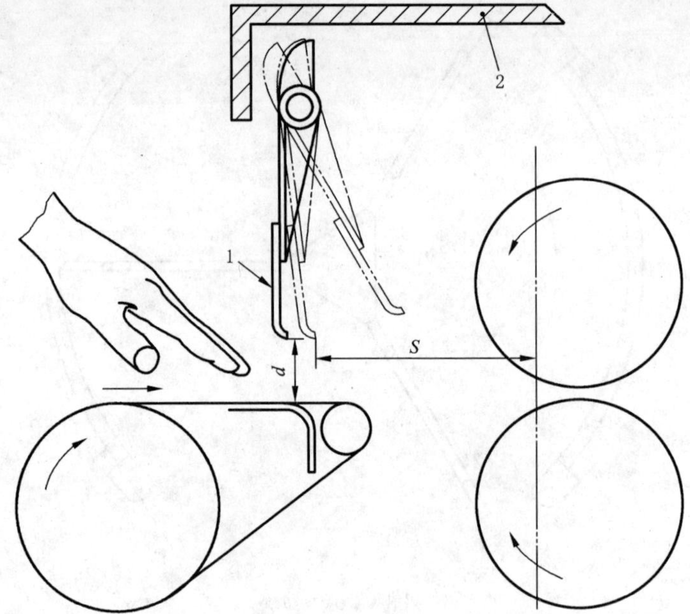

S——危险区与探测点、线、面或区域的最小距离,单位:mm[a];

d——装置的探测能力,单位:mm[b]。

1——压敏板;

2——刚性(固定式)防护装置。

[a] 见等式(C.1);

[b] 见 GB/T 19876—2005 中 6.1.1。

图 C.7 压敏板

C.4 压敏线

当压敏线或压敏索用作压敏保护装置时,它们只能提供局部的保护,因为不能把它们用作防止进入危险区的唯一手段。另外,建议设计和安装它们时应满足急停设备的相关要求(见 GB 16754—1997 中第 4 章以及 IEC 60947-5-5:1997 中的 6.4)。

操作压敏线的原则的示例见图 C.8。

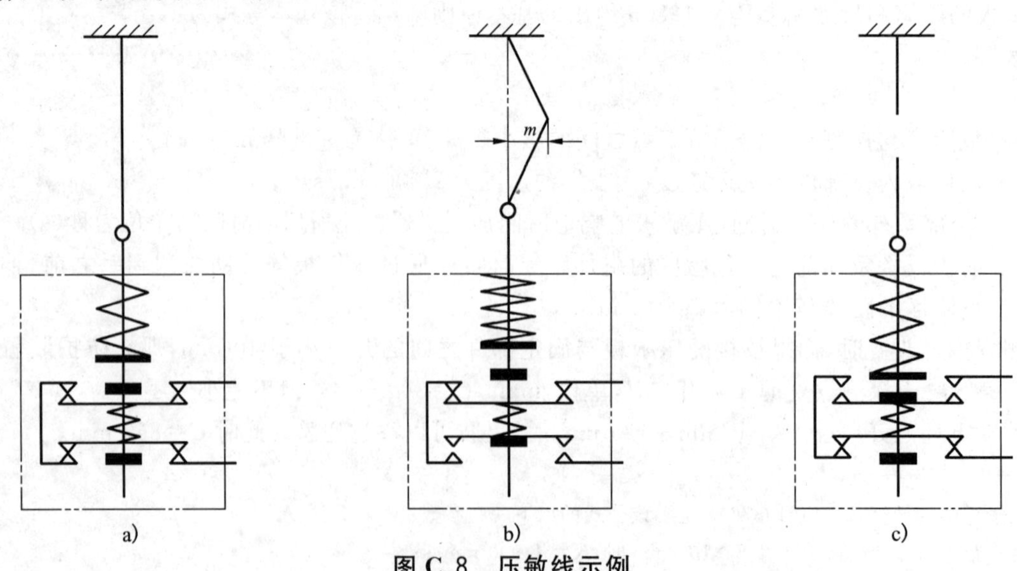

图 C.8 压敏线示例

图 C.8 a)中，联锁装置的触点都关闭，机器可以工作。

图 C.8 b)中，压敏线已经偏移了一定的值(m)。其中的一对触点已绝对打开并且已产生了停止信号。这种情况下，触点也已经闭锁在打开位置。

图 C.8 c)中，压敏线已断开。弹簧压缩另一对触点并使其打开，且已产生停止信号。

注：压敏线的线性偏移通常通过物理方法进行限制，因此压敏线过度的致动偏移不能损坏开关。

附 录 D
（资料性附录）
应用注意事项概要

D.1 一般要求

本附录给出了关于应用的一些指导。通过选择准则宜包括以下方面：

a) 根据风险评价，依照 GB/T 16855.1 的相关类别；

b) 接近速度；

c) 危险部件的停止行程；

d) 单个装置使用或与其他装置一起使用；

e) 组合传感器的能力；

f) 避免死区；

g) 工作周期的频率以及系统寿命；

h) 输出信号开关装置的开关容量；

i) 指定范围以外的温度和湿度；

j) 热辐射；

k) 温度和湿度的快速变化；

l) 化学物质的影响，例如：油、溶剂、切削液以及它们的组合；

m) 外来物的影响，如：金属屑、灰尘和沙土；

n) 传感器的附加覆盖物；

o) 由于振动、冲击等引起的应力；

p) 电磁兼容性(EMC)；

q) 规定范围以外的电源电压变化(GB 5226)；

r) 与本部分要求不同的灵敏度水平；

s) 需要复位功能以及复位按钮的位置；

t) 符号和标识所需的专用措辞；

u) 传感器固定；

v) 随时间的性能变化；

w) 间接的影响，如：地板表面的影响；

x) 传感器变形后的恢复时间；

y) 与机器控制系统的接口。

以上清单并非全部的和特别的条件，具体应用中可能要考虑以上条件的组合。

b)中的接近速度是人员移动或接近危险表面的速度。通常是一个表面移动而另一个固定。宜把可能最大的速度当作接近速度。如果人员和危险表面都在移动，或两个移动表面形成了绊倒危险，则需要估计它们的合速度。

c)中的危险部件的停止行程是在输出信号开关装置向机器控制系统发出停止信号后，危险表面移动的距离。此距离取决于危险速度，机器控制系统的响应时间以及机器制动系统的效率。该距离可通过计算和(或)测量得出。宜采用合适的安全系数来解决制动老化、测量误差等问题。

x)中的传感器变形后的恢复：在某些应用中，传感器连续致动之间的时间小于传感器的恢复时间。既然这样，宜选择在有效时间内将恢复正常功能的传感器。

D.2 传感器的应用

D.2.1 一般要求

通常,传感器有以下两类应用:

——应用 1

传感器用来停止与其距离很远的机械。在这种情况下,传感器的安装应使得在身体任何部位到达危险区之前,机器将停止。见 GB/T 19876。

——应用 2

传感器安装在机器危险部件上或靠近危险部件,因此在传感器致动后,发生伤害之前,机器将会停止或回复到安全位置。

D.2.2 应用 1

图 C.7 给出了典型应用。依照 GB/T 16855.1 决定了类别后,接下来的程序如下:

a) 依照 GB/T 19876 确定危险与压敏保护装置之间的接近速度。

b) 确定保护装置和机器控制系统的响应时间。

c) 确定机器的停止时间。

d) 需要时,确定正常操作必需的开口以及防护装置致动前允许的距离。

e) 计算保护装置和机器危险部件之间的距离。

f) 应用中必需最小分离距离由 e)中给出的距离乘以至少为 1.2 的安全系数得出。

g) 存在其他环境条件时,例如:制动系统老化,宜采用更高的安全系数。

D.2.3 应用 2

依照 GB/T 16855.1 决定了类别后,接下来的程序如下:

a) 确定必需的工作速度和最大的危险速度。

如果没有给出最大的危险速度,宜通过测量或计算得出。在行程中发生最大速度的点将取决于驱动机构。

装置的最大工作速度宜大于最大危险速度。

b) 确定必需的最小超行程。

确定危险部件的停止行程。如果没有给出,宜通过测量和(或)计算得出。应用中必需的最小超行程宜通过停止行程乘以至少为 1.2 的安全系数得出。如有其他因素存在,例如:制动系统老化,宜采用更高的安全系数。参考图 B.1。

测量停止行程一个简单的方法是在靠近发生最大危险速度的位置临时安装一个位置探测器。通常,该位置探测器的闭合节点宜连接机器控制停止电路与输出信号开关装置的连接点。机器宜在预期最坏的条件下运行几次,并且宜测量超过位置探测器致动点的距离。测得的最大距离宜作为停止行程。

c) 确定最大可允许力。

最大可允许力宜在 C 类标准中或通过风险评价给出。风险评价宜考虑要保护的人体部位或人员类型,例如:小孩或老年人。宜传感器的速度、形状和材料以及装置所施加的最大压力。最大可允许力宜尽可能低。

d) 装置的选择。

使用制造商提供的力-行程关系的数据或曲线,以所要求的最大操作速度选择安全装置,该最大操作速度至少在到达最大允许力之前能产生所要求的最小超行程距离。

如果不能找到具有足够超行程的装置,那么必需提高机器的停止性能。

D.3 传感器的安装

安装表面宜适合待使用的传感器。如果安装表面没有足够的刚度,或表面很不规则,将降低装置的灵敏度和可靠性。如果传感器很规则或与表面反复接触,则宜避免锐边或不规则边,因为它们会造成伤害。传感器与控制单元之间的连接电缆、管等宜按照如下进行设计、定位和安装:

a) 能经受设计条件;

b) 受到保护以避免机械损伤,以及

c) 至少在每个末端牢固安装,以防止连接应力。

传感器可能安装在机器的固定或移动部件上,例如:动力操作门。图 C.6 为传感器安装在机器固定部件上,即:门的竖框上。这尤其适用于具有很多扇门的旋转门。

图 C.5 给出了仅安装用于探测人员传感器,但也适用对于整个高度内的门。因此也能保护门和障碍物,例如:车辆。

人体部位不宜进入传感器与安装传感器的表面之间,例如:装有"环绕"型传感器的移动机器,或能陷入手的感应板(见图 C.7)。如可能发生此情况,宜考虑附加防护装置。

D.4 传感器定位

传感器宜具有足够的有效感应表面,且其安装宜保证大部分有效方向为可预见的致动方向。

D.5 传感器传出的力

传感器常常安装在产生碰撞、陷入或挤压危险的移动表面上,例如:电动门。机械制造商、使用者有必要保证移动部件的制动或反向不会使受压传感器的反作用力超过具体应用规定的最大可允许力。

在自由空间,人员与移动的传感器接触产生的最大力通常低于人员陷入移动的传感器与固定障碍物之间产生的力。

在采用压敏保护装置保护人员免受伤害时,宜考虑以下几个方面:

——传感器的尺寸;

——危险机器的停止行程;

——传感器材料的可压缩性(或其他性质);

——处于自由空间的人员的灵活性和尺寸;

——人员陷入传感器与固定物体之间时产生的最大力。

注:人体不同部位的最大可允许力(压力)有很大的不同。在同一人体部位,伤害也会随着移动方向,障碍物(或传感器)的外形和材料等而变化。因此,在本部分中没有给出最大可允许(安全)的限制力。然而,在表 1 中给出了不同人体部位的力的指标。

附 录 E
(资料性附录)
试运行和检查

E.1 一般要求

使用手册宜包括以下关于试运行和检查的注意事项,提供安装后推荐的试运行和试验的指导,以保证整个系统安全运行(需要提供的关于选择和使用的信息的文件见第6章)。

E.2 系统信息

系统宜按照压敏保护装置制造商提供的信息进行安装、试运行、试验和维护。

E.3 试运行

进行试运行的人员宜保证已进行了以下的检查:

a) 装置是否适合环境条件。

b) 装置是否牢固固定。

c) 所有输入/输出的额定值和特征,例如:保险丝额定值。

d) 断开压敏保护装置的动力源是否阻止机器继续的危险运行。在恢复安全功能之前,机器危险部件宜能恢复活动。

e) 在致动力作用于有效敏感区时,机器移动部件宜不可能处于移动状态。

f) 确保已安装传感器,为所有可预见的致动方向提供防护,且无死区增加伤害风险。

g) 在操作周期的危险阶段,压敏保护装置的致动宜使危险移动部件制动,或需要时,采取其他的安全条件。在恢复安全功能之前,机器危险部件宜能够恢复活动。

h) 当必须要防止从没有提供压敏保护装置保护的任何方向进入机械危险部分时,确保已提供了附加安全装置。

i) 机器安全的一个重要特点是机器与其安全装置之间的接口。确保机器的所有部件,包括安全装置、控制电路和安全装置的连接,都符合风险评价的结果、符合GB/T 16855.1的类别以及相关标准的规定。

j) 消音布置(如果安装)的试验依照GB/T 16855.1—2005中的5.9。

k) 检查所有指示灯是否正常运行。

l) 检查压敏保护装置整个有效敏感区内是否符合制造商的说明书。

m) 检查压敏保护装置的安装是否产生了陷阱点。

注:另外,在相关的C类标准中还要求其他检查。

E.4 定期检查和试验的信息

包括E.3中的信息。另外,还宜规定以下信息:

a) 测试机器控制元件以确保它们在正常工作且不需要维修和(或)替换。

b) 检查机器以确保没有其他的机械或结构方面的因素阻碍机器停止,或在压敏保护装置使机器停止时采取其他安全条件。

c) 检查机器与压敏保护装置之间的控制和连接以确保没有对系统产生反作用的修改,且合适的修改已做了记录。

d) 检查传感器及其连接的条件以确保没有阻碍系统按设计工作的损坏。

e) 电源打开,机器停机时对压敏保护装置进行测试。如果有关,应改变致动点以确保一段时间内所有有效敏感区都进行试验。

f) 如果提供了复位功能,试验以确保在系统复位之前,机器不能工作。

g) 检查所有控制单元外壳是否关闭且处于良好状态,并且只有通过钥匙或工具才能打开。检查钥匙是否移交给指定人员保管。

E.5 维修后的检查和试验

维修后,适合维修水平的安全功能试验宜依照 E.3 中相应的指导完成。

参 考 文 献

[1] GB/T 8196—2003 机械安全 防护装置 固定式和活动式防护装置设计与制造一般原则.

[2] GB/T 16856 机械安全 风险评价的原则.

[3] GB/T 17454.1 机械安全 压敏保护装置 第1部分:压敏垫和压敏地板的设计和试验通用原则.

[4] GB/T 17454.2 机械安全 压敏保护装置 第1部分:压敏边缘和压敏棒的设计和试验通用原则.

[5] GB/T 18831 机械安全 带防护装置的联锁装置 设计和选择原则.

[6] ISO 13850:1996 机械安全 急停 设计原则.

[7] IEC 61496(所有部分) 机械安全 电敏防护装置.

[8] IEC 61508(所有部分) 电气/电子/可编程电子有关安全部件的功能性安全.

[9] IEC 62061 机械安全 有关安全的电气、电子和可编程电子控制系统的功能性安全.

[10] 欧盟机械指令 98/37/EC.

[11] 欧盟电磁兼容性指令 89/336/EC.

ICS 19.100
J 04

中华人民共和国国家标准

GB/T 17455—2008/ISO 3057:1998
代替 GB/T 17455—1998

无损检测　表面检测的金相复型技术

**Non-destructive testing—
Metallographic replica techniques of surface examination**

(ISO 3057:1998,IDT)

2008-07-30 发布　　2009-02-01 实施

中华人民共和国国家质量监督检验检疫总局
中国国家标准化管理委员会　发布

前　言

本标准等同采用ISO 3057:1998《无损检测　表面检测的金相复型技术》(英文版)。

本标准等同翻译ISO 3057:1998。

为便于使用,本标准做了下列编辑性修改:

——“本国际标准”一词改为“本标准”;

——删除国际标准的前言。

本标准代替GB/T 17455—1998《无损检测　表面检查的金相复制件技术》。

本标准与GB/T 17455—1998相比主要变化如下:

——修改和调整了范围(1998年版的第1章和第2章,本版的第1章);

——修改了复型操作(1998年版的第4章,本版的第3章);

——增加了注2和注3。

本标准由中国机械工业联合会提出。

本标准由全国无损检测标准化技术委员会(SAC/TC 56)归口。

本标准起草单位:上海宝钢工业检测公司、上海材料研究所、上海上材工程材料检测有限公司。

本标准主要起草人:陆频、程永红、王滨、杨力。

本标准所代替标准的历次版本发布情况为:

——GB/T 17455—1998。

无损检测　表面检测的金相复型技术

1　范围

本标准规定了用透明硝化纤维膜料、醋酸纤维素或塑料材料(带有或不带有载体)进行表面检测的复型技术,该技术用于记录由机械或冶金原因引起的金属表面状态的不均匀性。

本标准所规定方法的优点在于适用于某些难以检测的部位或不允许破坏的工件。而且,复型件能在现场用低倍光学装置观测或带到实验室在高倍金相显微镜下检测。

2　检测面的制备

2.1　清洁检测面

应充分清洁被检表面、去除油脂并干燥。采用合适的溶剂,用丙酮或无水酒精清除表面油脂,并使用加热空气吹干表面。

2.2　宏观检测面的制备

宏观检测面的制备适用于各类表面,包括因运行情况造成的破裂面。按2.1规定,只需要对检测面进行表面清洁、去除油脂和干燥。

2.3　微观检测面的制备

2.3.1　检测目的在于显示出表面冶金状态。去除油脂后,表面应进行一系列细致的机械研磨,这种研磨后道工序应比前道工序更细。通常,表面研磨深度在0.2 mm以内。许多情况下,研磨深度是很浅的。进行研磨操作时,不应产生过大的压力,以免过热出现金属加工硬化。每次研磨方向宜与上次研磨方向交叉或垂直,并在每次操作后用丙酮或无水酒精清洁表面。

2.3.2　上述机械研磨后,需进行最后抛光。这种抛光可采用以下任何一种方法:

a)　通过选择适当的设备和电解液进行电解法;

b)　在小电解槽内电解的方法;

c)　为产生符合要求的表面,可用金刚石研磨软膏、氧化铝或其他化合物进行机械抛光。

抛光完成后,表面应如2.1所述进行清洁和干燥。表面准备的最后阶段是用适当的试剂进行适度浸蚀。浸蚀后,表面应如2.1所述再次清洁和干燥。

3　复型操作

3.1　概述

应确保在尽可能干燥且已去除所有灰尘的条件下进行复型操作。

3.2　膜料复型

膜料应是透明的并且以硝化纤维、醋酸纤维素或塑料为基本原料。应用前要特别注意不应搅动膜料,否则会形成气泡,对结果产生不利影响。膜料应铺展在被检表面,形成一层厚度均匀的薄层,膜料必须均匀、无气泡和刷痕,然后根据膜料制造商的使用说明书进行干燥。

3.3　膜片复型

3.3.1　在被检表面用适宜的溶剂润湿。选取具有合适成分、尺寸以及厚度的确保稳定性和代表性的复型膜的片状塑料材料施加于被检表面上。

3.3.2　建议操作时把塑料膜片中心部位放于接近被检表面的中央。这样有利于排除多余溶剂,而且能避免皱折和气泡的形成。为了有助于塑料膜片粘在金属表面,可用手指对塑料膜片施加些压力,压力由中间向两边方向由内向外施加。

4 从表面剥离复型件

4.1 复型件应非常小心地从表面剥离并保证其完整。

4.2 宜非常小心地保持平稳连续地操作，避免操作时在复型件上留下指印。

5 复型件的安置和观察

5.1 复型件应在反射光或透射光中观察。用反射光观察时，复型件应固定在具有良好反射面的镜子或金属板上（例如用胶粘带方法），使含有印记的表面朝着显微镜的物镜。另一种是用真空铝沉积法，把铝或其他合适金属沉积在不含印记的表面作为反射面。

5.2 用透射光观察时，把复型件作为一种幻灯片，安置在两块玻璃板之间，使复型件的图像投影在屏幕上。

注1：为确保复型件不受损伤，一是安置时避免复型件被拉伸而产生变形，二是避免由于检测时光源过热而使复型件损坏。

注2：复型膜片有时因与被检表面粘合紧密，难以揭下，可将与膜片宽度相当的塑料透明胶带纸覆盖粘贴在复型膜片的表面，然后再将塑料透明胶带纸与复型膜片一同揭下。

注3：作为另一种选择方案，用真空沉积法，也可将铝或其他合适金属直接沉积在含有印记的表面，提高复型膜片的衬度。

ICS 29.120.30
K 65

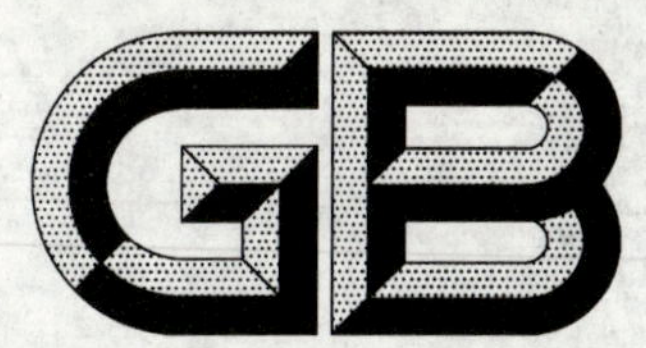

中华人民共和国国家标准

GB 17465.3—2008/IEC 60320-2-3:2005

家用和类似用途器具耦合器 第2部分:防护等级高于IPX0的器具耦合器

Appliance couplers for household and similar general purposes—Part 2:Appliance couplers with a degree of protection higher than IPX0

(IEC 60320-2-3:2005,IDT)

2008-12-30 发布　　2010-02-01 实施

中华人民共和国国家质量监督检验检疫总局
中国国家标准化管理委员会　发布

前　言

本部分的全部技术内容为强制性。

GB 17465《家用和类似用途器具耦合器》分为以下几部分：

第1部分：通用要求(GB 17465.1)

第2部分：特殊要求(GB 17465.2～17465.4)

——家用和类似设备用互连耦合器；

——防护等级高于IPX0的器具耦合器；

——靠器具重量啮合的耦合器。

本部分为GB 17465的第2部分：防护等级高于IPX0的器具耦合器。

本部分等同采用IEC 60320-2-3:2005(第1.1版)《家用和类似用途器具耦合器　第2-3部分：防护等级高于IPX0的器具耦合器》及修改件1:2004。

本部分应与GB 17465.1配合使用。

本部分的附录A为资料性附录。

本部分由中国电器工业协会提出。

本部分由全国电器附件标准化技术委员会(SAC/TC 67)归口。

本部分起草单位：国家技术监督局广州电气安全检验所、中国电器科学研究院、广东省产品质量监督检验中心、正威科技(深圳)有限公司、福泰克—乐庭有限公司、潮州市朝辉电子有限公司、广州市和昌电业有限公司、宁波经济技术开发区海鑫电器科技有限公司。

本部分主要起草人：黄海坤、温永彩、罗怀平、鲍秋萍、王长明、罗志存、李立强、李效良、柯赐龙。

IEC 前言

1) IEC(国际电工委员会)是由各个国家电工委员会(IEC 国家委员会)组成的世界性标准化组织。IEC 的宗旨是促进在与电气和电子领域标准化有关问题上的国际合作。为此目的,IEC 除了开展其他活动之外,还出版国际标准。这些标准的制定工作是委托各技术委员会来完成的。IEC 的成员各国家委员会,只要对要制定的标准感兴趣,均可参加其制定工作。与 IEC 有联系的国际性的、官方的组织亦参与标准的制定工作。IEC 和世界标准化组织(ISO)遵照双方协议规定的条件,密切合作。
2) 由于每个技术委员会中均有来自对相关问题感兴趣的国家委员会的代表,故 IEC 的有关技术问题的正式决议或协议都在最大限度上表达了国际上对于相关问题的一致看法。
3) 产生的文档以推荐的形式用于国际用途,并以标准、技术规范、技术报告或是导则的形式出版,并在此意义上为各国家委员会接受。
4) 为了促进国际上的统一,IEC 各国家委员会负责将 IEC 国际标准透明地、最大可能地转化为国家或地区性标准。IEC 标准和相应的国家或地区性标准之间如有任何差异,应在标准转化之后清楚地说明。
5) IEC 并未制定任何认可标志的程序。如有某设备宣称其符合 IEC 的某一项标准时,IEC 对此不负责任。
6) 所有的使用者须保证他们应该拥有最新的版本。
7) 不管是何时何地的及直接的还是间接的,或者使用或借助本 IEC 出版物或其他 IEC 出版物而产生的出版物成本(包括合法费用)及费用,IEC 或其董事,雇员,服务人员或者代理机构(包括个人专家和技术委员会的成员)和 IEC 国家委员会无义务对任何个人损失,财产损失或者其他的由于自然原因导致的损失负责。
8) 注意本出版物引用的规范性引用。为了准确地使用本出版物,相关的引用出版物是必不可少的。
9) 注意 IEC 出版物中可能涉及到一些专利课题的成份。IEC 无义务去确定任何或所有的这些专利。

国际标准 IEC 60320-2-3 是由 TC 23:电器附件技术委员会中的 SC 23G:器具耦合器分技术委员会制定的。

此 IEC 60320-2-3 版本是在第一版(1998)[文件 23G/185/FDIS 和 23G/188/RVD] 和它的修订版(2004)[文件 23G/243/FDIS 和 23G/249/RVD]的基础上整理完成的。

此版本号是 1.1。

边缘的竖线表示修订版 1 对比原版本做更改的地方。

此第 2 部分应与 IEC 60320-1:《家用和类似用途器具耦合器　第 1 部分:通用要求》结合使用。它是建立在 IEC 60320-1 的第一版本(1994)及修订版 1(1995)和 2(1996)的基础上的。

此标准中的条款补充或修改了 IEC 60320-1 中的相应条款。

凡在本标准中没有提到的第 1 部分的章条均适用。IEC 60320-1 的条款将不作任何修改继续适用。凡在本标准中注明“增加”、“修改”或者“替代”的内容,则 IEC 60320-1 中的有关技术要求、试验规范或注释等均应作相应改动。

第 1 部分所没有的分条款从 101 开始编号。

附录 A 仅是资料性附录。

家用和类似用途器具耦合器 第2部分：防护等级高于IPX0的器具耦合器

1 范围

GB 17465.1本章做下述修改后适用。

本部分适用于：

——用于冷条件下、防水等级高于IPX0的交流两极不可逆插的器具耦合器，使用于额定电压不超过250 V，额定电流不超过10 A，频率为50 Hz或60 Hz的交流电源上。用于将圆形横截面的电源线连接到家用、商用和照明工业用的Ⅱ类器具上。

注1：GB 17465.1中的此条注释适用。

注2：GB 17465.1中的此条注释适用。

注3：GB 17465.1中的此条注释适用。

注4：GB 17465.1中的此条注释不适用。

注5：GB 17465.1中的此条注释适用。

增加注释：

注6：GB 4208规定了防有害进水的防护等级；

注7：IEC 60536规定了设备的分类。

2 规范性引用文件

下列文件中的条款通过GB 17465的本部分的引用而成为本部分的条款。凡是注日期的引用文件，其随后所有的修改单(不包括勘误的内容)或修订版均不适用于本部分，然而，鼓励根据本部分达成协议的各方研究是否可使用这些文件的最新版本。凡是不注日期的引用文件，其最新版本适用于本部分。

GB 17465.1第2章适用并增加以下引用文件：

GB 4208　外壳防护等级(IP代码)(GB 4208—2008，IEC 60529:2001，IDT)

3 术语和定义

GB 17465.1本章适用并增加以下定义：

3.101

插头连接器　plug connector

用于设备上的固定到软线或软缆的器具输入插座。

3.102

附件的可触及表面　accessible surface of an accessory

当附件按正常情况或按如下条件使用时：

a)　对于连接器：不与配合的电器附件插合，但开口位置有盖；

b)　对于插头连接器和器具输入插座：将配合的电器附件插合在最不利的程度，使触头(插销和插套)之间产生电气接触。

用GB 17465.1中图10所示的试验指可触及的附件的表面。

3.103

盖　cover

正常情况使用时附件中可触及的部件，仅借助工具才能拆除，但不需借助工具打开。

3.104

型式试验样品 type test sample

用于进行型式试验的一个或多个试样。

4 一般要求

GB 17465.1 本章适用。

5 试验的一般说明

GB 17465.1 本章做下述修改后适用:

5.1 GB 17465.1 本条适用。

5.2 代替:

除非另有规定,否则试样按交货状态和正常使用情况,在环境温度为 20 ℃±5 ℃ 范围内,用频率为 50 Hz 或 60 Hz 的交流电进行试验。

测试用的试样应与一般的产品在所有可能会影响测试结果的细节上基本一致。

不可拆线电器附件应带有至少 1 m 长的软线进行试验。可拆线电器附件应用符合 GB 5023 的带护套的圆芯软线进行试验,除非在具体条款中另有规定。

5.3 GB 17465.1 本条不适用。

5.4 GB 17465.1 本条不适用。

5.5 代替:

样品总数为 18 个,任何类型的样品均应按下表所示进行检查和试验。

测 试	样品数量	测试顺序 (涉及的条款和分条款)
1.视检和手动检查	3	7, 8, 9, 10, 12, 13, 24.1, 25, 26, 28
2.一般测试	3	14(14.101 除外), 15
3.一般测试	3	22(22.4 除外), 16, 17, 19, 20, 21
4.弯曲测试	3	22.4
5.材料测试	3	23, 24.2, 14.101, 15.3
6.材料测试	3	24.2, 27

注 1:在规定的测试顺序中,如有特殊重复的测试,其要求在相应条款中已有规定。

注 2:如经制造商同意,同组样品可用于多组测试顺序中。

5.6 GB 17465.1 本条适用。

5.7 代替:

若试样在按 5.5 所规定的一系列测试中没有不合格的,则认为此类电器附件符合标准的要求。

若任一组中有一个试样在 5.5 所规定的一系列测试中不合格,则认为此类电器附件不符合标准的要求,除非能表明此类电器附件为非一般产品或设计,这种情况应提供多一组的试样进行该组中一项或多项测试。若复试中无不合格,则认为此类电器附件符合本部分的要求。

如多于一个试样未能通过 5.5 所示的全部项目试验,则视该类电器附件不符合本标准的要求。

6 标准额定值

GB 17465.1 本章做下述修改后适用:

6.1 GB 17465.1 本条适用。

6.2 代替:

额定电流为 6 A 或 10 A。

7 分类

GB 17465.1 本章做下述修改后适用。

7.1.1 修改：

仅适合用于冷条件下的器具耦合器。

7.1.2 修改：

仅适合用于Ⅱ类设备的器具耦合器。

7.2 代替：

电器附件按软线的连接方法分类：

——可拆线电器附件；

——不可拆线电器附件。

增加分条款：

7.101 增加一种新的分类方法：

电器附件按所使用的环境温度分类：

——常温下使用的器具耦合器；

——低温(−15 ℃)条件下使用的器具耦合器。

注：低温条件下使用的器具耦合器的附加测试正在考虑中。

8 标志

GB 17465.1 本章做下述修改后适用：

8.1 代替：

耦合器，除了与设备一起提供的器具输入插座外，应有如下标志：

a) 生产厂或销售商的名称、商标或识别标志；

b) 本部分标准号；

c) 额定电流；

d) 额定电压；

e) 电源性质符号；

f) IP 等级；

g) 型号，可以是产品目录编号，代码编号等。

8.2 代替：

器具输入插座应标有 8.1a)和 8.1g)所示的信息，当在户外安装使用时，此标志不需明显可见。

注：当插合时，连接器和器具输入插座上的标志不需明显可见。

8.3 GB 17465.1 本条适用。

8.4 GB 17465.1 本条增加以下符号后适用：

相线 L

中线 N

防溅防护等级 IPX4

注：在 IP 代码中，表示防固体异物进入的字母 X，用相关的数字取代。

8.5 GB 17465.1 本条不适用。

8.6 修改：

GB 17465.1 本条适用，带有接地端子和接地触头的除外。

8.7 GB 17465.1 本条适用。

8.8 GB 17465.1 本条适用。

增加：

8.101 不可拆线电器附件的软线或软缆不应是黑色、绿色、白色或棕色。

8.102 对于预定单独销售的耦合器，厂商应在每一个耦合器或电器附件的销售包装上或里面提供说明书，清楚地说明户外使用的适用区域，适用的气候条件以及提醒使用者不应将黑色、绿色、白色或棕色的电线连到电器附件上使用。说明书应说明插头连接器应连到设备上，连接器应连到主电源上。

如果是不可拆线的耦合器或电器附件，在自由末端应有连接到器具或主电源的标志，并有说明以避免有不正确连接或是连接到需要接地连续性保护导线的器具上的危险。

除非插头连接器或器具输入插座所带的线是直接提供给生产商用于安装在其他设备上，则此类组件的自由末端应附有如下标签：

此电器附件的软线必须在器具带电前连接到设备上。

如果是可拆线的耦合器或电器附件，则应有如下的说明：

a) 应剥去的护套和绝缘的长度；

b) 电器附件应连接到器具或主电源的标识；

c) 连接棕色线的端子应标 L，连接蓝色线的端子应标 N；

d) 正确组装线箍的重要性，包括必须至少有 3 mm 的护套超出夹紧装置；

e) 仅适用连接圆形截面的导线。

通过检查判断是否符合 8.101 和 8.102 的要求。

9 尺寸和互换性

GB 17465.1 本章做下述修改后适用：

9.1 代替：

耦合器应符合下表所示的对应标准活页的尺寸要求，9.6 允许的情况除外：

额 定 值	连接器的标准活页	输入插座的标准活页
6 A	C	D
10 A	A	B

是否合格，通过测量和使用相关的量规检查。

当用图 1 或图 1A 所示的量规时，完全插入量规的力不能超过 60 N。

为验证是否正确及完全插入，量规应设有孔眼。

当用图 2 及图 2A 所示的主通规和辅助通规时，将主通规完全插入器具输入插座的力应不能超过 60 N，将辅助通规推过横栏之上。

用主通规的平面检查插销和外壳的长度；用插合辅助通规检查器具输入插座的外部凹入。

9.2 代替：

插头连接器和器具输入插座的保持连接器的装置应符合标准活页 A 和 B 的要求。

是否合格，通过第 16 章的测试检查。

9.3 GB 17465.1 本条适用。

9.4 代替：

——Ⅱ类设备用的连接器应不能与其他设备的器具输入插座插合。

——6 A 的连接器应不能与 10 A 的插座插合。

是否合格，通过视检，手动测试及相应的量规检查。

测试应在环境温度为 40 ℃±2 ℃ 条件下进行，所有的电器附件和量规均应在此温度条件下。

9.5 GB 17465.1 本条适用。

9.6 GB 17465.1 本条适用。

10 防触电保护

GB 17465.1 本章做下述修改后适用：

10.1 代替：

器具耦合器在设计上应能做到：当器具输入插座与连接器部分或全部插合时，器具输入插座的带电部件是不能触及的。

连接器应设计成：当连接器按正常使用要求正确安装好且打开盖之后，带电部件应是不能触及的。

是否合格，通过视检，如有必要，用 GB 17465.1 图 10 所示的标准试验指测试检查。将该试验指碰触每个可能的位置，并用电指示器来显示其与被测部件是否接触。对于带有橡胶或热塑性材料的壳罩、外壳或本体的连接器，将标准试验指用 20 N±3 N 的力碰触绝缘材料如变形便会影响安全的所有点上 30 s±5 s，该试验在环境温度为 40 ℃±2 ℃ 条件下进行。

注 1：用电压在 40 V～50 V 之间的电指示器来显示与有关部位的接触情况。

注 2：与标准图表保持一致就能符合在连接器插入到器具输入插座的过程中，接触不到触头元件的要求。

10.2 GB 17465.1 本条适用。

10.3 GB 17465.1 本条适用。

10.4 GB 17465.1 本条适用。

11 接地措施

GB 17465.1 本章不适用。

12 端子和端头

GB 17465.1 本章做下述修改后适用：

12.1 一般要求

本条的要求仅适用于连接器和插头连接器。

不安装在器具或设备上或不与设备或器具形成一体的独立提交的器具输入插座，需要特殊的要求。

安装在设备或器具中或与设备或器具形成一体的器具输入插座，应符合该设备的相应的国家标准中的要求。

12.2 GB 17465.1 本条适用。

12.3 GB 17465.1 本条适用。

12.4 GB 17465.1 本条适用。

12.5 GB 17465.1 本条不适用。

13 结构

GB 17465.1 本章做下述修改后适用：

13.1 GB 17465.1 本条不适用。

13.2 GB 17465.1 本条适用。

13.3 GB 17465.1 本条适用。

13.4 GB 17465.1 本条适用。

13.5 代替：

连接器的插套应能自动调节，以便提供足够的接触压力。

是否合格，通过观察和使用图 4 的拔出力规检查每个单独相线及中线插套，以确保连接在外壳上的盖不会影响试验结果。连接器保持垂直，量规垂直朝下悬挂，试验期间，连接器的插套应至少将量规保持 30 s。插套的自动调节不应依靠绝缘材料的弹性。

13.6 GB 17465.1 本条适用于所有可拆线电器附件。

可拆线电器附件的外壳应由一个以上的部件组成,并应完全包围接线端子和软线的端部。

注:通过软连接方式连接起来的外壳部件,可看作是一个独立部件。

它的结构是:从线芯的分离点起,可以适当连接导线,并且当电器附件按正常使用装配和接线时,不应有以下危险:

——线芯相互挤压在一起;

——线芯与易触及金属表面的接触;

——线芯与其他带电部件的接触。

13.7 GB 17465.1 本条适用。

13.8 GB 17465.1 本条适用于连接器和插头连接器。

13.9 GB 17465.1 本条不适用。

13.10 GB 17465.1 本条适用于连接器和插头连接器。

13.11 GB 17465.1 本条不适用。

13.12 GB 17465.1 本条适用。

增加条款:

13.101 当器具输入插座、插头连接器和连接器完全与配套的电器附件插合时,耦合器应有确保能达到防有害进水等级的装置。

是否合格,通过观察及 14.101 的试验检查。

13.102 一个带线的连接器或插头连接器在正常使用时,当未与配套的电器附件插合时,应满足第 10 章和 14.101 的要求。

13.103 当配套的电器附件不在位时,连接器应备有盖以达到防潮防护等级的要求。盖能自动关闭且可靠地固定在连接器上。

是否符合 13.102 和 13.103 的要求,通过第 10 章、第 20 章、第 23 章、第 28 章 及 14.101 的试验检查。

13.104 安装在设备或器具中或与设备或器具形成一体的器具输入插座,从开口处的接触面到接线端或接线头,应有确保满足防有害进水等级要求的措施。

安装在设备中的不可拆线插头连接器应装有至少 500 mm 的软线或软缆(从软线进入插头连接器的入口点量起到软线进入设备的入口点)。

是否合格,通过观察及 14.101 的试验检查。

13.105 装有按正常情况使用的软线的连接器,如盖上装有弹簧,则当不插合配套的电器附件时应有足够的强度使盖立即闭合,在正常情况下打开和闭合的动作的角度不能小于 90°,且不能多于 100°。盖及相关的弹簧,如有的话,应能经受把盖打开到最大程度的损坏,且应由耐腐蚀的材料制成。

是否合格,通过观察以及 13.105.1 的试验检查。在试验后,盖应能按本部分所要求的情况闭合。

是否符合耐腐蚀材料的要求,通过 28.1 的试验检查。

13.105.1 在弹簧的作用下,以 15 次±2 次/min 的速率将盖按顺序完全打开和闭合 4 000 次。

14 防潮

GB 17465.1 本章做下述修改后适用:

将第六段改为:

试样在潮湿箱里存放 168 h(7 天)。

增加条款:

14.101 电器附件应有根据 GB 4208 规定的高于 IPX0 防护等级的措施。

是否合格，通过 GB 4208 相关试验检查，且应经受下面的试验，即在擦掉附件表面多余的水后立即进行第 15 章规定的电气强度试验。

电器附件应能经受电气强度试验，水滴不能进入样品内达到可观察的程度，载流部件上不能沾有水滴。

设计用于接线的电器附件应按如下进行测试：

a) 对于不可拆线的电器附件，用所带的软线进行试验；

b) 对于 6 A 可拆线的电器附件，用横截面积为 0.75 mm^2 的软线进行试验；

c) 对于 10 A 可拆线的电器附件，用横截面积为 0.75 mm^2 和 1 mm^2 的软线进行试验。

器具输入插座根据制造商的说明安装在防水外壳的里面或表面进行试验。

外壳或盖子的固定螺钉用条款 25 规定力矩的 2/3 拧紧。将附件放于最不利的位置进行试验。

连接器应在插合和不插合配套附件进行试验，使连接器满足防潮防护等级要求(13.102 中规定)的装置应按正常使用的情况进行安装。

15 绝缘电阻及电气强度

GB 17465.1 本章做下述修改后适用：

15.1 GB 17465.1 本条适用。

15.2 代替：

绝缘电阻用约 500 V 的直流电压测量，每次测量均应在施加电压 60 s±5 s 后进行。

绝缘电阻在如下部位之间测量：

a) 对于器具输入插座，使其与连接器处于插合状态，在连接在一起的载流插销与本体之间；

b) 对于器具输入插座，使其与连接器处于插合状态，依次在每一个载流插销和另一个与本体连接在一起的插销之间；

c) 对连接器和插头连接器，在连接在一起的载流插销或插套和本体之间；

d) 对连接器和插头连接器，依次在每一个载流插销或插套和另一个与本体连接在一起的插销或插套之间；

e) 对可拆线的连接器和插头连接器，在任何固定软线的金属部件，不包括夹紧螺钉，与插入在软线位置上的等于该软线最大直径的金属棒之间。

注：下表是软线的最大直径：

软线类型	线芯数及横截面积/mm^2	最大直径/mm
60227 IEC 53	2×0.75 2×1	7.2 7.5
60245 IEC 53	2×0.75 2×1	7.4 8.0

绝缘电阻不得少于 5 MΩ。

a)～d)项中的“本体”一词，包括所有的易触及的金属部件，固定螺钉、外部装配螺钉或类似部件和与绝缘材料的外部部件的外表面相接触的金属箔，包括连接器的插合面[c)项和 d)项)]。

把金属箔包裹在绝缘材料的外部部件的外表面上，但不能压进开口处。

15.3 代替：

将频率为 50 Hz 或 60 Hz 的基本正弦波电压施加到 15.2 所述的部位之间，历时 60 s±5 s。

试验电压为：

a) 在载流部件和本体之间为 4 000 V±60 V；

b) 所有其他部件之间 2 000 V±60 V。

开始时，施加的电压不得超过规定值的一半，然后迅速升到规定值。

在试验期间，不得出现闪络或击穿。

注 1：试验用的高压变压器在设计上必须做到，当把输出电压调到相应的试验电压后使输出端子短路时，输出电流至少是 200 mA，输出电流少于 100 mA 时，过流继电器不得动作。

注 2：应注意，所施加的试验电压的有效值应在±3%的范围内。

注 3：不会引起电压降的辉光放电可忽略不计。

16 插入和拔出连接器所需的力

16.1 GB 17465.1 本条适用。

16.2 GB 17465.1 本条适用。

增加条款：

16.101 应备有一个带保持作用的钩以防止不小心断开插合的附件。这个保持钩应能用双手无困难地、正确地插入或拔出连接器。

是否合格，通过手动操作及以下的试验进行判断。试验期间，施加主砝码时，附件应保持连接，当增加辅助砝码时，连接应断开。

用图 3 所示的设备来确定操作耦合器所需的最大和最小力。此设备由一块安装板(A)和一按正常使用情况接线的器具耦合器组成(B)，且应安装成：耦合器竖直向下悬挂，使插头连接器或器具输入插座朝下。

对使用夹紧螺钉的软线固定装置的可拆线器具耦合器，这些螺钉应用 25.1 所示力矩拧紧。

由保持装置提供的最大最小分离的力按以下方法测量：将连接器完全插入插头连接器或器具输入插座，装有主砝码(D)和辅助砝码(E)的托盘(C)连接到电缆(F)上。由这些组件所施加的力按下表所示。悬挂主砝码时不应使连接器摇动，允许辅助砝码从 50 mm±2.5 mm 的高度跌落到主砝码上。

组　件	力/N
托盘(C)和主砝码(D)	60±1
辅助砝码(E)	30±1

17 触头的工作

GB 17465.1 本章适用。

18 用于热条件或酷热条件下的器具耦合器的耐热性

GB 17465.1 本章不适用。

19 分断容量

GB 17465.1 本章做下述修改后适用：

第 4 段改为：器具输入插座或插头连接器应定位成：使通过插销的轴的平面成水平，且应拆除盖或使盖保持打开的状态。

20 正常操作

GB 17465.1 本章做下述修改后适用：

增加：

连接器应在拆除盖或使盖保持打开的状态下进行试验。

21 温升

GB 17465.1 本章做下述修改后适用：

触头和其他载流部件应设计成能防止因通过电流而引起过高的温升。

是否合格，通过如下试验检查：

可拆线连接器和插头连接器接上聚氯乙烯绝缘软线，最小长度为 500 mm，横截面积按如下规定：

——对 6 A 电器附件：0.75 mm^2；

——对 10 A 电器附件：1 mm^2。

用 25.1 中相应栏内规定的力矩的 2/3 拧紧端子螺钉。不可拆线的连接器和插头连接器应按交货状态受试，所接软线长度不能小于 500 mm。

将连接器插入符合标准图表 3B 的插头连接器，除了插销的最小尺寸应有 $^{+0.02}_{0}$ mm 偏差以外，插销的中心距为标准图表中所规定的值。

注：最小尺寸指图表 B 中规定的尺寸加上负的偏差。

插头连接器用符合本部分的连接器进行试验。

载流触头通以 1.25 倍的额定电流 $^{0}_{-0.5}$ A，历时 1 h，或是直到温度稳定为止，两者取较长的时间。

通过热电偶来确定温度，这些测温装置的选择和放置应对所测定的温度不产生影响。

端子或端头的温升不应超过 45 K。

22 软线及其连接

GB 17465.1 本章做下述修改后适用：

22.1 代替：

不可拆线的电器附件应接有按下表所示的符合 60227 IEC 53 或 60245 IEC 53 的软线。

耦合器的类型	标称横截面积/mm^2
插头连接器	0.75～1（按器具制造商的说明）
6 A 的连接器	0.75
软线长度不超过 2 m 的 10 A 连接器	0.75 或 1
软线长度超过 2 m 的 10 A 连接器	1

是否合格，通过观察判断。

22.2 修改：

GB 17465.1 本条适用于连接器和插头连接器。

22.3 代替：

对可拆线电器附件：

——如何实现免受应力和防止扭力应是清晰的；

——线芯的固定部件，或至少是其中的一部分，应与附件的其他组件之一构成一个整体或固定在其上；

——不应使用临时措施，如把软线系成一个结，或把软线末端用绳系起；

——芯线的固定部件应适用于可能被连接的各种不同种类的软线，其效果不应依赖于本体中各部件的装配；

——芯线的固定部件应是绝缘材料，或备有一个固定到金属部件上的绝缘衬垫；

——如果软线的固定部件的夹紧螺钉，用 GB 17465.1 图 10 所示的标准试验指是可触及的或电气上与可触及的金属部件是相连的，则软线应不可能碰触到这些螺钉。

通过观察和用 GB 17465.1 图 16 所示的试验装置进行拉力试验，接着进行扭矩试验来确定是否符合 22.2 和 22.3 的要求。

不可拆线电器附件按交货状态受试。可拆线电器附件用 60227 IEC 53 或 60245 IEC 53 的标称横截面积为 0.75 mm^2 和 1 mm^2 的软线进行试验。

将可拆线电器附件软线中的导线插入接线端子里，并将端子螺钉拧紧至足以防止导线窜动的程度。

按正常的方式使用软线固定部件，用 25.1 中相应栏内规定的力矩的 2/3 拧紧夹紧螺钉。将试样重新组装后，各部件应严密地结合，且不能将软线再推入电器附件。

把试样固定在试验装置中，使软线的轴线在插入电器附件的地方是垂直的。

软线经受 150 N±3 N 的拉力 25 次，不应使用爆发力，每次施力至少 1 s。

随后，软线要经受施加在接近软线入口处的最小扭矩为 0.15 Nm 的扭矩试验 60 s±5 s。

试验期间软线不应有损坏。

试验后，软线不应有大于 2 mm 的位移。对于可拆线电器附件，导线的端部在接线端子中不应有明显的移动；对于不可拆线的电器附件，不应损坏电气连接。

为了测量纵向位移，在试验开始前，使在经受规定值的初始拉力的同时，要在软线上作一标记，记号位于离电器附件或软线护套的末端约 20 mm 处。对于不可拆线的电器附件，如没有明确的电器附件或软线的末端，则还要在本体上作一标记，并测量两标记之间的距离。

试验后，在软线仍经受规定拉力的同时，测量软线上的标记相对于电器附件或软线护套的位移。

22.4 代替：

电器附件应设计成使软线在进入电器附件的地方不会过度弯曲。

通过观察和以下的试验检查是否合格。

电器附件在 GB 17465.1 图 17 所示的带有摆动部件的试验装置上进行弯曲试验。

可拆线连接器和插头连接器接上 1 mm^2 的合适长度的软线。如有软线护套，应放在其位置上。

不可拆线连接器按交货状态进行试验。

将样品固定到试验装置的摆动部件上，使得当摆动部件处于行程的中点时，软线在进入电器附件处的轴线与水平线垂直并通过摆动轴。

通过改变 GB 17465.1 图 17 中的距离 d 来定位摆动部件，使摆动部件在整个行程内运动时，软线的横向移动最小。

使软线负载 $20_{-2}^{\ 0}$ N 的力。

通过导线的电流为 10 A±0.1 A，它们之间的电压为额定电压。

摆动部件摆动 90°角（在垂直面两侧各 45°），对可拆线和不可拆线的电器附件，弯曲次数为 20 000 次，弯曲速率为(60±1)次/min。

注：一次弯曲是向前或向后的一次运动。

当弯曲到要求次数的一半时，将电器附件绕软线的轴线转过 90°。

试验要在未经受其他任何试验的试样上进行。

试验期间，电流不应中断，导线之间不允许短路。如果电流达到电器附件的额定电流的 2 倍时，则视为导线之间短路。

试验后，试样不应出现标准意义内的损坏，如有护套，不应与本体分离，软线的绝缘不应有磨损的痕迹；对不可拆线的电器附件，断开的绞合导线不应刺破绝缘而使得容易触及。

23 机械强度

GB 17465.1 本章做下述修改后适用：

23.1 代替：

电器附件应有足够的机械强度。

是否合格，通过如下规定的试验检查：

——对连接器，进行23.2、23.3和23.7的试验；

——对插头连接器，进行23.2的试验；

——对器具输入插座，进行23.5的试验。

注：对于安装在器具或其他设备中的暗装式器具输入插座的外壳，不必经受23.5的试验。

23.2 GB 17465.1做下述修改后适用：

将连接器和插头连接器插合，一起跌落500次。可拆线电器附件应接上60227 IEC 53类型的软线，选择横截面积按如下规定。

——对6 A的电器附件：0.75 mm^2；

——对10 A的电器附件：1 mm^2。

23.3 GB 17465.1本条适用。

23.4 GB 17465.1本条不适用。

23.5 第一段代替：

对明装式且有绝缘材料(外壳除弹性材料、热塑性材料或是其他弹性材料外)的器具输入插座，用GB 17465.1图21所示的弹簧冲击试验装置进行试验。对带弹性或热塑性材料的外壳的器具输入插座，开始试验前，将底座或软线放入−5 ℃±2 ℃的冷冻箱内至少16 h。当从冷冻箱内拿出后立即进行下面的试验。下面是用GB 17465.1图21所示的弹簧冲击试验装置进行的试验。

第五段代替：

锤头上有一个洛氏硬度为HR100、半径为10 mm的聚酰胺半球面，锤头固定在锤杆上的方式是：当冲击元件在释放点时，从锤头顶端到锥体前平面的距离为28 mm。

第七段代替：

锤头弹簧的调整，应使弹簧的压缩量约为28 mm，压缩量(mm)和弹簧张力(N)的乘积等于2 000，经过这样的调整，冲击能量为1 J±0.05 J。

第十二段代替：

将试样刚性支撑，在试样薄弱的每个点各冲击3次。

第十三段代替：

试验后，试样不应出现标准意义内的损坏。带电部件不得易触及，外壳不应有可见的裂纹。器具输入插座还应满足14.101的要求。

23.6 GB 17465.1本条不适用。

23.7 GB 17465.1本条适用。

24 耐热和抗老化性能

GB 17465.1本章做下述修改后适用：

24.1.1 GB 17465.1本条适用。

24.1.2 GB 17465.1本条适用。

24.1.3 修改：

GB 17465.1本条适用于连接器和插头连接器。

24.2 GB 17465.1本条适用。

25 螺钉、载流部件及其连接

GB 17465.1本章做下述修改后适用：

25.1 GB 17465.1本条适用。

25.2 GB 17465.1 本条适用。

25.3 GB 17465.1 本条适用。

25.4 GB 17465.1 本条适用。

25.5 GB 17465.1 本条适用。

25.6 GB 17465.1 本条适用。

25.7 GB 17465.1 本条适用。

25.8 GB 17465.1 本条不适用。

26 爬电距离、电气间隙和穿通绝缘距离

GB 17465.1 本章做下述修改后适用:

增加:

电器附件应接上具有如下规定的横截面积的软线进行试验:

——对 6 A 的电器附件:0.75 mm^2 的软线;

——对 10 A 的电器附件:1 mm^2 的软线。

27 绝缘材料的耐热、耐燃和耐电痕化

GB 17465.1 本章做下述修改后适用:

27.1 GB 17465.1 本条适用。

27.2 代替:

用于支撑或接触器具耦合器中的带电部件的绝缘材料部件应由耐电痕化材料制成。

是否合格,除陶瓷材料外的其他材料,按 GB/T 4207 所述进行试验检查。如果爬电距离至少是第 26 章规定值的两倍,则不需进行此项试验。

27.2.1 代替:

GB/T 4207 的第 3 章适用。

注:如果不可能在 3 mm 厚的试样上进行试验,则允许叠加试样至 3 mm 厚或使用 3 mm 厚的相同材料进行试验。

28 防锈

GB 17465.1 本章适用。

29 电磁兼容性(EMC)要求

GB 17465.1 本章适用。

附 录 A
（资料性附录）
工厂接线的器具耦合器有关安全方面的例行试验
（防触电保护和正确的极性连接）

GB 17465.1 中的本附录适用。

标准活页 A

用于冷条件下Ⅱ类设备的 IPX4 防护等级的 10 A 250 V 连接器

单位为毫米

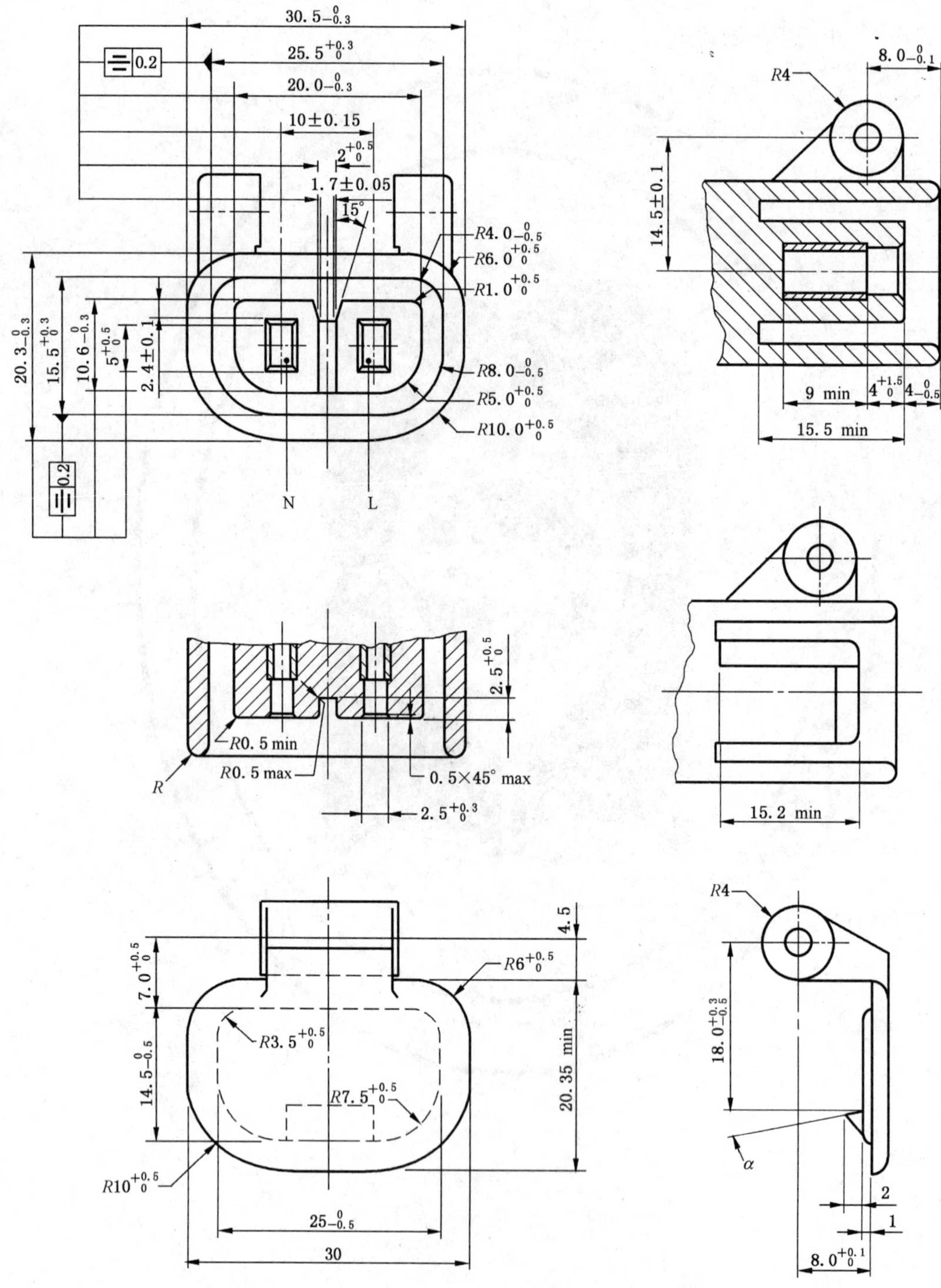

说明：

设计产品时，可不受上述各图的限制，但尺寸必须符合图示的规定。不带公差的尺寸仅做建议用。

调节角度 α 以满足 13.105 的要求。

标准活页 B

用于冷条件下Ⅱ类设备的 IPX4 防护等级的 10 A 250 V 器具输入插座

单位为毫米

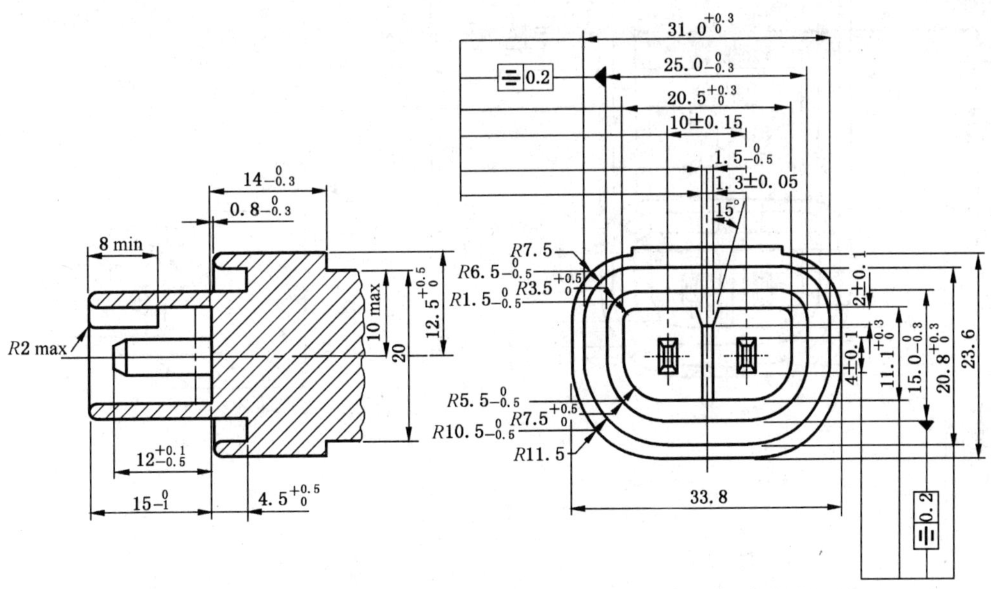

以下几种插销的形状可供选择：

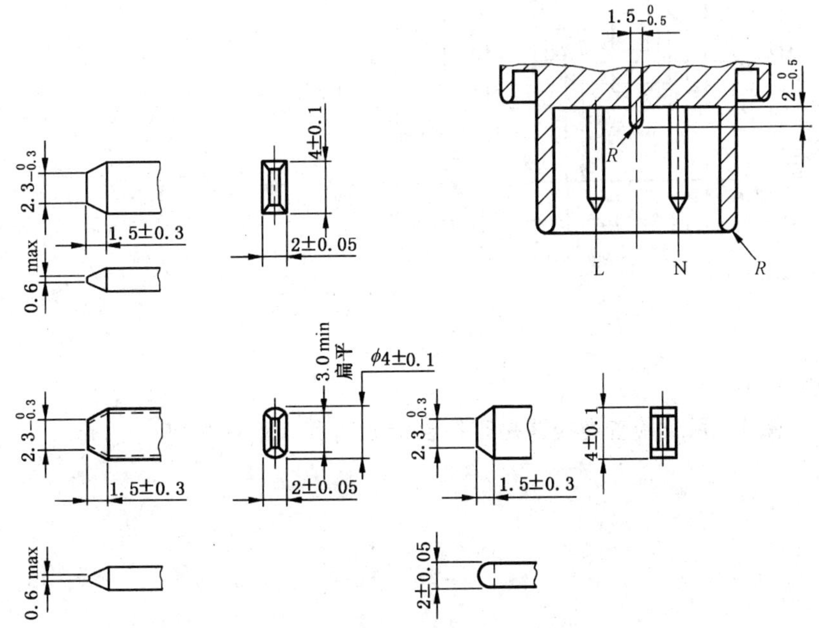

说明：

设计产品时，可不受上述各图的限制，但尺寸必须符合图示的规定，不带公差的尺寸仅做建议用。

单位为毫米

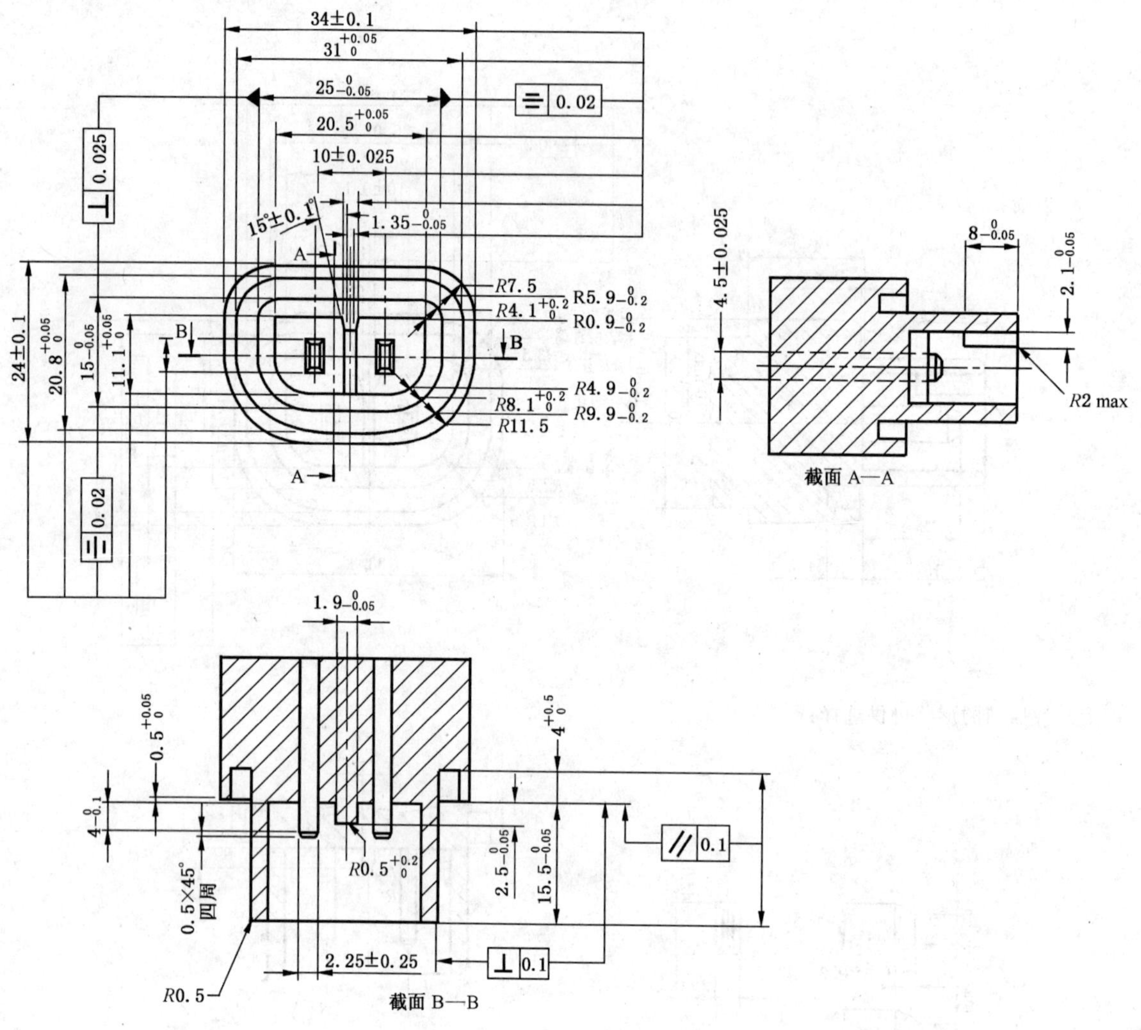

说明：

量规和插销：硬化处理过的钢。

图1　用于检查连接器是否符合标准活页A的通规（见9.1）

单位为毫米

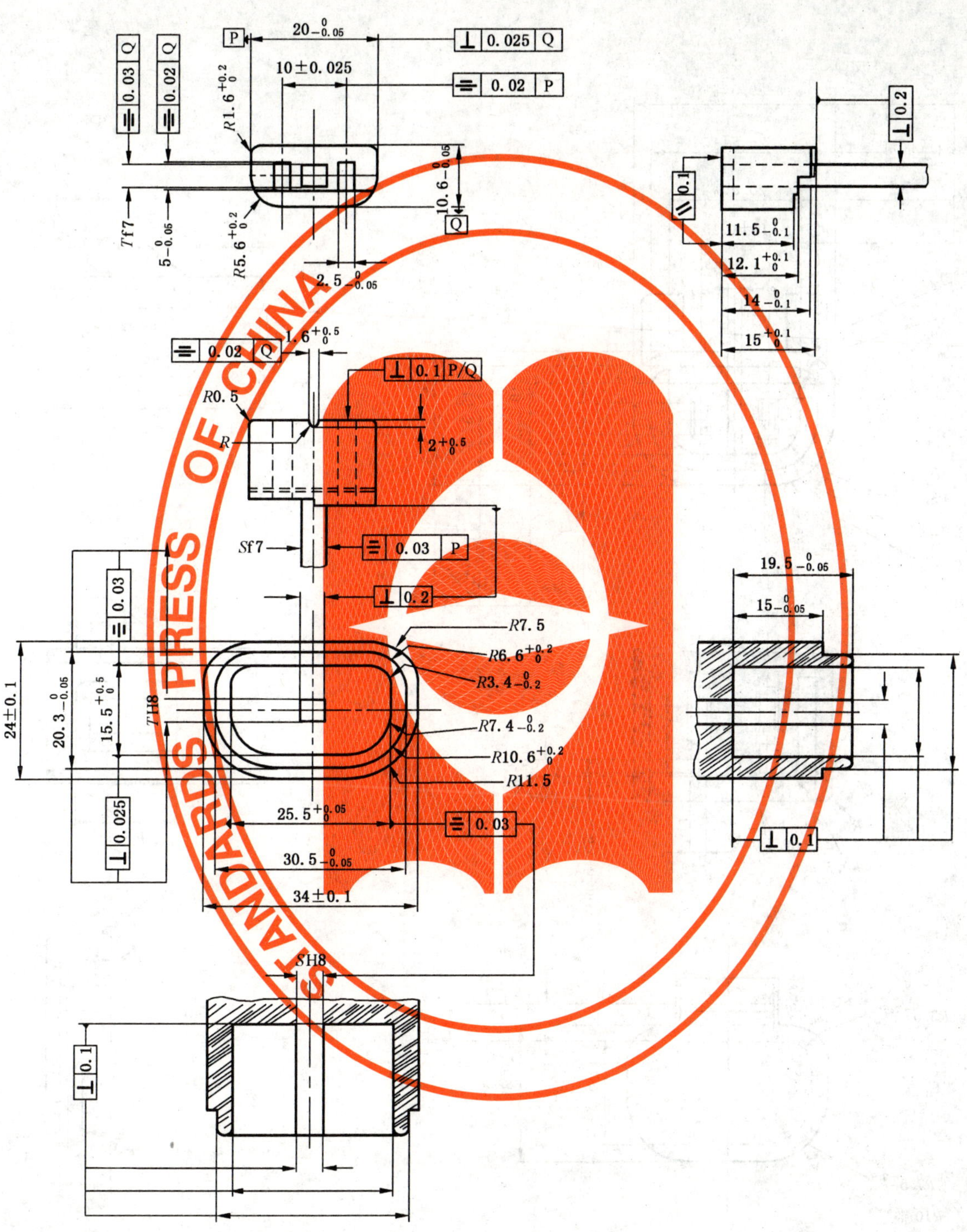

说明：

主通规和辅助通规：硬化处理过的钢。

辅助通规和孔的 S 和 T 的标称值没有规定，但要考虑公差。

图2　用于检查器具输入插座是否符合标准活页 B 的主通规和辅助通规(见 9.1)

标准活页 C
用于冷条件下Ⅱ类设备的 IPX4 防护等级的 6 A 250 V 连接器

单位为毫米

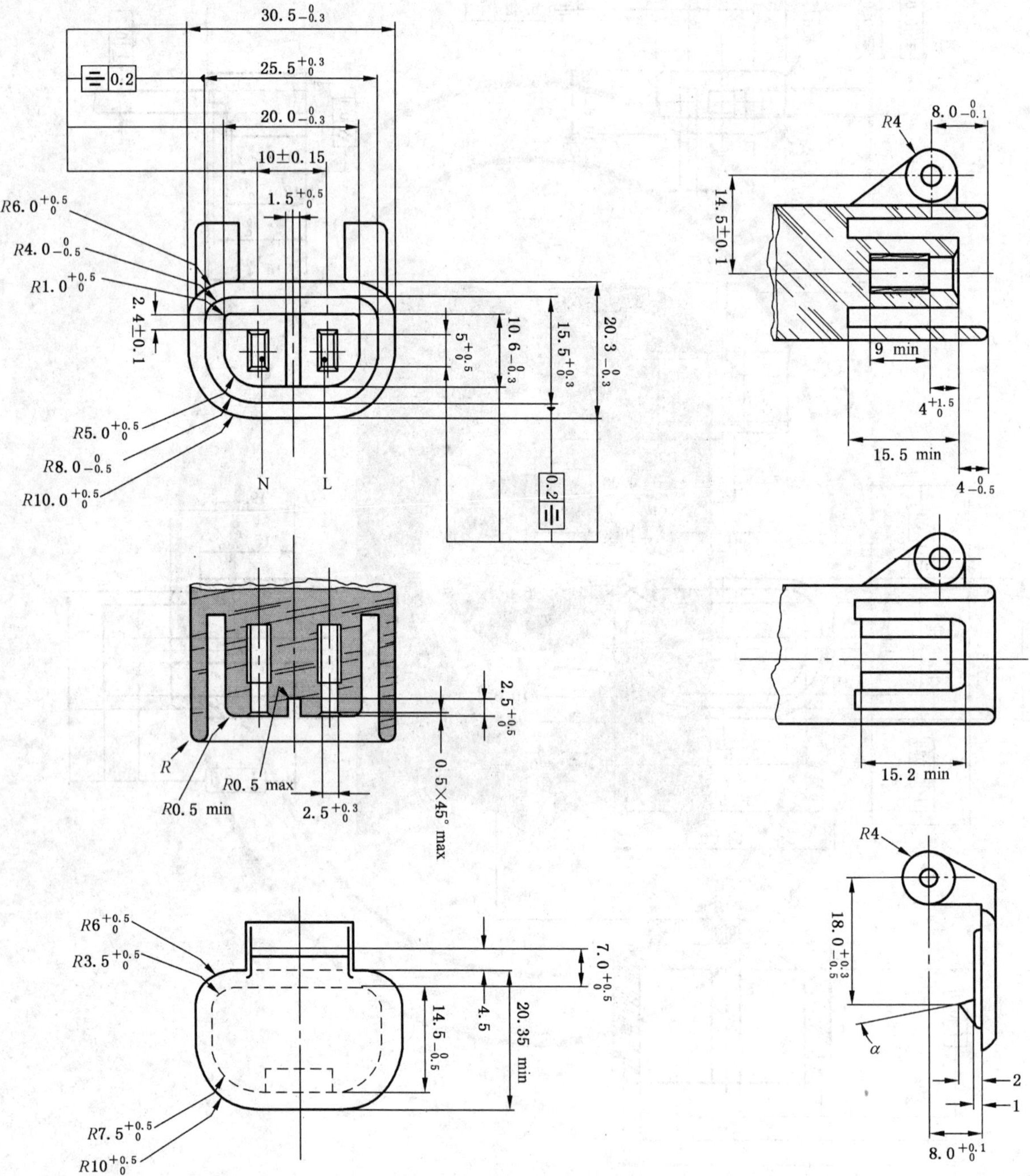

说明：

设计产品时，可不受上述各图的限制，但尺寸必须符合图示的规定。不带公差的尺寸仅做建议用。

调节角度 α 以满足 13.105 的要求。

标准活页 D
用于冷条件下Ⅱ类设备的 IPX4 防护等级的 6 A 250 V 器具输入插座

单位为毫米

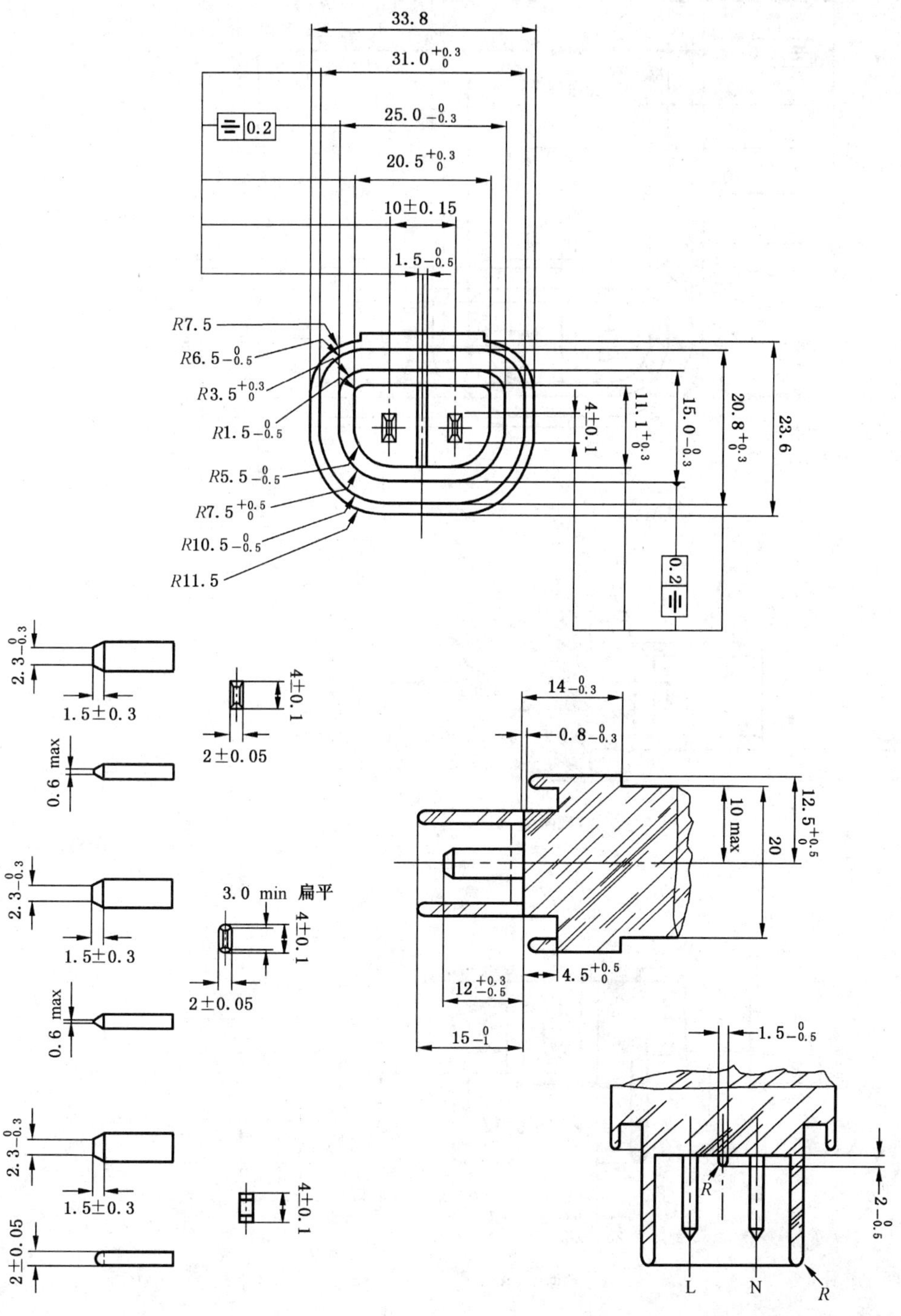

说明：

设计产品时，可不受上述各图的限制，但尺寸必须符合图示的规定。不带公差的尺寸仅做建议用。

单位为毫米

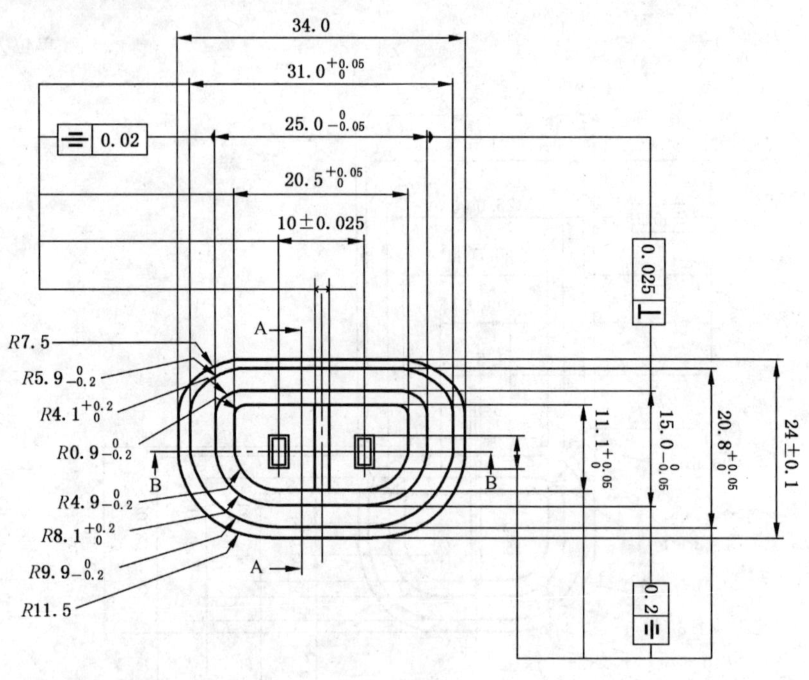

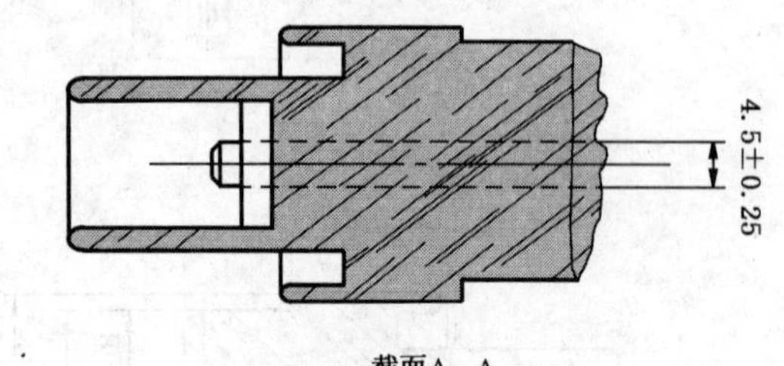

截面A—A

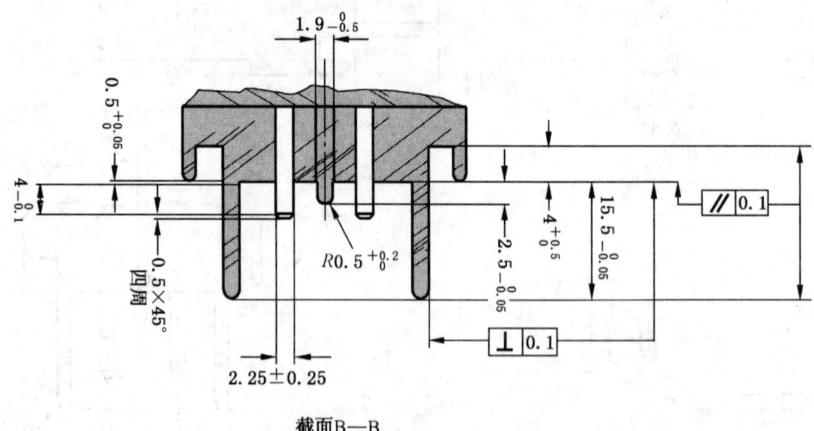

截面B—B

说明：

量规和插销：硬化处理过的钢。

图 1A　用于检查连接器是否符合标准活页 C 的通规(见 9.1)

单位为毫米

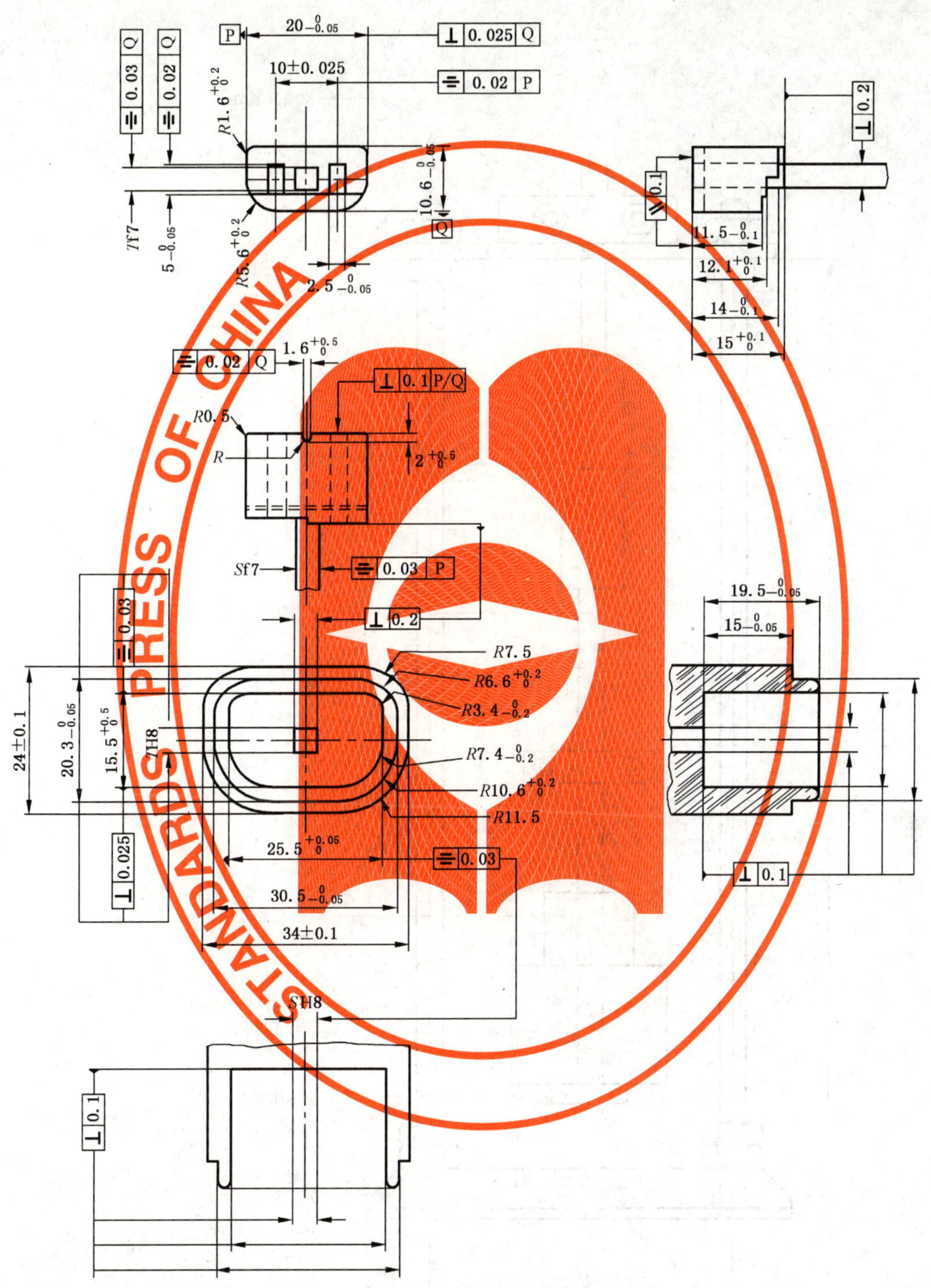

说明：

主通规和辅助通规:硬化处理过的钢。

辅助通规和孔的 S 和 T 的标称值没有规定,但要考虑公差。

图 2A　用于检查器具输入插座是否符合标准活页 D 的主通规和辅助通规(见 9.1)

单位为毫米

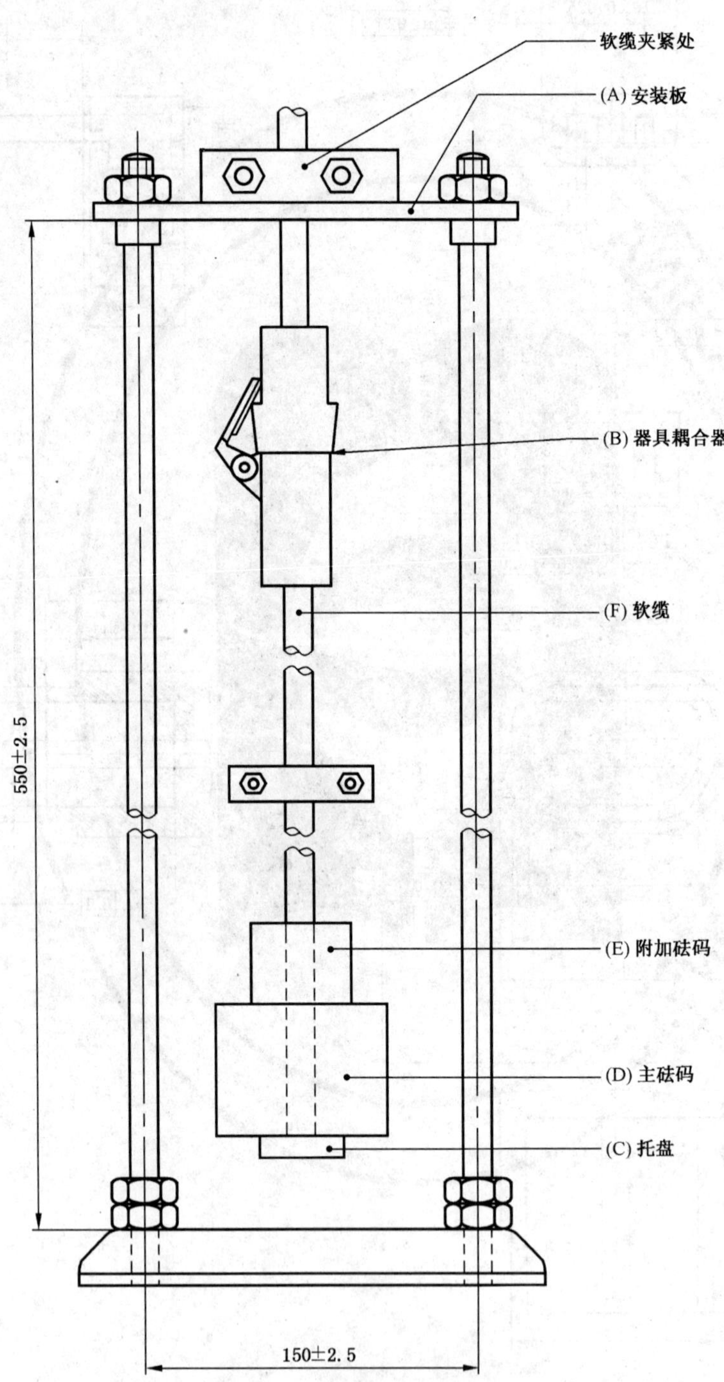

图 3　检查分离耦合器所需的最大力和最小力试验装置(见 16.101)

单位为毫米

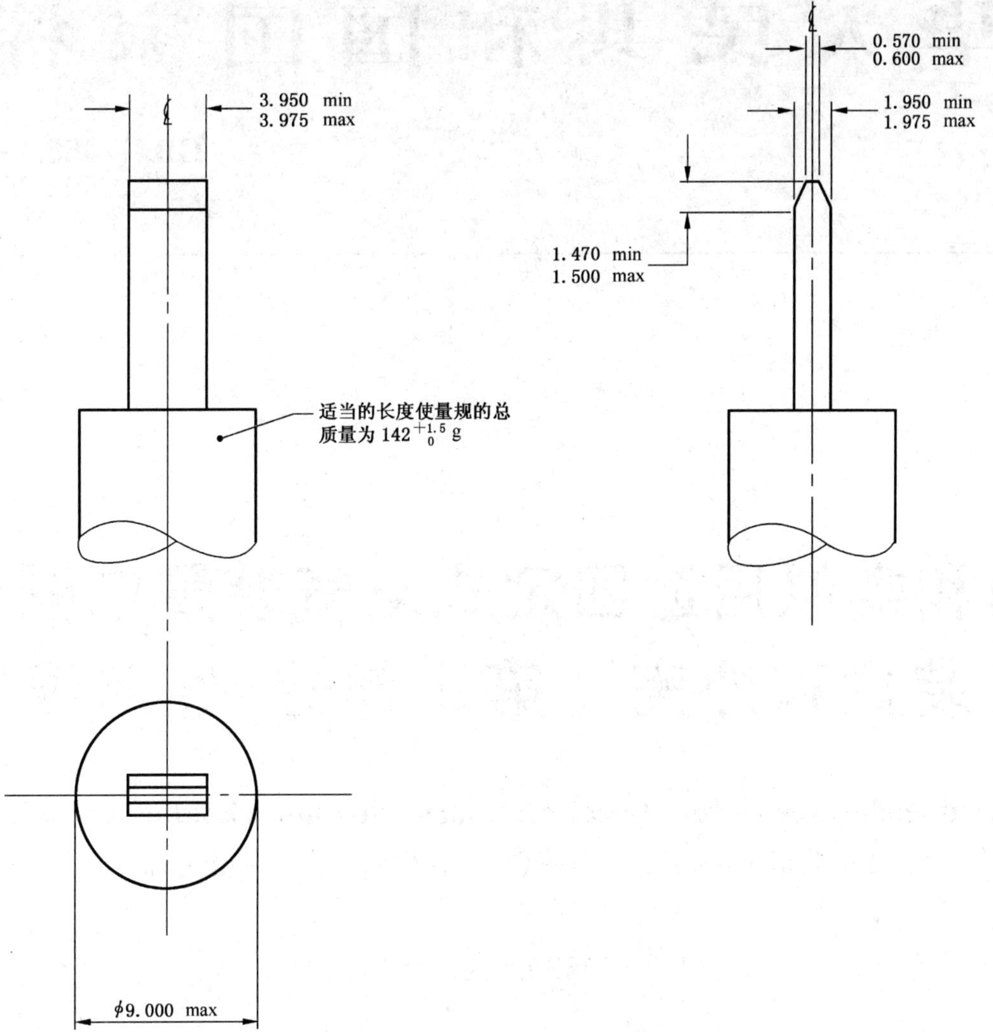

图4　拔出力规(见13.5)

ICS 29.120.10
K 65

中华人民共和国国家标准

GB 17466.1—2008
代替 GB 17466—1998

家用和类似用途固定式电气装置电器附件安装盒和外壳　第1部分：通用要求

Boxes and enclosures for electrical accessories for household and similar fixed electrical installations—Part 1: General requirements

(IEC 60670-1:2002 MOD)

2008-12-30 发布　　2010-02-01 实施

中华人民共和国国家质量监督检验检疫总局
中国国家标准化管理委员会　发布

前　言

GB 17466 的本部分全部技术内容为强制性。

GB 17466 是家用和类似用途固定式电气装置电器附件安装盒和外壳系列标准，分为以下几部分：

第 1 部分：通用要求(GB 17466.1)

第 2 部分：特殊要求(GB 17466.21～GB 17466.24)

——用于悬吊装置的安装盒和外壳的特殊要求

——接线盒和外壳的特殊要求

——地面安装盒与外壳的特殊要求

——装有家用的保护装置和类似电源功耗的装置的外壳的特殊要求

本部分是 GB 17466 的第 1 部分，修改采用 IEC 60670-1:2002《家用和类似用途固定式电气装置电器附件安装盒和外壳　第 1 部分：通用要求》。本部分与 IEC 60670-1:2002 的主要差异如下：

1. 使用环境温度的差异

IEC 60670-1:2002 第 1 章规定："符合本标准的安装盒和外壳适用于通常不超过 25 ℃，偶尔会达到 35 ℃的环境温度下。"考虑到我国所处的地理位置，实际自然气候环境温度分布情况，长江以南处于亚湿热带地区和湿热带地区的年平均温度和最高温度较高，湿度较大。因此本部分把使用环境温度改为："符合本部分的安装盒和外壳适用于通常不超过 35 ℃，偶尔会达到 40 ℃的环境温度下。"

2. 防触电保护试验温度的差异

IEC 60670-1:2002 第 10 章规定："另外，所有根据 7.1.1 和 7.1.3 分类的热塑性或弹性材料外壳应处于在环境温度为(35±2)℃下，用 GB/T 16842 标准中探针 11 末端施加 1 min 的力。"考虑到第 1 章的规定，本部分改为"另外，所有根据 7.1.1 和 7.1.3 分类的热塑性或弹性材料外壳应处于在环境温度为(40±2)℃下，用 GB/T 16842 中探针 11 末端施加 1 min 的力。"

3. 湿热试验的温度差异

IEC 60670-1:2002 中 14.1 的规定："放置试样的空气温度应保持在 20 ℃～30 ℃之间，偏差在±1 ℃。将试样放进潮湿箱之前，要使试样达到 t ℃～$(t+4)$℃之间"考虑到我国部分地区为湿热带气候，并且我国电工电子产品均采用(40±2)℃进行湿热试验，所以本部分规定："放置试样之处的空气温度应维持在(40±2)℃。将试样放进潮湿箱之前，要使试样的温度达到这个温度。"

本部分代替 GB 17466—1998《家用和类似用途固定式电气装置电器附件外壳的通用要求》。

本部分内容与 GB 17466—1998 相比主要变化如下：

1. 修改了标准的适用范围，适用产品的额定电压由 440 V 修改为额定电压不超过 1 000 V(a.c.)和 1 500 V(d.c.)，同时增加了不适用范围，"本标准不适用于：天花板灯线盒；照明支承配件；为 GB/T 19215 电缆槽管系统专门设计且不打算安装在这些系统之外的安装盒、外壳和外壳部件。"

2. 增加了第 2 章"规范性引用文件"。

3. 第 3 章定义增加了"安装盒延伸物"、"凸盖"、"外露的导电部件"、"电缆密封接头"、"密封物(填充)"、"垫圈"、"密封圈"、"入口膜片"、"保护膜片"、"复合材料"、"导管接续口"、"电缆保持装置"、"电缆固定装置"等术语的解释。

4. 增加了第 5 章"关于试验的一般说明"。

5. 增加了第 6 章"额定值"。

6. 第 7 章"分类"增加了按"入(出)口类型"和"夹紧装置"两种分类方式。

7. 第 8 章"标志"增加了用于安装到粗糙表面的外壳 IP 等级标识的要求。

8. 增加了第 9 章“尺寸”要求。

9. 第 10 章“防触电保护”增加了 10 N 对敲落孔和 75 N 对绝缘材料的变形会损坏到安全之处的探针试验。

10. 第 11 章“接地措施”增加了 11.2“根据 7.7.2 分类的绝缘材料安装盒和外壳”的要求。

11. 第 12 章“结构”增加了 12.1～12.8 以及 12.10～12.14 的要求。

12. 第 13 章“耐老化、防潮、防固体物质进入和防有害进水”增加了部分要求并给出了详细的试验方法。

13. 第 14 章“绝缘电阻和电气强度”增加了 1 250 V、2 500 V、3 000 V、3 500 V 耐压测试的要求。

14. 第 15 章“机械强度”增加了冲击部位和冲击高度等要求。

15. 将耐非正常热和耐燃分开为第 16 章和第 18 章要求，并增加 125 ℃球压和 850 ℃灼热丝测试等要求。

16. 增加了第 17 章“爬电距离、电气间隙和穿通密封胶的距离”的要求。

17. 由于增加了第 5 章的要求，章条号发生了变化。

本部分的附录 A 为资料性附录。

本部分由中国电器工业协会提出。

本部分由全国电器附件标准化技术委员会(SAC/TC 67)归口。

本部分起草单位：中国电器科学研究院、浙江正泰建筑电器有限公司、杭州鸿雁电器有限公司、天基电气(深圳)有限公司、广东松本电工电器有限公司、惠州雷士光电科技有限公司、北京松下电工有限公司、奇胜工业(惠州)有限公司、中国家用电器研究院、TCL-罗格朗国际电工(惠州)有限公司、广东出入境检验检疫局。

本部分起草人：刘波、陈玉、单朝兰、安桂龙、蒙智强、张文捷、何均匀、朱鸿斌、唐衍兰、贾玉霖、邹华山、刘新春、张朝冠、孙进喜、汪凤琴、吕国伟。

本部分所代替标准的历次版本发布情况为：

——GB 17466—1998。

家用和类似用途固定式电气装置电器附件安装盒和外壳　第1部分:通用要求

1 范围

GB 17466 的本部分适用于户内或户外使用的额定电压不超过 1 000 V(a.c.)和 1 500 V(d.c.)的家用和类似用途固定式电器装置的电器附件安装盒、外壳或外壳部件(以后统称"安装盒"和"外壳")。

注:安装盒和外壳的特殊类型的要求见相应的 GB 17466 第 2 部分。

符合本部分的安装盒和外壳适用于通常不超过 35 ℃,偶尔会达到 40 ℃的环境温度下。

注:考虑我国地理气候环境,我国部分地区为湿热带气候,因此,规定外壳的使用环境温度为"通常不超过 35 ℃,偶尔会达到 40 ℃"。IEC 60670-1 中该条规定的环境温度为"通常不超过 25 ℃,偶尔会达到 35 ℃"。

本部分适用范围是全国电器附件标准化技术委员会(TC 67)和全国低压电器标准化技术委员会(TC 189)中家用断路器及类似设备(对应 IEC/SC 23E)的电器附件安装盒和外壳。

注:本部分也可作为其他标准化技术委员会和分委员会的参考文件。

成为电器附件不可分离的一部分并能为电器附件提供防外部影响(如机械冲击、固体或水进入等)的安装盒和外壳,适用于该电器附件相关标准要求。

本部分不适用于:

——天花板灯线盒;

——照明支承配件;

——为 GB/T 19215 电缆槽管系统专门设计且不打算安装在这些系统之外的安装盒、外壳和外壳部件。

2 规范性引用文件

下列文件中的条款通过 GB 17466 的本部分的引用而成为本部分的条款。凡是注日期的引用文件,其随后所有的修改单(不包括勘误的内容)或修订版均不适用于本部分,然而,鼓励根据本部分达成协议的各方研究是否可使用这些文件的最新版本。凡是不注日期的引用文件,其最新版本使用于本部分。

GB/T 2423.55—2006　电工电子产品环境试验　第 2 部分:试验方法 试验 Eh——锤击试验(IEC 60068-2-75:1997,IDT)

GB/T 4207—2003　固体绝缘材料在潮湿条件下的相比电痕化指数和耐电痕化指数的测定方法(IEC 60112:1979,IDT)

GB 4208—2008　外壳防护等级(IP 代码)(IEC 60529:2001,IDT)

GB/T 5169.10—2006　电工电子产品着火危险试验　第 10 部分:灼热丝/热丝基本试验方法　灼热丝装置和通用试验方法(IEC 60695-2-10:2000,IDT)

GB/T 5169.11—2006　电工电子产品着火危险试验　第 11 部分:灼热丝/热丝基本试验方法　成品的灼热丝可燃性试验方法(IEC 60695-2-11:2000,IDT)

GB/T 5169.21—2006　电工电子产品着火危险试验　第 21 部分:非正常热　球压试验(IEC 60695-10-2:2003,IDT)

GB/T 17045—2006　电击防护　装置和设备的通用部分(IEC 61140:2001,IDT)

GB/T 17193—1997　电气安装用超重荷型刚性钢导管(idt IEC 60981:1989)

GB/T 17194—1997　电气导管　电气安装用导管的外径和导管与配件用的螺纹(eqv IEC 60423:1993)

GB/T 16842—1997 检验外壳防护用的试具(idt IEC 1032:1990)

GB/T 19215(所有部分) 电气安装用电缆槽管系统

3 定义

下列定义适用于 GB 17466 的本部分。

3.1

外壳 enclosure

如安装盒、盖、盖板、盖子、安装盒的延伸物、电器附件等各部件的组合。当这些部件按正常使用装配并安装好后,能提供相应的防外部影响的保护及防止从任何方向触及外壳内带电部件的所规定保护(见附录 A)。

3.2

安装盒 box

外壳的一部分,用于容纳电器附件(如插座、开关等),并可固定盖和盖板、电器附件等的机构。

3.3

安装盒延伸物 box extension

外壳的一部分,该部件用来增加安装盒或外壳的内部容积,或调整暗装或半暗装安装盒在墙壁或类似物体修整表面的安装。

3.4

盖子、盖或盖板 lid,cover or cover-plate

外壳中可以用来保持电器附件在位或起密封作用的一部分,这部分不与电器附件成一体或不作为电器附件的一部件。

3.5

凸盖 raised cover

用于直接安装到安装盒,为电器附件附加装置而提供且能增加外壳的内部容量的盖。

注:盖的中心部分抬升以调节所规定的墙壁或天花板厚度,并且允许电器附件安装在盖上使其与墙壁或天花板表面齐平。

3.6

外露的导电部件 exposed conductive part

电气装置的导电部件,该部件在正常情况下能被触及且不带电,但当基本绝缘失效后会变为带电。

3.7

明装式安装盒和外壳 surface mounting box or enclosure

用于安装在安装表面上的安装盒或外壳。

3.8

暗装式安装盒和外壳 flush-mounting box or enclosure

用于安装在与安装表面齐平的安装盒或外壳(见附录 A)。

3.9

半暗装式安装盒和外壳 semi-flush mounting box or enclosure

用于装进安装表面并部分高出于该表面的安装盒或外壳。

3.10

电缆密封接头 cable gland

在设计上能使电缆进入外壳并提供密封和保持作用的装置。该装置也提供其他功能,如:接地、粘合、绝缘、电缆保护、应力消除或以上的组合功能。

3.11

密封物(填充)　seal (packing)

填充在密封接头和电缆所穿通空间之间的材料,通常被密封装置施压并因此形成一个结合点。

3.12

垫圈　gasket

靠施压形成结合点的匹配外壳之间的填充材料。

3.13

密封圈　grommet

在进入点支撑和保护电缆或导管的部件。它也能阻止湿气或污染物的进入(见图 1)。

3.14

入口膜片　entry menbrane

保护电缆用的配件或与外壳形成一体的部件,通常用于在进入点支撑电缆或导管。

注:一个入口膜片也可以阻止湿气或污染物的进入及成为密封圈的一部分(见图 1)。

3.15

保护膜片　protecting menbrane

在正常使用中不穿透但能提供防水或固体进入和(或)允许电器附件的动作(见图 1)的 配件或与外壳形成一体的部件。

3.16

复合材料　composite material

由金属和绝缘材料组合而成。

3.17

导管接续口　spout (hub)

允许导管插入并能保持导管在位的安装盒的入口。

3.18

电缆保持装置　cable retention

能够限制已安装电缆因拉力而产生位移的部件。

3.19

电缆固定装置　cable anchorage

能够限制已安装电缆因抗力、推力和力矩而产生位移的部件。

4　一般要求

外壳每一部件在设计和构造上应保证:当按正常使用要求安装好之后,外壳能确保为其内部的各部件提供足够的电气和机械保护,并确保对使用者的影响或对周围环境的危害最小。

是否合格,通过全部有关的要求和规定的试验来检查。

5　关于试验的一般说明

5.1　本部分规定的试验均为型式试验。

除非另外规定,否则安装盒和外壳试验均应按交货状态进行。

符合其他标准的附件不进行本部分试验。

对绝缘材料制成的安装盒和外壳应在环境温度和相对湿度为 45%～85%的条件下预处理 10 d 后才能进行试验。

除非另外规定,否则试验应用一组三个新试样在环境温度(20±5)℃下按照本部分条文的顺序进行。

5.2　如果有一个试样因装配或制造上的缺陷,出现一项试验不合格,则应用另一组(三个)样品重复该项试验及对该项试验结果有影响的前面的任何试验及后续规定序列的试验。这三个试样应符合本部分要求。

注：申请人可在送交第一组试样的同时送交另一组(三个)附加试样，供万一有试验不合格时使用。这样(申请人)无需再申请，试验站即可用附加试样进行重复试验，并只有再出现不合格项目时，才判为不合格。如果不同时送交附加试样组，若有一个试样不合格，即可判为不合格。

6 额定值

见本部分相关第2部分。

7 分类

安装盒和外壳根据表1进行分类。

表1 安装盒和外壳的分类

<table>
<tr><th colspan="3">分类标准</th></tr>
<tr><td rowspan="3">7.1 材料的性质</td><td>7.1.1 绝缘材料</td><td rowspan="3"></td></tr>
<tr><td>7.1.2 金属材料</td></tr>
<tr><td>7.1.3 复合材料</td></tr>
<tr><td rowspan="7">7.2 安装方法[a]</td><td rowspan="3">7.2.1 暗装、半暗装或嵌入式安装</td><td>7.2.1.1 非可燃性墙壁、非可燃性天花板、非可燃性地板</td></tr>
<tr><td>7.2.1.2 可燃性墙壁、可燃性天花板、可燃性地板</td></tr>
<tr><td>7.2.1.3 空心墙壁、空心天花板、空心地板或空心家具</td></tr>
<tr><td rowspan="2">7.2.2 明装式</td><td>7.2.2.1 非可燃性墙壁、非可燃性天花板、非可燃性地板或非可燃性家具</td></tr>
<tr><td>7.2.2.2 可燃性墙壁、可燃性天花板、可燃性地板或可燃性家具</td></tr>
<tr><td rowspan="2">7.2.3 定位</td><td>7.2.3.1 适于在浇注过程中安装进混凝土里(见7.6)</td></tr>
<tr><td>7.2.3.2 适于除安装进混凝土里以外的其他安装方式</td></tr>
<tr><td rowspan="7">7.3 入(出)口类型[b]</td><td>7.3.1 固定安装用铠装电缆用入口</td><td rowspan="7"></td></tr>
<tr><td>7.3.2 软缆用入口</td></tr>
<tr><td>7.3.3 平导管或波形导管用入口</td></tr>
<tr><td>7.3.4 螺纹形导管用入口</td></tr>
<tr><td>7.3.5 其他类型导线/电缆或导管用入口</td></tr>
<tr><td>7.3.6 带导管入口</td></tr>
<tr><td>7.3.7 无入口，入口的开口将在安装时生成</td></tr>
<tr><td rowspan="4">7.4 夹紧装置</td><td>7.4.1 带电缆保持装置</td><td rowspan="4"></td></tr>
<tr><td>7.4.2 带电缆固定装置</td></tr>
<tr><td>7.4.3 带软管用夹紧装置</td></tr>
<tr><td>7.4.4 不带夹紧装置</td></tr>
</table>

表 1（续）

<table>
<tr><th colspan="3">分　类　标　准</th></tr>
<tr><td rowspan="3">7.5　按安装过程中的最低与最高温度</td><td>7.5.1　−5 ℃～+60 ℃</td><td></td></tr>
<tr><td>7.5.2　−15 ℃～+60 ℃</td><td></td></tr>
<tr><td>7.5.3　−25 ℃～+60 ℃</td><td></td></tr>
<tr><td rowspan="2">7.6　按浇注过程中的最高温度[c]</td><td>7.6.1　+60 ℃</td><td></td></tr>
<tr><td>7.6.2　+90 ℃[d]</td><td></td></tr>
<tr><td rowspan="5">7.7　空心墙壁和根据7.2.1.3 分类的类似安装盒和外壳</td><td>7.7.1　Ha 分类</td><td></td></tr>
<tr><td rowspan="2">7.7.2　Hb 分类</td><td>7.7.2.1　墙壁 Hb 分类</td></tr>
<tr><td>7.7.2.2　天花板 Hb 分类</td></tr>
<tr><td rowspan="2">7.7.3　根据部分安装进空心墙壁的保护等级</td><td>7.7.3.1　IP2X</td></tr>
<tr><td>7.7.3.2　>IP2X</td></tr>
<tr><td colspan="3">a 安装盒和外壳可以适用于多种安装方式。
b 安装盒和外壳可以有多于一种的入口类型。
c 这些仅适用于根据 7.2.3.1 分类的安装盒和外壳。
d 这些分类是使用在混凝土中且在建造过程中临时承受的温度不大于+90 ℃。</td></tr>
</table>

8　标志

8.1　安装盒和外壳应有如下标志：

a)　制造商或供应商的名称、商标或识别标志。

另外，外壳应标有：

b)　如果防固体进入的 IP 等级高于 IP2X，那么在这种情况下，第 2 位 IP 数字就应标出；

c)　如果防有害进水的 IP 等级高于 IPX0，那么在这种情况下，第 1 位 IP 数字就应标出；

d)　用于安装到粗糙表面的且 IP 等级取决于表面情况的暗装式外壳的盖需标识的标志 IPXX（见图 5）；

e)　型号，可以是目录编号。

IP 等级，如适用，应标在外壳的外面。当外壳按正常使用要求安装和接线时，该标志应清晰易辨。以下资料应标在安装盒和外壳上或由制造商在最小包装或其说明书中提供：

f)　最高温度，在房建过程中如果是 90 ℃；

g)　安装过程中与开口有关的必需信息，如果安装盒和外壳符合 7.3.7 分类；

h)　安装时的最低温度，如果安装盒符合 7.5.2 和 7.5.3 分类；

i)　根据 7.7.2 进行分类的安装盒和外壳，最小内部容积（cm^3）根据 12.12.4 试验所决定。内部容积应标在安装盒或外壳的内部，安装盒或外壳的标志在它们按正常方式安装后但在布线安装或接线前清晰可见；

j)　根据 7.7.1 进行分类的安装盒的符号 Ha，根据 7.7.2 进行分类的安装盒的符号 Hb；

除非不言自明外，制造商的产品目录或说明书中应给出保证外壳正确使用的更多资料。

在特殊情况下为了获得更高的防护等级会使用特殊部件，则需要提供一份产品说明图表提示具有更高的防护等级。在这种情况下，标志覆盖了初始防护等级。

8.2　安装盒和外壳的标志应耐久且清晰易辨。

是否符合 8.1 和 8.2，通过观察并进行如下试验检查。

用手以浸透水的布片擦 15 s 后，再以浸透汽油的布片擦 15 s。

注 1：用印、铸、压或刻等办法制成的标志，不进行此项试验。

注 2：建议所用汽油为溶剂已烷，其芳族含量体积比最大为 0.1%，贝壳松脂丁醇值为 29，初沸点约为 65 ℃，干点约为 69 ℃，密度为 0.68 g/cm^3。

试验后标志应仍然清晰易辨。

9 尺寸

安装盒和外壳应符合相关的标准页(如有)。

是否合格,通过观察和测量来检查。

10 防触电保护

安装盒和外壳应设计成:根据制造商产品说明书进行组装、装配、安装后,在正常使用情况下均不能触及带电部件。

外壳按正常使用要求组装、装配、安装后,防护等级应不小于 IPXXB。

不带盖、盖板或附件供应的外壳,试验时应根据制造商的说明书信息组装相应的部件进行。

通过观察来检查是否合格,在有疑问的情况下进行下列试验:

外壳根据制造商的产品说明书进行安装后,外壳用 GB/T 16842—1997 的探针 11 施加 20 N 的力 1 min,试验探针应无法进入外壳带电部件所在之处。

试验应在安装后在易触及的部件上进行。

另外,所有根据 7.1.1 和 7.1.3 分类的热塑性或弹性材料外壳应在环境温度为(40±2)℃的条件下,用 GB/T 16842—1997 中探针 11 末端施加 1 min 的力。

探针被施加到:

——除了膜片或类似部件外的所有部件,绝缘材料的变形易危及安全之处施加 75 N;

——敲落孔 10 N。

11 接地保护

11.1 带外露导电部件的安装盒和外壳

带外露导电部件的安装盒和外壳必须提供一个低电阻的接地装置或具类似接地装置的保护部件。为此,定位底盒、盖或盖板等用的并与带电部件隔离的小螺钉和类似部件,不认为是外露导电部件。

当正常安装使用时,盖或盖板的外露导电部件应通过低电阻连接到接地装置上。

通过观察和进行如下试验进行检查:

依次向接地端子和每一个外露导电部件之间通以 25 A 交流电流,电源空载电压不超过 12 V。测出接地端子与易触及导电部件之间的电压降,并根据电流和这一压降计算出电阻。

任何情况下,电阻不超过 0.05 Ω。

注 1:注意,试验时测量探针末端和外露导电部件之间的接触电阻不影响试验结果。

注 2:具有 IP>X0 的绝缘安装盒和外壳,当有多于一个的入口时,宜能提供附加装置以保证接地导体的有效连续性。

11.2 根据 7.7.2 分类的绝缘材料安装盒和外壳

绝缘材料安装盒和外壳为了达到接地的目的,应至少提供一个接地条,要求该接地条应带有一个接线容量至少为 4 mm^2 的螺纹端子。接地条的设计应保证安装在安装盒内的电器附件金属安装架和安装在盒上的金属盖板均连接到接地导线上(见图 2)。

是否合格,通过如下试验检查:

试验应在两个样品上进行,其中一个样品按送检状态进行,另一个样品应先在 90 ℃的空气循环烘箱中预处理 168 h,然后冷却到室温。

图 3 所示的试验条的开槽端放置在接地端子螺钉下固定到接地条上。当施加表 4 相应的力矩时,接地端子的螺纹不应失效。

对样品进行预处理时,在试验前试验条应连接到样品上。

固定样品,从垂直于样品敞口面的方向施加 45 N 的力到试验条,并历时 5 min。

不应使用爆发力。如果使用一个拉伸机械，钳夹分离速度应为10 mm/min。

在每一试验后，试验条不应变松或与样品分离。

12 结构

12.1 盖子、盖或盖板或及其部件

防触电保护的盖子、盖或盖板或及其部件应有效地保持在相应的位置上。

注：建议盖或盖板的固定件应是不能自行脱落的。使用紧密配合的厚硬纸板垫圈之类作紧固件即可视为足以紧固螺钉防止自行脱落。

12.1.1 螺钉型固定件固定的盖子、盖或盖板

用螺纹型固定的盖子、盖或盖板应通过观察检查是否合格。

12.1.2 操作时不使用工具或钥匙的非螺纹型固定的盖子、盖或盖板

对不靠螺钉来固定的，而且拆卸时要靠垂直于安装或支承表面方向表2的力才能拆掉的盖子、盖或盖板，

——如拆掉后，可以用GB/T 16842—1997的试验探针A接触带电件；

——如拆掉后，可以用GB/T 16842—1997的试验探针A接触与带电部件有基本绝缘相隔离的非接地导电部件；

——如拆掉后，仅可以用GB/T 16842—1997的试验探针A接触到：

- 绝缘部件；或，
- 接地导电部件；或，
- 通过双重绝缘或加强绝缘与带电部件隔离的导电部件；或
- 根据GB/T 17045分类的电压不大于25 V(a.c.)或60 V(d.c.)的SELV电路中的带电部件。

通过12.1.2.1和12.1.2.2试验检查是否合格。

表2 对不靠螺钉固定的盖、盖板或操纵部件所施加的力

拆掉盖、盖板或其部件之后，用标准试验指能触及的部位	施加力 N			
	符合12.1.2.3和12.1.2.4的外壳		不符合12.1.2.3和12.1.2.4的外壳	
	不得脱出	应脱出	不得脱出	应脱出
带电部件	40	120	80	120
与基本绝缘相隔离的非接地导电部件	10	120	20	120
绝缘部件，或，接地导电部件，或，通过双重绝缘或加强绝缘与带电部件隔离的导电部件，或SELV ≤25 V(a.c.)或60 V(d.c.)	10	120	10	120

在进行盖子、盖或盖板脱落与不脱落验证试验时，安装盒和外壳应按正常使用要求进行固定和安装。暗装式安装盒和外壳应按正常使用要求进行安装。如果其带有不借助工具就能操作的锁紧装置，那么这些装置不要锁紧。

12.1.2.1 盖子、盖或盖板的不可拆性的验证

不使用爆发力，朝垂直于安装表面的方向逐渐施力作用于盖子、盖或盖板或其他部件的中心。所施加的合力要达到表2相关栏目所规定的值。施力时间为1 min。

盖子、盖或盖板不应脱落。

对暗装安装盒或外壳，要在新样品上重复进行该试验。试验前，按图12所示先将一块(1±0.1)mm厚度的硬质材料薄片装在已固定于墙的支承框架周围，然后将盖子、盖或盖板安装在安装盒上。

注：用于模拟墙纸的硬质材料薄片可由多片组成。

12.1.2.2 盖子、盖或盖板可拆性的验证

用钩朝垂直于安装或支承表面的方向，向盖或盖板或其部件上逐渐施加不超过表2相关栏规定的力。钩要依次挂在为拆卸盖、盖板或盖片或其部件上而设置的槽、孔、空隙或类似部位上。

盖子、盖或盖板应脱落。

本试验在每个不依靠螺钉固定的可拆部件上进行10次(施力点要尽量均匀分布)。拆卸力应每次施加于专为拆卸该可拆部件而设的不同的槽、孔或类似部位上。

对暗装安装盒或外壳，要在新样品上重复进行该试验。试验前，按图12所示先将一块(1±0.1)mm厚度的硬质材料薄片装在已固定于墙的支承框架周围，然后将盖子、盖或盖板安装在安装盒上。

试验之后，试样应不出现本部分意义上的损坏。

12.1.2.3 盖子、盖或盖板轮廓的验证

如图14所示将图13量规压向不用螺钉固定的安装/支承表面上的每个盖子、盖或盖板的每一边。量规的B面靠在安装/支承表面上，A面垂直于B面。试验中，量规要垂直地施加到每一受试边上。

如果盖子、盖或盖板不是用螺钉固定到具有同一外形尺寸的另一盖子、盖或盖板或安装盒上，量规的B面应放置在与连接线同一平面上；盖子、盖或盖板的轮廓不应超出支承表面的轮廓线。

当从点 X 开始，朝箭头 Y 的方向(见图15)重复测量时，量规的C面与受试边的轮廓线之间的平行于B面测得的距离不得缩短(但放置于距离包括B面在内的一个平面不足7 mm之处的且符合12.1.2.4试验要求的槽、孔、反向锥度或类似部位除外)。

12.1.2.4 槽、孔、反向锥度的验证

以(1±0.2)N的力施加图16所示的量规。当按图17所示朝平行于安装/支承表面的方向和垂直于受试部件的方向上施加量规时，量规进入槽、孔、反向锥度或类似部位等的上半部的深度不应超过1 mm。

注：图17所示量规进入深度是否超过1 mm，应根据垂直于B面并包括槽、孔、反向锥度或类似部位的轮廓线的上半部在内的一个表面上来验证。

12.1.3 其他固定部件

除了向安装/支承表面施加不超过120 N的力时不脱离的盖子、盖或盖板外，对于不依靠螺钉固定且根据制造商产品说明书使用工具(和/或钥匙)拆卸的盖子、盖或盖板，应按12.1.2进行试验。

12.2 排水孔

对于防护等级从IPX1到IPX6的明装或半暗装式外壳，在设计上应该允许有一个直径至少为5 mm或最小宽度或长度3 mm面积为20 mm^2 的排水孔。

排水孔的位置及个数应保证：无论外壳处于任何安装位置，其中的一个孔均有排水作用。

注：如果外壳的设计保证了到墙壁的间隙至少为5 mm或提供了一个最小规定尺寸的排水渠道，那么认为外壳后部排水孔是有效的。

是否合格，通过观察和测量来检查。

12.3 外壳的安装

根据安装方式(见7.2)，外壳应提供合适的安装措施。

绝缘材料的外壳在结构上应做到：用于安装中使用到内部固定装置的外壳，内部固定件的任何金属部件均被绝缘所包围，该绝缘应突出固定件的顶部，突出的高度至少为固定件凹槽最大宽度的10%。是否合格，通过观察和测量来检查。

12.4 带软缆进线口的安装盒和外壳

根据7.3.2分类的安装盒和外壳，进线(或出线)口在设计和结构上应保证软缆的易于导入。

是否合格，通过手动试验来检查。

12.5 带非软缆用进线口的安装盒和外壳

根据7.3但不包括7.3.2分类的进线(或出线)口，如有，应允许以下导入：

——导管或接于安装盒或外壳上的一个相关端头接件，和/或

——电缆的防护盖。

在他们进入安装盒和外壳处提供导线机械保护。

一个或至少两个(如果超过一个)导管进线口开口应有容纳符合 GB/T 17194 和/或 GB/T 17193 要求的各种尺寸的导管或多种尺寸组合的能力。

通过安装相应的电缆或导管进行观察是否合格。

注 1：足够尺寸的进线口开口可以通过敲落孔、适当的插入片或相应的切割工具装置等实现。

注 2：IEC 60670：2002 此处有条注。1)

12.6 带电缆固定装置的安装盒与外壳

根据 7.4.2 分类的安装盒与外壳的夹紧装置应：安装后当导线易触及和易受张力时，软缆导线的连接不受张力影响。

如何有效解除张力和防止绞拧应是清晰明白的。

电缆固定装置应

——适用于安装到安装盒内的不同类型软缆；

——结构上必须做到：至少它有一个与安装盒部件不可分离(或永久固定)的部件；

——为绝缘材料制成，或装有固定到金属部件上的绝缘衬垫。

通过观察和进行以下试验检查是否合格。

电缆固定装置的有效性通过图 11 所示的装置进行检查。

电缆固定装置应按正常使用时安装，如有夹紧螺钉，施加力矩应为表 4 规定的相应力矩的 2/3，或对密封接头，施加力矩应为表 5 规定的相应力矩。

当试样装配完后，用表 3 规定的相应的力应不可能将软缆推进试样超过 1 mm。

然后，使电缆经受表 3 规定的拉力 50 次，每次 1 s，随即软缆要在最靠近电缆入口处经受表 3 规定的相应力矩值达(15±1)s。

表 3 施加在电缆固定装置上的力和力矩

软缆的外部尺寸 mm	力 N	力矩 Nm
≤5.2×7.6	40±2	0.05
≤8	50±2	0.1
>8 且≤11	60±2	0.15
>11 且≤16	80±2	0.35
>16	100±2	0.42

试验后，软缆位移不超过 2 mm，电缆固定装置(解除张力)不应有本部分意义范围的损坏。

12.7 带电缆保持装置的安装盒和外壳

根据 7.4.1 分类的安装盒和外壳的电缆保持装置应将电缆保持在正常位置上。

通过在 3 个试样的保持装置上进行试验检查是否合格。

依次使用制造商所声明的最大标称横截面积及最小标称横截面积的电缆进行。

电缆应根据制造商的使用说明书安装在电缆保持装置中。

电缆要承受(20±1)N 的轴向拉力。

此负载保持 1 min，此阶段结束后移去负载，测得电缆的位移不超过 3 mm。

---

1) IEC 60670-1:2002 中此注的内容为：以下国家，要求容纳开关或插座用的安装盒进线口开口应有管口进线孔阻塞物：荷兰、瑞典。

12.8 通过机械冲击拆除的敲落进(出)孔

通过机械冲击拆除的敲落进(出)孔应在不损坏安装盒的情况下进行。

对于电缆用敲落进(出)孔而言,不允许破裂或有毛刺。

对于导管和/或使用在密封圈或密封膜片上用的敲落进(出)孔而言,可忽略小碎裂或毛刺。

是否合格,通过观察和进行12.8.1和12.8.2试验检查。

12.8.1 敲落孔保持力

对于安装盒和外壳安装后易触及的敲落孔,应将(30±1)N的力通过直径6 mm扁平末端的心轴棒的装置施加到敲落孔(15±1)s。不应使用非爆发力,所施加的力要垂直于敲落孔的平面,施力点应为最可能产生位移的点。

该力撤去1 h后进行测量,敲落孔应保持在正常位置上,外壳的防护等级应无变化。

12.8.2 敲落孔的拆除

敲落孔应使用制造商所声明的工具等装置进行拆除。螺钉旋具的边缘应沿着敲落孔的边缘运动,并清除敲落孔边缘残留的任何脆片。

对于根据7.1.1或7.1.3分类的安装盒或外壳,试验应在另一个安装盒或外壳重复进行。根据7.5所述,试验样品应在安装过程的最低温度的空气中进行预处理5 h±10 min。紧接着,敲落孔应如上拆除。

带多级敲落孔的安装盒和外壳,当较小的级被拆除后,较大的级应无位移。

试验后,除了导管和/或用密封圈或密封膜片的敲落孔外,其他敲落孔边缘应无毛刺,安装盒和外壳应无损坏。

12.9 螺钉紧固件

用螺钉固定的盖、电器附件、端子、连接装置、应力消除等在设计和结构上应保证:在安装和正常使用过程中能承受机械应力。

注:IEC 60670:2002 此处有条注。[2)]

如果与拧合的工件一起提供,就可以使用仅用于机械安装用的自攻型和自切型螺钉。

对于自攻型和自切型螺钉,应在试验前进行螺钉的装配操作。

通过观察和进行以下试验检查是否合格。

将固定件的螺钉拧紧和拧松:

——10次,对与绝缘材料螺纹相啮合的金属螺钉;

——5次,对所有其他情况。

与绝缘材料螺纹相啮合的螺钉和螺母和绝缘材料螺钉,每次均应完全拆下,再重新拧合。试验应使用合适的螺钉旋具或一个合适的工具来进行,施加的力矩按表4进行。

表4 验证螺钉机械强度的拧紧力矩

螺钉螺纹的标称直径 mm	金属和非金属螺钉适用力矩 Nm			
	Ⅰ	Ⅱ	Ⅲ	Ⅳ
≤2.8	0.20	0.40	0.40	0.70
>2.8且≤3.0	0.25	0.50	0.50	0.90
>3.0且≤3.2	0.30	0.60	0.60	1.10
>3.2且≤3.6	0.40	0.80	0.80	1.40

2) IEC 60670-1:2002 中此注的内容为:以下国家暗装式安装盒带有金属镶嵌部件并且提供带有ISO螺纹的金属螺钉:荷兰。

表 4（续）

螺钉螺纹的标称直径 mm	金属和非金属螺钉适用力矩 Nm			
	Ⅰ	Ⅱ	Ⅲ	Ⅳ
>3.6 且≤4.1	0.70	1.20	1.20	1.80
>4.1 且≤4.7	0.80	1.80	1.80	2.30
>4.7 且≤5.3	0.80	2.00	2.00	4.00
>5.3 且≤6.0	1.20	2.50	3.00	4.40
>6.0 且≤8.0	2.50	3.50	6.00	4.70
>8.0	3.00[a]	4.00	10.00	5.00
[a] 或者由制造商规定。				

带槽的六角头螺钉，只用螺钉旋具进行试验，施加的力矩按表 4 中的Ⅱ栏进行。

如果制造商声明有更大的力矩值，当提供了相应的资料时，可以按所声明力矩进行。

Ⅰ栏适用于不能用刀口比螺钉螺纹标称直径宽的螺钉旋具进行拧紧的螺钉、非金属螺钉和带非金属螺纹的金属螺钉。对于后一种情况（非金属螺钉和带绝缘材料螺纹的金属螺钉），当拧紧螺钉的凹槽轮廓宽度小于标称直径最小为 3 mm 的螺纹直径时，凹槽的轮廓宽度用以代替螺纹的直径。

Ⅱ栏适用于用螺钉旋具拧紧的其他螺钉。

Ⅲ栏适用于靠螺钉旋具除外的其他方式拧紧的螺钉和螺母。

Ⅳ栏适用于靠方刀口螺钉旋具方式拧紧的螺钉。

试验过程中，应无损坏，如螺钉断裂或无法再被合适的螺钉旋具拧动的螺钉头槽的损坏或出现会使固定件无法再用的螺纹或外壳的损坏。不得用爆发力拧紧螺钉。

12.10 安装盒和电器附件的固定

容纳电器附件的安装盒应该根据安装方法提供带相应的配件的固定装置及电器附件的保持装置，以防止在正常使用中安装盒与电器附件的分离。

通过观察是否合格，试验正在考虑中。

12.11 根据 7.7.1 分类的安装盒和外壳

根据 7.7.1 分类空心墙用的安装盒和外壳应提供将安装盒和外壳固定到空心墙上所需的合适装置。是否合格，通过以下试验检查。

将一只安装盒或外壳试样根据制造商的产品说明书安装在试验墙上。当制造商产品说明书中未指明相应的墙壁类型时，应使用(10±1)mm 厚、500 mm 宽和 500 mm 高的胶合板。

a) 拉力和力矩的检查

如图 18 所示，一根杠杆应使用将电器附件或盖板固定到样品的装置固定。

这根杠杆用如图 18a)所示的方式承受 F_1 的力 1 min，以此方式将 3 Nm 力矩施加到安装盒上。

同时如图 18b)所示 100 N 的力 F_2 施加到与安装平面垂直的安装盒的主轴上。

试验后，样品应无影响进一步使用的损坏且杠杆的位移不应超过 2°。

b) 位移的检查

杠杆的末端应承受力 F_3 的力 1 min，以此方式将图 18c)所示的 3 Nm 力矩施加到安装盒上。

试验后，安装盒的边缘与安装表面相比较，位移应小于 1 mm。

12.12 根据 7.7.2 分类的安装盒和外壳

根据 7.7.1 分类空心墙用的安装盒和外壳应提供将安装盒和外壳固定到空心墙或类似物体上所需的装置。

通过12.12.1、12.12.2和12.12.3的试验来检查是否合格。

对于根据7.7.2分类的安装盒、外壳和凸盖，应需验证所声明的安装盒、外壳和凸盖的最小内部容积。

通过12.12.4的试验检查是否合格。

12.12.1 安装到墙壁木质结构件的安装盒

安装盒应按正常使用要求安装到45 mm×90 mm的墙壁木质结构件，该墙适宜的长度应保证安装盒的前部平面在垂直位置上。

安装中应承受225 N的力，该力应缓慢从安装盒的基座起向中心施加，历时5 min。

撤去力后，用于安装安装盒的钉子或螺钉不能拔出，安装盒的表面在垂直平面的移动位移不超过3 mm。

12.12.2 安装到天花板木质结构件的安装盒

安装盒应固定在35 mm×180 mm的木质结构件上，适宜的长度应保证安装盒前部在水平位置上且方向朝下。

安装中应承受225 N的力，该力应缓慢从安装盒的正面向中心施加，历时1 min。

该力仍在施加时，从平行于木质结构件水平面的平面量起到安装盒正面的偏离应不超过6 mm。

12.12.3 安装到墙壁冷弯型钢结构件的安装盒

安装盒应按正常使用条件并如图19所示安装在冷弯型钢结构件上。

安装必须承受180 N的力，该力应缓慢向中心施加，在安装盒的正面施加5 min。首先，朝将安装盒推向墙壁开孔的方向，其次向相反的方向，即将安装盒拉出开孔的方向。

在力仍在施加时，在两个方向上的偏离不超过2 mm。

注：为了减少偏离，如有必要安装盒也可以用额外的支撑件。

力的施加和位移的测量如图19所示。

12.12.4 根据7.7.2分类的外壳和安装盒的内部容积

根据7.7.2分类的安装盒、外壳、凸盖，应需验证所声明的安装盒、外壳和凸盖的最小内部容积。通过以下试验检查是否合格。

安装盒、外壳、凸盖的最小内部容积应通过以下方法测量：

a) 除了接地端子和装配螺钉外的所有内部螺钉、夹紧件等应拆除。

b) 任何凸起，如延伸到安装盒或外壳正常边缘外的盖或暗装耳状物应被去掉与边缘齐平。

c) 所有的敲落孔应保留并在外部密封。

d) 所有的开口应用模制的粘土、油灰、蜡或其他的材料塞入且应填充得与内表面齐平。

e) 安装盒、外壳、凸盖的平面应覆盖一个厚度不大于3.2 mm的适宜的任何透明材料平板。该平板的中心提供一个标称直径13 mm的孔(见图4)。如果有必要，该平板与安装盒、外壳、凸盖的间隙应用密封其他开口的密封材料进行密封。

f) 使用装入水的任何适宜的量筒或量杯进行测量。在室温下，将水装入安装盒、外壳、凸盖，水应无溢出。量筒或量杯在装入安装盒、外壳、凸盖前后水容积的不同，即可知安装盒的容积。

12.13 电缆密封接头入口

按预期使用时电缆密封接头应不损坏安装盒和外壳。

通过以下试验检查是否合格。

将直径(单位：mm)等于垫圈内径的圆柱形金属棒装在电缆固定装置上，其直径应最接近表5第一栏所规定的数值取整。然后，用适宜的工具将电缆密封接头用表5所规定的力矩(偏差$^{+5}_{0}$%)拧紧和松开10次，施加相应力矩的时间为1 min±5 s。

表 5 电缆密封接头力矩试验值

试验棒直径 mm	力矩 Nm	
	金属护套	绝缘材料护套
≤14	6.3	3.8
>14 且≤20	7.5	5.0
>20	10.0	7.5

试验后，安装盒和外壳应无本标准意义内的损坏。

12.14 带有接续口或导管入口(出口)的安装盒和外壳

根据 7.3.4 分类的安装盒和外壳和根据 7.3.6 分类的圆锥形管口应经受 12.14.1、12.14.2 和 12.14.3规定的试验。

试验应用符合 GB/T 17194 或 GB/T 17193 中的最小标称尺寸导管进行，导管应根据制造商产品说明书按正常使用条件进行安装或装配。

12.14.1 外壳如果带有导管用接续口入口，应进下如下试验：向最小尺寸的导管段施加(100±2)N 压力 1 min±5 s。接续口入口应能防止导管进一步穿入安装盒。

12.14.2 在 12.14.1 试验后进行以下的拔出性试验：最小尺寸的导管根据应插入开口中并承受 (20±2)N 轴向拉力。导管不应从外壳的接续口入口中松脱。

12.14.3 管口入孔的抗弯曲应力应通过以下试验进行：导管的一段应用(100±2)N 的压力插入接续口入口中，并承受 3 Nm 的弯曲力矩。该应力应缓慢地从零升到最大值且试验应在通过接续口入口的中心线上 6 个不同的方向上进行，间隔为 60°±2°。在每个角度位，接续口入口应经受 1 min。接续口入口不应松脱或损伤，且导管应仍保持在接续口入口中。

注：入口限位可设计成在接续口入口内部放置一个肋状物。

13 耐老化、防固体异物进入和防有害进水

13.1 耐老化

13.1.1 绝缘材料和复合材料的安装盒和外壳、密封圈、密封圈和可替换密封膜片应耐老化。

是否合格，通过以下试验检查。

带密封接头或密封圈的绝缘材料和复合材料的安装盒和外壳应按正常使用要求或根据制造商的产品说明书安装。

不带密封接头或密封圈的绝缘材料和复合材料的安装盒和外壳应按根据制造商的产品说明书安装。

仅作装饰用并且不依靠工具就可被拆卸的部件，应在试验前先拆卸掉。

带密封接头或密封圈的安装盒和外壳，每个安装盒和外壳中约半数的密封接头或密封圈应装配有柱形金属棒并用密封胶密封，要求金属棒的直径应与制造商所声明的最小电缆的平均总体直径下限要求相等。剩余的同一安装盒和外壳中密封接头或密封圈应装配有柱形金属棒并用密封胶密封，金属棒的直径应与制造商所声明的最大电缆的平均总体直径相等上限要求相等。

如果安装盒内的密封接头或密封圈的数目大于 6，要用 3 个密封接头或密封圈应配有最小尺寸电缆、3 个密封接头或密封圈配有最大尺寸电缆进行每个安装盒的试验。

在有密封圈的情况下，金属棒应保持在正常位置上且无法移动。保持金属棒在正常位置的装置应不影响试验结果。

在所有开口均密闭的情况下，用 12.13 试验(表 5)中所施加力的 2/3 拧紧压盖。也可以依据制造商声明的更大力矩进行。

试样应在具有环境空气成分及大气压力的烘箱中进行以下试验：

烘箱的温度为(70±2)℃。

试样应在烘箱中存放(168^{+4}_{0})h。

经上述处理后，将试样从烘箱中取出，然后在室温中存放(96^{+4}_{0})h。

试验后，试样应无本标准意义内可能削弱而导致未来使用的有害变形或类似损坏。

13.1.2　密封圈和入口膜片(进线孔处)及保护膜片应可靠地固定，在正常使用中不会因为出现的任何机械应力或热应力而产生位移。

通过以下试验检查是否合格，试验应施加在所有的密封圈和可替换或不可替换密封膜片上。

进行试验前应先把密封圈和密封膜片固定在外壳上。

首先，外壳应经受13.1.1所规定的处理，然后放在13.1.1所述的烘箱中放置2 h±15 min，温度保持在(40±2)℃。

这阶段完成后，立即用GB/T 16842—1997试验探针11的端部向密封圈和/或密封膜片的各个部位施加($30^{\ 0}_{-2}$)N的力(5±1)s。

以上试验中，密封圈和/或密封膜片不应有使电器附件的任何带电部件变为易触及的变形。

对于在正常使用中可能经受轴向拉力的密封圈和/或密封膜片，应施加轴向力($30^{\ 0}_{-2}$)N拉力(5±1)s。

然后试验在未经过任何处理的带密封圈和密封膜片的相同的外壳上进行。

试验后，密封圈和/或密封膜片应无将导致不符合本部分的有害变形、裂缝或类似的损坏。

13.1.3　根据7.5.2和7.5.3分类的安装盒和外壳进线孔的密封圈和入口膜片应设计和用料上要保证：当环境温度很低的时候，仍能将电缆插入附件里。

通过以下试验检查是否合格。

外壳装上未经过任何老化处理的密封圈和密封膜片。

安装盒和外壳冷却到环境温度后，再放入冷冻箱里存放2 h。

——(−15±2)℃，对于根据7.5.2分类的安装盒和外壳；

——(−25±2)℃，对于根据7.5.3分类的安装盒和外壳。

在以上前提下，在安装盒和外壳仍冷却且在冷冻箱时，立刻观察：应可能刺穿任何暗密封圈和入口膜片；应可能将预期最大直径的电缆插入，该电缆应已经受与安装盒和外壳相同条件处理。

试验后，密封圈不应出现将导致不符合本部分要求的变形、裂缝或类似的损坏。

13.2　固体异物进入的防护

外壳应提供与其声称的IP等级相应的防固体物质进入的保护。

试样应在以下的试验条件下用GB 4208相关试验检查是否合格。

根据制造商的使用说明书，外壳应按正常使用条件进行安装。

除非在此另有说明，在外壳有排水孔的情况下，至少应有一个敞开的排水孔在最低位置。

带缧纹压盖或密封圈的外壳应安装上具有最小和最大横截面积的电缆和/或最小和最大直径/尺寸的导管。如有声明，按制造商的声明安装。

安装盒的盖、盖板的固定螺钉应用12.9试验中所使用的表4力矩值的2/3拧紧。

当制造商提供了相应的信息时，可以根据其所声明的更大力矩进行。

其他固定方式也应按正常使用条件或根据制造商使用说明书(如有)进行锁紧。

电缆和/或导管的入口装置应根据制造商的使用说明书进行处理。

不依靠工具就可以移动的部件应拆除。

压盖应不灌注密封胶或类似的物质。

对于防护等级IP5X，试验应根据GB 4208—2008第2类进行，如有排水孔，不应敞开。

对于防护等级≤IP4X，应确保防护达到：探针的全直径除了通过排水孔外不应通过任何开口，且在上述情况下，探针不应接触到外壳内的带电部件。

对于防护等级 IP5X,应确保防护达到:尘埃不应覆盖住整个内表面。

对于防护等级 IP6X,应确保防护达到:在安装盒或外壳里无尘埃。

13.3 有害进水防护

13.3.1 防护等级高于 IPX0 的外壳应提供符合所声明 IP 等级的防有害进水防护。

试样应在以下的试验条件下用 GB 4208 相关试验检查是否合格。

对于明装外壳和暗装和半暗装外壳尺寸 $S\leqslant 0.04\ \mathrm{m}^2$ 或周长$\leqslant$0.8 m,进行 13.3.2 和 13.3.3 的试验检查;

对于明装外壳和暗装和半暗装外壳尺寸 $S>0.04\ \mathrm{m}^2$ 或周长>0.8 m,进行 13.3.2 和 13.3.4 的试验检查。

S 基准面的选择确认应通过以下计算:

——对于正方形和矩形的安装盒和外壳,表面的计算是最小内部宽度(l)乘以深度(h)(见图 6a));

——对于圆形的安装盒和外壳,表面的计算是安装盒或外壳的内部深度(h)乘以最小直径(d)除以4(见图 6b))。

带螺纹型压盖或密封圈的外壳应装上最小和最大横截面积的电缆和/或最小和最大直径/尺寸的导管。制造商如有声明,可按其进行。

盖和盖板的固定螺钉应用 12.9 试验中用到的表 4 力矩的 2/3 拧紧。

13.3.2 根据制造商使用说明书,明装外壳应按正常使用条件安装,除非另有说明,所有的敞开排水孔应在最低位置。

暗装和半暗装式外壳应固定在符合制造商使用说明书的试验墙上。

在这样的情况下,制造商使用说明书应规定墙的类型和安装方式,这些应足以保证重复试验。

当制造商使用说明书没有规定墙壁类型时,应使用图 5 所示的试验墙。

图 5 所示的试验墙由表面平整的砖制成。当安装盒安装进试验墙后,它应当与墙壁安装的很紧密且确保水无法从安装盒和墙壁间进入。

注 1:如果使用密封材料将安装盒与墙壁密封,密封胶不应影响将要试验的试样的密封性能。

注 2:图 5 所示的仅是安装盒边缘安装在参考平面的一个示例。其余可能的安装可根据制造商使用说明书进行。

试验墙应放在垂直位置上。

外壳应按正常使用条件根据制造商声明装上最大和最小横截面积的导线进行。

注 3:对于 IPX3 和 IPX4,除非外壳的尺寸意图使用符合 GB 4208—2008 图 5 喷头外,要使用符合 GB 4208—2008 图 4 的摆管。

在防护等级高于 IPX4 外壳试验中,如有排水孔,不应敞开。

注意:要排除将会导致试验结果会受到影响的干扰因素,如敲击或晃动。

13.3.3 试验后立即测量,外壳内部不应有超过 $0.2\ \mathrm{mL}\times S$ 的水,S 为基准面面积换算成平方厘米的数值。

注 1:对于防护等级高于 IPX4,有必要时可以打开排水孔进行观察。

注 2:如果外壳未提供排水孔,必须考虑水可能发生的任何积聚,如冷凝。

试验后,样品在本条款试验完成的 5 min 内应能承受 14.2 所规定的电气强度。

13.3.4 进水的验证使用干燥的吸水纸进行,该纸放置在防护容积的底部区域。

除了制造商另有说明,防护容积应该包括盖或盖板每边减少 5%的投影所遮掩的更大的容积。

容纳电器附件的门或盖板,用一纸条弯成 90°角的形状,附在盖或盖板的底部。

纸条应该从表面伸进去表面深度最大 20 mm。

试验后立即观察,指示纸应仍保持干燥。

注 1:实际上,有颜色的吸水纸或滤纸通过变色就可以清晰无误地显示出任何潮态的变化。

14 绝缘电阻和电气强度

14.1 根据 7.1.1 和 7.1.3 分类的外壳应有足够的绝缘电阻和电气强度。

是否合格，通过14.2和14.3的试验来检查。上述试验应在以下的潮湿处理后立即进行。

试样应放置在空气相对湿度保持在91%～95%的潮湿箱里进行。

放置试样之处的空气温度应维持在(40±2)℃。

将试样放进潮湿箱之前，要使试样的温度达到这个温度。

试样在潮湿箱里的存放时间为

——2 d(48^{+2}_{0})h，分类IPX0的外壳；

——7 d(168^{+4}_{0})h，其他情况外壳。

注1：在大多数情况下，在潮湿处理之前将试样保持在这个温度至少4 h，即可使试样达到规定的温度。要获得91%与95%之间的相对湿度，可在潮湿箱里放置硫酸钠(Na_2SO_4)或硝酸钾(KNO_3)的饱和水溶液，并且使溶液与空气有足够大的接触面。

注2：为了达到试验箱内规定的条件，必须保持箱内的空气不断循环，并且一般使用隔热的试验箱。

此处理后，试样应无影响其继续使用的损坏且能通过以下试验。

14.2 当一个固体材料在本体与带电部件之间提供电气绝缘时，要施加约500 V直流电压1 min后，测量其本体和金属箔(金属箔与安装盒和外壳的内表面相接触)之间的绝缘电阻。

注："本体"包括所有易触及的金属部件及与绝缘材料外部部件的外表面相接触的金属箔、底座的固定螺钉或盖板和外部装配螺钉。

如果金属箔被用来进行绝缘电阻和电气强度的试验，一块金属箔应放置在与内表面相接触的位置，另一块尺寸应不超过200 mm×100 mm且放置在与外表面相接触的位置上。如果必要时，为测量所有部件还要移动金属箔。

试验过程中，注意内部与外部金属箔之间的距离应保证孔、预模制敲落孔、膜片的周围无闪络。

绝缘电阻不小于5 MΩ。

14.3 将频率为50 Hz或60 Hz的基本正弦波电压用表6所示的值施加到14.2所述的部位之间，进行历时1 min的电气强度测试。

表6中的试验电压根据制造商所声明的额定绝缘电压选取。

对于具有Ⅱ类防护的外壳，试验电压为表6的值乘以1.5。

开始时，施加的电压不得超过规定值的一半，然后迅速升到规定值。

试验中，无闪络或击穿。

表6 电气强度试验中的试验电压

额定绝缘电压 V	试验电压 V
≤130	1 250
>130且≤250	2 000
>250且≤450	2 500
>450且≤750	3 000
>750	3 500

试验用的高压变压器在设计上必须做到，当把输出电压调到相应的试验电压后使输出端子短路时，输出电流至少为200 mA。输出电流小于100 mA时，过流继电器不得动作。

注1：应注意，所施加的试验电压的有效值应为±3%的范围内。

注2：不会引起电压降的辉光放电可忽略不计。

试验中，14.2所述的金属箔应放置在与内表面相接触的位置，另一块放置在与外表面相接触的位置上。如果必要时，为测量所有部件还要移动金属箔。

15 机械强度

安装盒和外壳应有足够的机械强度,能经受住安装和使用过程中所出现的机械应力。

通过下述的15.1～15.3相应的试验来检查是否合格。

——根据7.2.3.1分类且浇注到混凝土中的非金属安装盒和外壳,进行15.1试验;

——根据7.2.3.1和7.6.2分类并浇注到混凝土中且在施工过程中能承受90℃的非金属安装盒和外壳,进行15.2试验;

——根据7.2.3.2分类的安装盒和外壳及施工过程完成后易触及的安装盒和外壳的部件,进行15.3试验。

注:根据7.2.2、7.2.3.1、7.5.2和7.5.3分类的安装盒和外壳也要进行15.3规定的试验。

当外壳太大而无法用GB/T 2423.55—2006图D.3所示的试验装置进行试验或无法在低温试验中使用摆锤时,试验应在15.1或15.3所规定的相同条件下进行,但要用GB/T 2423.55—2006所规定的弹性锤进行,并将弹性锤冲击能量整定到15.1或15.3所规定值。

15.1 低温冲击试验

根据7.2.3.1分类且浇注到混凝土中的非金属安装盒和外壳应该经受在浇注到混凝土中所产生的机械应力。

试样通过以下的试验检查是否合格。

试样应经受得住图8所示的垂直锤试验装置进行的冲击试验。垂直锤试验装置应垫在海绵橡胶垫上,海绵橡胶垫密度大约为538 kg/m^3,未经压缩时,厚度为40 mm。

将放在海绵橡胶垫上的试验装置连同试样一起放进冷冻箱里2 h±15 min,冷冻箱的温度维持在:

——(−5±2)℃,按7.5.1分类的安装盒和外壳;

——(−15±2)℃,按7.5.2分类的安装盒和外壳;

——(−25±2)℃,按7.5.3分类的安装盒和外壳。

这一阶段结束后,每个试样应经受垂直落下的落锤冲击。落锤质量为1 kg,落下高度为100 mm。一次冲击要落在后部,另四次冲击要等间距落在侧壁上。

试验后,试样不得有本标准意义范围内的损坏。

注:表层的损伤、不会影响防触电保护或防有害进水的小凹痕和小碎片等忽略不计。

正常或矫正视力(在无放大情况下)看不见的裂缝及增强纤维模制件等的表面裂缝和小凹痕等可忽略不计。

15.2 压缩试验

15.2.1 根据7.6.2分类适用于热模或热混凝土内安装的安装盒和外壳,应能经受住混凝土浇注过程中出现的机械应力。

通过以下试验检查是否合格。

——将安装盒和外壳放置于(90±5)℃的烘箱里(60^{+15}_{0})min。

然后将安装盒和外壳冷却到环境温度。

试验后,安装盒和外壳不得出现会导致不符合本标准要求的变形和损坏。

然后将安装盒和外壳放置于两块硬木块之间,每块木板均有足够的面积容纳箱的前部与后部。由安装盒前部向后部向木板施加(500±5)N的力历时1 min±5 s,不用爆发力。

试验后,外壳不得出现会导致不符合本标准要求或会影响继续使用的变形或损坏。

在上述两项试验中,安装盒和外壳应按照制造商的说明,在浇注过程中要安装在能够增强安装盒和外壳机械性能的专用部件(如有)里。

本试验所用的专用部件应与安装盒和外壳一起交货。

15.2.2 根据7.7.2分类的安装盒和外壳的压缩试验正在考虑中。

15.3 安装盒和外壳的冲击试验

试样应经受 GB/T 2423.55—2006 附录 D 所示的冲击试验装置进行冲击。

注：GB/T 2423.55—2006 附录 D 所示的冲击试验装置为摆锤。

本试验应施加到：

——根据 7.2.2 分类的安装盒和外壳及在建筑过程完成后暗装和半暗装安装盒和外壳易触及部件；

——根据 7.2.3 分类并在建筑过程完成后易触及的安装盒和外壳；

——根据 7.5.2 和 7.5.3 分类在安装过程中使用最低温度的安装盒。

为了本试验的目的，根据 7.2.3.3 分类并在正常使用中暗装使用的试样应反向安装，以保证试样的后部表面如图 7 所示易触及，被施加图 9 所示的冲击。

试验样品应装在厚为 8 mm，175 mm×175 mm 的正方形胶合板上。胶合板的上、下边缘则固定在安装支架的刚性夹子上。无敲落孔的进线孔保持打开状态；有敲落孔的，要将其中一个孔打开。

在正常使用中明装的试样应根据制造商的说明如图 7 所示进行安装。

如图 7 所示的安装板应设计成试样可以水平移动并绕垂直于胶合板表面的轴线转动。

安装支架设计上应保证：

——安装支架应重为(10±1)kg，并安装在刚性框架上；

——试样可以安装得使冲击点落在通过枢轴轴线的垂直面内；

——胶合板可以绕垂直轴线转动。

试样所要经受冲击能量的部位、所规定的冲击次数取决于试样如上安装后试样易触及表面到胶合板表面之间的距离。距离 A、B、C、D、E、F 和 G 的定义见表 7 所述。

表 7　部位 A、B、C、D、E、F 和 G 的界定

受试部位	突出胶合板表面的距离 d mm	部　位
前表面和根据 7.2.3.2 分类的安装盒和外壳的后表面	不适用	A
除了根据 7.2.3.2 分类的安装盒和外壳的前表面和后表面外，所有在正常使用中明装的安装盒和外壳的易触及部位	$5 \leqslant d < 15$	B
	$15 \leqslant d < 25$	C
	$25 \leqslant d < 50$	D
	$50 \leqslant d < 100$	E
	$100 \leqslant d < 200$	F
	$200 \leqslant d$	G

冲击元件应从表 8 规定的高度落下。

表 8　冲击试验的跌落高度

跌落高度 mm	外壳经受冲击的部位
100	A
150	B
200	C
250	D
300	E
400	F
500	G
注：跌落高度的偏差值为 1%。	

跌落高度是指摆锤被释放时测试点位置与冲击瞬间该冲击点位置之间的垂直距离。测试点应标在冲击元件的表面上，即标在穿过摆锤钢管的轴线与冲击元件的轴线相交点并垂直于通过上述两轴线的平面的线与该冲击元件表面相交处。

注：从理论上说，冲击元件的重心应是测试点，但实际上，重心是难以确定的，所以采用上述的方面来确定。

试样应经受冲击，冲击应均匀地分布在试样上。

试样应经受以下冲击：

——部位 A，施加 5 次冲击：

- 在中心处冲击 1 次，然后试样水平移动；
- 在中心和边缘之间最不利的点上各冲击 1 次；
- 然后，将试样绕其垂直于胶合板轴线方向上转动 90°±2°；
- 在两个类似点上各冲击 1 次。

——对部位 B(如适用)、C、D、E、F 和 G，施加 4 次冲击(见图 10)

在胶合板沿垂直轴线上转动 60°±2°后，对试样的侧面冲击 1 次；

在相反方向上胶合板沿垂直轴线上转动 60°±2°后，对试样的另一个相反侧面冲击 1 次；

然后将试样垂直于胶合板的轴线转动 90°±2°；

在胶合板沿垂直轴线上转动 60°±2°后，对试样的一个侧面冲击 1 次；

在相反方向上胶合板沿垂直轴线上转动 60°±2°后，对试样的另一个相反侧面冲击 1 次。

敲落孔周围 10 mm 范围内不进行冲击试验。

冲击不施加在：

- 敲落孔和敲落孔周围 10 mm 以内的范围；
- 达到外壳所声明 IP 等级非必需的部位上；
- 符合相关标准的电器附件和设备；
- 在正常使用中不会受到冲击的凹进表面的固定装置。

如果有进线孔，试样应在安装上保证两行冲击点与进线孔的距离尽量相等。

试验后，试样不应出现不符合本标准要求的损坏。

正常或矫正视力下看不见的材料裂缝及增强纤维模制件的表面裂缝和小凹痕等可忽略不计。

16 耐热

16.1 保持截流部件在正常位置上所必需的绝缘材料

除了保持接地端子在正常位置所必需的绝缘部件按 16.2 所述进行试验外，所有将载流部件和/或接地电路部件保持在正常位置所必需的绝缘材料都要经受用 GB/T 5169.21 试验装置所进行的球压试验。

如果试验中无法在试样上进行，应用至少 2 mm 厚试验样块进行试验。

受试部件应放置在 3 mm 厚的钢板上，并直接接触钢板。

将待试部件的表面置于水平位置上，并用(20±0.5)N 的力将直径为 5 mm 的钢球压住该表面。

试样要在温度为(125±2)℃的烘箱内进行。(60^{+5}_{0})min 后，将钢球从试样上取下，将试样浸入冷水中，使其在 10 s 之内冷却至接近室温。

测量钢球压痕的直径，此直径不超过 2 mm。

16.2 保持截流部件在正常位置上所非必需的绝缘材料

即使与载流部件和/或接地电路部件接触，但不是将保持在正常位置所必需的绝缘材料，应按照 16.1 所述进行球压试验，但试验温度应为(70±2)℃。

根据 7.6.2 分类的暗装式外壳的绝缘材料部件应经受 16.1 所述进行球压试验，但试验温度应为(90±2)℃。

如果试验无法在一个完整的外壳上进行，则可从外壳上切取适当部分来进行试验。

16.3 根据7.7.2分类的绝缘材料安装盒和外壳

根据7.7.2分类的绝缘材料安装盒和外壳在高温下应有足够的机械强度。

试样通过以下试验检查是否合格。

试验应在能覆盖每一种类别与尺寸的且每个都应有至少两个螺纹或非螺纹孔的安装盒试样上进行。

一根硬质横闩(如图20所示)应保证穿过每个安装盒的表面，该安装盒的螺钉尺寸和类型通常由制造商根据安装盒和接线装置而提供。螺钉应施加表4相应栏的力矩，固定到位于安装盒表面的螺纹或非螺纹孔里。

合力180 N(包括横闩和相关的悬挂装置上所施加的力)应施加到安装盒的前表面。

安装盒和外壳的安装要保证开口面朝下，在空气循环箱放置24 h，试验温度如下：

——(80±2)℃，根据7.7.2.1分类的安装盒和外壳；

——(105±2)℃，根据7.7.2.2分类的安装盒和外壳。

用一块平板在安装盒开口面进行支撑，并要不影响试验负载支架。

在空气循环箱的老化试验后，关闭空气循环箱电源开关并打开箱门，使该装置在空气循环箱里冷却至接近室温。

固定横木和安装盒螺钉的脱出应不大于6.3 mm。使用不大于2.3 Nm的力矩值应能用螺钉旋具拆下螺钉。

17 爬电距离、电气间隙和穿通密封胶的距离

见GB 17466的第2部分。

18 绝缘材料的耐非正常热和耐燃

凡经受电热应力和劣化后会损害安全的绝缘材料部件，不应受到非正常热和火的过度影响。

是否合格，用GB/T 5169.11第4章～第10章规定的灼热丝试验在下列条件下进行检查：

试验在850 ℃下进行	试验在650 ℃下进行
——将载流部件和/或接地电路部件保持在正常位置上所必需的绝缘材料(除了在安装盒中保持接地端子在正常位置的所需要绝缘材料外)，和 ——根据7.7分类的外壳的绝缘材料部件	——不是将载流部件和/或接地电路部件保持在正常位置上所必需的绝缘材料(即使它们两者接触)，和 ——将接地端子保持在正常位置的绝缘材料部件

如果不得不在同一试样上的多于一个部位上进行规定的试验，应小心确保已进行的试验所引起的劣化不会影响待进行试验的结果。

小部件中，凡每一个表面均完全在一个15 mm直径的圆之内，或一个表面的任何部位均在一个15 mm直径的圆的外侧，且任何表面均放不下一个直径为8 mm的圆者，不进行本章试验(见图21)。

注：检查一个表面时，最大尺寸不超过2 mm的表面上的突出部位和孔可忽略不计。

陶瓷材料不进行本章试验。

进行灼热丝试验的目的，是要确保电热试验丝在规定的试验条件下，不会使绝缘材料部件着火，或要确保绝缘材料零部件虽然会在规定条件下被电热试验丝点着，但只在有限的时间内燃烧，且火势不会因火焰或从被试部件上跌落到用绢纸覆盖的松木板上的燃烧a颗粒而蔓延。

如有可能，试样应为完整的安装盒或外壳。

如试验无法在完整的安装盒或外壳上进行，则可从安装盒或外壳上切取适当部分来进行试验。

试验在一个试样上进行。

如有怀疑,试验应在另外两个试样上进行复试。

试验时,灼热丝施加的时间为(30±1)s。

试验过程中,应将试样固定在其预期使用时最不利的位置上(被试表面要处于垂直位置)。

考虑到预期的使用条件,即受热的或灼热的元件可能与试样相接触,所以应使灼热丝的端部灼烧到试样的规定部位。

如果出现下列情况,试样应视为灼热丝试验合格:

——无可见火焰和无持续灼热,或

——在灼热丝撤走后的 30 s 内,试样上的火焰熄灭或灼热消失。

绢纸不应起燃,松木板不应烧焦。

19 耐电痕化

防护等级高于 IPX0 的安装盒和外壳,所有将带电部件保持在正常位置的绝缘材料部件应由具耐电痕化的材料制成。

除了陶瓷材料外的其他材料,如果爬电距离小于第 17 章规定值的两倍,必须用 3 个试样进行 GB/T 4207 所述试验来检查是否合格。

将待试部件扁平表面(如可能,至少为 15 mm×15 mm 和厚度至少为 3 mm)放置在水平位置上。

受试材料要通过 175 耐电痕化指数试验,并使用 A 溶液来进行。相邻液滴的时间间隔为(30±5)s。

在滴落 50 滴之前,电极之间不得出现闪络或击穿现象。

另一种选择是可以使用材料的 CTI 值。CTI 值应不小于 175。

20 防锈

安装盒和外壳的铁质部件应有足够的防锈能力。

通过以下试验检查是否合格。

将待试部件浸入脱脂剂中(10±1)min 以除掉所有的油脂。

然后,将部件浸入温度为(20±5)℃且氯化铵含量为 10%的水溶液里 10 min。

将试样上的液滴甩掉但不擦干,然后将试样放进空气温度为(20±5)℃且含有 91%～95%饱和水汽的盒子里(10±1)min。

试样在(100±5)℃的烘箱里烘(10±1)min 后,试样表面不得出现锈迹。

注:锐边上的锈迹或可擦掉的淡黄锈膜可忽略不计。

21 电磁兼容(EMC)

本部分所涵盖的产品在正常使用过程中,已默认为适应于电磁影响(发射和抗扰)。

因此,本章无试验的必要。

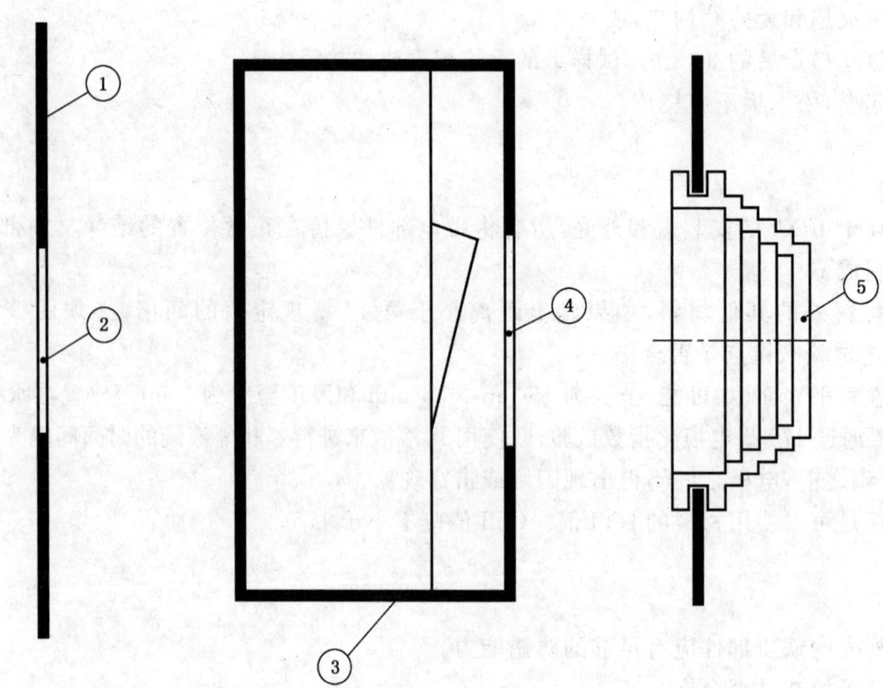

关键词：

1——安装盒；

2——入口膜片；

3——包络面；

4——保护膜片；

5——密封圈。

图 1 膜片和密封圈的示例

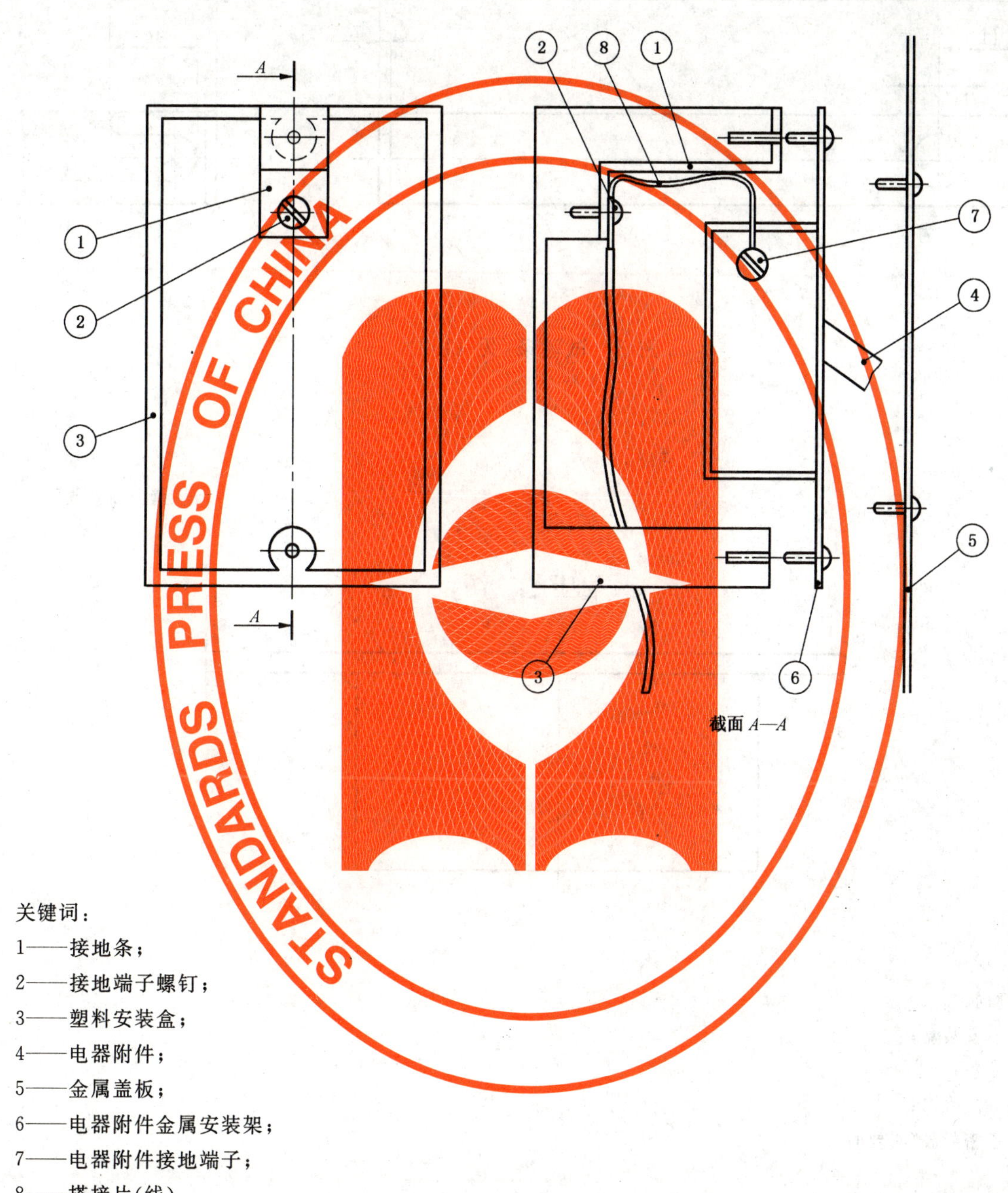

关键词：

1——接地条；

2——接地端子螺钉；

3——塑料安装盒；

4——电器附件；

5——金属盖板；

6——电器附件金属安装架；

7——电器附件接地端子；

8——搭接片(线)。

图 2　接地条(见 11.2)

单位为毫米

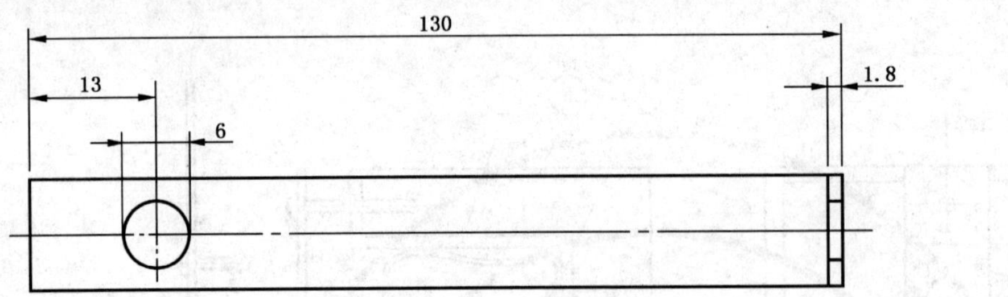

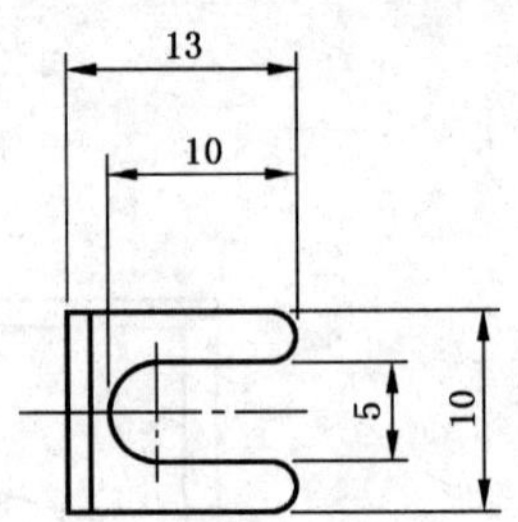

图 3 试验条(见 11.2)

单位为毫米

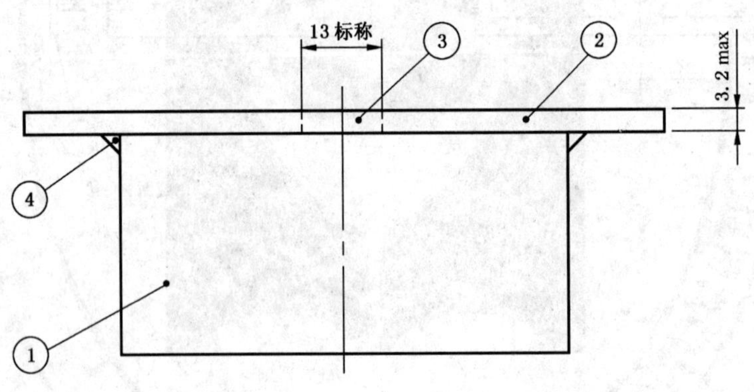

关键词:

1——安装盒;

2——盖;

3——注水口;

4——密封胶(必要时)。

图 4 体积测量(见 12.12.4)

单位为毫米

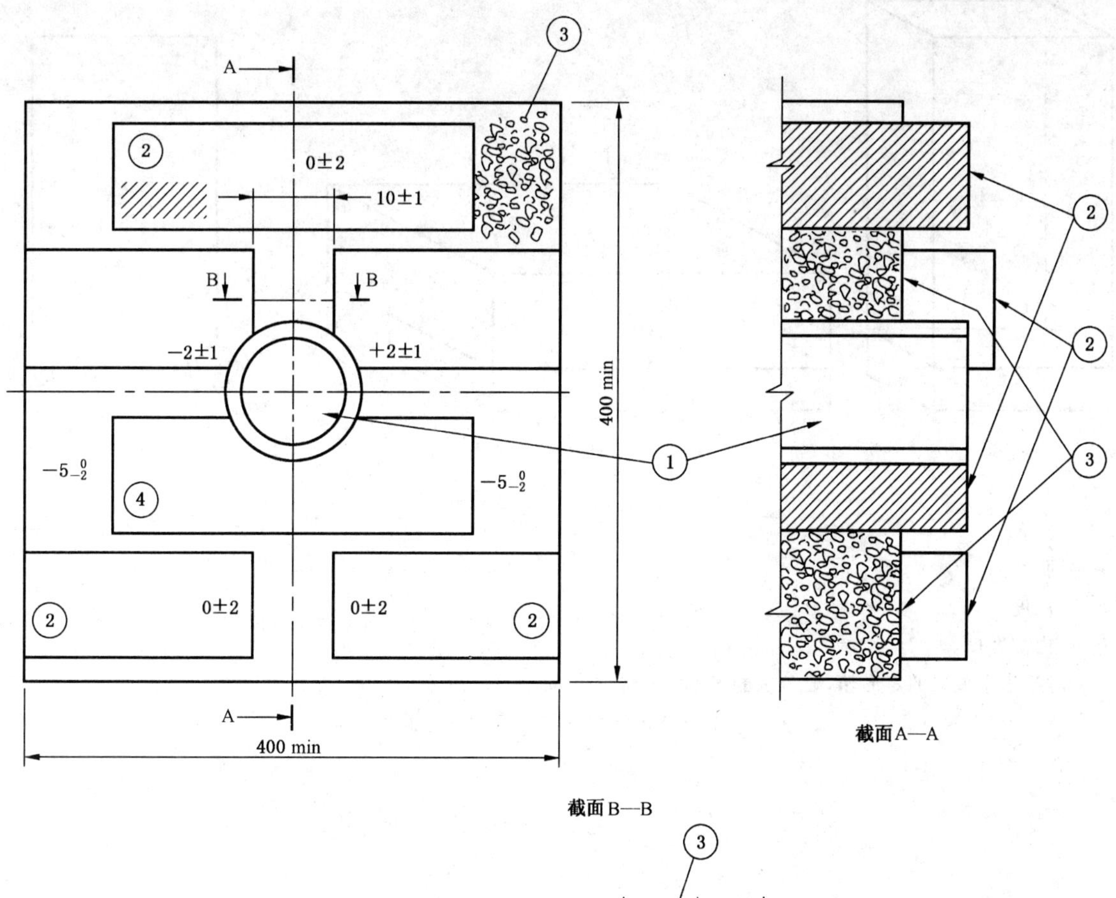

截面B—B

10±1
5 max
2_{0}^{+1}
2_{0}^{+1}
4 *
1
2
3

关键词：

1——安装盒；

2——砖；

3——灰泥；

4——参考面；

* 或根据制造商的说明。

除非另有规定外，所有的灰泥接缝均要有 10 mm 厚度。

图 5 标准试验墙(见 13.3)

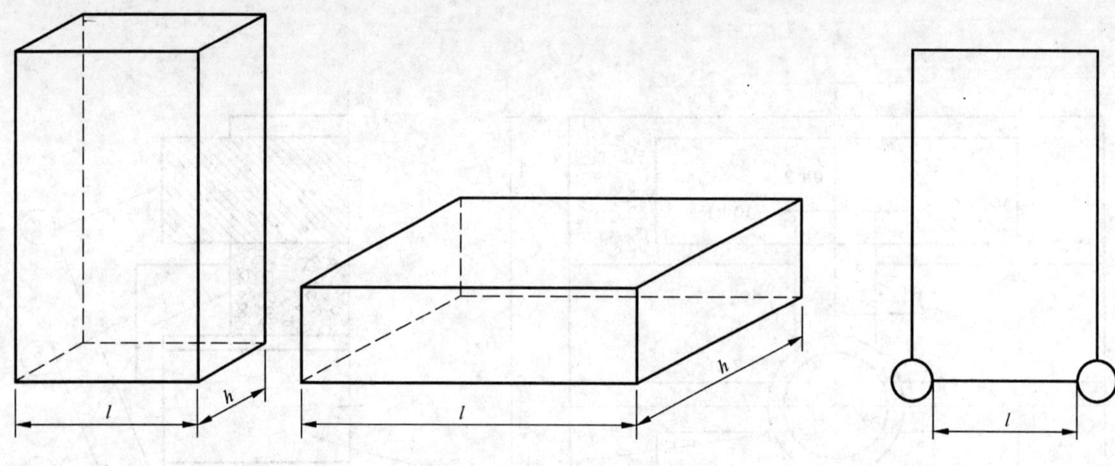

$S^{*}=l\times h$

关键词：

h——深度；

l——内部宽度。

* 对于水平放置的矩形箱，要考虑的 S 面是最小的一面。

a）正方形安装盒和外壳的参考面

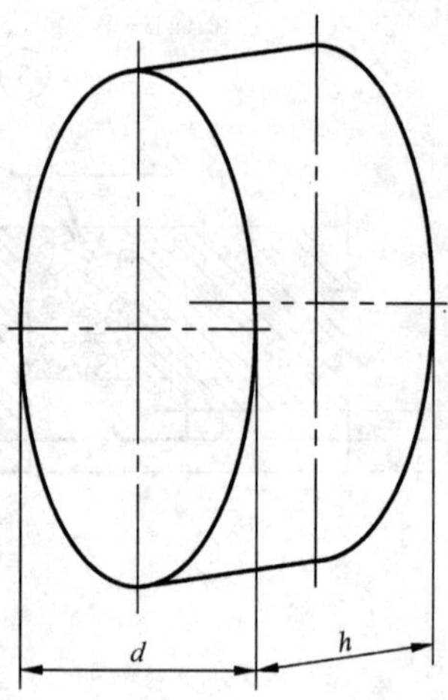

$S=h\times d/4$

关键词：

h——内部深度。

b）圆形安装盒和外壳的参考面

图 6 安装盒和外壳的参考面

关键词：

1——安装盒；

2——安装面板。

图7 为了在后表面上进行冲击的暗装设备用安装板(见15.3)

单位为毫米

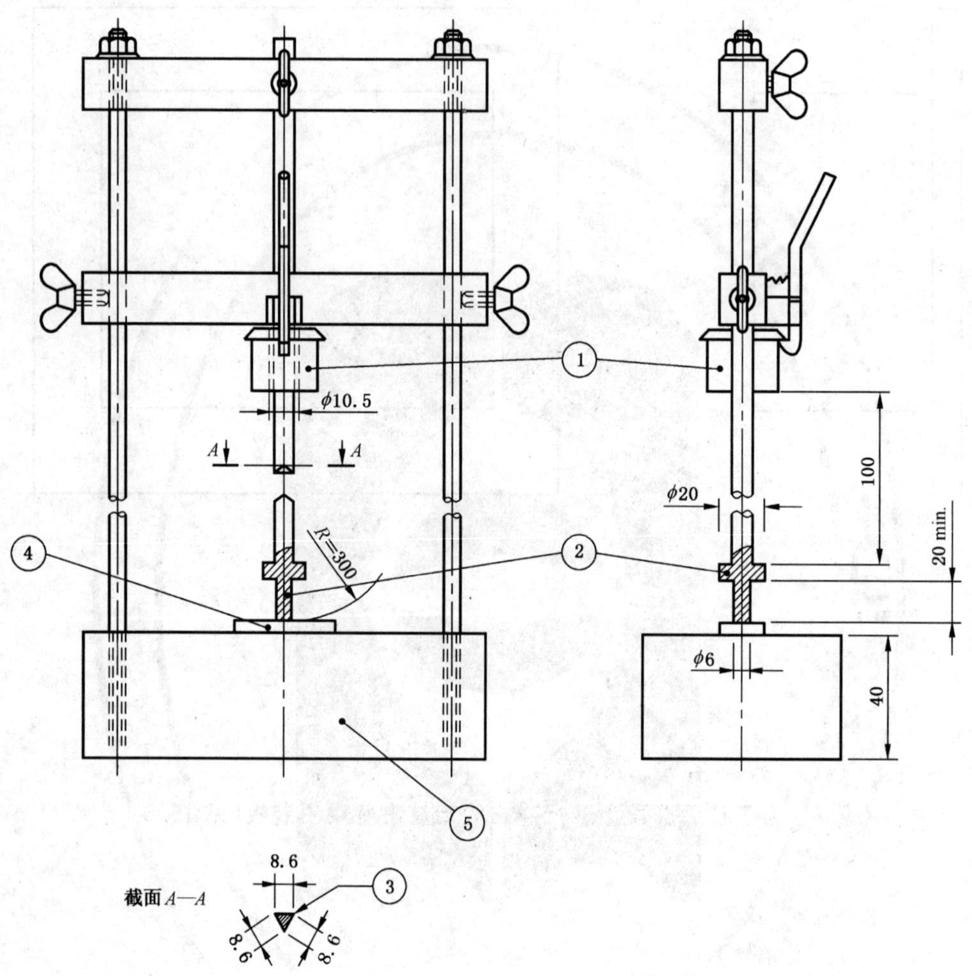

关键词：

1——跌落质量(1 000±1)g；

2——钢制垫块 100 g；

3——边缘稍为倒圆；

4——试样；

5——钢座(10±1)kg。

图 8　低温冲击试验装置(见 15.1)

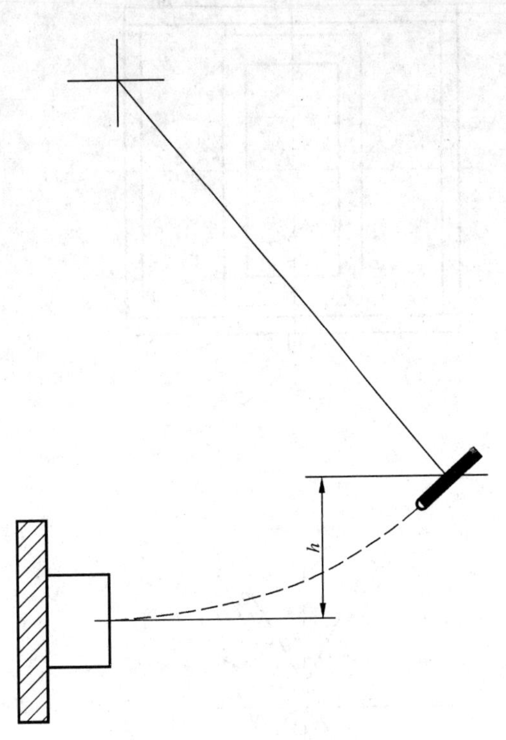

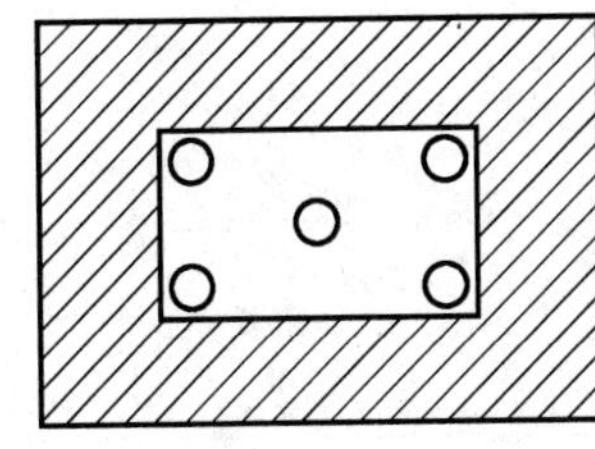

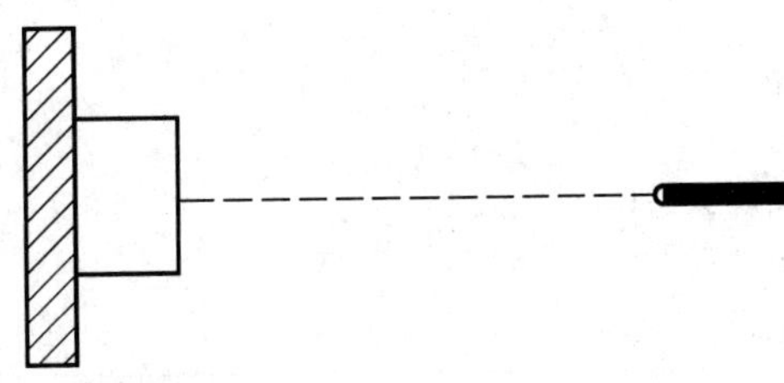

关键词：

h——跌落高度；

○——冲击施加点。

图 9　A 部位冲击施加的点(见 15.3)

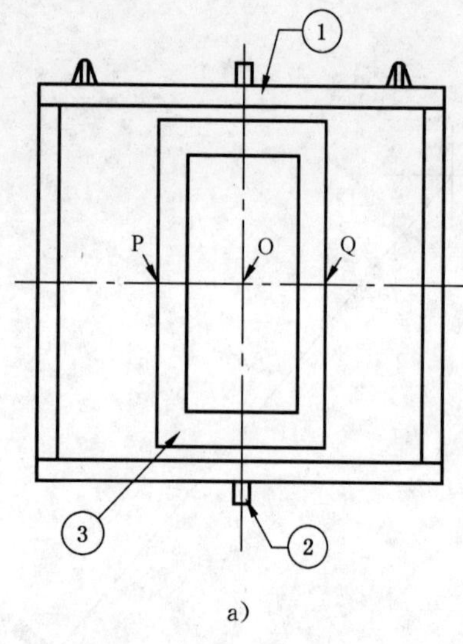

a)

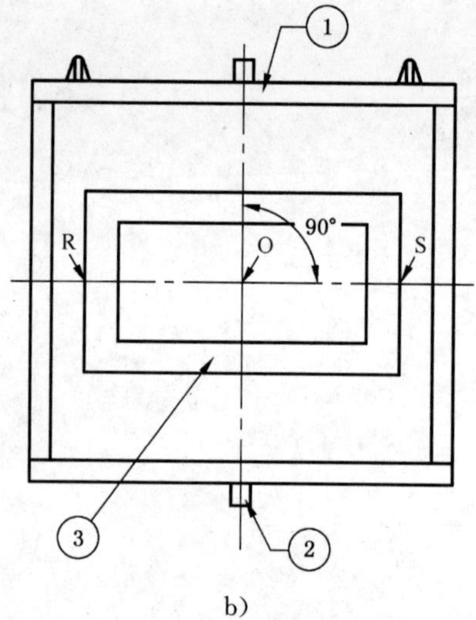

b)

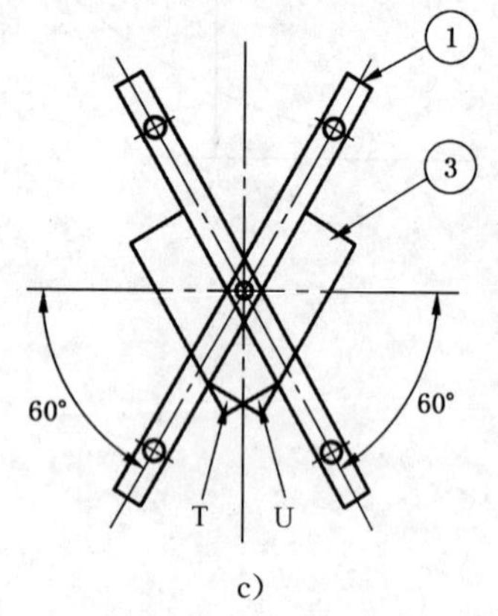

c)

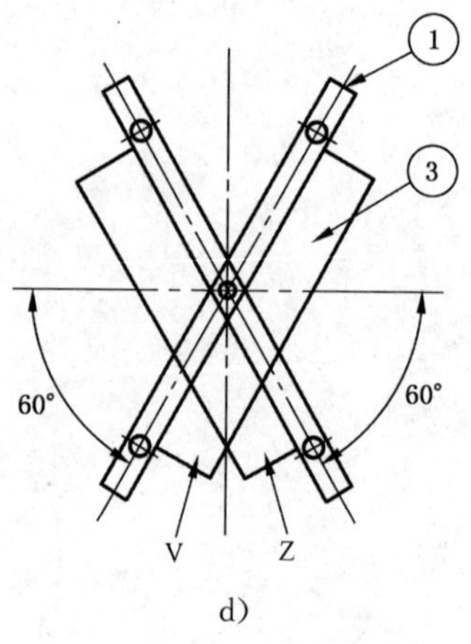

d)

关键词：

1——安装支架；

2——枢轴；

3——试样。

冲击的施加			
略图	冲击总次数	施加点	受试部位
a)	3	1次在中心 1次在O和P[a]之间 1次在O和Q[a]之间	根据7.2.3.2分类的安装盒和外壳的前后表面
b)	2	1次在O和R[a]之间 1次在O和S[a]之间	
c)	2	1次在T[a]表面 1次在U[a]表面	根据7.2.3.2分类的安装盒和外壳的前后表面外，在正常使用中明装的安装盒和外壳易触及部位
d)	2	1次在V[a]表面 1次在Z[a]表面	
[a] 冲击施加到最不利的点。			

图10　部位A、B、C、D、E、F和G冲击的序列（见15.3）

单位为毫米

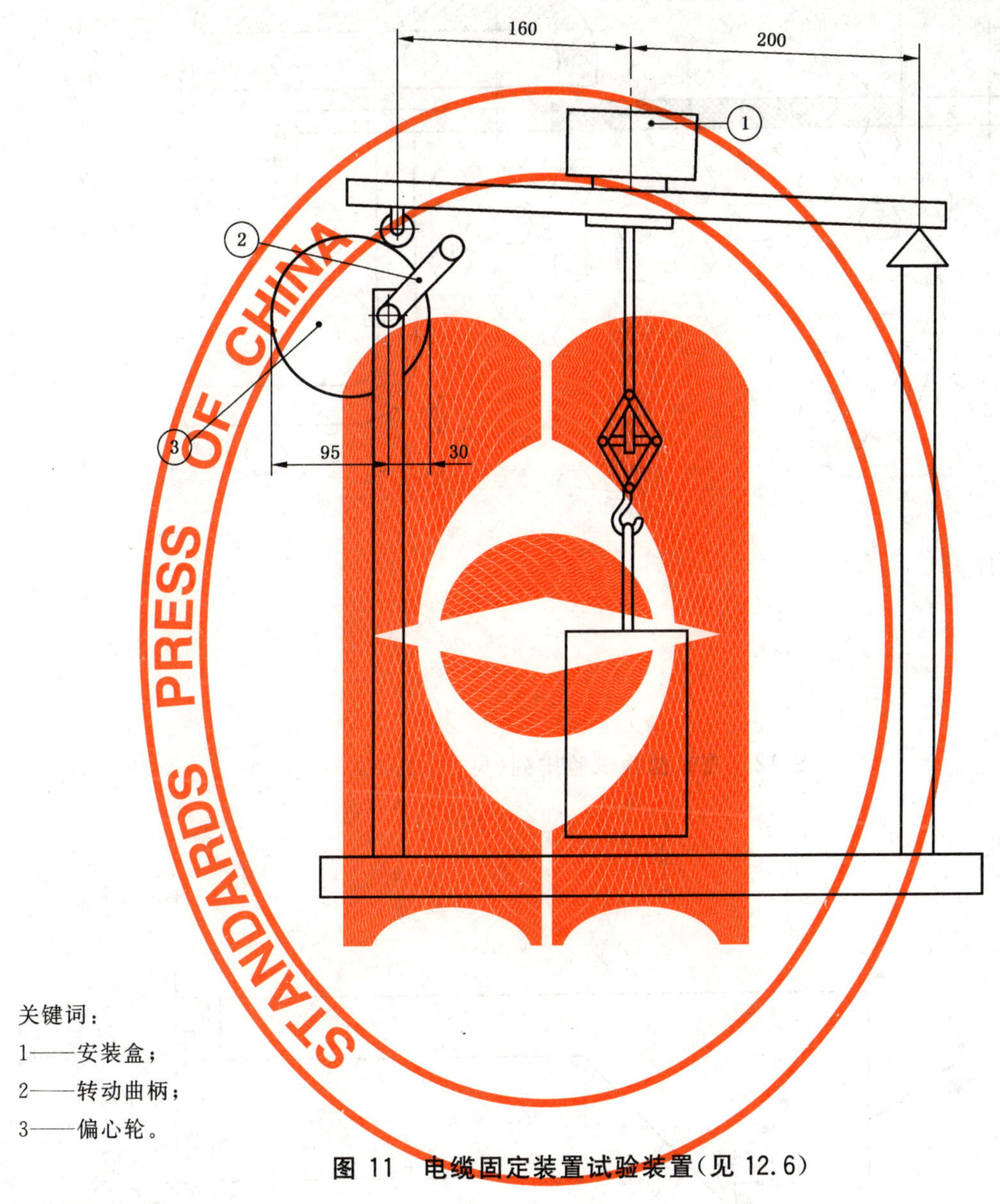

关键词：

1——安装盒；

2——转动曲柄；

3——偏心轮。

图 11　电缆固定装置试验装置(见 12.6)

单位为毫米

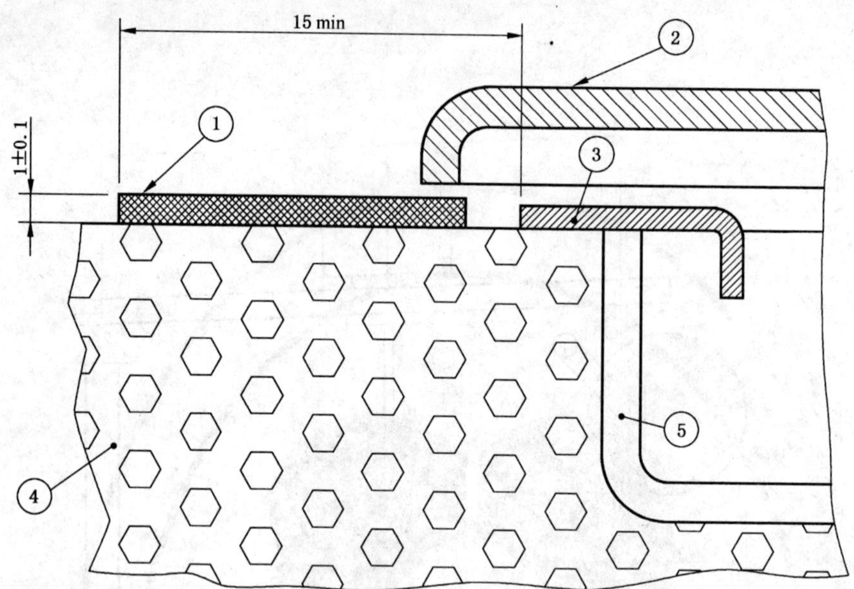

关键词：

1——硬质材料板；

2——面板；

3——支撑框；

4——墙；

5——安装盒。

图 12　盖或盖板试验排列(见 12.1.2.2)

单位为毫米

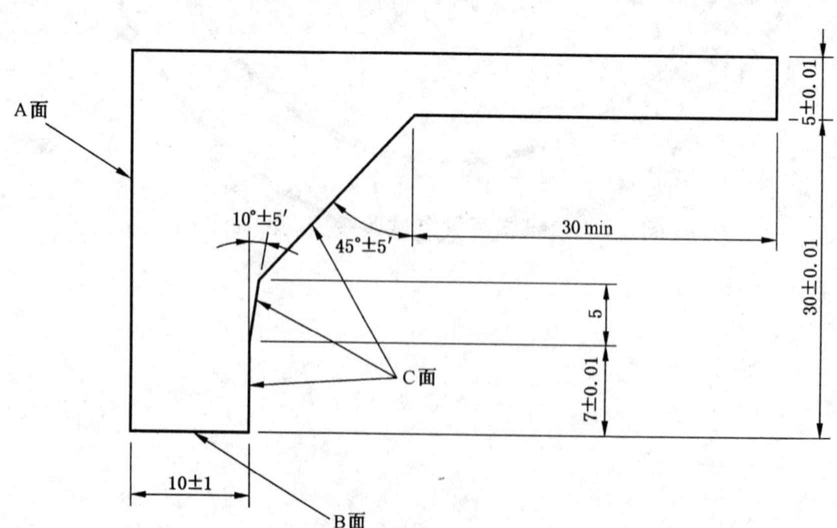

图 13　验证盖、面板、盖板轮廓的量规(见 12.1.2.3)

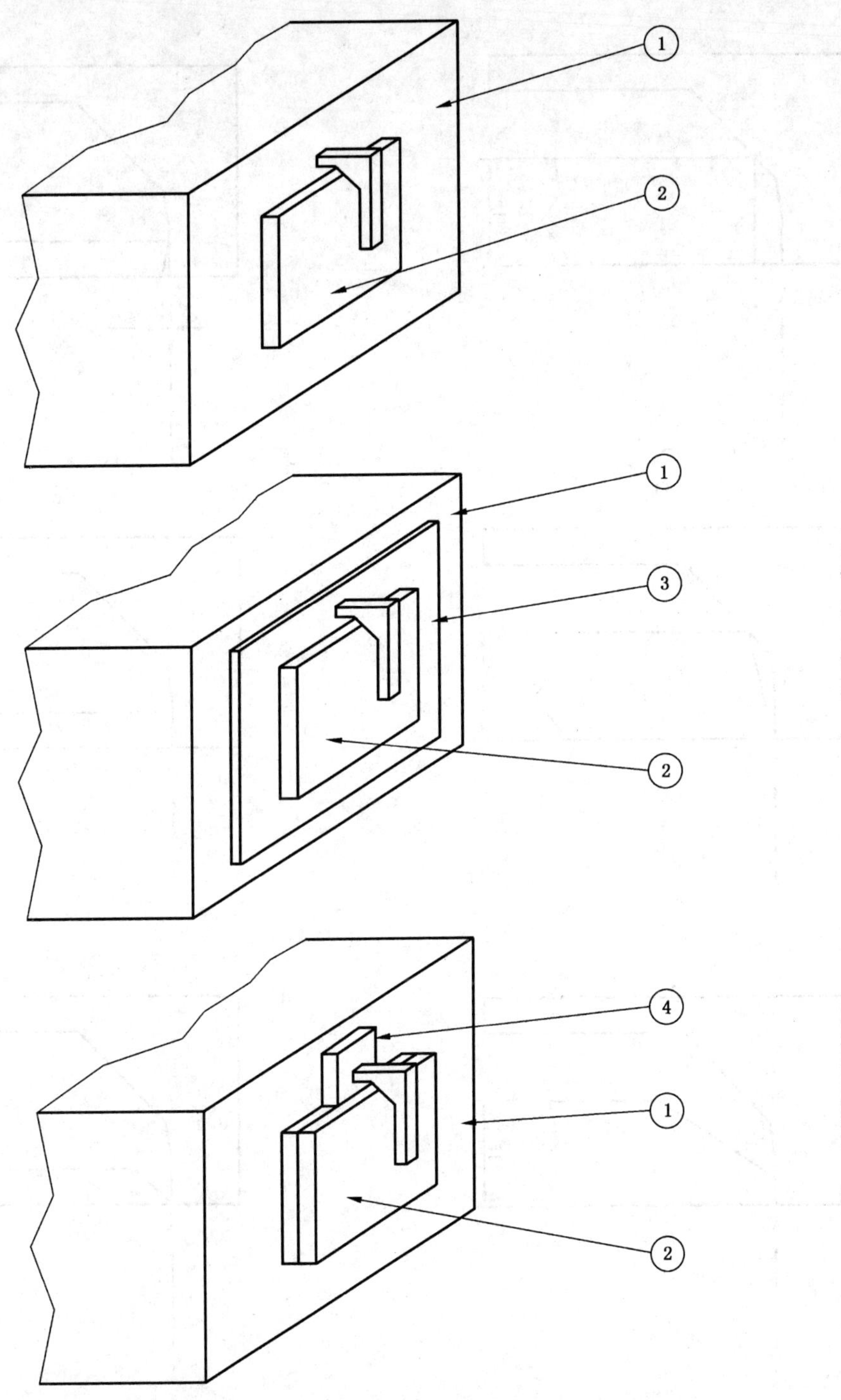

关键词：

1——安装表面；

2——盖；

3——表面支承件；

4——与支承部件相同厚度的垫片。

图 14　向不用螺钉固定于安装表面或支承表面的盖施加图 13 量规的示例(见 12.1.2.3)

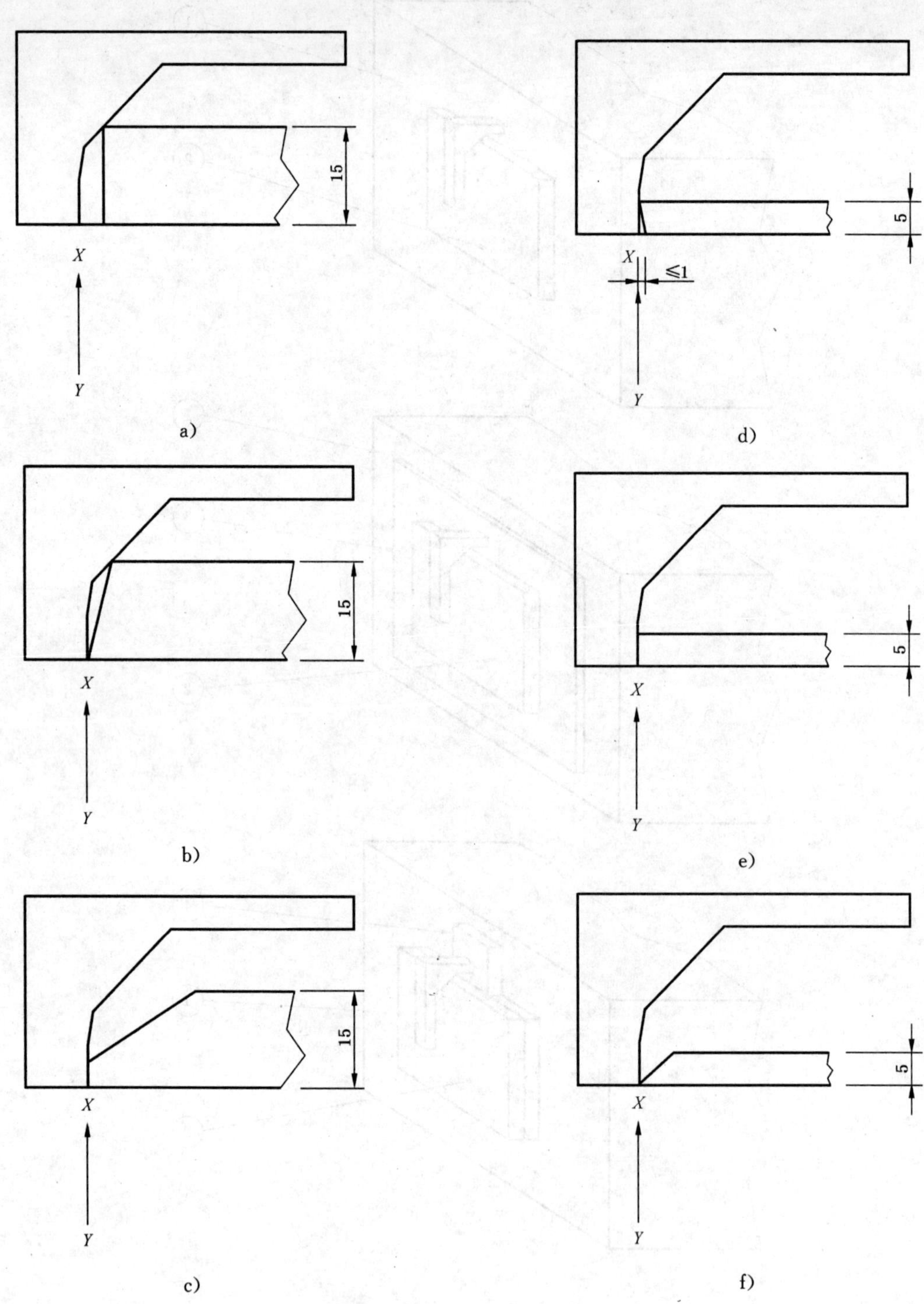

a)和 b)情况下，不符合。

c)、d)、e)和 f)情况下，符合(但是是否合格还应通过图 16 所示的量规检查是否符合 12.1.2.4 的要求)。

图 15　图 13 量规的施加示例(见 12.1.2.3)

单位为毫米

关键词：

1——试验棒(金属)；

2——直角锐边。

图 16 验证沟槽、孔和反向锥度用的量规(见 12.1.2.4)

关键词：

1——盖；

2——安装支承面。

图 17 图 16 量规施加方向示意图(见 12.1.2.3)

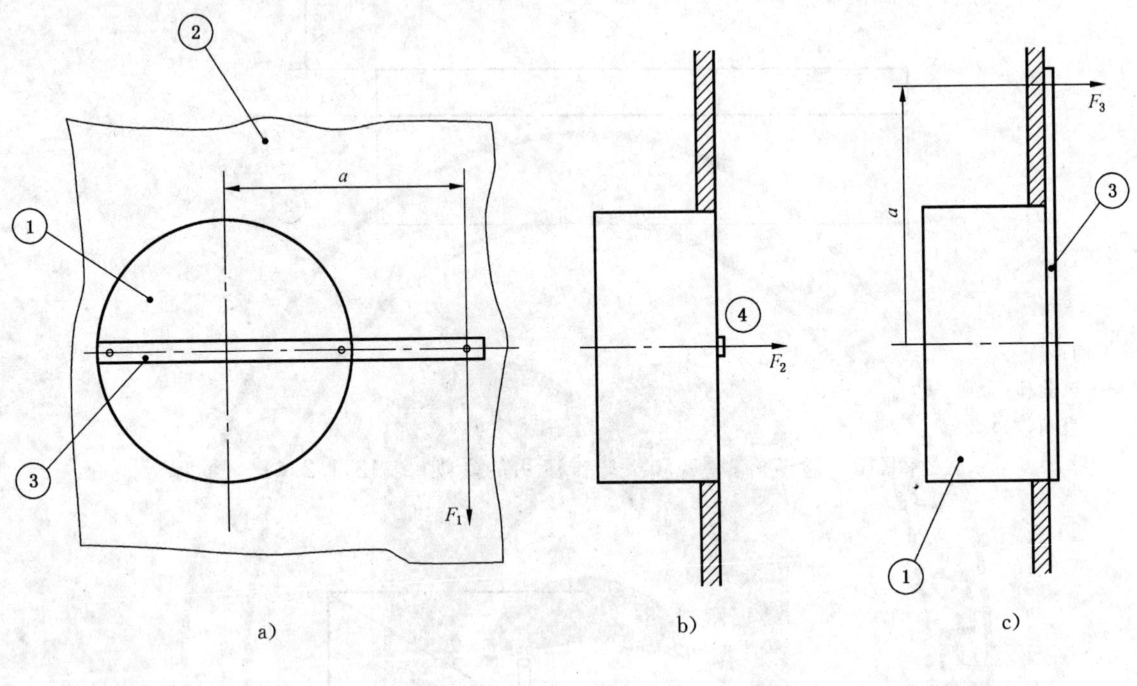

关键词：

1——受试样品；

2——胶合板；

3——杠杆；

4——安装盒的主轴。

图 18　根据 7.7.1 分类的安装盒和外壳用固定装置的验证(见 12.11)

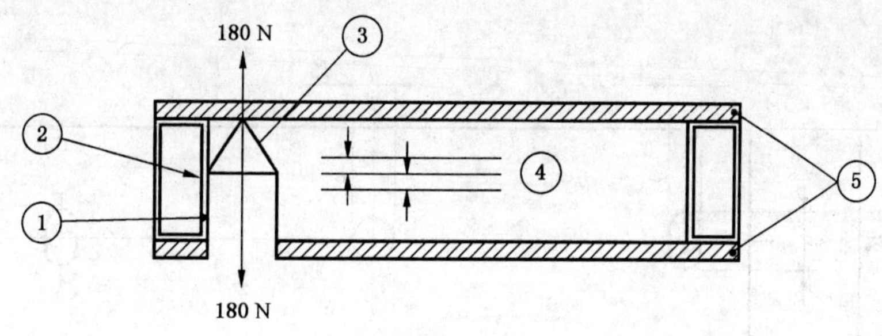

带有永久附加支承件的安装盒

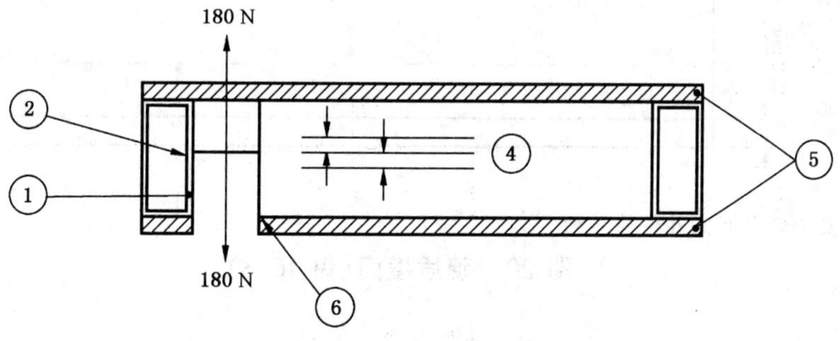

提供附加支承件的支架(现场安装用)

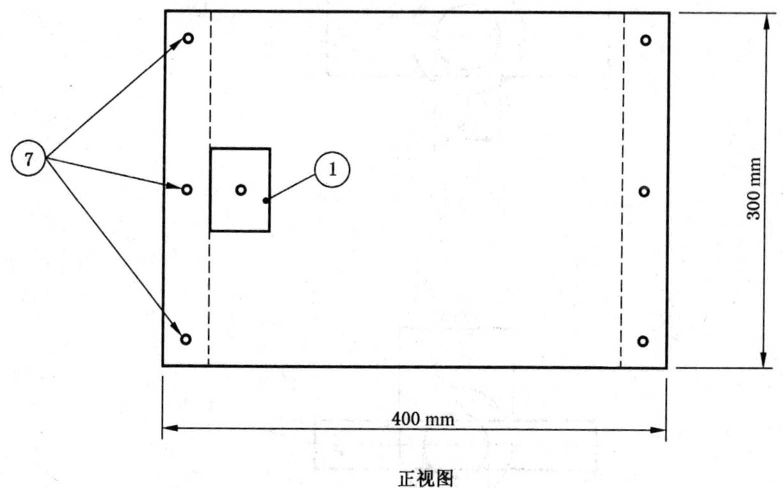

正视图

关键词：

1——安装盒；

2——金属螺栓；

3——附加支承件；

4——最大偏离；

5——胶合板；

6——支架；

7——每个面板的每一边需要 3 个螺钉。

图 19 依照 12.14.3 进行的试验

单位为毫米

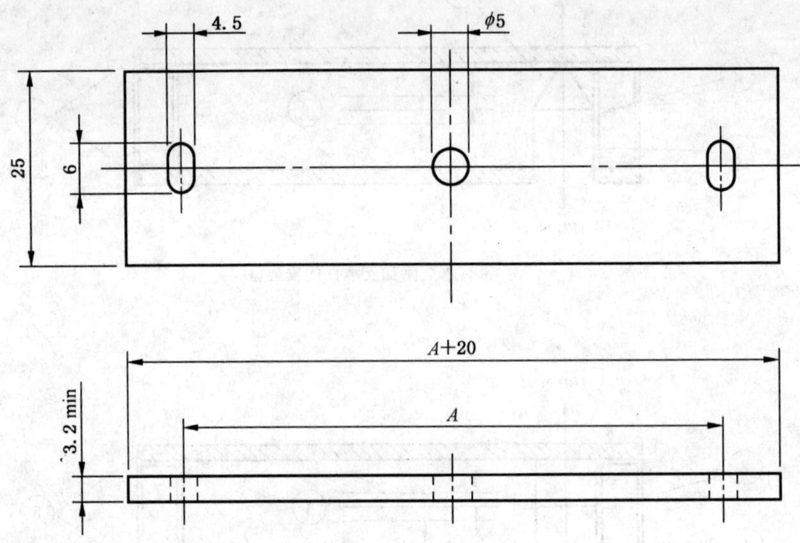

尺寸 A：与位于安装盒表面的孔保持一致。

图 20 硬质横闩（见 16.3）

单位为毫米

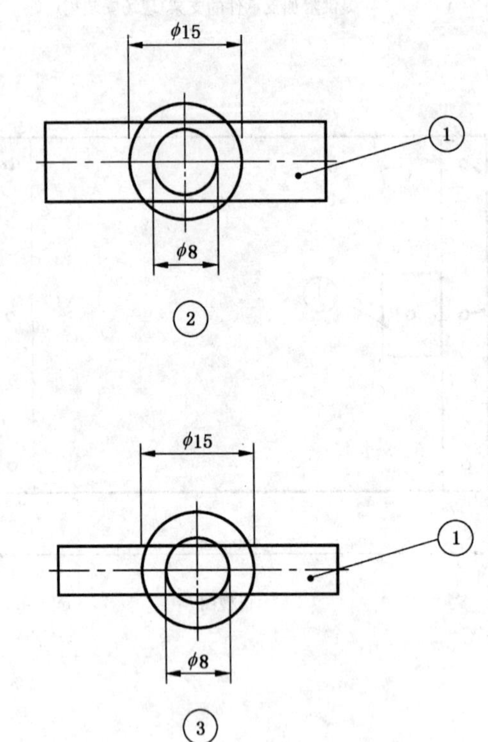

关键词：

1——试样；

2——受试；

3——不进行试验。

图 21 灼热丝试验的图形表示（见第 18 章）

附 录 A
（资料性附录）
外壳及其部件示例

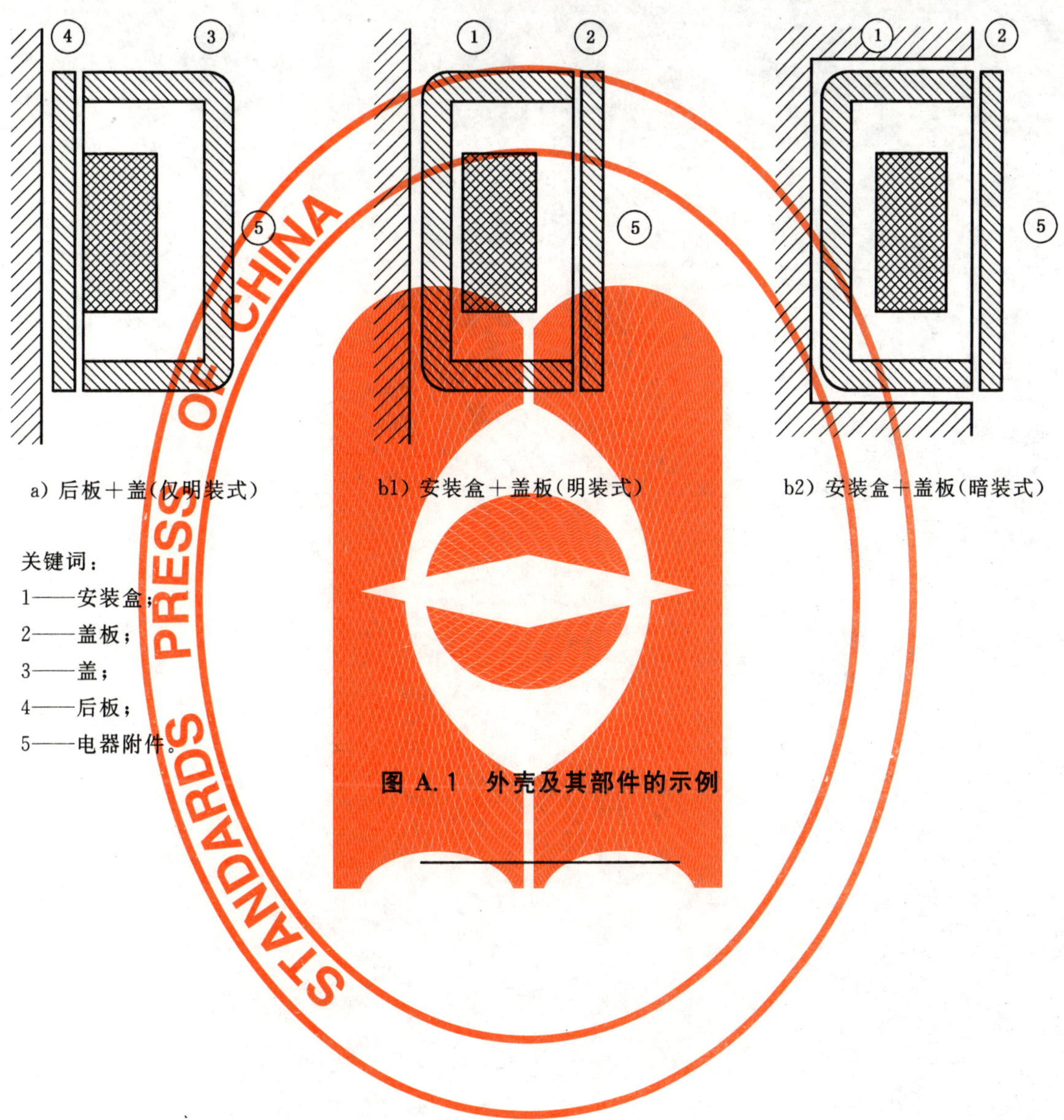

a）后板＋盖（仅明装式）　b1）安装盒＋盖板（明装式）　b2）安装盒＋盖板（暗装式）

关键词：

1——安装盒；

2——盖板；

3——盖；

4——后板；

5——电器附件。

图 A.1　外壳及其部件的示例

ICS 29.120.10
K 65

中华人民共和国国家标准

GB 17466.21—2008/IEC 60670-21:2004

家用和类似用途固定式电气装置的电器附件安装盒和外壳 第21部分:用于悬吊装置的安装盒和外壳的特殊要求

Boxes and enclosures for electrical accessories for household and similar fixed electrical installations—Part 21:Particular requirements for boxes and enclosures with provision for suspension means

(IEC 60670-21:2004,IDT)

2008-12-30 发布　　　　2010-02-01 实施

中华人民共和国国家质量监督检验检疫总局
中国国家标准化管理委员会　发布

前言

GB 17466 的本部分全部技术内容为强制性。

GB 17466《家用和类似用途固定式电气装置的电器附件安装盒和外壳》分为2部分：

第1部分：通用要求(GB 17466.1)

第2部分：特殊要求(GB 17466.21～17466.24)

——第21部分：用于悬吊装置的安装盒和外壳的特殊要求

——第22部分：连接盒与外壳的特殊要求

——第23部分：地面安装盒和外壳的特殊要求

——第24部分：住宅保护装置和类似电源功耗的装置的外壳的特殊要求

本部分为GB 17466的第21部分。

本部分等同采用IEC 60670-21：2004《家用和类似用途固定式电气装置的电器附件安装盒和外壳 第21部分：用于悬吊装置的安装盒和外壳的特殊要求》。

本部分应与GB 17466.1配合使用。

本标准由中国电器工业协会提出。

本标准由全国电器附件标准化技术委员会(SAC/TC 67)归口。

本标准起草单位：中国电器科学研究院、浙江正泰建筑电器有限公司、广东出入境检验检疫局、奇胜工业(惠州)有限公司、广东松本电工电器有限公司。

本标准主要起草人：刘波、陈玉、廖媛敏、刘新春、唐衍兰、张朝冠、张文捷、吴绍栋。

IEC 前言

1) IEC(国际电工委员会)是由各个国家电工委员会(IEC 国家委员会)组成的世界性标准化组织。IEC 的宗旨是促进在与电气和电子领域标准化有关问题上的国际合作。为此目的,IEC 除了开展其他活动之外,还出版国际标准、技术规范、技术报告、公众可获取规范(PAS)和指南等(此后一律统称"IEC 出版物")。这些标准的制定工作是委托各技术委员会来完成的。IEC 的成员各国家委员会,只要对要制定的标准感兴趣,均可参加其制定工作。与 IEC 有联系的国际性的、官方和非官方的组织亦参与标准的制定工作。IEC 和世界标准化组织(ISO)遵照双方协议规定的条件,密切合作。

2) 由于每个技术委员会中均有来自对相关问题感兴趣的国家委员会的代表,故 IEC 的有关技术问题的正式决议或协议都在最大限度上表达了国际上对于相关问题的一致看法。

3) 产生的文档以推荐的形式用于国际用途,并在此意义上为各国家委员会接受。IEC 应尽一切努力确保 IEC 出版物的技术内容准确无误,但是对于任何最终使用者使用出版物的方式和误读,IEC 不负责任。

4) 为了促进国际上的统一,IEC 各国家委员会负责将 IEC 国际标准透明地、最大可能地转化为国家或地区性标准。IEC 标准和相应的国家或地区性标准之间如有任何差异,应在标准转化之后清楚地说明。

5) IEC 并未制定任何认可标志的程序。如有某设备宣称其符合 IEC 的某一项标准时,IEC 对此不负责任。

6) 所有的使用者须保证他们应该拥有最新的版本。

7) 不管是直接的还是间接的,或使用或借助本 IEC 出版物或其他 IEC 出版物而产生的出版物成本(包括合法费用)及费用,IEC 或其董事、雇员、服务人员或者代理机构(包括个人专家和技术委员会的成员)和 IEC 国家委员会无义务对任何个人损失、财产损失或者其他任何性质的损失负责。

8) 注意本出版物引用的规范性引用。为了准确地使用本出版物,相关的引用出版物是必不可少的。

9) 注意 IEC 出版物中可能涉及到一些专利课题的成分。IEC 无义务去确定任何或所有的这些专利。

国际标准 IEC 60670-23 是由 IEC 技术委员会 TC 23:电器附件技术委员会中的 SC 23B:插头插座及开关分技术委员会制定。

本标准的内容基于下述的文件:

FDIS	投票报告
23B/742/ FDIS	23B/746/RVD

有关本标准表决通过的详细资料,请见上表所列的投票报告。

该出版物起草遵从 ISO/IEC 导则第二部分。

这个标准将配合 IEC 60670-1 使用,它列出了必要的变化将其转化为用于悬吊装置的安装盒和外壳的特殊标准。

a) 本出版物,使用以下印刷字体:

——要求:罗马字体;

——试验规范:斜体;

——备注:小罗马字体。

b) 第1部分的增加条款,图或表需要从101开始计数。

委员会决定该版内容将在2008年之前保持不变。到那时,本出版物将被:

- 再次确认;
- 废止;
- 被修订后的版本替代;或
- 修订。

家用和类似用途固定式电气装置的电器附件安装盒和外壳 第21部分:用于悬吊装置的安装盒和外壳的特殊要求

1 范围

GB 17466.1 的本章增加下述内容后适用：

第四段后增加：

本部分适用于装有悬吊装置的安装盒和外壳。

2 规范性引用文件

GB 17466.1 的本章适用。

3 定义

GB 17466.1 的本章增加下述内容后适用：

增加：

3.101

悬吊装置的安装盒 box for suspension means

预定用于悬吊负载和接纳悬吊装置的安装盒。

3.102

悬吊装置 suspension means

装置由任何必要部件(吊钩,托架等)组成,这些部件可以与安装盒和外壳组合使用或单独使用(见图 101)。

4 一般要求

GB 17466.1 的本章适用。

5 关于试验的一般说明

GB 17466.1 的本章适用。

6 额定值

空白。

7 分类

GB 17466.1 的本章增加下述内容后适用：

表 1 增加：

<table>
<tr><td rowspan="2">7.101 预定悬吊装置用：[aa]</td><td>7.101.1 悬吊光源</td><td rowspan="2"></td></tr>
<tr><td>7.101.2 悬吊吊扇</td></tr>
<tr><td colspan="3">[aa] 悬吊装置可以带或不带安装盒。</td></tr>
</table>

8 标志

GB 17466.1 的本章做以下修改后适用：

8.1

在 J)后增加：[1]

k) 按 7.101.1 的分类，如果制造商声明对安装盒和外壳的测试力大于 250 N，其质量单位用 kg。

注 1：在美国，光源用的安装盒应标出："光源用"。在预定使安装盒承重大于 15.8 kg 的地方，安装盒需标识其承重质量。

注 2：在丹麦，用 kg 标识反映是 5 倍安全系数。

9 尺寸

GB 17466.1 的本章适用。

10 防触电保护

GB 17466.1 的本章适用。

11 接地措施

GB 17466.1 的本章适用。

12 结构

GB 17466.1 的本章增加下述内容后适用：

增加：

12.101 除非制造商声明，否则用于固定安装盒和/或盖板的螺钉不认为是悬挂装置。

13 耐老化、防固体物质进入和防有害进水

GB 17466.1 的本章适用。

14 绝缘电阻和电气强度

GB 17466.1 的本章适用。

15 机械强度

GB 17466.1 的本章增加下述内容后适用：

增加：

15.101 用于悬吊装置的安装盒和外壳

用于悬吊装置的安装盒和外壳应能经受正常使用时出现的热和机械应力。

用于悬吊装置的安装盒和外壳：

——符合 7.101.1 要求的进行 15.101.1 和 15.101.2；

——符合 7.101.2 要求的进行 15.101.3。

15.101.1 用于在天花板上悬吊负载的安装盒和外壳应能经受 250 N 的测试力或制造商声明的更大的测试力(Y)。[2]

注 1：在英国，所有悬吊装置用的安装盒和外壳不要求经受 250 N 的拉力，不要求非金属的安装盒和外壳能经受90 ℃。

1) 本条下的 2 个注给出了国外的相关信息。

2) 本条下的 3 个注给出了国外的相关信息。

注 2：在丹麦，符合 8.1k)，试验拉力 Y 是用 kg 标识的质量的 5 倍。

注 3：在西班牙，不要求所有悬挂装置用的安装盒和外壳能经受 90 ℃。

通过下面试验检查：

给试样装上悬吊装置，并根据制造商说明书的规定按正常使用要求安装后，螺钉要以表 4 规定的力矩的 2/3 拧紧。

如果制造商声明可以使用更大的力矩，当说明书亦提供了相关信息时，可以选用更大值的力矩。

向悬吊装置施加(250±5)N 或制造商声明的(Y±2%)N 的测试力 24 h，二者中取较大的值。

符合 7.1.1 和 7.1.3 分类的安装盒和外壳测试应在(90±2)℃的烘箱中进行。

在试验期间，安装盒和外壳或悬吊装置不得脱出，试样不得出现会导致不符合本部分要求的损坏。

15.101.2 在墙上或墙里使用的安装盒和外壳应能经受 100 N 的力或制造商声明的更大的力 Y。

注 1：此装置可以是螺钉，但不得再用此螺钉来固定安装盒的其他部件，例如盖或盖板。

注 2：在英国，不要求所有的悬吊装置要经受 100 N。[3)]

通过下面试验检查：

根据制造商说明书的规定，将安装盒和外壳包括盖板(如有)按正常使用要求安装后，放进加热箱里，所有螺钉均要拧紧，拧紧力矩为表 4 规定值的 2/3。

然后，在(40±2)℃的温度下，朝垂直于墙的方向施加(100±5)N 或制造商声明的(Y±2%)N 的测试力 24 h，如果装置多于一个，此力要均匀分布在每个装置之间。

符合 7.1.1 和 7.1.3 的安装盒和外壳要在(40±2)℃的温度下进行。

在试验期间，安装盒或外壳或悬吊装置不得脱出，试样不得出现会导致不符合本部分要求的损坏。

15.101.3 用于在天花板上悬吊吊扇的安装盒和外壳应能经受正常使用时出现的热和机械应力。

当经受下面的试验时，安装盒或外壳或它的支撑方式不得脱出，试样不得出现会导致不符合本部分要求的损坏。

试样应在水平和倾斜各个位置上试验。

试样应根据制造商说明书的规定按正常使用要求安装在一个既可水平位置也可与水平位置成 30°的试验装置上，要求安装螺钉垂直于天花板，风扇的扇叶平行于地板(见图 102)。

直径为(1320±25)mm 的试验风扇应有 4 个扇叶，加重或压载(155±5)N[相当于(15.8±0.5) kg]或制造商规定额定负载，二者中取较大的值。一个 0.392 N(相当于 40 g)的不平衡装置被放置于扇片的重心，重心独立于试验风扇测量。

试验风扇应装有一根刚性金属管制成的下垂杆，在风扇安装后该杆的长度应能满足扇片最低处离天花板(305±25)mm，该杆应被焊接在 7.9 mm 厚的风扇安装托架的上端。

试验风扇安装托架应根据制造商说明书固定到安装盒或外壳，螺钉或螺母应用表 4 给出的力矩拧紧。普通类型连接安装结构不用试验。电风扇的速度应能控制。

试验风扇的转速应被调节到扇叶末端速度维持 1 220 m/min(294 r/min)。

试验风扇的扇叶倾斜度应减少至最小，风扇应在规定的转速下持续运转 24^{+1}_{0} h。

24 h 后，松开固定盖子的一个螺钉或螺母两圈，每一安装位置上，水平和倾斜，应增加风扇运转 24 h。盖或安装螺钉、锁紧垫片不进行这个附加试验。

另外，安装盒或外壳或它的悬吊装置无螺钉松脱、断裂、裂纹、折断或明显的损坏。

16 耐热

GB 17466.1 的本章适用。

17 爬电距离、电气间隙和穿通密封胶距离

GB 17466.1 的本章适用。

3) 给出了国外的相关信息。

18 绝缘材料的耐非正常热、耐燃

GB 17466.1 的本章适用。

19 耐电痕化

GB 17466.1 的本章适用。

20 耐腐蚀

GB 17466.1 的本章适用。

21 电磁兼容

GB 17466.1 的本章适用。

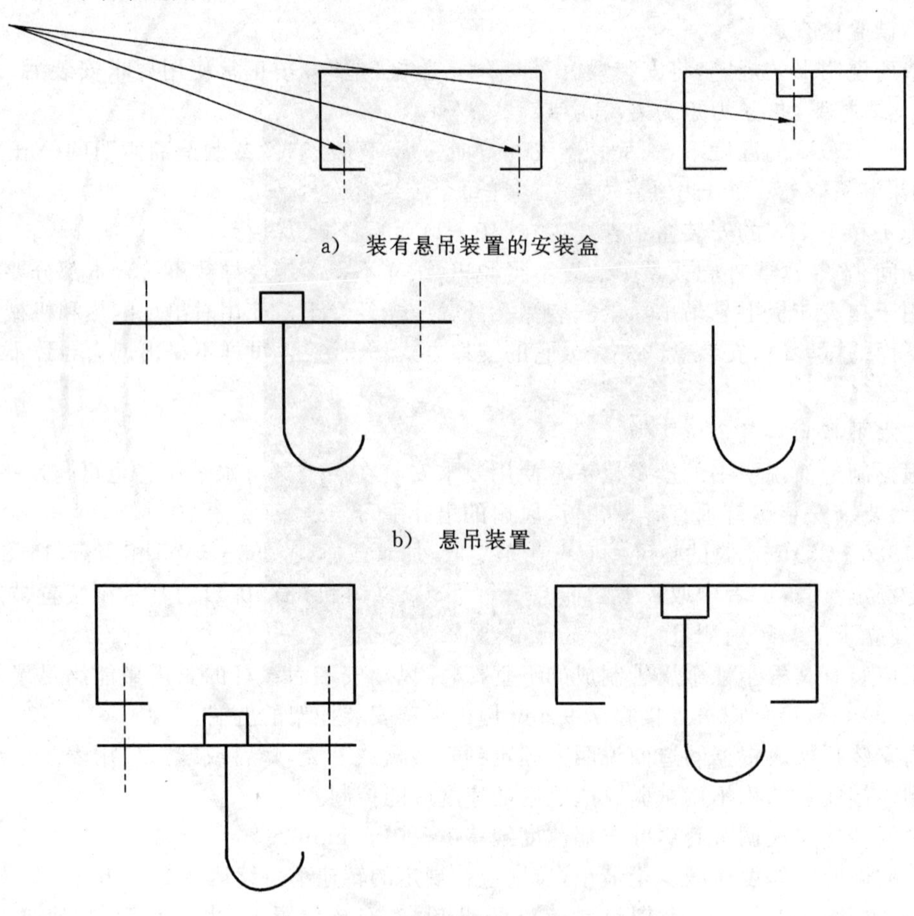

a) 装有悬吊装置的安装盒

b) 悬吊装置

c) 带有悬吊装置的安装盒和外壳

图 101 悬吊装置的例子

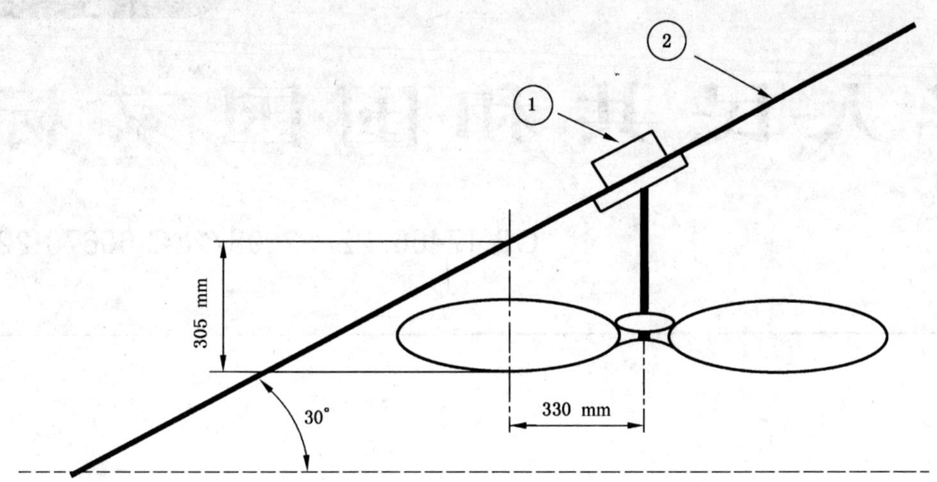

说明：

1——安装盒；

2——天花板。

图 102 倾斜天花板试验

ICS 29.120.10
K 65

中华人民共和国国家标准

GB 17466.22—2008/IEC 60670-22:2003

家用和类似用途固定式电气装置的电器附件安装盒和外壳 第22部分:连接盒与外壳的特殊要求

Boxes and enclosures for electrical accessories for household and similar fixed electrical installations—Part 22:Particular requirements for connecting boxes and enclosures

(IEC 60670-22:2003,IDT)

2008-12-30 发布　　2010-02-01 实施

中华人民共和国国家质量监督检验检疫总局
中国国家标准化管理委员会　发布

前　言

GB 17466 的本部分全部技术内容为强制性。

GB 17466《家用和类似用途固定式电气装置的电器附件安装盒和外壳》分为 2 部分：

第 1 部分：通用要求(GB 17466.1)

第 2 部分：特殊要求(GB 17466.21～17466.24)

——第 21 部分：装有悬吊装置的安装盒和外壳的特殊要求

——第 22 部分：连接盒与外壳的特殊要求

——第 23 部分：地面安装盒和外壳的特殊要求

——第 24 部分：住宅保护装置和类似电源功耗装置的外壳的特殊要求

本部分为 GB 17466 的第 22 部分。

本部分等同采用 IEC 60670-22：2003《家用和类似用途固定式电气装置的电器附件安装盒和外壳 第 22 部分：连接盒与外壳的特殊要求》(第 1 版)。

本部分应与 GB 17466.1 配合使用。

本部分的附录 AA 是资料性附录。

本部分由中国电器工业协会提出。

本部分由全国电器附件标准化技术委员会(SAC/TC 67)归口。

本部分起草单位：中国电器科学研究院、浙江正泰建筑电器有限公司、广东出入境检验检疫局、奇胜工业(惠州)有限公司、广东松本电工电器有限公司。

本部分主要起草人：罗怀平、陈玉、曲凯、刘新春、唐衍兰、张文捷、梁晖、吴绍栋。

IEC 前言

1) IEC(国际电工委员会)是由各个国家电工委员会(IEC 国家委员会)组成的世界性标准化组织。IEC 的宗旨是促进在与电气和电子领域标准化有关问题上的国际合作。为此目的,IEC 除了开展其他活动之外,还出版国际标准。这些标准的制定工作是委托各技术委员会来完成的。IEC 的成员各国家委员会,只要对要制定的标准感兴趣,均可参加其制定工作。与 IEC 有联系的国际性的、官方的组织亦参与标准的制定工作。IEC 和世界标准化组织(ISO)遵照双方协议规定的条件,密切合作。
2) 由于每个技术委员会中均有来自对相关问题感兴趣的国家委员会的代表,故 IEC 的有关技术问题的正式决议或协议都在最大限度上表达了国际上对于相关问题的一致看法。
3) 产生的文档以推荐的形式用于国际用途,并以标准、技术规范、技术报告或是导则的形式出版,并在此意义上为各国家委员会接受。
4) 为了促进国际上的统一,IEC 各国家委员会负责将 IEC 国际标准透明地、最大可能地转化为国家或地区性标准。IEC 标准和相应的国家或地区性标准之间如有任何差异,应在标准转化之后清楚地说明。
5) IEC 并未制定任何认可标志的程序。如有某设备宣称其符合 IEC 的某一项标准时,IEC 对此不负责任。
6) 值得注意的是本国际标准中的某些部分可能涉及到专利权。IEC 对于鉴别某一或是全部的这一类专利权将不负责任。

国际标准 IEC 60670-22 由 IEC 技术委员会 TC 23:电器附件的 23 B:插头、插座和开关分会制定。

本标准的内容基于下述的文件:

FDIS	投票报告
23B/700/FDIS	23B/704/RVD

有关本标准表决通过的详细资料,请见上表所列的投票报告。

该出版物起草遵从 ISO/IEC 导则第二部分。

这个标准将配合 IEC 60670-1 使用,它列出了必要的变化将其转化为适合连接盒和外壳的特殊的标准。

a) 本出版物,使用以下印刷字体:
——要求:罗马字体;
——试验规范:斜体;
——备注:小罗马字体。

b) 第 1 部分的增加条款,图或表需要从 101 开始计数。

附录 AA 只能用于说明信息

委员会决定该版内容将在 2008 年之前保持不变。到那时,本出版物将被:

- 再次确认;
- 废止;
- 被修订后的版本替代;或
- 修订。

家用和类似用途固定式电气装置的电器附件安装盒和外壳 第22部分:连接盒与外壳的特殊要求

1 范围

GB 17466.1 的本章增加下述内容后适用:

在第四段后面增加:

本部分适合用于接头和/或抽头的连接盒。

2 规范性引用文件

下列文件中的条款通过 GB 17466 的本部分的引用而成为本部分的条款。凡是注日期的引用文件,其随后所有的修改单(不包括勘误的内容)或修订版均不适用于本部分,然而,鼓励根据本部分达成协议的各方研究是否可使用这些文件的最新版本。凡是不注日期的引用文件,其最新版本适用于本部分。

GB 17466.1 的本章增加下述内容后适用:

GB 13140 所有部分　家用或类似用途低压电路用的连接器件(IDT IEC 60998 所有部分)

IEC 60999-1:1999　连接器件——连接铜导线用螺纹型和无螺纹型夹紧件的安全要求　第1部分:0.2 mm^2～35 mm^2 的导线的夹紧件的通用要求和特殊要求

3 定义

GB 17466.1 的本章增加下述内容后适用:

3.101

连接盒　connecting box

接头盒　junction box

允许导线连接的安装盒。

3.101.1

端接连接盒　junction connecting box

允许一个或者多个接头连接的连接盒。

3.101.2

分接连接盒　tapping connecting box

允许从一个或多个主导线引出的一个或者多个分接头连接的连接盒。

注:按 3.101.1 和 3.101.2 要求的连接盒可以组合。

3.101.3

电缆输出口连接盒　cord outlet connecting box

允许在固定式装置和软缆之间建立一个或者多个连接的连接盒。

3.102

带完整夹紧件的连接盒　connecting box with integral clamping units

夹紧件被永久固定,作为盒子整体的一部分的连接盒(见附录AA)。

3.103

带组合端子和连接器件的连接盒 connecting box with incorporated terminals or connecting devices

带有可拆卸端子和连接器件，通过机械方式将其固定在盒子内的连接盒(见附录AA)。

3.104

带连续组合端子或连接器件的连接盒 connecting box with provisions for subsequent incorporation of terminals or connecting devices

带有组合端子或连接器件用的设施，通过机械方式将端子或连接器件固定在盒子内的连接盒(见附录AA)。

3.105

用于活动端子或连接器件的连接盒 connecting box for floating terminals or connecting devices

用来容纳端子或连接器件但无设施来固定它们的连接盒(见附录AA)。

3.106

额定连接容量 rated connecting capacity

由制造商声明的最大导线的横截面积。

3.107

端子 terminal

用于电缆导体的电气连接，有绝缘或无绝缘的、可重复使用的连接器件。

3.108

夹紧件 clamping unit

用于机械夹紧和导体的电气连接(包括确保接触压力)所必需的端子的部件。

3.109

连接器件 connecting device

用于连接两个或者更多导体，在必要时组成一个或多个端子、绝缘和/或辅助部件的电气连接的装置。

4 一般要求

GB 17466.1 的本章适用。

5 关于试验的一般说明

GB 17466.1 的本章增加下述内容后适用：

5.2 结尾处增加：

带连续组合端子和连接器件的连接盒要根据制造商的建议进行端子或连接器件试验。

6 额定值

GB 17466.1 的本章被替代为：

6.1 整体或组合连接器件的额定电压优选值为：130 V，250 V，450 V，750 V，1 000 V a.c. 和 1 500 V d.c.

6.2 标准额定连接容量为 0.2 mm^2，0.34 mm^2，0.5 mm^2，0.75 mm^2，1 mm^2，1.5 mm^2，2.5 mm^2，4 mm^2，6 mm^2，10 mm^2，16 mm^2，25 mm^2，35 mm^2。[1)]

注 1：暂时，在一些国家可能使用线规表示方法(例如美国和加拿大的 AWG)，取代了用平方毫米表达的横截面积方法。

注 2：mm^2 和 AWG 之间的近似换算关系在 IEC 60999-1:1999 的附录 A 中给出。

1) 本条下的4个注给出了国外的相关信息。

注 3：英国使用的标准连接容量为 1.25 mm^2。

注 4：日本使用的标准连接容量为：0.9 mm^2，1.25 mm^2，2.0 mm^2，3.5 mm^2，5.5 mm^2，8 mm^2，14 mm^2，22 mm^2。

7 分类

GB 17466.1 的本章增加下述内容后适用：

增加以下内容：

7.101 在连接盒中固定端子或连接器件的方式。	7.101.1 使用整体式夹紧件。	
	7.101.2 使用组合端子或连接器件。	
	7.101.3 使用连续组合端子或连接器件。	
	7.101.4 (对于活动端子或者连接装置)不需固定。	

8 标志

GB 17466.1 的本章增加下述内容后适用：

8.1 j) 后面增加：

k) 盒中使用整体或组合端子或连接器件的额定绝缘电压(见注 1)；

l) 额定连接容量(见注 1 和注 2)；

m) 安装在盒内的最大导体数(见注 1 和注 2)。

注 1：在以下情况下：

——对于整体夹紧件，k)和 l)应在安装盒上标识；

——对于组合端子或连接器件，如果标识 k)和 l)被标志在盒上或组合端子上或连接器件上，在安装时应清晰可辨；

——对于依据 7.101.4 分类的用于活动端子或连接装置的空安装盒，如果标识 l)和 m)被标志在安装盒上，在安装时应清晰可辨。

注 2：制造商可以标识或声明 l)和 m)的一种以上组合。

增加以下条款：

8.101 应使用下列符号表示：

伏特 …………………………………………………………………………………………………… V

额定连接容量 ……………………………………………………………………………… mm^2或 AWG[2)]

9 尺寸

GB 17466.1 的本章适用。

10 防触电保护

GB 17466.1 的本章适用。

11 接地措施

GB 17466.1 的本章适用。

12 结构

GB 17466.1 的本章做如下述修改后适用：

12.1 第一段后面增加：

2) 在我国不用 AWG 表示，AWG 表示适用于美国和加拿大等北美地区。

在连接盒中，盖和盖板的固定方式须适合于固定连接器件。当移开盖和盖板后，它应使连接器件保持在正确的位置上。

是否合格，通过观察检查。

增加以下的条款：

12.101 连接盒应有充足的空间允许导体进行正确的连接。在 GB 13140 的第 2 部分特殊要求的相关章节中，详细说明了正确连接的导体的连接数量和横截面积。

是否合格，如果安装最大横截面积的最多导体数是最坏情况时，应按此来检查。否则，应按最不利的组合情况来检查。

本试验应结合 12.102 进行。

对于按 7.101.4 的分类的安装盒，仅 8.1 的 l)和 m)被标识和申明的才进行本试验。

12.102 端子和连接器件的固定方式应能经受安装和正常使用时的机械应力。

是否合格，通过按 GB 13140 的第 2 部分所用的连接器件类型的相应要求，连接导线进行检查。

在检测结束之后应不出现有害的变形、破裂或不符合这部分要求的类似损害。

12.103 按 7.101.1，7.101.2 和 7.101.3 分类的连接盒应符合 16.102 的温升要求。

13 耐老化、防固体异物进入和防有害进水

GB 17466.1 的本章增加下述内容后适用：

13.3.3 最后一段用下述内容替代：

除了按 7.101.4 分类的连接盒，试样应能经受 14.2 规定的电气强度试验。根据该条款，电气强度试验应在完成本试验后的 5 min 内开始。

14 绝缘电阻和电气强度

GB 17466.1 的本章增加下述内容后适用：

增加以下内容：

14.2.101

对于使用整体或组合端子或者连接器件的安装盒，按如下方式连续进行测量。

每个连接器件的夹紧件应在导体最小和最大横截面积之间交替连接。

使用约 500 V 的直流电压来测量绝缘电阻，并在施加电压 1 min 后测量。

a) 在所有连接在一起的夹紧件和无固定方式的连接器件的本体之间，或在所有连接在一起的夹紧件和有固定方式的连接器件的安装基座之间；

b) 在每个夹紧件和所有其他连接到无固定方式的连接器件用的本体之间，或每个夹紧件和所有其他连接到有固定方式的连接器件用的安装基座之间。

如有密封胶，应使用金属箔，进行有效地检测。

15 机械强度

GB 17466.1 的本章作下述修改后适用：

15.1 注用下述内容替代：

注：损害结束后，对于不降低表 102 中爬电距离或者电气间隙规定值的小凹痕、和不明显影响防触电保护或防有害水进入的小碎片，都可以忽略。

16 耐热

GB 17466.1 的本章增加下述内容后适用：

增加以下条款：

16.101 带绝缘材料零件的连接器件应具有足够的耐热能力。

是否合格，通过16.101.1～16.101.3的试验检查。

16.101.1 试样或者试样的一部分放于温度为(85±2)℃的加热箱中保持1 h。

在试验期间，试样应不出现任何导致损害其进一步使用的变化。密封胶(如果有的话)不应流动到暴露出带电部件的程度。

在试验结束后，试样已被允许冷却到接近环境温度后，应不可接触到带电部件。当试样按正常使用情况安装时，即使使用GB/T 16842—1997中B号试验探针施加不超过5 N的力，这些带电部件在正常情况下应是不易触及的。

本试验结束之后，标志应清晰可见。

16.101.2 虽然与载流部件和接地电路部件接触，但不是将它们保持在正常位置所必需的绝缘材料部件，应按GB 17466.1中16.1的规定进行球压试验。试验温度为(70±2)℃或(40±2)℃加上按16.102.4试验的相应部件所测得的最高温升值，二者取温度较大值。

16.101.3 用以将载流部件和接地电路的部件保持在正常位置所必需的绝缘材料部件，应在温度为(125±2)℃的加热箱中经受球压试验。

16.102 整体或组合在连接盒中的连接器件，在结构上应做到，在正常使用下其温升应不超过16.102.4规定值。

是否合格，通过16.102.1～16.102.3的试验进行检查。

16.102.1 带含有一个或多个夹紧件的独立端子(见图101)的连接器件，应以预订的方法和最不利条件连接到导体上。

16.102.2 对于多位端子器件最多3个相邻端子串连。如果单极连接器件被设计成并排安装，那么3个器件以预订的方式放置和连接在一起(见图102)。

16.102.3 用适合于夹紧件的最大横截面积的新的实心导线或软导线进行连接，夹紧件的连接应按GB 13140的相应部分规定进行。

横截面积小于等于10 mm^2时，导线的长度为1 m。横截面积大于10 mm^2时，导线的长度为2 m。导线的长度可在制造商的同意下适当减少。

16.102.4 当器件在试验情况下达到热平衡时，进行温升测量。通常，在试验情况下部件温升不超过1 K/h时，认为温度达到稳定。在试验期间，器件通有表101所示与额定连接容量对应的交流电流值。

温度通过变色指示器或热电偶来测定，测温方式选择和布点位置应使对温度测定时影响可以忽略(例如在与导体接触的金属部件上)。

表101 额定连接容量与试验电流之间的关系

额定连接容量/mm^2	试验电流/A
0.2	4
0.34	5
0.5	6
0.75	9
1	13.5
1.5	17.5
2.5	24
4	32
6	41
10	57
16	76
25	101
35	125

夹紧件的载流零件的温升应不超过 45 K,这可以理解成在一个带绝缘的器件的情况下,导体温升应尽可能靠近夹紧件测量。

注:对于 16.101.2 的试验目的,虽然与载流部件和接地电路部件接触,但不是将它们保持在正常位置所必需的绝缘材料部件的温升也被测定。

17 爬电距离、电气间隙和穿通密封胶的距离

爬电距离、电气间隙和穿通密封胶距离应不小于表 102 所示的值。

表 102 爬电距离、电气间隙和穿通密封胶的距离

额定电压/ V	爬电距离、电气间隙和穿通密封胶距离/ mm
≤130	1.5
>130,且≤250	3.0
>250,且≤450	4.0
>450,且≤750	6.0
>750	8.0

是否合格,通过在以下的部件之间测量进行检查:

爬电距离、电气间隙:

——在不同极性的带电部件之间;

——在带电部件和

- 金属盖子和没有绝缘衬垫的安装盒之间;
- 被安装的安装盒的表面之间。

穿通密封胶距离:

——在覆盖有密封胶的带电部件和安装盒的表面之间。

对于多位端子器件和无固定方式但具有保护功能的端子,当端子装有最大横截面积的导体时,在带电部件和代表易于接触任何其他部件的最近点任一空隙之间进行距离测量。

本试验不适用于按 7.101.4 分类的活动端子或连接器件的安装盒。

在各种端子或连接器件可能安装在盒中的情况下,应测试最不利的组合。

18 绝缘材料的耐非正常热、耐燃

GB 17466.1 的本章适用。

19 耐电痕化

GB 17466.1 的本章适用。

20 耐腐蚀

GB 17466.1 的本章适用。

21 电磁兼容

GB 17466.1 的本章适用。

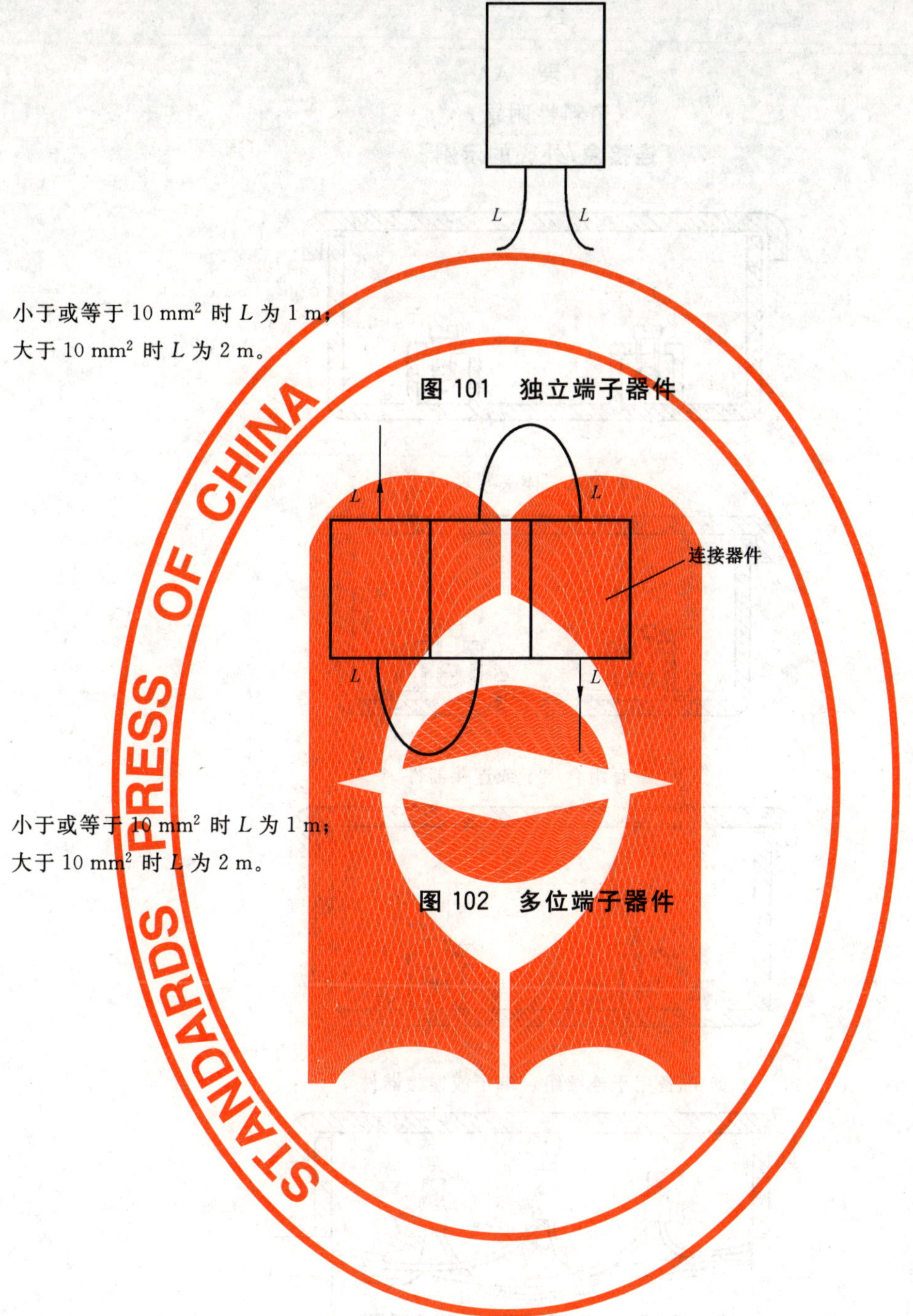

小于或等于 10 mm^2 时 L 为 1 m；
大于 10 mm^2 时 L 为 2 m。

图 101 独立端子器件

小于或等于 10 mm^2 时 L 为 1 m；
大于 10 mm^2 时 L 为 2 m。

图 102 多位端子器件

附 录 AA
（资料性附录）
连接盒/外壳的示例

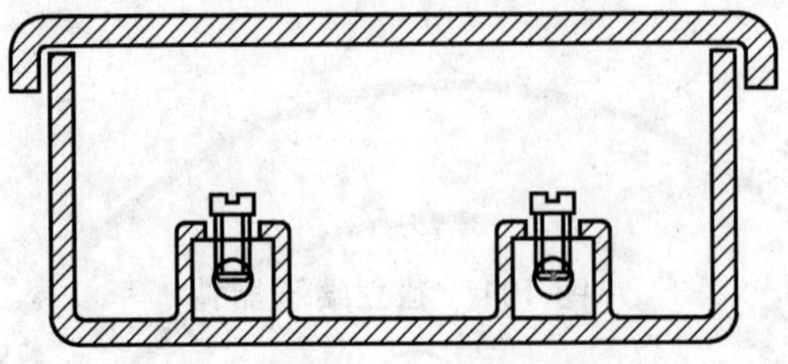

a）带有整体夹紧件

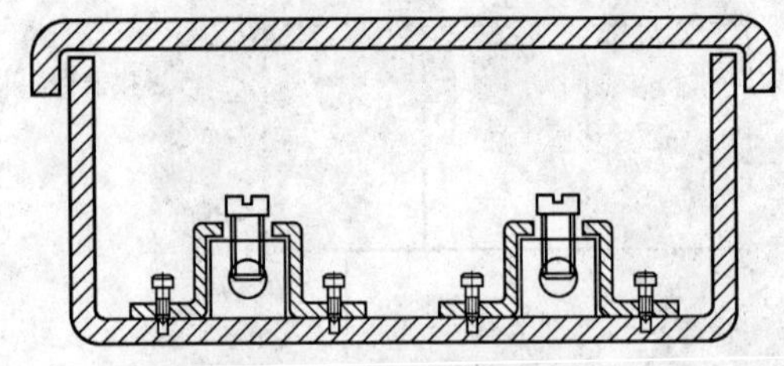

b）带有组合端子或连接器件

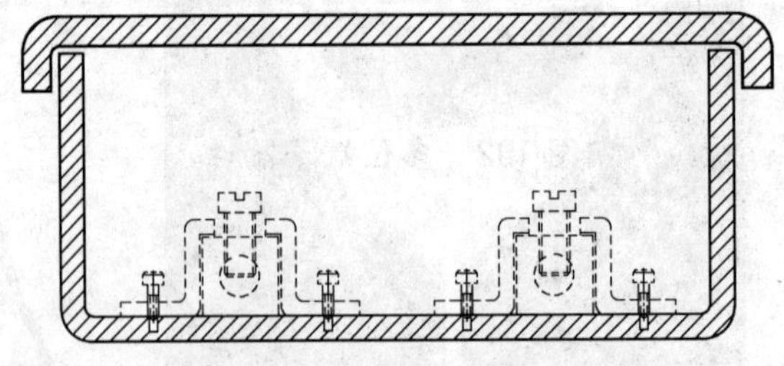

c）准备用于连续组合端子或连接器件

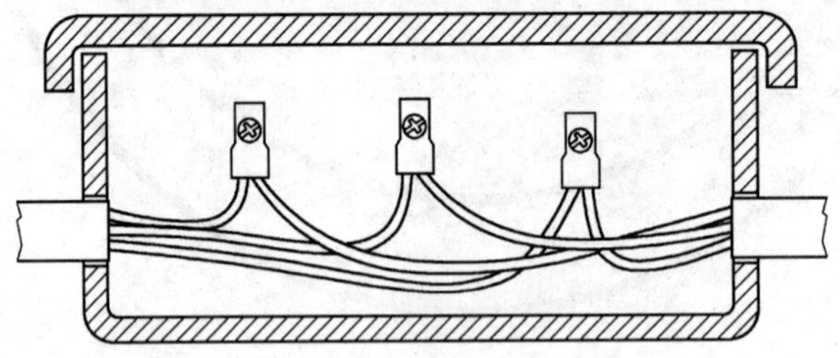

d）带有活动端子或连接器件

图 AA.1 连接盒/外壳的4个示例

ICS 29.120.10
K 65

中华人民共和国国家标准

GB 17466.23—2008/IEC 60670-23:2006

家用和类似用途固定式电气装置的电器附件安装盒和外壳 第23部分:地面安装盒和外壳的特殊要求

Boxes and enclosures for electrical accessories for household and similar fixed electrical installations—Part 23:Particular requirements for floor boxe and enclosures

(IEC 60670-23:2006,IDT)

2008-12-30 发布　　2010-02-01 实施

中华人民共和国国家质量监督检验检疫总局
中国国家标准化管理委员会　发布

前言

GB 17466 的本部分全部技术内容为强制性。

GB 17466《家用和类似用途固定式电气装置的电器附件安装盒和外壳》分为 2 部分：

第 1 部分：通用要求(GB 17466.1)

第 2 部分：特殊要求(GB 17466.21～17466.24)

——第 21 部分：装有悬吊装置的安装盒和外壳特殊要求

——第 22 部分：连接盒与外壳的特殊要求

——第 23 部分：地面安装盒和外壳的特殊要求

——第 24 部分：住宅保护装置和类似电源功耗装置的外壳的特殊要求

本部分是 GB 17466 的第 23 部分。

本部分等同采用 IEC 60670-23：2006《家用和类似用途固定式电气装置的电器附件安装盒和外壳 第 23 部分：地面安装盒和外壳的特殊要求》(第 1 版)。

本部分应与 GB 17466.1 配合使用。

本部分由中国电器工业协会提出。

本部分由全国电器附件标准化技术委员会(SAC/TC 67)归口。

本部分起草单位：中国电器科学研究院、杭州鸿雁电器有限公司、浙江正泰建筑电器有限公司、广东松本电工电器有限公司、奇胜工业(惠州)有限公司。

本部分主要起草人：罗怀平、单朝兰、陈玉、张文捷、唐衍兰、刘新春、吴绍栋。

IEC 前言

1） IEC(国际电工委员会)是由各个国家电工委员会(IEC 国家委员会)组成的世界性标准化组织。IEC 的宗旨是促进在与电气和电子领域标准化有关问题上的国际合作。为此目的,IEC 除了开展其他活动之外,还出版国际标准。这些标准的制定工作是委托各技术委员会来完成的。IEC 的成员各国家委员会,只要对要制定的标准感兴趣,均可参加其制定工作。与 IEC 有联系的国际性的、官方的组织亦参与标准的制定工作。IEC 和世界标准化组织(ISO)遵照双方协议规定的条件,密切合作。

2） 由于每个技术委员会中均有来自对相关问题感兴趣的国家委员会的代表,故 IEC 的有关技术问题的正式决议或协议都在最大限度上表达了国际上对于相关问题的一致看法。

3） 产生的文档以推荐的形式用于国际用途,并以标准、技术规范、技术报告或是导则的形式出版,并在此意义上为各国家委员会接受。

4） 为了促进国际上的统一,IEC 各国家委员会负责将 IEC 国际标准透明地、最大可能地转化为国家或地区性标准。IEC 标准和相应的国家或地区性标准之间如有任何差异,应在标准转化之后清楚地说明。

5） IEC 并未制定任何认可标志的程序。如有某设备宣称其符合 IEC 的某一项标准时,IEC 对此不负责任。

6） 所有的使用者须保证他们应该拥有最新的版本。

7） 不管是直接的还是间接的,或者使用或借助本 IEC 出版物或其他 IEC 出版物而产生的出版成本(包括合法费用)及费用,IEC 或其董事、雇员、服务人员或者代理机构(包括个人专家、技术委员会的成员)和 IEC 国家委员会无义务对任何个人损失、财产损失或者其他的由于自然原因导致的损失负责。

8） 注意本出版物引用的规范性引用文件。为了准确地运用这个出版物,相关的引用出版物是必不可少的。

9） 注意本 IEC 出版物中可能涉及到一些专利成分,IEC 无义务去确定任何和所有的这些专利。

国际标准 IEC 60670-23 由 IEC 技术委员会 TC 23:电器附件的 23 B:插头、插座和开关分会制定。本标准的内容基于下述的文件:

FDIS	投票报告
23B/814/FDIS	23B/820/RVD

有关本标准表决通过的详细资料,请见上表所列的投票报告。

该出版物起草遵从 ISO/IEC 指令第二部分。

IEC 60670 的这个标准将配合 IEC 60670-1(2002)使用,它列出了必要的变化将其转化为适合连接盒和外壳的特殊的标准。

a） 本出版物,使用以下印刷字体:

——要求:罗马字体;

——试验规范:斜体;

——备注:小罗马字体。

b） 第 1 部分的增加条款,图或者表需要从 101 开始计数。

IEC 60670 系列和以下部分对比,基于通常的标题家用和类似用途固定式电气装置的电器附件安装盒和外壳：

——第 1 部分：通用要求；

——第 21 部分：装有悬吊装置的安装盒和外壳的特殊要求；

——第 22 部分：连接盒与外壳的特殊要求；

——第 23 部分：地面安装盒和外壳的特殊要求；

——第 24 部分：装有住宅保护装置和类似电源功耗装置的外壳的特殊要求。

委员会决定该版内容将在 IEC 网站上的数据和特殊版本接近时之前保持不变。到那时，本出版物将被：

- 再次确认；
- 废止；
- 被修订后的版本替代；或
- 修改。

家用和类似用途固定式电气装置的电器附件安装盒和外壳 第23部分:地面安装盒和外壳的特殊要求

1 范围

GB 17466.1 的本章作下述修改后适用:

在第四段后增加:

本部分适用于预订要安装在任何类型地板上的安装盒和外壳,并且要保护电器附件能够承受不大于1 000 N 的载荷压力。

注:户外要求在考虑中。

2 规范性引用文件

下列文件中的条款通过本部分的引用而成为本部分的条款。凡是注日期的引用文件,其随后所有的修改单(不包括勘误的内容)或修订版均不适用于本部分,然而,鼓励根据本部分达成协议的各方研究是否可使用这些文件的最新版本。凡是不注日期的引用文件,其最新版本适用于本部分。

GB 17466.1 的本章适用。

3 定义

GB 17466.1 的本章增加下述内容后适用:

3.106

完工后的地面(适用于室内)　finished floor (for indoor application)

承受载荷的和装修后的有或没有覆盖材料(例如地毯、瓷砖、乙烯树脂或木头材料)的地面。

3.107

地面的干处理　dry treatment of floor

通过清洁和/或维护的过程,不用液体或者仅使用少量液体处理地板。规定试剂在使用和喷洒时的量不至于形成积水,地面覆盖物不会出现浸湿。

注:干处理的例子有:用扫帚或者地毯清理器打扫、真空吸尘器清扫,用干清洗粉末刷光清洁,干式清洗剂处理,湿洗地毯,用清洗载体处理(用固体材料作为液体化学清理剂的载体,例如湿的锯屑,湿的布料等)。

3.108

地面的湿处理　wet treatment of floor

通过清洁和/或维护的过程,使用了液体清洗剂处理地板。不排除液体的淤积,地面覆盖物一段时间的浸湿。

注:地面湿处理例子有:湿的洗擦,人手的或者机器的擦拭。

4 一般要求

GB 17466.1 的本章适用。

5 关于试验的一般说明

GB 17466.1 的本章适用。

6 额定值

GB 17466.1 的本章不适用。

7 分类

GB 17466.1 的本章做下述修改后适用。

7.2 增加：

<table>
<tr><td rowspan="3">7.2 安装方法[a]</td><td rowspan="3">7.2.101 按地面处理方法分</td><td>7.2.101.1 预定安装于承受干处理的地面的安装盒或外壳</td></tr>
<tr><td>7.2.101.2 预定安装于承受湿处理的地面的安装盒或外壳</td></tr>
<tr><td>7.2.101.3 预定安装于承受湿处理的地面的安装盒或外壳，且不低于 IPX4 等级</td></tr>
</table>

7.7 GB 17466.1 的本条不适用。

7.101 按盖子的类型分

7.101.1 带有可移动盖子的外壳。

7.101.2 带有固定盖子的外壳。

8 标志

GB 17466.1 的本章做下述修改后适用：

8.1 c)替换为：

c) 防止有害进水的 IP 代码标志仅适用于按 7.2.101.3 分类的地面外壳。

第二段替换为：

如果适用的话，IP 代码标志在正常使用时应清晰可见。

条款 j)之后增加：

k) 描述适用“只能干处理”或者“不适用湿处理”的地面的标志应置于盒内(例如在盖子的下面)。

注：该标志可以是一个标签或者是一个图形符号。

9 尺寸

GB 17466.1 的本章适用。

10 防触电保护

GB 17466.1 的本章适用。

11 接地措施

GB 17466.1 的本章除了下述内容外适用。

11.2 GB 17466.1 的本条不适用。

12 结构

GB 17466.1 的本章增加下述内容后适用。

12.101 连接设备用的电缆通道的开口

在地面安装盒和外壳上连接设备用的电缆和软线通道的开口应保护电缆和软线免遭损坏。

在使用时(电缆或者软线连接到设备上)，按 7.2.101.1 分类的表面易触及的嵌入式地面安装盒或外壳的所有开口，如果在每个无盖的开口的某一个方向上尺寸小于 20 mm，则可以不遮盖。此类开口在按 7.2.101.2 分类地面安装盒或外壳是允许的。

在不使用的情况下，按 7.2.101.1 的分类的表面易接触的嵌入式地面安装盒或外壳的所有开口应具有至少 IP20 的防护等级，或者应能够被关闭，并且封闭物应与安装的表面齐平。此类开口在按 7.2.101.2分类地面安装盒或外壳是允许的。

是否合格，通过观察和测量检查。

12.102 外壳应使电器附件和插入的插头不受通行载荷的影响。

按 7.101.2 分类的外壳应设计成盖子在不使用工具的情况下无法拆除。

是否合格，通过观察检查。

12.103 按 7.2.101.2 分类的地面安装外壳应突起超出地面不少于 19 mm。

是否合格，通过观察检查。

13 耐老化、防固体异物进入和防有害进水

GB 17466.1 的本章做下述修改后适用：

13.3.3 第一段替换为：

在试验刚结束时，在安装盒或外壳内应不能有水。

13.3.101

按 7.2.101.1 分类的地面安装外壳在正常使用安装时，至少要有 IP20 的防护等级。

按 7.2.101.2 分类的地面安装外壳在以如下方式安装时，应按 GB 4208—2008 的 IPX4 防护等级的要求进行试验：

地面安装外壳应按使用说明，连同盖子水平安装于不渗透的材料的表面，无论如何，盖子闭合并不连接任何电缆。安装表面应从地面安装盒镶嵌表面四周向各方向上延伸出 50 mm。所有高于地面水平线 19 mm 的地面外壳装置的结合点允许用防渗透的胶布或者其他合适的防渗透材料遮覆。

按 7.2.101.3 分类的地面安装外壳在以如下方式安装后，应按 GB 4208—2008 的 IPX4 防护等级的要求进行的试验：

地面安装外壳应按说明水平安装于不渗透的材料的表面，并带有盖子，如果这样的话，盖子闭合时不连接任何电缆。安装表面应从地面安装盒镶嵌表面四周向各方向上延伸出 50 mm。

14 绝缘电阻和电气强度

GB 17466.1 的本章适用。

15 机械强度

GB 17466.1 的本章做下述修改后适用：

15.3 在第一段后增加：

对于地面安装盒或外壳，冲击试验(表 8)的跌落高度是 500 mm。

15.101 所有地面安装盒的压力试验

适合于安装在地板中的安装盒应能够承受在正常使用时预期的载荷。

是否合格，通过下列试验检查：

安装盒应按照制造商的说明，水平安装于一块模拟地面的层压板中。然后安装盒的盖子和特殊的部分(如果有的话)，按照下列加上载荷(见图 101)：

a) 将 500 N 的力加载于盖子上，将力逐渐施加于可预见的引起盖子最大变形点的 1 cm^2 面积区域内；

盖子和地面安装盒或外壳应能承受试验载荷 1 min 时间，且变形不大于 3 mm。在载荷达到规定值的时候测量变形量，变形量应不计层压板的变形和衬垫的压缩。在撤去载荷后的 1 个小

时后测量,不计层压板的变形和衬垫的压缩,盖子上任何一点的永久性变形不能超过 1 mm。

b) 通过一块厚度为 9 mm 的层压板,逐渐施加 50 N/cm² 的力(总最大负载为 1 000 N)于整个盖子区域。

对安装盒在地板中的支撑机构应没有任何损坏。

16 耐热

GB 17466.1 的本章适用。

17 爬电距离、电气间隙和穿通密封胶的距离

GB 17466.1 的本章适用。

18 绝缘材料的耐非正常热和耐燃

GB 17466.1 的本章适用。

19 耐电痕化

GB 17466.1 的本章适用。

20 耐腐蚀

GB 17466.1 的本章适用。

21 电磁兼容性(EMC)

GB 17466.1 的本章适用。

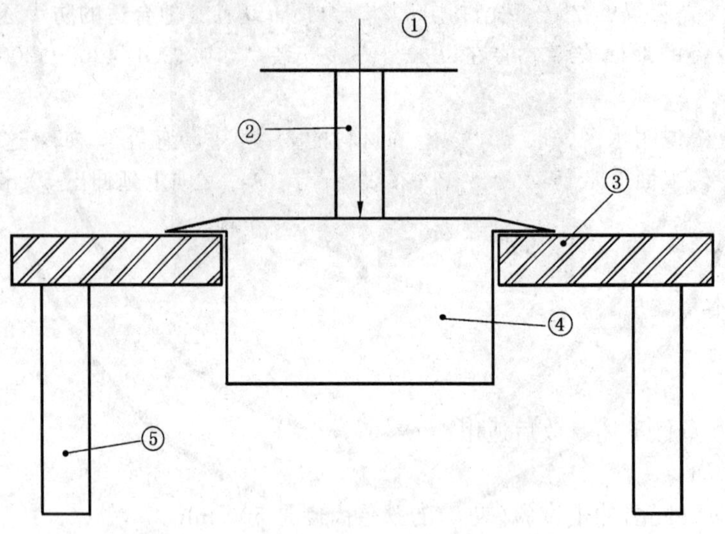

1——试验载荷力;
2——圆筒;
3——层压板;
4——地面安装盒;
5——支撑。

图 101 15.101 试验用的点载荷压力试验设备

ICS 29.120.10
K 65

中华人民共和国国家标准

GB 17466.24—2008

家用和类似用途固定式电气装置的电器附件安装盒和外壳 第24部分:住宅保护装置和类似电源功耗装置的外壳的特殊要求

Boxes and enclosures for electrical accessories for household and similar fixed electrical installations—Part 24: Particular requirements for enclosures for housing protective devices and similar power consuming devices

(IEC 60670-24:2005,MOD)

2008-12-30 发布　　2010-02-01 实施

中华人民共和国国家质量监督检验检疫总局
中国国家标准化管理委员会　发布

前言

GB 17466的本部分全部技术内容为强制性。

GB 17466《家用和类似用途固定式电气装置的电器附件安装盒和外壳》分为2部分：

第1部分：通用要求(GB 17466.1)

第2部分：特殊要求(GB 17466.21～17466.24)

——第21部分：装有悬吊装置的安装盒和外壳的特殊要求

——第22部分：连接盒与外壳的特殊要求

——第23部分：地面安装盒和外壳的特殊要求

——第24部分：住宅保护装置和类似电源功耗装置的外壳的特殊要求

本部分是GB 17466的第24部分。

本部分修改采用IEC 60670-24:2005《家用和类似用途固定式电气装置的电器附件安装盒和外壳 第24部分：住宅保护装置和类似电源功耗装置的外壳的特殊要求》(第1版)。本部分与IEC 60670-24:2005的主要差异如下：

1) 关于使用环境温度

IEC 60670-24:2005第1章规定“在安装好之后，符合本部分的外壳，适合于通常不超过25 ℃，偶尔会达到35 ℃，在24 h内，最高40 ℃和最低−5 ℃的环境温度中。”考虑到我国所处的地理位置，实际自然气候环境温度分布情况，长江以南处于亚湿热带地区和湿热带地区的年平均温度和最高温度较高，湿度较大。因此本部分把使用环境温度修改为：“在安装好之后，符合本部分的外壳，适合于通常不超过35 ℃，偶尔会达到40 ℃，在24 h内，最高40 ℃和最低−5 ℃的环境温度中。”

2) 关于注的处理

IEC 60670-24:2005中所有的注，凡与我国情况不符或不适用于我国情况的，在本部分中均予以删去和作适当处理。

本部分应与GB 17466.1配合使用。

本部分的附录AA是资料性附录。

本部分由中国电器工业协会提出。

本部分由全国电器附件标准化技术委员会(SAC/TC 67)归口。

本部分起草单位：中国电器科学研究院、中国质量认证中心、上海西门子线路保护系统有限公司、TCL-罗格朗低压电器(无锡)有限公司、奇胜工业(惠州)有限公司、霍尼韦尔朗能电器系统技术(广东)有限公司。

本部分主要起草人：蔡军、刘一军、熊焘、王振宇、唐衍兰、何秀峰、刘波。

IEC 前言

1） IEC(国际电工委员会)是由各个国家电工委员会(IEC 国家委员会)组成的世界性标准化组织。IEC 的宗旨是促进在与电气和电子领域标准化有关问题上的国际合作。为此目的，IEC 除了开展其他活动之外，还出版国际标准、技术规范、技术报告、公众可获取规范(PAS)和指南等(此后一律统称“IEC 出版物”)。这些标准的制定工作是委托各技术委员会来完成的。IEC 的成员各国家委员会，只要对要制定的标准感兴趣，均可参加其制定工作。与 IEC 有联系的国际性的、官方和非官方的组织亦参与标准的制定工作。IEC 和世界标准化组织(ISO)遵照双方协议规定的条件，密切合作。

2） 由于每个技术委员会中均有来自对相关问题感兴趣的国家委员会的代表，故 IEC 的有关技术问题的正式决议或协议都在最大限度上表达了国际上对于相关问题的一致看法。

3） 产生的文档以推荐的形式用于国际用途，并以标准、技术规范、技术报告或是指南的形式出版，并在此意义上为各国家委员会接受。

4） 为了促进国际上的统一，IEC 各国家委员会负责将 IEC 国际标准透明地、最大可能地转化为国家或地区性标准。IEC 标准和相应的国家或地区性标准之间如有任何差异，应在标准转化之后清楚地说明。

5） IEC 并未制定任何认可标志的程序。如有某设备宣称其符合 IEC 的某一项标准时，IEC 对此不负责任。

6） 所有的使用者须保证他们应该拥有最新的版本。

7） 不管是何时何地，直接的还是间接的，或使用或借助本 IEC 出版物或其他 IEC 出版物而产生的出版物成本(包括合法费用)及费用，IEC 或其董事、雇员、服务人员或者代理机构(包括个人专家和技术委员会的成员)和 IEC 国家委员会无义务对任何个人损失、财产损失或者其他的由于自然原因导致的损失负责。

8） 注意本出版物引用的规范性引用文件。为了准确地使用本出版物，相关的引用出版物是必不可少的。

9） 值得注意的是本国际标准中的某些部分可能涉及到专利权。IEC 对于鉴别某一或是全部的这一类专利权将不负责任。

国际标准 IEC 60670-24 是由 IEC 技术委员会 TC 23：电器附件的 23 B：插头、插座和开关分会制定。

本标准的内容基于下述的文件：

FDIS	投票报告
23B/773/FDIS	23B/780/RVD

有关本标准表决通过的详细资料，请见上表所列的投票报告。

该出版物起草遵从 ISO/IEC 导则第二部分。

本标准将配合 IEC 60670-1 使用，它列出了必要的变化将其转化为适合住宅保护装置和类似电源功耗装置的外壳的特殊标准。

若第 1 部分中的详细的分条款没有在本部分中被提及，则该分条款可以合理地适用。

在本出版物中：

a） 使用以下印刷字体：

——要求:罗马字体;

——试验规范:斜体;

——注:小罗马字体。

b) 第 1 部分的增加分条款、图或表需要从 101 开始计数。对第 1 部分增加的附录用 AA、BB 等标示。

IEC 60670 冠以统一的标题:《家用和类似用途固定式电气装置的电器附件安装盒和外壳》,包括以下部分:

——第 1 部分:通用要求

——第 21 部分:装有悬吊装置的安装盒和外壳的特殊要求

——第 22 部分:连接盒与外壳的特殊要求

——第 23 部分:地面安装盒和外壳的特殊要求

——第 24 部分:住宅保护装置和类似电源功耗装置的外壳的特殊要求

委员会已经决定基础版本和它的修订件的内容将保持不变,直到在 IEC 网站上的与特定出版物相关的显示了维护结果日期。到那时,本出版物将被:

- 再次确认;
- 废止;
- 被修订后的版本替代;或
- 修订。

家用和类似用途固定式电气装置的电器附件安装盒和外壳 第24部分:住宅保护装置和类似电源功耗装置的外壳的特殊要求

1 范围

GB 17466.1的本条款被替代为:

GB 17466的本部分适用于预期使用的额定电压不超过400 V,输入总负载电流不超过125 A,家用和类似用途固定式电气装置的电器附件的空壳体和其部件,在正常使用中的最大功耗容量由制造商声明。

这些壳体预期用于家用的保护装置和带有或不带有电源功耗装置。它们预期被安装在预期短路电流不超过10 kA的场合,除非它们有被限制电流保护设备提供保护,其带有切断电流不超过17 kA。

在安装好之后,符合本部分的外壳,适合于通常不超过35 ℃,偶尔会达到40 ℃[1],在24 h内,最高40 ℃和最低−5 ℃的环境温度中。外壳中,凡成为某电气附件不可分割的一部分,并能为该附件提供对外部影响(例如,机械冲击、固体异物的进入或有害进水等)的防护者,应符合该附件有关标准的要求。

2 规范性引用文件

下列文件中的条款通过本部分的引用而成为本部分的条款。凡是注日期的引用文件,其随后所有的修改单(不包括勘误的内容)或修订版均不适用于本部分,然而,鼓励根据本部分达成协议的各方研究是否可使用这些文件的最新版本。凡是不注日期的引用文件,其最新版本适用于本部分。

GB 17466.1的本章增加下述内容后适用:

GB/T 5465.22—2008 电气设备用图形符号 第2部分:图形符号(IEC 60417-DB:2007[2],IDT)

3 定义

GB 17466.1的本章修改下述内容后适用:

3.101

最大功耗容量 maximum capability to dissipate power

P_{de}

在正常使用中,外壳消耗掉的安装装置的能量损耗的最大容量,由制造商声明。

注:P_{de}的单位以瓦特(W)表示。

3.102

额定电流 rated current

输入装置的制造商规定的电流。若有多于一个输入装置,制造商规定的电流是预期所有输入装置同时动作时的电流的算术和。

---

1) 我国部分地区为亚热带气候,考虑到最严酷情况,规定外壳的使用环境温度为“通常不超过35 ℃,偶尔会达到40 ℃”。IEC 60670-24该条中规定的环境温度为“通常不超过25 ℃,偶尔会达到35 ℃”。

2) “DB”指IEC在线数据库。

3.103

额定电压 rated voltage

制造商规定的外壳的电压。

4 一般要求

GB 17466.1 的本章适用。

5 关于试验的一般说明

GB 17466.1 的本章适用。

6 额定值

空白。

7 分类

GB 17466.1 的本章修改下述内容后适用：

表 1 安装盒和外壳的分类

GB 17466.1 的 7.7.2 和 7.7.3.1 的分类不适用。

增加下面新的分类：

7.101 空的安装盒和外壳	7.101.1 根据绝缘材料的耐燃（第 18 章）	7.101.1.1 650 ℃
		7.101.1.2 850 ℃
		7.101.1.3 960 ℃

8 标志

GB 17466.1 的本章修改下述内容后适用：

用以下内容替代 8.1：

8.1 装有家用保护装置的外壳应标出如下标志：

a) 制造商或相关的责任销售商的名称、商标或识别标志；

b) 若防护等级高于 IP2XC 和/或防有害进水的 IP 代码高于 IPX0，防外部固体物进入和防止与危险部件接触的 IP 代码。

若适用，IP 代码应标在外壳的外部，使之在外壳按正常使用要求安装和接线时清晰可见。在打开门或盖子之后，若仍能保持规定的 IP 防护等级，也允许看见标志。在打开门的情况下，若仍能保持规定的 IP 防护等级，则 IP 代码也可以被标在门后。

注 1：若标志标在外壳的外部（例如，门上），则意谓着在门关闭的情况下，IP 代码才得到保证。若在门打开的情况下，标志是可见的（例如，标在门后面），则意谓着在门打开的情况下，IP 代码才得到保证。

c) 额定电压；

d) 制造商声明的额定电流/最高持续输入电流；

e) 若适用，Ⅱ类设备的符号（见 GB/T 5465.22—2008 图形符号编号 5172） ▣

f) 本部分的编号，如，GB 17466.24；

g) 型号名称，编号或目录编号；

h) 建筑过程中最高温度，若达到 90 ℃；

i) 对于按 7.3.7（无进口）分类的安装盒和外壳，当在安装过程中，关于打开进口方式的必要的信息；

j) 最大功耗容量（P_{de}）；

注 2：假如外壳设计有通风口，制造商应声明在通风口打开和封闭的情况下的最大功耗容量。

k) 对于按 7.7 分类的安装盒和外壳，空心墙壁安装的可用性；

l) 相应的尺寸活页。

c)、d)、f)、h)、i)、j)和 k)项应标在安装盒和外壳上，或由制造商提供的最小包装单元上，或制造商提供的说明书上。

增加下面的分条款：

8.101 说明书和/或文件中需要的数据

制造商应将安装的需要的说明文件随外壳一同提供。

制造商应提供用于使用器具符合预期防护等级的装置(例如，密封圈、扣环、挡板)的相应信息。

制造商应声明外壳的最大功耗容量(P_{de})，根据适当的安装环境，按照第 101 章测量，以及提供合适的文件。

注：附录 AA 中有最大功耗容量(P_{de})的使用的举例。

9 尺寸

GB 17466.1 的本章适用。

10 防触电保护

GB 17466.1 的本章修改下述内容后适用：

用以下内容替代第 2 段：

按正常使用要求安装时，外壳的防护等级至少为 IP XXC。

按正常使用要求安装时，II 类外壳应：

a) 绝缘材料应完全封闭嵌入式设备；

b) 不应有损坏导电部件绝缘的尖刺，因为刺破绝缘可能会使外壳产生故障电压；

c) 导电部件(如，面板、盖板或框架等)不应连接到保护电路。

11 接地措施

GB 17466.1 的本章适用。

12 结构

GB 17466.1 的本章修改下述内容后适用：

12.1 罩、盖或盖板或其部件

替代：

打算用来提供防触电保护的罩、盖、盖板或其部件，则应有效地固定在正常位置上。它们仅能使用工具和/或钥匙才能被移开。

12.11 根据 7.7.1 分类的安装盒和外壳

替代：

根据 7.7.1 分类的用于空心墙壁的安装盒和外壳，应提供合适的固定安装盒和外壳到空心墙壁中的装置。

是否符合，通过观察检查。

增加下面新的分条款：

12.101 用于空心墙壁的外壳应有预防措施，可以用保持电缆的装置或采用单独的保持装置。

是否符合，通过观察检查。

13 耐老化、防固体异物进入和防有害进水

GB 17466.1 的本章修改下述内容后适用：

13.2 固体异物进入的防护

外壳应提供至少 IP3X 的防固体异物进入的防护等级，此等级符合它们声明的 IP 代码。

14 绝缘电阻和电气强度

GB 17466.1 的本章适用。

15 机械强度

GB 17466.1 的本章适用。

16 耐热

GB 17466.1 的本章适用。

17 爬电距离、电气间隙和穿通密封胶的距离

空白。

18 绝缘材料的耐非正常热、耐燃

GB 17466.1 的本章修改下述内容后适用：

用以下内容替代原表：

用 850 ℃试验	用 650 ℃试验	用 960 ℃试验
——保持接地电路部件在正常位置的所必须的绝缘材料部件(除了需要将接地端子保持在箱子里正常位置的绝缘材料部件)，和 ——根据 7.7 外壳分类的绝缘材料部件	——不是用以将载流部件保持在正常位置的所必须的绝缘材料部件(甚至，即使与载流部件相接触)，和 ——保持接地端子在正常位置的绝缘材料部件	——用以将载流部件保持在正常位置的所必须的绝缘材料部件

在表后面增加下面的注释：

注：符合其他标准的附件(例如，连接器件)是组装到外壳上的，而不是与外壳形成一个整体，就不认为是外壳的部件。

19 耐电痕化

GB 17466.1 的本章适用。

20 耐腐蚀

GB 17466.1 的本章适用。

21 电磁兼容

GB 17466.1 的本章适用。

增加下面的新条款：

101 验证最大功耗容量

符合本部分的外壳应有符合 8.101 的声明的最大功耗容量(P_{de})。

是否符合,通过下面的试验检查:

最大功耗容量由使用的热电阻决定。

注 1:此测试是通过模拟装置按正常使用情况下的预期电路中安装并接线时的功耗容量。

在装配了热电阻的样品上进行试验,此热电阻要固定到最不利的位置上。

注 2:例如,轨道上的不同位置等。

用于连接热电阻的导体的标称横截面积应为 1.5 mm^2 和电缆的开口应被密封(如果需要)。

其他电缆和设备的入口,如有,应按正常使用状态封闭。

对于按 7.2.1 和 7.2.3 分类的外壳,试验要在浇固到混凝土墙壁样品上进行,此墙壁的每一表面上厚度不小于 100 mm;样品也可以浇固到不同材料的墙壁里,但此材料具有相同的热传导性。

在混凝土里的试验是一种惯用的试验。对于其他声明的安装环境,制造商应采用一种修正因素,以及在文件中声明合适的 P_{de}值。

对于按 7.2.2 分类的外壳,样品安装在 20 mm 厚的涂成黑色的层压板上。样品的每一个表面与试验面的相应边缘的距离至少 200 mm(见图 101)。

将热电阻(见图 102)放进试验的样品中,热电阻线圈均匀排列地缠绕在绝缘支撑件上(云母)。

线圈和绝缘支撑件应提供均匀的热流动。

对于预期安装轨道装配的附件和设备的外壳,热电阻放在轨道和窗户之间距离的一半之处,如图 103 所示。

若有多于一排的轨道装配的附件和设备,则试验要通过在所有轨道排上产生相等能量损耗来进行,在每一排上放置同样的热电阻。

热电阻的长度应等于窗户的长度,偏差范围为 0 mm～－10 mm。应用制造商提供的配套的空白盖子将窗户封闭起来。

对于除了那些预期安装模数化设备的外壳,热电阻放在门(或盖子)和样品的内部底表面(或制造商预定的设备的安装表面)之间距离的一半之处,如图 104 所示。热电阻的末端与安装表面的侧面、上部、底部边缘的距离应等于(50±5)mm。

若样品的尺寸允许在不同的位置安装几个设备,则试验要通过放置同样的热电阻产生相等能量损耗来进行,如图 104 和图 105 所示,并且热电阻之间的距离应为(90±5)mm。

在这种情况下,热电阻与样品的安装表面的上部、底部边缘的距离应不小于或等于(50±5)mm,见图 105。

应测量如下部位的温升:外壳的易触及部件(如有门或盖子,应关闭),或,正常使用中能被接触的部件(如有空白盖子,也包括)。

通过热电阻的电流应保证热电阻的最高温度点不超过 200 ℃。在稳定的状态下(温升变化小于 1 K/h)测量最热的易触及部件的温升,温升应小于 30 K。接着通过热电阻测量功耗容量。

四舍五入出的下一个小的整数的数值应不小于声明的最大功耗容量(P_{de})。

注 3:30 K 温升的基础是环境温度为 25 ℃。

试验之后,外壳不应有影响进一步使用的损坏或变形。

单位为毫米

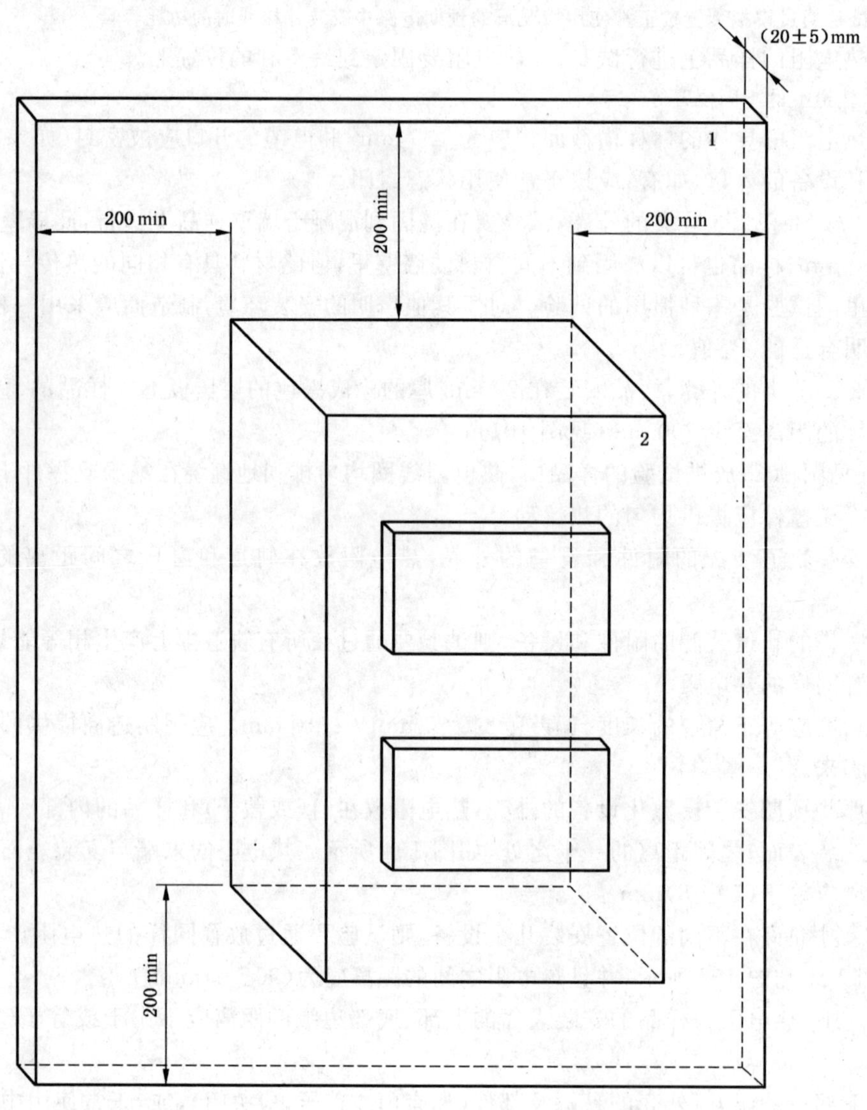

说明：

1——层压板；

2——外壳。

图 101　验证明装式外壳的最大功耗容量(P_{de})的装置

单位为毫米

图 102 验证最大功耗容量(P_{dc})的热电阻

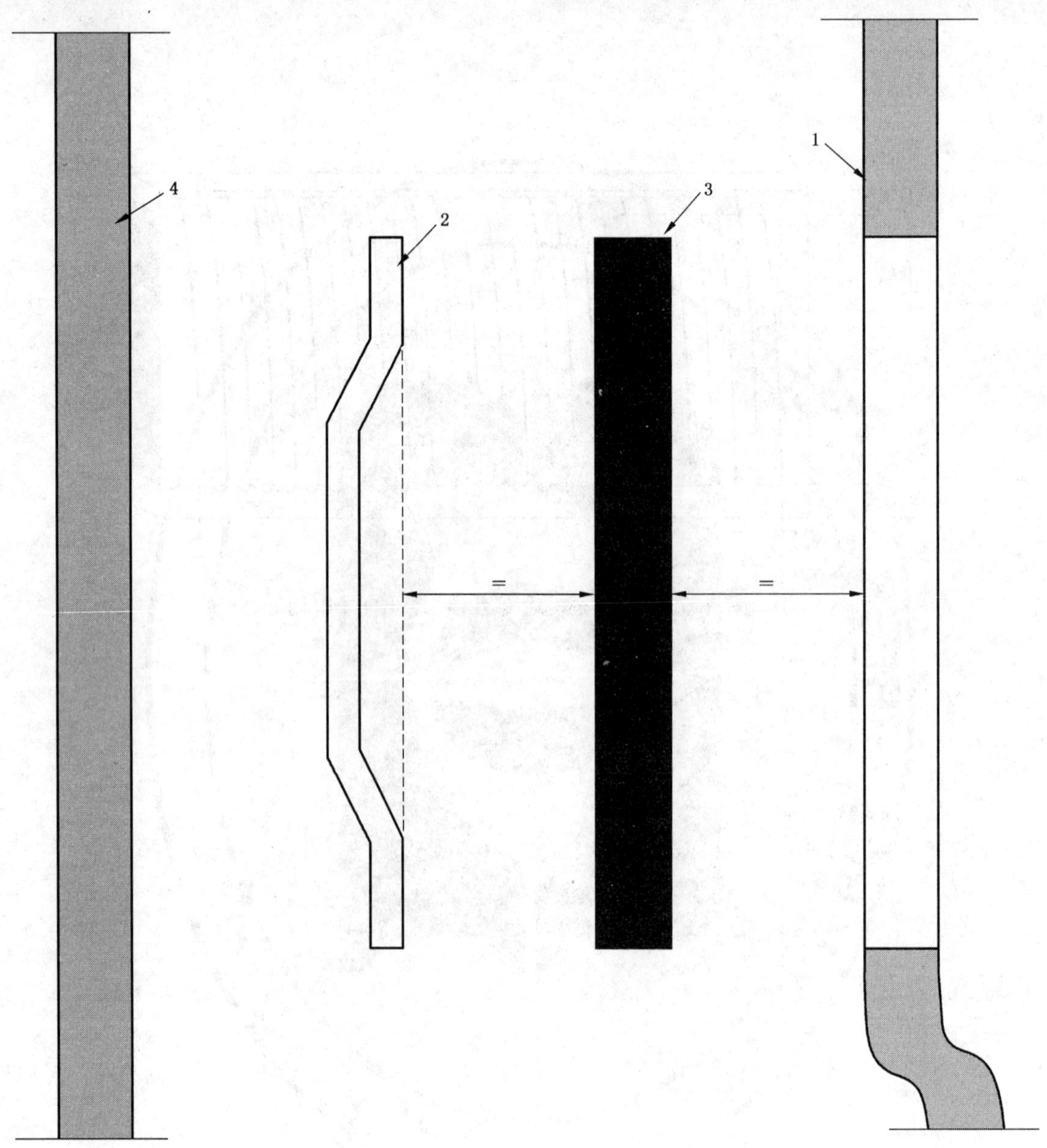

说明：
1——门、盖或面盖；
2——用于安装附件和设备的轨道；
3——电阻；
4——外壳的后表面。

图 103 电阻的位置(对于设计用来或预期安装模数化附件和设备的外壳)

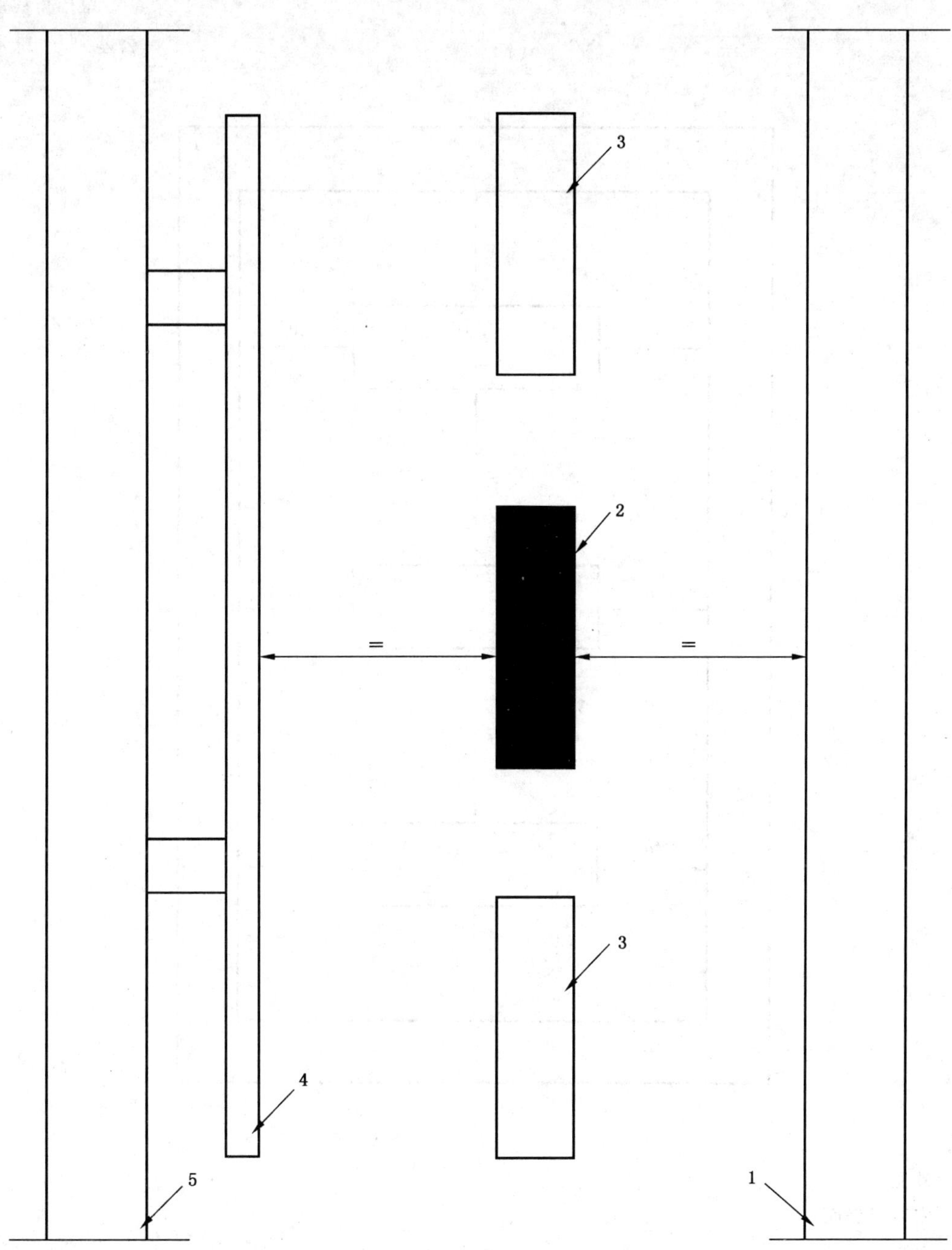

说明：

1——门、盖或面盖；

2——电阻；

3——电阻(若多于一个电阻)；

4——安装板；

5——外壳的后表面。

图 104 电阻的位置(对于除了那些设计用来或预期轨道安装附件和设备的外壳)

单位为毫米
公差为±5毫米

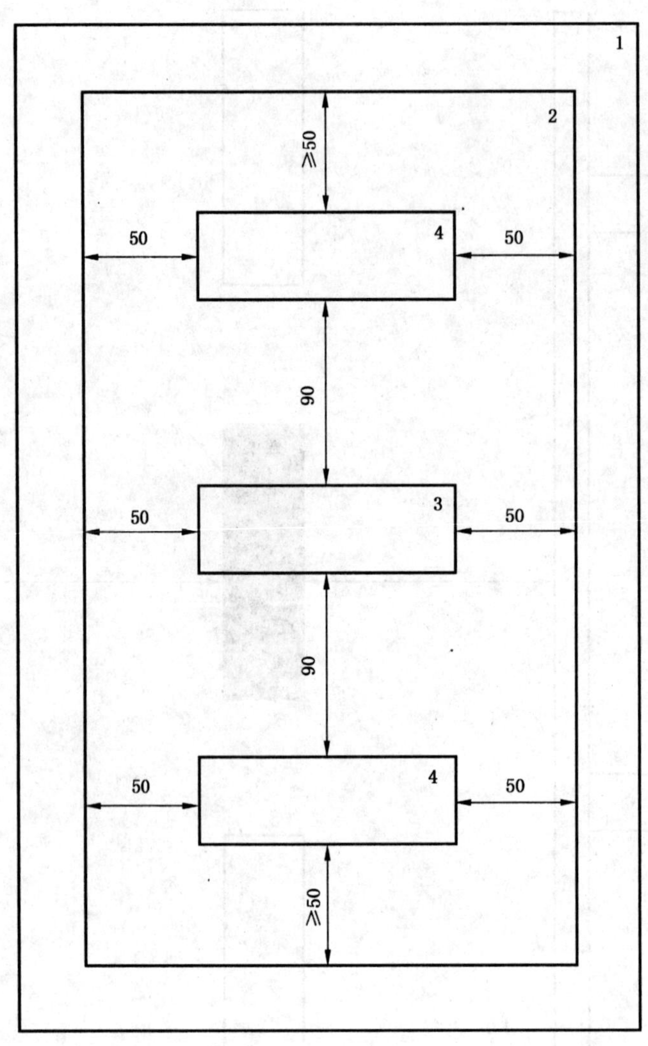

说明：
1——外壳；
2——安装板表面；
3——电阻；
4——电阻(若多于一个电阻)。

图 105 电阻的位置(对于除了那些设计用来或预期轨道安装附件和设备的外壳，以及允许在不同的位置安装几个设备的外壳)

附 录 AA
（资料性附录）
功率损耗的计算

AA.1 前言

在这个部分中定义了一个特征参数 P_{de}，该参数代表箱体消耗由箱体内部装置产生的热量的能力。

在家用及类似用途领域，必须考虑箱体里安装的相匹配设备的各种结构，这些设备可以是从市场上找到的各种元器件，例如保护器件、开关、变压器等。

特征参数 P_{de} 是一个特性，代表按照 IEC/TC 64（电气装置和点击防护）规则组装元器件的技术发展水平。

为了在箱体中组装而选择的元器件的功耗特征需要符合如下说明。

AA.2 设备总功耗的计算

设备总功耗 P_{tot} 的计算需要考虑以下因素：

——输入额定电流（I_{ne}）

额定电流或者预期同时使用的所有保护和控制设备额定输入电流的总和。

——输出额定电流（I_{nu}）

预期同时使用的所有保护和控制设备额定输出电流的总和。

——总装额定电流（I_{nq}）

额定电流通过 I_{ne} 乘以 K_e 计算得到。

——利用系数（K_e）

实际流经所有箱体内主要输入保护器件的额定电流的比率。输入电流的利用系数假定为 0.85。

——分散系数（K）

比率，通过设备的总装额定电流（I_{nq}）比输出额定电流（I_{nu}）计算得到。

注：如果没有输入保护和控制设备，总装额定电流就是输出额定电流（I_{nu}）。

如果没有关于实际电流的信息，常用的 K 值见表 AA.1[5]。

表 AA.1 分散系数

主回路数	分散系数 K
2 和 3	0.8
4 和 5	0.7
6 到 9	0.6
10 及以上	0.5

$$P_{tot}=P_{dp}+0.2P_{dp}+P_{au}$$

式中：

P_{tot}——设备的总功耗，单位为瓦特（W）；

P_{dp}——保护器件的功耗，单位为瓦特（W），需要考虑利用系数（K_e）和分散系数（K）；

$0.2P_{dp}$——连接线、插座、继电器、延时开关、小型器具等等功耗的总和；

5) IEC 原文中用“表 101”，与“表 AA.1”编号不对应，所以修改为“表 AA.1”。

P_{au}——安装在设备中但不包含在 P_{dp} 和 $0.2P_{dp}$ 中的其他电器附件，例如指示灯、门铃变压器、内部通信联络系统等的功耗的总和。

AA.3 验证

设备总的功耗值（P_{tot}）应该小于或等于制造厂声明的箱体最大容量的消散功率值（P_{de}），如下：

$$P_{tot} \leqslant P_{de}$$

式中：

P_{de}——制造厂声明的正常使用时箱体最大容量的消散功率值，单位为瓦特（W）。

AA.4 举例

AA.4.1 设备图表

$I_{ne}=40$ A 2 极

$P_{d0}=4.5$ W×极数

$I_{nu1}=20$ A—2 极	$I_{nu2}=20$ A—2 极	$I_{nu3}=10$ A—2 极	$I_{nu4}=2$ A—2 极
$P_{d1}=2.8$ W×极数	$P_{d2}=2.8$ W×极数	$P_{d3}=2.0$ W×极数	$P_{d4}=1.1$W/极数
$I_{nu5}=10$ A—2 极	$I_{nu6}=10$ A—2 极	$I_{nu7}=10$ A—2 极	63VA230/24 V
$P_{d5}=2.0$ W×极数	$P_{d6}=2.0$ W×极数	$P_{d7}=2.0$ W×极数	$P_{d8}=5.0$ W

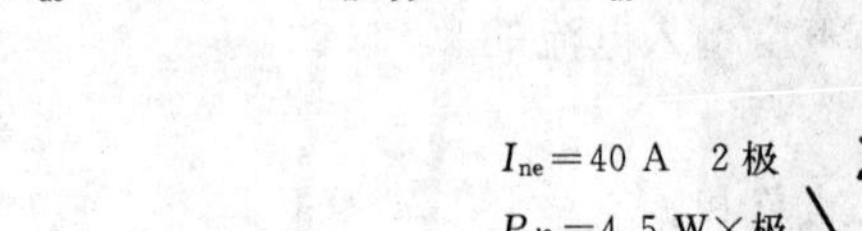

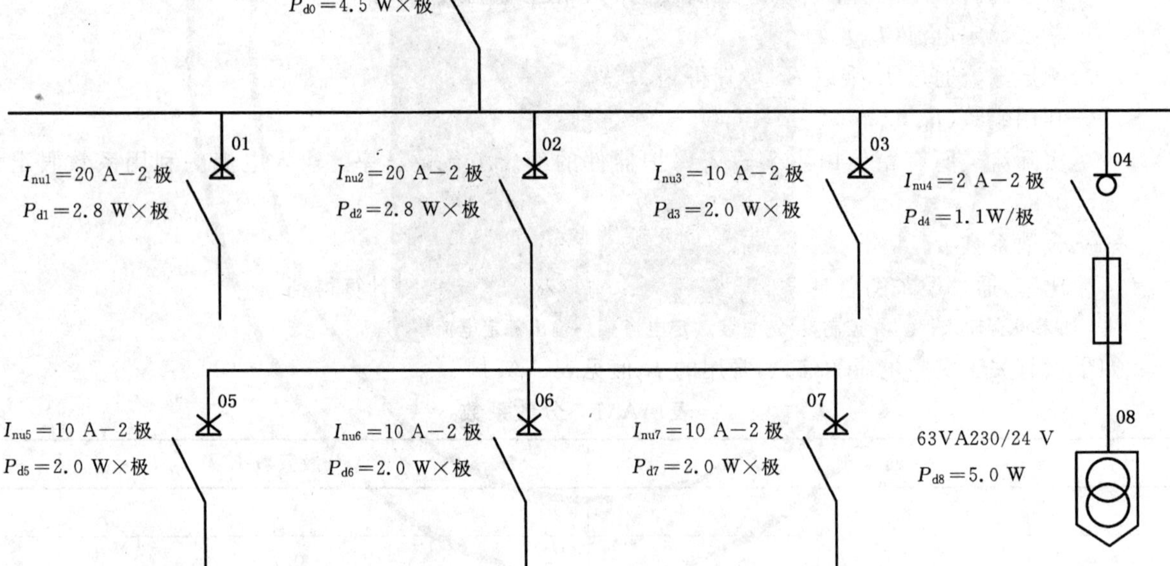

AA.4.2 设备中功耗的计算

表 AA.2 P_{dp}的计算

	回路数	每极的功耗[a]/W	极数[b]	每个保护和控制器件的功耗[c] P_d/W	输入电流的利用系数 K_e 输出电流的分散系数 K	每个器件的功耗[d]/W	
输入回路	00	4.50	2	9.00	0.85	6.50	
输出回路	01	2.80	2	5.60	0.653	2.39	

表 AA.2（续）

	回路数	每极的功耗[a]/W	极数[b]	每个保护和控制器件的功耗[c] P_d/W	输入电流的利用系数 K_e 输出电流的分散系数 K	每个器件的功耗[d]/W	
	02	2.80	2	5.60	0.653	2.39	
	03	2.00	2	4.00	0.653	1.71	
	04	1.10	2	2.20	0.653	0.94	
	05	2.00	2	4.00	0.433	0.75	
	06	2.00	2	4.00	0.433	0.75	
	07	2.00	2	4.00	0.433	0.75	
总计(列的总和)						16.17	$=P_{dp}$

a 设备制造厂声明的数据。

b 关于热效应，4 极开关仅考虑 3 极。

c 每极的功耗乘以极数。

d 输入回路：$K_e^2 \times P_d$

输出回路：$K^2 \times P_d$

K_e 和 K 平方是与电流平方等效的。

决定利用系数(K_e)和分散系数(K)：

——输入回路 $K_e=0.85$(假定值)

——级别 1 回路 $K=I_{nq}/(I_{nu1}+I_{nu2}+I_{nu3}+I_{nu4})=34/52=0.653$；

——级别 2 回路 $K=I_{nu2}\times 0.653/(I_{nu5}+I_{nu6}+I_{nu7})=13/30=0.433$；

$$P_{dp}=16.17\ \text{W}$$

表 AA.3 P_{au}的计算

回路数	正常使用时电器附件的有效功耗描述	每个附件的功耗 W	附件的数量	功耗 W
08	安全变压器	5	1	5
其他电器附件的总功耗(P_{au})				5

$$P_{au}=5\ \text{W}$$

AA.4.3 设备总功耗

$$P_{tot}=P_{dp}+0.2P_{dp}+P_{au}=16.17+3.23+5=24.4\ \text{W}$$

式中：

P_{dp}——保护器件的功耗；

P_{au}——其他电器附件的总功耗。

AA.4.4 结论

符合本部分的外壳，制造厂声明的最大功耗容量 P_{de} 至少 25 W。

为该设备构成的选择。

该箱体温升极限认为可以满足要求，因为：

$$P_{tot}=24.4<P_{de}=25\ \text{W}$$

参 考 文 献

GB 7251.3 《低压成套开关设备和控制设备　第3部分:对非专业人员可进入场地的低压成套开关设备和控制设备——配电板的特殊要求》

ICS 29.180
K 41

中华人民共和国国家标准

GB/T 17468—2008
代替 GB/T 17468—1998

电力变压器选用导则

The guide for choice power transformers

2008-09-24 发布　　2009-08-01 实施

中华人民共和国国家质量监督检验检疫总局
中国国家标准化管理委员会　发布

前　言

本标准是根据变压器产品不断改进，并按安全、环保、节能、节材的原则对GB/T 17468—1998《电力变压器选用导则》进行修订的。

本标准代替GB/T 17468—1998，与其相比主要变化如下：

a) 编写格式按GB/T 1.1—2000《标准化工作导则　第1部分：标准的结构和编写规则》的规定进行了修改；
b) 规范性引用文件中增补了GB 20052三相配电变压器能效限定值及节能评价值、DL/T 985配电变压器能效技术经济评价导则、JB/T 10317单相油浸式配电变压器技术参数和要求、JB/T 10318油浸式非晶合金铁心配电变压器技术参数和要求标准及一些变压器组件标准；
c) 对变压器的特殊使用条件进行了修改和增补；
d) 在变压器的类型中，修改了按调压方式和冷却方式对变压器进行分类的内容；
e) 对油浸式变压器推荐按额定容量来选择冷却方式；
f) 删除了原标准表3，干式变压器的温度限值要求符合干式变压器负载导则标准的规定；
g) 增加对相关变压器组件的要求；
h) 删除了原标准附录C、附录E和附录G，其他附录号顺序变化；
i) 修改了原标准附录B，增加了关于冷却方式、绝缘水平、调压方式等内容；
j) 修改了原标准附录F的套管式电流互感器额定一次电流标准值；增加了测量用套管式电流互感器的准确级；修改了保护用套管式电流互感器的准确限值系数标准值；修改了套管式电流互感器推荐的性能参数额定值。

本标准由中国电器工业协会提出。

本标准由全国变压器标准化技术委员会(SAC/TC 44)归口。

本标准起草单位：沈阳变压器研究所、上海市电力公司、保定天威保变电气股份有限公司、西安西电变压器有限责任公司、特变电工沈阳变压器集团有限公司、特变电工衡阳变压器有限公司、中电电气集团有限公司、广东钜龙电力设备有限公司、山东达驰电气股份有限公司、广州骏发电气有限公司。

本标准主要起草人：孙军、姜益民、李洪秀、汪德华、安振、陈东风、徐子宏、王文光、侯照礼、樊建平。

本标准于1998年首次发布，本次为第一次修订。

电力变压器选用导则

1 范围

本标准规定了发电厂和变电所采用的电力变压器、发电厂和变电所自用变压器以及配电变压器的选用导则。

本标准适用于设计部门设计发电厂和变电所时选用变压器。用户订购变压器时，可参考本导则确定变压器技术参数和合同内容。

2 规范性引用文件

下列文件中的条款通过本标准的引用而成为本标准的条款。凡是注日期的引用文件，其随后所有的修改单(不包括勘误的内容)或修订版均不适用于本标准，然而，鼓励根据本标准达成协议的各方研究是否可使用这些文件的最新版本。凡是不注日期的引用文件，其最新版本适用于本标准。

GB 311.1 高压输变电设备的绝缘配合(GB 311.1—1997，neq IEC 60071-1:1993)

GB/T 321 优先数和优先数系

GB 1094.1 电力变压器 第1部分:总则(GB 1094.1—1996，eqv IEC 60076-1:1993)

GB 1094.2 电力变压器 第2部分:温升(GB 1094.2—1996，eqv IEC 60076-2:1993)

GB 1094.3 电力变压器 第3部分:绝缘水平、绝缘试验和外绝缘空气间隙(GB 1094.3—2003，eqv IEC 60076-3:2000)

GB 1094.5 电力变压器 第5部分:承受短路的能力(GB 1094.5—2008，IEC 60076-5:2006，MOD)

GB/T 1094.7 电力变压器 第7部分:油浸式电力变压器负载导则(GB/T 1094.7—2008，IEC 60076-7:2005，MOD)

GB/T 1094.10 电力变压器 第10部分:声级测定(GB/T 1094.10—2003，IEC 60076-10:2001，MOD)

GB 1094.11 电力变压器 第11部分:干式变压器(GB 1094.11—2007，IEC 60076-11:2004，MOD)

GB 1208 电流互感器(GB 1208—2006，IEC 60044-1:2003，MOD)

GB 3096 城市区域环境噪声标准

GB/T 4109 高压套管技术条件(GB/T 4109—1999，eqv IEC 60137:1995)

GB/T 6451 油浸式电力变压器技术参数和要求

GB/T 7595 运行中变压器油质量标准

GB/T 10228 干式电力变压器技术参数和要求

GB 10230.1 分接开关 第1部分:性能要求和试验方法(GB 10230.1—2007，IEC 60214-1:2003，MOD)

GB/T 10230.2 分接开关 第2部分:应用导则(GB/T 10230.2—2007，IEC 60214-2:2004，MOD)

GB 12348 工业企业厂界噪声标准

GB/T 13499 电力变压器应用导则(GB/T 13499—2002，idt IEC 60076-8:1997)

GB 16847 保护用电流互感器暂态特性技术要求(GB 16847—1997，idt IEC 60044-6:1992)

GB/T 17211 干式电力变压器负载导则(GB/T 17211—1998，eqv IEC 60905:1987)

GB 20052 三相配电变压器能效限定值及节能评价值

GBJ 148 电气装置安装工程 电力变压器、油浸电抗器、互感器施工及验收规范
DL/T 985 配电变压器能效技术经济评价导则
JB/T 501 电力变压器试验导则
JB/T 2426 发电厂和变电所自用三相变压器技术参数和要求
JB/T 3837 变压器类产品型号编制方法
JB/T 5345 变压器用蝶阀
JB/T 5347 变压器用片式散热器
JB/T 6302 变压器用油面温控器
JB/T 6484 变压器用储油柜
JB/T 7065 变压器用压力释放阀
JB/T 7631 变压器用电子温控器
JB/T 7633 变压器用螺旋板式强油水冷却器
JB/T 8315 变压器用强迫油循环风冷却器
JB/T 8316 变压器用强迫油循环水冷却器
JB/T 8317 变压器冷却器用油流继电器
JB/T 8318 变压器用成型绝缘件技术条件
JB/T 8448.1 变压器类产品用密封制品技术条件 第1部分:橡胶密封制品
JB/T 8450 变压器用绕组温控器
JB/T 8971 干式变压器用横流式冷却风机
JB/T 9639 封闭母线
JB/T 9642 变压器用风扇
JB/T 9647 气体继电器
JB/T 10088 6 kV～500 kV 级电力变压器声级
JB/T 10112 变压器油泵
JB/T 10317 单相油浸式配电变压器技术参数和要求
JB/T 10318 油浸式非晶合金铁心配电变压器技术参数和要求
JB/T 10428 变压器用多功能保护装置
JB/T 10430 变压器用速动油压继电器
JB/T 10692 变压器用油位计
ANSI/IEEE C57.13:1993 互感器标准要求

3 使用条件

3.1 正常使用条件和特殊使用条件

油浸式电力变压器应符合 GB 1094.1 的规定;干式电力变压器应符合 GB 1094.11 的规定。

3.2 其他特殊使用条件

如果有 3.1 之外的其他特殊使用条件,用户应与制造方协商并在合同中规定,如:

a) 有害的烟或蒸汽,灰尘过多或带有腐蚀性,易爆的灰尘或气体的混合物、蒸汽、盐雾、过潮或滴水等;
b) 异常振动、倾斜、碰撞、冲击;
c) 环境温度超出正常使用范围;
d) 特殊的运输条件;
e) 特殊的安装位置和空间限制;
f) 特殊的维护问题;
g) 特殊的工作方式或负载周期,如:冲击负载;

h) 不平衡的交流电压或交流系统的电压与实质正弦波有差异；

i) 异常的谐波电流负载，如由半导体或类似元件控制而引起这种情况。过大的谐波电流会引起过量的损耗和异常的发热现象；

j) 多绕组变压器或自耦变压器的特定负载条件（容量输出，绕组负载功率因数和绕组电压）；

k) 励磁电压超过额定电压的110％或额定电压与额定频率比值的110％；

l) 在绝缘设计中需要特殊考虑的异常电压或过电压情况；

m) 异常磁场；

n) 直流偏磁能力；

o) 具有大电流离相封闭母线的大型变压器。应注意具有强磁场的大电流离相封闭母线可能在变压器油箱和外壳以及母线内部产生所不希望的环流。若设计时没有采取正确的措施，这些环流产生的损耗会导致温升过高；

p) 并联运行。应注意尽管并联运行不属于特殊使用条件，但当变压器与其他变压器并联运行时，建议用户向制造方说明；

q) 冷却装置的布置方式和运行方式；

r) 室内布置的通风要求。

3.3 热带气候防护类型及使用环境条件

3.3.1 热带产品的气候防护类型是指产品使用在一定的热带气候区域时所采取的相应防护措施，以保证按该典型环境设计、制造的产品在运行中的可靠性。

3.3.2 热带产品的气候防护类型分为湿热型（TH）、干热型（TA）和干湿热合型（T）。

3.3.3 对于湿热带工业污秽较严重及沿海地区户外的产品，应考虑潮湿、污秽及盐雾的影响，其所使用的绝缘子和瓷套管应选用加强绝缘型或防污秽型产品；由于湿热地区雷暴雨比较频繁，对产品结构应考虑加强防雷措施。

3.3.4 三种气候防护类型热带产品使用环境条件见表1。

表1 热带产品使用环境条件

环境参数		气候防护类型		
		湿热型 TH	干热型 TA	干湿热合型 T
海拔/m		1 000 及以下	1 000 及以下	1 000 及以下
空气温度/℃	年最高	40	50[a]	50[a]
	年最低	−5	−5	−5
	年平均	25	30	30
	月平均最高（最热月）	35	45	45
	日平均	35	40	40
	最大日温差	—	30	30
空气相对湿度/%	最湿月平均最大相对湿度	95(25 ℃时)[b]	—	95(25 ℃时)[b]
	最干月平均最小相对湿度	—	10(40 ℃时)[c]	10(40 ℃时)[c]
露		有	有[d]	有
霉菌		有	—	有
含盐空气		有[e]	有[a]	有[de]
最大降雨强度/(mm/min)		6	—	6
太阳辐射最大强度/[J/(cm^2·min)]		5.86	6.7	6.7
阳光直射下黑色物体表面最高温度/℃		80	90	90
冷却水最高温度/℃		33	35	35

表 1（续）

环 境 参 数	气候防护类型		
	湿热型 TH	干热型 TA	干湿热合型 T
一米深土壤最高温度/℃	32	32	32
最大风速/(m/s)	35	40	40
砂尘	—	有	有
雷暴	频繁	—	频繁
有害动物	有	有	有

[a] 当需要适用于年最高温度 55 ℃的产品时，由供需双方协商确定。

[b] 指该月的月平均最低温度为 25 ℃。

[c] 指该月的月平均最高温度为 40 ℃。

[d] 在订货时提出作特殊考虑。

[e] 指沿海户外地区。

4 选用变压器的一般原则

选用变压器技术参数，应以变压器整体的可靠性为基础，综合考虑技术参数的先进性和合理性、经济性，结合运行方式和损耗评价的方式，提出技术经济指标。同时还要考虑可能对系统安全运行、环保、节材、运输和安装空间等方面的影响。

4.1 变压器符合的标准和技术规范

在选用变压器时，应明确变压器应符合的标准(国家标准、行业标准、国际标准和国外标准)名称和代号。

在选用变压器时，用户应明确提出变压器的技术规范和参数，一般应按 GB/T 6451、GB/T 10228、JB/T 2426、JB/T 10317、JB/T 10318、JB/T 3837 的规定来选择。如有其他要求，应与制造方协商后在合同中规定。

除例行试验外，如果要求变压器重做型式试验项目、特殊试验项目、研究性试验项目，则应在询价和订货时与制造方协商，并在合同中规定。

4.2 变压器的类型

电力变压器按用途可分为：升压变压器、降压变压器、配电变压器、联络变压器和厂用变压器；按绕组型式可分为：双绕组变压器、三绕组变压器和自耦变压器；按相数可分为：三相变压器和单相变压器；按调压方式可分为：无调压变压器、无励磁调压变压器和有载调压变压器；按冷却方式分为：自冷变压器、风冷变压器、强迫油循环自冷变压器、强迫油循环风冷变压器、强迫油循环水冷变压器、强迫导向油循环风冷变压器和强迫导向油循环水冷变压器，其对应的产品型号见 JB/T 3837。

4.2.1 三绕组变压器

三绕组变压器一般用于具有三种电压等级的变电所。

4.2.2 自耦变压器

自耦变压器一般用于联络两种不同电压网络系统或用于连接两个中性点直接接地系统。

4.2.3 三相变压器和单相变压器

发电机升压变压器和变电所降压变压器通常采用三相变压器。若因制造和运输条件限制，可采用单相变压器组或现场组合的变压器。当选用单相变压器组时，应根据所联接的电力系统和设备情况，考虑是否装设备用相。

4.3 额定电压和电压组合

4.3.1 额定电压

额定电压是指单相或三相变压器线路端子之间指定施加的或空载时感应出的电压。

4.3.1.1 降压用变压器的输入、输出端额定电压通常为:

降压用变压器输入端电压为:3 kV、6 kV、10 kV、15 kV、20 kV、35 kV、66 kV、110 kV、220 kV、330 kV、500 kV。

降压用变压器输出端电压为:0.4 kV、33 kV、63(66) kV、10.5(11)kV、21(22)kV、37(38.5)kV、115(121)kV、230 (242)kV。

4.3.1.2 升压用变压器的输入、输出端额定电压通常为:

发电机变压器输入电压为:3.15 kV、6.3 kV、11(10.5)kV、13.8 kV、15.75 kV、18 kV、20 kV、24 kV。

变压器的输出电压为:40.5 kV、72.5 kV、126 kV、252 kV、363 kV、550 kV。

4.3.1.3 如另有要求,应由用户与制造方协商,并在合同中规定。

4.3.2 电压组合

油浸式电力变压器按 GB/T 6451、JB/T 2426、JB/T 10317 或 JB/T 10318 的规定,干式电力变压器按 GB/T 10228、JB/T 2426 的规定。如另有要求,应由用户与制造方协商,并在合同中规定。

4.4 额定容量

额定容量是指输入到变压器的视在功率值(包括变压器本身吸收的有功功率和无功功率)。选择容量时应按相应的标准(GB/T 6451、GB/T 10228、JB/T 2426、JB/T 10317 或 JB/T 10318),尽量采用 GB/T 321 中的 R10 优先数系。

4.4.1 发电机升压变压器

发电机变压器的额定容量一般根据发电机的额定功率及其功率因数确定。

4.4.2 变电所降压变压器

应参考 GB/T 1094.7 或 GB/T 17211 中的正常周期负载图所推荐的变压器在正常寿命损失下的负载条件,经济地估算变压器的额定容量,同时还应考虑电网发展情况。

4.4.3 配电变压器

配电变压器的容量选择,应根据 GB/T 1094.7 或 GB/T 17211 及工程设计部门提供的用电设备安装容量(可为假设负荷)来确定其容量,并按照 DL/T 985 进行技术经济评价。

4.4.4 单相变压器

单相变压器组成的变压器组中,各单相变压器容量可取三相变压器容量的三分之一,取值尽可能靠到标准容量系列,且有效位数保留到个位 MVA(例如 167MVA)。

4.4.5 容量分配

对于三绕组变压器的高、中、低压绕组容量的分配应按各侧绕组所带实际负荷进行分配,推荐按 GB/T 6451 的规定。对于发电厂用分裂变压器的容量分配,推荐按 JB/T 2426 的规定。

4.5 分接

4.5.1 分接位置的选择

分接头一般按以下原则布置:

a) 在高压绕组上而不是在低压绕组上,电压比大时更应如此。

b) 在星形联结绕组上,而不是在三角形联结的绕组上(特殊情况下除外,如变压器为 Dyn 联结时,可在 D 联结绕组上设分接头)。

4.5.2 调压方式的选用原则

一般原则如下:

a) 无调压变压器一般用于发电机升压变压器和电压变化较小且另有其他调压手段的场所;

b) 无励磁调压变压器一般用于电压波动范围较小,且电压变化较少的场所;

c) 有载调压变压器一般用于电压波动范围较大,且电压变化比较频繁的场所;

d) 在满足使用要求的前提下,能用无调压的尽量不用无励磁调压;能用无励磁调压的尽量不采

用有载调压;无励磁分接开关应尽量减少分接数目,可根据电压变动范围只设最大、最小和额定分接;

e) 自耦变压器采用公共绕组中性点侧调压者,应验算第三绕组电压波动不致超出允许值。在调压范围大、第三绕组电压不允许波动范围大时,推荐采用中压侧线端调压。对于特高电压变压器可以采用低压补偿方式,补偿低压绕组电压;

f) 并联运行时,调压绕组分接区域及调压方式应相同。

4.5.3 分接范围

应尽量按实际需求设置分接范围,一般按 GB/T 6451、GB/T 10228、JB/T 2426、JB/T 10317 或 JB/T 10318选择。

4.5.3.1 无励磁调压范围

a) 对于小容量(10 000 kVA 以下)低电压(35kV 及以下)的小型发电机变压器,其分接范围应根据其网络情况由用户自定;

b) 对于额定电压为 13.8 kV、15.75 kV、18 kV、20 kV、24 kV、额定容量在 16 MVA~50 MVA 的发电厂自用变压器,额定电压为 66 kV、110 kV、220 kV、500 kV 级发电机变压器,如果必须用分接,其电压调整范围推荐为:±5%、$^{+5}_{0}$%、$^{0}_{-5}$%;

c) 对于 500 kV 及以上的发电机升压变压器,不推荐变压器带调压分接。

4.5.3.2 有载调压范围

a) 对电压等级为 6 kV、10 kV 级变压器,推荐其有载调压范围为±4×2.5%,并且在保证分接范围不变的情况下,正、负分接档位可以改变,如$^{+3}_{-5}$×2.5%;

b) 对电压等级为 35 kV 级变压器,推荐其有载调压范围为±3×2.5%,并且在保证分接范围不变的情况下,正、负分接档位可以改变,如$^{+2}_{-4}$×2.5%;

c) 对电压等级为 66 kV~220 kV 级变压器,其有载调压范围为±8×1.25%,正、负分接档位可以改变;

d) 对电压等级为 330 kV 级和 500 kV 级的变压器,其有载调压范围一般为±8×1.25%。

4.6 绝缘水平

绝缘水平应满足运行中各种过电压与长期最高工作电压作用的要求,与绝缘配合有关。油浸式电力变压器的绝缘水平按 GB 1094.3 的规定,干式电力变压器绝缘水平按 GB 1094.11 的规定。当变压器与 GIS 联接时,应考虑 GIS 中的隔离开关操作产生快速瞬变过电压(VFTO)对变压器绕组绝缘的影响。

4.7 损耗

电力变压器损耗应符合 GB/T 6451、GB/T 10228、GB 20052、JB/T 2426、JB/T 10317 或 JB/T 10318的规定。产品损耗水平按 JB/T 3837 的规定。

注:计算负载损耗时,油浸式电力变压器参考温度为 75 ℃,干式电力变压器参考温度对各种绝缘系统是不同的,一般取绕组平均温升加 20 ℃。

4.8 短路阻抗

选择短路阻抗时应符合 GB/T 6451、GB/T 10228、JB/T 2426、JB/T 10317 或 JB/T 10318 的要求。

对于高阻抗变压器,可以设置电抗器。电抗器可以置于油箱内或油箱外。

对于高阻抗变压器,是为限制过大的短路电流要求而提高短路阻抗的,对 110 kV 和 220 kV 城网供电的双绕组变压器,其短路阻抗最好分档,例如:110 kV 可分为 10.5%、12.5%、14.5%、16.5%、23%;220 kV 可分为 14%、18%、22%、26%。还应考虑系统电压调整率和无功补偿;对于三绕组变压器,提高的是高—低及中—低阻抗,高—中阻抗与常规变压器相同。

选用发电厂用分裂变压器,应适当增大短路阻抗及容量。

4.9 三相系统变压器绕组联结方法

一台三相变压器或拟结成三相的单相变压器组,其绕组的联结方法应根据该变压器是否与其他变压器并联运行、中性点是否引出和中性点的负载要求来选择。

联结方法对变压器的设计和所需材料的用量有影响。在某些情况下选择联结方法时，还须考虑铁心的结构形式和气象条件。如：某些地区特殊接法：10 kV 与 110 kV 输电系统电压相量差 60°的电气角，此时可采用 110/35/10 kV 电压比与 Ynd11y10 接法的三相三绕组电力变压器；多雷地区可选 Dy 或 Yz。

尽量不选用全星形接法的变压器，如必须选用(除配电变压器外)，应考虑设立单独的三角形接线的稳定绕组。稳定绕组的额定容量一般不超过一次额定容量的 50%，其绝缘水平还应考虑其他绕组的传递过电压。对于联结组标号为 Yyn0 的配电变压器，其铁心不宜采用三相五柱结构。

4.9.1 联结方法

绕组联结方法的选择按 GB/T 6451、GB/T 10228、JB/T 2426、JB/T 10317 或 JB/T 10318 的规定，其常用的联结组见附录 A。

4.9.2 联结特点

三种绕组联结方法的主要特点见表 2。

表 2 三种绕组联结方法的主要特点

	星形联结		三角形联结	曲折形联结
中性点的负载能力	与其他绕组的联结方法和变压器所连接系统的零序阻抗有关		—	可带绕组额定电流的负载
励磁电流	三次谐波电流不能通过(中性点绝缘，无三角形联结的绕组)	三次谐波电流至少能在变压器的一个绕组中通过(中性点引出)	三次谐波电流能在三角形联结绕组中通过	
相电压	含有三次谐波电压[a]	正弦波	正弦波	—

[a] 在三相三柱心式变压器中，三次谐波电压值不大，但在三相五柱心式变压器、三相壳式变压器和联结成三相组的单相变压器中，三次谐波电压可能较高，以致中性点出现相应的漂移。

4.10 冷却方式

在满足温升限值的情况下，冷却方式尽量采用自冷、风冷，冷却装置尽量采用片式散热器。

4.10.1 油浸式电力变压器冷却方式的选择：

a) 油浸自冷(ONAN)
   75 000 kVA 及以下产品。
b) 油浸风冷(ONAF)
   180 000 kVA 及以下产品。
c) 强迫油循环风冷(OFAF)
   90 000 kVA 及以上产品。
d) 强迫油循环水冷(OFWF)
   一般水力发电厂 75 000 kVA 及以上的升压变压器采用。
e) 强迫导向油循环风冷或水冷(ODAF 或 ODWF)
   120 000 kVA 及以上产品；
f) 冷却装置的布置形式有两种，一种为冷却装置固定在变压器油箱上；另一种为冷却装置集中固定在支架上，通过导油管与变压器油箱联结。选用时用户应向制造方提供选用冷却装置安装方式并在合同中注明。具有自然冷却能力的散热器通常固定在变压器的油箱上。
g) 选用强迫油循环风冷却器或导向油循环风冷却器时，当油泵与风扇失去供电电源时，变压器不能长时间运行，即使空载也不能长时间运行。因此，应选择两个独立电源供冷却装置使用。当选用强迫油循环风冷片式散热器时，也应选择两个独立电源供冷却装置使用。

4.10.2 干式电力变压器冷却方式的选择

标准规定的干式电力变压器冷却方式为空气自冷，根据用户要求，干式电力变压器可加装风机。干式电力变压器冷却方式的标志按 GB 1094.11 规定。

4.11 变压器油和油保护系统

4.11.1 变压器制造方一般按例行试验时所注入的某种牌号的油供给用户。用户对变压器油另有要求时，应在订货合同中规定。对变压器油的要求：

a) 根据变压器安装地点的环境平均最低温度合理选择变压器油的牌号；

b) 提出合理的变压器油性能要求(一般按 GB/T 7595)；

c) 要求变压器油的油基(环烷基或石腊基)；

d) 油与绝缘材料及结构材料的相容性。

4.11.2 在选用变压器时，用户应提出对油保护系统的要求，并在订货合同中规定。常用的油保护系统有：

a) 采用波纹油箱或膨胀式散热器。这种系统可自行补偿油的体积膨胀，可不装设储油柜，一般适用于小容量的变压器。

b) 装有胶囊、隔膜或波纹结构的储油柜，此结构能使油与空气隔开，以实现全密封。

4.11.3 交货的变压器中应注入或供新油，且应不混油。已运行的变压器如果需要补充油时应遵照以下原则：

a) 不同油基的变压器油应不混合使用；

b) 同一油基不同牌号的油不宜混合使用；

c) 被混合使用的油，其质量均需符合 GB/T 7595 的规定；

d) 新油或相当于新油质量的同一油基不同牌号变压器油混合使用时，应按混合油的实测凝点决定其是否可用。不能仅按化学和电气性能合格就混合使用；

e) 运行中的油与相同牌号新油混合时，应预先进行混合油样的氧化安定性试验，无沉淀物方可混合使用。

f) 进口油或来源不明的油与不同牌号运行油混合使用时，应预先进行参加混合的各种油及混合后油样的老化试验。当混油质量不低于原运行油时，方可混合使用；若相混油都是新油，其混合油的质量应不低于最差的一种新油。

4.11.4 如果用户需用自己采购的油注入变压器时，应在订货合同中规定。为了确保变压器运行的可靠性，用户和制造方应就 4.11.1 中的要求达成一致。

4.12 变压器的技术参数和制造成本

选用变压器时，技术参数由变压器服务的电力系统和运行条件所决定。一些性能方面的技术参数，如负载损耗、短路阻抗、空载损耗、空载电流、冷却方式、调压方式等，GB/T 6451、GB/T 10228、JB/T 2426、JB/T 10317 或 JB/T 10318 中已有规定。它们不仅与变压器的安全运行和经济运行有关，而且直接影响其制造成本，为了降低变压器的能耗，或从环保及安全运行角度提出高于标准规定的参数或特殊要求时(如声级水平、油箱强度、绝缘水平或高海拔)，应考虑制造成本的增加。有关信息见附录 B。

5 技术要求

5.1 一般技术要求

油浸式电力变压器一般技术要求应符合 GB 1094.1 和 GB/T 6451、JB/T 2426、JB/T 10317、JB/T 10318的规定；干式电力变压器一般技术要求应符合 GB 1094.11 和 GB/T 10228、JB/T 2426 的规定。

5.2 特殊技术要求

如有除 5.1 之外的特殊要求，应由用户与制造方协商并在合同中规定。

6 三相系统中变压器并联运行

并联运行是指并联的各变压器的两个绕组，采用同名端子对端子的直接相连方式下的运行。本标准只考虑双绕组变压器的并联运行。

6.1 并联运行的条件

a) 钟时序数要严格相等；

b) 电压和电压比要相同，允许偏差也相同(尽量满足电压比在允许偏差范围内)，调压范围与每级电压要相同；

c) 短路阻抗相同，尽量控制在允许偏差范围±10%以内，还应注意极限正分接位置短路阻抗与极限负分接位置短路阻抗要分别相同；

d) 容量比在0.5～2之间；

e) 频率相同。

6.2 联结方法

一般应符合 GB/T 13499 和本标准附录 C 的规定。

7 变压器的声级

7.1 声级水平

变压器的声级水平按 JB/T 10088 的规定。

7.2 环境保护对噪声的判断

按 GB 12348 和 GB 3096 的规定，间接判断变压器噪声是否符合环境保护的要求。随着噪声的降低，变压器的制造成本也将有所增加。

7.3 声级测定

变压器声级的测量方法按 GB/T 1094.10 的规定。

8 变压器热老化率与寿命

在外部冷却空气为 20 ℃，变压器以额定电流运行，以某种温度等级的绝缘材料发生热老化而损坏时，规定变压器的寿命一般为 20 年。

对符合 GB 1094 设计的油浸式电力变压器，在绕组热点温度为 98 ℃下相对热老化率为 1，此热点温度与“在环境温度为 20 ℃和绕组热点温升为 78 K 下运行”相对应。

对于干式电力变压器，其环境温度也为 20 ℃，而热点温度取决于绝缘材料的温度等级，其温度限值按 GB/T 17211 的规定。

变压器的相对热老化率定义见式(1)：

$$V=\frac{\theta_h\text{下的热老化率}}{\theta_c\text{下的热老化率}}=2^{(\theta_h-\theta_c)/\theta_d} \quad\cdots\cdots(1)$$

式中：

θ_h——实际热点温度；

θ_c——额定热点温度；

θ_d——寿命损失加倍率。

θ_d 的取值说明，在额定热点温度的基础上，每增加 6 ℃(油浸式)或 10 ℃(干式)，其热寿命减少一半，反之增加一倍。

计算寿命损失可参考 GB/T 1094.7 和 GB/T 17211。

9 变压器组、部件

9.1 分接开关

分接开关应符合 GB 10230.1 的要求，分接开关的选用应符合 GB/T 10230.2 的要求。

9.2 冷却装置

9.2.1 变压器用片式散热器应符合 JB/T 5347 的要求。

9.2.2 变压器用风冷却器应符合 JB/T 8315 的要求。

9.2.3 变压器用水冷却器应符合 JB/T 8316 或 JB/T 7633 的要求。

9.2.4 变压器用风扇应符合 JB/T 9642 的要求。

9.2.5 干式变压器用风机应符合 JB/T 8971 的要求。

9.3 油泵

变压器用油泵应符合 JB/T 10112 的要求。

9.4 油位计

变压器用油位计应符合 JB/T 10692 的要求。

9.5 封闭母线

封闭母线选用时，用户应向变压器制造方提供固定法兰尺寸、封闭母线相间中心距等数据及封闭母线的工作温度、连接方式等。封闭母线应符合 JB/T 9639 的要求。

9.6 压力释放阀

压力释放阀应符合 JB/T 7065 的要求。

9.7 气体继电器

气体继电器应符合 JB/T 9647 的要求。

9.8 油流继电器

油流继电器应符合 JB/T 8317 的要求。

9.9 速动油压继电器

速动油压继电器应符合 JB/T 10430 的要求。

9.10 多功能保护装置

多功能保护装置应符合 JB/T 10428 的要求。

9.11 储油柜

储油柜应符合 JB/T 6484 的要求。

9.12 温控器

9.12.1 变压器用油面温控器应符合 JB/T 6302 的要求。

9.12.2 变压器用电子温控器应符合 JB/T 7631 的要求。

9.12.3 变压器用绕组温控器应符合 JB/T 8450 的要求。

9.13 净油器

净油器应符合产品技术条件的要求。

9.14 套管

套管应符合 GB/T 4109 的要求。

9.15 套管式电流互感器

套管式电流互感器分为测量用和保护用两种。选用时应提出相应的额定值，包括额定一次电流、额定二次电流、额定电流比、准确级、额定输出等。除非用户和制造方另有协议规定，额定值应符合 GB 1208 的规定。

套管式电流互感器选用原则见附录 D。

9.16 蝶阀

变压器用蝶阀应符合 JB/T 5345 的要求。

9.17 其他组、部件

变压器用的其他组、部件的选用应符合相应标准的要求或技术条件的要求。

10 标志、起吊、安装、运输和贮存

油浸式电力变压器应符合 GB/T 6451、JB/T 2426、JB/T 10317 或 JB/T 10318 的规定，干式电力变压器应符合 GB/T 10228、JB/T 2426 的规定，变压器的安装项目和要求应符合 GBJ 148 的规定。

11 制造方应提供的技术文件和图表

11.1 制造方向设计院提供的技术文件

在技术协议书(订货合同)签订后，制造方应根据需要在规定时间内向设计院提供工程设计所必须

的图样和有关技术资料。对已有供货的产品(不需设计)应在半个月之内提供。供设计院的图样和资料主要内容包括如下：

a) 变压器外型图。外型图内容包括：
变压器总体外型尺寸、主体运输重量、主要组、部件重量、油总重量、上节油箱或器身吊重、吊高、起吊位置、千斤顶位置、牵引孔位置、轨距或支座位置、基础尺寸和要求、冷却器或散热器布置、套管出线位置和接线端子尺寸、接地端子位置和端子尺寸、梯子位置，连接件(管道法兰)接口尺寸、其他必要的安装尺寸；
b) 变压器铭牌图或铭牌标志图；
c) 变压器本体运输尺寸图；
d) 冷却系统(如果有)控制原理图和冷却控制设备接线图；
e) 主控制箱(如果有)外型图(安装图)；
f) 变压器二次保护接线安装图(必要时提供)；
g) 变压器二次保护设备接线图；
h) 变压器端子箱接线图；
i) 有载分接开关(如果有)电气控制接线图和遥控信号接线图；
j) 经制造方和用户协商一致，可以提供的资料(一般仅对特大型产品)有：过励磁曲线、电容(包括线圈之间和线圈对地)、零序阻抗、声级水平、变压器入口电容、励磁电流谐波分析、变压器承受短路能力的计算报告或短路试验报告。

11.2 制造方向用户提供的技术文件

由制造方向用户提供的技术文件，在订货合同或技术协议书中应明确规定提供文件的数量和有关信息(如收件人、邮寄地址和邮政编码等)。交接方式一般为邮寄，也可随产品一同发运。

a) 提供11.1的全部技术文件；
b) 产品合格证书，包括变压器合格证书、主要组、部件合格证书(如：套管、冷却器、开关、气体继电器、各种温控器等)；
c) 产品试验报告。包括变压器试验报告(除例行试验报告外，其他试验报告提供内容由双方协商确定)，主要组部件试验报告；
d) 油浸式电力变压器油化验单(如果规定，包括色谱分析)；
e) 变压器实际使用说明书；
f) 套管安装使用说明书；
g) 储油柜安装使用说明书；
h) 冷却器或散热器(如果有)安装使用说明书；
i) 油面温控器、电子温控器、绕组温控器使用说明书；
j) 压力释放阀、速动油压继电器、多功能保护装置使用说明书；

注：如果有要求，应提供整定参数。

k) 有载分接开关或无励磁分接开关使用说明书；
l) 装箱单或拆卸一览表(一般随产品发运)。

11.3 制造方向用户提供的主要部件及备件规格图表(用户需要时)

a) 冷却系统简图(仅对强迫油循环系统)；
b) 梯子、储油柜安装图；
c) 内部引线走向示意图和内部接地系统示意图；
d) 冷却器安装图；
e) 变压器套管及套管式电流互感器布置示意图(必要时，用户与制造方协商)；
f) 主绝缘示意图(必要时，用户与制造方协商)；

g) 二次馈线布置图；

h) 电磁或磁屏蔽布置示意图。

11.4 对试验的要求

对变压器的例行试验、型式试验和特殊试验应符合 GB 1094.1 或 GB 1094.11 的要求，试验内容见 JB/T 501。

12 技术协议

在订购变压器时，用户除与制造方签订合同外，如果需要还应同时签订技术协议，作为合同的技术附件。附录 E 是推荐的技术协议格式。

附 录 A
（资料性附录）
三相变压器常用的联结组

三相变压器常用的联结组见图 A.1。

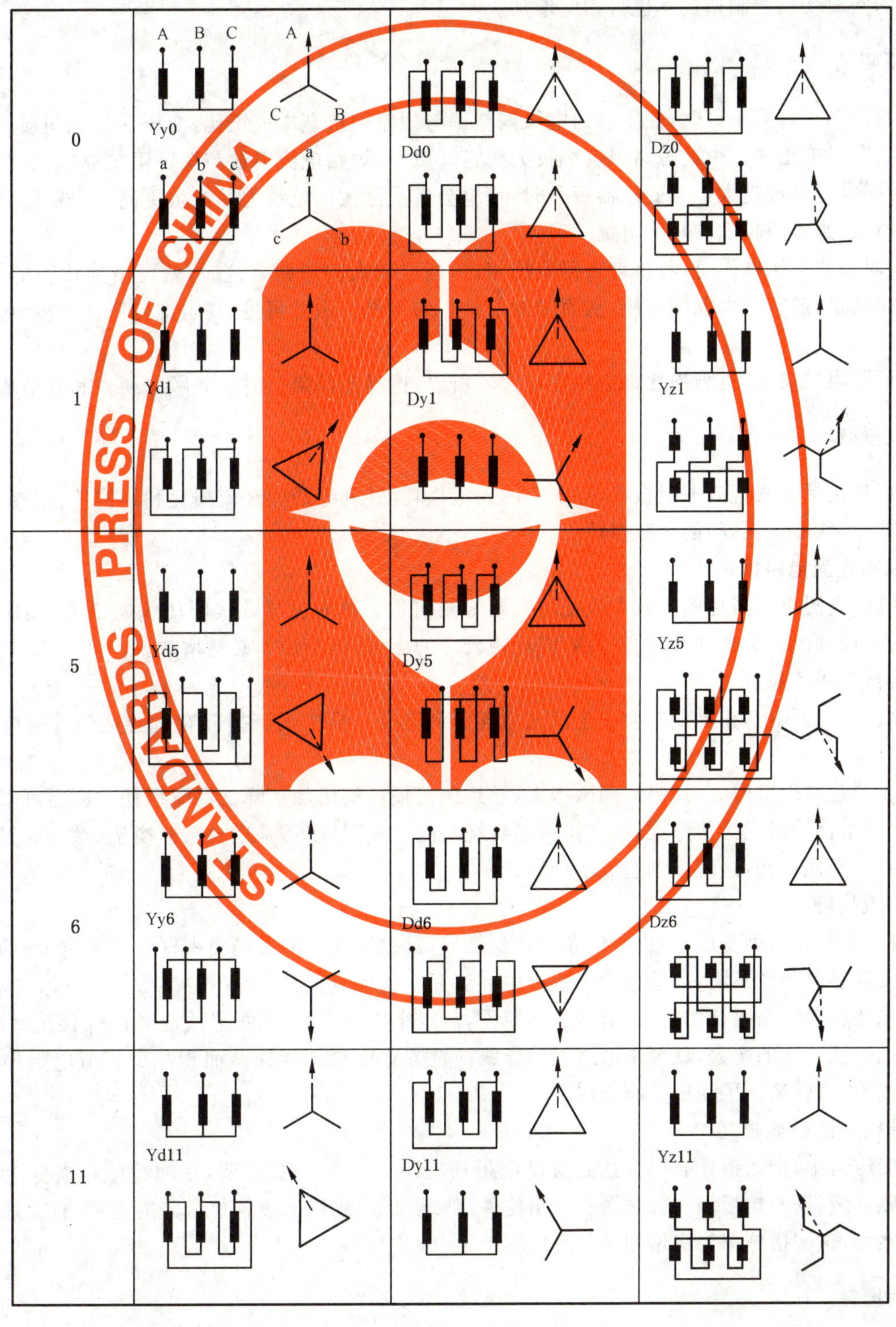

图 A.1 常用的联结组

附 录 B
（资料性附录）
变压器的主要性能参数与制造成本的关系

变压器主要性能参数的选用，首先应满足第 4 章的要求，以保证变压器的可靠性。其次要考虑提高性能参数的同时变压器制造成本也将相应增加。

B.1 短路阻抗

当负载的功率因数一定时，变压器的电压调整率与短路阻抗基本成正比，变压器的无功损耗与短路阻抗的无功分量成正比。由此短路阻抗小较为适宜。然而，短路电流倍数与短路阻抗成反比，短路阻抗越小，则短路电流倍数越大。当变压器短路时，绕组会遭受巨大的电动力并产生更高的短路温升。为了限制短路电流，则希望较大的短路阻抗。

不过，对心式变压器而言，与正常短路阻抗相比，当取较大的短路阻抗时，就要增加线圈的匝数，即增加了导线重量，或者增大漏磁面积，从而增加了铁心的重量。由此可见，高阻抗变压器，要相应增加制造成本。

随着短路阻抗增大，负载损耗也会相应增大。所以，选择短路阻抗时要兼顾电动力和制造成本。

B.2 负载损耗

负载损耗包括线圈直流电阻损耗、导线中的涡流损耗、并列导线间环流损耗和结构件（如夹件、钢压板、箱壁、螺栓、铁心拉板等）的杂散损耗。

B.2.1 线圈直流电阻损耗

降低线圈直流电阻损耗的有效方法是增大导线截面积。然而也导致线圈体积的增大，相应增加导线长度，为了设计出低负载损耗的变压器，需耗用较多的导线，制造成本必然增加。

B.2.2 导线的涡流损耗

线圈处于漏磁场中，在导线中会产生涡流损耗。大型变压器中涡流损耗有时会达到直流电阻损耗的 10%以上。

当变压器短路阻抗增大时，纵向漏磁增大，导致涡流损耗的增加。降低涡流损耗的途径可采用多根导线并联，用组合导线或换位导线。此时，考虑到绕组的机械强度，需采用自粘性换位导线，或采用截面大的单根导线降低电密，这就使制造成本增加。

B.2.3 环流损耗

变压器（尤其是大型变压器）由多根导线并列绕成，每根导线在漏磁场中占据的空间位置不同，它们各自产生的漏感电势也不同，漏感电势之差产生环流并产生环流损耗。

当要求变压器短路阻抗大时，由前所述的原因，需减小电抗高度，增加导线匝数，它们都会增加环流损耗。为抵偿该损耗的增大，就要采取适当的导线换位方式或增加导线截面积减少直流电阻损耗及采用换位导线等，这就增加了变压器制造成本。

B.2.4 结构件的杂散损耗

大型变压器中，杂散损耗有时会达到直流电阻损耗的 30%。经验证明，在油箱壁和夹件上加装磁屏蔽或电磁屏蔽，铁心拉板和在漏磁场中的结构件（如螺栓等）采用低磁钢材料等措施，可有效地降低杂散损耗。然而，这些措施都相应增加了制造成本。

B.3 空载损耗

变压器的空载损耗主要是铁心损耗。它由磁滞损耗和涡流损耗组成，前者与导磁材料（如硅钢、非晶合金)的重量成正比,且与磁密的 n 次方成正比。而涡流损耗近似与磁密的平方、导磁材料的厚度的平方、频率的平方和导磁材料的重量成正比,降低空载损耗就要降低磁密,其结果导致导磁材料重量增加。或者采用高导磁、低损耗的导磁材料,或者采用厚度更薄的导磁材料,其结果都导致变压器制造成本的相应增加。而过薄的硅钢片又使铁心的平整度下降,导致铁心机械强度的降低。

B.4 冷却装置布置方式

a) 户内冷却装置水平分体布置,有利于降低噪声,降低变压器制造成本,节省土地和建筑面积,是首选方式;

b) 户内冷却装置垂直分体布置,更有利于节省土地和建筑面积,但变压器油箱将承受较高的压力,制造成本要比水平分体布置高,同时易渗漏油,运行成本将相应增大。

B.5 冷却方式

变压器冷却装置通常有冷却器和散热器二种形式,若采用散热器形式可实现多种组合的冷却方式,其运行成本也较低,也是今后的发展趋势。

a) 强迫导向油循环风冷变压器,易出现渗漏、轴承磨损、油流带电、散热管道堵塞、冷却效果下降等现象,造成变压器可靠性降低、冷却器检修频繁、风险成本和运行成本提高等;

b) 强迫非导向油循环风冷变压器,制造成本比强迫导向油循环风冷变压器略高,但不会出现油流带电现象,运行时油中的杂质也不会进入绕组内部,可靠性较高,风险成本相对导向油循环的要低;

c) 强迫油循环自冷变压器,制造成本与强迫油循环风冷变压器相当,但可靠性低、运行成本与上述相比略低,只有变压器容量较大(大于 300 MVA 以上)并在噪声要求较高地区采用;

d) 自然油循环风冷变压器,制造成本与强迫油循环风冷变压器相当,但可靠性高,运行成本较低;

e) 全自冷变压器,制造成本高,但运行维护简单,可靠性高,运行成本最低;

f) 采用油/水热交换装置,适用于冷却器与变压器本体上下布置的自然油循环或强迫油循环/强迫水循环风冷变压器,与采用油/油热交换装置相比,其冷却效率高,可用于超大容量变压器上,但制造成本、风险成本、运行成本较高。

B.6 调压方式

调压方式对变压器的可靠性、制造成本和运行成本影响非常大,在满足电网电压变动范围的情况下,应优先选用无调压方式。

a) 有载分接调压,可靠性差,制造成本和运行成本高,但调压灵活;

b) 无励磁调压,制造成本和运行成本较低;

c) 无调压结构,可靠性高,制造成本和运行成本低,但无法通过变压器自身进行调压,适用于升压变压器或电压较稳定的降压变压器。

B.7 调压部位

自耦变压器公共绕组中性点侧的调压,对降低制造难度、提高安全可靠性和降低成本有利,虽会造成变压器低压绕组电压的较大变动,但对仅作无功补偿作用的独立低压回路也无关紧要。通常:

a) 中性点调压,要求分接开关的绝缘水平低,制造成本低,可靠性高,但对自耦变压器来说,为变磁通调压,即高、中、低各绕组的电压同时调;

b) 线端调压,其调压绕组应为独立布置结构,且分接开关的绝缘水平要求最高,制造成本高,可靠性低;

c) 中部调压,分接开关的相间绝缘水平要求比中性点调压的高,与线端调压的要求相当,制造成

本低。但绕组抗短路能力水平低,往往适用于中小型变压器,风险成本略高;

d) 调压绕组布置:调压绕组为独立布置结构,安匝平衡好,绕组抗短路能力强,但制造成本和过电压风险高,较适合中性点调压方式,但对中压调压的变压器应考虑独立布置结构。对调压范围较小的调压绕组可设置在主绕组内,虽制造成本较低,但对制造工艺要求较高,抗短路能力也较差。

B.8 绝缘水平

变压器的绝缘水平,原则上应按照国家标准规定的上限数值,以利于提高变压器运行的安全可靠性。有时,可根据变电站的特殊性和重要性(如地下变电站)以及近期故障情况,适当地提高绝缘水平,以提高变压器的安全可靠性,但制造成本会相应增加。

B.9 声级水平

若要求变压器的声级水平低于标准值,制造方将采取特殊的设计和措施,例如降低磁密、采用特殊的绑扎或压紧方法、相应的减振结构、选用低噪声风扇(机)等,这无疑将导致变压器制造成本的增加。因此,如果必须选用低噪声变压器,应作相应的分析。从经济上来看,在变压器安装地点采取相应的措施(例如安装隔离墙)或许更合适。

B.10 变压器的容量、重量、尺寸和性能之间的关系

不同容量的变压器,在电压等级、短路阻抗、结构型式、设计原则、导线电流密度和铁心磁密等相同的情况下,它们之间存在着以下近似关系:

a) 变压器的容量正比于线性尺寸的 4 次方;

b) 变压器有效材料重量正比于容量的 3/4 次方;

c) 变压器单位容量消耗的有效材料正比于容量的 −1/4 次方;

d) 当变压器的导线电流密度和铁心磁通密度保持不变时,有效材料中的损耗与重量成正比,即总损耗正比于容量的 3/4 次方;

e) 变压器单位容量的损耗正比于容量的 −1/4 次方;

f) 变压器的制造成本正比于容量的 3/4 次方。

由此,从经济角度看,在同样的负载条件下,选用单台大容量变压器比用数台小容量变压器经济得多。

附 录 C
（资料性附录）
变压器并联运行的联结方法

变压器并联运行的联结方法应符合如下要求：

a) 具有相同的相位关系(即在矢量图中，具有相同的钟时序数)的各变压器，可将各自的一次侧和二次侧同符号标志端子连接在一起，作并联运行；

b) 若钟时序数不同，从变压器并联运行可靠性看，有如下联结方法(见图 C.1)：

组 1：钟时序数为 0、4 和 8；

组 2：钟时序数为 6、10 和 2；

组 3：钟时序数为 1 和 5；

组 4：钟时序数为 7 和 11；

c) 在实际平衡负载条件下，属于同组的两台变压器可并联运行，如图 C.1；

d) 如果一台变压器的相序与另一台刚好相反，则组 3 中的变压器与组 4 中的变压器并联运行，如图 C.2；

e) 不同组的两台变压器是不能并联运行的。如：

组 1 与组 2 或组 3 与组 4；

组 2 与组 1 或组 3 与组 4；

组 3 与组 1 或组 2；

组 4 与组 1 或组 2。

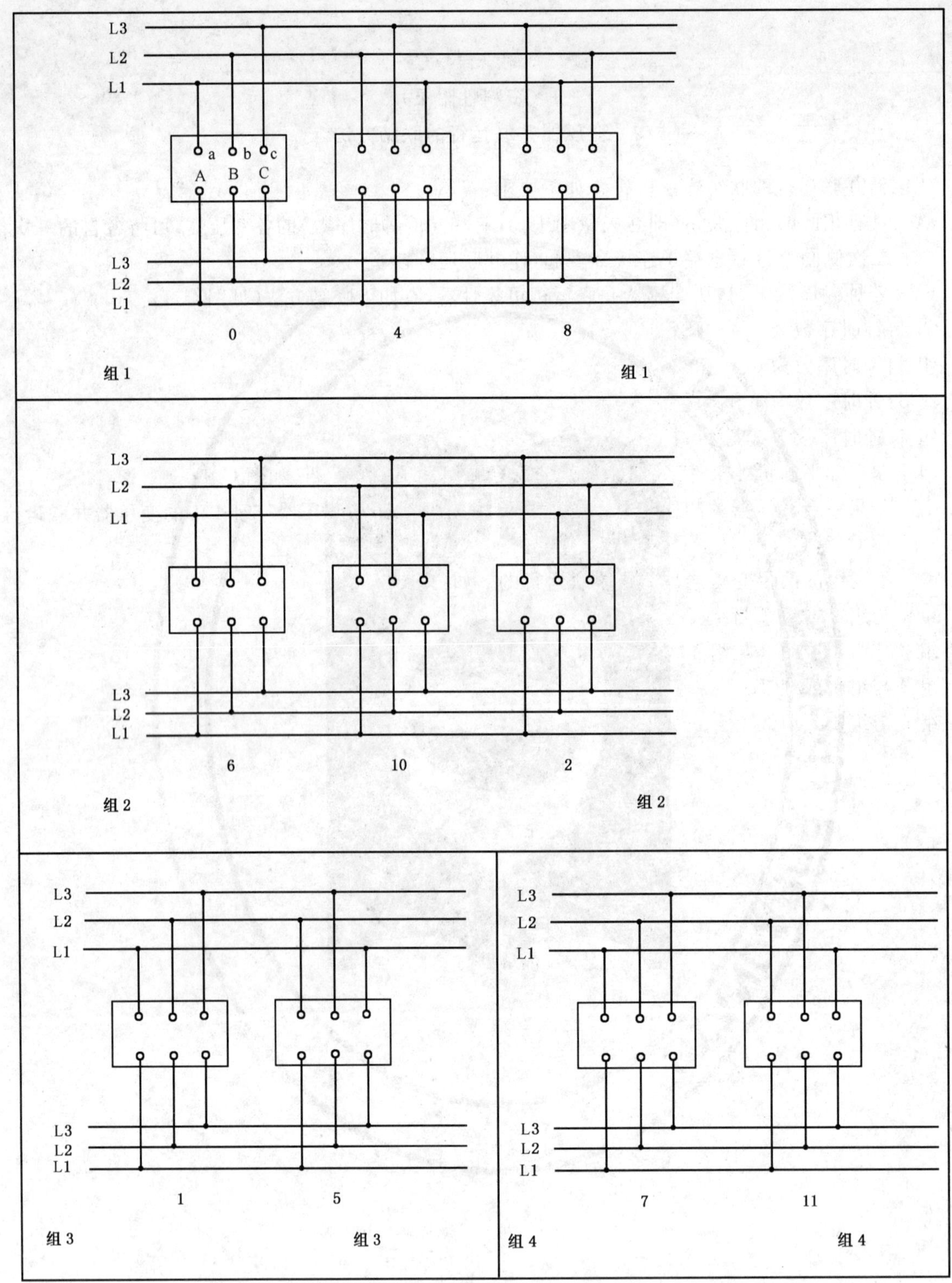

图 C.1 同组变压器的并联运行

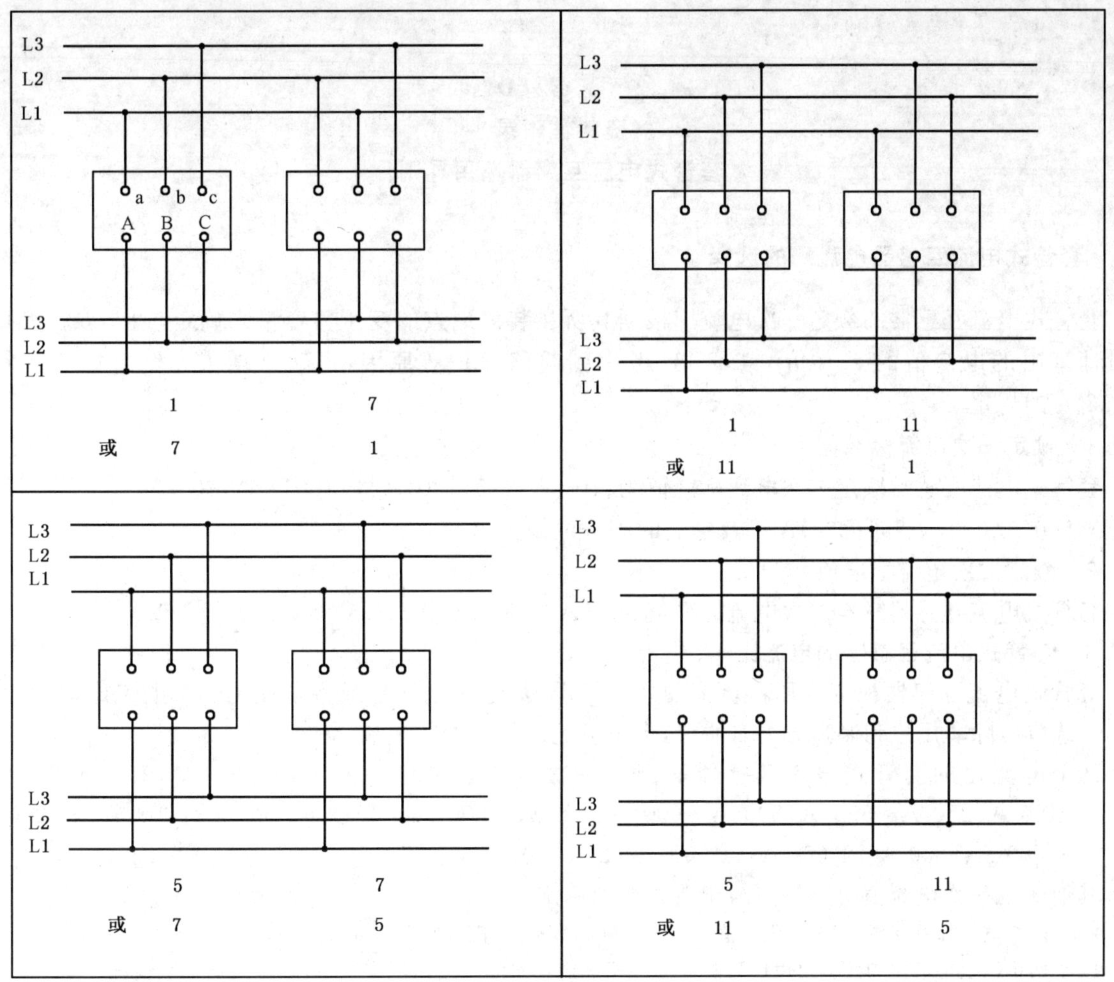

图 C.2 组 3 和组 4 中的变压器的并联运行

附 录 D
（资料性附录）
套管式电流互感器选用导则

D.1 套管式电流互感器电流比的选择

套管式电流互感器的额定一次电流应根据其所在装设地点的变压器容量来确定，通常取按变压器容量计算出的电流值的 1.0 倍～1.2 倍，考虑到线路保护等原因，可适当增大。但应修正到符合 GB 1208 的规定。

D.1.1 额定一次电流标准值

套管式电流互感器额定一次电流标准值为：100 A、125(120)A、150(160)A、200 A、250 A、300 A、400 A、500 A、600 A、750(800)A 以及它们的十进位倍数。

D.1.2 额定二次电流标准值

套管式电流互感器额定二次电流标准值为：1 A、2 A 和 5 A。1 A 和 5 A 为优先值。

D.1.3 套管式电流互感器的电流比

套管式电流互感器根据变压器负荷的变化情况，可选单电流比或多电流比。单电流比按 D.1.1、D.1.2 选取。除非用户和制造方另有协议，多电流比通常为两个电流比。

两个电流比的套管式电流互感器的额定一次电流标准值为：100 A—200 A、150 A—300 A、200 A—400 A、250 A—500 A、300 A—600 A、400 A—800 A、500 A—1 000 A、600 A—1 200 A、750 A—1500 A、(800 A—1 600 A)、1 000 A—2 000 A。

其他额定一次电流值可由用户与制造方协商确定。

注 1：两个电流比的互感器，其下限电流可与上列标准值不同，但应符合 D.1.1 的规定。

注 2：两个以上电流比的数值由用户和制造方协调规定。实际上变压器安装后，即按当地负载情况选定一个电流比，更换情况很少。

注 3：括号内数值仅对已有变压器配套采用。

D.2 套管式电流互感器准确级的选择

D.2.1 测量用套管式电流互感器

测量用套管式电流互感器的准确级为：0.2、0.5、1.0、3.0 和 5.0。

推荐 1 200 A 及以上的互感器选 0.2；600 A～1 000 A 选 0.5；300 A～500 A 选 1.0；150 A～250 A选 3.0；100 A 以下互感器不保证准确级。如需高于上述准确级的特殊情况，由用户和制造方协商规定。

注：套管式电流互感器的一次绕组是变压器的套管，只有固定的一匝。因此，决定互感器技术参数最关键的额定一次安匝数是固定的，制造方无法选择。由此，较小电流比的互感器的准确级一般情况下不可能很高。对于用户特殊要求高准确级时，可由制造方和用户协商，选用价格高、制造工艺复杂的高导磁材料来满足。即使这样，200 A 以下的互感器也很难做到 0.5 级。

D.2.2 保护用套管式电流互感器

保护用套管式电流互感器的准确级为：5P、10P、TPS 和 TPY。

推荐 600 A 及以上的互感器最高准确级选 5P；200 A～500 A 选 10P；其他情况，由用户和制造方协商规定，500 kV 变压器根据系统需要可选 TPY 或 TPS(单电流比)。

注 1：为配套引用美国的 300 MW 和 600 MW 发电机组的发电机变压器，可选 C800。C800 按美国标准 ANSI/IEEEC 57.13。

注 2：TPY、TPS 按 GB 16847。

注 3：TPY、TPS 尽量不选用。

D.3 保护用套管式电流互感器的准确限值系数

保护用套管式电流互感器的准确限值系数的标准值为:10、15、20 和 30。

推荐 600 A 及以上互感器选用 20 或 20 以上;200 A 及以下选 10;300 A~500 A 选 15。有特殊需要时,由用户和制造方协商规定。

注:对于某些特殊情况,为降低保护级的准确限值系数,可选取比按变压器容量计算出的额定一次电流大的电流比。例如:一台变压器,按容量计算选用电流比 300/5A,按短路电流计算准确限值系数 10P40,可选取 600/5 A、10P20,但测量级(如果有)电流比仍为 300/5 A。

D.4 套管式电流互感器的额定输出

套管式电流互感器额定输出标准值为:10 VA、15 VA、20 VA、25 VA、30 VA、40 VA、50 VA、60 VA和 80 VA。

注:按 GB 1208 的规定,测量用电流互感器的准确级(0.2、0.5、1)误差限值规定的二次输出范围为 25%~100%额定输出。因此,如果额定输出选得大,而实际运行时的负荷可能小于 25%额定输出,此时所规定的准确级则达不到。这说明额定输出不是越大越好。因此,应根据使用要求确定其容量,不易过大,对于 40 VA、50 VA、60 VA和 80 VA 的电流互感器尽量不采用。

D.5 多电流比套管式电流互感器的性能额定值

除制造方和用户另有协商规定外,多电流比套管式电流互感器性能额定值是以其最大电流比时规定的,其余电流则不做规定。例如:300—600—1 200/1 A、50 VA、0.5 级,是指在 1 200/1 A 时满足 50 VA0.5级要求。而 300/1 A、600/1 A 时准确级和额定输出应由制造方设计决定,但应尽量保证其为标准值。

对双电流比套管式电流互感器,推荐的性能额定值见表 D.1 和表 D.2。

注:套管式电流互感器改变电流比只能在二次绕组抽中间头。这就意味着改变了额定安匝。因而其准确级、额定输出和准确限值系数都要改变。如果按抽头电流比满足规定的准确级及其他参数,则满匝数电流比,即最高电流比的性能要比抽头电流比高,使用上不经济。

D.6 套管式电流互感器的短时热电流

套管式电流互感器的短时热电流一般不作规定。但当变压器额定一次电流小,而系统短路电流很大时,应由用户和制造方协商确定,以免套管式电流互感器导线短时电流密度过大。

注:套管式电流互感器,因其环境温度就是变压器油的温度,允许温升很小,故其二次绕组导线截面较大,短时热电流允许值较高,绝大多数情况下都能满足短路事故的要求,故可不规定其短时热电流值。至于套管式电流互感器动稳定性能,因其没有一次绕组,环形二次绕组的电动力很小,可不规定。

表 D.1 66 kV、110 kV 侧套管式电流互感器推荐的性能参数额定值

电流比/A		测量准确级与额定输出	保护准确级与额定输出
100—200/5	100/5	不规定	不规定
	200/5	3.0　20 VA	10P10　20 VA
150—300/5	150/5	3.0　20 VA	10P10　20VA
	300/5	1.0　20 VA	10P15　20 VA
200—400/5	200/5	3.0　20 VA	10P10　20 VA
	400/5	1.0　20VA	10P15　20 VA
250—500/5	250/5	3.0　20 VA	10P10　20 VA
	500/5	1.0　20 VA	10P15　20 VA

表 D.1（续）

电流比/A		测量准确级与额定输出	保护准确级与额定输出
300—600/5	300/5	1.0　20 VA	10P15　20 VA
	600/5	0.5　20 VA	5P20　30 VA
400—800/5	400/5	1.0　20 VA	10P15　20 VA
	800/5	0.5　30 VA	5P20　30 VA
500—1 000/5	500/5	1.0　20 VA	10P15　20 VA
	1 000/5	0.5　40 VA	5P20　40 VA
600—1 200/5	600/5	0.5　20 VA	5P20　30 VA
	1 200/5	0.2　40 VA	5P20　60 VA
750—1 500/5	750/5	0.5　30 VA	5P20　40 VA
	1 500/5	0.2　50 VA	5P20　50 VA

表 D.2　220 kV 侧套管式电流互感器推荐的性能参数额定值

电流比/A		测量准确级与额定输出	保护准确级与额定输出
100—200/5	100/5	不规定	不规定
	200/5	3.0　20 VA	10P10　20 VA
150—300/5	150/5	3.0　20VA	10P10　20 VA
	300/5	1.0　20 VA	10P15　20 VA
200—400/5	200/5	3.0　20 VA	10P10　20 VA
	400/5	1.0　20VA	10P15　20 VA
250—500/5	250/5	3.0　20 VA	10P10　20 VA
	500/5	1.0　20 VA	10P15　20 VA
300—600/5	300/5	1.0　20 VA	10P15　20 VA
	600/5	0.5　20 VA	5P20　30 VA
400—800/5	400/5	1.0　20 VA	10P15　20 VA
	800/5	0.5　30 VA	5P20　30 VA
500—1 000/5	500/5	1.0　30 VA	10P15　20 VA
	1 000/5	0.5　40 VA	5P20　40 VA
600—1 200/5	600/5	0.5　20 VA	5P20　30 VA
	1 200/5	0.2　40 VA	5P20　40 VA
750—1 500/5	750/5	0.5　20 VA	5P20　30 VA
	1 500/5	0.2　40 VA	5P20　50 VA
1 000—2 000/5	1 000/5	0.5　30 VA	5P20　40 VA
	2 000/5	0.2　50 VA	5P20　50 VA

注：表 D.1、表 D.2 也适用二次电流为 1 A 的互感器，但其额定输出可以减小。

附 录 E
（资料性附录）
技术协议书的内容

为保证变压器的技术性能和制造质量，经双方协商，达成如下技术协议。

本协议为双方签订的合同的补充件（合同号：　　　）。

E.1 正常项目

E.1.1 变压器符合的标准或技术规范：

E.1.1.1 国家标准和行业标准：

——油浸式电力变压器：

GB 1094.1—1996《电力变压器　第1部分 总则》

GB 1094.2—1996《电力变压器　第2部分 温升》

GB 1094.3—2003《电力变压器　第3部分：绝缘水平、绝缘试验和外绝缘空气间隙》

GB 1094.5—2003《电力变压器　第5部分：承受短路的能力》

GB/T 1094.7—2008《电力变压器　第7部分：油浸式电力变压器负载导则》

GB/T 6451—2008《油浸式电力变压器技术参数和要求》

JB/T 2426—2004《发电厂和变电所自用三相变压器技术参数和要求》

JB/T 3837—1996《变压器类产品型号编制方法》

JB/T 10088—2004《6kV～500kV级电力变压器声级》

JB/T 10317—2002《单相油浸式配电变压器技术参数和要求》

JB/T 10318—2002《油浸式非晶合金铁心配电变压器技术参数和要求》

——干式电力变压器：

GB 1094.11—2007《电力变压器　第11部分：干式变压器》

GB/T 10228—2008《干式电力变压器技术参数和要求》

GB/T 17211—1998《干式电力变压器负载导则》

JB/T 2426—2004《发电厂和变电所自用三相变压器技术参数和要求》

JB/T 3837—1996《变压器类产品型号编制方法》

JB/T 10088—2004《6 kV～500 kV级电力变压器声级》

E.1.1.2 除E.1.1.1外，尚需符合的国家标准、行业标准、企业标准或产品技术条件：

E.1.1.3 甲方如需按国际标准或国外标准订购变压器时，应符合的标准代号和名称：

注：如无另外规定，乙方只保证变压器符合所列标准。

E.1.2 变压器名称和型号：

E.1.3 相数（如用于组成三相变压器组的单相变压器应另行注明）及联结组标号：

E.1.4 频率（Hz）：

E.1.5 冷却介质：

E.1.5.1 油浸式：

——矿物油还是其他合成绝缘液体：

——凝点：

E.1.5.2 干式：

——空气绝缘或树脂绝缘：

——绝缘材料耐热等级：

——外壳防护等级（如需外壳）：

——是否需通风装置：

E.1.5.3　SF6气体绝缘

E.1.6　安装场所：

——户内：

——户外：

E.1.7　冷却方式：

当改变冷却方式时，变压器的容量比：

E.1.8　每个绕组的额定容量(kVA)：

E.1.9　每个绕组的额定电压(kV)和设备最高电压(kV)：

E.1.10　调压方式及范围：

——无调压、无励磁调压或有载调压：

——带有分接的绕组：

——分接位置数：

——分接范围：

——若分接范围超过±5%，其调压种类和最大电流分接位置(如采用)：

E.1.11　系统接地方式或各侧中性点的绝缘水平：

E.1.12　各个绕组的绝缘水平：

HV：

MV：

LV：

E.1.13　短路阻抗(或阻抗范围)及允许偏差：

对多绕组变压器，规定的各对绕组的短路阻抗(若以百分数，应一并给出相关的参考容量)和极限分接短路阻抗。

HV—LV：　　±　%

HV—MV：　　±　%

MV—LV：　　±　%

E.1.14　损耗(kW)：

空载损耗：　　+15%

负载损耗：　　+15%

总损耗：　　+10%(不含辅机损耗)

E.1.15　套管爬电比距(以系统最高工作电压计)及伞形、伞宽、伞距和干弧距离：

HV：　　kV/cm

MV：　　kV/cm

LV：　　kV/cm

E.1.16　变压器带、不带小车或滚轮(是否带固定装置)：

沿短轴轨距：　　mm×　mm

沿长轴轨距：　　mm×　mm

E.1.17　运输方式：

——充油、充氮或干燥空气、铁路、公路、水航联运：

——运输重量或尺寸的限制：

E.1.18　附件、仪表、铭牌、油位指示器等的安装位置(有特殊要求时)：

——冷却器(或散热器)置于本体或集中置于：

——其他附件、仪表(或仪表箱)、铭牌、油位指示器安装位置的要求：

E.1.19　有关辅助电源(包括信号回路)电压(用于风扇、泵、分接开关以及报警系统)：

E.1.20　油保护系统的类型：

E.1.21　套管及套管式电流互感器的要求：

E.1.21.1　套管：

E.1.21.2　套管式电流互感器：

——测量用或保护用：

——额定电流比：

——准确级：

——其他特殊要求：

——数量、设置位置及型号：

E.1.22　变压器表面涂漆的颜色：

E.2　特殊项目

E.2.1　环境条件不同于 GB 1094.1 或 GB 1094.11 的部分：

——环境温度：

——海拔(如超过 1 000 m 时)：

——地震烈度：

——冷却空气循环的限制：

——冷却水温度(如用水冷却时)：

——安装场地污秽等级：

E.2.2　发电机变压器直接或通过开关装置与发电机相接，承受甩负载的工作条件：

E.2.3　变压器直接或通过短距离架空线接 GIS(气体绝缘开关装置)：

E.2.4　影响变压器空气绝缘间隙和端子位置的安装空间位置：

E.2.5　负载情况：

——三绕组变压器负载组合：

——负载电流波形是否严重畸变，三相负载是否不平衡及其细节：

——经常承受过负载时，负载周期图：

——除 GB 1094.1—1996 中 4.2 外的周期性过负载细节：

E.2.6　变压器联结组是否有变换，进行联结变换的方法，出厂时要求用哪种联结：

E.2.7　变压器所连接系统和短路特性(如短路容量或电流或系统阻抗数据)及可能影响变压器设计的限值(参见 GB 1094.5)：

E.2.8　对变压器机械强度、油箱机械强度和局部放电量不同于标准要求的部分：

E.2.9　对耐受短路力的计算结果：

E.2.10　声级水平(如与标准不一致时)与声级测量：

E.2.11　零序阻抗测量：

E.2.12　需要的其他特殊试验项目：

E.2.13　特殊的组件需求：

E.3　并联运行

若要求与现有变压器并联运行，应予以说明，并给出现有变压器的下列数据：

——额定容量(kVA)：

——额定电压比：

——除主分接外的其他分接的电压比：

——额定电流下，主分接上的负载损耗(校正到相应的参考温度，kW)：

——如果带分接绕组的分接范围超过±5%时，主分接和至少两个极限分接上的短路阻抗：

——联结图或联结组标号：

E.4 其他

本协议自双方签字并盖章后生效，并与合同具有同等法律效力。

	甲 方	乙 方
名　　称：		
地　　址：		
邮　　编：		
电　　话：		
E - mail ：		
传　　真：		
代表签字：		
日　　期：		

ICS 77.120.99
H 68

中华人民共和国国家标准

GB/T 17472—2008
代替 GB/T 17472—1998

微电子技术用贵金属浆料规范

Specification for pastes of precious metal used for microelectronics

2008-03-31 发布 2008-09-01 实施

中华人民共和国国家质量监督检验检疫总局
中国国家标准化管理委员会 发布

前 言

本标准代替 GB/T 17472—1998《贵金属浆料规范》。

本标准与原标准相比，主要有如下变动：

——将原标准名称修改为：微电子技术用贵金属浆料规范；

——将原标准适用范围由厚膜微电子技术用贵金属浆料扩大至烧结型及固化型微电子技术用贵金属浆料；

——将原标准中贵金属浆料分类改为：烧结型贵金属浆料和固化型贵金属浆料；

——将原定义的浆料方阻、浆料附着力、浆料分辨率、浆料可焊性、浆料耐焊性分别改为方阻、附着力、分辨率、可焊性、耐焊性；

——增加贵金属浆料按工艺分为烧结型贵金属浆料和固化型贵金属浆料；

——重新定义浆料的牌号表示方法；

——增加固化膜硬度试验按 GB/T 6739 的规定进行、固化膜厚度按 GB/T 13452.2 的规定进行。

本标准由中国有色金属工业协会提出。

本标准由全国有色金属标准化技术委员会归口。

本标准由贵研铂业股份有限公司负责起草。

本标准起草人：赵汝云、刘成、陈伏生、马晓峰、朱武勋、李晋。

本标准所代替标准的历次版本发布情况为：

——GB/T 17472—1998。

微电子技术用贵金属浆料规范

1 范围

本标准规定了微电子技术用贵金属浆料的产品分类、要求、试验方法、检验规则及标志、包装、运输、贮存。

本标准适用于烧结型及固化型微电子技术用贵金属浆料。非贵金属浆料也可参照执行。

2 规范性引用文件

下列文件中的条款通过本标准的引用而成为本标准的条款。凡是注日期的引用文件，其随后所有的修改单(不包括勘误的内容)或修订版均不适用于本标准，然而，鼓励根据本标准达成协议的各方研究是否可使用这些文件的最新版本。凡是不注日期的引用文件，其最新版本适用于本标准。

GB/T 6739 色漆和清漆 铅笔法测定漆膜硬度

GB/T 13452.2 色漆和清漆 漆膜厚度的测定

GB/T 17473.1 微电子技术用贵金属浆料测试方法 固体含量测定

GB/T 17473.2 微电子技术用贵金属浆料测试方法 细度测定

GB/T 17473.3 微电子技术用贵金属浆料测试方法 方阻测定

GB/T 17473.4 微电子技术用贵金属浆料测试方法 附着力测定

GB/T 17473.5 微电子技术用贵金属浆料测试方法 粘度测定

GB/T 17473.6 微电子技术用贵金属浆料测试方法 分辨率测定

GB/T 17473.7 微电子技术用贵金属浆料测试方法 可焊性、耐焊性试验

GB/T 19445 贵金属及其合金产品的包装、标志、运输、贮存

3 术语和定义

本标准采用下列定义。

3.1

烧结型贵金属浆料 sintering pastes of precious metal

由贵金属或其化合物的粉末、添加物和有机载体组成的一种适用于印刷或涂敷的浆状物或膏状物。在一定温度下(400℃～900℃)能与基板烧结形成无机功能相。

3.2

固化型贵金属浆料 curable pastes of precious metal

由贵金属或其化合物的粉末、片状粉末、无机添加物、有机添加物、有机树脂和有机溶剂组成的一种适用于印刷或涂敷的浆状物或膏状物。能在一定条件下(一定温度、光或射线照射等)固化与基板附着形成功能相。

3.3

烧结型浆料的固体含量 solids content of sintering pastes

浆料在400℃～900℃灼烧后，剩余物质质量与试料质量的比值，以质量分数表示。

3.4

固化型浆料的固体含量 solids content of curable pastes

浆料在室温至250℃加热后，剩余物质质量与试料质量的比值，以质量分数表示。

3.5

贵金属浆料细度 fineness of pastes

浆料中固体微粒的大小。

3.6

方阻 sheet resistance

浆料经固化或烧成后长度和宽度相等的薄层导电膜的电阻，符号为 Rs，单位为 Ω/□或 mΩ/□。

3.7

附着力 adhesion

浆料固化膜或烧成膜同绝缘基片的结合能力。通常采用剥离方法测定。

3.8

浆料粘度 viscosity of pastes

浆料流体内阻碍一层流体与另一层流体作相对运动的特性的度量。

3.9

分辨率 resolution of pastes

浆料用丝网印刷，经烘干、烧成或固化后连续、清晰分离的线条的最小宽度和线间距的数值。

3.10

可焊性 solderability

在一定的焊接条件下，熔融焊料浸润浆料烧成膜难易程度的度量。

3.11

耐焊性 solderleaching resistance

在一定的焊接条件下，浆料烧成膜在熔融焊料中抵抗焊料侵蚀的能力。

4 要求

4.1 产品分类

4.1.1 贵金属浆料按使用工艺分为烧结型贵金属浆料和固化型贵金属浆料。

4.1.2 贵金属浆料按其所含贵金属的种类分为单元贵金属浆料及多元贵金属浆料。

单元贵金属浆料为含一种贵金属或其化合物的浆料，多元贵金属浆料为含两种或两种以上贵金属或其化合物的浆料。

4.1.3 浆料的牌号表示方法

由以下五部分表示浆料牌号：

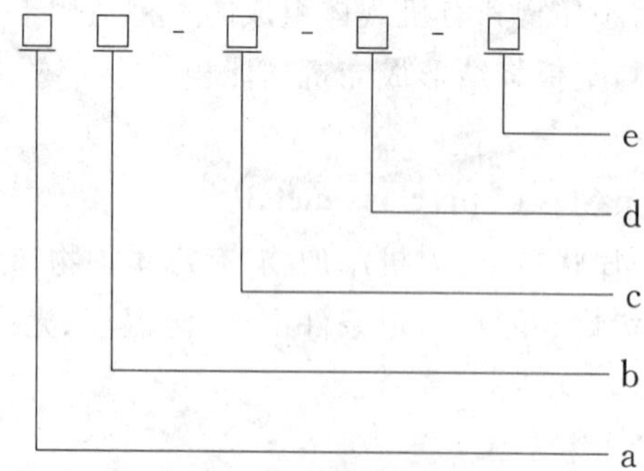

a——贵金属浆料或非贵金属浆料。用大写的英文字母 P 表示贵金属浆料；用大写的英文字母 B 表示非贵金属浆料。

b——烧结型浆料或固化型浆料。烧结型浆料用 S 表示；固化型浆料用 C 表示。

c——浆料用途。浆料用途中，E 表示电极浆料；C 表示导体浆料；R 表示电阻浆料。

d——金属名称。用化学元素符号表示金属名称。

e——产品编号。产品编号用4位数字表示。

示例:PSC-Ag80Pd-0120 表示编号为0120含银80%含Pd20%的烧结型银钯导体浆料。

4.2 浆料对使用贵金属原料要求

制备浆料用的贵金属纯度(质量分数)应不小于99.95%。

4.3 技术要求

浆料主要技术指标可包括固体含量、粘度、细度、分辨率、方阻等,供需双方应对可接受的技术要求达成一致。

4.4 外观

贵金属浆料应为均一色泽的浆状物或膏状物。

5 试验方法

浆料各项指标的检测均应在温度15℃~35℃,相对湿度45%~75%,大气压力为86 kPa~106 kPa的环境下进行。

5.1 贵金属浆料的固体含量测定按GB/T 17473.1的规定进行。

5.2 贵金属浆料的细度试验按GB/T 17473.2的规定进行。

5.3 方阻试验按GB/T 17473.3的规定进行。

5.4 附着力试验按GB/T 17473.4的规定进行。

5.5 贵金属浆料的粘度试验按GB/T 17473.5的规定进行。

5.6 分辨率试验按GB/T 17473.6的规定进行。

5.7 可焊性、耐焊性试验按GB/T 17473.7的规定进行。

5.8 固化膜硬度试验按GB/T 6739的规定进行。

5.9 固化膜厚度按GB/T 13452.2的规定进行。

5.10 其他的检测内容及检验方法由供需双方商定。

6 检验规则

6.1 检查和验收

6.1.1 贵金属浆料应由供方技术监督部门进行检验,保证产品质量符合本标准的规定,并填写质量证明书。

6.1.2 需方应对收到的产品按本标准的规定进行检验。若检验结果与规定不符合时,应在收到产品之日起一个月内向供方提出,由供需双方协商解决。如需仲裁,可委托双方认可的单位进行,并在需方共同取样。

6.2 组批

贵金属浆料应成批提交验收,每批应由同一牌号的产品组成,批重不限。

6.3 检验项目及取样

供方根据需方对浆料的使用要求确定浆料的检验项目和取样办法。

需方提出的特殊检验项目,由供需双方商定,并在订货单中注明。

6.4 仲裁取样的方法

从每个批号的产品中随机抽取一瓶未开封的浆料,搅拌均匀,按7.3进行检验。

6.5 检验结果的判定

当第一次检验出现不合格项目时,应从该批产品中随机抽取两瓶未开封的浆料进行该项目的重复试验,并以重复试验结果作为该批产品的检验结果。

7 标志、包装、运输、贮存

7.1 包装、标志

7.1.1 检验合格的浆料用带密封盖的瓶子分装,每瓶浆料的重量最多为 2 000 g。包装瓶应耐浆料腐蚀,不易破损。瓶口应再用塑料封口胶带密封,然后装入包装箱中,包装瓶四周应充填安全物质。外包装参照 GB/T 19445 的规定进行。

7.1.2 每瓶浆料均应贴上标签,注明:

a) 供方名称;

b) 产品名称;

c) 产品编号;

d) 产品批号;

e) 产品净重量;

f) 瓶重;

g) 产品主要性能;

h) 储存条件和时间;

i) 生产日期;

j) 商品条形码。

7.1.3 包装箱上应贴上标签,注明:

a) 产品名称;

b) 产品牌号;

c) 产品批号;

d) 瓶数和规格;

e) 生产日期;

f) 生产单位;

g) “易碎”、“防潮”和“防热”标志。

7.2 运输和贮存

7.2.1 产品在运输途中应防污染、防火、防潮、防热。有特殊要求时,在订货合同中注明。

7.2.2 浆料一般应在 5℃～25℃下贮存,贮存期限为 6 个月,特殊要求的浆料需双方协商,并在订货合同中注明。

7.3 质量证明书

每批浆料产品应附质量证明书,注明:

a) 供方名称;

b) 产品名称;

c) 产品牌号;

d) 批号;

e) 规格;

f) 净重、瓶重;

g) 各项检验结果和技术监督部门印章;

h) 本规范编号;

i) 生产日期。

8 订货单内容

a） 浆料名称；

b） 浆料牌号；

c） 浆料主要技术指标；

d） 浆料重量；

e） 本标准编号；

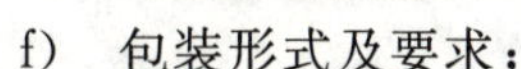

f） 包装形式及要求；

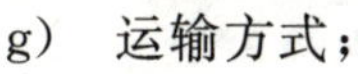

g） 运输方式；

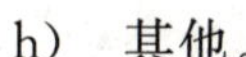

h） 其他。

ICS 77.120.99
H 68

中华人民共和国国家标准

GB/T 17473.1—2008
代替 GB/T 17473.1—1998

微电子技术用贵金属浆料测试方法 固体含量测定

Test methods of precious metals pastes used for microelectronics—Determination of solids content

2008-03-31 发布　　2008-09-01 实施

中华人民共和国国家质量监督检验检疫总局
中国国家标准化管理委员会 发布

前　言

本标准是对GB/T 17473—1998《厚膜微电子技术用贵金属浆料测试方法》(所有部分)的整合修订，分为7个部分：

——GB/T 17473.1—2008　微电子技术用贵金属浆料测试方法　固体含量测定；

——GB/T 17473.2—2008　微电子技术用贵金属浆料测试方法　细度测定；

——GB/T 17473.3—2008　微电子技术用贵金属浆料测试方法　方阻测定；

——GB/T 17473.4—2008　微电子技术用贵金属浆料测试方法　附着力测试；

——GB/T 17473.5—2008　微电子技术用贵金属浆料测试方法　粘度测定；

——GB/T 17473.6—2008　微电子技术用贵金属浆料测试方法　分辨率测定；

——GB/T 17473.7—2008　微电子技术用贵金属浆料测试方法　可焊性、耐焊性测定。

本部分为GB/T 17473—2008的第1部分。

本部分代替GB/T 17473.1—1998《厚膜微电子技术用贵金属浆料测试方法　固体含量测定》。

本部分与GB/T 17473.1—1998相比，主要有如下变动：

——将原标准名称修改为微电子技术用贵金属浆料测试方法　固体含量测定；

——删除了引用文件GB/T 2421—1989；

——本部分增加了聚合物低温固化型浆料的固体含量测定内容；

——对于聚合物低温固化浆料，根据浆料使用温度的不同来确定检测固体含量的温度；

——浆料平行取样由两份增加为三份；

——删除了中温烧成浆料的内容，将高温烧成浆料改为烧结型浆料；

——试料相互之间测试值之差不大于平均值的1%测定结果有效。

本部分由中国有色金属工业协会提出。

本部分由全国有色金属标准化技术委员会归口。

本部分由贵研铂业股份有限公司负责起草。

本部分主要起草人：陈一、张骏、朱武勋。

本部分所代替标准的历次版本发布情况为：

——GB/T 17473.1—1998。

微电子技术用贵金属浆料测试方法 固体含量测定

1 范围

本部分规定了微电子技术用贵金属浆料中固体含量的测试方法。

本部分适用于各种烧结型和固化型微电子技术用贵金属浆料固体含量的测定。

2 引用文件

下列文件中的条款通过本部分的引用而成为本部分的条款。凡是注日期的引用文件，其随后所有的修改单(不包括勘误的内容)或修订版均不适用于本部分，然而，鼓励根据本部分达成协议的各方研究是否可使用这些文件的最新版本。凡是不注日期的引用文件，其最新版本适用于本部分。

GB/T 8170 数值修约规则

3 方法原理

贵金属浆料在一定温度下加热一定时间，根据加热前后的质量差测定其固体含量。

4 仪器与设备

4.1 天平：感量为 0.000 1 g。

4.2 箱式电阻炉：最高使用温度 1 000℃，控温精度为±20℃。

4.3 鼓风式恒温烘箱：最高使用温度 300℃，控温精度为±5℃。

4.4 干燥器：变色硅胶作干燥剂。

5 试样

将样品搅拌均匀，不得引入杂质。

6 测试步骤

实验环境：环境温度 15℃～35℃、相对湿度 45%～75%、大气压强 86 kPa～106 kPa。

6.1 试料

6.1.1 烧结型浆料：称取三份 1 g 的试料，准确到 0.000 1 g，分别置于已恒重的 2 mL 瓷坩埚中。

6.1.2 固化型浆料：称取三份 0.2 g～0.3 g 的试料，准确到 0.000 1 g，分别置于聚酯 PET 薄膜片上，适当摊开。

6.2 实验温度与操作

6.2.1 烧结型浆料：将装有试料的坩埚置于箱式电阻炉中，微开炉门，升温至 150℃，保温 30 min。关上炉门，继续升温至 850℃，保温 30 min。烧结完成后关闭电源，打开炉门冷却至 80℃～100℃取出坩埚，置于干燥器中，冷却至室温，称量。

6.2.2 固化型浆料：将载有试料的聚酯 PET 薄膜置于鼓风式恒温烘箱中，加热到浆料固化温度，保温 60 min，取出薄膜，放入干燥器中冷至室温，称量。

7 测试结果计算

7.1 按式(1)计算，浆料中固体质量分数为 w，数值以%表示：

$$w = \frac{m_2 - m}{m_1 - m} \times 100 \qquad \cdots\cdots(1)$$

式中：

w——浆料中固体的质量分数，%；

m——坩埚或聚酯薄膜的质量，单位为克(g)；

m_1——坩埚或聚酯薄膜与试料加热前质量之和，单位为克(g)；

m_2——坩埚或聚酯薄膜与试料加热后质量之和，单位为克(g)。

7.2 测试结果表示至小数点后两位，有效数字的尾数按 GB/T 8170 数值修约规则进行。

7.3 取三份试料测试结果的算术平均值作为测定结果。

7.4 三份试料相互测试绝对值之差均不大于平均值的1%测定结果有效，否则另取试样重新测定。

8 检测报告

检测报告应包括以下内容：

a) 试样编号；

b) 试样名称、牌号、规格；

c) 产品批号；

d) 测试结果及检测部门印章；

e) 本标准编号；

f) 测试人及测试日期。

ICS 77.120.99
H 68

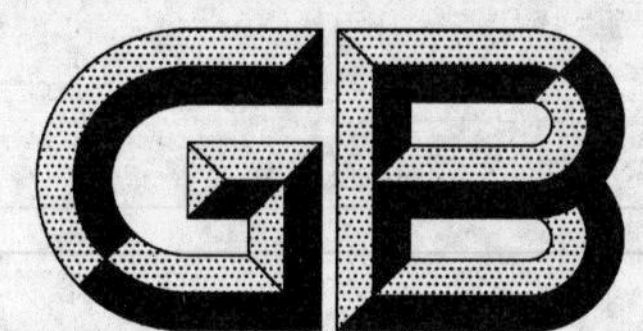

中华人民共和国国家标准

GB/T 17473.2—2008
代替 GB/T 17473.2—1998

微电子技术用贵金属浆料测试方法 细度测定

Test methods of precious metals pastes used for microelectronics—Determination of fineness

2008-03-31 发布　　2008-09-01 实施

中华人民共和国国家质量监督检验检疫总局
中国国家标准化管理委员会　发布

前言

本标准是对 GB/T 17473—1998《厚膜微电子技术用贵金属浆料测试方法》(所有部分)的整合修订,分为7个部分:

——GB/T 17473.1—2008 微电子技术用贵金属浆料测试方法 固体含量测定;

——GB/T 17473.2—2008 微电子技术用贵金属浆料测试方法 细度测定;

——GB/T 17473.3—2008 微电子技术用贵金属浆料测试方法 方阻测定;

——GB/T 17473.4—2008 微电子技术用贵金属浆料测试方法 附着力测试;

——GB/T 17473.5—2008 微电子技术用贵金属浆料测试方法 粘度测定;

——GB/T 17473.6—2008 微电子技术用贵金属浆料测试方法 分辨率测定;

——GB/T 17473.7—2008 微电子技术用贵金属浆料测试方法 可焊性、耐焊性测定。

本部分为 GB/T 17473—2008 的第2部分。

本部分代替 GB/T 17473.2—1998《厚膜微电子技术用贵金属浆料测试方法 细度测定》。

本部分与 GB/T 17473.2—1998 相比,主要有如下变动:

——将原标准名称修改为:微电子技术用贵金属浆料测试方法 细度测定;

——删除了范围中“非贵金属浆料亦可参照本标准执行”的内容;

——对检测试样“不少于5份,每份2 g”的要求取消,只要求试样充分搅拌均匀。

本部分由中国有色金属工业协会提出。

本部分由全国有色金属标准化技术委员会归口。

本部分由贵研铂业股份有限公司负责起草。

本部分主要起草人:武新荣、罗云、陈伏生、李文琳、马晓峰、朱武勋、李晋。

本部分所代替标准的历次版本发布情况为:

——GB/T 17473.2—1998。

微电子技术用贵金属浆料测试方法
细度测定

1 范围

本部分规定了微电子技术用贵金属浆料细度的刮板测定方法。

本部分适用于微电子技术用贵金属浆料细度测定。

2 规范性引用文件

下列文件中的条款通过本部分的引用而成为本部分的条款。凡是注日期的引用文件，其随后所有的修改单(不包括勘误的内容)或修订版均不适用于本部分，然而，鼓励根据本部分达成协议的各方研究是否可使用这些文件的最新版本。凡是不注日期的引用文件，其最新版本适用于本部分。

GB/T 8170 数值修约规则

3 方法原理

浆料置于细度计上，用刮板从上至下刮动，根据槽中纵向条纹出现位置，目测确定颗粒的大小。

4 设备与仪器

4.1 刮板细度计：测量范围为 0 μm～25 μm，精度为 1 μm，检定周期为半年。

4.2 调浆刀：镶有木柄的厚度为 1 mm 不锈钢材质刀。

4.3 刮板。

5 试样

将送检浆料搅拌均匀。

6 测定步骤

测试在温度 15℃～35℃，相对湿度 45%～75%，大气压力 86 kPa～106 kPa 环境下进行。

6.1 用相应的化学纯级清洗剂洗净刮板细度计。

6.2 取试料均匀地放置于细度计沟槽最深处。

6.3 用双手持刮板于细度计沟槽最深处，使刮板与细度计表面垂直，并以均匀的速度从沟槽最深处将试料刮过细度计表面，使试料充满沟槽，平板上不留有余的试样。整个操作过程在 3 s 内完成。

6.4 在 3 s 内横握刮过的细度计并使其倾斜，使视线与沟槽平面成 20°～30°角，对着光线进行观察，找出沟槽中开始出现两条纵向条纹显示的位置，并记下颗粒读数。

6.5 用相同的操作方法对于不小于 5 份试样进行测量。

7 测定结果表述

7.1 对于不少于 5 份的测量试样读数取平均值，作为测量结果。

7.2 若不少于 5 份的测试试样的读数中有一个读数与其平均值之差大于其标准偏差的 3 倍，则应重新取双倍试样进行测试，测试步骤按第 6 章的规定进行。

7.3 若双倍试样的测试读数中没有出现 7.2 的情况，可舍去 7.2 中出现的异常读数，取其余全部读数的算术平均值作为测试结果。

7.4 数值修约按 GB/T 8170 的规定进行，测试结果取两位有效数字。

8 检测报告

报告应包括以下主要内容：

a) 浆料名称、牌号、规格；

b) 试样编号；

c) 浆料批号；

d) 测试结果及检测部门印章；

e) 本标准编号；

f) 测试人和测试日期。

ICS 77.120.99
H 68

中华人民共和国国家标准

GB/T 17473.3—2008
代替 GB/T 17473.3—1998

微电子技术用贵金属浆料测试方法 方阻测定

Test methods of precious metals pastes used for microelectronics—Determination of sheet resistance

2008-03-31 发布 2008-09-01 实施

中华人民共和国国家质量监督检验检疫总局
中国国家标准化管理委员会 发布

前言

本标准是对 GB/T 17473—1998《厚膜微电子技术用贵金属浆料测试方法》(所有部分)的整合修订,分为7个部分:

——GB/T 17473.1—2008 微电子技术用贵金属浆料测试方法 固体含量测定;
——GB/T 17473.2—2008 微电子技术用贵金属浆料测试方法 细度测定;
——GB/T 17473.3—2008 微电子技术用贵金属浆料测试方法 方阻测定;
——GB/T 17473.4—2008 微电子技术用贵金属浆料测试方法 附着力测试;
——GB/T 17473.5—2008 微电子技术用贵金属浆料测试方法 粘度测定;
——GB/T 17473.6—2008 微电子技术用贵金属浆料测试方法 分辨率测定;
——GB/T 17473.7—2008 微电子技术用贵金属浆料测试方法 可焊性、耐焊性测定。

本部分为 GB/T 17473—2008 的第3部分。

本部分代替 GB/T 17473.3—1998《厚膜微电子技术用贵金属浆料测试方法 方阻测定》。

本部分与 GB/T 17473.3—1998 相比,主要有如下变动:

——将原标准名称修改为微电子技术用贵金属浆料测试方法 方阻测定;
——增加低温固化型浆料方阻的测定方法;
——原标准的原理中,"将浆料用丝网印刷在陶瓷基片,经过烧结后,膜层在一定温度及其厚度、宽度不变的情况下……"修改为:"将浆料用丝网印刷在陶瓷基片或有机树脂基片上,经过烧结或固化后,膜层在一定温度及厚度、宽度不变的情况下";
——测厚仪修改为:光切显微测厚仪用于烧结型浆料:范围为 0 mm～5 mm,精度为 0.001 mm。千分尺用于固化型浆料:范围为 0 mm～5 mm,精度为 0.001 mm。

本部分的附录A为规范性附录。

本部分由中国有色金属工业协会提出。

本部分由全国有色金属标准化技术委员会归口。

本部分由贵研铂业股份有限公司负责起草。

本部分主要起草人:金勿毁、刘继松、李文琳、陈伏生、朱武勋、李晋。

本部分所代替标准的历次版本发布情况为:

——GB/T 17473.3—1998。

微电子技术用贵金属浆料测试方法 方阻测定

1 范围

本部分规定了微电子技术用贵金属浆料方阻的测试方法。

本部分适用于微电子技术用贵金属浆料方阻的测定。

2 规范性引用文件

下列文件中的条款通过本部分的引用而成为本部分的条款。凡是注日期的引用文件，其随后所有的修改单(不包括勘误的内容)或修订版均不适用于本部分，然而，鼓励根据本部分达成协议的各方研究是否可使用这些文件的最新版本。凡是不注日期的引用文件，其最新版本适用于本部分。

GB/T 8170 数值修约规则

3 方法原理

浆料用丝网印刷在陶瓷基片或有机树脂基片上，经过烧结或固化后，膜层在一定温度及厚度、宽度不变的情况下，膜层电阻与膜层带的长度成正比。通过测量规定膜层长度的电阻，计算方阻。

4 材料

基片：纯度不小于95%的氧化铝或有机树脂基片，表面粗糙度为0.5 μm～1.5 μm(在测量距离为10 mm的条件下测量)。

5 仪器与设备

5.1 数字式电阻\电压多用表

范围为100 μΩ～100 MΩ，分辨率为6位有效数字，可四线测量。

5.2 超高阻绝缘电阻测量仪

范围为1×10^{5} Ω～1×10^{17} Ω，精度为±2%。

5.3 测厚仪

5.3.1 光切显微测厚仪

范围为0 mm～5 mm，精度为0.001 mm。

5.3.2 千分尺

范围为0 mm～5 mm，精度为0.001 mm。

5.4 丝网印刷机

5.5 红外干燥箱

最高使用温度为300℃，控制温度精度为±5℃。

5.6 隧道烧结炉

最高使用温度为1 000℃，控制温度精度为±10℃。

6 测试步骤

实验环境要求：环境温度15℃～35℃，相对湿度45%～75%，大气压力86 kPa～106 kPa。

6.1 将待测浆料搅拌均匀后取样，用孔径为 74 μm 丝网印刷机将浆料印刷在基片上，烧结型浆料用陶瓷基片，固化型浆料用有机树脂基片，印制 6 片。

6.2 印制图形如图 1 所示，试样长度方数为 100 方，膜宽为 1 mm，1 mm×1 mm 为 1 方，电阻浆料需印烧电极。

6.3 基片水平放置不少于 10 min。

6.4 将陶瓷基片放入干燥箱中于 70℃～80℃干燥，将干燥后的试样基片放入隧道炉中烧结，烧结温度根据浆料型号确定。基片取出后在测试环境下放置 4 h 后测量。

6.5 将有机树脂基片于浆料固化温度下固化，基片取出后在测试环境下放置 4 h 后测量。

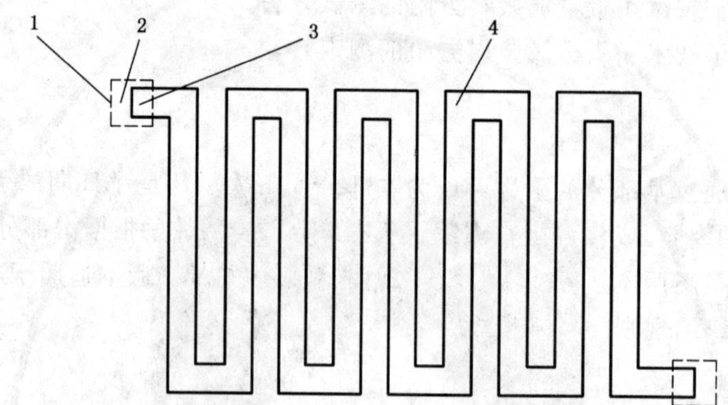

1——印烧电极区；

2——电阻量测点；

3——导带量测点；

4——膜带。

图 1 电极膜带及测试点示意图

6.6 根据试样估计阻值范围，选择电阻测量仪量程档位，在此量程下调整零点。

6.7 将电阻测量仪两电极分别放在测试样片膜层的两端点上，使之良好接触(接触点见图 1)。低电阻采用四线量测。每个试样分别在正反电流方向下各测量 3 次，取 6 次读数的算术平均值作为 100 方电阻的测量值。

6.8 在陶瓷基片烧结试样膜层上选择不同的位置，取不少于 6 点用光切显微测厚仪进行膜层厚度测量，取其算术平均值作为膜厚测量值。

6.9 在有机树脂固化试样膜层上选择不同的位置，取不少于 6 点用电子千分尺进行膜层厚度测量，取其算术平均值作为膜厚测量值。

7 试验结果计算

7.1 方阻的测试结果按式(1)进行计算：

$$R_s = \frac{R}{100} \qquad \cdots\cdots(1)$$

式中：

R_s——方阻值，单位为欧姆每方(Ω/□)；

R——100 方电阻值，单位为欧姆(Ω)。

7.2 数值修约按 GB/T 8170 规定进行，取两位有效数字。

7.3 规定标准膜厚为 10 μm，当测定的试样的膜厚不是本标准所规定的厚度时，可按附录 A 的式(A.1)进行换算。

7.4 若 6 个试样的测试数据中的可疑结果与其除外的平均值的差值的绝对值大于该组(不包括可疑结果)标准偏差的 4 倍时，则舍弃该可疑结果。

8 试验报告

报告应包括以下主要内容：

a) 试样名称；

b) 浆料编号、牌号；

c) 浆料批号；

d) 试样膜厚；

e) 测试结果及检测部门印章；

f) 本标准编号；

g) 测试人和测试日期。

附　录　A
（规范性附录）
不同膜厚方阻的换算

A.1　根据材料电阻与电阻系数的关系可得如下关系，见式(A.1)：

$$R = \rho \frac{L}{S} \qquad \cdots\cdots (A.1)$$

式中：

R——电阻，单位为欧姆(Ω)；

ρ——电阻系数，单位为欧姆毫米(Ω·mm)；

L——膜带长度，单位为毫米(mm)；

S——膜带横截面积，单位为平方毫米(mm^2)。

A.2　由式(A.1)，根据方阻定义，浆料膜带的方阻为：

$$R_s = \rho \frac{L}{S} = \rho \frac{L}{b \times h} = \frac{\rho}{h} \qquad \cdots\cdots (A.2)$$

即 $\rho = R_s h$

式中：

R_s——方阻值，单位为欧姆每方(Ω/□)；

h——膜厚度，单位为微米(μm)；

b——膜宽度，单位为微米(μm)。

同一试样浆料的电阻系数应是一定的，故由式(A.2)可得：

$$R_1 h_1 = R_2 h_2 \qquad \cdots\cdots (A.3)$$

利用式(A.3)可对不同厚度膜的方阻进行换算，对方阻进行比较。

ICS 77.120.99
H 68

中华人民共和国国家标准

GB/T 17473.4—2008
代替 GB/T 17473.4—1998

微电子技术用贵金属浆料测试方法 附着力测定

Test methods of precious metals pastes used for microelectronics—Determination of adhesion

2008-03-31 发布　　2008-09-01 实施

中华人民共和国国家质量监督检验检疫总局
中国国家标准化管理委员会　发布

前言

本标准是对GB/T 17473—1998《厚膜微电子技术用贵金属浆料测试方法》(所有部分)的整合修订,分为7个部分:

——GB/T 17473.1—2008 微电子技术用贵金属浆料测试方法 固体含量测定;
——GB/T 17473.2—2008 微电子技术用贵金属浆料测试方法 细度测定;
——GB/T 17473.3—2008 微电子技术用贵金属浆料测试方法 方阻测定;
——GB/T 17473.4—2008 微电子技术用贵金属浆料测试方法 附着力测试;
——GB/T 17473.5—2008 微电子技术用贵金属浆料测试方法 粘度测定;
——GB/T 17473.6—2008 微电子技术用贵金属浆料测试方法 分辨率测定;
——GB/T 17473.7—2008 微电子技术用贵金属浆料测试方法 可焊性、耐焊性测定。

本部分为GB/T 17473—2008的第4部分。

本部分代替GB/T 17473.4—1998《厚膜微电子技术用贵金属浆料测试方法 附着力测定》。

本部分与GB/T 17473.4—1998相比,主要有如下变动:

——将原标准名称修改为:微电子技术用贵金属浆料测试方法 附着力测定;
——将原标准中去除“非贵金属电子浆料附着力测定也可参照本标准执行”内容;
——增加了SnAg3.0Cu0.5焊料用于无铅导体焊接;
——用隧道烧结炉取代原标准中的带式炉;
——增加了无铅焊料的温度控制。

本部分由中国有色金属工业协会提出。

本部分由全国有色金属标准化技术委员会归口。

本部分由贵研铂业股份有限公司负责起草。

本部分主要起草人:刘继松、陈峤、赵玲、陈伏生、刘成、朱武勋、李晋。

本部分所代替标准的历次版本发布情况为:

——GB/T 17473.4—1998。

微电子技术用贵金属浆料测试方法 附着力测定

1 范围

本部分规定了微电子技术用贵金属浆料附着力的测试方法。

本部分适用于微电子技术用贵金属浆料附着力的测定。

2 规范性引用文件

下列文件中的条款通过本部分的引用而成为本部分的条款。凡是注日期的引用文件，其随后所有的修改单(不包括勘误的内容)或修订版均不适用于本部分，然而，鼓励根据本部分达成协议的各方研究是否可使用这些文件的最新版本。凡是不注日期的引用文件，其最新版本适用于本部分。

GB/T 8170 数值修约规则

3 方法原理

将铜线焊接在陶瓷基片上印烧好的贵金属浆料膜层图形上，铜线垂直于基片表面弯折90°后，置于拉力试验机上，以一定的速度均匀地从基片上拉脱引线，用引线拉脱时力的平均值来表示浆料的附着力。

4 材料

4.1 Al_2O_3 纯度不小于95%的陶瓷基片，其表面粗糙度范围为0.5 μm～1.5 μm(在测量距离为10 mm的条件下测量)。

4.2 HLSn63PbA或HLSn63PbB锡铅焊料；HLSn63PbAgA或HLSn63PbAgB锡铅银焊料；SnAg3.0Cu0.5无铅焊料。

4.3 引线为直径0.8 mm±0.02 mm的镀锡铜线。

4.4 容量不小于150 mL的焊料槽。

4.5 助焊剂：松香酒精溶液，质量浓度为0.15 g/mL～20 g/mL。

5 仪器与设备

5.1 拉力试验机：量程为0 N～100 N，测量与记录所施加拉力的精确度应达到±5%。

5.2 丝网印刷机，孔径为74 μm丝网。

5.3 隧道烧结炉，最高使用温度为1 000℃，控温精度为±10℃。

5.4 测厚仪：精度为1 μm。

6 测定步骤

在温度15℃～35℃、相对湿度45%～75%，大气压力86 kPa～106 kPa条件下进行测定。

6.1 浆料膜层制备

6.1.1 将送检浆料搅拌均匀，在陶瓷基片中央印刷成2 mm×2 mm的图形，图形外观应均匀一致。每份试料印刷总数不少于10片。

6.1.2 将印有图形的陶瓷基片在150℃～200℃烘干，根据不同浆料的烧结温度烧结成膜。

6.1.3 烧成膜厚为 11 μm±2 μm。

6.2 引线制备

引线剪成 100 mm 长的短线，校直后按图 1 所示成形，清洗晾干。

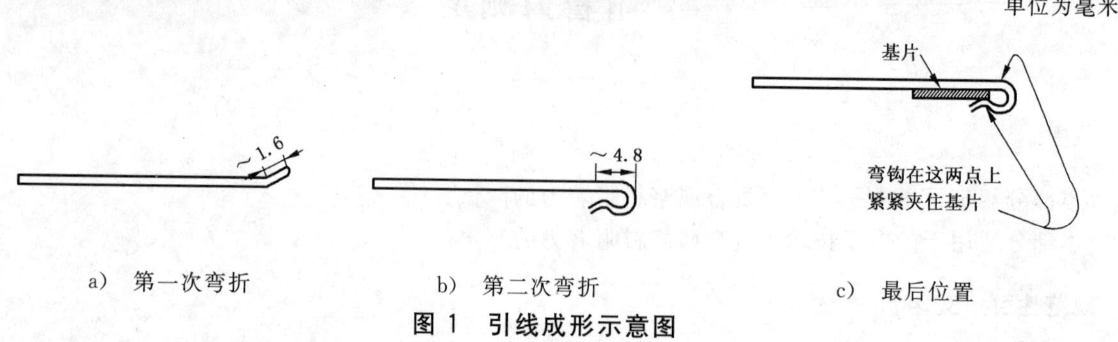

图 1 引线成形示意图

6.3 引线焊接

HLSn63PbA 或 HLSn63PbB 锡铅焊料用于含铅无银导体焊接，HLSn63PbAgA 或 HLSn63PbAgB 锡铅银焊料用于含铅含银导体焊接，SnAg3.0Cu0.5 焊料用于无铅导体浆料焊接。

6.3.1 将引线定位于烧成膜中央，引线的弯钩端应紧夹于基片的侧表面上，见图 1c)，固定引线位置，将基片沿弯钩浸入助焊剂中。

6.3.2 将焊料槽中焊料加热熔化，含铅焊料温度控制在 225℃±5℃，无铅焊料温度控制在 250℃±5℃，清除熔融焊料表面焊渣和氧化膜，将浸有助焊剂的基片接触焊料表面并在该位置保持 1 s～5 s，再插入槽中，直至焊料浸没全部烧成膜，浸锡时间为 10 s±1 s。

6.3.3 将已浸润好的试验基片以均匀速度从焊料槽中取出，引线继续固定原位，拿平，直至焊接处的焊料充分凝固，不得强制冷却焊接处的焊料。

6.3.4 基片冷却到室温，用无水乙醇洗去残余助焊剂，晾干，并在室温下硬化 16 h 以上。

6.3.5 引线沿烧成膜边缘成 90°弯折，弯折点与烧成膜约 1.5 mm，如图 2 所示。

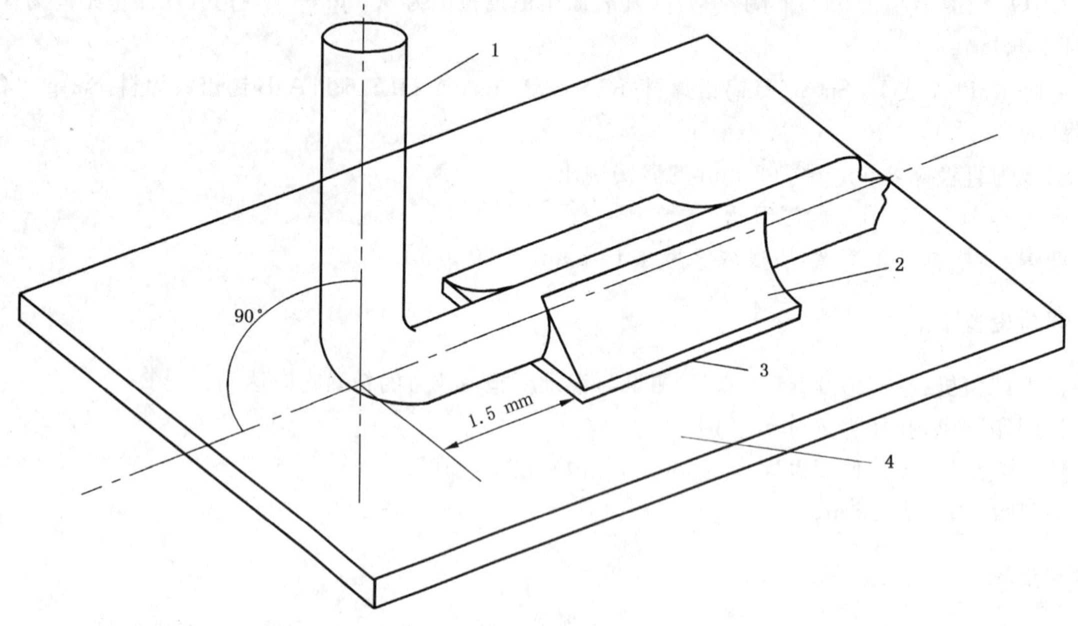

1——引线；
2——焊料；
3——烧成膜；
4——基片。

图 2 引线弯折示意图

6.4　拉伸

将成形试料夹在拉力试验机上，以 10 mm/min 的速度均匀地从基片上拉引线，记下从基片上拉脱烧成膜所需的最大拉力及失效模式。

6.5　每次试验焊接失效模式，用下列情况标注记录说明：

a)　烧成膜与基片分离，焊点处仅残留很少金属；

b)　分离产生于焊缝，而烧成膜完好地留在基片上；

c)　分离产生于引线下部分的烧成膜与基片之间。

6.6　每份试料要做不少于 10 个试样的试验。

7　测定结果计算

7.1　按式(1)计算平均破坏力 F：

$$F=\frac{F_1+F_2+\cdots\cdots+F_n}{n} \quad \cdots\cdots(1)$$

式中：

F——平均破坏力，单位牛顿(N)；

$F_1\cdots F_n$——各次试验的破坏力，单位牛顿(N)；

n——测定次数。

计算平均破坏力数值时，数值修约按 GB/T 8170 规定进行，最后结果保留两位有效数字。

7.2　每份试样的焊接失效模式为 6.5a)和 6.5c)的试样不得少于 8 个。

8　试验报告

报告应包括以下主要内容：

a)　浆料名称、牌号、规格；

b)　浆料批号；

c)　试样编号；

d)　试样如进行其他处理，应说明处理条件及过程；

e)　测试结果及检测部门印章；

f)　本标准编号；

g)　测试人；

h)　测定日期。

ICS 77.120.99
H 68

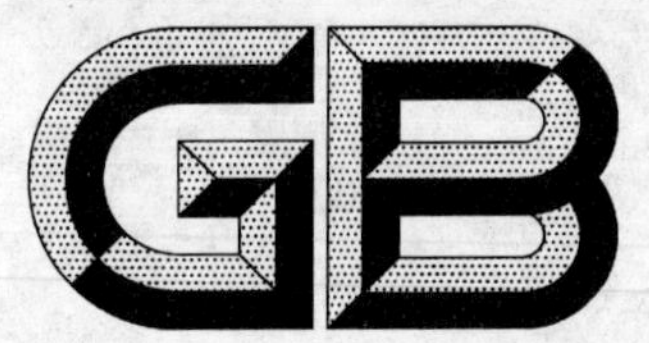

中华人民共和国国家标准

GB/T 17473.5—2008
代替 GB/T 17473.5—1998

微电子技术用贵金属浆料测试方法 粘度测定

Test methods of precious metals pastes used for microelectronics—Determination of viscosity

2008-03-31 发布 2008-09-01 实施

中华人民共和国国家质量监督检验检疫总局
中国国家标准化管理委员会 发布

前　言

本标准是对 GB/T 17473—1998《厚膜微电子技术用贵金属浆料测试方法》(所有部分)的整合修订,分为 7 个部分:

——GB/T 17473.1—2008　微电子技术用贵金属浆料测试方法　固体含量测定;
——GB/T 17473.2—2008　微电子技术用贵金属浆料测试方法　细度测定;
——GB/T 17473.3—2008　微电子技术用贵金属浆料测试方法　方阻测定;
——GB/T 17473.4—2008　微电子技术用贵金属浆料测试方法　附着力测试;
——GB/T 17473.5—2008　微电子技术用贵金属浆料测试方法　粘度测定;
——GB/T 17473.6—2008　微电子技术用贵金属浆料测试方法　分辨率测定;
——GB/T 17473.7—2008　微电子技术用贵金属浆料测试方法　可焊性、耐焊性测定。

本部分为 GB/T 17473—2008 的第 5 部分。

本部分代替 GB/T 17473.5—1998《厚膜微电子技术用贵金属浆料测试方法　粘度测定》。

本部分与 GB/T 17473.5—1998 相比,主要有如下变化:

——将原标准名称修改为:微电子技术用贵金属浆料测试方法　粘度测定;
——将原标准中范围去除"非贵金属电子浆料粘度测定也可参照本标准执行"内容;
——增加了采用锥/板粘度计测定内容,适用于样品较少时的情况下使用。

本部分由中国有色金属工业协会提出。

本部分由全国有色金属标准化技术委员会归口。

本部分由贵研铂业股份有限公司负责起草。

本部分主要起草人:马晓峰、李文琳、张桂珍、陈伏生、朱武勋、李晋。

本部分代替版本的发布情况为:

——GB/T 17473.5—1998。

微电子技术用贵金属浆料测试方法
粘度测定

1 范围

本部分规定了微电子技术用贵金属浆料粘度的测定方法。

本部分适用于微电子技术用贵金属浆料粘度的测定。

2 规范性引用文件

下列文件中的条款通过本部分的引用而成为本部分的条款。凡是注日期的引用文件，其随后所有的修改单(不包括勘误的内容)或修订版均不适用于本部分，然而，鼓励根据本部分达成协议的各方研究是否可使用这些文件的最新版本。凡是不注日期的引用文件，其最新版本适用于本部分。

GB/T 8170 数值修约规则

3 方法原理

旋转粘度计的测试轴以一定的转速在恒温的浆料中旋转，通过测量粘滞阻力引起的扭矩，对浆料粘度进行测定。样品较少时采用锥/板粘度计，测量恒温状态浆料粘滞阻力引起的扭矩及剪切应力，对浆料粘度进行测定。

4 仪器与设备

4.1 旋转粘度计：测量误差在±2%之内。

4.2 锥/板粘度计：测量误差在±2%之内。

4.3 温度计：分度值为0.1℃。

4.4 恒温槽：能保持温度25℃±0.5℃。

5 试样

5.1 将送检浆料样品搅拌均匀。

5.2 平行取试料2份。

6 测定步骤

6.1 用旋转粘度计测定：

6.1.1 将试料放入测试杯中，用恒温槽使试料温度均匀保持在25℃±0.5℃；

6.1.2 根据被测浆料的粘度范围选择测试轴；

6.1.3 将测试轴缓慢沉入试料中心，达到预定深度；

6.1.4 根据被测浆料粘度范围选择转速，从较慢转速逐档增加进行选择，不允许先从高档转速选择和测试；

6.1.5 按下列方法选择读数时间：

a) 当转速不小于10 r/min时，读数时间为1 min；

b) 当转速在1 r/min～10 r/min时，读数时间为2 min；

c) 当转速小于1 r/min时，读数时间为10 min。

6.2 用锥/板粘度计测定：

6.2.1 将0.5 mL～2 mL的试料放入盛样器中；

6.2.2 将盛样器安装在粘度仪上；调整好锥与盛样器之间的间隙；

6.2.3 用恒温槽控制试料的温度在25℃±0.5℃；

6.2.4 其他仪器相关参数设定。

7 测定结果表述

7.1 按仪器要求计算。

7.2 若两个平行试样测定值之差不大于平均值的3%时取两次平行测试数值的平均值作为测定结果，两个平行试样测定值之差大于平均值的3%时重新进行测定。

7.3 数值修约取三位有效位数，按GB/T 8170的规定进行修约。

8 试验报告

报告应包括以下主要内容：

a) 浆料名称、牌号、规格；

b) 浆料批号；

c) 试样编号；

d) 浆料生产日期；

e) 旋转粘度计名称、型号；

f) 测试条件；

g) 测试结果及检测部门印章；

h) 本标准编号；

i) 测试人和测试日期。

ICS 77.120.99
H 68

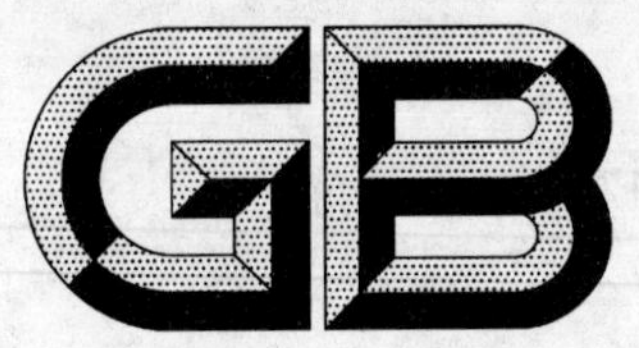

中华人民共和国国家标准

GB/T 17473.6—2008
代替 GB/T 17473.6—1998

微电子技术用贵金属浆料测试方法 分辨率测定

Test methods of precious metals pastes used for microelectronics—Determination of resolution

2008-03-31 发布　　2008-09-01 实施

中华人民共和国国家质量监督检验检疫总局
中国国家标准化管理委员会　发布

前　言

本标准代替 GB/T 17473—1998《厚膜微电子技术用贵金属浆料测试方法》(所有部分),本标准分为 7 个部分:

——GB/T 17473.1—2008　微电子技术用贵金属浆料测试方法　固体含量测定;

——GB/T 17473.2—2008　微电子技术用贵金属浆料测试方法　细度测定;

——GB/T 17473.3—2008　微电子技术用贵金属浆料测试方法　方阻测定;

——GB/T 17473.4—2008　微电子技术用贵金属浆料测试方法　附着力测试;

——GB/T 17473.5—2008　微电子技术用贵金属浆料测试方法　粘度测定;

——GB/T 17473.6—2008　微电子技术用贵金属浆料测试方法　分辨率测定;

——GB/T 17473.7—2008　微电子技术用贵金属浆料测试方法　可焊性、耐焊性测定。

本部分为 GB/T 17473—2008 的第 6 部分。

本部分代替 GB/T 17473.6—1998《厚膜微电子技术用贵金属浆料测试方法　分辨率测定》。

本部分与 GB/T 17473.6—1998 相比,主要有如下变动:

——将原标准名称修改为微电子技术用贵金属浆料测试方法　分辨率测定;

——增加了固化型贵金属浆料分辨率测定的内容;

——原"光刻膜丝网网径 20-25 μm 不锈钢丝网"改为"光刻膜丝网,丝网孔径不大于 54 μm";

——增加 6.3 将印有固化型的试样按其规定的工艺要求进行静置、烘干、固化,固化后试样膜厚控制在 1μm～15μm;

——分辨率规格分级重新定义为 0.1 mm、0.2 mm、0.3 mm、0.4 mm、0.5 mm 五个级别。

本部分由中国有色金属工业协会提出。

本部分由全国有色金属标准化技术委员会负责归口。

本部分由贵研铂业股份有限公司负责起草。

本部分起草人:刘成、赵汝云、陈伏生、马晓峰、刘继松、朱武勋。

本部分所代替标准的历次版本发布情况为:

——GB/T 17473.6—1998。

微电子技术用贵金属浆料测试方法
分辨率测定

1 范围

本部分规定了微电子技术用贵金属浆料分辨率的测定方法。

本部分适用于微电子技术用贵金属浆料的分辨率测定。

2 规范性引用文件

下列文件中的条款通过本部分的引用而成为本部分的条款。凡是注日期的引用文件，其随后所有的修改单(不包括勘误的内容)或修订版均不适用于本部分，然而，鼓励根据本部分达成协议的各方研究是否可使用这些文件的最新版本。凡是不注日期的引用文件，其最新版本适用于本部分。

GB/T 8170 数值修约规则

3 方法提要

浆料用丝网印刷成图形。图形按浆料正常使用时的条件烧结或固化要求进行烧结或固化，用显微镜在一定的放大倍数下观察和测量图形的膜线宽度和线间距，进行浆料分辨率的测定。

4 材料

4.1 光刻膜丝网，丝网孔径不大于 54 μm。

4.2 符合不同浆料使用要求的基片。基片表面粗糙度不大于 1.5 μm(在测距为 10 mm 的条件下测量)。

5 仪器与设备

5.1 丝网印刷机。

5.2 红外烘干机，最高使用温度 350℃，控温精度±5℃。

5.3 隧道式烧结炉，最高使用温度 1 000℃，控温精度±10℃。

5.4 电热鼓风式烘箱，最高使用温度 300℃，控温精度±5℃。

5.5 读数显微镜，放大倍数 25 X～100 X，读数精度 0.01 mm 以上。

5.6 光切测厚仪或电子千分尺，读数精度 1 μm 以上。

6 测定步骤

测试在温度 20℃～25℃、相对湿度 45%～75%和大气压力 86 kPa～106 kPa 环境下进行。

6.1 将样品搅拌均匀，不得引入杂质。用丝网印刷机在基片上印出图形，印刷图案为与表 1 的膜线宽度和线间距相等的五组 4 线条图形组成。

6.2 将印有烧结型浆料的基片水平放置 5 min。用红外烘干机在 150℃～300℃的条件下烘干，试样的烘干膜厚度控制在 10 μm～35 μm。将烘干后的试样置于隧道烧结炉内，按浆料烧成温度曲线设定炉温进行烧结，烧成膜厚度控制在 5 μm～25 μm 。

6.3 将印有固化型浆料的试样按其规定的工艺要求进行静置、烘干、固化，固化后试样膜厚控制在1 μm～15 μm。

6.4 将烧结或固化后的试样置于显微镜台面上，调整目镜及物镜至图象清晰位置，转动显微镜手柄，从0.1 mm线条至0.5 mm线条之间，选择最先具有线条均匀连续和轮廓鲜明的一组线条作为测量对象。

6.5 转动显微镜刻度手柄，先后将显微镜内的十字坐标对准膜线两边侧，测量膜线宽度。

6.6 用同样的方法测量线间距。

6.7 测量精度为0.01 mm，膜线宽度及线间距见图1。

6.8 对同一浆料试样，每次测量的试样不少于6片。

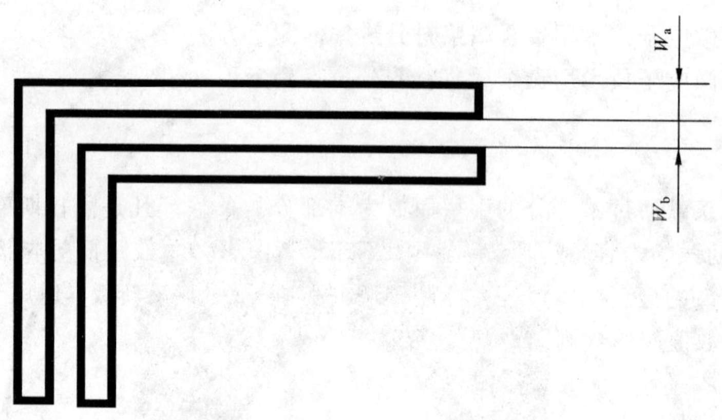

W_a——膜线宽度；

W_b——线间距。

图1 膜线宽度及线间距示意图

7 测定结果计算

7.1 按式(1)和式(2)分别计算出每片试样线条组的膜线宽度平均值 X_A 和线间距平均值 X_B：

$$X_A = \frac{W_{a1} + W_{a2} + W_{a3} + W_{a4}}{4} \quad \cdots\cdots(1)$$

$$X_B = \frac{W_{b1} + W_{b2} + W_{b3}}{3} \quad \cdots\cdots(2)$$

式中：

X_A——膜线宽度平均值，单位为毫米(mm)；

X_B——线间距平均值，单位为毫米(mm)；

W_a——膜线宽度测量值，单位为毫米(mm)；

W_b——线间距测量值，单位为毫米(mm)。

7.2 数值修约按GB/T 8170的规定进行，取两位有效数字。

7.3 分辨率规格见表1。

表1 分辨率规格

分辨率规格/mm	0.1	0.2	0.3	0.4	0.5
膜线宽度/mm	0.1	0.2	0.3	0.4	0.5
线间距/mm	0.1	0.2	0.3	0.4	0.5

7.4 当6片试样全部达到同一规格时，即可确定该规格为被测浆料的分辨率。

7.5 当膜线宽度的平均值和线间距的平均值与表1相应规格的规定值的差值在±10%以内时，方可确定为相应规格的分辨率，差值超过±10%时，视为低一级规格分辨率。

7.6 当6片试样中有1片或1片以上试样的规格低于其余试样的规格时，应重新进行测定。

8 试验报告

报告应包括以下主要内容：

a） 浆料名称、牌号和状态；

b） 浆料批号；

c） 试样编号；

d） 检测结果及检测部门印章；

e） 本标准号；

f） 测试人及测试日期。

ICS 77.120.99
H 68

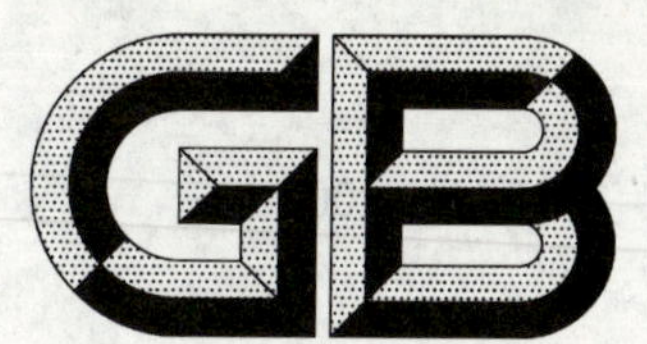

中华人民共和国国家标准

GB/T 17473.7—2008
代替 GB/T 17473.7—1998

微电子技术用贵金属浆料测试方法 可焊性、耐焊性测定

Test methods of precious metals pastes used for microelectronics—Determination of solderability and solderelaching resistance

2008-03-31 发布　　2008-09-01 实施

中华人民共和国国家质量监督检验检疫总局
中国国家标准化管理委员会　发布

前　言

本标准是对GB/T 17473—1998《厚膜微电子技术用贵金属浆料测试方法》(所有部分)的整合修订,分为7个部分:

——GB/T 17473.1—2008　微电子技术用贵金属浆料测试方法　固体含量测定;

——GB/T 17473.2—2008　微电子技术用贵金属浆料测试方法　细度测定;

——GB/T 17473.3—2008　微电子技术用贵金属浆料测试方法　方阻测定;

——GB/T 17473.4—2008　微电子技术用贵金属浆料测试方法　附着力测试;

——GB/T 17473.5—2008　微电子技术用贵金属浆料测试方法　粘度测定;

——GB/T 17473.6—2008　微电子技术用贵金属浆料测试方法　分辨率测定;

——GB/T 17473.7—2008　微电子技术用贵金属浆料测试方法　可焊性、耐焊性测定。

本部分为GB/T 17473—2008的第7部分。

本部分代替GB/T 17473.7—1998《厚膜微电子技术用贵金属浆料测试方法　可焊性、耐焊性试验》。

本部分与GB/T 17473.7—1998相比,主要有如下变动:

——范围去除"非贵金属浆料可焊浆料亦可参照使用"内容;

——将原标准名称修改为微电子技术用贵金属浆料测试方法 可焊性、耐焊性测定;

——将原标准厚膜隧道烧结炉,温度范围为室温~1 000℃。改为:厚膜隧道烧结炉,最高使用温度为1 000℃,控制精度在±5℃;

——将原标准控制焊料熔融温度为235℃±5℃改为:根据不同的焊料确定温度;

——将原标准"浸入和取出速度为(25±5)mm/s"删除;

——将原标准"导体浸入焊料界面深度为2 mm"改为"导体浸入焊料界面深度为2 mm以下";

——将原标准"浸入时间为5 s±1 s。浸入时间为10 s±1 s"改为"浸入时间根据不同浆料"确定;

——将原标准8.1.1中"在放大镜下观察,若基片印刷图案导电膜接受焊锡的面积不小于95%,则为可焊性好,小于95%为可焊性差"修改为"在放大镜下观察,若基片印刷图案导电膜接受焊锡的面积不小于图案面积的9/10,则为可焊性好,小于9/10为可焊性差";

——将原标准8.1.2中"基片印刷图案若有5%未焊的面积集中在某一角,则可焊性差"修改为"基片印刷图案若有1/5未焊面积,则可焊性差"。

本部分由中国有色金属工业协会提出。

本部分由全国有色金属标准化技术委员会归口。

本部分由贵研铂业股份有限公司负责起草。

本部分主要起草人:李文琳、陈伏生、马晓峰、朱武勋、李晋。

本部分所代替标准的历次版本发布情况为:

——GB/T 17473.7—1998。

微电子技术用贵金属浆料测试方法 可焊性、耐焊性测定

1 范围

本标准规定了微电子技术用贵金属可焊浆料的可焊性、耐焊性测定方法。

本标准适用于微电子技术用贵金属可焊浆料的可焊性、耐焊性测定。

2 方法原理

根据熔融焊料在导体膜上的浸泡饱和程度，用放大镜目测确定其可焊性。

根据金属导体膜在熔融焊料中浸蚀前后面积的变化，用放大镜目测确定其耐焊性。

3 材料

3.1 基片：纯度不小于95％的氧化铝基片，表面粗糙度为0.5 μm～1.5 μm(在测量距离为10 mm的条件下测量)。

3.2 焊料：HLSn60PbA或者HLSn60PbB焊料以及无铅焊料SnAg3.0Cu0.5。

3.3 助焊剂：松香酒精溶液，质量浓度为0.15 g/mL～0.3 g/mL。

3.4 焊料清洗剂：乙醇。

4 仪器与设备

4.1 丝网印刷机。

4.2 隧道烧结炉，最高使用温度为1 000℃，控温精度为±10℃。

4.3 容量不小于150 mL的焊料槽。

4.4 红外干燥箱。

5 测定步骤

试验在温度15℃～35℃，相对湿度45％～75％，大气压力86 kPa～106 kPa环境下进行。

5.1 将送检浆料搅拌均匀。

5.2 在氧化铝基片上用丝网印刷机印刷规格为1 mm×1 mm或者0.5 mm×0.5 mm印刷图案，制出供可焊性、耐焊性测试的图案共10片。

5.3 将印刷基片静置5 min～10 min，然后在红外干燥箱中于100℃～150℃烘干。

5.4 烘干试样在隧道炉中烧成膜厚为11 μm±2 μm。

5.5 可焊性试验

5.5.1 根据焊料熔融温度确定焊料温度。

5.5.2 除去焊料表面焊渣和氧化膜。

5.5.3 将试样浸助焊剂，在滤纸上贴1 s。

5.5.4 将浸过助焊剂的试样浸入焊料槽。

5.5.5 导体浸入焊料界面深度为2 mm以下。

5.5.6 浸入时间根据不同浆料确定。

5.5.7 将焊好的基片取出清洗，除去残余的助焊剂。

5.5.8 在放大镜下观察焊料浸润基片印刷图案导体膜的情况。

5.6 耐焊性试验

5.6.1 根据焊料熔融温度确定焊料温度。

5.6.2 焊料试验按 5.5.1～5.5.6 和 5.5.8 操作步骤进行。

5.6.3 根据不同浆料确定浸入时间。

5.6.4 在放大镜下观察基片印刷图案导体膜接受焊料的情况。

6 测定结果表述

6.1 可焊性

6.1.1 在放大镜下观察,若基片印刷图案导电膜接受焊锡的面积不小于图案面积的 9/10,则为可焊性好,小于 9/10 为可焊性差。

6.1.2 基片印刷图案若有 1/10 未焊面积,则可焊性差。

6.1.3 一批试样中若出现一个可焊性差的试样,则重新取双倍试样试验,重复 5.5.1～5.5.8 操作,试样中无 6.1.2 情况为可焊性好,双倍试样中若出现一个可焊性差的试样,则该批试样可焊性差。

6.2 耐焊性

6.2.1 在放大镜下观察,若基片印刷图案导电膜接受焊锡的面积不小于图案面积的 9/10,则为耐焊性好,小于 9/10 为耐焊性差。

6.2.2 基片印刷图案若有 1/10 未焊面积,则耐焊性差。

6.2.3 一批试样中若出现一个耐焊性差的试样,则重新取双倍试样试验,重复 5.6.1～5.6.4 操作,试样中无 6.2.2 情况为耐焊性好,双倍试样中若出现一个耐焊性差的试样,则该批试样耐焊性差。

7 试验报告

报告应包括以下主要内容:

a) 试样编号;

b) 浆料名称、牌号、规格;

c) 浆料批号;

d) 测试结果及检测部门印章;

e) 本标准编号;

f) 测试人和测试日期。

ICS 65.120
B 46

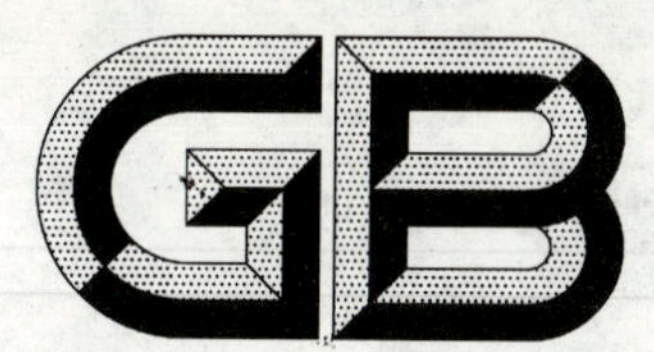

中华人民共和国国家标准

GB/T 17480—2008
代替 GB/T 17480—1998

饲料中黄曲霉毒素 B_1 的测定 酶联免疫吸附法

Determination of aflatoxin B_1 in animal feeding stuffs—Enzyme-linked immunosorbent assay

2008-11-21 发布　　2009-02-01 实施

中华人民共和国国家质量监督检验检疫总局
中国国家标准化管理委员会　发布

前　言

本标准代替 GB/T 17480—1998《饲料中黄曲霉毒素 B_1 的测定　酶联免疫吸附法》。

本标准与 GB/T 17480—1998 相比主要修改如下：

——范围中增加“本标准检出限为 0.1 μg/kg”；

——规范性引用文件中，用“GB/T 20195 动物饲料　试样的制备”代替“GB/T 8381—1987 饲料中黄曲霉毒素 B_1 的测定方法”；

——试剂盒组成中，增加“注意：不同测试盒制造商间的产品组成和操作会有细微的差别，应严格按说明书要求规范操作”；

——仪器、设备条款中，删除冰箱条款；增加电动振荡器、具塞磨三角瓶；

——将“取样”条款改为“试样制备”，同时将“按 GB/T 8381—1987 中 5.1 要求采集、处理样品，制成分析用的试样”改为“按 GB/T 20195 要求制备试样”；

——限量测定条款中，将测定操作的分级条款合并为一个条款，并删除表格，均用文字叙述测定过程；

——定量测定条款中增加“结果保留 2 位有效数字”；

——原“其他”条款删除，将“凡接触 AFB_1 的容器，需浸入 1% 次氯酸钠($NaClO_2$)溶液，12 h 后清洗备用。为分析人员安全，操作时要带上医用乳胶手套”改为“警告”条款；

——增加了资料性附录 A；

——将样品溶液稀释表及稀释倍数与结果计算表作为资料性附录 B。

本标准的附录 A 和附录 B 均为资料性附录。

本标准由全国饲料工业标准化技术委员会提出并归口。

本标准起草单位：江苏省微生物研究所有限责任公司。

本标准主要起草人：李利东、宓晓黎、袁建兴、杜姝莲。

本标准于 1998 年首次发布，本次为第一次修订。

饲料中黄曲霉毒素 B_1 的测定 酶联免疫吸附法

1 范围

本标准规定了饲料中黄曲霉毒素 B_1 的酶联免疫吸附测定(ELISA)方法。

本标准适用于各种饲料原料、配合饲料及浓缩饲料中黄曲霉毒素 B_1 的测定。

本标准检出限为 0.1 μg/kg。

2 规范性引用文件

下列文件中的条款通过本标准的引用而成为本标准的条款。凡是注日期的引用文件,其随后所有的修改单(不包括勘误的内容)或修订版均不适用于本标准,然而,鼓励根据本标准达成协议的各方研究是否可使用这些文件的最新版本。凡是不注日期的引用文件,其最新版本适用于本标准。

GB/T 20195 动物饲料 试样的制备(GB/T 20195—2006,ISO 6498:1998,IDT)

3 原理

试样中黄曲霉毒素 B_1、酶标黄曲霉毒素 B_1 抗原与包被于微量反应板中的黄曲霉毒素 B_1 特异性抗体进行免疫竞争性反应,加入酶底物后显色,试样中黄曲霉毒素 B_1 的含量与颜色成反比。用目测法或仪器法通过与黄曲霉毒素 B_1 标准溶液比较判断或计算试样中黄曲霉毒素 B_1 的含量。

4 试剂和材料

除非另有说明,在分析中仅使用确认为分析纯的试剂和蒸馏水或去离子水或相当纯度的水。

4.1 黄曲霉毒素 B_1 酶联免疫测试盒中的试剂

注意:不同测试盒制造商间的产品组成和操作会有细微的差别,应严格按说明书要求规范操作。

4.1.1 包被抗黄曲霉毒素 B_1 抗体的聚苯乙烯微量反应板。

4.1.2 样品稀释液:甲醇-蒸馏水(7+93)。

4.1.3 黄曲霉毒素 B_1 标准溶液:1.00 μg/L、50.00 μg/L。

警告——凡接触黄曲霉毒素 B_1 的容器,需浸入 1%次氯酸钠($NaClO_2$)溶液,12 h 后清洗备用。为分析人员安全,操作时要带上医用乳胶手套。

4.1.4 酶标黄曲霉毒素 B_1 抗原:黄曲霉毒素 B_1-辣根过氧化物酶交联物。

4.1.5 0.01 mol/L pH7.5 磷酸盐缓冲液的配制:称取 3.01 g 磷酸氢二钠($Na_2HPO_4 \cdot 12H_2O$)、0.25 g磷酸二氢钠($NaH_2PO_4 \cdot 2H_2O$)、8.76 g 氯化钠(NaCl),加水溶解至 1 L。

4.1.6 酶标黄曲霉毒素 B_1 抗原稀释液:称取 0.1 g 牛血清白蛋白(BSA)溶于 100 mLpH7.5 磷酸盐缓冲液(4.1.5)。

4.1.7 0.1 mol/L pH7.5 磷酸盐缓冲液:称取 30.1 g 磷酸氢二钠($Na_2HPO_4 \cdot 12H_2O$)、2.5 g 磷酸二氢钠($NaH_2PO_4 \cdot 2H_2O$)、87.6 g 氯化钠(NaCl),加水溶解至 1 L。

4.1.8 洗涤母液:吸取 0.5 mL 吐温-20 于 1 000 mL0.1 mol/L pH 7.5 磷酸盐缓冲液(4.1.7)。

4.1.9 pH5.0 乙酸钠-柠檬酸缓冲液:称取 15.09 g 乙酸钠($CH_3COONa \cdot 3H_2O$)、1.56 g 柠檬酸($C_6H_8O_7 \cdot H_2O$),加水溶解至 1 L。

4.1.10 底物溶液 a:称取四甲基联苯胺(TMB) 0.2 g 溶于 1 L pH5.0 乙酸钠-柠檬酸缓冲液。

4.1.11 底物溶液 b:1 L pH5.0 乙酸钠-柠檬酸缓冲液中加入 0.3%过氧化氢溶液 28 mL。

4.1.12 终止液:硫酸溶液,$c(H_2SO_4)=2$ mol/L。

4.2 甲醇水溶液:5 mL 甲醇加 5 mL 水混合。

4.3 测试盒中试剂的配制

4.3.1 酶标黄曲霉毒素 B_1 抗原溶液:在酶标黄曲霉毒素 B_1 抗原(4.1.4)中加入 1.5 mL 酶标黄曲霉毒素 B_1 抗原稀释液(4.1.6),配成试验用酶标黄曲霉毒素 B_1 抗原溶液,冰箱中保存。

4.3.2 洗涤液:洗涤母液(4.1.8)中加 300 mL 蒸馏水配成试验用洗涤液。

5 仪器和设备

5.1 小型粉碎机。

5.2 分样筛:孔径 1.00 mm。

5.3 分析天平:感量 0.01 g。

5.4 滤纸:快速定性滤纸,直径 9 cm~10 cm。

5.5 具塞三角瓶:100 mL。

5.6 电动振荡器。

5.7 微量连续可调取液器及配套吸头:10 μL~100 μL。

5.8 恒温培养箱。

5.9 酶标测定仪:内置 450 nm 滤光片。

6 分析步骤

6.1 试样制备

按 GB/T 20195 要求制备试样。试样需通过孔径 1.00 mm 的分样筛。

如果样品脂肪含量超过 10%,在粉碎之前用石油醚脱脂。在这种情况下,分析结果以未脱脂样品质量计。

6.2 试样提取

6.2.1 称取 5 g 试样(6.1),精确至 0.01 g,置于 100 mL 具塞三角瓶(5.5)中,加入甲醇水溶液(4.2) 25 mL,加塞振荡 10 min,过滤,弃去 1/4 初滤液,再收集适量试样液。如果样品中离子浓度高,建议按照附录 A 的规定对试样滤液进行萃取。

6.2.2 根据各种饲料中黄曲霉毒素 B_1 的限量规定和黄曲霉毒素 B_1 标准溶液(4.1.3)浓度,用样品稀释液(4.1.2)将试样液(6.2.1)适当稀释,制成待测试样稀释液。如果黄曲霉毒素 B_1 标准溶液浓度为 1.00 μg/L 时,建议按照附录 B 的规定稀释试样。

6.3 限量测定

6.3.1 试剂平衡:将测试盒(4.1)于室温中放置约 15 min,平衡至室温。

6.3.2 测定:在微量反应板(4.1.1)上选一孔,加入 50 μL 样品稀释液(4.1.2)、50 μL 酶标黄曲霉毒素 B_1 抗原稀释液(4.1.6),作为空白孔;根据需要,在微量反应板(4.1.1)上选取适量的孔,每孔依次加入 50 μL 黄曲霉毒素 B_1 标准溶液(4.1.3)或试样液(6.2.2)。再每孔加入 50 μL 酶标黄曲霉毒素 B_1 抗原溶液(4.3.1)。在振荡器(5.6)上混合均匀。放在 37 ℃恒温培养箱(5.8)中反应 30 min。将反应板从培养箱中取出,用力甩干,加 250 μL 洗涤液(4.3.2)洗板 4 次,洗涤液不得溢出,每次间隔 2 min,甩掉洗涤液,在吸水纸上拍干。每孔各加入 50 μL 底物溶液 a(4.1.10)和 50 μL 底物溶液 b(4.1.11)。摇匀。在 37 ℃恒温培养箱(5.8)中反应 15 min。每孔加 50 μL 终止液(4.1.12),在显色后 30 min 内测定。

6.3.3 结果判定

6.3.3.1 目测法:比较试样液孔与标准溶液孔的颜色,若试样液孔颜色比标准溶液孔浅者,为黄曲霉毒

素 B_1 含量超标；若相当或深者为合格。

6.3.3.2 仪器法：用酶标测定仪(5.9)，在 450 nm 处用空白孔调零点，测定标准溶液孔及试样液孔吸光度 A 值，若 $A_{试样液孔}$ 小于 $A_{标准溶液孔}$，为黄曲霉毒素 B_1 含量超标；若 $A_{试样液孔}$ 大于或等于 $A_{标准溶液孔}$，为合格。

6.3.3.3 若试样液中黄曲霉毒素 B_1 含量超标，则根据试样液的稀释倍数，计算黄曲霉毒素 B_1 的含量。

6.4 定量测定

若试样中黄曲霉毒素 B_1 的含量超标，则用酶标测定仪(5.9)在 450 nm 波长处进行定量测定，通过绘制黄曲霉毒素 B_1 的标准曲线来确定试样中黄曲霉毒素 B_1 的含量。用样品稀释液(4.1.2)将 50.0 μg/L黄曲霉毒素 B_1 标准溶液(4.1.3)稀释成 0.0 μg/L、0.1 μg/L、1.0 μg/L、10.0 μg/L、20.0 μg/L、50.0 μg/L 的标准工作溶液，按限量法测定步骤测得相应的吸光度值 A。以 0.0 μg/L 黄曲霉毒素 B_1 标准工作溶液的吸光度值 A_0 为分母，其他浓度标准工作溶液的吸光度值 A 为分子的比值，再乘以 100 为纵坐标，对应的黄曲霉毒素 B_1 标准工作溶液浓度的常用对数值为横坐标绘制标准曲线。根据试样 $A/A_0 \times 100$ 的值在标准曲线上查得对应的黄曲霉毒素 B_1 的含量。

试样中黄曲霉毒素 B_1 的含量以质量分数 X 计，单位以微克每千克(μg/kg)表示，按式(1)计算。

$$X = \frac{\rho \times V \times n}{m} \quad \cdots\cdots (1)$$

式中：

ρ——从标准曲线上查得的试样提取液中黄曲霉毒素 B_1 含量，单位为微克每升(μg/L)；

V——试样提取液体积，单位为毫升(mL)；

n——试样稀释倍数；

m——试样的质量，单位为克(g)。

计算结果保留 2 位有效数字。

7 精密度

重复测定结果的相对偏差不得超过 10%。

附　录　A
（资料性附录）
浓缩饲料的提取方法

称取 10 g 试样(6.1)，精确至 0.01 g，置于 100 mL 具塞三角瓶(5.5)中，加入甲醇水溶液(4.2) 50 mL，加塞振荡 15 min，过滤，弃去 1/4 初滤液后收集滤液。

准确吸取 10.0 mL 滤液(相当于 2.00 g 样品)于 125 mL 分液漏斗中，加入 20 mL 三氯甲烷，加塞轻轻振摇 3 min，静置分层。放出三氯甲烷层，经盛有 5 g 预先用三氯甲烷湿润的无水硫酸钠的快速定性滤纸过滤至 100 mL 蒸发皿中，再加 5 mL 三氯甲烷于分液漏斗中，重复提取，三氯甲烷层一并滤于蒸发皿中，最后用少量三氯甲烷洗涤滤纸，洗液并入蒸发皿中，65 ℃水浴挥干。准确加入 10.0 mL 甲醇水溶液(4.2)，充分溶解蒸发皿中残渣，得到试样液。

附　录　B
(资料性附录)
试样液的稀释

如果黄曲霉毒素 B_1 标准溶液浓度为 1.00 μg/L 时,按表 B.1 用样品稀释液(4.1.2)将试样滤液(6.2.1)稀释,制成待测试样稀释液。若试样液中黄曲霉毒素 B_1 含量超标,则根据表 B.2 中试样液的稀释倍数,计算黄曲霉毒素 B_1 的含量。

表 B.1　样品溶液的稀释

饲料中黄曲霉毒素 B_1 限量/(μg/kg)	试样滤液量/mL	样品稀释液量/mL	稀释倍数
≤10	0.10	0.10	2
≤15	0.10	0.20	3
≤20	0.05	0.15	4
≤30	0.05	0.25	6
≤50	0.05	0.45	10

表 B.2　稀释倍数与结果计算

稀释倍数	试样中黄曲霉毒素 B_1 含量/(μg/kg)
2	>10
3	>15
4	>20
6	>30
10	>50

ICS 65.120
B 46

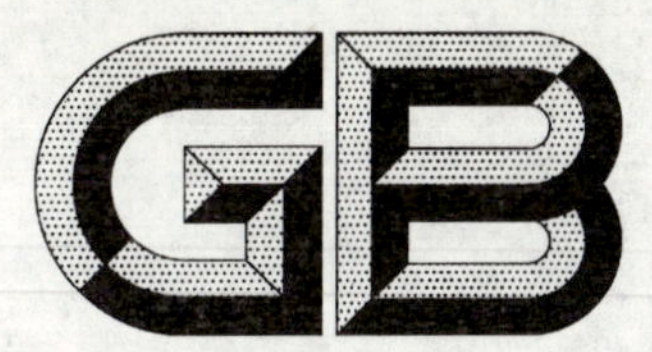

中华人民共和国国家标准

GB/T 17481—2008
代替 GB/T 17481—1998

预混料中氯化胆碱的测定

Determination of choline choride in premix

2008-04-09 发布 2008-07-01 实施

中华人民共和国国家质量监督检验检疫总局
中国国家标准化管理委员会 发布

前 言

本标准是 GB/T 17481—1998《预混料中氯化胆碱的测定　分光光度法》的修订版。

本标准代替 GB/T 17481—1998。

本标准与 GB/T 17481—1998 相比主要差异如下：

——补充了离子色谱法为第一测定法(仲裁法)、原标准的雷氏盐分光光度法作为第二测定法；

——离子色谱法主要参考 Metrohm 文献制定，方法的范围、称样量、试样提取条件进行了改进；

——雷氏盐分光光度法增加了“方法的检出限”。

本标准的附录 A 为资料性附录。

本标准由全国饲料工业标准化技术委员会提出并归口。

本标准起草单位：中国饲料工业协会、国家饲料质量监督检验中心(武汉)、上海市饲料行业协会。

本标准主要起草人：刘小敏、辛盛鹏、粟胜兰、凤懋熙、杨先奎。

本标准所代替标准的历次版本发布情况为：

——GB/T 17481—1998。

预混料中氯化胆碱的测定

1 范围

本标准规定了预混料中氯化胆碱的离子色谱检验方法和雷氏盐分光光度检验方法。

本标准适用于预混料中氯化胆碱的测定，离子色谱检验方法为仲裁法。离子色谱法定量限为0.05 g/kg；雷氏盐分光光度法定量限为2.5 g/kg。

2 规范性引用文件

下列文件中的条款通过本标准的引用而成为本标准的条款。凡是注日期的引用文件，其随后所有的修改单(不包括勘误的内容)或修订版均不适用于本标准，然而，鼓励根据本标准达成协议的各方研究是否可使用这些文件的最新版本。凡是不注日期的引用文件，其最新版本适用于本标准。

GB/T 6682 分析实验室用水规格和试验方法(GB/T 6682—1992,neq ISO 3696:1987)

GB/T 14699.1 饲料 采样(GB/T 14699.1—2005,ISO 6497:2002,IDT)

GB/T 20195 动物饲料 试样的制备(GB/T 20195—2006,ISO 6498:1998,IDT)

3 方法1:离子色谱检验方法(仲裁法)

3.1 原理

用纯水提取样品中氯化胆碱，采用阳离子交换色谱-电导检测器检测，外标法定量。

3.2 试剂和材料

除非另有说明，在分析中仅使用确认为分析纯的试剂。

3.2.1 水:GB/T 6682，一级。

3.2.2 丙酮:色谱纯。

3.2.3 嘧啶二羧酸($C_7H_5NO_4$)。

3.2.4 流动相:0.600 0 g 柠檬酸+0.125 0 g 嘧啶二羧酸加水300 mL，加热溶解，冷却后加入150 mL丙酮定容至1 000 mL容量瓶中。

3.2.5 氯化胆碱标准溶液

3.2.5.1 氯化胆碱标准贮备溶液

精确称取氯化胆碱标准品(含量≥99.5%)0.100 5 g，置于100 mL容量瓶中，用水溶解，稀释至刻度，摇匀，其浓度为1 000 μg/mL，保存在4℃冰箱中，有效期为一个月。

3.2.5.2 氯化胆碱标准工作溶液

分别准确移取一定量氯化胆碱贮备液(3.2.5.1)，用水稀释成浓度为25.0 μg/mL的标准工作液，以上溶液应当日配制和使用。

3.3 仪器与设备

3.3.1 恒温水浴锅。

3.3.2 振荡器:往复式。

3.3.3 色谱仪:具弱酸型阳离子交换柱配电导检测器。

3.3.4 实验室常用玻璃器皿。

3.4 试样的制备

按GB/T 14699.1采样，按GB/T 20195制备试样，磨碎，通过0.42 mm孔筛，混匀，装入密闭容器中，避光低温保存备用。

3.5 分析步骤

3.5.1 试液制备

3.5.1.1 准确称取 2 g 试样(含氯化胆碱 0.01 g～0.2 g),精确至 0.000 1 g,于 100 mL 容量瓶中,加约 60 mL 水,摇匀,在 70℃水浴锅中加热 20 min,在往复振荡器上振荡 10 min,冷却至室温,用水稀释至刻度,摇匀,干过滤,滤液备用。

3.5.1.2 吸取 5.0 mL 滤液(3.5.1.1)置于 100 mL 容量瓶中,摇匀,用水稀释至刻度。过 0.45 μm 滤膜,上机测定。

3.5.2 测定

3.5.2.1 色谱分析条件

推荐的色谱操作条件见表 1,典型离子色谱图见附录 A。

表 1 推荐的色谱操作条件

色谱柱	柱长 150 mm×内径 4 mm,粒径 4 mm,阳离子交换柱(Na^+形式)
流动相	见 3.2.4
流动相流速/(mL/min)	1.0
柱温	常温
注:方法中所列色谱柱和流动相仅提供可参考的选择,同等性能色谱柱和流动相均可使用。	

3.5.2.2 测定

向离子色谱分析仪连续注入氯化胆碱标准工作溶液,直至得到基线平稳,峰形对称且峰面积能够重现的色谱峰。

氯化胆碱标准溶液与相邻的离子分离度大于 1.5。

依次注入标准溶液、试样溶液,积分得到峰面积,用标准系列溶液进行单点或多点校准。

3.6 结果计算

3.6.1 试样中氯化胆碱 X 以质量分数计,数值以克每千克表示,按式(1)计算:

$$X = \frac{P \times n \times c \times V}{P_0 \times m \times 1\,000} \quad \cdots\cdots(1)$$

式中:

X——试样中氯化胆碱的含量,单位为克每千克(g/kg);

P——试样峰面积值;

n——稀释倍数(3.5.1.2 中的稀释倍数);

c——标准工作液(3.2.5.2)中氯化胆碱浓度,单位为微克每毫升(μg/mL);

V——试样体积,单位为毫升(mL);

P_0——标准工作液峰面积值;

m——称取试样的质量,单位为克(g)。

3.6.2 平行测定结果用算术平均值表示,保留三位有效数字。

3.7 重复性

在重复性条件下获得的两次独立测试结果的测定值的绝对差值不得超过算术平均值的 10%。

4 方法 2:雷氏盐分光光度检验方法

4.1 原理

用甲醇-三氯甲烷混合溶剂提取试样中的氯化胆碱,将溶剂蒸干后用水溶解残渣,再在低温下加入雷氏盐生成氯化胆碱雷氏盐的结晶,过滤出结晶,用丙酮溶解,定容。将其丙酮溶液在波长 525 nm 下进行分光光度测定。

4.2 试剂和材料

除非另有说明，在分析中仅使用确认为分析纯的试剂。

4.2.1 水：GB/T 6682，二级。

4.2.2 甲醇。

4.2.3 丙酮。

4.2.4 甲醇-三氯甲烷混合液(10+1)：量取 900 mL 甲醇和 90 mL 三氯甲烷，混匀。

4.2.5 雷氏盐(二氨基四硫代氰酸铬铵)[$NH_4Cr(NH_3)_2(SCN)_4$]甲醇溶液(40 g/L)：称取 4 g 雷氏盐溶于甲醇，加甲醇稀释至 100 mL，混匀，置冰箱内保存。

4.3 仪器与设备

4.3.1 实验室常用玻璃器皿。

4.3.2 振荡器：往复式。

4.3.3 恒温水浴锅。

4.3.4 离心机。

4.3.5 分光光度计：有 1.0 cm 比色皿，可在 525 nm 下测定吸光度。

4.3.6 具塞锥形瓶：200 mL。

4.3.7 高形烧杯：100 mL。

4.3.8 抽滤瓶：250 mL。

4.3.9 坩埚式过滤器：孔径 4 μm～7 μm。

4.4 试样的制备

见 3.4。

4.5 分析步骤

4.5.1 试液提取

精确称取试样约 5 g(含氯化胆碱约 0.04 g～0.4 g)于具塞锥形瓶中，精确移入甲醇-三氯甲烷混合液(4.2.4)100.0 mL，加塞，在振荡器上振荡 30 min 后，用慢速滤纸过滤，得试样提取液。

4.5.2 氯化胆碱雷氏盐的生成和溶出

精确吸取上述提取液 5.00 mL～10.00 mL 于 100 mL 高形烧杯中，在 50℃水浴上蒸发至干，加水 40 mL 使残渣溶解，再在冰浴中冷却到 5℃以下，加 3 mL 雷氏盐溶液(4.2.5)，间断搅拌反应 30 min，得到氯化胆碱雷氏盐的结晶。

将生成的结晶转入坩埚式过滤器中真空抽滤，烧杯用水洗净，洗液一并抽滤。滤毕，结晶用 5 mL 水洗 3 次，再用 5 mL 甲醇洗，抽干，向过滤器中加入丙酮，使结晶溶解，转入 50 mL 容量瓶中，用丙酮洗净过滤器，洗液一并转入 50 mL 容量瓶中，加丙酮至刻度，混匀，得试样溶液。

4.5.3 测定

4.5.3.1 试样的测定

吸取 5.0 mL 所得试样液(4.5.2)于 10 mL 离心管中，离心 5 min，转速为 3 000 r/min，取上层清液，以丙酮作参比，用 1.0 cm 比色皿在 525 nm 波长下，用分光光度计测定吸光度，在工作曲线上查得试样中氯化胆碱的含量。

4.5.3.2 工作曲线的绘制

精确吸取氯化胆碱标准贮备液(3.2.5.1)5.00，10.00，15.00，20.00 mL 分别置于 100 mL 高形烧杯中，加水 40 mL，以下按 4.5.2 中“再在冰浴中冷却到 5℃以下”以后的操作及 4.5.3.1 进行，测各标准工作液的吸光度，绘制工作曲线。

4.6 结果计算

4.6.1 试样中氯化胆碱 X 以质量分数计，数值以克每千克表示，按式(2)计算：

$$X = \frac{m_1 \times V}{m \times V_1} \qquad \cdots\cdots(2)$$

式中：

X——试样中氯化胆碱的含量，单位为克每千克(g/kg)；

m_1——标准曲线上查得测定样液中氯化胆碱的质量，单位为毫克(mg)；

V——试样总体积，单位为毫升(mL)；

m——称取试样的质量，单位为克(g)；

V_1——试样测定时吸取试样提取液的体积，单位为毫升(mL)。

4.6.2 平行测定结果用算术平均值表示，保留三位有效数字。

4.7 重复性

在重复性条件下获得的两次独立测试结果的测定值的绝对差值不得超过算术平均值的15%。

附 录 A
（资料性附录）
预混料中氯化胆碱离子色谱图

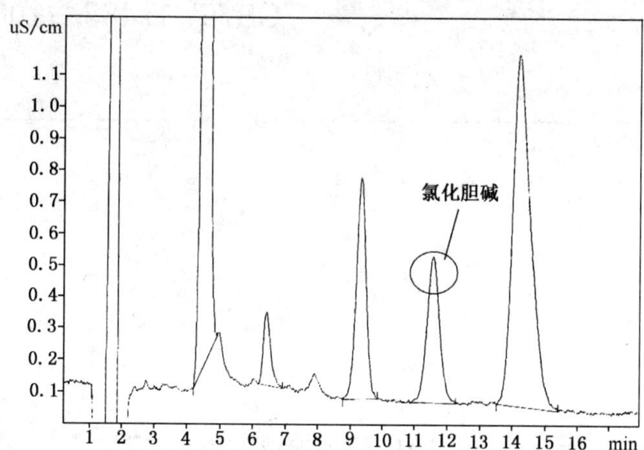

图 A.1 预混料中氯化胆碱色谱图

ICS 23.100.60
J 20

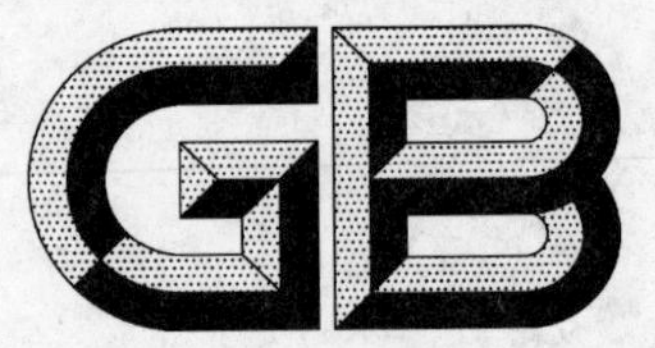

中华人民共和国国家标准

GB/T 17488—2008/ISO 3724:2007
代替 GB/T 17488—1998

液压滤芯　利用颗粒污染物测定抗流动疲劳特性

Hydraulic fluid power—Filter elements—Determination of resistance to flow fatigue using particulate contaminant

(ISO 3724:2007,IDT)

2008-06-25 发布　　2009-01-01 实施

中华人民共和国国家质量监督检验检疫总局
中国国家标准化管理委员会　发布

前　言

本标准等同采用 ISO 3724:2007《液压传动　滤芯　利用颗粒污染物测定抗流动疲劳特性》(英文版)。

本标准等同翻译 ISO 3724:2007。

为便于使用，本标准做了以下编辑性修改：

——在“2 规范性引用文件”一章，以国家标准代替相应的国际标准；

——删除 ISO 3724:2007 中的附录 A 和参考文献。

本标准是对 GB/T 17488—1998《液压滤芯　流动疲劳特性的验证》的修订。

本标准代替 GB/T 17488—1998。

本标准与 GB/T 17488—1998 相比，有以下变化：

——更改标准名称；

——增加污染物的加入方式；

——对滤芯的压差-时间波形图做出规定；

——对试验液体的黏度做出规定；

——取消对试验时液体温度范围的规定；

——对试验时流量脉动的频率做出更精确的规定。

本标准由中国机械工业联合会提出。

本标准由全国液压气动标准化技术委员会(SAC/TC 3)归口。

本标准负责起草单位：中国船舶重工集团公司第七〇七研究所九江分部。

本标准参加起草单位：黎明液压有限公司、新乡市平菲滤清器有限公司。

本标准主要起草人：陈建萍、刘勇、高院安、叶萍、周荣锋、吕寄中、韩性民。

本标准所代替标准的历次版本发布情况为：

——GB/T 17488—1998。

引　言

在液压传动系统中,功率是通过在密闭回路内的受压液体来传递和控制的。该液体既是润滑剂又是功率传递介质。过滤器通过滤除不可溶解的污染物来维持油液的清洁。滤芯是在过滤过程中起实际作用的多孔器件。

滤芯去除污染物的效率除了依赖于其本身的设计外,还依赖于其对不稳定操作条件的敏感性,这种不稳定的操作条件通常会造成滤芯的疲劳和破坏。

液压滤芯　利用颗粒污染物测定抗流动疲劳特性

1　范围

本标准规定了测定液压传动滤芯抗流动疲劳特性的试验方法。通过向试验系统添加特定的颗粒污染物,使滤芯达到预定的最大压差,并使滤芯在始终一致的交变流量下进行抗疲劳试验。

本标准建立了一种统一的方法,用以确定滤芯抵御由流量波动引起其压差交替变化而造成损坏的能力。

2　规范性引用文件

下列文件中的条款通过本标准的引用而成为本标准的条款。凡是注日期的引用文件,其随后所有的修改单(不包括勘误的内容)或修订版均不适用于本标准,然而,鼓励根据本标准达成协议的各方研究是否可使用这些文件的最新版本。凡是不注日期的引用文件,其最新版本适用于本标准。

GB/T 786.1　液压气动图形符号(GB/T 786.1—1993,eqv ISO 1219-1:1991)

GB/T 14041.1　液压滤芯　结构完整性验证和初始冒泡点的确定(GB/T 14041.1—2007,ISO 2942:2004,IDT)

GB/T 14041.2　液压滤芯　材料与液体相容性检验方法(GB/T 14041.2—2007,ISO 2943:1998,IDT)

GB/T 14041.3　液压滤芯抗破裂性检验方法(GB/T 14041.3—1993,neq ISO 2941:1974)

GB/T 17446　流体传动系统及元件　术语(GB/T 17446—1998,idt ISO 5598:1985)

ISO 1219-2　液压传动系统和元件　图形符号和回路图　第2部分:回路图

3　术语和定义

GB/T 17446 确立的以及下列术语和定义适用于本标准。

3.1

滤芯抗流动疲劳特性　filter element resistance to flow fatigue

滤芯抵御由于系统中周期性的流量变化而造成结构性破坏的能力。

3.2

最大总成压差　maximum assembly differential pressure(Δp_A)

过滤器壳体压差与滤芯最大压差之和。

3.3

壳体压差　housing differential pressure(Δp_H)

没有安装滤芯的过滤器壳体进、出油口之间的压差。

3.4

滤芯最大压差　maximum element differential pressure(Δp_E)

由滤芯制造商指定的通过滤芯的最大压差,在此压差范围内,滤芯可以保持有效的使用性能。

4　图形符号和系统图

本标准中的图形符号按照 GB/T 786.1 的规定,试验系统回路图按照 ISO 1219-2 的规定。

5 试验装置和材料

5.1 压力传感器和记录装置，具有足够的频率响应从而能采集完整的压力-时间曲线(见图 1)。

5.2 流动疲劳试验台，流量可以在 0 L/min 至额定流量之间进行变化(见图 1 和图 2)。

5.3 被试过滤器壳体，要求确保试验液体不会旁通被试滤芯。

5.4 试验液体，在试验温度范围内，黏度应在 14 mm^2/s～32 mm^2/s。液体与滤芯材料的相容性试验应按照 GB/T 14041.2 进行，任何与滤芯材料相容的液体都可以使用。

5.5 计数装置，用以记录流动疲劳循环次数。

5.6 惰性颗粒污染物，用于注入被试滤芯中，不会改变滤芯的强度。

注：符合 ISO 12103-1 的试验污染物适用。

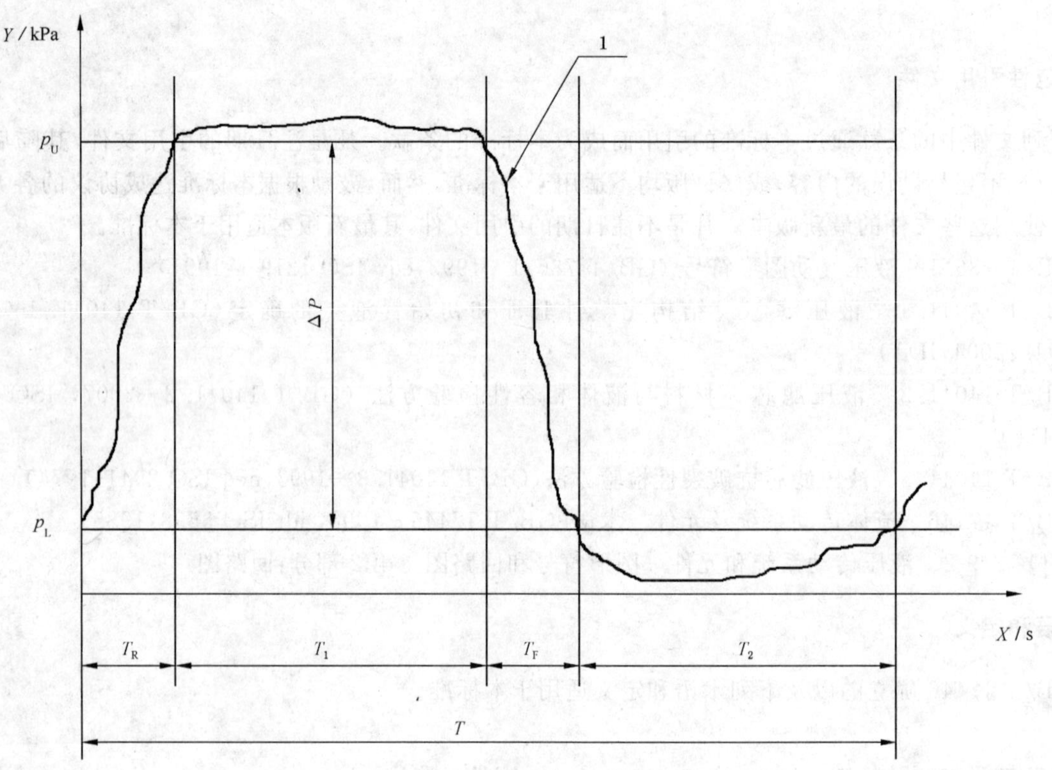

说明：

X——时间，单位为秒(s)；

Y——压差，单位为千帕(kPa)；

1——实际的试验压差，单位为千帕(kPa)；

T——一个流动疲劳试验循环周期，单位为秒(s)；

p_L——低压差值($p_L \leqslant 10\%\ p_U$)；

p_U——高压差值(p_U 的变动范围是±10%)；

T_R——压差上升时间 ($T_R=(15\pm5)\%T$)；

T_1——最大压差的维持时间($T_1=(35\pm5)\%T$)；

T_F——压差降低时间($T_F=(15\pm5)\%T$)；

T_2——没有压差的时间($T_2=(35\pm5)\%T$)。

图 1 流动疲劳循环试验波形图

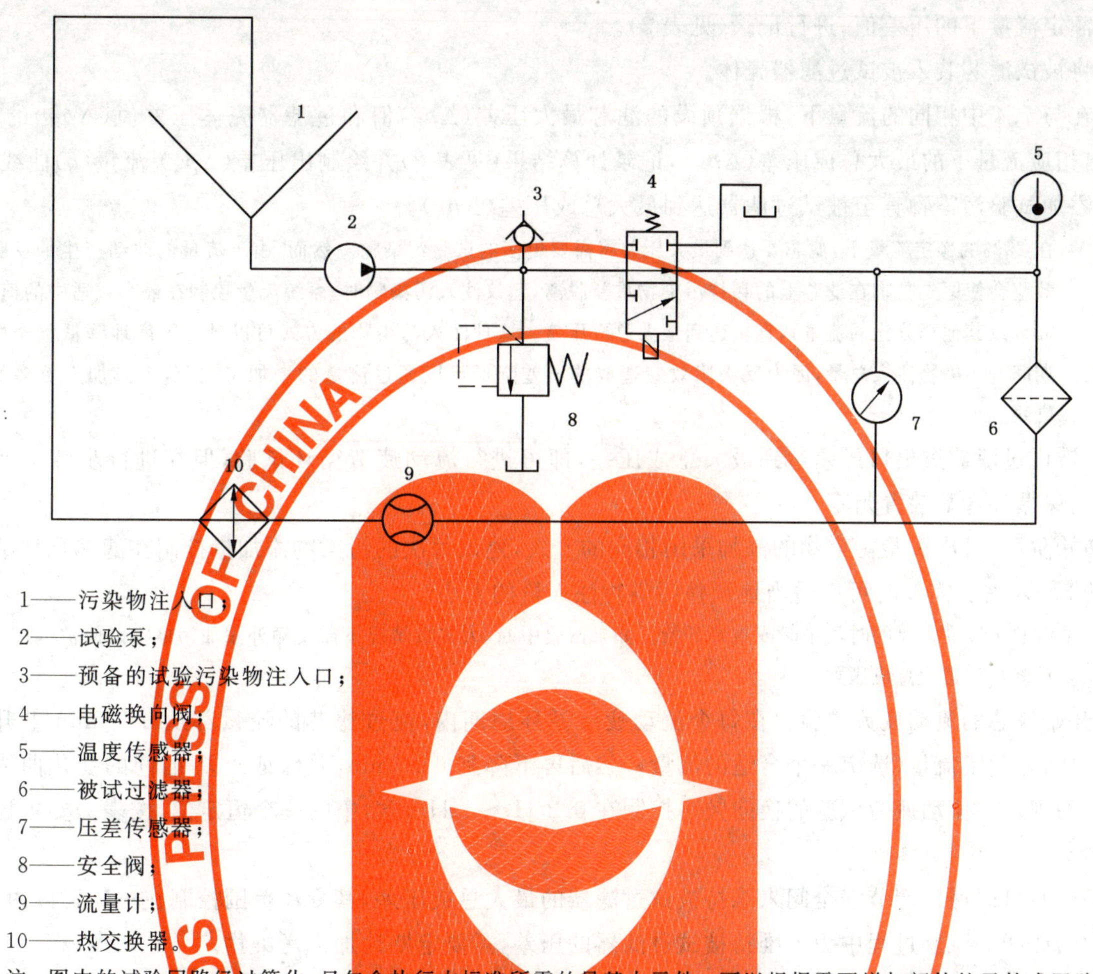

1——污染物注入口；
2——试验泵；
3——预备的试验污染物注入口；
4——电磁换向阀；
5——温度传感器；
6——被试过滤器；
7——压差传感器；
8——安全阀；
9——流量计；
10——热交换器。

注：图中的试验回路经过简化，只包含执行本标准所需的最基本元件。可以根据需要增加额外的元件或回路(例如一个清洁过滤器回路)。

图 2　典型的滤芯流动疲劳试验回路

6　测量准确度和试验条件

仪器测量精度应符合表 1 要求。试验条件应保持在表 1 规定的变化范围内。

表 1　仪器测量精度和试验条件允许变化范围

试验条件	单　　位	仪器测量精度(读数误差)	允许的试验条件变化范围
流量	L/min	±2%	±10%
压差	kPa	±2%	±10%
温度	℃	±1	±3
换向频率	Hz	—	±10%

7　试验步骤

7.1　按 GB/T 14041.1 对滤芯进行结构完整性验证。

7.2　没有通过 GB/T 14041.1 标准验证的滤芯不再进行后续试验。

7.3　将未装滤芯的被试过滤器壳体安装在流动疲劳试验台(见 5.2 和图 2 所示)上。

7.4 绘制过滤器壳体的压差(Δp_H)-流量(q)曲线。在指定的试验温度下,确定过滤器壳体在25%~100%额定流量下的压差值,进行记录(见表2)。

7.5 将被试滤芯装入被试过滤器壳体。

7.6 在与7.4中相同的流量下,根据预设的滤芯最大压差(Δp_E)值和过滤器壳体压差值(Δp_H)的和,计算出相应流量下的最大总成压差(Δp_A),记录计算结果(见表2)并绘制出压差(Δp_A)-流量(q)曲线。

7.7 添加试验污染物直至被试过滤器达到最大总成压差(Δp_A)。

注1:在25%的额定流量下,滤芯要达到最大压差将需要更多的试验污染物。然而,由于流量的波动产生的反吸附效应会使原先吸附在滤芯上的颗粒污染物重新脱离,建议注入污染物时,系统流量控制在最小或适中的值(如25%或其他百分比的流量),直至达到最大总成压差。这种注入污染物的方式可以最大限度地降低整个试验期间的污染物注入总量,因为反吸附效应造成的压差降低可以通过流量的增加来调节,不必加入更多的污染物。

当被试过滤器进出口压差达到最大总成压差,即可进行流动疲劳循环试验,但在进行步骤7.8之前,要确保循环计数装置归零。

初始阶段,每次试验污染物的添加采用相同的方式,建议每次的污染物添加量控制在滤芯预估纳污容量的5%左右。需要时可以适当地调整污染物注入量的大小。

注2:试验可以在需要的时候中断或重新开始。如果试验中断,大多数情况下需要额外添加污染物以使被试过滤器重新达到最大总成压差。

7.8 开始滤芯的流动疲劳试验。在每个流动疲劳循环周期内,流过滤芯的流量都从0 L/min上升到25%~100%额定流量(选定一个合适的流量),然后再下降到0 L/min,并保证压差-时间的变化曲线符合图1的规定。流动疲劳试验的换向频率控制在0.2 Hz~1 Hz(含)中的一个恒定值,按表1要求控制其误差。

必要时可以通过调节安全阀来维持被试过滤器的最大总成压差,其变动范围控制在±10%以内,见图1中的曲线。试验过程中为了维持被试过滤器的压差,需要定期地加入污染物。

7.9 试验时,要随时监测并控制被试过滤器的最大总成压差,可以通过在25%~100%额定流量范围内增大或减少流量控制此压差值。

7.10 按指定的流动疲劳循环次数进行试验。

7.11 至少要采集一条具有代表性的如图1所示的压差-时间轨迹曲线。

7.12 按GB/T 14041.3的要求对滤芯进行抗破裂性试验。如果不作要求,抗破裂性试验之前的冒泡点试验可以省略。

8 验收标准

如果被试滤芯在完成了规定次数的流动疲劳循环后,通过了按GB/T 14041.3进行的抗破裂性试验,包括7.12所述的例外情况,则认为该滤芯通过了抗流动疲劳特性试验。

9 数据表达

至少应提供第7章中提及的所有试验数据和计算结果。试验报告格式宜按照表2所给形式。

10 标注说明

当完全遵照本标准时,在试验报告、产品目录和销售文件中作如下说明:

"利用颗粒污染物测定滤芯抗流动疲劳特性的试验方法符合GB/T 17488—2008/ISO 3724:2007《液压滤芯 利用颗粒污染物测定抗流动疲劳特性》。"

表 2　利用颗粒污染物确定滤芯抗流动疲劳特性的试验数据记录及计算结果

<table>
<tr><td>实验室：________________</td><td>试验日期：________</td><td>实验员：________</td></tr>
<tr><td colspan="3">滤器及滤芯标识</td></tr>
<tr><td>滤芯标识号：________________

旋装式：是________否________</td><td colspan="2">壳体标识号：______________

滤芯最低冒泡点：__________ Pa</td></tr>
<tr><td colspan="3">试验条件</td></tr>
<tr><td colspan="3">类型：________________　型号：________________　批号：________________
试验温度下的黏度：________________ mm^2/s　温度：________________℃

试验污染物
类型：________________批号：________________

试验系统
最大流量 q：________________ L/min　滤芯最大压差 ________________ kPa</td></tr>
<tr><td colspan="3">试验结果
滤芯结构完整性
根据 GB/T 14041.1 测定的冒泡点：________ Pa　通过　未通过　试验液体：________
试验时各流量条件下的压差(包括被试过滤器壳体压差以及根据 7.4～7.7 计算出的最大总成压差)：
流量 q：________________ L/min
被试过滤器壳体压差 Δp_H：________________________ kPa
滤芯最大压差 Δp_E：________________________ kPa
最大总成压差 $\Delta p_A(\Delta p_E+\Delta p_H)$：________________________ kPa
试验波形图(按图 1 所示记录的压差-时间轨迹曲线)
完成的疲劳循环次数________________循环周期________________
按 GB/T 14041.3 进行的滤芯抗破裂性试验的试验结果(包含 GB/T 14041.3 试验所要求的全部数据)(见 7.12)：</td></tr>
</table>

参 考 文 献

［1］ ISO 12103-1:1997 道路车辆 过滤器评定用试验粉末 第1部分:亚利桑那州试验粉末

ICS 25.160.20
J 33

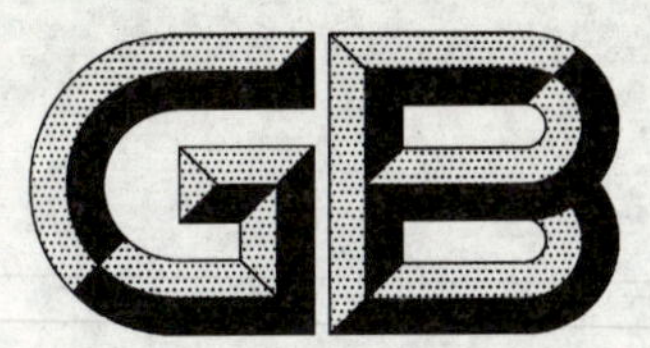

中华人民共和国国家标准

GB/T 17493—2008
代替 GB/T 17493—1998

低合金钢药芯焊丝

Low alloy steel flux cored electrodes for arc welding

2008-06-26 发布　　　　2009-01-01 实施

中华人民共和国国家质量监督检验检疫总局
中国国家标准化管理委员会　发布

前　言

本标准修改采用 AWS A5.29M:2005《药芯焊丝电弧焊用低合金钢焊丝规程》(英文版)和 AWS A5.28M:2005《气体保护电弧焊用低合金钢焊丝和填充丝规程》(英文版)中金属粉芯焊丝部分。

本标准根据 AWS A5.29M:2005 和 AWS A5.28M:2005 中金属粉芯焊丝部分重新起草。

考虑我国低合金钢药芯焊丝的实际情况,采用 AWS A5.29M:2005 时做了如下技术内容修改:

——删除了规范性引用文件 AWS A5.01 、AWS A5.32/A5.32M 、ANSI Z49.1、ASTM DS-56 等;

——删除了 AWS A5.29M:2005 的前言和附录 B,将附录 A 分为附录 A 和附录 B;

——增加了 E49×T1-Ni1C、E49×T1-Ni1M 和 E55×T8-K2 型号;

——调整了扩散氢含量的等级代号;

——修改了有支架焊丝卷部分包装尺寸;

——增加了 270 mm 尺寸的焊丝盘;

——修改了部分包装净质量的要求。

采用 AWS A5.28M:2005 中金属粉芯焊丝部分时做了如下技术内容修改:

——删除了规范性引用文件 AWS A5.01 、AWS A5.32/A5.32M 、ANSI Z49.1、ASTM E29 等;

——调整了扩散氢含量的等级代号;

——增加了附录 B 焊丝型号对照。

为便于使用,本标准还做了如下编辑性修改:

——名称改为“低合金钢药芯焊丝”;

——标准结构方面,按分类和型号、技术要求、试验方法、检验规则、包装、标志及品质证明书进行编写。

本标准是对 GB/T 17493—1998《低合金钢药芯焊丝》的修订。与 GB/T 17493—1998 相比,主要修改内容如下:

——增加了 AWS A5.28M:2005 中金属粉芯焊丝部分共 18 种,其分类、型号编制方法、熔敷金属化学成分、力学性能与 AWS A5.28M:2005 要求一致;

——规范性引用文件中增加了 GB 713《锅炉和压力容器用钢板》、GB/T 3965《熔敷金属中扩散氢测定方法》,删除了 GB/T 710《优质碳素结构钢热轧薄钢板和钢带》;

——焊丝分类、型号编制方法按 AWS A5.29M:2005;

——熔敷金属力学性能与 AWS A5.29M:2005 要求一致;

——熔敷金属化学成分分类代号增加了 B1L、B6、B6L、B8、B8L、B9、K8 和 K9 八个分类;

——对熔敷金属化学成分进行了调整,与 AWS A5.29M:2005 要求一致;

——焊丝药芯类型代号增加了 6、7 和 11 三类;

——增加了保护气体的分类代号;

——增加了更低温度的冲击性能和扩散氢含量两个可选附加分类代号;

——增加了直径为 0.8 mm、0.9 mm、1.0 mm、1.8 mm 和 3.0 mm 五种焊丝尺寸;

——对 E××0T×-××焊丝增加了角焊缝试验要求;

——增加了对凸度、焊脚长度差以及焊缝根部未熔合总长度的要求;

——熔敷金属化学成分试块最小尺寸(长×宽×高)由 75 mm×25 mm×15 mm 修改为 38 mm×12 mm×12 mm;

——角焊缝试验试件的立板厚度由 6 mm 修改为 12 mm;

——力学性能试验试件中垫板厚度由 10 mm 修改为≥6 mm，根部间隙由 12 mm 修改为 13 mm；

——增加了对多道焊缝试件热输入的要求；

——修改了力学性能试件推荐层数和每层推荐道数的要求；

——调整了对每批焊丝最大质量的要求；

——增加了直径为 270 mm 和 610 mm 焊丝盘包装形式，取消了直径为 435 mm 焊丝盘包装形式。对 560 mm、610 mm 及 760 mm 焊丝盘和有支架焊丝卷的包装要求进行了相应的调整；

——对包装净质量按 AWS A5.29M:2005 进行了相应的调整；

——增加了表 8，将原表 1 和表 6 合并成表 4，将原表 2、表 3 和表 8 合并成表 1；

——删掉了图 1b)和图 7；

——增加了附录 B，说明了国际上主要标准型号的对应关系。

本标准从实施之日起，代替 GB/T 17493—1998。

本标准的附录 A、附录 B 均为资料性附录。

本标准由全国焊接标准化技术委员会提出并归口。

本标准起草单位：哈尔滨焊接研究所、天津大桥焊材集团有限公司、四川大西洋焊接材料股份有限公司、常州华通焊丝有限公司、武汉铁锚焊接材料股份有限公司、天津永久焊接材料有限公司、淄博齐鲁焊业有限公司、山东聚力焊接材料有限公司。

本标准主要起草人：陈默、李志提、陈义岗、李振华、程宁、罗永宾、李勇、孟波。

本标准所代替标准的历次版本发布情况为：

——GB/T 17493—1998。

低合金钢药芯焊丝

1 范围

本标准规定了低合金钢药芯焊丝的分类和型号、技术要求、试验方法、检验规则、包装、标志及品质证明书。

本标准适用于电弧焊用低合金钢药芯焊丝(以下简称焊丝)。

2 规范性引用文件

下列文件中的条款通过本标准的引用而成为本标准的条款。凡是注日期的引用文件,其随后所有的修改单(不包括勘误的内容)或修订版均不适用于本标准,然而,鼓励根据本标准达成协议的各方研究是否可使用这些文件的最新版本。凡是不注日期的引用文件,其最新版本适用于本标准。

GB/T 223(所有部分) 钢铁及合金化学分析方法

GB/T 700 碳素结构钢(GB/T 700—2006,ISO 630:1995,NEQ)

GB 713 锅炉和压力容器用钢板(GB 713—2008,ISO 9328-2:2004,NEQ)

GB/T 1591 低合金高强度结构钢(GB/T 1591—1994,neq ISO 4950:1981)

GB/T 2650 焊接接头冲击试验方法(GB/T 2650—2008,ISO 9016:2001,IDT)

GB/T 2652 焊缝及熔敷金属拉伸试验方法(GB/T 2652—2008,ISO 5178:2001,IDT)

GB/T 3077 合金结构钢

GB/T 3323—2005 金属熔化焊焊接接头射线照相

GB/T 3965 熔敷金属中扩散氢测定方法

3 分类和型号

3.1 焊丝分类

焊丝按药芯类型分为非金属粉型药芯焊丝和金属粉型药芯焊丝。

非金属粉型药芯焊丝按化学成分分为钼钢、铬钼钢、镍钢、锰钼钢和其他低合金钢等五类;金属粉型药芯焊丝按化学成分分为铬钼钢、镍钢、锰钼钢和其他低合金钢等四类。

3.2 型号划分

非金属粉型药芯焊丝型号按熔敷金属的抗拉强度和化学成分、焊接位置、药芯类型和保护气体进行划分;金属粉型药芯焊丝型号按熔敷金属的抗拉强度和化学成分进行划分。焊丝的简要说明和国际上主要标准型号的对应关系参见附录A和附录B。

3.3 型号编制方法

3.3.1 非金属粉型药芯焊丝型号为E×××T×-××(-J H×),其中字母“E”表示焊丝,字母“T”表示非金属粉型药芯焊丝,其他符号说明如下:

a) 熔敷金属抗拉强度以字母“E”后面的前两个符号“××”表示熔敷金属的最低抗拉强度;

b) 焊接位置以字母“E”后面的第三个符号“×”表示推荐的焊接位置,见表1;

c) 药芯类型以字母“T”后面的符号“×”表示药芯类型及电流种类,见表1;

d) 熔敷金属化学成分以第一个短划“-”后面的符号“×”表示熔敷金属化学成分代号;

e) 保护气体以化学成分代号后面的符号“×”表示保护气体类型:“C”表示CO_2气体,“M”表示Ar+(20%~25%)CO_2混合气体,当该位置没有符号出现时,表示不采用保护气体,为自保护型，见表 1；

f) 更低温度的冲击性能（可选附加代号）以型号中如果出现第二个短划“-”及字母“J”时，表示焊丝具有更低温度的冲击性能；

g) 熔敷金属扩散氢含量（可选附加代号）以型号中如果出现第二个短划“-”及字母“H×”时，表示熔敷金属扩散氢含量，×为扩散氢含量最大值。

3.3.2 金属粉型药芯焊丝型号为 E××C-×(-H×)，其中字母“E”表示焊丝，字母“C”表示金属粉型药芯焊丝，其他符号说明如下：

a) 熔敷金属抗拉强度以字母“E”后面的两个符号“××”表示熔敷金属的最低抗拉强度；

b) 熔敷金属化学成分以第一个短划“-”后面的符号“×”表示熔敷金属化学成分代号；

c) 熔敷金属扩散氢含量（可选附加代号）以型号中如果出现第二个短划“-”及字母“H×”时，表示熔敷金属扩散氢含量，×为扩散氢含量最大值。

本标准中完整焊丝型号示例如下：

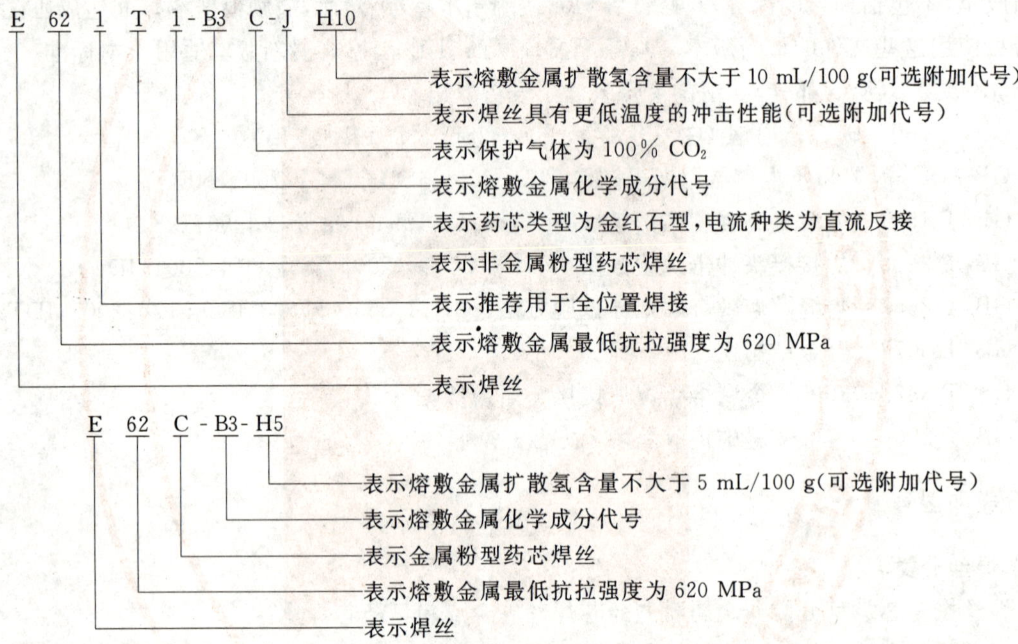

表 1 药芯类型、焊接位置、保护气体及电流种类

焊丝	药芯类型	药芯特点	型　号	焊接位置	保护气体[a]	电流种类
非金属粉型	1	金红石型，熔滴呈喷射过渡	E××0T1-×C	平、横	CO_2	直流反接
			E××0T1-×M		Ar+(20%～25%) CO_2	
			E××1T1-×C	平、横、仰、立向上	CO_2	
			E××1T1-×M		Ar+(20%～25%)CO_2	
	4	强脱硫、自保护型，熔滴呈粗滴过渡	E××0T4-×	平、横	—	
	5	氧化钙-氟化物型，熔滴呈粗滴过渡	E××0T5-×C		CO_2	
			E××0T5-×M		Ar+(20%～25%)CO_2	
			E××1T5-×C	平、横、仰、立向上	CO_2	直流反接或正接[b]
			E××1T5-×M		Ar+(20%～25%)CO_2	

表 1（续）

<table>
<tr><th>焊丝</th><th>药芯类型</th><th>药芯特点</th><th>型　号</th><th>焊接位置</th><th>保护气体[a]</th><th>电流种类</th></tr>
<tr><td rowspan="17">非金属粉型</td><td>6</td><td>自保护型，熔滴呈喷射过渡</td><td>E××0T6-×</td><td rowspan="2">平、横</td><td rowspan="9">—</td><td>直流反接</td></tr>
<tr><td rowspan="2">7</td><td rowspan="2">强脱硫、自保护型，熔滴呈喷射过渡</td><td>E××0T7-×</td><td rowspan="6">直流正接</td></tr>
<tr><td>E××1T7-×</td><td>平、横、仰、立向上</td></tr>
<tr><td rowspan="2">8</td><td rowspan="2">自保护型，熔滴呈喷射过渡</td><td>E××0T8-×</td><td>平、横</td></tr>
<tr><td>E××1T8-×</td><td>平、横、仰、立向上</td></tr>
<tr><td rowspan="2">11</td><td rowspan="2">自保护型，熔滴呈喷射过渡</td><td>E××0T11-×</td><td>平、横</td></tr>
<tr><td>E××1T11-×</td><td>平、横、仰、立向下</td></tr>
<tr><td rowspan="6">×[c]</td><td rowspan="6">c</td><td>E××0T×-G</td><td>平、横</td><td rowspan="6">c</td></tr>
<tr><td>E××1T×-G</td><td>平、横、仰、立向上或向下</td></tr>
<tr><td>E××0T×-GC</td><td>平、横</td><td rowspan="2">CO_2</td></tr>
<tr><td>E××1T×-GC</td><td>平、横、仰、立向上或向下</td></tr>
<tr><td>E××0T×-GM</td><td>平、横</td><td rowspan="2">Ar+(20%～25%)CO_2</td></tr>
<tr><td>E××1T×-GM</td><td>平、横、仰、立向上或向下</td></tr>
<tr><td rowspan="4">G</td><td rowspan="4">不规定</td><td>E××0TG-×</td><td>平、横</td><td rowspan="4">不规定</td><td rowspan="4">不规定</td></tr>
<tr><td>E××1TG-×</td><td>平、横、仰、立向上或向下</td></tr>
<tr><td>E××0TG-G</td><td>平、横</td></tr>
<tr><td>E××1TG-G</td><td>平、横、仰、立向上或向下</td></tr>
<tr><td colspan="2" rowspan="3">金属粉型</td><td rowspan="2">主要为纯金属和合金，熔渣极少，熔滴呈喷射过渡</td><td>E××C-B2，-B2L
E××C-B3，-B3L
E××C-B6，-B8
E××C-Ni1，-Ni2，-Ni3
E××C-D2</td><td rowspan="2">不规定</td><td>Ar+(1%～5%)O_2</td><td rowspan="2">不规定</td></tr>
<tr><td>E××C-B9
E××C-K3，-K4
E××C-W2</td><td>Ar+(5%～25%)CO_2</td></tr>
<tr><td>不规定</td><td>E××C-G</td><td colspan="3">不规定</td></tr>
</table>

a 为保证焊缝金属性能，应采用表中规定的保护气体。如供需双方协商也可采用其他保护气体。

b 某些 E××1T5-×C，-×M 焊丝，为改善立焊和仰焊的焊接性能，焊丝制造厂也可能推荐采用直流正接。

c 可以是上述任一种药芯类型，其药芯特点及电流种类应符合该类药芯焊丝相对应的规定。

4 技术要求

4.1 试验项目

焊丝要求的化学成分分析、力学性能、射线探伤及角焊缝等试验项目应符合表 2 的规定。

表 2　试验项目

<table>
<tr><th>类型</th><th>型　　号</th><th>化学分析</th><th>射线探伤试验</th><th>拉伸试验</th><th>冲击试验</th><th>角焊缝试验</th><th>扩散氢试验</th></tr>
<tr><td rowspan="5">非金属粉型</td><td>E×××T1-×C,-×M
E××0T4-×
E×××T5-×C,-×M
E××0T6-×
E×××T7-×
E×××T8-×
E×××T11-×</td><td rowspan="2">要求</td><td rowspan="8">要求</td><td rowspan="8">要求</td><td rowspan="2">a</td><td rowspan="5">要求[b]</td><td rowspan="8">c</td></tr>
<tr><td>E69×T×-K9×</td></tr>
<tr><td>E×××T×-G,-GC,-GM</td><td>c</td><td rowspan="3">c</td></tr>
<tr><td>E×××TG-×</td><td>要求</td></tr>
<tr><td>E×××TG-G</td><td>c</td></tr>
<tr><td rowspan="3">金属粉型</td><td>E55C-B2
E49C-B2L
E62C-B3
E55C-B3L
E55C-B6
E55C-B8
E62C-B9</td><td rowspan="3">要求</td><td>不要求</td><td rowspan="3">不要求</td></tr>
<tr><td>E55C-Ni1
E49C-Ni2
E55C-Ni2
E55C-Ni3
E62C-D2
E62C-K3
E69C-K3
E76C-K3
E76C-K4
E83C-K4
E55C-W2</td><td>要求</td></tr>
<tr><td>E××C-G</td><td>不要求</td></tr>
<tr><td colspan="8">a 根据表 4 对该型号冲击性能的要求确定是否进行冲击试验。
b 对于角焊缝试验,E××0T×-××焊丝应在平角焊位置试验,E××1T×-××焊丝应在立焊和仰焊位置试验。
c 由供需双方商定。</td></tr>
</table>

4.2　熔敷金属化学成分

熔敷金属化学成分应符合表 3 的规定。

4.3　熔敷金属力学性能

4.3.1　熔敷金属拉伸试验结果应符合表 4 的规定。

4.3.2　熔敷金属 V 型缺口冲击试验结果应符合表 4 的规定。

4.4　焊缝射线探伤

焊缝射线探伤应符合 GB/T 3323—2005 附录 C 中表 C.4 的Ⅱ级规定。

4.5 角焊缝试验

4.5.1 角焊缝经目测检查应无咬边、焊瘤、夹渣、裂纹和表面气孔等。

4.5.2 角焊缝的两纵向断裂表面经目测检查应无裂纹、气孔和夹渣。焊缝根部未熔合的总长度应不大于焊缝总长度的20%。

4.5.3 焊脚尺寸应不大于10 mm，对应的焊缝凸度和两焊脚长度差应符合表5的规定。

4.6 焊丝尺寸

焊丝尺寸应符合表6的规定。

4.7 焊丝质量

4.7.1 焊丝表面应光滑，无毛刺、凹坑、划痕、锈蚀、氧化皮和油污等缺陷，也不应有其他不利于焊接操作或对焊缝金属有不良影响的杂质。

4.7.2 焊丝的填充粉应分布均匀，以使焊接工艺性能和熔敷金属力学性能不受影响。

4.8 焊丝送丝性能

缠绕的焊丝应适于在自动和半自动焊机上连续送丝。焊丝接头处应适当加工，以保证均匀连续送丝。

4.9 熔敷金属扩散氢含量

根据供需双方协商，如在焊丝型号后附加扩散氢代号，熔敷金属扩散氢含量应符合表7的规定。

5 试验方法

5.1 试验用母材

5.1.1 化学成分分析试样用母材应符合表8的规定。在满足5.2.2的规定时也可采用GB/T 700中的Q235 A级、B级。

5.1.2 射线探伤和力学性能试验用母材应符合表8的规定。

a) 对于抗拉强度不大于490 MPa的E×××T4-×、E×××T6-×、E×××T7-×、E×××T8-×和E×××T11-×焊丝也可采用GB/T 700中的Q235 A级、B级，不需堆焊隔离层。

b) 对于E×××T×-K9×焊丝不应采用堆焊隔离层的其他母材。

c) 对于其他型号的焊丝也可采用GB/T 700中的Q235 A级、B级，但应使用试验焊丝在坡口面和垫板面堆焊隔离层，加工后隔离层的厚度不小于3 mm。

5.1.3 角焊缝试验用母材应符合表8的规定，也可采用GB/T 700中的Q235 A级、B级。

5.2 熔敷金属化学成分分析

5.2.1 熔敷金属化学成分分析试块应在平焊位置多层堆焊制成。试板表面应清洁。焊前试件温度应不低于室温。每道焊后应清渣，可将试块浸入水中冷却(水温不重要)后干燥。

非金属粉型焊丝热输入应符合表9的规定。焊丝摆动宽度不应超过焊丝直径的6倍。道间温度应不大于165 ℃。

金属粉型焊丝道间温度应符合表10的规定，至少堆焊四层。

5.2.2 堆焊金属的最小尺寸为38 mm×12 mm×12 mm(长×宽×高)。化学成分分析试样应无外来杂质，取样处至试板上表面的距离应不小于10 mm。

当采用Q235 A级、B级母材时，堆焊金属的最小尺寸为38 mm×12 mm×16 mm(长×宽×高)，取样处至试板上表面的距离应不小于12 mm。

5.2.3 化学成分分析试样也可取自5.3规定的试件中熔敷金属，仲裁试验用化学成分分析试样应按5.2.1～5.2.2规定制取。

5.2.4 熔敷金属化学成分分析可采用任何适宜的方法。仲裁试验应按GB/T 223进行。

表 3　熔敷金属化学成分(质量分数)

%

型　　号	C	Mn	Si	S	P	Ni	Cr	Mo	V	Al	Cu	其他元素总量
非金属粉型　钼钢焊丝												
E49×T5-A1C,-A1M E55×T1-A1C,-A1M	0.12	1.25	0.80	0.030	0.030	—	—	0.40～0.65	—	—	—	—
非金属粉型　铬钼钢焊丝												
E55×T1-B1C,-B1M	0.05～0.12	1.25	0.80	0.030	0.030	—	0.40～0.65	0.40～0.65	—	—	—	—
E55×T1-B1LC,-B1LM	0.05											
E55×T1-B2C,-B2M, E55×T5-B2C,-B2M	0.05～0.12						1.00～1.50					
E55×T1-B2LC,-B2LM E55×T5-B2LC,-B2LM	0.05											
E55×T1-B2HC,-B2HM	0.10～0.15											
E62×T1-B3C,-B3M, E62×T5-B3C,-B3M E69×T1-B3C,-B3M	0.05～0.12						2.00～2.50	0.90～1.20				
E62×T1-B3LC,-B3LM	0.05											
E62×T1-B3HC,-B3HM	0.10～0.15											
E55×T1-B6C,-B6M E55×T5-B6C,-B6M	0.05～0.12		1.00		0.040	0.40	4.0～6.0	0.45～0.65			0.50	
E55×T1-B6LC,-B6LM E55×T5-B6LC,-B6LM	0.05											
E55×T1-B8C,-B8M E55×T5-B8C,-B8M	0.05～0.12						8.0～10.5	0.85～1.20				
E55×T1-B8LC,-B8LM E55×T5-B8LC,-B8LM	0.05				0.030							
E62×T1-B9C[a],-B9M[a]	0.08～0.13	1.20	0.50	0.015	0.020	0.80			0.15～0.30	0.04	0.25	

表 3（续）

%

<table>
<tr><th>型　号</th><th>C</th><th>Mn</th><th>Si</th><th>S</th><th>P</th><th>Ni</th><th>Cr</th><th>Mo</th><th>V</th><th>Al</th><th>Cu</th><th>其他元素总量</th></tr>
<tr><td colspan="13">非金属粉型　镍钢焊丝</td></tr>
<tr><td>E43×T1-Ni1C,-Ni1M
E49×T1-Ni1C,Ni1M
E49×T6-Ni1
E49×T8-Ni1
E55×T1-Ni1C,-Ni1M
E55×T5-Ni1C,-Ni1M</td><td rowspan="3">0.12</td><td rowspan="3">1.50</td><td rowspan="3">0.80</td><td rowspan="3">0.030</td><td rowspan="3">0.030</td><td>0.80～1.10</td><td>0.15</td><td>0.35</td><td>0.05</td><td rowspan="3">1.8[b]</td><td rowspan="3">—</td><td rowspan="3">—</td></tr>
<tr><td>E49×T8-Ni2
E55×T8-Ni2
E55×T1-Ni2C,-Ni2M
E55×T5-Ni2C,-Ni2M
E62×T1-Ni2C,-Ni2M</td><td>1.75～2.75</td><td rowspan="2">—</td><td rowspan="2">—</td><td rowspan="2">—</td></tr>
<tr><td>E55×T5-Ni3C,-Ni3M[c]
E62×T5-Ni3C,-Ni3M
E55×T11-Ni3</td><td>2.75～3.75</td></tr>
<tr><td colspan="13">非金属粉型　锰钼钢焊丝</td></tr>
<tr><td>E62×T1-D1C,-D1M</td><td>0.12</td><td>1.25～2.00</td><td rowspan="3">0.80</td><td rowspan="3">0.030</td><td rowspan="3">0.030</td><td rowspan="3">—</td><td rowspan="3">—</td><td rowspan="2">0.25～0.55</td><td rowspan="3">—</td><td rowspan="3">—</td><td rowspan="3">—</td><td rowspan="3">—</td></tr>
<tr><td>E62×T5-D2C,-D2M
E69×T5-D2C,-D2M</td><td>0.15</td><td>1.65～2.25</td></tr>
<tr><td>E62×T1-D3C,-D3M</td><td>0.12</td><td>1.00～1.75</td><td>0.40～0.65</td></tr>
<tr><td colspan="13">非金属粉型　其他低合金钢焊丝</td></tr>
<tr><td>E55×T5-K1C,-K1M</td><td>0.15</td><td>0.80～1.40</td><td>0.80</td><td>0.030</td><td>0.030</td><td>0.80～1.10</td><td>0.15</td><td>0.20～0.65</td><td>0.05</td><td>—</td><td>—</td><td>—</td></tr>
</table>

表 3（续）

%

型号	C	Mn	Si	S	P	Ni	Cr	Mo	V	Al	Cu	其他元素总量
E49×T4-K2 E49×T7-K2 E49×T8-K2 E49×T11-K2 E55×T8-K2 E55×T1-K2C,-K2M E55×T5-K2C,-K2M E62×T1-K2C,-K2M E62×T5-K2C,-K2M	0.15	0.50～1.75	0.80	0.030	0.030	1.00～2.00	0.15	0.35	0.05	1. [b]	—	—
E69×T1-K3C,-K3M E69×T5-K3C,-K3M E76×T1-K3C,-K3M E76×T5-K3C,-K3M		0.75～2.25				1.25～2.60		0.25～0.65		—		
E76×T1-K4C,-K4M E76×T5-K4C,-K4M E83×T5-K4C,-K4M		1.20～2.25				1.75～2.60	0.20～0.60	0.20～0.65	0.03			
E83×T1-K5C,-K5M	0.10～0.25	0.60～1.60				0.75～2.00	0.20～0.70	0.15～0.55	0.05			
E49×T5-K6C,K6M E43×T8-K6 E49×T8-K6	0.15	0.50～1.50				0.40～1.00	0.20	0.15		1.8[b]		
E69×T1-K7C,-K7M		1.00～1.75				2.00～2.75	—	—	—	—		
E62×T8-K8		1.00～2.00	0.40			0.50～1.50	0.20	0.20	0.05	1.8[b]		
E69×T1-K9C,-K9M	0.07	0.50～1.50	0.60	0.015	0.015	1.30～3.75		0.50		—	0.06	
E55×T1-W2C,-W2M	0.12	0.50～1.30	0.35～0.80	0.030	0.030	0.40～0.80	0.45～0.70	—	—		0.30～0.75	
E×××T×-G[c], -GC[c],-GM[c] E×××TG-G[c]	—	≥0.50	1.00			≥0.50	≥0.30	≥0.20	≥0.10	1.8[b]	—	

表 3（续）

%

<table>
<tr><th>型　号</th><th>C</th><th>Mn</th><th>Si</th><th>S</th><th>P</th><th>Ni</th><th>Cr</th><th>Mo</th><th>V</th><th>Al</th><th>Cu</th><th>其他元素总量</th></tr>
<tr><td colspan="13">金属粉型　铬钼钢焊丝</td></tr>
<tr><td>E55C-B2</td><td>0.05～0.12</td><td rowspan="6">0.40～1.00</td><td rowspan="6">0.25～0.60</td><td rowspan="4">0.030</td><td rowspan="6">0.025</td><td rowspan="4">0.20</td><td rowspan="2">1.00～1.50</td><td rowspan="2">0.40～0.65</td><td rowspan="6">0.03</td><td rowspan="6">—</td><td>—</td><td rowspan="7">0.50</td></tr>
<tr><td>E49C-B2L</td><td>0.05</td><td rowspan="5">0.35</td></tr>
<tr><td>E62C-B3</td><td>0.05～0.12</td><td rowspan="2">2.00～2.50</td><td rowspan="2">0.90～1.20</td></tr>
<tr><td>E55C-B3L</td><td>0.05</td></tr>
<tr><td>E55C-B6</td><td rowspan="2">0.10</td><td rowspan="2">0.025</td><td>0.60</td><td>4.50～6.00</td><td>0.45～0.65</td></tr>
<tr><td>E55C-B8</td><td>0.20</td><td rowspan="2">8.00～10.50</td><td>0.80～1.20</td></tr>
<tr><td>E62C-B9[d]</td><td>0.08～0.13</td><td>1.20</td><td>0.50</td><td>0.015</td><td>0.020</td><td>0.80</td><td>0.85～1.20</td><td>0.15～0.30</td><td>0.04</td><td>0.20</td></tr>
<tr><td colspan="13">金属粉型　镍钢焊丝</td></tr>
<tr><td>E55C-Ni1</td><td>0.12</td><td>1.50</td><td rowspan="4">0.90</td><td rowspan="4">0.030</td><td rowspan="4">0.025</td><td>0.80～1.10</td><td rowspan="4">—</td><td>0.30</td><td rowspan="4">0.03</td><td rowspan="4">—</td><td rowspan="4">0.35</td><td rowspan="4">0.50</td></tr>
<tr><td>E49C-Ni2</td><td>0.08</td><td>1.25</td><td rowspan="2">1.75～2.75</td><td rowspan="3">—</td></tr>
<tr><td>E55C-Ni2</td><td rowspan="2">0.12</td><td rowspan="2">1.50</td></tr>
<tr><td>E55C-Ni3</td><td>2.75～3.75</td></tr>
<tr><td colspan="13">金属粉型　锰钼钢焊丝</td></tr>
<tr><td>E62C-D2</td><td>0.12</td><td>1.00～1.90</td><td>0.90</td><td>0.030</td><td>0.025</td><td>—</td><td>—</td><td>0.40～0.60</td><td>0.03</td><td>—</td><td>0.35</td><td>0.50</td></tr>
<tr><td colspan="13">金属粉型　其他低合金钢焊丝</td></tr>
<tr><td>E62C-K3</td><td rowspan="5">0.15</td><td rowspan="5">0.75～2.25</td><td rowspan="5">0.80</td><td rowspan="5">0.025</td><td rowspan="6">0.025</td><td rowspan="5">0.50～2.50</td><td rowspan="3">0.15</td><td rowspan="5">0.25～0.65</td><td rowspan="6">0.03</td><td rowspan="6">—</td><td rowspan="5">0.35</td><td rowspan="6">0.50</td></tr>
<tr><td>E69C-K3</td></tr>
<tr><td>E76C-K3</td></tr>
<tr><td>E76C-K4</td><td rowspan="2">0.15～0.65</td></tr>
<tr><td>E83C-K4</td></tr>
<tr><td>E55C-W2</td><td>0.12</td><td>0.50～1.30</td><td>0.35～0.80</td><td>0.030</td><td>0.40～0.80</td><td>0.45～0.70</td><td>—</td><td>0.30～0.75</td></tr>
<tr><td>E××C-G[e]</td><td>—</td><td>—</td><td>—</td><td>—</td><td>—</td><td>≥0.50</td><td>≥0.30</td><td>≥0.20</td><td>—</td><td>—</td><td>—</td><td>—</td></tr>
<tr><td colspan="13">注：除另有注明外，所列单值均为最大值。</td></tr>
<tr><td colspan="13">a Nb：0.02%～0.10%；N：0.02%～0.07%；(Mn+Ni)≤1.50%。
b 仅适用于自保护焊丝。
c 对于 E×××T×-G 和 E×××TG-G 型号，元素 Mn、Ni、Cr、Mo 或 V 至少有一种应符合要求。
d Nb：0.02%～0.10%；N：0.03%～0.07%；(Mn+Ni)≤1.50%。
e 对于 E××C-G 型号，元素 Ni、Cr 或 Mo 至少有一种应符合要求。</td></tr>
</table>

表 4 熔敷金属的力学性能

型号[a]	试样状态	抗拉强度 R_m/MPa	规定非比例延伸强度 $R_{p0.2}$/MPa	伸长率 A/%	冲击性能[b]	
					吸收功 A_{kV}/J	试验温度/℃
非金属粉型						
E49×T5-A1C,-A1M	焊后热处理	490～620	≥400	≥20	≥27	−30
E55×T1-A1C,-A1M		550～690	≥470	≥19	—	—
E55×T1-B1C,-B1M,-B1LC,-B1LM						
E55×T1-B2C,-B2M,-B2LC,-B2LM,-B2HC,-B2HM E55×T5-B2C,-B2M,-B2LC,-B2LM						
E62×T1-B3C,-B3M,-B3LC,-B3LM,-B3HC,-B3HM E62×T5-B3C,-B3M		620～760	≥540	≥17		
E69×T1-B3C,-B3M		690～830	≥610	≥16		
E55×T1-B6C,-B6M,-B6LC,-B6LM E55×T5-B6C,-B6M,-B6LC,-B6LM		550～690	≥470	≥19		
E55×T1-B8C,-B8M,-B8LC,-B8LM E55×T5-B8C,-B8M,-B8LC,-B8LM						
E62×T1-B9C,-B9M		620～830	≥540	≥16		
E43×T1-Ni1C,-Ni1M	焊态	430～550	≥340	≥22	≥27	−30
E49×T1-Ni1C,Ni1M		490～620	≥400	≥20		
E49×T6-Ni1						
E49×T8-Ni1						
E55×T1-Ni1C,-Ni1M		550～690	≥470	≥19		
E55×T5-Ni1C,-Ni1M	焊后热处理					−50
E49×T8-Ni2	焊态	490～620	≥400	≥20		−30
E55×T8-Ni2		550～690	≥470	≥19		
E55×T1-Ni2C,-Ni2M						−40
E55×T5-Ni2C,-Ni2M	焊后热处理					−60
E62×T1-Ni2C,-Ni2M	焊态	620～760	≥540	≥17		−40
E55×T5-Ni3C,-Ni3M	焊后热处理	550～690	≥470	≥19		−70
E62×T5-Ni3C,-Ni3M		620～760	≥540	≥17		
E55×T11-Ni3	焊态	550～690	≥470	≥19		−20
E62×T1-D1C,-D1M	焊态	620～760	≥540	≥17		−40
E62×T5-D2C,-D2M	焊后热处理					−50
E69×T5-D2C,-D2M		690～830	≥610	≥16		−40
E62×T1-D3C,-D3M	焊态	620～760	≥540	≥17		−30
E55×T5-K1C,-K1M		550～690	≥470	≥19		−40

表 4（续）

<table>
<tr><th rowspan="2">型号[a]</th><th rowspan="2">试样状态</th><th rowspan="2">抗拉强度 R_m/MPa</th><th rowspan="2">规定非比例延伸强度 $R_{p0.2}$/MPa</th><th rowspan="2">伸长率 A/%</th><th colspan="2">冲击性能[b]</th></tr>
<tr><th>吸收功 A_{KV}/J</th><th>试验温度/℃</th></tr>
<tr><td>E49×T4-K2</td><td rowspan="22">焊态</td><td rowspan="4">490～620</td><td rowspan="4">≥400</td><td rowspan="4">≥20</td><td rowspan="14">≥27</td><td>−20</td></tr>
<tr><td>E49×T7-K2</td><td rowspan="2">−30</td></tr>
<tr><td>E49×T8-K2</td></tr>
<tr><td>E49×T11-K2</td><td>0</td></tr>
<tr><td>E55×T8-K2
E55×T1-K2C,-K2M
E55×T5-K2C,-K2M</td><td>550～690</td><td>≥470</td><td>≥19</td><td>−30</td></tr>
<tr><td>E62×T1-K2C,-K2M</td><td rowspan="2">620～760</td><td rowspan="2">≥540</td><td rowspan="2">≥17</td><td>−20</td></tr>
<tr><td>E62×T5-K2C,-K2M</td><td>−50</td></tr>
<tr><td>E69×T1-K3C,-K3M</td><td rowspan="2">690～830</td><td rowspan="2">≥610</td><td rowspan="2">≥16</td><td>−20</td></tr>
<tr><td>E69×T5-K3C,-K3M</td><td>−50</td></tr>
<tr><td>E76×T1-K3C,-K3M</td><td rowspan="4">760～900</td><td rowspan="4">≥680</td><td rowspan="4">≥15</td><td>−20</td></tr>
<tr><td>E76×T5-K3C,-K3M</td><td>−50</td></tr>
<tr><td>E76×T1-K4C,-K4M</td><td>−20</td></tr>
<tr><td>E76×T5-K4C,-K4M</td><td rowspan="2">−50</td></tr>
<tr><td>E83×T5-K4C,-K4M</td><td rowspan="2">830～970</td><td rowspan="2">≥745</td><td rowspan="2">≥14</td></tr>
<tr><td>E83×T1-K5C,-K5M</td><td colspan="2">—</td></tr>
<tr><td>E49×T5-K6C,K6M</td><td>490～620</td><td>≥400</td><td>≥20</td><td rowspan="5">≥27</td><td>−60</td></tr>
<tr><td>E43×T8-K6</td><td>430～550</td><td>≥340</td><td>≥22</td><td rowspan="2">−30</td></tr>
<tr><td>E49×T8-K6</td><td>490～620</td><td>≥400</td><td>≥20</td></tr>
<tr><td>E69×T1-K7C,-K7M</td><td>690～830</td><td>≥610</td><td>≥16</td><td>−50</td></tr>
<tr><td>E62×T8-K8</td><td>620～760</td><td>≥540</td><td>≥17</td><td>−30</td></tr>
<tr><td>E69×T1-K9C,-K9M</td><td>690～830[c]</td><td>560～670</td><td>≥18</td><td>≥47</td><td>−50</td></tr>
<tr><td>E55×T1-W2C,-W2M</td><td>550～690</td><td>≥470</td><td>≥19</td><td>≥27</td><td>−30</td></tr>
<tr><td colspan="7">金属粉型</td></tr>
<tr><td>E49C-B2L</td><td rowspan="8">焊后热处理</td><td>≥515</td><td>≥400</td><td rowspan="2">≥19</td><td colspan="2" rowspan="7">—</td></tr>
<tr><td>E55C-B2</td><td rowspan="2">≥550</td><td rowspan="2">≥470</td></tr>
<tr><td>E55C-B3L</td><td rowspan="4">≥17</td></tr>
<tr><td>E62C-B3</td><td>≥620</td><td>≥540</td></tr>
<tr><td>E55C-B6</td><td rowspan="2">≥550</td><td rowspan="2">≥470</td></tr>
<tr><td>E55C-B8</td></tr>
<tr><td>E62C-B9</td><td>≥620</td><td>≥410</td><td>≥16</td></tr>
<tr><td>E49C-Ni2</td><td>≥490</td><td>≥400</td><td rowspan="2">≥24</td><td rowspan="2"></td><td>−60</td></tr>
<tr><td>E55C-Ni1</td><td>焊态</td><td>≥550</td><td>≥470</td><td>−45</td></tr>
</table>

表 4（续）

型号[a]	试样状态	抗拉强度 R_m/MPa	规定非比例延伸强度 $R_{p0.2}$/MPa	伸长率 A/%	冲击性能[b]	
					吸收功 A_{kV}/J	试验温度/℃
E55C-Ni2	焊后热处理	≥550	≥470	≥24	≥27	−60
E55C-Ni3						−75
E62C-D2	焊态	≥620	≥540	≥17		−30
E62C-K3				≥18		−50
E69C-K3		≥690	≥610	≥16		
E76C-K3		≥760	≥680	≥15		
E76C-K4						
E83C-K4		≥830	≥750	≥15		
E55C-W2		≥550	≥470	≥22		−30

注 1：对于 E×××T×-G，-GC，-GM、E×××TG-×和 E×××TG-G 型焊丝，熔敷金属冲击性能由供需双方商定。

注 2：对于 E××C-G 型焊丝，除熔敷金属抗拉强度外，其他力学性能由供需双方商定。

[a] 在实际型号中“×”用相应的符号替代，如 3.3 中型号示例。

[b] 非金属粉型焊丝型号中带有附加代号“J”时，对于规定的冲击吸收功，试验温度应降低 10 ℃。

[c] 对于 E69×T1-K9C，-K9M 所示的抗拉强度范围不是要求值，而是近似值。

表 5　角焊缝试样的凸度与焊脚长度差

单位为毫米

焊脚尺寸(测量值)	凸度[a]	两焊脚长度差
3.0、3.5、4.0	≤2.0	≤1.0
4.5		≤1.5
5.0、5.5		≤2.0
6.0、6.5		≤2.5
7.0、7.5、8.0	≤2.5	≤3.0
8.5、9.0		≤3.5
9.5		≤4.0

[a] 对于 E×××T5-×C，-×M 焊丝，最大凸度可比规定值大 0.8 mm。

表 6　焊丝尺寸

单位为毫米

焊 丝 直 径	极 限 偏 差
0.8、0.9、1.0、1.2、1.4	+0.02 −0.05
1.6、1.8、2.0、2.4、2.8	+0.02 −0.06
3.0、3.2、4.0	+0.02 −0.07

注：根据供需双方协商，可生产其他尺寸的焊丝。

表 7　熔敷金属扩散氢含量

扩散氢可选附加代号	扩散氢含量(水银法或色谱法)/mL/100 g
H15	≤15.0
H10	≤10.0
H5	≤5.0

表 8 试验用母材

焊丝	型号	试验用母材
非金属粉型	E×××T×-A1×,-B1×,-B1L×,-B2×,-B2L×,-B2H×,-B3×,-B3L×,-B3H× E×××T×-Ni1× E×××T×-D1×,-D2×,-D3× E×××T×-K1×,-K2×,-K6×,-K8×	符合 GB 713 或其他与熔敷金属成分相当的铬钼钢、锰钼钢等低合金钢
	E×××T×-B6×,-B6L×,-B8×,-B8L×,-B9× E×××T×-Ni2×,-Ni3× E×××T×-K3×,-K4×,-K5×,-K7×,-K9×,-W2×	符合 GB/T 1591、GB/T 3077 或其他与熔敷金属成分相当的铬钼钢、镍钢等低合金钢
	E×××T×-G,-GC,-GM E×××TG-G	由供需双方协商
金属粉型	E××C-B2,-B2L,-B3,-B3L E××C-Ni1 E××C-D2	符合 GB 713 或其他与熔敷金属成分相当的铬钼钢、锰钼钢等低合金钢
	E××C-B6,-B8,-B9 E××C-Ni2,-Ni3 E××C-K3,-K4,-W2	符合 GB/T 1591、GB/T 3077 或其他与熔敷金属成分相当的铬钼钢、镍钢等低合金钢
	E××C-G	由供需双方协商

表 9 非金属粉型焊丝热输入和焊道、焊层的控制要求

焊丝直径/mm	平均热输入[a,b,c]/(kJ/cm)	每层推荐的道数		推荐的层数
		第 1 层	第 2 层至顶层	
0.8、0.9	8～14	1 或 2	2 或 3	6～9
1.0、1.2	10～20			
1.4、1.6	10～22			5～8
1.8、2.0	14～26			
2.4	16～26			4～8
2.8	20～28			4～7
3.0、3.2	22～30		2	
4.0	26～33	1		

注:实际的平均热输入、层数、道数、焊丝送丝速度或电流、电弧电压、焊接速度及焊丝干伸长应做记录。

a 热输入计算公式为:

$$热输入(kJ/cm)=\frac{电压(V)\times电流(A)\times60}{焊接速度(cm/min)\times100}或\frac{电压(V)\times电流(A)\times60\times燃弧时间(min)}{焊缝长度(cm)\times100}$$

b 平均热输入是按除第一层焊道外的其他焊道的热输入计算平均值,第一层不控制热输入。

c 应采用无脉冲恒压电源。

5.3 射线探伤、熔敷金属拉伸和冲击试验用试件的制备

5.3.1 试件应按图 1 要求在平焊位置制备。对于 E×××T×-K9×焊丝,其试件的焊接应在立向上位置进行。

5.3.2 试件焊前予以反变形或拘束,以防止角变形。试件焊后不允许矫正,角变形超过 5°的试件应予报废。

5.3.3 试板应先定位焊,按表 10 所规定的预热和道间温度进行预热和焊接。在图 1 规定的位置上用测温笔或表面温度计测量温度。非金属粉型焊丝的热输入和焊道、焊层的控制要求按表 9 规定。

单位为毫米

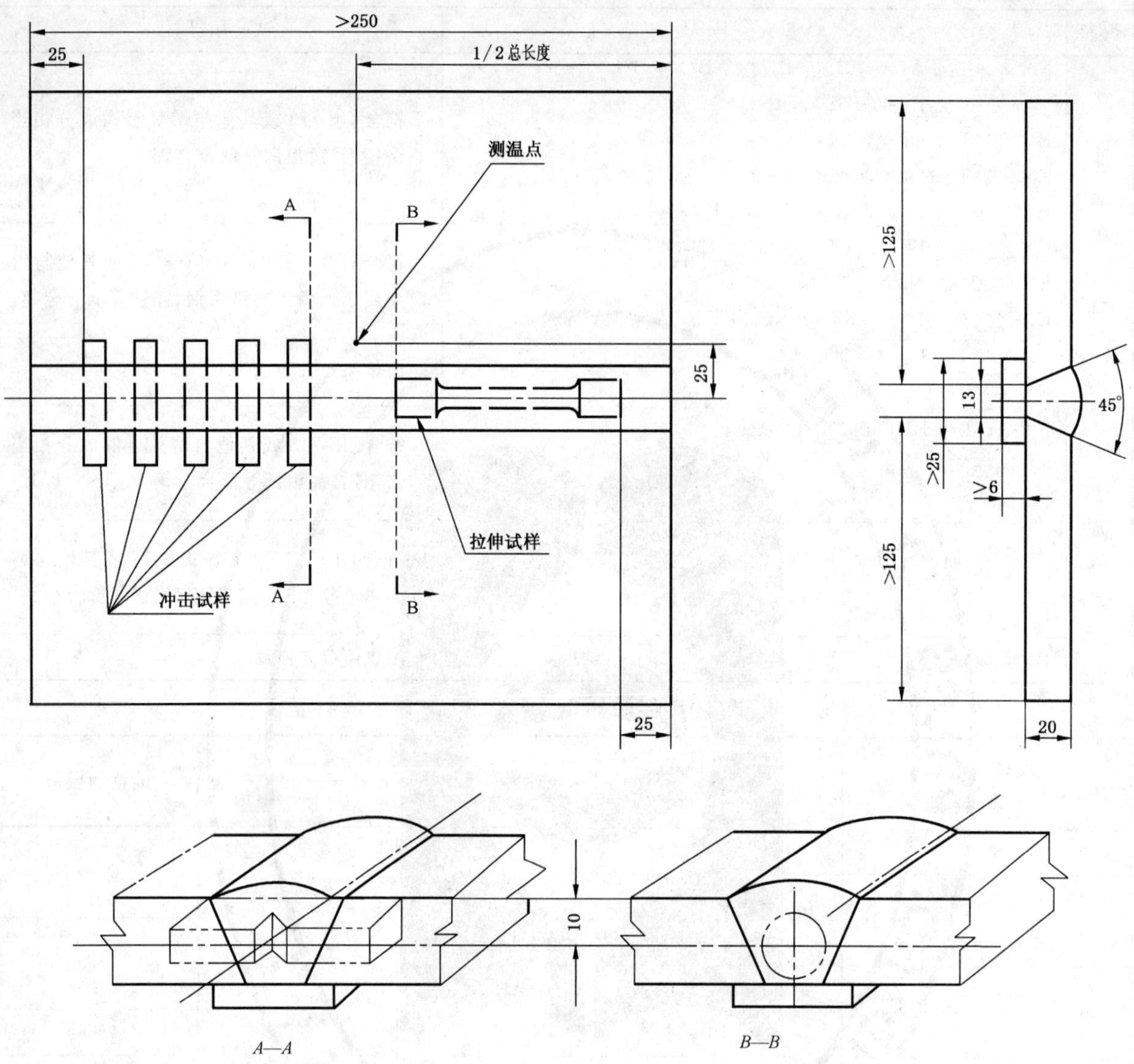

对于直径≤1.2 mm的E×××T11-×焊丝，试板厚度应≥12 mm，根部间隙应为6 mm～7 mm。

图1 力学性能试验的试件制备

5.3.4 如果必须中断焊接，应将试板在静态大气中冷却至室温。重新焊接时，试板应加热到表10规定的预热和道间温度。

5.3.5 按表4规定，试样状态为焊后热处理时，应在力学性能试样加工之前（射线探伤之前或之后）进行焊后热处理。试件放入炉内时，炉温不得高于320 ℃，以不大于220 ℃/h的速度升温，加热至表10规定的热处理温度后，保温1 h～1.25 h（另有特殊要求见表10注b），然后以不大于200 ℃/h的速度冷却至320 ℃以下的任意温度时，可从炉中取出，在静态大气中冷却至室温。

5.4 射线探伤试验

5.4.1 焊缝射线探伤试验应在冲击试样和拉伸试样加工之前进行，射线探伤前应采用机械加工方法去掉垫板。

5.4.2 焊缝射线探伤试验应按GB/T 3323—2005的要求进行。

5.4.3 评定焊缝射线探伤底片时，试件两端25 mm应不予考虑。

5.5 熔敷金属拉伸试验

5.5.1 按图1所示位置加工成一个符合图2要求的熔敷金属拉伸试样。

5.5.2 若表 4 对试验焊丝的试样状态规定为焊态，拉伸试样试验前允许进行 100 ℃±5 ℃不超过 48 h 的去氢处理。

5.5.3 熔敷金属拉伸试验应按 GB/T 2652 的要求进行。

5.6 熔敷金属 V 型缺口冲击试验

5.6.1 按图 1 所示位置从截取熔敷金属拉伸试样的同一试件上加工 5 个符合图 3 要求的冲击试样。

5.6.2 按表 4 规定的试验温度，测定 5 个试样的冲击吸收功。对于需标注附加代号“J”的焊丝，试验温度应比表 4 规定值低 10 ℃。

5.6.3 熔敷金属 V 型缺口冲击试验应按 GB/T 2650 的要求进行。

5.6.4 在计算 5 个试样冲击吸收功的平均值时：

a) 对于 E×××T×-K9×焊丝，所有 5 个值的平均值应符合表 4 规定，这 5 个值中可以有 1 个值小于规定值，但应不小于 33 J。

b) 对于其他型号的焊丝，这 5 个值应去掉最大值和最小值，余下 3 个值的平均值应符合表 4 规定，这 3 个值中可以有 1 个值小于规定值，但应不小于 20 J。

表 10 预热、道间和焊后热处理温度

单位为摄氏度(℃)

焊丝	型号	预热和道间温度	焊后热处理温度
非金属粉型	E43×T1-Ni1C,-Ni1M E49×T1-Ni1C,Ni1M E49×T6-Ni1 E49×T8-Ni1 E55×T1-Ni1C,-Ni1M E49×T8-Ni2 E55×T1-Ni2C,-Ni2M E55×T8-Ni2 E55×T11-Ni3 E62×T1-Ni2C,-Ni2M	135～165	—
	E49×T5-A1C,-A1M E55×T1-A1C,-A1M E55×T5-Ni1C,-Ni1M E55×T5-Ni2C[a],-Ni2M[a] E55×T5-Ni3C[a],-Ni3M[a] E62×T5-Ni3C[a],-Ni3M[a] E62×T5-D2C,-D2M E69×T5-D2C,-D2M		620±15
	E×××T×-B1×,-B1L×,-B2×,-B2L×,-B2H×, -B3×,-B3L×,-B3H×	160～190	620±15
	E×××T×-B6×,-B6L×,-B8×,-B8L×	150～250	745±15[b]
	E62×T1-B9C,-B9M[c]	210～310	760±15[b]
	E×××T×-D1×,-D3× E×××T×-K1×,-K2×,-K3×,-K4×,-K5×, -K6×,-K7×,-K8×,-K9× E×××T×-W2×	135～165	—
	E×××T×-G, -GC, -GM E×××TG-× E×××TG-G	由供需双方商定	

表 10（续） 单位为摄氏度(℃)

焊丝	型　号	预热和道间温度	焊后热处理温度
金属粉型	E55C-B2,E49C-B2L	135～165	620±15
	E62C-B3,E55C-B3L	185～215	690±15
	E55C-B6	177～232	745±15
	E55C-B8	205～260	
	E62C-B9[c]	205～320	760±15[b]
	E49C-Ni2,E55C-Ni2,E55C-Ni3	135～165	620±15
	E55C-Ni1 E62C-D2 E62C-K3,E69C-K3,E76C-K3 E76C-K4,E83C-K4 E55C-W2		—
	E××C-G	由供需双方商定	

注：规定的温度只用于本标准的试验，焊接生产中的温度要求应由用户确定。

[b] 焊后热处理温度超过 620 ℃会降低冲击值。

[b] 保温 2 h～2.25 h。

[c] 进行焊后热处理之前，建议使试件冷却到 100 ℃以下，有助于更多形成马氏体微观组织。

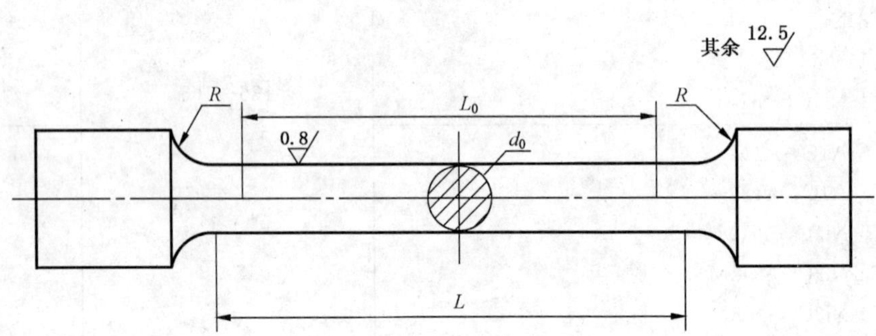

单位为毫米

焊　丝	d_0	R	L_0	L
E×××T11-×,≤1.2 mm	6±0.1	≥3	$5d_0$	L_0+d_0
其他型号	10±0.2	≥4		

注 1：试样夹持端尺寸根据试验机夹具结构确定。

注 2：用引伸计测量规定非比例延伸强度时，可以增加试样长度，但测量伸长率的标距长度不能改变。

图 2　熔敷金属拉伸试样

长度单位为毫米

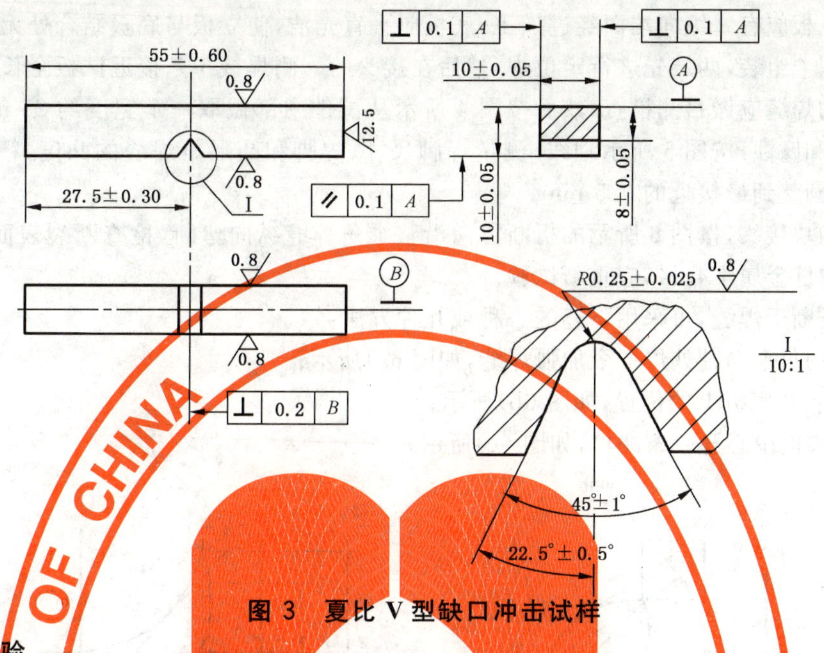

图 3 夏比 V 型缺口冲击试样

5.7 角焊缝试验

5.7.1 对于 E××0T×-××焊丝应制备一套试板，用于平角焊位置的角焊缝试验；对于 E××1T×-××焊丝应制备两套试板，分别用于立焊和仰焊位置的角焊缝试验，见图 4。

单位为毫米

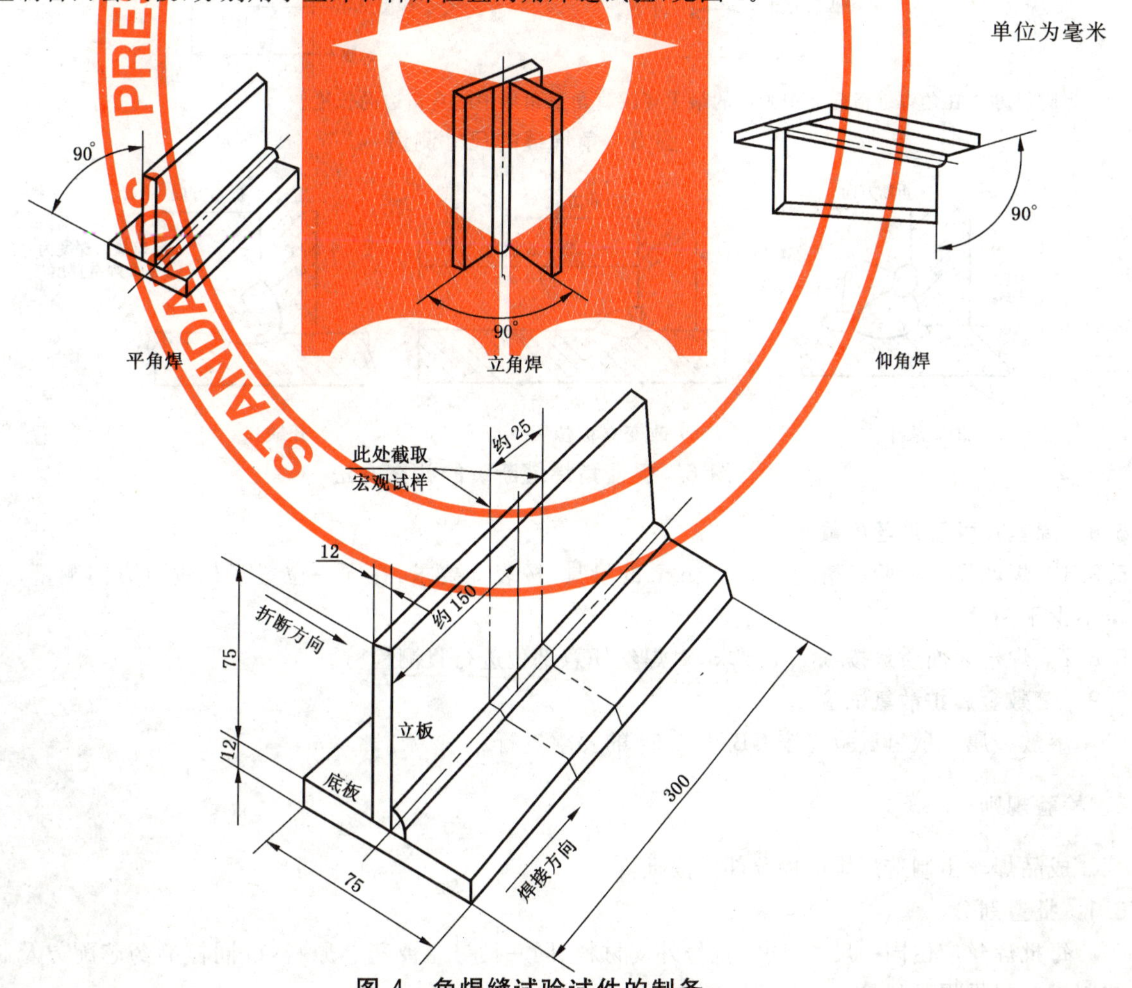

图 4 角焊缝试验试件的制备

5.7.2 角焊缝试验采用的焊丝尺寸和焊接参数由制造厂推荐。

5.7.3 试件的立板应有一纵向端面经过加工,底板应平直光洁,使立板与底板结合处无明显缝隙。

5.7.4 试件按图4组装,两端先进行定位焊,然后在接头的一侧焊接一条接近试板全长的单道角焊缝。

5.7.5 对焊后的焊缝应做目测检查,然后按图4所示从试件中部截取一个宽度约25 mm的试样。试样的一面应抛光和腐蚀,按图5所示划线,测量焊脚尺寸、焊脚和凸形角焊缝的凸度,精确至0.1 mm。所有测量值应被圆整到最接近的0.5 mm。

5.7.6 剩余的两块接头,按图6所示的折断方向沿整个角焊缝纵向弯断,检查断裂表面。如果断在母材上,不能认为焊缝金属不合格,应重新试验。

5.7.7 为了保证断于焊缝,可采用下述的一种或几种方法:

a) 在焊缝的每个焊趾处焊一个加强焊缝,如图6a)所示;

b) 改变立板在底板上的位置,如图6b)所示;

c) 在焊缝表面中心开一条缺口,如图6c)所示。

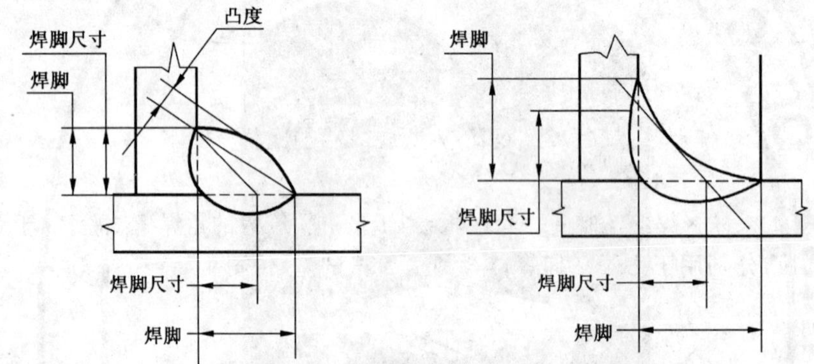

焊脚尺寸为在角焊缝横截面中画出的最大等腰直角三角形中的直角边的长度。

图5 角焊缝的尺寸测量

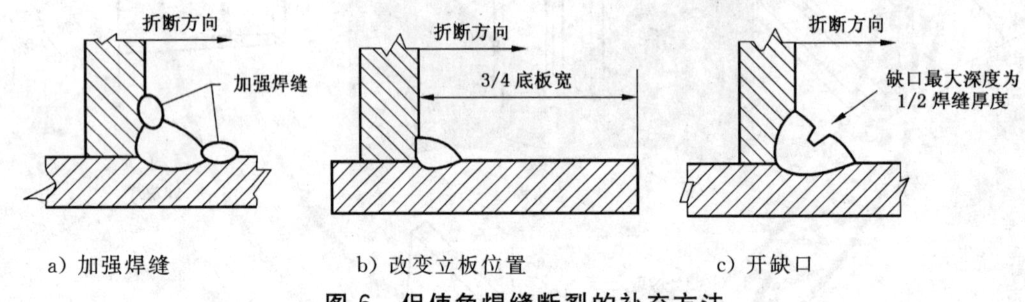

a) 加强焊缝　　b) 改变立板位置　　c) 开缺口

图6 促使角焊缝断裂的补充方法

5.8 焊丝尺寸及焊丝质量

5.8.1 焊丝尺寸检验用精度为0.01 mm的量具,按表6要求,在同一位置互相垂直方向测量,测量部位不少于两处。

5.8.2 焊丝表面质量按4.7.1要求,对焊丝任意部位进行目测检验。

5.9 熔敷金属扩散氢试验

熔敷金属扩散氢试验应按GB/T 3965的要求进行。

6 检验规则

成品焊丝由制造厂质量检验部门按批检验。

6.1 批量划分

每批焊丝应由同一尺寸、同一批号外皮材料、同一批号主要药芯原料,以同样的药芯配方及制造工艺制成。每批焊丝的最大质量为50 t。

6.2 取样方法

每批焊丝任选一盘(卷、桶),进行熔敷金属化学成分、力学性能、焊缝射线探伤、角焊缝、尺寸及焊丝质量检验。

6.3 验收

6.3.1 每批焊丝熔敷金属化学成分检验结果应符合4.2规定。

6.3.2 每批焊丝熔敷金属力学性能检验结果应符合4.3规定。

6.3.3 每批焊丝焊缝射线探伤检验结果应符合4.4规定。

6.3.4 每批焊丝角焊缝检验结果应符合4.5规定。在保证符合4.5规定时,角焊缝可不按批检验。

6.3.5 每批焊丝尺寸及焊丝表面质量应符合4.6及4.7.1规定。

6.3.6 每批焊丝也可按供需双方协商的验收项目进行验收。

6.4 复验

任何一项检验不合格时,该项检验应加倍复验。对于化学成分分析,仅复验那些不满足要求的元素。当复验拉伸性能时,抗拉强度、屈服强度及伸长率同时作为复验项目。试样可在原试件或新焊制的试件上截取。加倍复验结果均应符合该项检验的规定。

7 包装、标志及品质证明书

7.1 包装

焊丝应采用适当的内外包装,以防止在运输和存放过程中损坏。

7.2 包装形式及尺寸

7.2.1 焊丝可采用有、无支架焊丝卷、焊丝盘或焊丝桶包装。焊丝盘的尺寸见图7,其他包装尺寸见表11。

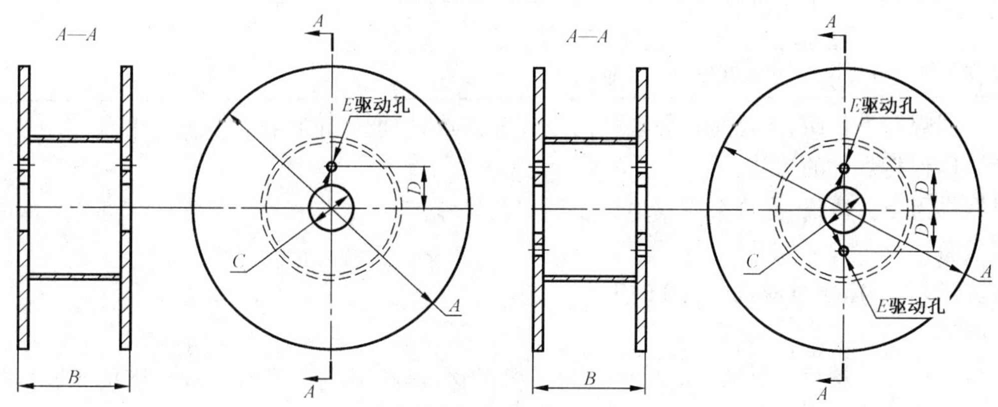

a) 100、200、270、300、350 mm 焊丝盘　　b) 560、610、760 mm 焊丝盘

单位为毫米

焊丝盘直径		100	200	270	300	350	560	610	760
A	直径及允许偏差	100^{+2}_{0}	200^{+3}_{0}	270^{+5}_{0}	300^{+5}_{0}	350^{+5}_{0}	560^{0}_{-10}	610^{0}_{-10}	760^{0}_{-10}
B	幅宽及允许偏差	45^{0}_{-2}	55^{0}_{-3}	100^{0}_{-3}	100^{0}_{-3}	100^{0}_{-3}	305^{0}_{-10}	345^{0}_{-10}	345^{0}_{-10}
C	法兰内径及允许偏差	16^{+1}_{0}	$50.5^{+2.5}_{0}$	$50.5^{+2.5}_{0}$	$50.5^{+2.5}_{0}$	$50.5^{+2.5}_{0}$	$35^{+1.5}_{-1.5}$	$35^{+1.5}_{-1.5}$	$35^{+1.5}_{-1.5}$
D	驱动孔轴间距及允许偏差	—	$44.5^{+0.5}_{-0.5}$	$44.5^{+0.5}_{-0.5}$	$44.5^{+0.5}_{-0.5}$	$44.5^{+0.5}_{-0.5}$	$63.5^{+1.5}_{-1.5}$	$63.5^{+1.5}_{-1.5}$	$63.5^{+1.5}_{-1.5}$
E	驱动孔直径及允许偏差	—	10^{+1}_{0}	10^{+1}_{0}	10^{+1}_{0}	10^{+1}_{0}	$16.7^{+0.7}_{-0.7}$	$16.7^{+0.7}_{-0.7}$	$16.7^{+0.7}_{-0.7}$
注1:焊丝盘膨胀或芯轴与法兰对不准时,芯轴内径应以大于 C 来确定。									
注2:芯轴外径应以能使焊丝顺利送进来确定。									

图7 焊丝盘的尺寸

表 11 焊丝包装尺寸及净质量

<table>
<tr><th>包装形式</th><th colspan="2">尺寸/mm</th><th>净质量/kg</th></tr>
<tr><td>卷装(无支架)</td><td colspan="3">由供需双方商定</td></tr>
<tr><td rowspan="2">卷装(有支架)</td><td rowspan="2">内径</td><td>170</td><td>5、6、7</td></tr>
<tr><td>300</td><td>10、15、20、25、30</td></tr>
<tr><td rowspan="7">盘装</td><td rowspan="7">外径</td><td>100</td><td>0.5、1.0</td></tr>
<tr><td>200</td><td>4、5、7</td></tr>
<tr><td>270、300</td><td>10、15、20</td></tr>
<tr><td>350</td><td>20、25</td></tr>
<tr><td>560</td><td>100</td></tr>
<tr><td>610</td><td>150</td></tr>
<tr><td>760</td><td>250、350、450</td></tr>
<tr><td rowspan="3">桶装</td><td rowspan="3">外径</td><td>400</td><td rowspan="2">由供需双方商定</td></tr>
<tr><td>500</td></tr>
<tr><td>600</td><td>150、300</td></tr>
<tr><td colspan="4">有支架焊丝卷的包装尺寸</td></tr>
<tr><td>焊丝净质量/kg</td><td colspan="2">芯轴内径/mm</td><td>绕至最大宽度/mm</td></tr>
<tr><td>5、6、7</td><td colspan="2">170±3</td><td>75</td></tr>
<tr><td>10、15</td><td colspan="2">300±3</td><td>65 或 120</td></tr>
<tr><td>20、25、30</td><td colspan="2">300±3</td><td>120</td></tr>
<tr><td colspan="4">注：根据供需双方协议，可包装其他净质量的焊丝。</td></tr>
</table>

7.2.2 有支架焊丝卷衬圈、焊丝盘和焊丝桶的设计和制造，应能防止在正常的搬运和使用中变形，并应清洁和干燥，以保持焊丝的清洁。

7.2.3 根据供需双方协议，允许采用其他包装形式及尺寸。

7.3 包装质量

每种包装形式的净质量应符合表 11 规定。

7.4 焊丝缠绕

每个焊丝盘、焊丝卷和焊丝桶上的焊丝应为连续焊丝，焊丝不应有扭结、折弯、搭接或嵌接等缺陷。焊丝外端应固定，明显易找。成盘焊丝的最外层与焊丝盘外缘的距离不少于 3 mm。

7.5 标志

每件焊丝的内外包装至少应标记下列内容：

——标准号、焊丝型号及焊丝牌号；

——制造厂名及商标；

——规格及净质量；

——批号及生产日期。

7.6 品质证明书

制造厂应对每批焊丝根据实际检验结果出具品质证明书。当用户提出要求时，制造厂应提供检验报告的副本。

附 录 A
（资料性附录）
低合金钢药芯焊丝简要说明

A.1 制造方法

可以是能够生产出满足本标准要求产品的任何方法。

A.2 焊接工艺

当按照本标准检验焊丝所要求的熔敷金属性能时，所采用的焊丝直径、电流和电压、热输入、保护气体的种类和流量、焊丝干伸长、板厚、接头几何形状、预热和道间温度、母材的成分和表面状态以及焊缝稀释等，对其有一定的影响，鉴于不可能对已分类的全部产品列出确切的焊接工艺，所以本标准要求记录焊接工艺参数，以便用户在需要时利用这些参数。

A.3 可选附加代号

A.3.1 可选附加代号既不是分类的一部分，也不是型号的一部分，仅用于识别已经满足供需双方商定的某些附加要求。

A.3.1.1 为了标识熔敷金属在更低温度下的冲击性能，在非金属粉型焊丝型号末尾添加附加代号 J。按本标准进行冲击试验时，试验温度比表 4 规定的温度低 10 ℃，冲击性能仍然满足要求。但在实际生产中，诸如长时间的焊后热处理或用较高的线能量进行向上立焊等其他用途时，冲击性能可能有显著的差别。用户应进行相应条件下的性能验证试验。

A.3.1.2 本标准焊丝有时用于焊接高碳钢或低合金高强度钢，熔敷金属或热影响区的氢致裂纹可能是个严重的问题。一般认为大多数药芯焊丝扩散氢含量较低，其熔敷金属扩散氢含量低于 15 mL/100 g，但是一些产品，在某些条件下会超出这个级别，因此，为了标识熔敷金属具有较低的扩散氢含量，在型号末尾添加附加代号 H5、H10 或 H15，表示按 GB/T 3965 的规定，采用水银法或色谱法测定的最高平均值。

焊丝不是在焊接过程中扩散氢的唯一来源，下列情况可能影响到实际生产条件下焊缝中扩散氢含量：

a) 大气条件：空气中的水分能够进入电弧，从而增加扩散氢含量。可通过在保持电弧稳定的条件下尽量缩短弧长来降低这种影响。经验表明，调整电弧长度在 H15 级别时影响最小，而在 H5 级别时可能非常明显。一种在规定大气条件下满足 H5 要求的焊丝，在高湿度条件下进行焊接、特别是不能调整电弧长度时，有可能达不到这一扩散氢含量级别。

b) 表面污染：锈、镀层、防飞溅化合物和油脂等实际上都能影响到扩散氢含量。

c) 保护气体：通常焊接用保护气体倾向于具有很低的露点和杂质。但实际上气瓶受污染、通过一些管路渗透的水分和在未用过的气瓶中凝结的水分等在焊接过程中可能造成扩散氢含量明显增加。

d) 焊丝吸潮：焊丝包装损坏、环境潮湿或存放时间过长等都能导致扩散氢含量的显著增加。因此，制造厂应对有关焊丝贮存、运输和使用等方面提出建议。在焊丝已经吸潮的情况下，有关对低氢水平的影响和可能进行的处理，应向制造厂咨询。

e) 焊接工艺参数：焊接电流、电弧电压、焊丝干伸长、保护气体类型、电流种类/极性、单丝焊还是多丝焊等都对扩散氢含量试验结果有不同程度的影响，且根据实际情况发生变化，例如，较大的焊丝干伸长使焊丝受到较多的预热，导致带氢化合物（如水分、油脂等）在其到达电弧之前得到释放从而减少扩散氢含量。然而，采用气体保护焊接时，假如导电嘴内缩在喷嘴位置不合适，过长的焊丝干伸长则会降低保护效果，更多的空气可能进入电弧，增加扩散氢含量。

A.4 其他性能要求

对于焊丝在涉及诸如硬度、耐腐蚀性、高温和低温环境下的力学性能、耐磨性以及对于异种金属焊接的适用性，可由供需双方商定进行附加试验。

A.5 非金属粉型焊丝的说明及应用

非金属粉型焊丝的药芯以造渣的矿物质粉为主，含有部分纯金属粉和合金粉。

A.5.1 对于一种给定的焊丝，除非特别注意焊接工艺、试样制备细节（甚至试样在焊缝中的位置）、试验温度和试验机的操作等，否则一块试件与另一块试件，甚至一个冲击试样与另一个冲击试样的试验结果之间可能存在明显的差别。

A.5.2 气体保护和自保护焊丝，其熔敷金属的碳含量对淬硬性的作用是不同的。气体保护焊丝通常采用 Mn-Si 脱氧系统，碳含量对硬度的影响可遵从于许多典型的碳当量公式。许多自保护焊丝采用铝合金体系来提供保护和脱氧，铝的作用之一是改善碳对淬硬性的作用。因此，采用自保护焊丝获得的硬度水平要低于典型的碳当量公式的指示水平。

A.5.3 E××0T×-××型药芯焊丝主要推荐用于平焊和横焊位置，但在焊接中采用适当的电流和较小的焊丝尺寸，也可用在其他位置上。对于直径小于 2.4 mm 的焊丝，使用制造厂推荐的电流范围的下限，就可以用于立焊和仰焊。其他较大直径的焊丝通常用于平焊和横焊位置的焊接。

A.5.4 本标准焊丝型号 E×××T×-××中 T 后面的×(1、4、5、6、7、8、11 或 G)表示不同的药芯类型，每类焊丝有类似药芯成分，具有特殊的焊接性能及类似的渣系。但“G”类焊丝除外，其每个焊丝之间工艺特性可能差别很大。

A.5.4.1 E×××T1-××类焊丝

E×××T1-×C 类焊丝按本标准采用 CO_2 作保护气体，但是在制造者推荐用于改进工艺性能时，尤其是用于立焊和仰焊时，也可以采用 Ar+CO_2 的混合气体，混合气体中增加 Ar 的含量会增加焊缝金属中锰和硅的含量，以及铬等某些其他合金的含量。这会提高屈服强度和抗拉强度，并可能影响冲击性能。

E×××T1-×M 类焊丝按本标准采用 Ar+(20%～25%)CO_2 作保护气体。采用减少 Ar 含量的 Ar/CO_2 混合气体或采用 CO_2 保护气体会导致电弧特性和立焊及仰焊焊接特性发生某些变化，同时可能减少焊缝金属中锰、硅和某些其他合金成分，这会降低屈服强度和抗拉强度，并可能影响冲击性能。

该类焊丝用于单道焊和多道焊，采用直流反接。大直径(≥2.0 mm)焊丝可用于平焊和平角焊，小直径(≤1.6 mm)可用于全位置焊，该类焊丝药芯为金红石型，熔滴呈喷射过渡，飞溅小，焊缝成型较平或微凸状，溶渣适中，覆盖完全。

A.5.4.2 E×××T4-×类焊丝

该类焊丝是自保护型，采用直流反接。用于平焊位置和横焊位置的单道焊或多道焊，尤其可用来焊接装配不良的接头。该类焊丝药芯具有强脱硫能力，熔滴呈粗滴过渡，焊缝金属抗裂性能良好。

A.5.4.3 E×××T5-××类焊丝

E×××T5-×C,-×M 类焊丝也可如 E×××T1-×C,-×M 类焊丝一样，在实际生产中根据需要分别对保护气体稍作调整。

E××0T5-××类焊丝主要用于平焊位置和平角焊位置的单道焊和多道焊，根据制造厂的推荐采用直流反接或正接。该类焊丝药芯为氧化钙-氟化物型，熔滴呈粗滴过渡，焊道成型为微凸状，熔渣薄且不能完全覆盖焊道，焊缝金属具有优良的冲击性能及抗热裂和冷裂性能。

某些 E××1T5-××类焊丝采用直流正接可用于全位置焊接。

A.5.4.4 E×××T6-×类焊丝

该类焊丝是自保护型，采用直流反接，熔滴呈喷射过渡，焊缝熔深大，易脱渣。可用于平焊和横焊位置的单道焊或多道焊。焊缝金属具有较高的低温冲击性能。

A.5.4.5　E×××T7-×类焊丝

该类焊丝是自保护型，采用直流正接，熔滴呈喷射过渡，用于单道焊或多道焊。大直径焊丝用于高熔敷率的平焊和横焊，小直径焊丝用于全位置焊接。焊丝药芯有强脱硫能力，焊缝金属具有很好的抗裂性能。

A.5.4.6　E×××T8-×类焊丝

该类焊丝是自保护型，采用直流正接，熔滴呈喷射过渡。可用于全位置的单道焊或多道焊。焊缝金属具有良好的低温冲击性能和抗裂性能。

A.5.4.7　E×××T11-×类焊丝

该类焊丝是自保护型，采用直流正接，熔滴呈喷射过渡。适用于全位置单道焊或多道焊。有关板厚方面的限制可向制造厂咨询。

A.5.4.8　E×××T×-G、E×××TG-×、E×××TG-G 类焊丝

该类焊丝设定为以上确定类别之外的一种药芯焊丝，熔敷金属的拉伸性能应符合本标准的要求，分类代号中的"G"表示合金元素的要求、熔敷金属的冲击性能、试样状态、药芯类型、保护气体或焊接位置等等，需由供需双方商定。

A.5.5　金属粉型焊丝的说明及应用

金属粉型焊丝的药芯以纯金属粉和合金粉为主，熔渣极少，熔敷效率较高，可用于单道或多道焊。

A.5.5.1　E55C-B2 型焊丝

该类焊丝用于焊接在高温和腐蚀情况下使用的 1/2Cr-1/2Mo、1Cr-1/2Mo 和 1-1/4Cr-1/2Mo 钢。它们也用作 Cr-Mo 钢与碳钢的异种钢连接。可呈现喷射、短路或粗滴等过渡形式。控制预热，道间温度和焊后热处理对避免裂纹非常重要。

A.5.5.2　E49C-B2L 型焊丝

该类焊丝除了低碳含量(≤0.05%)及由此带来较低的强度水平外，与 E55C-B2 型焊丝是一样的。同时硬度也有所降低，并在某些条件下改善抗腐蚀性能，具有较好的抗裂性。

A.5.5.3　E62C-B3 型焊丝

该类焊丝用于焊接高温、高压管子和压力容器用 2-1/4Cr-1Mo 钢。它们也可用来连接 Cr-Mo 钢与碳钢。控制预热、道间温度和焊后热处理对避免裂纹非常重要。该类焊丝在焊后热处理状态下进行分类的，当它们在焊态下使用时，由于强度较高，应谨慎。

A.5.5.4　E55C-B3L 型焊丝

该类焊丝除了低碳含量(≤0.05%)和强度较低外，与 E62C-B3 型焊丝是一样的，具有较好的抗裂性。

A.5.5.5　E55C-Ni1 型焊丝

该类焊丝用于焊接在－45 ℃低温下要求良好韧性的低合金高强度钢。

A.5.5.6　E49C-Ni2、E55C-Ni2 型焊丝

该类焊丝用于焊接 2.5Ni 钢和在－60 ℃低温下要求良好韧性的材料。

A.5.5.7　E55C-Ni3 型焊丝

该类焊丝通常用于焊接低温运行的 3.5Ni 钢。

A.5.5.8　E62C-D2 型焊丝

该类焊丝含有钼，提高了强度，当采用 CO_2 作为保护气体焊接时，提供高效的脱氧剂来控制气孔。在常用的和难焊的碳钢与低合金钢中，它们可提供射线照相高质量的焊缝及极好的焊缝成型。采用短路和脉冲弧焊方法时，它们显示出极好的多种位置的焊接特性。焊缝致密性与强度的结合使得该类焊丝适合于碳钢与低合金高强度钢在焊态和焊后热处理状态的单道焊和多道焊。

A.5.5.9　E55C-B6 型焊丝

该类焊丝含有 4.5%～6.0%Cr 和约 0.5%Mo，是一种空气淬硬的材料，焊接时要求预热和焊后热处理。用于焊接相似成分的管材。

A.5.5.10　E55C-B8 型焊丝

该类焊丝含有 8.0%～10.5%Cr 和约 1.0%Mo，是一种空气淬硬的材料，焊接时要求预热和焊后热处理。用于焊接相似成分的管材。

A.5.5.11　E62C-B9 型焊丝

该类焊丝是 9Cr-1Mo 焊丝的改型，其中加入 Nb 和 V，可提高高温下的强度、韧性、疲劳寿命、抗氧化性和耐腐蚀性能。除了本标准的分类要求外，应确定冲击韧性或高温蠕变强度。由于 C 和 Nb 不同含量的影响，规定值和试验要求必须由供需双方协商确定。

该类焊丝的热处理非常关键，必须严格控制。显微组织完全转变为马氏体的温度相对较低，因此，在完成焊接和进行焊后热处理之前，建议使焊件冷却到至少 100 ℃，使其尽可能多的转变成马氏体。允许的最高焊后热处理温度也是很关健的，因为珠光体向奥氏体转变的开始温度 Ac_1 也相对较低，当焊后热处理温度接近 Ac_1，可能引起微观组织的部分转变。为有助于进行合适的焊后热处理，提出了限制(Mn+Ni)的含量(见表 3 脚注 d)。Mn 和 Ni 会降低 Ac_1 温度，通过限制 Mn+Ni，焊后热处理温度将比 Ac_1 足够低，以避免发生部分转变。

A.5.5.12　E62C-K3、E69C-K3 和 E76C-K3 型焊丝

该类焊丝焊缝金属的典型成分为 1.5%Ni 和不大于 0.35%Mo。这些焊丝用于许多最低屈服强度为 550 MPa～760 MPa 的高强度应用中，主要在焊态下使用。典型的应用包括船舶焊接、海上平台结构焊接以及其他许多要求低温韧性的钢结构焊接。

该类型的其他焊丝的熔敷金属 Mn、Ni 和 Mo 较高，通常具有高的强度。

A.5.5.13　E76C-K4 和 E83C-K4 型焊丝

该类焊丝与 E××C-K3 型焊丝产生相似的熔敷金属，但加有约 0.5% 的 Cr，提高了强度，满足了超过 830 MPa 抗拉强度的许多应用需求。

A.5.5.14　E55C-W2 型焊丝

该类焊丝的焊缝金属中加入约 0.5%的 Cu，可与许多耐腐蚀的耐候结构钢相匹配。为满足焊缝金属强度、塑性和缺口韧性要求，也推荐加入 Cr 和 Ni。

A.5.5.15　E×× C-G 型焊丝

该类焊丝设定为以上确定类别之外的一种药芯焊丝，熔敷金属的抗拉强度应符合本标准的要求，分类代号中的“G”表示合金元素的要求、熔敷金属的其他力学性能、试样状态、保护气体等等，需由供需双方商定。

附 录 B
(资料性附录)
低合金钢药芯焊丝型号对照

B.1 说明

本标准与GB/T 17493—1998以及与AWS A5.29M:2005和ISO 17632:2004、ISO 17634:2004、ISO 18276:2005型号的对照如表B.1、表B.2和表B.3所示,本标准与AWS A5.28M:2005型号的对照如表B.4所示。各相当型号并不在每个方面都完全等同。

B.2 涉及的标准

——GB/T 17493—1998《低合金钢药芯焊丝》;
——AWS A5.28M:2005《气体保护电弧焊用低合金钢焊丝和填充丝规程》;
——AWS A5.29M:2005《药芯焊丝电弧焊用低合金钢焊丝规程》;
——ISO 17632:2004《焊接材料 非合金钢和细晶粒钢气保护和自保护药芯焊丝 分类》;
——ISO 17634:2004《焊接材料 热强钢熔化极气体保护焊药芯焊丝 分类》;
——ISO 18276:2005《焊接材料 高强度钢气保护和自保护药芯焊丝 分类》。

表 B.1 新、旧标准、AWS A5.29M和ISO 17632型号对照表

本标准	GB/T 17493-1998	AWS A5.29M:2005	ISO 17632A:2004	ISO 17632B:2004
E49×T5-A1×	E500T5-A1	E49×T5-A1×	—	T493T5-××P-2M3
E55×T1-A1×	E550T1-A1,E551T1-A1	E55×T1-A1×	T46 Z Mo××	T55ZT1-××A-2M3
E43×T8-K6	E431T8-K6	E43×T8-K6	—	T433T8-×NA-N1
E49×T8-K6	E501T8-K6	E49×T8-K6	—	T493T8-×NA-N1
E49×T5-K6×	—	E49×T5-K6×	—	T496T5-××A-N1
E43×T1-Ni1×	—	E43×T1-Ni1×	T35 3 1Ni××	T433T1-××A-N2
E49×T1-Ni1×	—	—	—	—
E49×T6-Ni1	—	E49×T6-Ni1	T38 3 1Ni××	T493T6-×NA-N2
E49×T8-Ni1	E501T8-Ni1	E49×T8-Ni1	—	T493T8-×NA-N2
E55×T1-Ni1×	E550T1-Ni1,E551T1-Ni1	E55×T1-Ni1×	—	T553T1-××A-N2
E55×T5-Ni1×	E550T5-Ni1	E55×T5-Ni1×	T46 3 1Ni××	T556T5-××P-N2
E49×T8-Ni2	E501T8-Ni2	E49×T8-Ni2	—	T493T8-×NA-N5
E55×T8-Ni2	—	E55×T8-Ni2	—	T553T8-×NA-N5
E55×T1-Ni2×	E550T1-Ni2,E551T1-Ni2	E55×T1-Ni2×	T46 4 2Ni××	T554T1-××A-N5
E55×T5-Ni2×	E550T5-Ni2	E55×T5-Ni2×	—	—
E55×T5-Ni3×	E550T5-Ni3	E55×T5-Ni3×	T46 6 3Ni××	T557T5-××P-N7
E55×T11-Ni3	—	E55×T11-Ni3	—	—
E55×T5-K1×	E550T5-K1	E55×T5-K1×	T50 3 1NiMo××	T554T5-××A-N2M2
E490T4-K2	E500T4-K2	E490T4-K2	—	T492T4-×NA-N3M2
E49×T7-K2	—	E49×T7-K2	—	T493T7-×NA-N3M2

表 B.1（续）

本标准	GB/T 17493-1998	AWS A5.29M:2005	ISO 17632A:2004	ISO 17632B:2004
E49×T8-K2	E501T8-K2	E49×T8-K2	—	T493T8-×NA-N3M2
E49×T11-K2	—	E49×T11-K2	—	—
E55×T1-K2×	E550T1-K2	E55×T1-K2×	—	T553T1-××A-N3M2
E55×T5-K2×	E550T5-K2	E55×T5-K2×	—	T553T5-××A-N3M2
E55×T8-K2	—	—	—	T553T8-×NA-N3M2
E55×T1-W2×	E550T1-W	E55×T1-W2×	—	T553T1-××A-NCC1

表 B.2　新、旧标准、AWS A5.29M 和 ISO 17634 型号对照表

本标准	GB/T 17493—1998	AWS A5.29M:2005	ISO 17634A:2004	ISO 17634B:2004
E49×T×-A1×	E500T5-A1	E49×T×-A1×	T MoL××	T49T×-××-2M3
E55×T×-A1×	E550T1-A1,E551T1-A1	E55×T×-A1×	T Mo××	T55T×-××-2M3
E55×T×-B1×	E551T1-B1	E55×T×-B1×	—	T55T×-××-CM
E55×T×-B1L×	—	E55×T×-B1L×	—	T55T×-××-CML
E55×T×-B2×	E550T1-B2,E551T1-B2,E550T5-B2	E55×T×-B2×	T CrMo1××	T55T×-××-1CM
E55×T×-B2L×	E550T5-B2L	E55×T×-B2L×	T CrMo1L××	T55T×-××-1CML
E55×T×-B2H×	E550T1-B2H	E55×T×-B2H×	—	T55T×-××-1CMH
E62×T×-B3×	E600T1-B3,E601T1-B3,E600T5-B3	E62×T×-B3×	T CrMo2××	T55T×-××-2C1M
E62×T×-B3L×	E600T1-B3L	E62×T×-B3L×	T CrMo2L××	T55T×-××-2C1ML
E62×T×-B3H×	E600T1-B3H	E62×T×-B3H×	—	T55T×-××-2C1MH
E69×T×-B3×	E700T1-B3	E69×T×-B3×	—	T69T×-××-2C1M
E55×T×-B6×	—	E55×T×-B6×	T CrMo5××	T55T×-××-5CM
E55×T×-B6L×	—	E55×T×-B6L×	—	T55T×-××-5CML
E55×T×-B8×	—	E55×T×-B8×	—	T55T×-××-9C1M
E55×T×-B8L×	—	E55×T×-B8L×	—	T55T×-××-9C1ML
E62×T×-B9×	—	E62×T×-B9×	—	T55T×-××-9C1MV

表 B.3　新、旧标准、AWS A5.29M 和 ISO 18276 型号对照表

本标准	GB/T 17493—1998	AWS A5.29M:2005	ISO 18276A:2005	ISO 18276B:2005
E62×T1-Ni2×	E600T1-Ni2,E601T1-Ni2	E62×T1-Ni2×	—	—
E62×T5-Ni3×	E600T5-Ni3	E62×T5-Ni3×	—	—
E62×T1-D1×	E601T1-D1	E62×T1-D1×	—	T624T1-××A-3M2
E62×T5-D2×	E600T5-D2	E62×T5-D2×	T55 4 MnMo××	T625T5-××P-4M2
E69×T5-D2×	E700T5-D2	E69×T5-D2×	T62 3 MnMo××	T694T5-××P-4M2
E62×T1-D3×	E600T1-D3	E62×T1-D3×	T55 1 MnMo××	T622T1-××A-3M3

表 B.3(续)

本标准	GB/T 17493—1998	AWS A5.29M:2005	ISO 18276A:2005	ISO 18276B:2005
E62×T1-K2×	E600T1-K2, E601T1-K2	E62×T1-K2×	—	—
E62×T5-K2×	E600T5-K2	E62×T5-K2×	—	T625T5-××A-N3M1
E69×T1-K3×	E700T1-K3	E69×T1-K3×	T55 2 MnNiMo××	T692T1-××A-N3M2
E69×T5-K3×	E700T5-K3	E69×T5-K3×	T55 4 MnNiMo××	T695T5-××A-N3M2
E76×T1-K3×	E750T1-K3	E76×T1-K3×	T62 1 Mn2NiMo××	T762T1-××A-N3M2
E76×T5-K3×	E750T5-K3	E76×T5-K3×	—	—
E83×T1-K5×	E850T1-K5	E83×T1-K5×	—	T83ZT1-××A-N3C1M2
E76×T1-K4×	E751T1-K4	E76×T1-K4×	T62 1 Mn2NiCrMo××	T762T1-××A-N4C1M2

表 B.4 新、旧标准和 AWS A5.28M 标准型号对照表

本标准	GB/T 17493—1998	AWS A5.28M:2005
E49C-B2L	—	E49C-B2L
E55C-B2	—	E55C-B2
E55C-B3L	—	E55C-B3L
E62C-B3	—	E62C-B3
E55C-B6	—	E55C-B6
E55C-B8	—	E55C-B8
E62C-B9	—	E62C-B9
E55C-Ni1	—	E55C-Ni1
E49C-Ni2	—	E49C-Ni2
E55C-Ni2	—	E55C-Ni2
E55C-Ni3	—	E55C-Ni3
E62C-D2	—	E62C-D2
E62C-K3	—	E62C-K3
E69C-K3	—	E69C-K3
E76C-K3	—	E76C-K3
E76C-K4	—	E76C-K4
E83C-K4	—	E83C-K4
E55C-W2	—	E55C-W2

ICS 97.220.30
Y 55

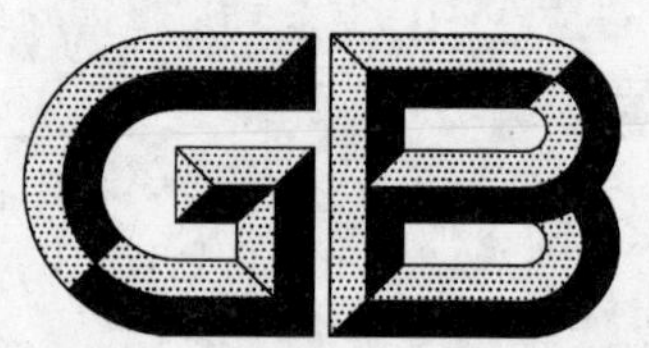

中华人民共和国国家标准

GB 17498.1—2008/ISO 20957-1:2005
代替 GB 17498—1998

固定式健身器材 第1部分:通用安全要求和试验方法

Stationary training equipment—Part 1:General safety requirements and test methods

(ISO 20957-1:2005,IDT)

2008-12-30 发布　　2010-04-01 实施

中华人民共和国国家质量监督检验检疫总局
中国国家标准化管理委员会　发布

前　言

本部分的第5章、第9章、第10章为强制性条款，其余为推荐性条款。

GB 17498《固定式健身器材》分为下列9个部分：

——第1部分：通用安全要求和试验方法；

——第2部分：力量型训练器材　附加的特殊安全要求和试验方法；

——第4部分：力量型训练长凳　附加的特殊安全要求和试验方法；

——第5部分：曲柄踏板类训练器材　附加的特殊安全要求和试验方法；

——第6部分：跑步机　附加的特殊安全要求和试验方法；

——第7部分：划船器　附加的特殊安全要求和试验方法；

——第8部分：踏步机、阶梯机和登山器　附加的特殊安全要求和试验方法；

——第9部分：椭圆训练机　附加的特殊安全要求和试验方法；

——第10部分：带有固定轮或无飞轮的健身车　附加的特殊安全要求和试验方法。

本部分为GB 17498的第1部分。

本标准在其各部分的划分时，为了保持与原国际标准一致性，将第2部分和第3部分予以了合并。

本部分等同采用国际标准ISO 20957-1:2005《固定式训练器材　第1部分：通用安全要求和试验方法》。

为了方便使用，本部分做了下列编辑性修改：

——为了与我国现有的健身器材国家标准保持协调一致，并根据该类产品在国内外的实际使用场所及其我国的习惯性产品名称，适宜地修改了标准名称的"引导要素"及其第3章中相应的术语名称；即，将直接翻译后的近义词"固定式训练器材"(stationary training equipment)修改为"固定式健身器材"；

——删除了国际标准中的封面、PDF否认责任声明(PDF disclaimer)和目次；

——用小数点符号"."代替小数点符号","；

——用"GB 17498的本部分"或"本部分"代替了"ISO 20957的本部分"；

——根据我国的《标准化法》、《国家标准管理办法》和GB/T 20000.2的相关规定，并鉴于该国际标准的分类号ICS 97.220.30(室内运动设备)及其ISO 20957-1:2005第1章"范围"中所列举的该国际标准的适用场所，为了保证本标准与我国已发布的强制性国家标准GB 19272—2003《健身器材　室外健身器材的安全　通用要求》的协调性，本部分又在第1章"范围"中的"注1"和"注2"之后，增加了资料性提示的"注3"。

本部分代替GB 17498—1998《健身器材的安全　通用要求》。

本部分由中国轻工业联合会提出。

本部分由全国文体用品标准化中心归口。

本部分起草单位：中国文教体育用品协会健身器材专业委员会、山西澳瑞特健康产业股份有限公司、国家体育用品质量监督检验中心、青岛英派斯(集团)有限公司、福建省舒华体育用品有限公司、山东英吉多健康产业有限公司、山东凤凰健身器材有限公司、万年青(上海)运动器材有限公司、北京国体世纪体育用品质量认证中心有限公司、宁波凯利斯运动器材有限公司、南通铁人运动用品有限公司、山东祥和集团股份有限公司、山东英克莱集团有限公司、深圳市好家庭实业有限公司、武汉昊康健身器材有限公司、宁波新贵族运动用品有限公司、烟台激浪健身器材有限公司、深圳市华测检测技术股份有限公司、宁波奇胜运动器材有限公司。

本部分主要起草人：元天翔、秦有年、窦军社、王燕玲、刘增勋、陈坤章、杨国盛、范新生、刘严雄、侯力波、奚晓刚、朱善伟、杨建、崔俊涛、齐高盘、张佳兴、李艺仁、王建忠、王莉、张鸿、陆立青。

本部分所代替标准的历次版本发布情况为：

——GB 17498—1998。

固定式健身器材
第1部分:通用安全要求和试验方法

1 范围

GB 17498的本部分规定了固定式健身器材(以下简称健身器材)通用的术语和定义、分类、安全要求及试验方法。

本部分适用于固定式健身器材,它包括通过业主(具有法人资格)易于专门控制管理的各团体训练场所使用的器材(S和I类),例如:运动协会、教育机构、酒店、体育馆、俱乐部、康复中心和工作室所用器材。

本部分亦适用于家用(H类)以及其他类型的,包括电机驱动的固定式健身器材。

GB 17498的其他部分的附加的特殊要求优先于GB 17498本部分的相应要求。

本部分不适用于儿童使用的固定式健身器材。

注1:若固定式健身器材用于医疗(包括医疗康复锻炼)用途时,除GB 17498本部分的要求外,在中国国内销售和使用的器材,则应注意国家在医疗器械方面有关的法律法规及相关标准的要求。

注2:如果所设计的固定式健身器材用于残疾人时,应注重任何有关的国家法则(见参考文献及其国家和行业相关的技术法规)。

注3:GB 17498的本部分及其GB 17498的其他各部分,均主要适用于室内使用的固定式健身器材。

2 规范性引用文件

下列文件中的条款通过GB 17498的本部分的引用而成为本部分的条款。凡是注日期的引用文件,其随后所有的修改单(不包括勘误的内容)或修订版均不适用于本部分,然而,鼓励根据本部分达成协议的各方研究是否可使用这些文件的最新版本。凡是不注日期的引用文件,其最新版本适用于本部分。

GB 4706.1 家用和类似用途电器的安全 第1部分:通用要求(GB 4706.1—2005,IEC 60335-1:2001,IDT)

GB 9706.1 医用电气设备 第1部分:安全通用要求(GB 9706.1—2007,IEC 60601-1:1988,IDT)

GB/T 15706.1 机械安全 基本概念与设计通则 第1部分:基本术语和方法(GB/T 15706.1—2007,ISO 12100-1:2003,IDT)

ISO 6508-1 金属材料 洛氏硬度试验 第1部分:试验方法(A、B、C、D、E、F、G、H、K、N、T标尺)

ISO 8793 钢丝绳 金属箍接头

3 术语和定义

下列术语和定义适用于GB 17498的本部分。

3.1

固定式健身器材 stationary training equipment

在使用时,器材不能作为一个整体来移动,器材或是放在地板上,或是连接在墙壁上、天花板上或其他的固定结构上。

注:健身器材能够用于:

a) 体育、健身或健美训练；

b) 身体健康锻炼；

c) 体育教学；

d) 用于竞赛的专业训练和相应的体育活动锻炼；

e) 预防性的治疗与康复。

3.2

训练区域　training area

在使用器材时，使用者和器材进行活动所占用的区域。

注：该训练区域包括拒绝第三者进入该器材的危险部分。

3.3

手脚活动区域　accessible hand and foot area

正常使用器材时，使用者或第三者在起(坐)立、抓紧、调整器材或调整锻炼身体的位置时所占用的区域。

3.4

回程力　reverse force

例如在释放负载时产生的力(反向力)。

3.5

运动范围　range of movement

使用者或其肢体按用户手册中的规定进行运动的空间。

3.6

动力方向　dynamic direction

以用户手册中的说明，在正常锻炼时的施力方向。

3.7

人体质量　bodymass

100 kg，或者以用户手册中规定的使用者质量的最大值。

3.8

固有载荷　intrinsic loading

由使用者的身体质量产生的载荷。

3.9

外部载荷　extrinsic loading

附加于使用者身体质量上的载荷。

3.10

最大规定载荷　maximum specified load

由制造商规定的最大载荷。

3.11

功率测量计　ergometer

为了测量健身器材某一零部件以瓦特为单位的输入功率，在标准的可适用的特殊部分中，以专门准确度规定的测量仪。

注：本条款仅适用于执行此条件的健身器材。

3.12

速度关联式健身器材　speed-dependent training equipment

制动力矩不能调节且相称于踩踏速度的健身器材，例如：驱动风扇的健身车。

3.13

非速度关联式健身器材　speed-independent training equipment

通过速度以外的其他方法能够予以制动力矩调节的健身器材。

3.14

动力驱动式健身器材　power driven training equipment

通过外部动力(例如:电动机、气动活塞)而驱动的健身器材。

4　分类

4.1　总则

器材应按照4.2～4.4所述的准确度和用途类别进行分类。

如果器材的使用涉及多个类别,则应满足各个类别的要求。

4.2　类型

特殊部分中所使用的类型编号来源于该部分的序号。

注:例如类型2,在GB 17498.2中规定的力量型训练器材。

4.3　准确度等级

4.3.1　A级:高等准确度。

4.3.2　B级:中等准确度。

4.3.3　C级:最低准确度。

注:准确度等级在GB 17498附加的特殊部分中说明。

4.4　用途类别

4.4.1　S(studio)类:专业和/或商业使用。

该健身器材用于团体的训练场所,例如:运动协会、教育机构、酒店、俱乐部和工作室,其使用和控制由业主(具有法人资格)进行专门按章管理。

4.4.2　H(home)类:家庭使用。

4.4.3　I类:专业和/或商业使用,包括提供给特殊需求人群(例如:视觉、听觉、身体或智力有障碍者)使用。

该类器材也应符合S类的要求。

该健身器材用于团体的训练场所,例如:运动协会、教育机构、酒店、俱乐部、康复中心和工作室,其使用和控制由业主(具有法人资格)进行专门按章管理。

5　安全要求

注:涉及易燃性,其产品应符合相应的国家规定。

5.1　自立式器材的稳定性

当按照6.3试验时,健身器材应无倾倒现象。

5.2　外部结构

5.2.1　棱边

器材各支承体表面的所有棱边和尖角,均应使其半径 r 大于2.5 mm。

易接触使用者或第三者的零部件的其他所有棱边,应圆滑或加以防护。

按照6.1.1和6.1.3进行试验。

5.2.2　管材末端

当按照6.1.2试验时,易接触的管材末端应采用器材的零部件或管塞封住。

经适用的特殊标准相关部分中所规定的耐久性负载试验后,管塞应保持在原始状态。

5.2.3 易接触区域内的挤压、剪切、旋转和往复部位

当按照 6.1.1 和 6.1.2 检测时，在 1 800 mm 高度范围内的易接触区域，活动部件与邻近的活动部件或固定部件之间的距离应不小于 60 mm，下列情况除外：

a) 如果可能只危及手指，其距离应不小于 25 mm；

b) 如果活动部件和固定部件之间的距离在运动中保持不变，其距离应不大于 9.5 mm；

c) 如果在训练区域内具有适宜的安全防护设施和止动装置；

d) 如果可用使用者的身体位置来遮挡，使第三者不能接近，以及使用者可以立即停止运动。

注：本条规定，可使其设计保护手和手指免受伤害，对人体其他部位的伤害并未考虑。

5.2.4 重块

隶属于健身器材上所有重块的移动范围应按锻炼使用时的要求有所限制。按照 6.1.2 和 6.1.4 进行检测。

注 1：这可以通过适宜的设计来实现。

注 2：不良特征的例子是无控制的钟摆运动。

除非刻意移动外，堆码式重块的移动应能自如地返回静止点。

5.3 进出和解脱机构

如果使用者无法达到器材的负载起始位置(按照制造商说明书调整器材后)，那么该器材则应提供一个辅助装置，例如：采用踏板或杠杆调整锻炼的起始/结束位置。

按照 6.7 进行试验。

5.4 调节和锁定机构

当按照 6.1.2 和 6.1.4 检测时，健身器材上的调节装置应作用可靠，易被使用者识别和安全使用，且应无疏忽变动的可能性。

调节机件，如旋(按)钮和手柄(操纵杆)等，不应与使用者的运动范围相干涉。

任何锁定机构的正确功能应显而易见。

重块选择销应配置一个防止疏忽变更或锻炼时松动的固紧性装置。

5.5 拉索、带子和链条

5.5.1 通则

拉索、带子、链条及其附加装置应有足够的安全系数，其抵抗破坏的拉力应为使用中所能产生最大负荷的 6 倍。滑轮的直径应符合拉索、带子或链条制造商的适用要求。

注 1：附加装置包括接头卡子、连接环(杆)、锁扣、挂钩、夹板(钳)或类似件(手柄类除外)。

当产生的拉力低于 GB 17498 本部分规定的限定值时，应按限定值对其器材进行试验。

当按照 6.4 进行试验时，拉索应无断裂，且应具有正常性能的能力。

注 2：正常性能是指无断裂和明显的损坏。

5.5.2 钢丝绳和滑轮

5.5.2.1 标准的钢丝绳应采用电镀或耐腐蚀的金属丝制成，并应按 6.1.5 进行检测。

绳索的公称直径 d 与相配合的滑轮槽半径 r 应遵循如下原则，滑轮槽半径 r 的范围应为：

$$\frac{d}{2}+5\% \sim \frac{d}{2}+15\%$$

其最佳值应为：

$$\frac{d}{2}+10\%$$

按 6.1.1 进行检测。

专用的钢丝绳见 5.5.2.2。

5.5.2.2 滑轮的尺寸和形状应符合拉索、带子和链条制造商对其直径和槽沟的适用要求；对 S 类 100 000次和 H 类 12 000 次的耐久性试验，应按 6.8 的规定进行。

5.5.2.3 锻铝合金的绳箍应按照 ISO 8793 进行制造。

绳索端头应以夹卡边缘卡夹齐平至超出 $^{+2}_{0}$ mm。

在检测时，绳索端头应清晰可见。

压制的接头不应弯曲。

钢丝绳的固定端应仅限于安装在罩壳或类似的防护装置的后面。

按照 6.1.2 进行检测。

5.5.3 绳索和带子控制

通过绳索或带子的导向装置，应防止绳索或带子在侧向松弛或脱落的可能性。

按照 6.1.2 和 6.1.4 进行检测。

5.6 引入点

在直至 1 800 mm 高度的范围内，在绳索或带子驱动装置中的引入点，应有对使用者手指的防护，以防卡夹。

注：该项规定可通过保证绳索和挡护板之间的角度不小于 50°来实现。

表面压力不大于 90 N/cm² 的绳索和带子驱动装置，可不包括该项要求。

按照 6.1.6 进行检测。

按照 GB/T 15706.1，应对链条、齿轮和链轮的引入点进行防护。

对于惯性轮，当按照 6.5 试验时，试验指(见图 1)应不被卡住。

5.7 握持位置

5.7.1 整体式手把套

应清晰地刻(标)制有握持位置及纹理表面，以防手滑。按照 6.1.2 进行检测。

5.7.2 外加式手把套

当按照 6.6 试验时，外加式手把套应无移动。

5.7.3 旋转式手把套

旋转式手把套应采用机械锁定装置予以保证，并应具有纹理表面，以防手滑。

按照 6.1.2 和 6.1.4 进行检测。

5.8 电器安全

健身器材涉及电气和电子的，应符合 GB 4706.1；对于具有医疗装置的，应符合 GB 9706.1。

6 试验方法

6.1 通则

6.1.1 尺寸检测。

6.1.2 目视检查。

6.1.3 触觉检查。

6.1.4 操作试验。

6.1.5 制造商证明。

6.1.6 引入点试验 设备：按图 1 所示的试验指。

将试验指插入引入点，并判定试验指是否被卡夹。插入试验指至引入点时，应保持试验指与旋转部件的轴线平行。

6.2 试验条件

所有试验均应符合下列条件：

a) 温度：(23±5)℃；

b) 相对湿度：55%～75%。

6.3 稳定性试验

应采用(100±5)kg 的可靠试验人员进行试验,所有试验均应在最繁重的使用情况下(最大运动范围和最大负荷)进行:

——在动力方向倾斜 10°;和

——在所有其他方向倾斜 5°。

6.4 拉索、带子和链条的断裂载荷试验

在施加最大专用载荷情况下,测量拉索、带子或链条的拉伸力。并且,实施拉力试验时,应线性的逐渐增大载荷直至预先设定的 6 倍拉力。

6.5 惯性轮试验

在器材正常工作时,在驱动和传动部件之间,从所有的方面插入试验指(见图 1)至任何易卡夹的部位。

距防护罩的边界的较远处,不必插入试验指。

判定试验指是否被卡夹。

单位为毫米

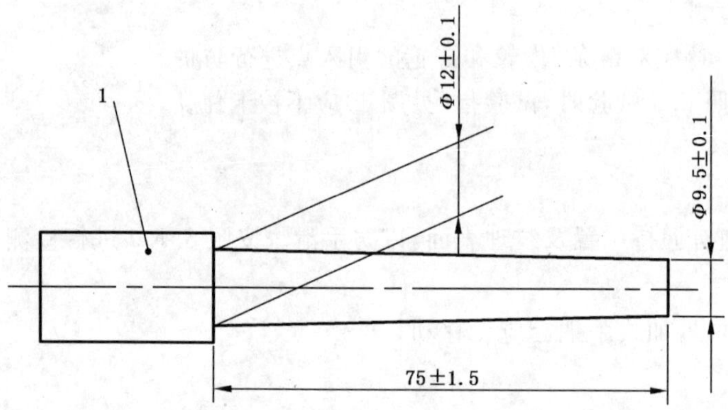

1
Φ12±0.1
Φ9.5±0.1
75±1.5

1——手柄;

Ra 不大于 0.40 μm。

表面硬度≥HRC 40,按 ISO 6508-1 测定。

图 1 试验指

6.6 外加式手把套的脱卸力试验

通过一个适宜的拉拔装置的方法,将 70 N 的力谨慎地施加于手把套上。

6.7 进出/解脱试验

6.7.1 原则

一种直观的操作试验,应能体现并判定是否需要一个进出/解脱的辅助手段,以完全实现业主手册中规定的机械功能。

6.7.2 程序

按照制造商说明书,以试验人体的尺寸调整器材。

按照制造商提供的操作说明书中的规定,试验人员应进入器材并到达运动的起始位置。

试验人员应能相对宽松地进入和返回到起始位置。

如果试验人员不能推举或触及到辅助机构,或者若试验人员不能顺利地进入到运动起始位置,则器材需要进一步地调整。

如果不是这种情况(器材已按操作说明给予的试验人员的身体尺寸进行了适宜的调整),那么,则应提供一个沿推举行程的方向予以运动推举的辅助手段或辅助机构。

如果提供了一个辅助手段,那么,操作机构及其性能保障应与其操作说明中的描述相一致。

在训练完成并将推举或辅助机构返回到静止位置时，应在到达卸载静止位置之前，驱动辅助手段或辅助机构来停止推举，从而让使用者从负载使用位置退出。

6.8 耐久性负载试验

尽可能进行接近正常运动频率及无冲击的试验：

a) H类，大于许可运动行程的80%，12 000次；

b) S类，大于许可运动行程的80%，100 000次：

1) 采用最大载荷；

2) 承载方向与50%的人员确定的运动规律相一致；

3) 运动频率按照3个人预先负载训练试验的平均数。

6.9 试验报告

试验报告应至少包括以下内容：

a) 试验室的名称和地址，当试验室的地址有变化时，还应给出其试验地点；

b) 报告的唯一性识别(如：序列编号)以及报告的各页码和总页码；

c) 委托人的名称和地址；

d) 试验项目的描述和判定；

e) 接收到试验项目的日期和试验完成的日期；

f) 试验规程的标识，或试验方法或试验程序的说明；

g) 有关抽样程序的说明；

h) 与试验规范不一致的任何偏差、附加或排除情况，以及其他任何有关的专门试验的情况；

i) 通过适宜的表格、曲线图、略图和照片的帮助，说明测量、检查和得出的结果，以及任何失败的确认；

j) 在测试不确定度方面的说明(相关处)；

k) 试验报告技术责任人员的签名和职务或等效的标识，以及签发的日期；

l) 声明该试验结果仅适用于所测试的产品。

7 维护和保养

若适宜维护和保养，则应提供器材各部分维护和保养的建议，该建议至少应包括：

a) 因为磨损和损坏，例如：绳索、滑轮和连接点，需要经常检查，并应警示告知单纯维修后器材可保持的安全程度；

b) 立即更换那些有缺陷的零部件和/或将该器材闲置直到修复；

c) 特别注意最容易磨损的构件。

8 装配说明

如果健身器材需要装配，应提供(以官方语言)清晰和正确的装配说明书。

如果健身器材需要装配，应提供所需的一套工具。

如果健身器材需要装配，应提供完整的零部件明细表，包括有标码的零部件数量。

制造商应提示器材的总重量和总面积范围(例如：底座面积)以及在墙壁上固定时的最小推荐(力)值。当健身器材需要固定时，例如：固定于墙壁上，应提供完整的安装说明。

9 通用使用说明

健身器材的各个产品均应随带有以官方语言表达的为物主而使用的说明书，且应至少包括下列内容：

a) 客户服务地址；

b) 适用范围的标示;

c) 以安全为重点,正确使用(正常使用)器材的知识及其要点,包括对安全操作所需要的自由空间以及阻止无人监管的儿童应远离器材重要性的说明;

d) 在健身器材上使用者关于符合人体生物力学规律的训练指南;

e) 因为不正确或过度的锻炼可能对人体健康造成伤害的警示,且应提供器材所设置的关于每一个主要锻炼模式的指南;

f) 条文涉及困难或复杂的操作运动,应附以图形说明;

g) 结构设计图示;

h) 可能予以使用者运动干涉的任何调节装置都不应偏离设计的警示;

i) 器材应安装(置)在稳固性的基座(面)上和相应平整度方面的警示;

j) 负载的放置和器材进一步的调节(例如:座位调节);

k) 使用者最大身体质量的提示;

l) 如果适用,最大训练载荷的提示。

10 标志

健身器材应永久性地至少标示出下列内容:

a) 制造商、供应商或进口商的名称或商标及其完整的地址;

b) 对于个别的训练站所允许的使用者的最大身体质量和最大重力载荷(如果适用);

c) 在标准的其他部分中,采用S类、H类或I类及其A、B、C准确度等级的,若二个类(级)别已确定,则应将其类(级)别进行合并(例如:SA);

d) 单独的规则编码(包括品种编号和所制造的年份编号信息);

e) 由制造商提供的提示使用者应阅读说明书的象形标志。

如果适宜,对永久性的固定于健身器材上的警告标识,应以官方语言的形式进行提供。

依照GB 17498的本部分,与类别规定有关的字母符号(S类、H类和I类),可通过GB 17498的附加规定,并通过制造商的责任进行标示。

参 考 文 献

[1] IFI/UK 1 04 04,EFDS Inclusive Fitness Initiative—Interim Standards for the accreditation of IFI Fitness equipment by equipment item;www.inclusivefitness.org

[2] GB 17498.2 固定式健身器材 第2部分:力量型训练器材 附加的特殊安全要求和试验方法(GB 17498.2—2008,ISO 20957-2:2005,IDT)

ICS 97.220.30
Y 55

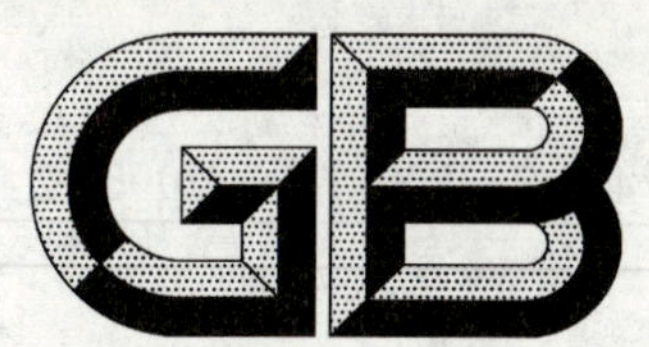

中华人民共和国国家标准

GB 17498.2—2008/ISO 20957-2:2005

固定式健身器材
第2部分:力量型训练器材
附加的特殊安全要求和试验方法

Stationary training equipment—
Part 2:Strength training equipmen—
Additional specific safety requirements and test methods

(ISO 20957-2:2005,IDT)

2008-12-30 发布　　　　2010-04-01 实施

中华人民共和国国家质量监督检验检疫总局
中国国家标准化管理委员会　发布

前　言

本部分的第5章、第7章、第8章为强制性条款;其余为推荐性条款。

GB 17498《固定式健身器材》包括以下9个部分:

——第1部分:通用安全要求和试验方法;

——第2部分:力量型训练器材　附加的特殊安全要求和试验方法;

——第4部分:力量型训练长凳　附加的特殊安全要求和试验方法;

——第5部分:曲柄踏板类训练器材　附加的特殊安全要求和试验方法;

——第6部分:跑步机　附加的特殊安全要求和试验方法;

——第7部分:划船器　附加的特殊安全要求和试验方法;

——第8部分:踏步机、阶梯机和登山器　附加的特殊安全要求和试验方法;

——第9部分:椭圆训练机　附加的特殊安全要求和试验方法;

——第10部分:带有固定轮或无飞轮的健身车　附加的特殊安全要求和试验方法。

本部分是GB 17498的第2部分。

本标准在其各部分的划分时,为了保持与原国际标准的一致性,将第2部分和第3部分予以了合并。

本部分等同采用ISO 20957-2:2005《固定式训练器材　第2部分:力量型训练器材　附加的特殊安全要求和试验方法》(英文版)。

为了方便使用,本部分做了下列编辑性修改:

——为了与我国现有的健身器材国家标准保持协调一致,并根据该类产品在国内外的实际使用场所及其我国的习惯性产品名称,适宜地修改了标准名称的"引导要素";也即,将直接翻译后的近义词"固定式训练器材"(stationary training equipment)修改为了"固定式健身器材";

——删除了国际标准中的封面、PDF否认责任声明(PDF disclaimer)、前言和目次;

——用小数点符号"."代替小数点符号",";

——用"GB 17498的本部分"或"本部分"代替了"ISO 20957的本部分"。

本部分由中国轻工业联合会提出。

本部分由全国文体用品标准化中心归口。

本部分起草单位:国家体育用品质量监督检验中心、山西澳瑞特健康产业股份有限公司、青岛英派斯(集团)有限公司、万年青(上海)运动器材有限公司、宁波凯利斯运动器材有限公司、北京国体世纪体育用品质量认证中心、武汉昊康健身器材有限公司、烟台激浪健身器材有限公司。

本部分主要起草人:王燕玲、窦军社、侯都兴、郑国良、刘严雄、朱中一、岳磊、田旭、王苏、李艺仁、于秀成。

固定式健身器材
第2部分:力量型训练器材
附加的特殊安全要求和试验方法

1 范围

GB 17498的本部分规定了除GB 17498.1通用安全要求之外,专门针对力量型训练器材的附加的特殊安全要求,本部分应与GB 17498.1结合使用。

本部分适用于具有重块阻力或其他形式的阻力,如:杠铃片,弹力绳,液压,气压和磁性系统和弹簧的固定式健身器材类型中的S类和H类力量型训练器材(以下简称训练器材)。

在训练器材上用于附加练习的附属装置符合GB 17498.1的要求。

2 规范性引用文件

下列文件中的条款通过GB 17498的本部分的引用而成为本部分的条款。凡是注日期的引用文件,其随后所有的修改单(不包括勘误的内容)或修订版均不适用于本部分,然而,鼓励根据本标准达成协议的各方研究是否可使用这些文件的最新版本。凡是不注日期的引用文件,其最新版本适用于本部分。

GB 17498.1—2008 固定式健身器材 第1部分:通用安全要求和试验方法(ISO 20957-1:2005, IDT)

EN 294 机械安全性 防止上肢触及危险区域的安全距离

3 术语和定义

GB 17498.1确立的术语和定义适用于GB 17498的本部分。

4 分类

应符合GB 17498.1—2008的第4章要求。

5 安全要求

5.1 通则

训练器材零部件的设计应符合以下要求。

5.2 载荷

5.2.1 固有载荷

承载使用者体重的器材各部分应能承受力F:

H类 人体质量(100 kg)的2.5倍不损坏,

S类 人体质量(100 kg)的2倍无永久性变形。

按6.2试验时,支撑处(例如,承载表面)变形应不超过$f=1/100$,悬臂支撑处(悬臂表面)应不超过$f=1/150$,其他部位变形量应不超过1%。

施加人体质量(100 kg) 4倍的静载荷时,训练器材应不损坏。

5.2.2 外部载荷

5.2.2.1 H类

按6.3进行试验,承载使用者人体质量和/或反作用力或使用者施加的作用力矩时,器材的各部件应承受按式(1)计算的力 F(单位:N),应不损坏。

$$F = [G_k + 1.5G] \times 2.5 \times 9.81 \qquad \cdots\cdots(1)$$

式中:

G——制造商给出的最大载荷,kg,(见 GB 17498.1—2008 6.8);

G_k——由相应的人体质量(100 kg)所决定的力,kg;

1.5——动载系数;

2.5——安全系数。

5.2.2.2 S类

按 6.3 进行试验时,当承受使用者人体质量和/或反作用力或使用者的作用力矩时,器材的各部件应承受按式(2)计算的力 F。

$$F = [G_k + 1.5G] \times 2 \times 9.81 \qquad \cdots\cdots(2)$$

式中:

G——制造商给出的最大载荷,kg;(见 GB 17498.1—2008 6.8)

如果超过制造商规定的最大载荷时,采用表 1 中定义的力矩作为 G 的计算基础;

G_k——由相应的人体质量(100 kg)所决定的力,kg;

1.5——动载系数;

2——安全系数。

试验后,支撑处(承载表面)的变形应不超过 $f=1/100$。

悬臂支撑处(悬臂表面)的变形应不超过 $f=1/150$。

其他尺寸变形量应不超过 1%。

如果大于制造商规定的最大载荷,在其设计的各种训练的运动范围内器材应承受表 1 所给出的最小力矩。

当施加由式(2)安全系数为 4 计算出的静载荷时,训练器材应不损坏。

5.3 耐久性载荷

按 6.5 试验时,训练器材应具备正常功能。

当训练器材由两种以上(含两种)的独立功能单元组成时,每一单元都应能经受住耐久性载荷试验。

当已经进行一种以上的功能试验后,再进行每个单独试验前可以更换已经使用过的共用件,例如:绳索、滑轮、轴承。

5.4 配重块

5.4.1 易触及挤压和/或剪切点

5.4.1.1 通则

应防止第三方不受控地接近配重块的挤压和/或剪切点。作为一个整体升降的重块组,在移动期间,其与器材任何部件或地面的距离应不小于 60 mm。

5.4.1.2 H类

H类可由下述两种方式之一实现:

a) 按照 EN 294 用防护罩围住重块组,除了用于调整重块的最大宽度为 75 mm 的间隙外;

b) 当器材不使用时,通过锁定机构防止重块组的移动,并利用训练区禁止第三方接近[见 GB 17498.1—2008的 3.2 和第 9 章的 c)]。

5.4.1.3 S类

5.4.1.3.1 护罩

按使用说明书中描述的,如果重块组在使用者正常训练位置的后方(见图 1,垂直面 AB),除了一边有一个最大 75 mm 的间隙用来选择重块,其他所有面应围住。被围住的重块应满足以下要求:

在 1 800 mm 以内,护罩至少高出处于最高位置的重块上边缘 60 mm。

当整个重块组在使用者的一侧并在 AB 的前部(见图 2)时,远离使用者的 3 个侧面应围住。按 6.1.1 试验。重块的选择应在其敞开的一边。

单位为毫米

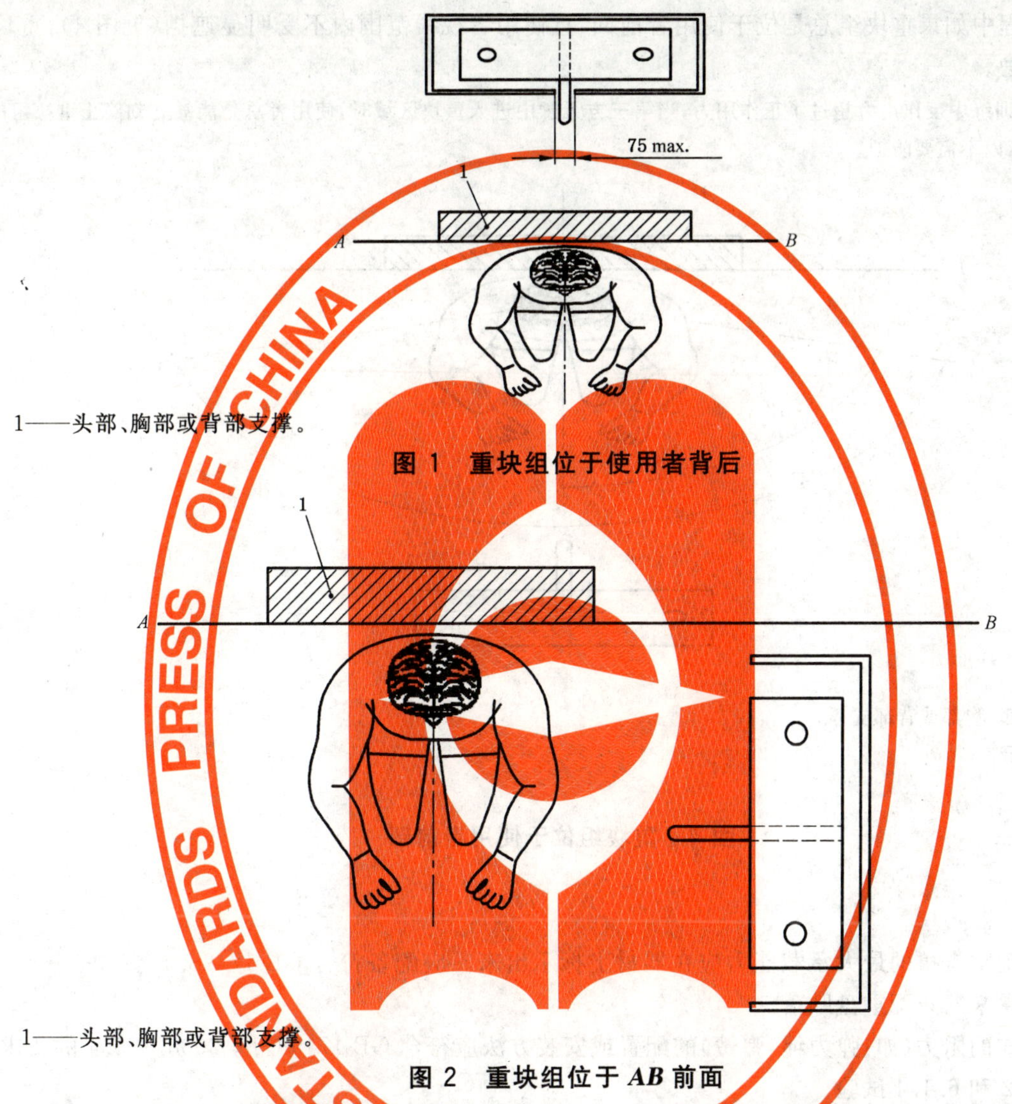

1——头部、胸部或背部支撑。

图 1 重块组位于使用者背后

1——头部、胸部或背部支撑。

图 2 重块组位于 AB 前面

如果重块组的任何部分超出 AB 面的后面(见图 3),重块组的所有侧面应围住。AB 是头部、胸部或背部支撑最大受力处上横向画出的线。若没有支撑,AB 从使用者最大受力处的位置横向画出。

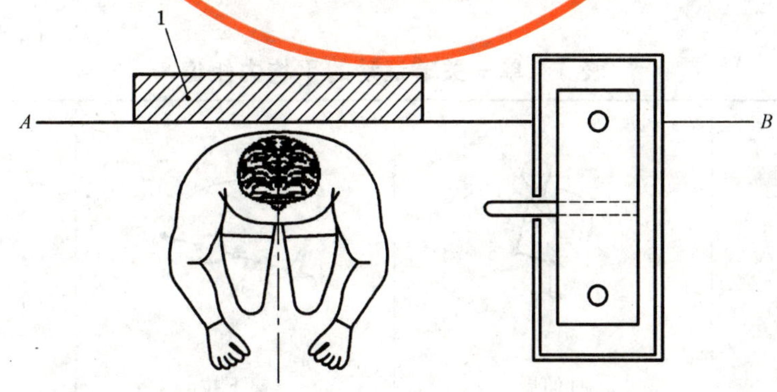

1——头部、胸部或背部支撑。

图 3 重块组位于 AB 的后面

在多组重块远离使用者的三个侧面有框架能防止第三方不受控制的进入时，则3个侧面不需防护。

接近使用者的一面适用5.4.1.2。

5.4.1.3.2 **无护罩**

训练过程中如果重块组总是位于使用者前面，且使用者视线范围内不受明显遮挡(见图4)，重块组就不需要防护。

注：因为训练中反作用力超过了正作用力，当第三方无意中进入重块区域时，使用者总是能够立刻停止重块组的移动，所以不需要防护。

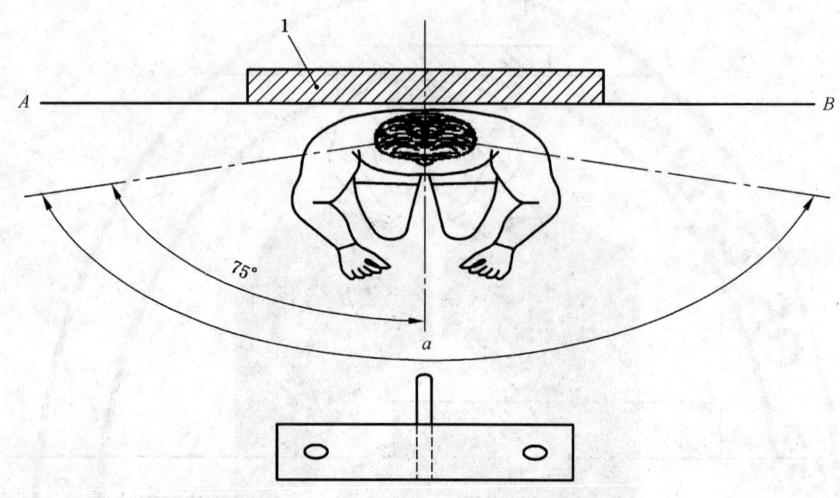

1——头部、胸部或背部支撑；

a——视野。

图4 重块组位于使用者前部

5.5 配重盘

每一个配重支撑的最大承载能力应在器材上标示出来。应配备符合GB 17498.1—2008中5.4要求的锁定装置来防止配重盘跌落。

其他形式的阻力(如：弹力绳，弹簧)的配置或安装方法应符合GB 17498.1—2008中5.4的要求。

按6.1.2和6.1.4试验。

5.6 可完成的最小训练载荷

完成下列生物力学功能的器材应符合表1中表示的最小力矩值。

按6.1.4试验。

表1 单一关节运动的平均力矩值

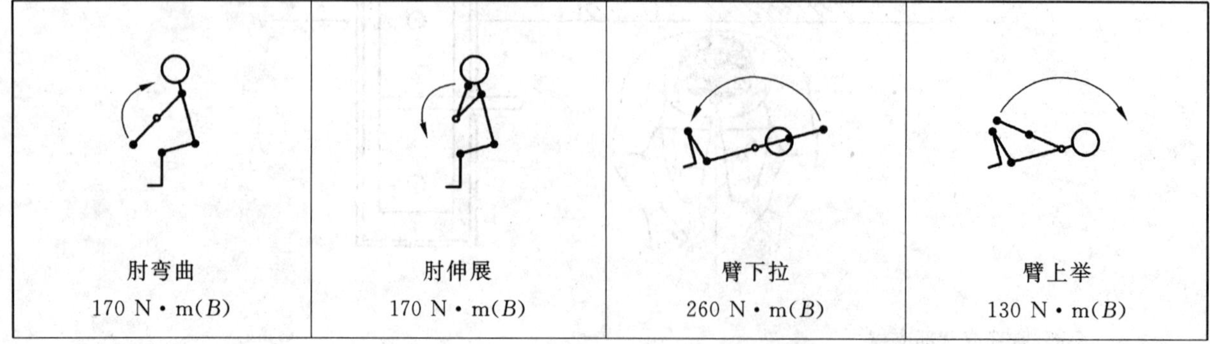

肘弯曲 170 N·m(*B*)	肘伸展 170 N·m(*B*)	臂下拉 260 N·m(*B*)	臂上举 130 N·m(*B*)

表 1（续）

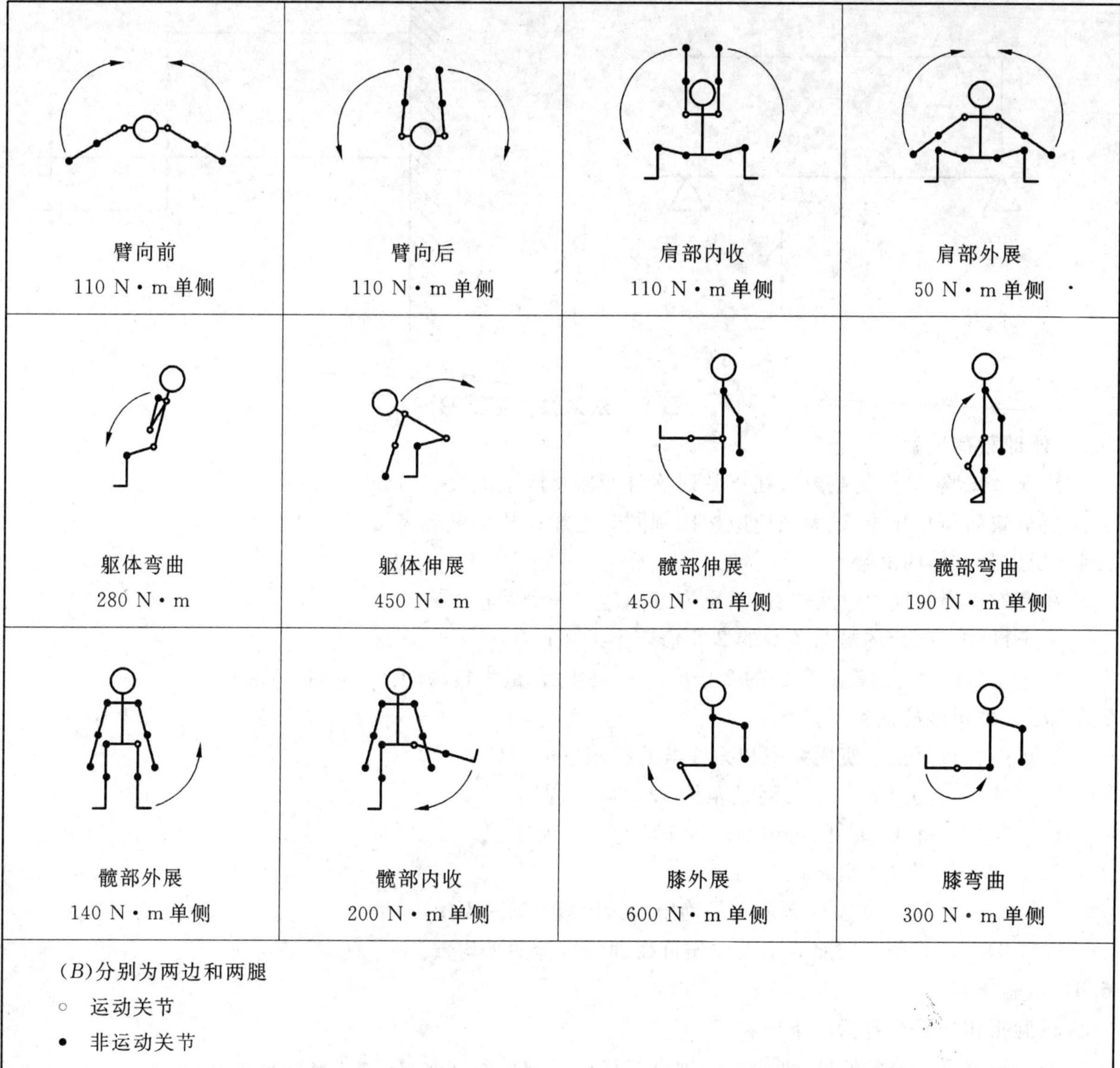

臂向前 110 N·m 单侧	臂向后 110 N·m 单侧	肩部内收 110 N·m 单侧	肩部外展 50 N·m 单侧
躯体弯曲 280 N·m	躯体伸展 450 N·m	髋部伸展 450 N·m 单侧	髋部弯曲 190 N·m 单侧
髋部外展 140 N·m 单侧	髋部内收 200 N·m 单侧	膝外展 600 N·m 单侧	膝弯曲 300 N·m 单侧

(*B*)分别为两边和两腿

○ 运动关节

• 非运动关节

6 试验方法

6.1 通则

6.1.1 尺寸检查。

6.1.2 目视检查。

6.1.3 触觉检查。

6.1.4 操作试验。

6.1.5 制造商证明。

6.2 固有载荷试验

进行准静态试验。

在训练器材正常使用的最大受力处表面 300 mm ×300 mm 的面积上施加力 *F*(见 5.2.1)5 min，在试验过程中支架不固定。

按图 5 对 S 类进行变形试验。

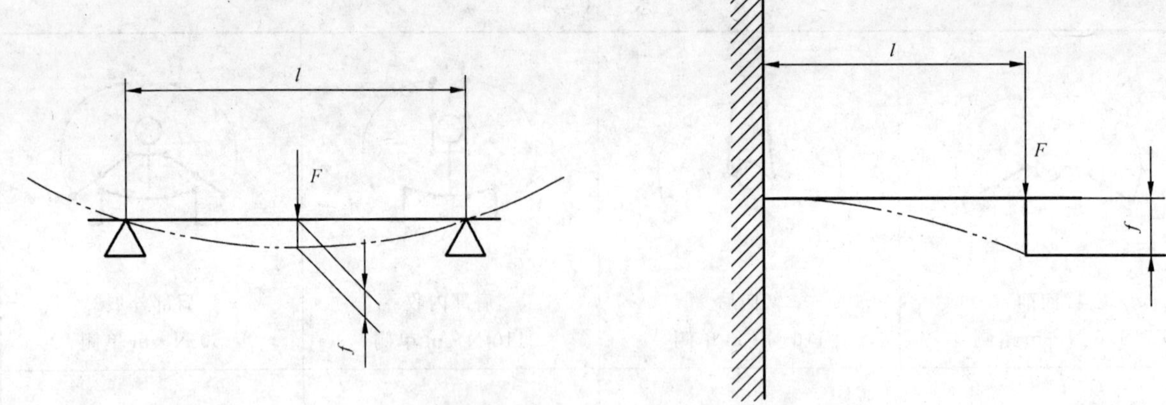

图5　永久性变形试验

6.3　外部载荷试验

按6.2试验规定，负载放置在正常训练且使器材产生最大应力处。

当承载面是分开的，试验载荷应按比例同时施加在整个承载表面区域。

6.4　配重盘支撑的试验

在有效支撑长度的中间位置，沿重力方向施加一个垂直力：

——H类　规定的最大负载的2.5倍应不损坏；

——S类　规定的最大负载的2倍应无永久变形，最大负载的4倍应不损坏。

6.5　耐久性负载的试验

尽可能在接近正常使用频率和无冲击的状态下进行试验：

a)　H类　超过80%的可运动范围12 000个周期；

b)　S类　超过80%的可运动范围100 000个周期。

　1)　使用最大负载；

　2)　承载方向与50%的人员确定的运动规律相一致；

　3)　动作频率按照3个人预先负载训练试验的平均数。

6.6　试验报告

试验报告应至少包括以下内容：

a)　试验室名称和地址，如果试验地点与试验室地址不同时，应阐明试验的地点；

b)　报告和报告的每一页应有唯一标识(例如:编号)以并标出报告的总页码；

c)　委托方的名称和地址；

d)　试验项目的描述和判定；

e)　收到试验项目的日期和完成试验的日期；

f)　试验规范的标识，或试验程序或方法的描述；

g)　相关取样程序的描述；

h)　与试验规范不一致的任何偏差、附加或排除情况，以及其他任何有关的专门试验的情况；

i)　适用时采用表格、曲线图、略图和照片说明测量、试验所获的结果以及任何失败的确定；

j)　关于测量不确定度的描述(相关处)；

k)　试验报告技术负责人的签名和职务或其他等效的标识和签发的日期；

l)　声明该试验结果仅适用于试验的项目。

7　附加使用说明

以下信息作为GB 17498.1—2008的附加内容。

7.1 **H 类**

a) 声明训练器材符合 GB 17498.2 H 类(H:家用);

b) 因为儿童爱玩耍和尝试的天性会导致一些情况和行为,这些是训练器材所没有考虑到的,所以父母或儿童的其他监护人应当明白自己的职责;

c) 如果允许儿童使用器材,应考虑到他们的智力和体力发展情况以及他们所有的性情特点。应控制并指导他们正确使用器材。在任何情况下,器材都不能作为儿童的玩具。

7.2 **S 类**

a) 声明训练器材符合 GB 17498.2 中的 S 类(S:商用);

b) 应当提出忠告:训练器材仅应在进入和管理已由所有者明确规定的场所使用。控制的程度取决于使用者,例如:可靠度,年龄,经验等;

c) 如果是按照 5.4.1.3.2(无防护的重块组)设计的训练器材,在训练过程中,使用者应当始终面向器材,同时重块组应始终在使用者的视野内以防止对第三方的伤害;

d) 建议仅在监管区域内使用训练器材。

8 附加训练说明

描述主要训练的简短说明应当贴在器材上或者靠近器材近的位置(例如图例符号)。

对于外部加载配重碟/盘的器材,用户手册应提供使用说明,并应包括配重碟/盘孔径尺寸及其空间容量的相关内容。

ICS 97.220.30
Y 55

中华人民共和国国家标准

GB 17498.4—2008/ISO 20957-4:2005

固定式健身器材 第4部分:力量型训练长凳 附加的特殊安全要求和试验方法

Stationary training equipment—
Part 4:Strength training benches—
Additional specific safety requirements and test methods

(ISO 20957-4:2005,IDT)

2008-12-30 发布　　2010-04-01 实施

中华人民共和国国家质量监督检验检疫总局
中国国家标准化管理委员会　发布

前　言

本部分的第5章、第7章为强制性条款;其余为推荐性条款。

GB 17498《固定式健身器材》包括以下9个部分:

——第1部分:通用安全要求和试验方法;

——第2部分:力量型训练器材　附加的特殊安全要求和试验方法;

——第4部分:力量型训练长凳　附加的特殊安全要求和试验方法;

——第5部分:曲柄踏板类训练器材　附加的特殊安全要求和试验方法;

——第6部分:跑步机　附加的特殊安全要求和试验方法;

——第7部分:划船器　附加的特殊安全要求和试验方法;

——第8部分:踏步机、阶梯机和登山器　附加的特殊安全要求和试验方法;

——第9部分:椭圆训练机　附加的特殊安全要求和试验方法;

——第10部分:带有固定轮或无飞轮的健身车　附加的特殊安全要求和试验方法。

本部分是GB 17498的第4部分。

本标准在其各部分的划分时,为了保持与原国际标准的一致性,将第2部分和第3部分予以了合并。

本部分等同采用ISO 20957-4:2005《固定式训练器材　第4部分:力量型训练长凳　附加的特殊安全要求和试验方法》。

为了方便使用,本部分做了下列编辑性修改:

——为了与我国现有的健身器材国家标准保持协调一致,并根据该类产品在国内外的实际使用场所及其我国的习惯性产品名称,适宜地修改了标准名称的“引导要素”;也即,将直接翻译后的近义词“固定式训练器材”(stationary training equipment)修改为了“固定式健身器材”;

——删除了国际标准中的封面、PDF否认责任声明(PDF disclaimer)、前言和目次;

——用小数点符号“.”代替小数点符号“,”;

——用“GB 17498的本部分”或“本部分”代替了“ISO 20957的本部分”。

本部分由中国轻工业联合会提出。

本部分由全国文体用品标准化中心归口。

本部分起草单位:国家体育用品质量监督检验中心、山西澳瑞特健康产业股份有限公司、青岛英派斯(集团)有限公司、山东英吉多健康产业有限公司、福建舒华体育用品有限公司、宁波凯利斯运动器材有限公司。

本部分主要起草人:王燕玲、窦军社、袁义龙、杨国盛、陈坤章、吕国强、朱中一、孙庆民、熊伟。

固定式健身器材 第4部分:力量型训练长凳 附加的特殊安全要求和试验方法

1 范围

GB 17498的本部分规定了除GB 17498.1通用安全要求之外,专门针对力量型训练长凳和使用时用于训练的自立式杠铃支架的附加的特殊安全要求,本部分应与GB 17498.1结合使用。

本部分适用于固定式健身器材中的S类和H类长凳(以下简称长凳)。

2 规范性引用文件

下列文件中的条款通过GB 17498的本部分的引用而成为本部分的条款。凡是注日期的引用文件,其随后所有的修改单(不包括勘误的内容)或修订版均不适用于本部分,然而,鼓励根据本部分达成协议的各方研究是否可使用这些文件的最新版本。凡是不注日期的引用文件,其最新版本适用于本部分。

GB 17498.1—2008 固定式健身器材 第1部分:通用安全要求和试验方法(ISO 20957-1:2005,IDT)

GB 17498.2—2008 固定式健身器材 第2部分:力量型训练器材 附加的特殊安全要求和试验方法(ISO 20957-2:2005,IDT)

3 术语和定义

GB 17498.1确立的术语和定义适用于GB 17498的本部分。

4 分类

应符合GB 17498.1—2008的第4章要求。

5 安全要求

5.1 通则

训练器材零部件的设计应符合以下要求。

5.2 带有固定杠铃支架的长凳

5.2.1 杠铃的转动稳定性

应通过支点距离或安全装置的方法来防止由不平衡负载造成杠铃的倾翻。

按6.2试验。

5.2.2 带有固定杠铃支架的长凳的转动稳定性

当以不平衡负载垂直施加于纵向轴时,带有固定杠铃支架的长凳应稳定。

按6.3试验。

5.2.3 纵向稳定性

带有固定支架的长凳在纵向应稳定。

按6.4试验。

5.3 与长凳连结的自立杠铃支架

与长凳组合使用的自立式杠铃支架应有一个与地面连接的装置。

按 6.1.2 试验。

5.4 杠铃支架的尺寸

当用直径为 30 mm 杠铃杆进行测量时，支架(套或叉)的前部顶端到静止杠铃杆的最低处的垂直高度 a 应为 20 mm 至 40 mm，其后部至少比前部顶端高 80 mm(见图 1)。

按 6.1.1 试验。

单位为毫米

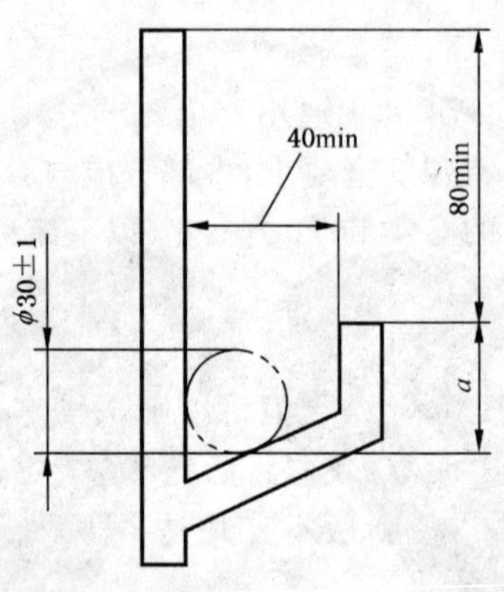

a 20 mm～40 mm。

图 1 杠铃支架的尺寸

5.5 杠铃支架的强度

杠铃支架的后部应能承受正常使用的负载而无性能的失效和损坏。

按 6.5 试验。

5.6 载荷

H 类和 S 类长凳的加载应符合 GB 17498.2—2008 中 5.2 的要求。

5.7 杠铃支架

对于支撑自由杠铃片的任何部分，应便于使用者拿起和放回杠铃。

按 6.1.4 试验。

6 试验方法

6.1 通则

6.1.1 尺寸检查。

6.1.2 目视检查。

6.1.3 触觉检查。

6.1.4 操作试验。

6.2 杠铃转动稳定性试验

将实心钢杆(长 1 600 mm，直径不超过 30 mm)对称放于杠铃支架上。

在杆的一边放一杠铃片(H 类为 10 kg，S 类为 20 kg)，杠铃片的中心面距杆的末端为 200 mm，见图 2。

单位为毫米

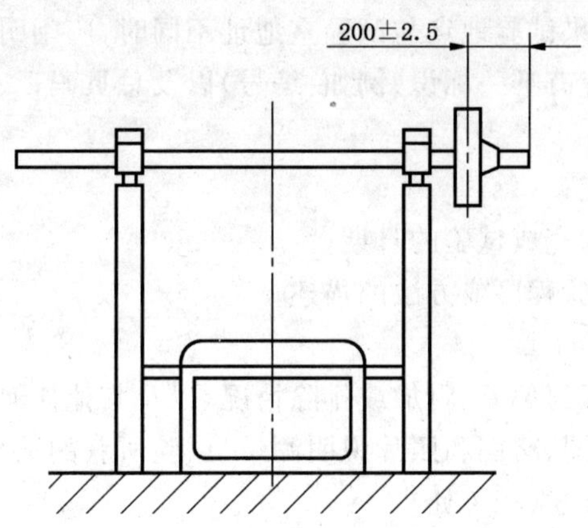

图 2 不平衡负载下的稳定性试验

6.3 带有固定杠铃支架的长凳的倾翻稳定性试验

固定杠铃后，按 6.2 试验。

6.4 纵向稳定性试验

把长凳置于 10°斜面上，在支架最高处放置制造商规定的最大负载的杠铃，但至少应为 50 kg(见图 3)。

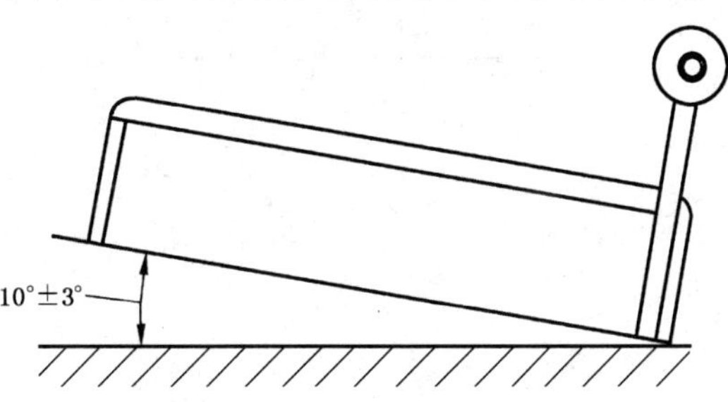

图 3 纵向稳定性试验

6.5 杠铃支架强度试验

使用摆锤冲击支架后部距顶端(40±10)mm 处，重复此试验过程 10 次(见图 4)。

单位为毫米

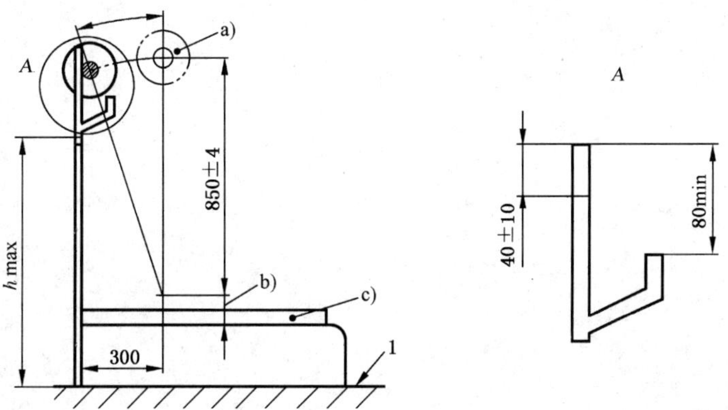

a)——试验摆锤重量跟制造商规定的最大负载一致，但是 H 类应不小于 40 kg，S 类应不小于 50 kg；

b)——可变长度；

c)——100 kg 负载均匀分布于整个长凳表面上；

1——地面。

图 4 杠铃支架负载试验

6.6 试验报告

试验报告应至少包括以下内容：

a) 试验室名称和地址，如果试验地点与试验室地址不同时，应阐明试验的地点；

b) 报告和报告的每一页应有唯一标识(例如：编号)以及总页码；

c) 委托方的名称和地址；

d) 试验项目的描述和判定；

e) 收到试验项目的日期和完成试验的日期；

f) 试验规范的标识，或试验程序或方法的描述；

g) 相关取样程序的描述；

h) 与试验规范不一致的任何偏差、附加或排除情况，以及其他任何有关的专门试验的情况；

i) 适用时采用表格、曲线图、略图和照片说明测量、试验所获的结果以及任何失败的确定；

j) 关于测量不确定度的描述(相关处)；

k) 试验报告技术负责人的签名和职务或其他等效的标识和签发的日期；

l) 声明该试验结果仅适用于试验的项目。

7 附加使用说明

除 GB 17498.1—2008 的使用说明外，制造商应提供自立杠铃支架的安全使用说明。

ICS 97.220.30
Y 55

中华人民共和国国家标准

GB 17498.5—2008/ISO 20957-5:2005

固定式健身器材 第5部分:曲柄踏板类训练器材附加的特殊安全要求和试验方法

**Stationary training equipment—
Part 5:Pedal crank training equipment—
Additional specific safety requirements and test methods**

(ISO 20957-5:2005,IDT)

2008-12-30 发布 2010-04-01 实施

中华人民共和国国家质量监督检验检疫总局
中国国家标准化管理委员会 发布

前　言

本部分的第 5 章、第 7 章、第 8 章为强制性条款;其余为推荐性条款。

GB 17498《固定式健身器材》包括以下 9 个部分:

——第 1 部分:通用安全要求和试验方法;

——第 2 部分:力量型训练器材　附加的特殊安全要求和试验方法;

——第 4 部分:力量型训练长凳　附加的特殊安全要求和试验方法;

——第 5 部分:曲柄踏板类训练器材　附加的特殊安全要求和试验方法;

——第 6 部分:跑步机　附加的特殊安全要求和试验方法;

——第 7 部分:划船器　附加的特殊安全要求和试验方法;

——第 8 部分:踏步机、阶梯机和登山器　附加的特殊安全要求和试验方法;

——第 9 部分:椭圆训练机　附加的特殊安全要求和试验方法;

——第 10 部分:带有固定轮或无飞轮的健身车　附加的特殊安全要求和试验方法。

本部分是 GB 17498 的第 5 部分。

本标准在其各部分的划分时,为了保持与原国际标准的一致性,将第 2 部分和第 3 部分予以了合并。

本部分等同采用 ISO 20957-5:2005《固定式训练器材　第 5 部分:曲柄踏板类训练器材　附加的特殊安全要求和试验方法》。

为了方便使用,本部分做了下列编辑性修改:

——为了与我国现有的健身器材国家标准保持协调一致,并根据该类产品在国内外的实际使用场所及其我国的习惯性产品名称,适宜地修改了标准名称的"引导要素";也即,将直接翻译后的近义词"固定式训练器材"(stationary training equipment)修改为了"固定式健身器材";

——删除了国际标准中的封面、PDF 否认责任声明(PDF disclaimer)、前言和目次;

——用小数点符号"."代替小数点符号",";

——用"GB 17498 的本部分"或"本部分"代替了"ISO 20957 的本部分"。

本部分的附录 A 是资料性附录。

本部分由中国轻工业联合会提出。

本部分由全国文体用品标准化中心归口。

本部分起草单位:国家体育用品质量监督检验中心、青岛英派斯(集团)有限公司、山西澳瑞特健康产业股份有限公司、深圳市好家庭实业有限公司、万年青(上海)运动器材有限公司、北京国体世纪体育用品质量认证中心、宁波凯利斯运动器材有限公司。

本部分主要起草人:王燕玲、袁义龙、武爱军、侯都兴、张佳兴、刘严雄、寇海、朱中一、郑根朝、刘俊宽。

固定式健身器材 第5部分:曲柄踏板类训练器材 附加的特殊安全要求和试验方法

1 范围

GB 17498 的本部分规定了除 GB 17498.1 的通用安全要求之外,专门针对曲柄踏板类训练器材的附加的特殊安全要求,本部分应与 GB 17498.1 结合使用。

本部分适用于固定式健身器材中的曲柄踏板类训练器材(以下简称训练器材)。

用于完成附加训练的曲柄踏板类训练器材上的任何附加装置应符合 GB 17498.1 要求。

GB 17498 的本部分不适用于不能以合理的制造方式保证安全的站姿滚筒类训练器材。

2 规范性引用文件

下列文件中的条款通过 GB 17498 的本部分的引用而成为本部分的条款。凡是注日期的引用文件,其后所有的修改单(不包括勘误的内容)或修订版均不适用本部分,然而,鼓励根据本部分达成协议的各方研究是否可使用这些文件的最新版本。凡是不注日期的引用文件,其最新版本适用于本部分。

GB 3565 自行车安全要求(GB 3565—2005,ISO 4210:1996,IDT)

GB 17498.1—2008 固定式健身器材 第1部分:通用安全要求和试验方法(ISO 20957-1:2005,IDT)

EN 71-1 玩具安全 第1部分:机械物理性能

EN 292 机械安全 基本概念与设计通则

EN 563 机械安全 可接触表面温确定热表面温度限值的工效学数据

3 术语和定义

GB 17498.1 确立的以及下列术语和定义适用于 GB 17498 的本部分。

3.1

曲柄踏板类训练器材 pedal crank training equipment

通过脚踏动作完成训练,类似于自行车的固定器械。

注1:功率(单位:W)是制动力矩 M(单位:N·m)与角速度 ω 的乘积

$$\omega = 2 \times \pi \times n \quad (1)$$

$$P = (M \times 2 \times \pi \times n)/60 \quad (2)$$

式中:

ω——角速度;

n——踏板每分钟旋转的次数;

P——功率;

M——制动力矩。

注2:图1~图3仅是举例说明各部件的名称。

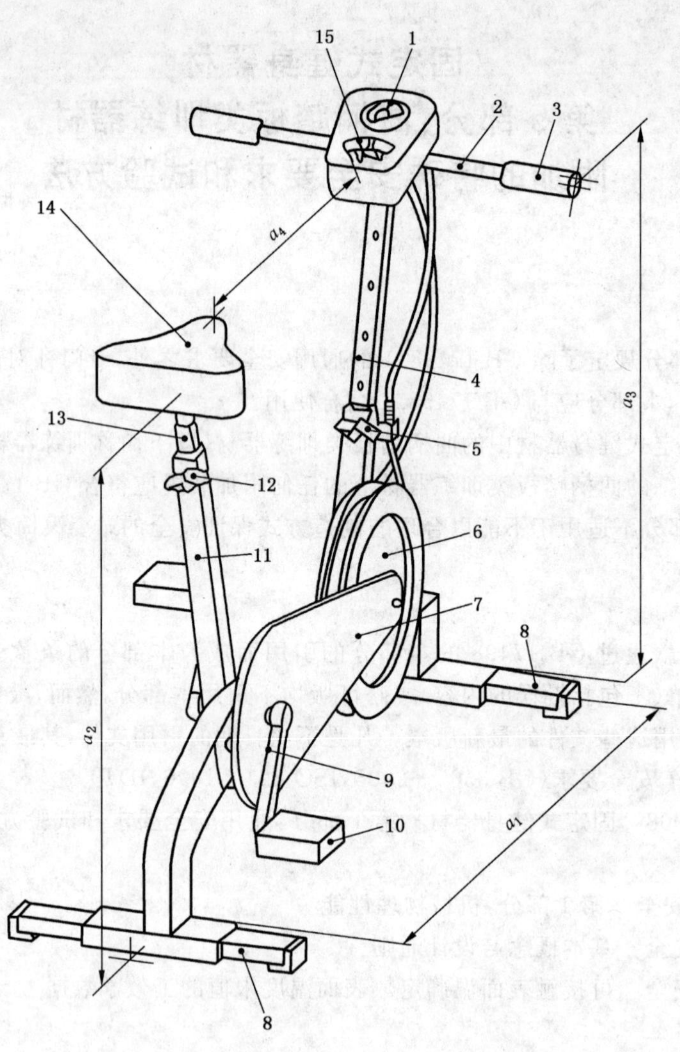

1——载荷调节；

2——把手杆；

3——把手；

4——把手立杆；

5——把手高度调节器；

6——惯性轮；

7——护罩；

8——底架；

9——曲柄；

10——踏板；

11——座位套管；

12——座位高度调节器；

13——座位立杆；

14——座位；

15——功率显示器；

a_1～a_4——6.4 试验设计尺寸。

图 1　曲柄踏板训练器材图例

图 2 斜躺/侧斜躺训练器材图例

图 3 风扇训练器材图例

4 分类

应符合 GB 17498.1—2008 第 4 章要求。

5 安全要求

5.1 通则

训练器材零部件的设计应符合以下要求。

5.2 外部结构

5.2.1 传动件和转动件

按 6.1.1 试验时,训练器材的曲柄直径大于护罩直径时,曲柄和固定部件的距离应不小于 10 mm。传动件,风扇和惯性轮应加防护,按 6.3 试验时,试验指不应被卡住,或者接触到表面不光滑的活动部件。

这些要求不适用护罩直径大于曲柄直径的情况。

5.2.2 表面温度

按 6.2 试验时,训练器材易触及部件的温度应不大于 65 ℃。

5.3 固有载荷

按 6.4 试验时:

H 类　加载 250 kg;

S 类　加载 300 kg。

训练器材各部件涉及的尺寸 a_1 到 a_4(见图 1)应能承受试验载荷且变形量不超过 1/100。

试验过程中,训练器材不应倾翻。

试验时夹紧的座位立杆在座位套管中的滑动距离应不超过 5 mm。

5.4 座位立杆-座位

5.4.1 插入深度

座位立杆上应有一个永久标识来指示插入座位套管的最小深度为 55 mm。如果最小插入深度在设计时已给出,该标识可免除。

通过锁定系统,在最高位置时插入深度应不小于 55 mm。

按 6.1.1 和 6.1.2 试验。

5.4.2 座位倾斜

座位高度应可调节(A 级不需要工具)。

座位应固定在座位立杆上,然后插入座位套管里,座位相对原始位置的倾斜角度应不超过 2°。2°是指座位立杆和座位套管之间的夹角。

按 6.5 试验。

5.5 把手

5.5.1 把手立杆

把手立杆应可调节(A 级和 S 类不需要工具),或可以有不同的握紧位置。

如果调节垂直高度是通过一个插入系统来完成,最小插入深度应永久标记在距把手系统末端的 65 mm 处。

如果最小插入深度通过设计已给出,则该标识可免除。

按 6.6 试验。

5.5.2 把手

按 6.6 试验时,把手应能承受以下力矩:

H 类 50 N·m;

S 类 75 N·m 时,

绕水平或垂直轴线不应有移动。

5.6 踏板

踏板应符合 GB 3565 要求。

5.7 稳定性

按 6.7 试验时,训练器材应不倾翻。

5.8 对 A 级的附加要求

5.8.1 飞轮装置

训练器材应有一个飞轮装置。

按 6.1.4 试验。

5.8.2 **功率显示器**

功率 P 应以瓦(W)为单位显示,或能够用速度和预置制动力矩来决定。

必要的显示装置应固定在曲柄踏板类训练器材上使用者可视范围内。

按 6.1.2 试验。

5.8.3 **功率调节**

功率设置应不小于 250 W。

功率 P 的刻度值应不大于 25 W,转速的刻度值应不大于 10 r/min。

按 6.1.2 试验。

5.8.4 **间接驱动惯性轮**

在间接驱动惯性轮情况下,商数

$$\frac{J}{i_{TS}{}^{2}}$$

应在 5 kg·m² 和 16 kg·m² 之间,其中:

J 是惯性轮的转动惯量;

i_{TS}是曲柄和惯性轮之间的传动速度比率(i_{TS}始终≤1)。

计算见附录 A。

5.8.5 **制动力矩**

对于非速度关联的训练器材(训练器材有一个恒定的作用力),制动力矩的调节依据功率范围,应符合下列要求:

在 60 r/min 时制动力矩应不小于 40 N·m。

注 1:这相当于 250 W。

功率 P 的调节幅度应不大于 25 W。

对于速度关联的训练器材,在 70 r/min 时制动力矩不小于 14 N·m。

注 2:这相当于 100 W。

按 6.8 试验。

5.8.6 **偏差**

5.8.6.1 **H 类**

显示或设定的功率 P 与实际输出功率的偏差,50 W 以内应不超过 5 W,50 W 以上应不超过±10%。

功率≤400 W 的训练器材应能承受长时间载荷试验(见 6.9.1)。

当按 6.9.2(间隔试验)试验时,功率>400 W 的训练器材应能正确和平稳的运行。

40 r/min 以上时,实际速度和显示速度的偏差不超过±5 r/min。

5.8.6.2 **S 类**

除了 H 类的要求(见 5.8.6.1)外,S 类训练器材还应满足 6.9.1.2 的试验。

5.8.7 **显示**

应以下列方式清晰的显示数值和单位:

——功率 P,单位用瓦(W);

——转速 n,踏板转每分(r/min);或

——制动力矩 M,单位为牛·米(N·m)。

5.9 **B 级的附加要求**

5.9.1 **飞轮装置**

应有一个飞轮装置。

按 6.1.4 试验。

5.9.2　功率显示器

功率不应用瓦表示。载荷级别应明显。

5.9.3　间接驱动惯性轮

在间接驱动惯性轮情况下，商数

$$\frac{J}{i_{\mathrm{TS}}^{2}}$$

应在 1.3 kg·m² 和 16 kg·m² 之间(见 5.8.4)。

5.9.4　制动力矩

按 6.1.4 试验，制动力矩应能通过制动力或速度调节。

5.9.5　偏差

5.9.5.1　H 类

按 6.10.1 试验时极限偏差应不超过±25%。

5.9.5.2　S 类

除了 H 类的要求(见 5.9.5.1)外，S 类训练器材还应满足 6.10.2 的试验，且应能正确和平稳的运行。

5.10　C 级的附加要求

C 级曲柄踏板类训练器材商数

$$\frac{J}{i_{\mathrm{TS}}^{2}}$$

不小于 0.6 kg·m² 时，应有一个飞轮装置。

6　试验方法

6.1　通则

6.1.1　尺寸检查。

6.1.2　目视检查。

6.1.3　触觉检查。

6.1.4　操作试验。

6.1.5　制造商证明。

6.2　表面温度试验

设备：接触式温度计，准确度为±1 ℃。

以 60 r/min、200 W 的功率踏踩训练器材 3 个周期，每个周期 20 min。

在每个 20 min 的周期后停止 5 min，见 EN 563。

6.3　传动件和转动件试验

对于 H 类使用与 EN 71-1 要求一致的 B 型试验指，从所有方向触及活动部件。对于 S 类按 EN 292 试验。

判定试验指是否被卡住或接触到不光滑的活动部件。

6.4　固有载荷试验

把训练器材自由地放置在水平地面上，并按照说明书所示把座位立杆固定在最高位置。

测量座位立杆的尺寸和图 1 所示的尺寸 a_1～a_4。

对于 H 类，在座位立杆上施加 250 kg 的试验载荷，并持续 5 min。对于 S 类，试验载荷为 300 kg。

记录器材的任何倾翻情况。

卸载测量：

a)　座位立杆涉及的尺寸；

b)　图 1 所示涉及的尺寸 a_1～a_4。对于其他类型的曲柄踏板类训练器材，例如倾躺类，应使用其他相关安全尺寸。

6.5 座位倾斜试验

按照说明书所示将座位及座位立杆固定到座位套管中。在鞍座上距前边缘或后边缘 25 mm 内的某一点施加 650 N 的垂直力，施力面积为 100 mm^2。调整试验夹具，使施加给鞍座夹具的力矩最大。试验保持 5 min。

6.6 把手试验

按说明书所示，将把手立杆调整到最小插入深度标记处，并夹紧。使用一个杠杆安全地夹紧把手立杆，对把手施加力矩：H 类为 50 N·m，S 类为 75 N·m。

6.7 稳定性试验

将鞍座升到最高位置。让一个体重(100±5)kg，身高(1 750±50)mm 的试验人员，坐在正常的训练位置上，以 60 r/min 的频率踩踏训练器材 1 min。将训练器材在动力方向倾斜 10°，所有其他方向倾斜 5°。试验过程中试验人员应尽可能坐垂直。

注：动力方向是指使用者身体部分移动的方向。

6.8 制动力矩试验，A 级

使用一个速度和力矩，或速度和功率的测量装置，见图 4，测量误差±2%。

通过曲柄轴的驱动来获得能量。试验时尽量保持速度恒定，偏差在±5%内。

1——力矩传感器；
2——速度传感器；
3——马达。

图 4 偏差和耐久性负载试验设备

6.9 偏差试验，A 级

6.9.1 耐久性负载试验

试验时显示的每分钟转数，仅用于非速度关联的训练器材。

对于速度关联的训练器材，速度不超过 120 r/min 时在等量的功率值下试验。

6.9.1.1 HA 级的耐久性负载试验

开始时，以 60 r/min 的速度踩踏训练器材 2 h(对于非速度关联的训练器材，按最大的功率)。将训练器材冷却到室温。

将训练器材调整到 50 W(50 r/min)并踩踏 15 min。测量功率并与显示的功率比较。将训练器材冷却到室温，再测量和比较一次。

将训练器材调整到 100 W(50 r/min)并踩踏 15 min。测量功率并与显示的功率比较。将训练器材冷却到室温，再测量和比较一次。

将训练器材调整到 150 W(60 r/min)并踩踏 15 min。测量功率并与显示的功率比较。将训练器材冷却到室温，再测量和比较一次。

将训练器材调整到 200 W(60 r/min)并踩踏 15 min。测量功率并与显示的功率比较。将训练器材冷却到室温,再测量和比较一次。

判定所有情况下输入功率和显示读数的公差是否小于±10%。

6.9.1.2 SA 级的耐久性负载试验

在做完 6.9.1.1 试验后,将训练器材调整到 300 W(70 r/min)并踩踏 15 min。测量功率并与显示的功率比较。将训练器材冷却到室温,再测量和比较一次。

将训练器材调整到 400 W(70 r/min)并踩踏 15 min。测量功率并与显示的功率比较。将训练器材冷却到室温,再测量和比较一次。

6.9.2 间隔试验

6.9.2.1 非速度关联训练器材

对训练器材进行一个间隔试验(10 min 加载,5 min 降温),在最大功率的 80%的情况下试验 2 h(对于不超过 500 W 的训练器材,转速为 60 r/min,超过 500 W 的转速为 70 r/min)。

试验后,检查训练器材能否正确和平稳的操作。

6.9.2.2 速度关联训练器材

对训练器材进行一个转速为 100 r/min 测试时间为 2 h 的间隔试验。

试验后,检查训练器材能否正确和平稳的操作。

6.10 B 级功率试验

6.10.1 HB 级功率试验

试验时显示的每分钟转数,仅用于非速度关联训练器材。

对于速度关联的训练器材,应在等同的功率值下试验。

开始时,以 60 r/min 的速度踩踏训练器材 2 h(对于非速度关联的训练器材,以最大的功率,但不大于 250 W)。

将训练器材冷却到室温。

快速调节到约 100 W(60 r/min);在试验进行到 5 min 和 15 min 时分别读数。

将训练器材冷却到室温。

在约 200 W,60 r/min 的情况下重复上面的步骤。

将训练器材冷却到室温。

在约 300 W,70 r/min 的情况下重复上面的步骤。

将训练器材冷却到室温。

重复以上 3 个功率试验。

每次都用 5 min 和 15 min 值的平均值比较。

可以根据实际的数值显示调整。

6.10.2 SB 级功率试验

6.10.2.1 非速度关联的训练器材

在完成 6.10.1 试验后,快速调节到约 400 W(70 r/min);在试验进行到 5 min 和 15 min 时分别读数。

将训练器材冷却到室温。

重复以上 4 个功率试验。

判定极限偏差是否不大于 25%。

6.10.2.2 速度关联的训练器材

对训练器材进行间隔试验,转速为 100 r/min,试验 2 h。

试验后,检查训练器材能否正确和平稳的操作。

6.11 试验报告

试验报告应至少包括以下内容:

a) 试验室名称和地址,如果试验地点与试验室地址不同时,应阐明试验的地点;
b) 报告和报告的每一页应有唯一标识(例如:编号),并标出报告的总页码;
c) 委托方的名称和地址;
d) 试验项目的描述和判定;
e) 收到试验项目的日期和完成试验的日期;
f) 试验规范的标识,或试验程序或方法的描述;
g) 相关取样程序的描述;
h) 与试验规范不一致的任何偏差、附加或排除情况,以及其他任何有关的专门试验的情况;
i) 适用时采用表格、曲线图、略图和照片说明测量、试验所获的结果以及任何失败的确定;
j) 关于测量不确定度的描述(相关处);
k) 试验报告技术负责人的签名和职务或其他等效的标识和签发的日期;
l) 声明该试验结果仅适用于试验的项目。

7 附加使用说明

作为 GB 17498.1—2008 的补充,每台训练器材应提供易于理解的使用说明书,确保非专业人员也能熟练操作和维护。困难和复杂的操作应通过附加文字的图例来说明。

依据训练器材的等级,使用说明书应至少包括以下内容:

a) 座位和把手的调节,最小插入深度的指示;
b) 限定的载荷;
c) 信息(正确姿势的注意事项和 B 级、C 级曲柄踏板类训练器材不适合医疗用);
d) 在 A 级说明书中,应注明怎样校准训练器材;
e) 制动系统的信息(速度关联或非速度关联);
f) 使用者如何改变功率的信息。

8 附加的警示标签

对于 B 级和 C 级,应在器材上贴一个警示标签来指明其不适用于医疗。

标签应贴于明显的位置。

附　录　A
（资料性附录）
确定转动惯量J的示例（将驱动轴看为一个系统）

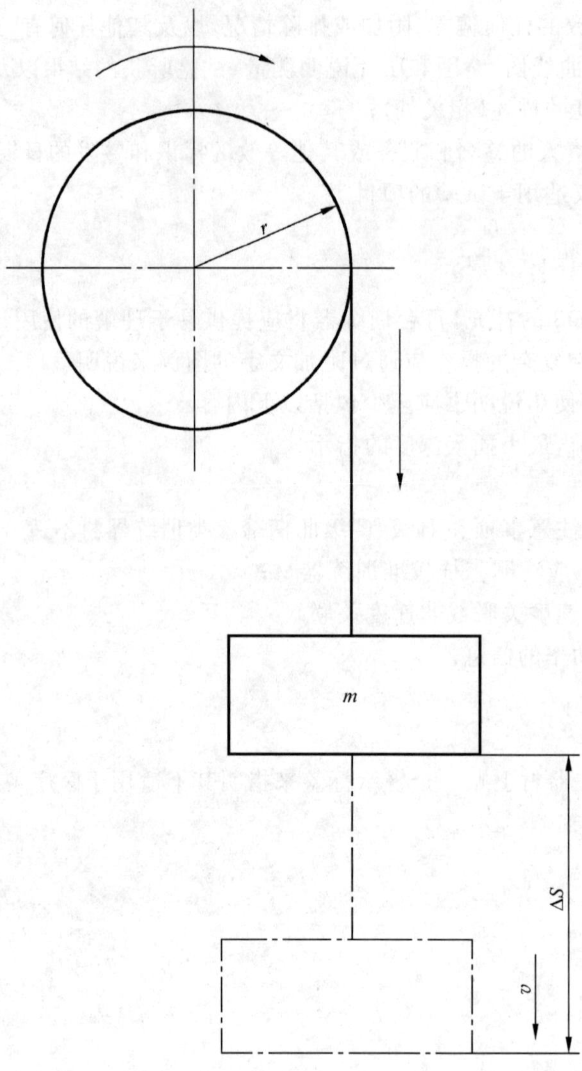

图 A.1

$$w=\frac{v}{r}$$

$$\Delta E_{pot} = \Delta E_{kin} + \Delta E_{rot} \quad \cdots\cdots (A.1)$$

$$m \times g \times \Delta S = \frac{1}{2}mv^2 + \frac{1}{2}Jw^2 \quad \cdots\cdots (A.2)$$

从式(2)中得

$$J = \left[m \times g \times \Delta S - \frac{1}{2}mv^2\right] \times \frac{2}{w^2} \quad \cdots\cdots (A.3)$$

$$w = \frac{v}{r} \quad \cdots\cdots (A.4)$$

$$V = b \times t(b < g)$$

$$\Delta S = \frac{1}{2} b \times \Delta t^2 \quad \cdots\cdots (A.5)$$

$$b = \frac{2 \times \Delta S}{\Delta t} \quad \cdots\cdots (A.6)$$

代入式(5),得

$$v = \frac{2 \times \Delta S}{\Delta t} \quad \cdots\cdots (A.7)$$

将式(4)、式(7)代入式(3),得

$$J = m \times r^2 \left[\frac{g \times \Delta t^2}{2 \times \Delta S} - 1\right] \quad \cdots\cdots (A.8)$$

式中：

m——所测重物的质量,kg;

r——半径,m;

t——时间,s;

ΔS——所测重物的行程,m;

g——重力加速度,m/s²;

v——速度,m/s;

J——转动惯量,kg·m²。

当 m、g、r、ΔS 为如下数值时,测试数值为表 A.1:

$m=11$ kg

$g=9.81$ m/s²

$r=\frac{0.075}{2}$ m

$\Delta S=0.5$ m

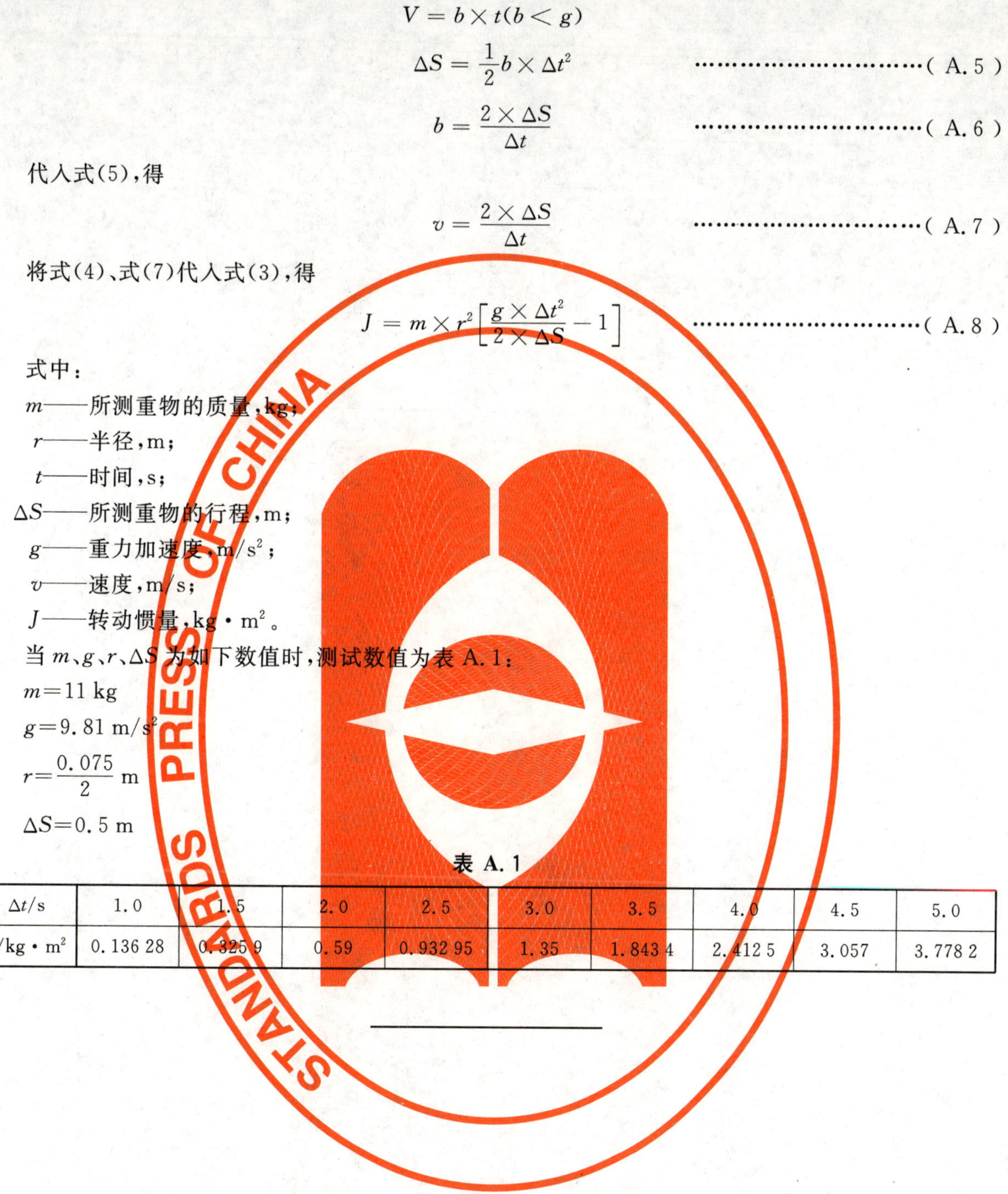

表 A.1

Δt/s	1.0	1.5	2.0	2.5	3.0	3.5	4.0	4.5	5.0
J/kg·m²	0.136 28	0.325 9	0.59	0.932 95	1.35	1.843 4	2.412 5	3.057	3.778 2

ICS 97.220.30
Y 55

中华人民共和国国家标准

GB 17498.6—2008/ISO 20957-6:2005

固定式健身器材 第6部分:跑步机 附加的特殊安全要求和试验方法

Stationary training equipment—
Part 6:Treadmills—
Additional specific safety requirements and test methods

(ISO 20957-6:2005,IDT)

2008-12-30 发布 2010-04-01 实施

中华人民共和国国家质量监督检验检疫总局
中国国家标准化管理委员会 发布

前　言

本部分的第5章、第7章为强制性条款;其余为推荐性条款。

GB 17498《固定式健身器材》包括以下9个部分:

——第1部分:通用安全要求和试验方法;

——第2部分:力量型训练器材　附加的特殊安全要求和试验方法;

——第4部分:力量型训练长凳　附加的特殊安全要求和试验方法;

——第5部分:曲柄踏板类训练器材　附加的特殊安全要求和试验方法;

——第6部分:跑步机　附加的特殊安全要求和试验方法;

——第7部分:划船器　附加的特殊安全要求和试验方法;

——第8部分:踏步机、阶梯机和登山器　附加的特殊安全要求和试验方法;

——第9部分:椭圆训练机　附加的特殊安全要求和试验方法;

——第10部分:带有固定轮或无飞轮的健身车　附加的特殊安全要求和试验方法。

本部分是GB 17498的第6部分。

本标准在其各部分的划分时,为了保持与原国际标准的一致性,将第2部分和第3部分予以了合并。

本部分等同采用ISO 20957-6:2005《固定式健身器材　第6部分:跑步机　附加的特殊安全要求和试验方法》。

为了方便使用,本部分做了下列编辑性修改:

——为了与我国现有的健身器材国家标准保持协调一致,并根据该类产品在国内外的实际使用场所及其我国的习惯性产品名称,适宜地修改了标准名称的"引导要素";也即,将直接翻译后的近义词"固定式训练器材"(stationary training equipment)修改为了"固定式健身器材";

——删除了国际标准中的封面、PDF否认责任声明(PDF disclaimer)、前言和目次;

——用小数点符号"."代替小数点符号",";

——用"GB 17498的本部分"或"本部分"代替了"本国际标准"。

本部分由中国轻工业联合会提出。

本部分由全国文体用品标准化中心归口。

本部分起草单位:国家体育用品质量监督检验中心、山西澳瑞特健康产业股份有限公司、宁波凯利斯运动器材有限公司、山东祥和集团股份有限公司、青岛英派斯(集团)有限公司、北京国体世纪体育用品质量认证中心、深圳市好家庭实业有限公司、万年青(上海)运动器材有限公司。

本部分参加起草单位:山东英吉多健康产业有限公司、山东英克莱集团有限公司、南通铁人运动用品有限公司、福建舒华体育用品有限公司、山东凤凰健身器材有限公司。

本部分主要起草人:王燕玲、田旭、李政旗、朱中一、崔俊涛、侯都兴、苏俊杰、奚晓刚、王苏、张佳兴、刘严雄。

固定式健身器材
第6部分:跑步机
附加的特殊安全要求和试验方法

1 范围

GB 17498的本部分规定了除GB 17498.1通用安全要求之外,专门针对跑步机的附加安全要求,本部分应与GB 17498.1结合使用。

本部分适用于动力驱动和人力驱动的跑步机类的健身器材(以下简称跑步机)。

2 规范性引用文件

下列文件中的条款通过GB 17498的本部分的引用而成为本部分的条款。凡是注日期的引用文件,其随后所有的修改单(不包括勘误的内容)或修订版均不适用本部分,然而,鼓励根据本部分达成协议的各方研究是否可使用这些文件的最新版本。凡是不注日期的引用文件,其最新版本适用于本部分。

GB 4706.1 家用和类似用途电器的安全 第1部分:通用要求(GB 4706.1—2005,IEC 60335-1:2004,IDT)

GB 9706.1 医用电器设备 第1部分:通用安全要求(GB 9706.1—2007,IEC 601-1:1988,IDT)

GB/T 14048.14 低压开关设备和控制设备 第5-5部分:控制电路电器和开关元件具有机械锁闩功能的电气紧急制动装置(GB/T 14048.14—2006,IEC 60947-5-5:1997,IDT)

GB 17498.1—2008 固定式训练器材 第1部分:通用安全要求和试验方法(ISO 20957-1:2005,IDT)

ISO 5904 体操器械 自由体操落地垫和地面 防滑性的测定

ISO 9838 高山滑雪装置 滑雪板底板试验

EN 292 机械安全 基本概念与设计通则

3 术语和定义

GB 17498.1确立的以及下列术语和定义适用于GB 17498的本部分。

3.1

跑步机 treadmill

具有单方向运动表面、在该运动面上可进行漫步或跑步,脚可以自由地离开运动表面的健身器材。

3.2

跑步表面 running surface

运动表面可使用部分的长度。(见图1中的 l)

注:图1仅是给出的一个图例来说明各构件的名称。

3.3

跑步表面的宽度 width of the running surface

除去后滚筒护罩的跑步带的可使用宽度。(见图1中的 b)

单位为毫米

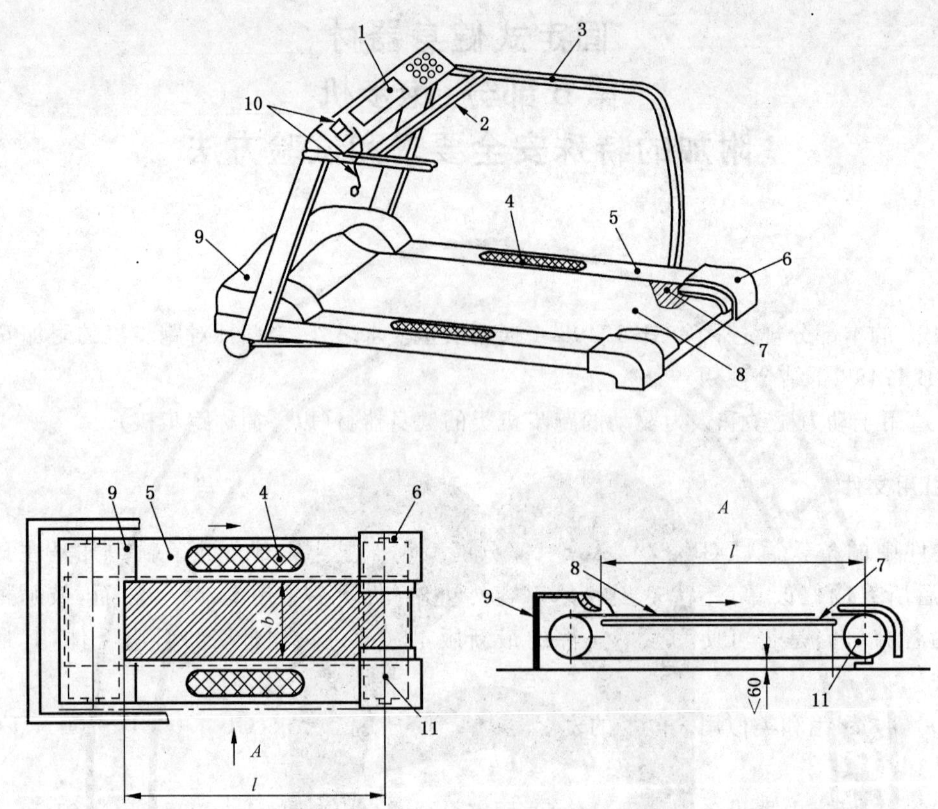

1——显示器；

2——前把手；

3——侧扶手；

4——防滑面；

5——脚踏平台；

6——后滚筒护罩(见图 2)；

7——跑步板；

8——跑步表面(带)；

9——前护罩；

10——紧急停止装置；

11——后滚筒(见图 2)；

l——跑步表面(带)长度；

b——跑步表面(带)宽度。

注：图 1 中的编号与本部分中图 2 的编号是一致的。

图 1 跑步机图例

4 分类

应符合 GB 17498.1 的第 4 章要求。

5 安全要求

5.1 通则

器材零部件的设计应符合以下要求。

5.2 外部结构

5.2.1 易触及区域内的挤压和剪切点

如果在使用过程中仰角的改变导致器材上任何部件与地面的距离小于 60 mm，仰角变化速度应不超过 1°/s。

使用者应能停止其运动。

5.2.2 传动件和转动件

应避免跑步表面、后滚筒和框架之间，后滚筒/跑步带和地面之间的引入点，可通过采用后滚筒防护罩来实现(见图 2)。

单位为毫米

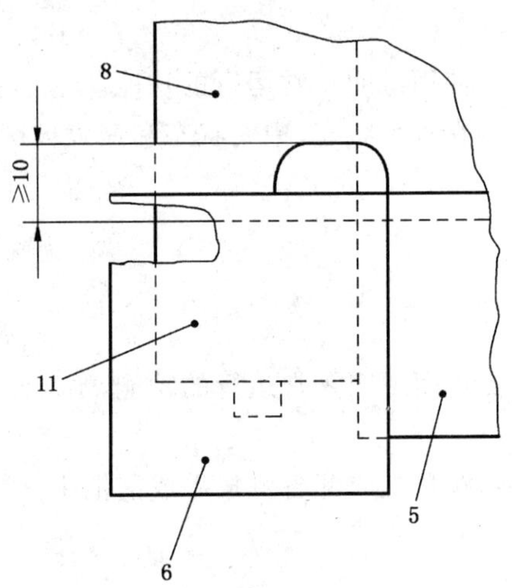

5——脚踏平台(也能覆盖跑步带)；

6——后滚筒护罩；

8——跑步表面(带)；

11——后滚筒。

图 2 后滚筒护罩

按 6.1 试验时，在后滚筒护罩与跑步表面之间试验指不应卡住。在所有运转条件下跑步表面边缘与后滚筒护罩的距离应不小于 10 mm。

电机驱动系统的元件应符合 EN 292。

5.2.3 表面温度

按 6.2 试验时，器材易触及部件的温度应不大于 65 ℃。

5.3 紧急停止

5.3.1 通则

所有动力驱动的跑步机应配有紧急/安全停止开关，包括按钮式开关或拉线式开关。

5.3.2 特性

在紧急停止装置人工复位前电路不应复位接通。多个紧急停止装置的情况下，在所有执行装置复位前电路不应恢复接通。

人工控制的紧急停止装置触点应确保直接断开，详见 GB 14048.14。

使用者应能容易触及紧急停止装置。

当开关启动后，应能不用软件就切断主电源，且跑步机应完全停止。

5.3.3 紧急制动器操作开关

紧急制动器操作开关应是红色，操作开关背景应是黄色。按钮式的操作开关应为掌状或蘑菇头状。

5.4 锁定方法

动力驱动的跑步机应有一个锁定的方法以防止第三方不受控制的使用。此方法应在使用说明书中注明。

按6.4试验。

5.5 稳定性

按6.5试验时,跑步机不应倾翻。

5.6 静态载荷

按6.6试验时,跑步机应承受下列载荷:

a) H类 人体质量(100 kg)的4倍;

b) S类 人体质量(100 kg)的6倍。

没有损坏。

试验后,跑步机应具有按制造商使用说明正常运行的功能。

对有坡度的跑步机,试验应分别在水平状态、中间状态和最大坡度的情况下进行。

5.7 耐久性

按6.7试验时,跑步机应承受:

a) H类12 000次冲击;

b) S类100 000次冲击。

试验后,跑步机应具有按制造商使用说明正常运行的功能,不应呈现任何破损。

5.8 侧扶手/前把手

为了使用者的扶持和紧急跳离,跑步机应配备侧扶手或前把手。并可以采用下列之一的配置:

a) 一个前把手;

b) 两个侧扶手;

c) 二者的组合。

前把手应:

d) 具有最小宽度(跑步表面的宽度+50 mm),且与跑步表面的纵向轴线对称;

e) 距跑步表面的垂直高度为800 mm~950 mm。

从两个侧扶手的中心测量,最大间距应为900 mm。

每个侧扶手的长度应不小于跑步表面长度“l”的30%,见图1中适合的侧扶手。

按6.8试验时,侧扶手/前把手永久变形应不超过3%。如果跑步机同时具有侧扶手和前把手,它们应同时满足此要求。

5.9 脚踏平台

跑步机应配有脚踏平台,见图1。

除去后滚筒护罩后,脚踏平台应与跑步表面的长度相同,且宽度最小为80 mm。

脚踏平台应具有至少为400 mm×70 mm的防滑表面,按ISO 5904试验时,摩擦系数不小于0.5。

按6.9试验时,脚踏平台的永久变形应不大于3%。

侧扶手可与脚踏平台相连接。

注:本条内容不适用于无坡度或惯性轮的人力跑步机。

5.10 电器安全

有关电气和电子方面的安全要求,一般用途的应符合GB 4706.1要求,医疗用途的应符合GB 9706.1要求。

5.11 附加的等级要求

A级,B级和C级应符合表1的要求。

表 1　等级基本要求

	A 级	B 级	C 级	试验方法
数据显示(显示器)	速度,坡度(适用时)用%表示(见图 3), 距离,时间采用国际单位	速度,坡度(适用时)用%表示, 距离,时间采用国际单位	无	目视检查 性能试验
准确度	时间:±1% 距离:±5% 速度: ≤2 km/h 时:±0.1 km/h >2 km/h 时:±5% 坡度(适用时):±10%	时间:±1%[a] 距离:±10% 速度: ≤2 km/h 时:±0.2 km/h >2 km/h 时:±10% 坡度(适用时):±15%	无[b]	6.10
电动跑步机跑步表面最小长度和最小宽度	≤8 km/h:1 000 mm×400 mm; >8 km/h 到 16 km/h:1 200 mm×400 mm >16 km/h:1 300 mm×400 mm	≤8 km/h:1 000 mm×400 mm >8 km/h 到 16 km/h:1 200 mm×400 mm >16 km/h:1 300 mm×400 mm	1 000 mm×325 mm; ≤6 km/h(走步) >6 km/h 见 B 级	参照速度测量试验
人力驱动跑步机跑步表面最小长度和最小宽度	不适用	1 000 mm×400 mm	1 000 mm×325 mm	
最小速度	≤0.5 km/h, 增量 0.1 km/h	≤2 km/h, 增量 0.5 km/h	≤3 km/h	6.10

a 对机械记时装置:±5%。

b 如果有:
时间:±2%[a]。
距离:±20%。
速度:
≤3 km/h 时:±0.3 km/h;
>3 km/h 时:±20%。
坡度:±25%。

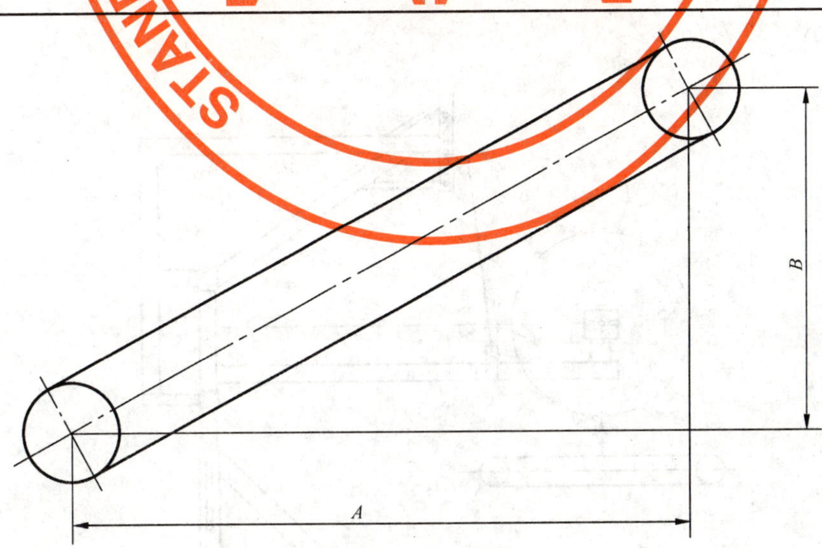

坡度＝$B/A\times100$(%)

图 3　坡度百分比的计算

6 试验方法

6.1 传动件和转动件的试验

在所有引入点插入试验指。判定试验指是否被卡住。

6.2 表面温度试验

按6.7试验时测量温度：

a) H类30 min后；

b) S类60 min后。

6.3 紧急停止试验

目视和功能试验。

6.4 锁定方法试验

目视和功能试验。

6.5 稳定性试验

通过一个试验人员(100±5) kg以8 km/h～10 km/h的速度跑步进行试验。

a) 在跑步方向+10°和-10°；

b) 在其他所有方向5°。

在坡度的最大值和最小值范围内。

在水平面上以跑步机的最大坡度，按8 km/h～10 km/h的速度使用前把手/脚踏平台进行紧急跳离试验，速度达不到的按最大速度。

6.6 静态载荷试验

从跑步表面的后端计起66%的位置处，并在跑步表面的中心，300 mm×300 mm的区域施加试验载荷。跑步表面可以固定。试验保持1 min。

如果坡度适用，在水平、中间和最高位置施加载荷。

6.7 耐久性试验

设备：

a) 一个规格为155/13的汽车轮胎，气压为0.15 MPa时的总质量为75 kg(包括轮胎质量)，见图4。

b) 下落高度：10 mm；

c) 频率：不小于30次/min。

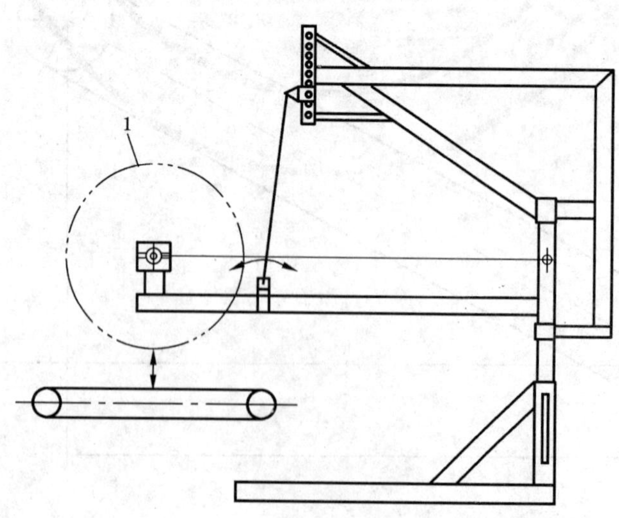

1——汽车轮胎。

图4 耐久性试验

程序：

从跑步表面的后端计起66%的位置，在跑步表面的中心线上轮胎下落：

d) H类12 000次；

e) S类100 000次。

速度为：

f) H类8 km/h；

g) S类12 km/h。

(如果小于规定的速度，按最大速度)。

对于具有阻力系统的人力驱动的跑步机，按照H类或S类阻力的50%±10%，以8 km/h速度驱动跑步机。

如果没有阻力系统，在坡度的中间位置进行试验。

应按使用说明书进行润滑和相关准备。

试验过程中如果产生共振，速度可在±15%内调整以消除共振。

按照制造商的说明书检查跑步机的使用功能。

6.8 侧扶手/前把手试验

通过一根宽度为80 mm±5 mm带子在侧扶手/前把手的最大受力处施加1 000 N的垂直试验载荷，保持5 min。

同垂直试验一样，使用带子在同样的位置于前把手最大受力处的水平方向施加500 N的水平试验载荷，保持5 min。

然后测定永久变形。

6.9 脚踏平台试验

用符合ISO 9838要求的试验鞋底，在脚踏平台防滑面的中部施以2 000 N的力，保持5 min。

测定永久变形。

6.10 时间、速度、距离的准确度试验

速度准确度的测量应在无载荷状态下，按下列速度测：

a) 最小速度，见表1；

b) 最大速度；

c) 中间速度。

适用于A级；B级和C级只在最大速度下测量。

人力驱动的跑步机，应通过一个速度为8 km/h的轮子来驱动，以检查其读数的准确性。

时间测量装置准确度的试验应超过30 min。

7 附加使用说明

除GB 17498.1—2008之外，应提供各跑步机易于理解的使用说明书。

依据类别，使用说明书应至少包含下列内容：

a) 使用者的最大人体质量；

b) 固定方法的描述和功能说明；

c) 紧急跳离；

d) 紧急停止装置的作用；

e) 器材后方2 000 mm×1 000 mm的安全区。

ICS 97.220.30
Y 55

中华人民共和国国家标准

GB 17498.7—2008/ISO 20957-7:2005

固定式健身器材
第7部分:划船器
附加的特殊安全要求和试验方法

Stationary training equipment—
Part 7:Rowing machines—
Additional specific safety requirements and test methods

(ISO 20957-7:2005,IDT)

2008-12-30 发布　　　　2010-04-01 实施

中华人民共和国国家质量监督检验检疫总局
中国国家标准化管理委员会　发布

前言

本部分的第5章、第7章为强制性条款；其余为推荐性条款。

GB 17498《固定式健身器材》包括以下9个部分：

——第1部分：通用安全要求和试验方法；

——第2部分：力量型训练器材　附加的特殊安全要求和试验方法；

——第4部分：力量型训练长凳　附加的特殊安全要求和试验方法；

——第5部分：曲柄踏板类训练器材　附加的特殊安全要求和试验方法；

——第6部分：跑步机　附加的特殊安全要求和试验方法；

——第7部分：划船器　附加的特殊安全要求和试验方法；

——第8部分：踏步机、阶梯机和登山器　附加的特殊安全要求和试验方法；

——第9部分：椭圆训练机　附加的特殊安全要求和试验方法；

——第10部分：带有固定轮或无飞轮的健身车　附加的特殊安全要求和试验方法。

本部分是GB 17498的第7部分。

本标准在其各部分的划分时，为了保持与原国际标准的一致性，将第2部分和第3部分予以了合并。

本部分等同采用ISO 20957-7:2005《固定式训练器材　第7部分：划船器　附加的特殊安全要求和试验方法》。

为了方便使用，本部分做了下列编辑性修改：

——为了与我国现有的健身器材国家标准保持协调一致，并根据该类产品在国内外的实际使用场所及其我国的习惯性产品名称，适宜地修改了标准名称的“引导要素”；也即，将直接翻译后的近义词“固定式训练器材”(stationary training equipment)修改为了“固定式健身器材”；

——删除了国际标准中的封面、PDF否认责任声明(PDF disclaimer)、前言和目次；

——用小数点符号“.”代替小数点符号“,”；

——用“GB 17498的本部分”或“本部分”代替了“ISO 20957的本部分”；

本部分由中国轻工业联合会提出。

本部分由全国文体用品标准化中心归口。

本部分起草单位：国家体育用品质量监督检验中心、山西澳瑞特健康产业股份有限公司、万年青(上海)运动器材有限公司、青岛英派斯(集团)有限公司、深圳市好家庭实业有限公司。

本部分主要起草人：王燕玲、窦军社、刘严雄、袁义龙、连智涌、张佳兴、韩光、熊伟、孙庆民。

固定式健身器材
第7部分：划船器
附加的特殊安全要求和试验方法

1 范围

GB 17498的本部分规定了除GB 17498.1通用安全要求之外，专门针对划船器的附加的特殊安全要求，本部分应与GB 17498.1结合使用。

本部分适用于固定健身器材中划船器类器材(以下简称划船器)。

如果划船器装有进行附加训练的附属装置，则应遵循GB 17498.1的要求和本部分的特殊要求。

2 规范性引用文件

下列文件中的条款通过GB 17498的本部分的引用而成为本部分的条款。凡是注日期的引用文件，其随后所有的修改单(不包括勘误的内容)或修订版均不适用本部分，然而，鼓励根据本部分达成协议的各方研究是否可使用这些文件的最新版本。凡是不注日期的引用文件，其最新版本适用于本部分。

GB 17498.1—2008　固定式健身器材　第1部分：通用安全要求和试验方法(ISO 20957-1:2005，IDT)

EN 71-1　玩具安全　第1部分：机械物理性能

EN 547-3　机械安全性　人体测量　第3部分：人体测量数据

3 术语和定义

GB 17498.1确立的以及下述术语和定义适用于GB 17498的本部分。

3.1

划船器　rowing machine

带有活动座位，模拟划船动作的固定式健身器材(见图1～图3)。

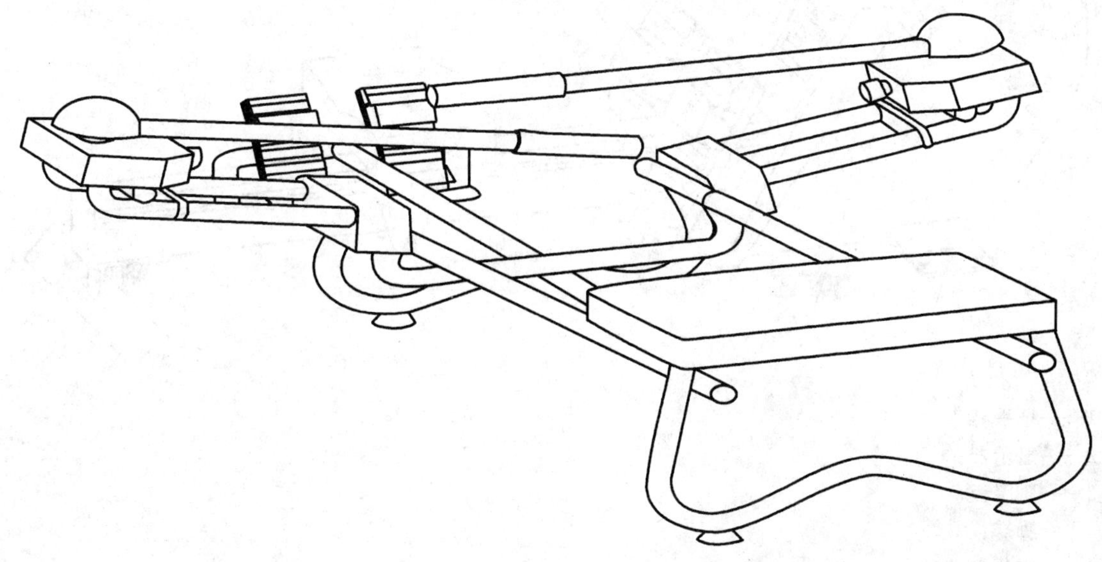

图1　双桨类划船器图例

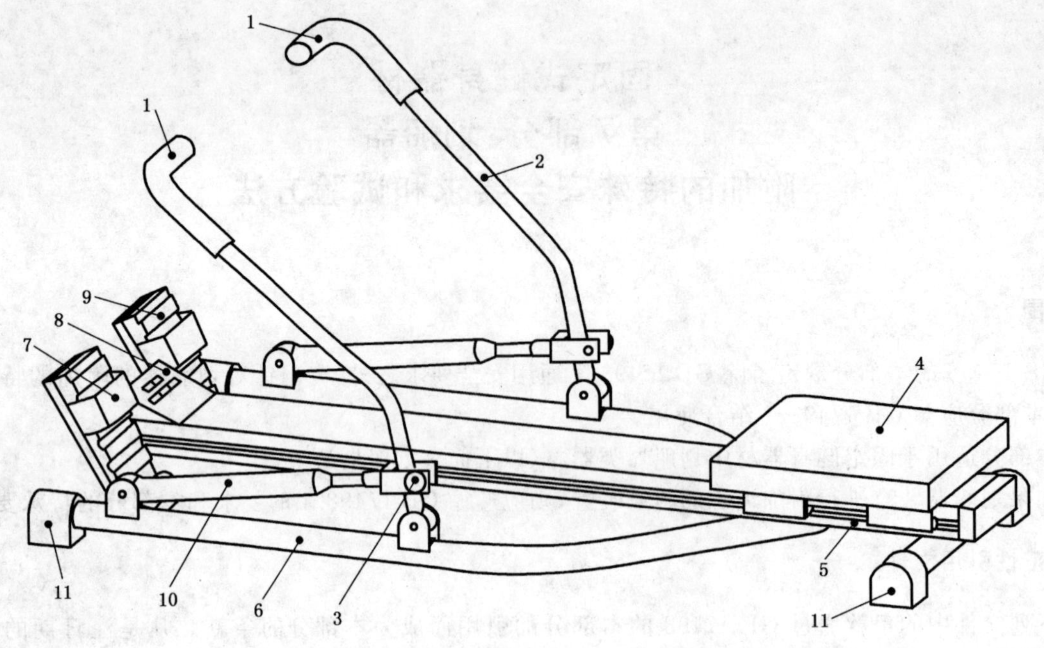

1——把手；
2——划臂；
3——拉力调节器；
4——座位；
5——导轨；
6——支架；
7——脚套；
8——显示器；
9——脚蹬板；
10——液压/气压缸；
11——底部支撑。

图 2　液压/气压缸类划船器图例

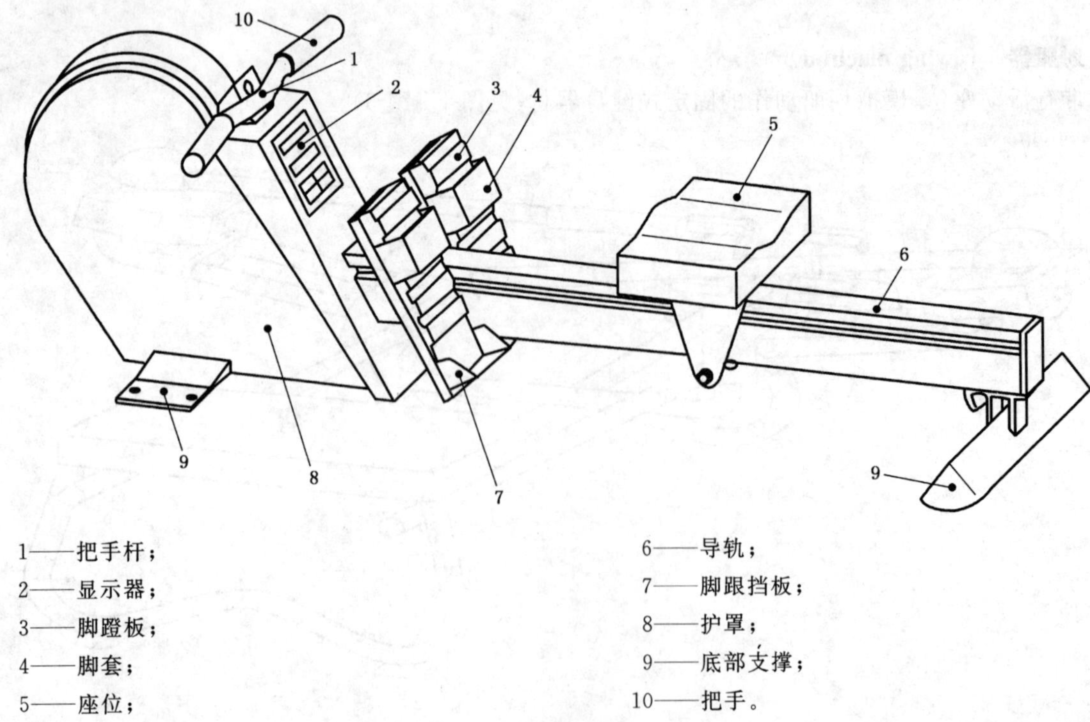

1——把手杆；
2——显示器；
3——脚蹬板；
4——脚套；
5——座位；
6——导轨；
7——脚跟挡板；
8——护罩；
9——底部支撑；
10——把手。

图 3　绳索类划船器图例

4 分类

应符合 GB 17498.1—2008 的第 4 章要求。

5 安全要求

5.1 通则

训练器材零部件的设计应当符合以下要求。

5.2 外部结构

5.2.1 易触及区域的挤压、剪切和往复运动点

如果只危及手指，活动部件和相邻活动或刚性部件间距离应不小于 25 mm；否则距离应不小于 60 mm。

不包括必需的挡块(如果使用者不会处于危险中)。每个易接触的挡块面积应不小于 400 mm^2。对于能够被压缩的挡块，当施加 90 N/cm^2 的压力时，挡块压缩后的面积应不小于 400 mm^2。

使用时，在整个运动范围内，如果挤压点一直在使用者的视野内，则 60 mm 不适用(见图 4)。

如果运动过程中活动部件和相邻刚性部件间距离保持不变，按 6.2 试验时试验指应不被卡住。

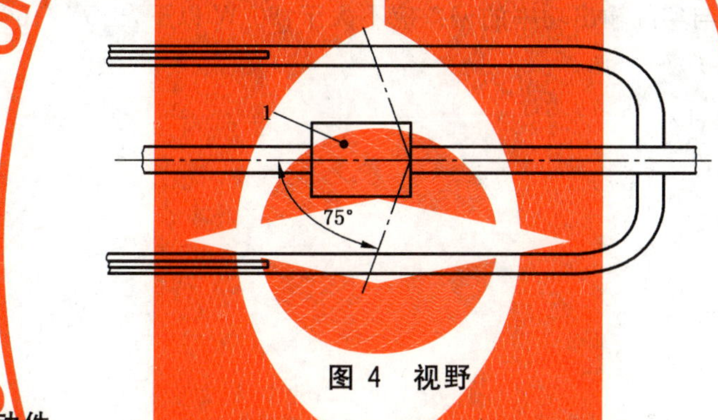

1——座位。

图 4 视野

5.2.2 传动件和转动件

传动件、风扇和惯性轮应加以防护，按 6.2 试验时，试验指应不被卡住。

5.2.3 表面温度

按 6.4 试验时，划船器易触及部件温度应不大于 65 ℃。

5.2.4 座位

按 6.3 和 6.1.4 试验时，座位应不脱轨。

5.3 固有载荷

按 6.5 试验时：

——H 类 250 kg；

——S 类 300 kg。

器材应能承受试验载荷，各部件变形：简支梁不超过 1/100；悬臂梁不超过 1/150(见图 5)。

试验后，器材所有部件应能按照制造商使用说明书正常使用。

座位的轮子或滚筒不应有过度的摆动，应旋转自如。

5.4 把手杆

划船器的把手杆通过柔性部件(绳带或链条)与划船器相连时，把手杆质量(不包括柔性部件)应不大于 600 g。

按 6.1.5 试验。

5.5 脚蹬板和脚套

对于 S 类和 H 类，应配备保证扣紧脚部装置(脚套)；对于 S 类，脚蹬板或脚套应是可调节的，以适

应不同脚的尺码。

按6.1.4试验。

按照6.6.1试验时，每个脚套应能承载：

——H类　500 N；

——S类　1 000 N。

没有损坏。

按6.6.2试验时，每个脚蹬板承受1 000 N的测试载荷没有损坏。

5.6　耐久性试验

按6.7试验时，划船器应承受：

——H类12 000个周期；

——S类100 000个周期。

测试后，划船器按照制造商使用说明书应能正常使用且不应有任何损坏的迹象，如漏油。

5.7　稳定性

按6.8试验时，划船器的底部升高应不大于10 mm。

5.8　A级附加要求

显示或设定的功率 P 与实际输出功率的偏差应不大于：50 W以下，±5 W；50 W以上，±10%。

按6.9试验。

6　试验方法

6.1　通则

6.1.1　尺寸检查。

6.1.2　目视检查。

6.1.3　触觉检查。

6.1.4　操作试验。

6.1.5　质量测定。

6.2　易触及区域的挤压、剪切及往复运动点和传动件及转动件的试验

——对于H类，用符合EN 71-1要求的B型探头；

——对于S类，用符合GB 17498.1—2008 6.5的试验指。

从各个方向用试验指靠近所有活动部件。

判定试验指是否被卡住。

6.3　座位试验

从所有方向分别对座位施加100 N的力，保持1 min。

检查座位是否一直保持在导轨上。

6.4　表面温度试验

设备：接触式温度计，准确度±1 ℃。

按下列要求运行划船器20 min：

a）　非速度关联的器材：

——25次/min完整的划船动作；

——单一把手或两个把手一起350 N的力；

——整个运动幅度的60%；

b）　速度关联的器材：

——在适当划速下，施加350 N的力且运动幅度超过整个幅度的60%。

350 N是完成一次完整的划船动作的平均力。

6.5 固有载荷试验

将划船器自由地放在平整的地面上，将座位夹紧在支架的中间位置。

对座位施加 5 min 的测试载荷 F(见图 5)：

——250 kg(H 类)；

——300 kg(S 类)。

移去载荷，按照图 5 测定相关尺寸 f 。

测试过程中，器材的底部支撑不应固定在地板上。

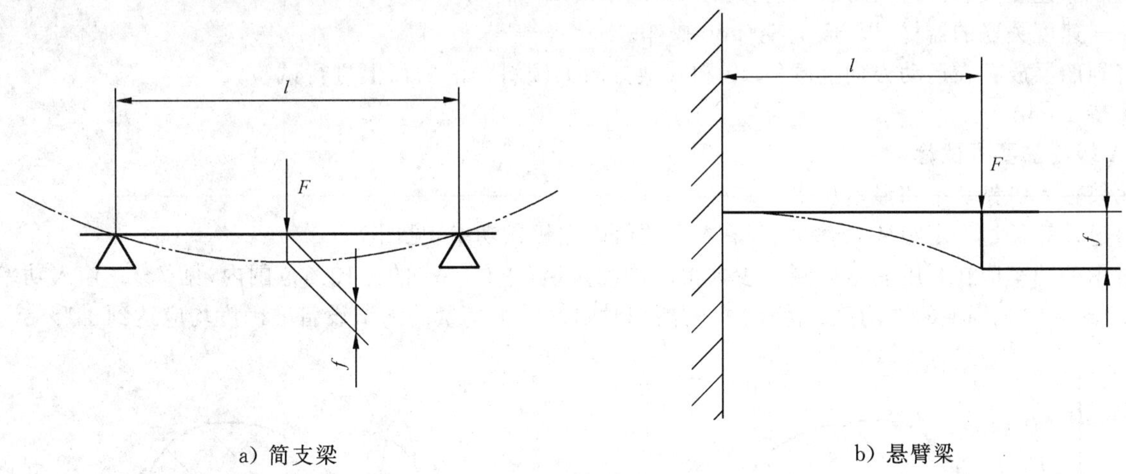

a) 简支梁　　b) 悬臂梁

图 5　永久变形测试

6.6 脚蹬板和脚套试验

6.6.1　在脚套的中心施加与脚蹬板垂直的力，保持 1 min。

6.6.2　按图 6 所示，使用测试装置对脚蹬板施加 1 000 N 的力，保持 1 min。

单位为毫米

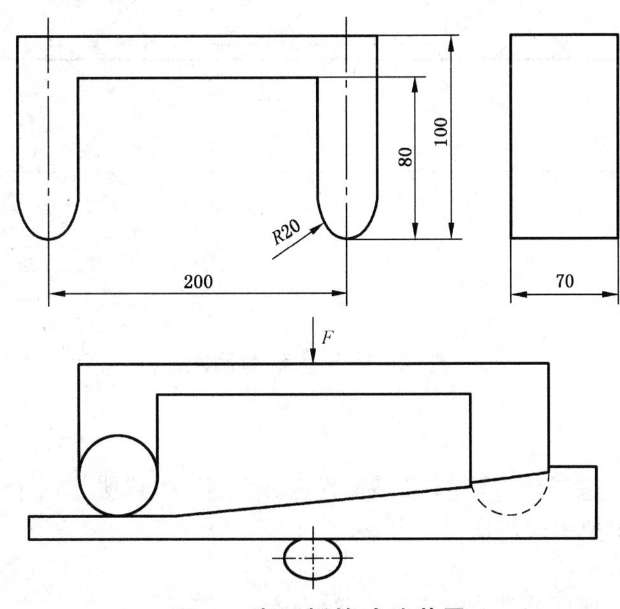

图 6　脚蹬板的试验装置

6.7 耐久性试验

非速度关联器材的试验：在座位上放置 60 kg 的活动载荷，以 25 周期/min 的速度对把手杆施加 200 N 的力，运动幅度为依照 EN 547-3 规定的以 95%的人全划程的 75%～80%。

对速度关联的器材用能够在把手上产生 200 N 力的速度进行试验。

进行耐久性试验步骤如下：

a) 对 H 类，工作 15 min，再停机 15 min，按此模式持续试验直到完成 12 000 周期；

b) 对 S 类，工作 10 h，停机冷却至室温，然后继续工作 10 h，再继续试验直到完成 100 000 周期。

试验完成后，检查划船器是否能按照制造商使用说明书的正确操作来运行，或者是否有任何损坏的迹象。

6.8 稳定性试验

让一个体重(100±5)kg，身高(1 750±50)mm 的试验人员，坐在正常的训练位置上，并依照使用说明操作划船器：

——非速度关联器材，在最小阻力时以 35 周期/min 操作；

——速度关联的器材，以 35 周期/min 操作。

将划船器放置在运动方向上倾斜 10°和其他方向上倾斜 5°的斜面上进行试验。

保持 1 min。

6.9 A 级附加要求试验

比较输入机械功率和显示功率。

通过计算经过一定距离和时间上，输入力的值确定机械功率，见图 7。

显示的功率应在利用制造商测试参数得出的测量值(单位：W)的±10%范围内，见 7c)。输入功率应是 10 min 测试周期的平均值。测试力、距离和时间这 3 个变量的测试设备准确度均应达到±1%。

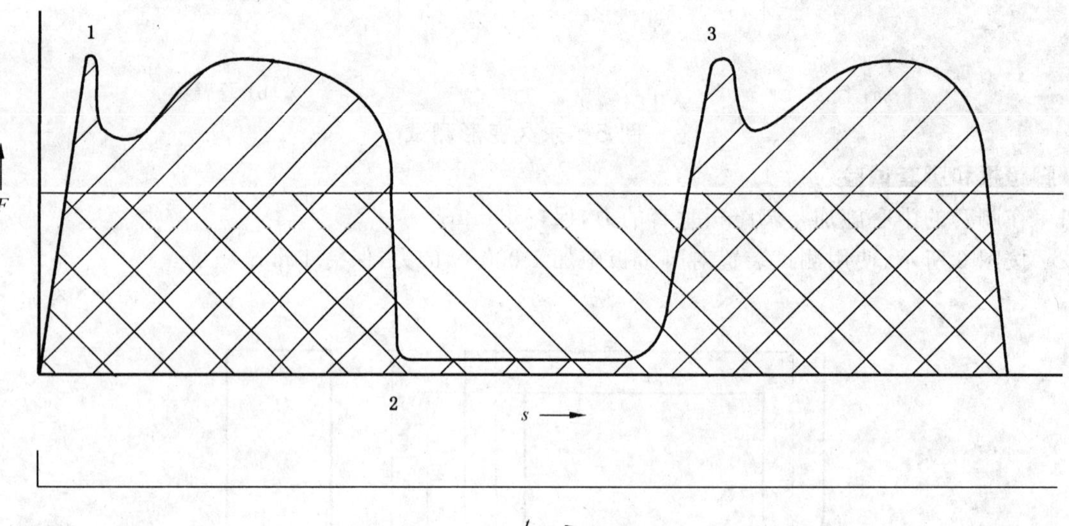

1——一个划程的开始；

2——回程；

3——下一划程的开始。

图 7 输入功率曲线图

7 附加使用说明

除 GB 17498.1—2008 要求外，每台划船器应提供易于理解的说明书。

根据分级，使用说明书应至少包括以下内容：

a) 载荷的确定；

b) 制动系统的信息(速度关联或非速度关联)；

c) 对 A 级，测试参数：训练速度、阻力设定和运动行程；

d) 安全搬运和贮存。

ICS 97.220.30
Y 55

中华人民共和国国家标准

GB 17498.8—2008/ISO 20957-8:2005

固定式健身器材 第8部分:踏步机、阶梯机和登山器 附加的特殊安全要求和试验方法

Stationary training equipment—
Part 8:Steppers,stairclimbers and climbers—
Additional specific safety requirements and test methods

(ISO 20957-8:2005,IDT)

2008-12-30 发布　　2010-04-01 实施

中华人民共和国国家质量监督检验检疫总局
中国国家标准化管理委员会　发布

前言

本部分的第5章、第7章为强制性条款;其余为推荐性条款。

GB 17498《固定式健身器材》包括以下9个部分:

——第1部分:通用安全要求和试验方法;

——第2部分:力量型训练器材　附加的特殊安全要求和试验方法;

——第4部分:力量型训练长凳　附加的特殊安全要求和试验方法;

——第5部分:曲柄踏板类训练器材　附加的特殊安全要求和试验方法;

——第6部分:跑步机　附加的特殊安全要求和试验方法;

——第7部分:划船器　附加的特殊安全要求和试验方法;

——第8部分:踏步机、阶梯机和登山器　附加的特殊安全要求和试验方法;

——第9部分:椭圆训练机　附加的特殊安全要求和试验方法;

——第10部分:带有固定轮或无飞轮的健身车　附加的特殊安全要求和试验方法。

本部分是GB 17498的第8部分。

本标准在其各部分的划分时,为了保持与原国际标准的一致性,将第2部分和第3部分予以了合并。

本部分等同采用ISO 20957-8:2005《固定式健身器材　第8部分:踏步机、阶梯机和登山器　附加的特殊安全要求和试验方法》(英文版)。

为了方便使用,本部分做了下列编辑性修改:

——为了与我国现有的健身器材国家标准保持协调一致,并根据该类产品在国内外的实际使用场所及其我国的习惯性产品名称,适宜地修改了标准名称的“引导要素”;也即,将直接翻译后的近义词“固定式训练器材”(stationary training equipment)修改为了“固定式健身器材”;

——删除了国际标准中的封面、PDF否认责任声明(PDF disclaimer)、前言和目次;

——用小数点符号“.”代替小数点符号“,”;

——用“GB 17498的本部分”或“本部分”代替了“ISO 20957的本部分”。

本部分由中国轻工业联合会提出。

本部分由全国文体用品标准化中心归口。

本部分起草单位:国家体育用品质量监督检验中心、青岛英派斯(集团)有限公司、山西澳瑞特健康产业股份有限公司、深圳市好家庭实业有限公司、北京国体世纪体育用品质量认证中心。

本部分主要起草人:王燕玲、侯都兴、袁义龙、李政旗、张佳兴、陈连晶、赫成刚、吕国强、韩济州。

固定式健身器材
第8部分:踏步机、阶梯机和登山器
附加的特殊安全要求和试验方法

1 范围

GB 17498的本部分规定了除GB 17498.1安全通用要求之外,专门针对踏步机、阶梯机和登山器(以下简称训练器材)的附加的特殊安全要求,本部分应与GB 17498.1结合使用。

本部分适用于固定训练器材中的踏步机、阶梯机和登山器类器材。

2 规范性引用文件

下列文件中的条款通过GB 17498的本部分的引用而成为本部分的条款。凡是注日期的引用文件,其随后所有的修改单(不包括勘误的内容)或修订版均不适用本部分,然而,鼓励根据本部分达成协议的各方研究是否可使用这些文件的最新版本。凡是不注日期的引用文件,其最新版本适用于本部分。

GB 17498.1—2008 固定式健身器材 第1部分:通用安全要求和试验方法(ISO 20957-1:2005,IDT)

ISO 5904 体操设备 自由体操的落地垫和表面 防滑性的测定

EN 71-1 玩具安全 第1部分:机械物理性能

3 术语和定义

GB 17498.1确立的以及下列术语和定义适用于GB 17498的本部分。

3.1

踏步机 stepper

脚部不离开踏板就能做往复运动的固定健身器材(见图1)。

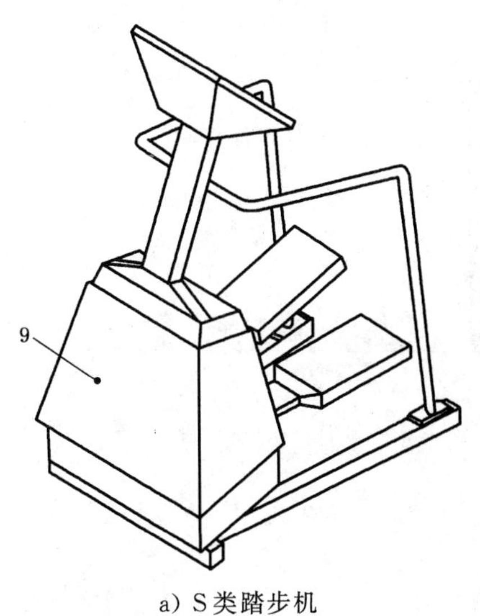

a) S类踏步机

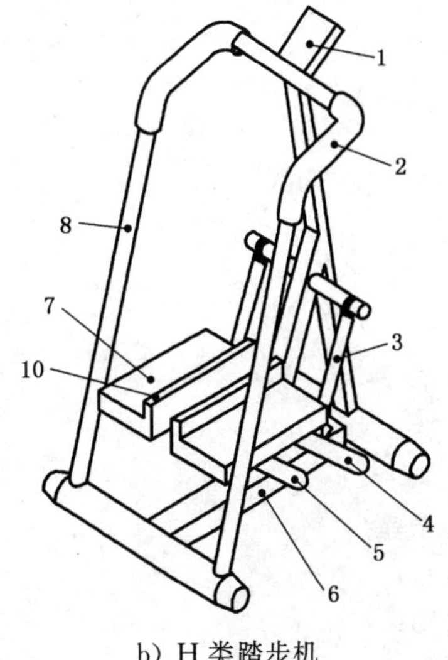

b) H类踏步机

图1 踏步机示例

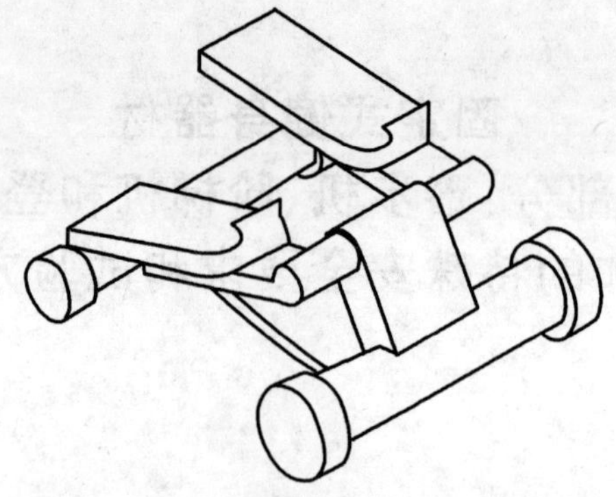

c）微型踏步机

1——显示器；
2——把手；
3——液压活塞/阻力；
4——控制杆；
5——踏板平衡杆；
6——底架；
7——脚踏板；
8——扶栏/把手；
9——护罩；
10——脚部护板。

图 1（续）

3.2

阶梯机　stairclimber

与移动的机械式楼梯或自动扶梯类似的固定健身器材（见图 2）。

注：模仿攀登普通楼梯的动作。

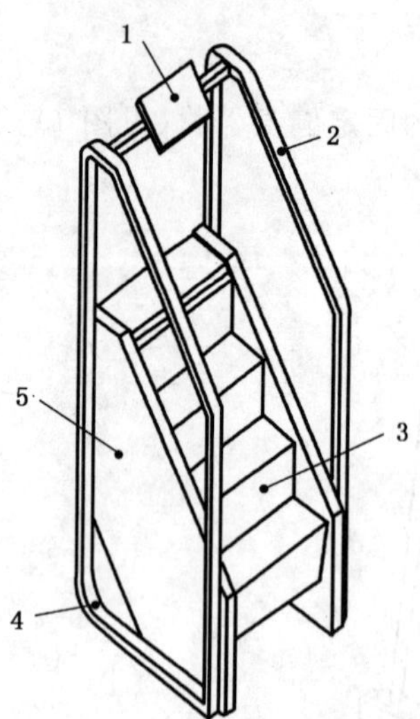

1——显示器；
2——扶栏；
3——阶梯；
4——底架；
5——护罩。

图 2　阶梯机示例

3.3

登山器　climber

配备了能做脚部和手部往复运动装置的固定健身器材(见图 3)。

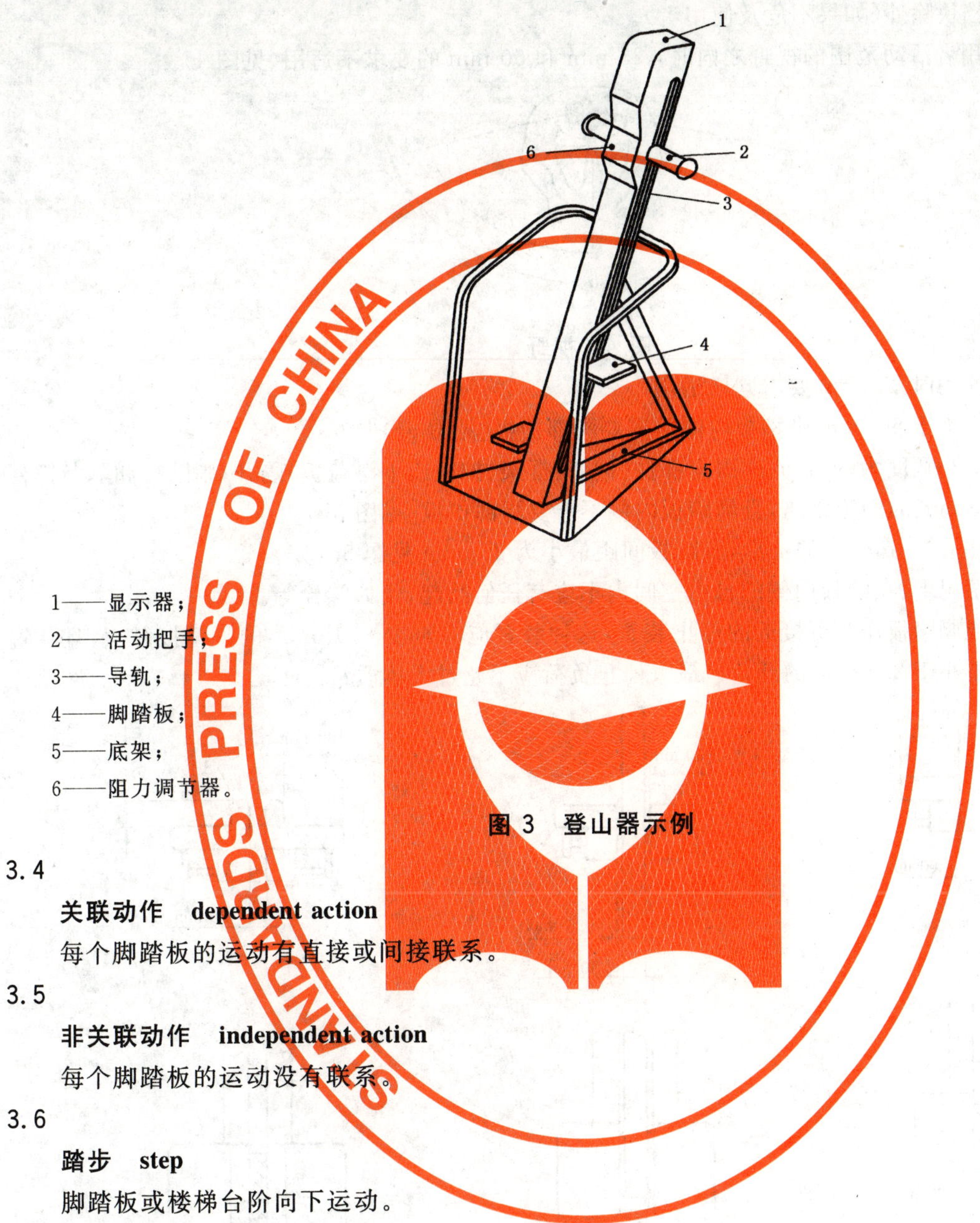

1——显示器；

2——活动把手；

3——导轨；

4——脚踏板；

5——底架；

6——阻力调节器。

图 3　登山器示例

3.4

关联动作　dependent action

每个脚踏板的运动有直接或间接联系。

3.5

非关联动作　independent action

每个脚踏板的运动没有联系。

3.6

踏步　step

脚踏板或楼梯台阶向下运动。

3.7

脚部护板　foot guard

一个凸起的边缘,见图 1 和图 5。

4　分类

应符合 GB 17498.1—2008 的第 4 章要求。

5　安全要求

5.1　通则

健身器材零部件的设计应符合 5.2～5.8 要求。

5.2 外部结构

5.2.1 易触及区域的挤压、剪切和往复运动点

如果仅危及手指，活动部件和相邻活动部件或刚性部件间距至少为 25 mm；否则其距离至少为 60 mm。必需的挡块除外（如果不危及使用者）。

挤压点在使用者活动范围的视野之内时，25 mm 和 60 mm 的要求不适用（见图 4）。

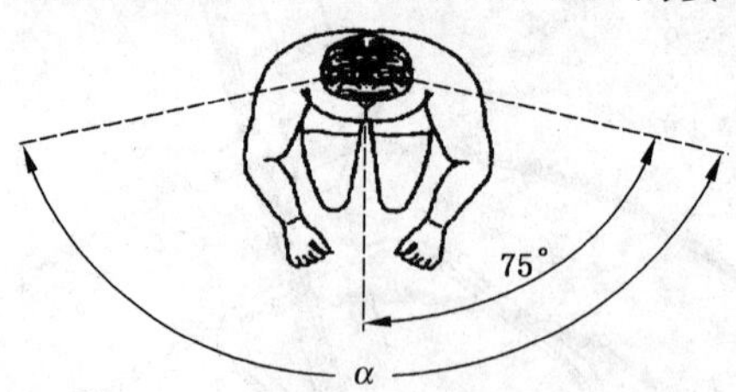

图 4 视野

训练器材不使用时，25 mm 要求同样适用。

如果踏板间距大于 60 mm，脚踏板内侧不需要脚部护板[见图 5a)]。

如果踏板被最小宽度为 30 mm 的固定部件（例如：框架、护板或平滑盖板）隔开，则踏板和隔断部件间应有不大于 9.5 mm 的固定距离，且脚踏板内侧不需要脚部护板[见图 5b)]。

当脚踏板内侧有 30 mm 高的护沿，脚踏板间距最小为 25 mm[见图 5c)]。

在所有三种情况下，在踏板内侧的自由空间内不应有任何凸起，例如螺栓等。

如果控制杆或脚踏板作为可接近的停止装置，这种装置应有至少 800 mm^2 的平整接触面，且装置的边缘应有半径不小于 2.5 mm 的圆角。最大停止负荷应不超过人体质量。

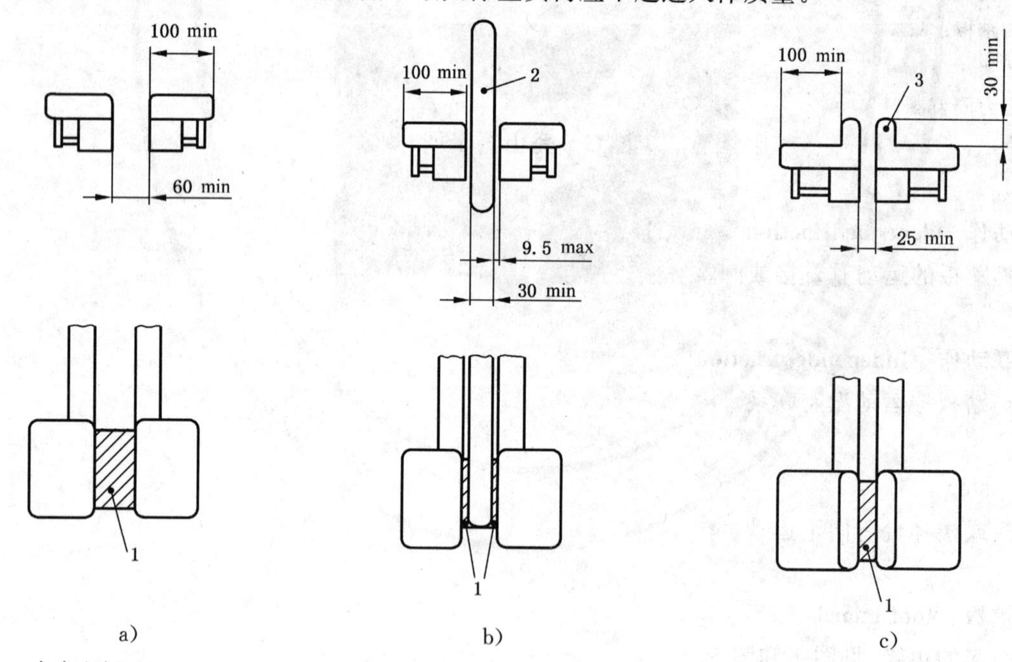

1——自由空间；

2——具有固定间距的封闭平面区域；

3——脚部护板。

图 5 挤压点

脚踏板底部和地板或底架间的距离应不小于 60 mm，不包括可接触的停止装置。

按 6.2 试验。

5.2.2 传动件和转动件

所有传动件，如风扇和惯性轮都应施加保护，以保证使用者手指不被卡住。

按 6.2 试验。

5.2.3 **表面温度**

按 6.2 试验时，训练器材易触及部件的温度应不大于 65 ℃。

5.3 **固有载荷**

5.3.1 按 6.4 试验，在承载人体质量(100 kg)2.5 倍的载荷后，H 类器材的各零部件应不损坏。

5.3.2 S 类器材的各零部件应能承受人体质量(100 kg)2 倍的载荷。

按照 6.4 试验时，支撑面(例如承载面)变形应不超过 $f=1/100$；悬臂支撑(悬臂面)变形应不超过 $f=1/150$；其他尺寸变形量应不超过 1%。

训练器材应能承受人体质量 4 倍静载荷不损坏。

100 kg 作为人体质量的额定载荷。

试验后：

——支撑面(例如承载面)变形应不超过 $f=1/100$；

——悬臂支撑(悬臂面)变形应不超过 $f=1/150$；

——其他尺寸变形量应不超过 1%。

5.4 **扶栏/把手**

如果训练器材安装了扶栏/把手，按 6.5 试验时，扶栏/把手永久变形应不大于 3%。

所有易触及边缘都应有半径不小于 2.5 mm 的圆角。

按 6.5 试验。

5.5 **脚踏板和阶梯**

脚踏板和阶梯的所有易触及边缘都应有半径不小于 2.5 mm 的圆角。

按照 ISO 5904 测试时，踏板/阶梯表面的摩擦系数应大于 0.5。

脚踏板和阶梯的宽度应不小于 100 mm，不包括脚部护板。

5.6 **耐久性试验**

按 6.6 试验时，训练器材应能承受：

——H 类 12 000 周期；

——S 类 100 000 周期。

试验完成后，训练器材按照制造商使用说明书应能正常使用且不应有任何损坏的迹象，如漏油。

5.7 **自由轮**

在配有风扇或惯性轮的踏步机上，传动装置应为自由轮类型。

按 6.1.2 和 6.1.4 试验。

5.8 **A 级附加要求**

显示或设定的功率 P 与实际输入功率的偏差，在 50 W 内为±5 W，大于 50 W 为±10%。

6 试验方法

6.1 通则

6.1.1 尺寸检查。

6.1.2 目视检查。

6.1.3 触觉检查。

6.1.4 操作试验。

6.2 易触及区域的挤压、剪切和往复运动点和传动件和转动件的测试

设备：

——H 类，符合 EN 71-1 要求的 B 型探头；

——S 类，符合 GB 17498.1—2008 中 6.5 要求的试验指。

从各个方向用试验指靠近所有活动部件。

判定试验指是否被卡住。

6.3 表面温度试验

设备:接触式温度计,准确度 ±1 ℃。

使用(100±5)kg 测试物进行试验。

按 60(1±10%)步/min 的速度操作训练器材,持续 20 min。

在脚踏板中心测量,步高应是(180±5)mm;如果达不到则取可能的最大步高。

阻力应设置在最大值或将其调整到 60 步/min 且保持连续运动。

记录温度是否超过 65 ℃。

对于速度关联的训练器材,通过使用 100 kg 载荷和能产生 180(1±10%)W 机械功率的踏步速度来完成测试。

6.4 固有载荷试验

调节阻力使训练器材处于最大受力状态。

对 S 类和 H 类器材,在位于停止位置的一个脚踏板 90 mm×90 mm 的平面上,无冲击施加试验静载荷 F,保持 5 min。

移去载荷,测量变形。

在另一个踏板上重复试验。

当测试包含共同元件如绳索、滑轮的多项功能试验时,这些元件可以在每次单独测试前更换。

为了测试完整的驱动系统,如联动装置和机架,要把脚踏板置于其运动行程的中点,并锁定在离脚踏板最远的阻力装置固定点上(例如:关联运动踏步机,锁定另一个踏板)。

在脚踏板或台阶的最大受力处,通过一个 90 mm×90 mm 平面,无冲击的施加静载荷 F,确保整个系统处于受力状态(见图 6)。

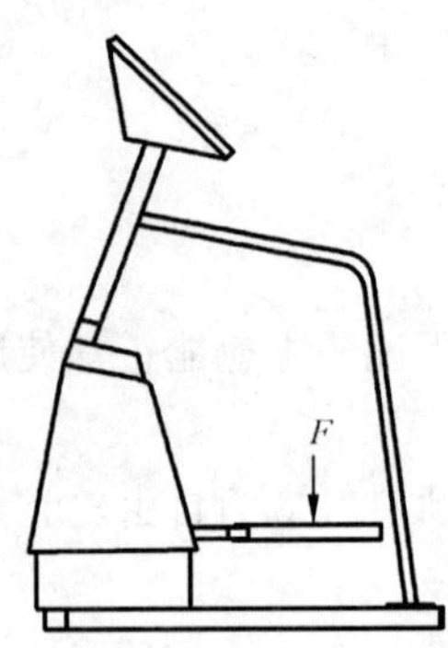

图 6 静载荷试验

除非说明书中另有说明,测试过程中,训练器材的底架不应固定在地面上。

6.5 扶栏/把手试验

通过一条宽度(80±5)mm 的带子,在扶栏或把手最大受力处施加 1 000 N 的垂直力,保持 5 min。

然后,在垂直测试的同一位置且在扶栏/把手的水平最大受力方向,使用带子施加 500 N 的水平力,保持 5 min。

测量永久变形。

6.6 耐久性试验

对于非速度关联的踏步机:以踏步高度(180±5)mm,运动速度 60(1±10%)步/min,且每个踏板或台阶上施加 100 kg 的载荷,在踏板运动幅度中心处进行试验。如果达不到踏步高度,则取可能的最大高度。

对速度关联的踏步机:以踏步高度(180±5)mm,一个能产生平均功率为 180(1±10%)W 的踏步速度，在踏板运动中心处进行试验。如果无法找到踏板中心，则取最大的可能测量的步高。

按如下所述进行测试：

a) 对 H 类，工作 15 min，停机 15 min，然后以相同模式工作直至完成 12 000 周期；

b) 对 S 类，工作 10 h，冷却至室温，再工作 10 h，以同样方法直至完成 100 000 周期。

检查训练器材是否能按制造商使用说明书正常使用。

6.7 A 级附加要求试验

比较输入的机械功率和显示功率。

通过计算经过一定距离（运动量程）和时间、输入力确定机械输入功率。

显示值应在利用制造商试验参数计算出的测量值±10%的范围内，见 7c）。输入功率应是 10 min 测试周期的平均值。测量力、距离和时间的测试设备，准确度应达到±1%。

7 附加的使用说明

除 GB 17498.1—2008 要求外，每台踏步机、阶梯机和登山器应提供易于理解的说明书。

根据分级，使用说明书应至少包括以下内容：

a) 制动系统的信息（速度关联或非速度关联）；

b) 踏步动作信息（约束或无约束）；

c) 对 A 级，测试过程的测试参数包括：训练速度、阻力设定和运动量程。

ICS 97.220.30
Y 55

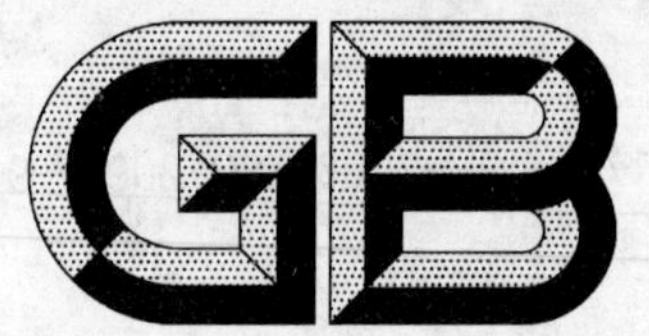

中华人民共和国国家标准

GB 17498.9—2008/ISO 20957-9:2005

固定式健身器材 第9部分:椭圆训练机 附加的特殊安全要求和试验方法

Stationary training equipment—
Part 9: Elliptical trainers—
Additional specific safety requirements and test methods

(ISO 20957-9:2005,IDT)

2008-12-30 发布　　2010-04-01 实施

中华人民共和国国家质量监督检验检疫总局
中国国家标准化管理委员会　发布

前言

本部分的第5章、第7章为强制性条款;其余为推荐性条款。

GB 17498《固定式健身器材》包括以下9个部分:

——第1部分:通用安全要求和试验方法;

——第2部分:力量型训练器材 附加的特殊安全要求和试验方法;

——第4部分:力量型训练长凳 附加的特殊安全要求和试验方法;

——第5部分:曲柄踏板类训练器材 附加的特殊安全要求和试验方法;

——第6部分:跑步机 附加的特殊安全要求和试验方法;

——第7部分:划船器 附加的特殊安全要求和试验方法;

——第8部分:踏步机、阶梯机和登山器 附加的特殊安全要求和试验方法;

——第9部分:椭圆训练机 附加的特殊安全要求和试验方法;

——第10部分:带有固定轮或无飞轮的健身车 附加的特殊安全要求和试验方法。

本部分是GB 17498的第9部分。

本标准在其各部分的划分时,为了保持与原国际标准的一致性,将第2部分和第3部分予以了合并。

本部分等同采用ISO 20957-9:2005《固定式健身器材 第9部分:椭圆训练机 附加的特殊安全要求和试验方法》。

为了方便使用,本部分做了下列编辑性修改:

——为了与我国现有的健身器材国家标准保持协调一致,并根据该类产品在国内外的实际使用场所及其我国的习惯性产品名称,适宜地修改了标准名称的“引导要素”;也即,将直接翻译后的近义词“固定式训练器材”(stationary training equipment)修改为了“固定式健身器材”;

——删除了国际标准中的封面、PDF否认责任声明(PDF disclaimer)、前言和目次;

——用小数点符号“.”代替小数点符号“,”;

——用“GB 17498的本部分”或“本部分”代替了“ISO 20957的本部分”。

本部分由中国轻工业联合会提出。

本部分由全国文体用品标准化中心归口。

本部分起草单位:国家体育用品质量监督检验中心、青岛英派斯(集团)有限公司、山西澳瑞特健康产业股份有限公司、深圳市好家庭实业有限公司、宁波凯利斯运动器材有限公司、山东祥和集团股份有限公司、万年青(上海)运动器材有限公司。

本部分主要起草人:王燕玲、周懋安、侯都兴、薛安虎、张佳兴、韩光、朱中一、崔俊涛、刘严雄。

固定式健身器材
第9部分:椭圆训练机
附加的特殊安全要求和试验方法

1 范围

GB 17498的本部分规定了椭圆训练机(也称为十字交叉训练器)除GB 17498.1通用安全要求外的特殊安全要求,应与GB 17498.1结合使用。

本部分适用于椭圆训练机(也称为十字交叉训练器)。

2 规范性引用文件

下列文件中的条款通过GB 17498的本部分的引用而成为本部分的条款。凡是注日期的引用文件,其随后所有的修改单(不包括勘误的内容)或修订版均不适用于本部分,然而,鼓励根据本部分达成协议的各方研究是否可使用这些文件的最新版本。凡是不注日期的引用文件,其最新版本适用于本部分。

GB 17498.1—2008 固定式健身器材 第1部分:通用安全要求和试验方法(ISO 20957-1:2005,IDT)

ISO 5904 体操设备 自由体操的落地垫和表面 防滑性的测定

EN 71-1 玩具安全 第1部分:机械物理性能

EN 563 机械安全 可接触表面温度 确定热表面温度限值的工效学数据

3 术语和定义

GB 17498.1—2008确立的以及下列术语和定义适用于GB 17498的本部分。

3.1

椭圆训练机 elliptical trainer

能产生连续往复的椭圆形脚部动作,并能包括上肢训练装置的人工操作训练器材。椭圆训练按连续和往复的闭环周期运行。

3.2

脚踏平台 footplatform

踏板 pedal

按制造商的训练程序正确操作时用于支撑脚部设计的装置。

3.3

脚踏平台防护装置 footplatform guard

踏板防护装置 pedal guard

防护栏 fence

按制造商的训练程序正确操作时用于防止脚部滑脱设计的脚踏平台上的刚性部件。

3.4

周期 cycle

椭圆训练机的一个周期指从起始点开始经过整个运动范围(360°)后又回到起始点。

4 分类

应符合 GB 17498.1—2008 第 4 章要求。

5 安全要求

5.1 通则

训练器材零部件的设计除符合 GB 17498.1—2008 外还应符合以下要求。

5.2 外部结构

5.2.1 易触及部位的挤压和剪切点

椭圆训练机应无挤压和剪切点。

按 6.2 试验。

5.2.2 表面温度

按 6.3 试验时,椭圆训练器材上易触及部件的温度应不大于 65 ℃。

5.3 固有载荷

5.3.1 H 类

在承载人体质量(100 kg)2.5 倍的载荷后,H 类器材的各部件应不损坏。

按 6.4 试验。

5.3.2 S 类

承载人体质量(100 kg)4 倍的载荷,训练器材应不损坏。

S 类器材的各零部件应能承受人体质量(100 kg)2 倍的载荷。

按照 6.4 试验时,支撑面(例如承载面)变形应不超过 $f=1/100$;悬臂支撑(悬臂面)变形应不超过 $f=1/150$;其他尺寸变形量应不超过 1%。

100 kg 的人体质量作为额定载荷。

试验后:

——支撑面(例如承载面)变形应不超过 $f=1/100$;

——悬臂支撑(悬臂面)变形应不超过 $f=1/150$;

——其他尺寸变形量应不超过 1%。

5.4 把手

按照 6.5 试验时,把手的永久变形量应不大于 3%。

为减小把手顶端刺穿的危险,把手顶端部分的直径应不小于 50 mm。按 6.1.1 试验。

5.5 脚踏板

脚踏板应有一块不小于 300 mm×100 mm 的防滑表面,按照 ISO 5904 试验时摩擦系数应大于 0.5。

脚踏板内侧和前沿应有高度不小于 30 mm 的防护栏。

5.6 稳定性

按 6.6 试验时,训练器材应不倾翻。

5.7 耐久性试验

按 6.7 试验时,训练器材应能承受:

H 类 12 000 周期;

S 类 100 000 周期。

试验完成后,训练器材按照制造商使用说明书应能正常使用且不应有任何损坏的迹象。

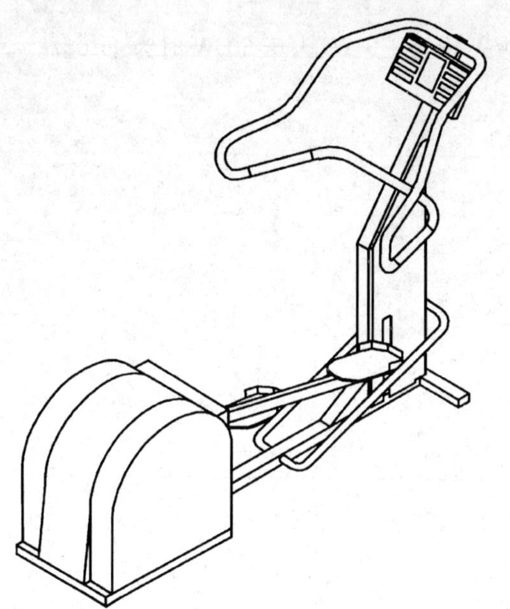

无活动把手的椭圆训练机

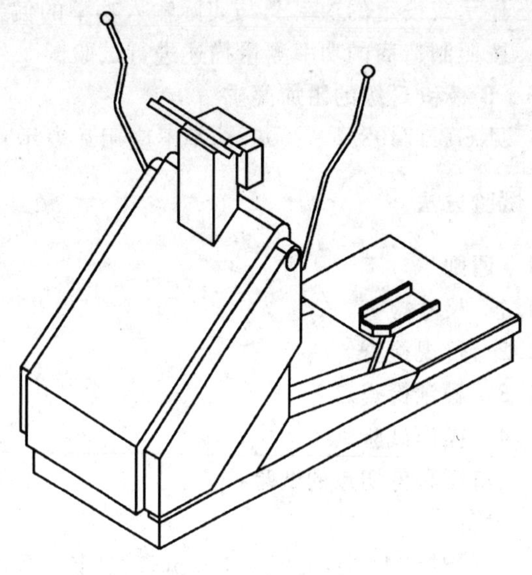

有活动把手的椭圆训练机

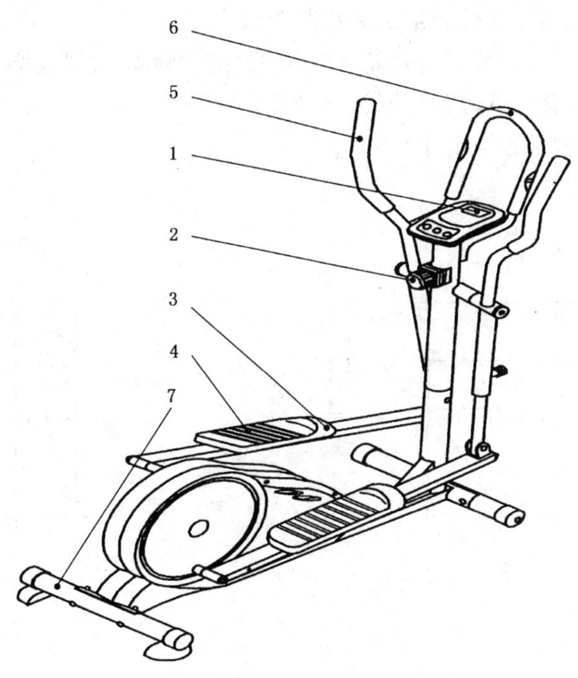

有移动把手和固定把手的椭圆训练机

1——显示器；

2——阻力；

3——踏板防护装置；

4——脚踏平台；

5——活动把手；

6——固定把手；

7——机架。

图 1　椭圆训练机图例

5.8 对 A 级的附加要求

显示或设定的功率 P 与实际输入功率的偏差，在 50 W 内为±5 W，大于 50 W 时为±10%。

按照制造商的功率测量描述进行试验。

5.9 B 级和 C 级的附加要求

见 GB 17498.1—2008，功率不应用瓦表示。

6 试验方法

6.1 通则

6.1.1 尺寸检查。

6.1.2 目视检查。

6.1.3 触觉检查。

6.1.4 操作试验。

6.2 挤压和剪切点的试验

设备

——对于 H 类，使用与 GB 6675 规定一致的 B 型探头；

——对于 S 类，使用与 GB 17498.1—2008 标准的 6.5 一致的试验指；

——使用与图 2 一致的试验脚。

试验指从各个方向靠近活动部件测定试验指是否被卡住。

在距离地面高度为 600 mm 的范围内放置与图 2 一致的试验脚，此试验脚至少应有 3 个 *A* 点(如图 2)在地面和/或器材上，在此位置上试验脚应不被运动部件卡住。

判定试验指和/或试验脚是否被卡住。

单位为毫米

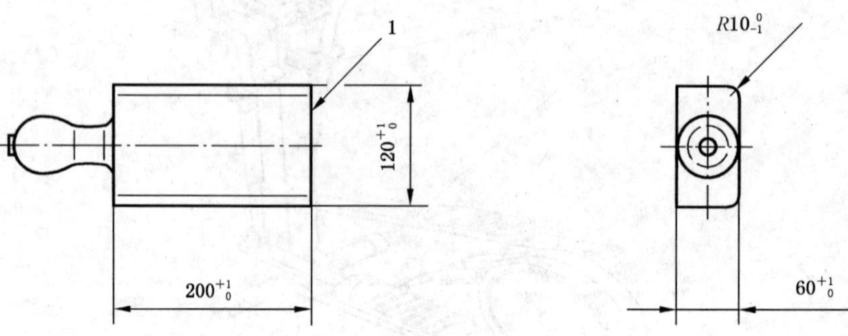

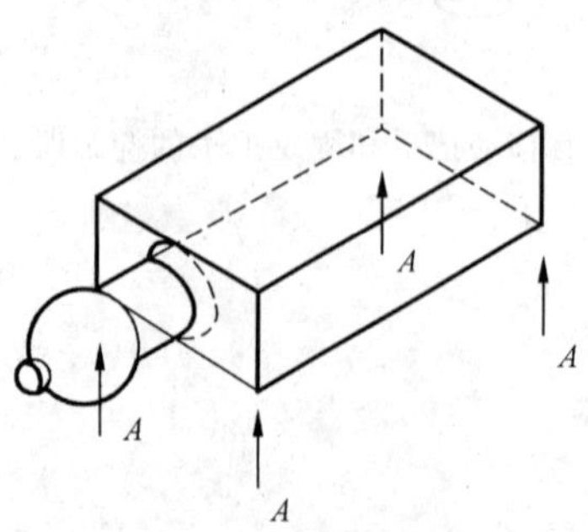

1——前端。

图 2 试验脚

6.3 表面温度试验

设备:接触式温度计,准确度为±1 ℃。

试验环境为 18 ℃至 25 ℃。

使用(100±5)kg 测试物进行试验。

按 60(1±10%)r/min 的速度操作训练器材,保持 20 min。

阻力应设置到最大或减少到 60 r/min 时,器材的周期运动能持续而不间断。

记录椭圆训练机易触及部件的温度是否超过 65 ℃。

对速度关联的训练器材,试验时使用 100 kg 的载荷,运动频率调整到能产生 180(1±10%)W 的机械功率。见 GB/T 18153。

6.4 固有载荷的试验

在一只踏板上的平衡位置处,按照 H 类或 S 类不同要求施加必要的静负载 F,持续 5 min。此负载必须通过一个($90_{-1}^{\ 0}$)mm×($90_{-1}^{\ 0}$)mm 的表面施加在踏板的最大受力处(见图 3)。

图 3 固有载荷试验

移除载荷,测量变形或检查器材是否损坏。

在另一只踏板上再测一次。

除非使用说明书中另有说明,试验过程中,训练器材的底架不应固定在地面上。

6.5 把手试验

对于固定式把手,在把手最大受力处垂直施加 1 000 N 的力,保持 5 min。

然后在同一位置,用一宽度为(80±5)mm 的带子在水平方向上施加一个 500 N 的拉力,保持 5 min。

对活动把手的试验,应在其同一侧的脚踏板上施加一个额定载荷,且在活动把手动力方向的最大受力处施加 1 000 N 的载荷,保持 5 min。

然后在与训练方向成 90°的方向上的最大受力处施加 200 N 的力,保持 5 min。

6.6 稳定性试验

在最大受力处进行测试。

让一个体重(100±5)kg,身高(1 750±50)mm 的试验人员,在正常的训练位置上,以 60 r/min 的频率踩踏训练器材 1 min。

将训练器材在两个动力方向(向前和向后)倾斜 10°,其他方向倾斜 5°。

注:动力方向是指使用者身体部分运动的方向。

6.7 耐久性试验

对非速度关联的椭圆训练机,每个踏板加载 50 kg 的载荷,并设置到最大阻力的 80%,以 60(1±10%)r/min 的转速进行试验。如果此器材有一个持续的功率系统,进行测试时,应设置为最大功率的

80%,且在把手的最大受力处施加 10 kg 的载荷。

对速度关联的椭圆训练机,每个踏板加载 50 kg 的载荷,并以 90(1±10%)r/min 的转速进行耐久性试验。如下:

a) 对于 H 类,以试验 15 min 然后停止 15 min 的方式进行试验,连续 12 000 个周期直到完成试验;

b) 对于 S 类,连续 10 h 不间断试验 100 000 个周期。

检查训练器材是否能按制造商使用说明书正常使用。

6.8 A 级附加要求试验

比较输入的机械功率和显示功率。

制造商应在操作手册中说明显示值与输入功率如何计算。

显示值应在利用制造商试验参数计算出的测量值±10%的范围内(小于 50 W 时为测量值±5 W),[见第 7 章 b)]。

输入功率应是 10 min 试验周期的平均值。

3 个变量试验的设备准确度应不小于±1%。

6.9 B 级和 C 级的附加试验要求。

见 GB 17498.1—2008。

7 附加使用说明

除 GB 17498.1—2008 的第 9 章要求外,每台椭圆训练机应提供易于理解的使用说明书。

根据分级,使用说明书应至少包括以下内容:

a) 制动系统的信息(速度关联或非速度关联);

b) 对 A 级,试验过程的试验参数,包括:训练速度和试验中的阻力设定;

c) 训练的相关信息:下肢,上肢和全身;

d) 如何安装与拆卸。

ICS 97.220.30
Y 55

中华人民共和国国家标准

GB 17498.10—2008/ISO 20957-10:2007

固定式健身器材
第10部分:带有固定轮或无飞轮的健身车
附加的特殊安全要求和试验方法

**Stationary training equipment—
Part 10: Exercise bicycles with a fixed
wheel or without freewheel—
Additional specific safety requirements and test methods**

(ISO 20957-10:2007,IDT)

2008-12-30 发布　　　　2010-04-01 实施

中华人民共和国国家质量监督检验检疫总局
中国国家标准化管理委员会　发布

前　言

本部分的第5章、第7章、第8章为强制性条款;其余为推荐性条款。

GB 17498《固定式健身器材》包括以下9个部分:

——第1部分:通用安全要求和试验方法;

——第2部分:力量型训练器材　附加的特殊安全要求和试验方法;

——第4部分:力量型训练长凳　附加的特殊安全要求和试验方法;

——第5部分:曲柄踏板类训练器材　附加的特殊安全要求和试验方法;

——第6部分:跑步机　附加的特殊安全要求和试验方法;

——第7部分:划船器　附加的特殊安全要求和试验方法;

——第8部分:踏步机、阶梯机和登山器　附加的特殊安全要求和试验方法;

——第9部分:椭圆训练机　附加的特殊安全要求和试验方法;

——第10部分:带有固定轮或无飞轮的健身车　附加的特殊安全要求和试验方法。

本部分是GB 17498的第10部分。

本标准在其各部分的划分时,为了保持与原国际标准的一致性,第2部分和第3部分予以了合并。

本部分等同采用ISO 20957-10:2007《固定式训练器材　第10部分:带有固定轮或无飞轮的健身车　附加的特殊安全要求和试验方法》。

为了方便使用,本部分做了下列编辑性修改:

——为了与我国现有的健身器材国家标准保持协调一致,并根据该类产品在国内外的实际使用场所及其我国的习惯性产品名称,适宜地修改了标准名称的"引导要素";也即,将直接翻译后的近义词"固定式训练器材"(stationary training equipment)修改为了"固定式健身器材";

——删除了国际标准中的封面、PDF否认责任声明(PDF disclaimer)和目次;

——用小数点符号"."代替小数点符号",";

——用"GB 17498的本部分"或"本部分"代替了"ISO 20957的本部分"。

本部分由中国轻工业联合会提出。

本部分由全国文体用品标准化中心归口。

本部分起草单位:国家体育用品质量监督检验中心、青岛英派斯(集团)有限公司、山西澳瑞特健康产业股份有限公司、山东英克莱集团有限公司、南通铁人运动用品有限公司、山东祥和集团股份有限公司。

本部分主要起草人:王燕玲、武爱军、张黎平、苏光朋、杨建、盖长铎、郭振生、连智涌、崔俊涛。

固定式健身器材 第10部分:带有固定轮或无飞轮的健身车 附加的特殊安全要求和试验方法

1 范围

GB 17498的本部分规定了除GB 17498.1通用安全要求之外,专门针对转动惯量大于0.6 kg·m²、带固定轮或无飞轮的健身车的附加的特殊安全要求,本部分应与GB 17498.1结合使用。

本部分适用于固定式健身器材中的带固定轮或无飞轮的S类和H类健身车(以下简称训练器材)。

用于完成附加训练的带固定轮或无飞轮健身车上附加装置应符合GB 17498.1要求。

2 规范性引用文件

下列文件中的条款通过GB 17498的本部分的引用而成为本部分的条款。凡是注日期的引用文件,其随后所有的修改单(不包括勘误的内容)或修订版均不适用于本部分,然而,鼓励根据本部分达成协议的各方研究是否可使用这些文件的最新版本。凡是不注日期的引用文件,其最新版本适用于本部分。

GB 3565 自行车安全要求(GB 3565—2005,ISO 4210:1996,IDT)

GB 17498.1—2008 固定式健身器材 第1部分:通用安全要求和试验方法(ISO 20957-1:2005,IDT)

ISO 12100-1:2003 机械安全 基本概念 设计通则:基本术语 方法学

EN 563 机械安全 可接触表面温度 确定热表面温度限值的工效学数据

3 术语与定义

GB 17498.1确立的和下列术语和定义适用于GB 17498的本部分。

3.1

惯性轮 flywheel

用于产生惯性的旋转体。

3.2

飞轮 freewheel

由踏板机构从某一方向可以脱离惯性轮的传动装置。

3.3

座位立杆 seat pillar

车架与座位间的连接件,用于调节座位高度。

3.4

座位套管 seat tube

车架的一部分,用来插入座位立杆。

3.5

把手杆 handlebar stem

车架与把手间的连接件,用于调节把手高度。

3.6

紧急制动装置　emergency brake

用于在紧急情况下停止踏板运动的装置。

3.7

锁定装置　locking system

用于锁定器材上旋转部件的机械装置，没有特殊工具（如钥匙）无法使用。

3.8

动力方向　dynamic direction

按照使用说明书中描述的正常训练的施加力的方向。

3.9

护罩　housing

封闭有潜在危险的部件的外罩。

3.10

传动防护装置　transmission guard

封闭有潜在危险的传动件外罩。

4　分类

应符合 GB 17498.1—2008 的第 4 章。

5　安全要求

5.1　外部结构

5.1.1　传动件和转动件，挤压点和剪切点

训练器材踏板曲柄回转直径大于护罩直径时，踏板曲柄和固定部件间的距离应不小于 10 mm；如果护罩直径大于踏板曲柄直径，则此要求不适用。

传动件应依照 ISO 12100-1:2003 进行防护。其他所有部分依照 GB 17498.1—2008 的试验指试验，试验指应不被卡住或接触到表面不光滑的运动部件，惯性轮边缘的半径应不小于 2.5 mm，踏板边缘应无毛刺、圆滑或用其他方式来防护。

按 6.1.1 和 6.2 进行试验。

5.1.2　表面温度试验

按 6.3 进行试验时，器材易触及部件的温度应不大于 65 ℃。

5.2　固有载荷

对于 S 类，测试时应对座位立杆施加由制造商规定的最大人体质量 4 倍的力或施加 4 000 N 的力（取两个力中较大值）。对于 H 类，测试时应对座位立杆施加由制造商规定的最大人体质量 3 倍的力或施加 3 000 N 的力（取两个力中较大值）。上述两类踏板和曲柄在测试时均应承受由制造商规定的最大人体质量 4 倍的力或施加 4 000 N 的力（取两个力中较大者）。

按 6.4 试验。

座位应按照 GB 3565 测试。

按 6.4 进行试验后，训练器材应该能够依照制造商使用说明正常运行。

在进行座位立杆和踏板的测试过程中，训练器材应不倾翻。

试验时夹紧的座位立杆在座位套管中的滑动距离应不超过 5 mm。

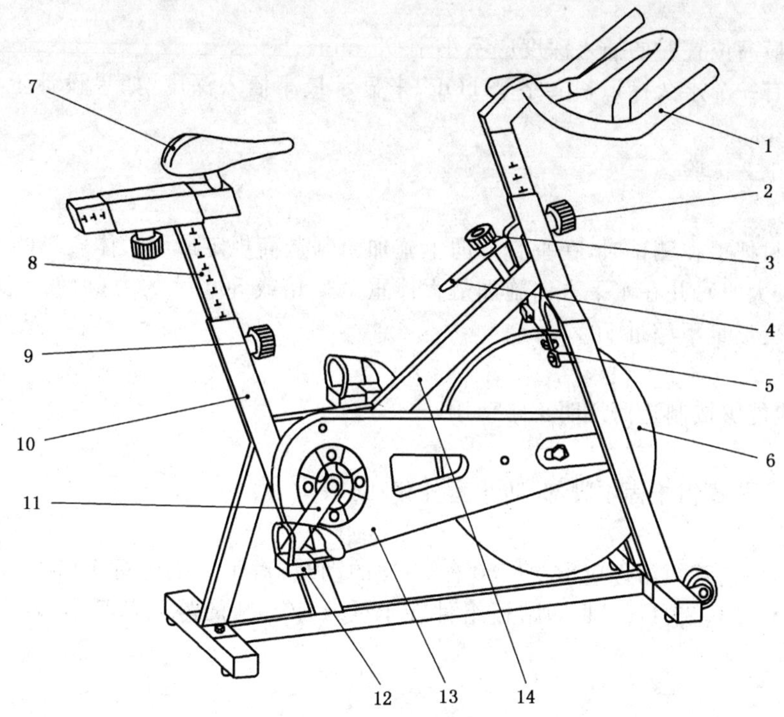

1——把手；
2——把手调节器；
3——阻力调节器；
4——紧急制动装置；
5——阻力系统(制动装置)；
6——惯性轮；
7——座位；
8——座位立杆；
9——座位调节器；
10——座位套管；
11——踏板曲柄；
12——踏板；
13——传动防护罩；
14——车架。

图 1 无飞轮的健身车图例

5.3 座位立杆-座位

5.3.1 通则

对于S类器材，座位的高度应不需要工具就能调节。

对于H类器材，如果座位高度需要工具来调节，则制造商应提供调节工具，并在使用说明书里详细的说明其使用方法。

5.3.2 插入深度

座位立杆处在最高位置时的最小插入深度应为55 mm。座位立杆上应有一个永久标识和文字“STOP”来显示最小插入深度，如果设计上已经保证最小插入深度，则此标识可免除。

通过锁定系统，在最高位置时的插入深度应不小于55 mm。

按6.1.1和6.1.2试验。

5.4 把手

5.4.1 把手立杆

对于S类器材，把手立杆应不需要任何工具就可调节，或可以有不同的握紧位置。

对于H类器材，如果把手立杆需要工具来调节，则制造商应提供调节工具，并在使用说明书里详细的说明其使用方法。

把手立杆处在最高位置时的插入深度应不小于 55 mm。

把手立杆上应有一个永久标识和文字“STOP”来显示最小插入深度，如果设计上已经保证最小插入深度，此标识可免除。

按 6.1.1 和 6.1.2 试验。

5.4.2 把手

对上述两类器材把手在测试时，在垂直方向上施加由制造商规定最大人体质量的 1.5 倍或1 500 N 的力(取两个力中较大值)，并在水平方向施加最大体重 0.5 倍或 500 N 的力(取两个力中较大值)。把手应不损坏或永久变形量不超过 10%。

按 6.5 试验。

试验后，把手应能够按制造商说明正常使用。

5.5 踏板

踏板上应有一个装置用于固定脚部，防止意外移动。

5.6 曲柄踏板组件

按 6.8 试验时，曲柄踏板组件应承受(750±10)N 的动载：对于 S 类进行 1 000 000 r，对于 H 类进行 120 000 r，频率不大于 25 Hz。曲柄踏板组件在承受 4 000 N 的静载荷后应没有任何裂痕或结构损坏。

5.7 稳定性

按 6.6 试验，按照使用说明书的要求训练时，训练器材应不倾翻。

5.8 锁定装置

家用(H 类)带固定轮或无飞轮的健身车应配备一个锁定装置，以防止第三方尤其是儿童任意使用或转动旋转部件。

5.9 紧急制动系统

带固定轮和无飞轮的健身车应有紧急制动系统。使用者容易看到和操作该系统，在启用系统时，向下(推)最大力 100 N 或向上(拉)最大力 50 N，曲柄能在一圈内停止(双向)。

按 6.7 试验。

紧急制动器操作开关应为红色。如有背景，背景色应为黄色，按键式操作开关的形状应为掌状或蘑菇头状。

类似于自行车手闸的制动系统，要满足图 2 的尺寸要求。握闸尺寸 d：在点 B 应不大于 90 mm；在点 B 和点 C 之间应不大于 100 mm。

按 6.7 试验，制动杆应无损坏或永久变形量不超过 3%。

单位为毫米

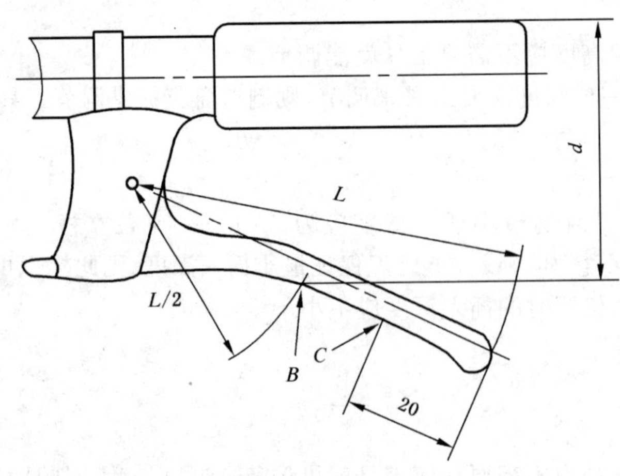

图 2 制动杆尺寸

5.10 底部间隙

踏板上任何刚性部件到地面或地面上的框架之间的垂直距离应不小于 60 mm。

6 试验方法

6.1 通则

6.1.1 尺寸检查。

6.1.2 目视检查。

6.1.3 触觉检查。

6.1.4 操作试验。

6.2 传动件和转动件、挤压点和剪切点的试验

设备：符合 GB 17498.1—2008 中规定的试验指。

试验指从各个方向靠近活动部件，检查试验指是否被卡住。

判定试验指是否被卡住。

6.3 表面温度试验

设备：接触式温度计，准确度为 ± 1 ℃。

试验室温度为 18 ℃～25 ℃。

以 60 r/min 、200 W 的功率踏踩训练器材 3 个周期，每个周期 20 min。

在每个 20 min 的周期后停止 5 min。

第 3 个周期结束后测量温度。

见 EN 563。

6.4 固有载荷试验

试验应不带座位，在最大受力处进行。

按 5.2 所示施加静载荷并保持 5 min。

判定训练器材倾翻的可能性及检查是否损坏。

卸载后测量座位立杆相关的尺寸。

6.5 把手试验

按照 5.4.2 所示在器材最大受力处，同时施加垂直的和水平的静载荷并保持 5 min。

6.6 稳定性试验

训练器材在其最大受力方向上倾斜 10°，以 100 r/min 的转速保持 1 min。按下列姿势进行试验：

a) 坐下，双手放在把手上；

b) 坐下，双手不放在把手上；

c) 站立，双手放在把手上。

训练器材放置在水平面上，把座位设置于最高并处于最后面的位置。

在训练器材座位上施加(100±5)kg 或使用说明书里规定的最大人体质量的载荷(两者中较大值)，确保试验物体的重心位于座位上方(300±20)mm 处。

6.7 紧急制动系统试验

在无阻力的状态下以 120 r/min 踩踏带固定轮或无飞轮的健身车，按照 5.9 的要求，在制动装置中心(例如：控制杆)施加相应的制动力，观察曲柄踏板在旋转一圈内是否停止。

手闸应该承受 300 N 的力并保持至少 15 s，此力应施加在操作区的最大受力处。

6.8 曲柄踏板组件的试验

把装有曲柄踏板组件的健身车固定在试验台上，在一只处于最低位置的踏板上施加指定的载荷，载荷应施加在踏板轴的中心点。(见图 3)

在动态测试后，按照 5.2 所示施加静载荷。

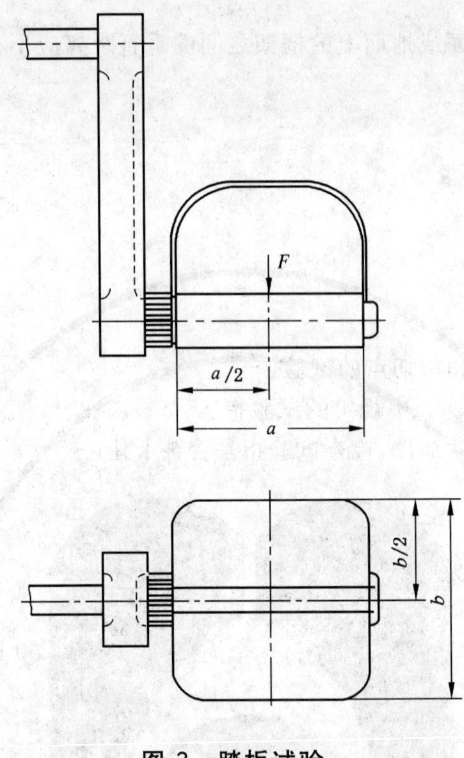

图 3 踏板试验

7 附加使用说明

作为 GB 17498.1—2008 的补充，每种带固定轮或无飞轮的健身车都应提供易于理解的使用说明书。

使用说明书应至少包括以下内容：

a) 说明没有飞轮会产生的危险；

b) 操作紧急制动器所必需的使用说明；

c) 描述停止训练所必需的方法；

d) H 类训练器材锁定装置的操作说明；

e) 说明 S 类训练器材应一直在监控环境中使用；

f) 说明需要使用按 5.5 描述的脚部定位装置；

g) 说明调节把手和座位以适合使用者的重要性。除非设计中已有防范措施，否则调节时应不超过最小插入深度处的“STOP”标识；

h) 说明调节 H 类训练器材所需的全部工具。

8 附加标记

所有带固定轮或无飞轮的健身车都应有一个象形图标（见图 4），提示使用者阅读由供应商提供的信息知识。

图 4 象形图标

带固定轮或无飞轮的家用健身车应该有一个警告标识来提示使用者，在训练器材没有使用时应锁住器材。

带固定轮或无飞轮的S类健身车应该有一个警告标识来提示使用者，训练器材应在受监控的环境下使用。

所有的标签应置于明显的位置。

ICS 29.120.60
K 32

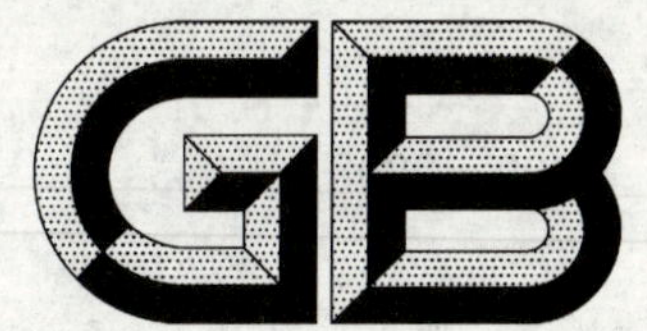

中华人民共和国国家标准

GB/T 17499—2008
代替 GB/T 17499—1998,GB 14536.14—1998

家用洗衣机电脑程序控制器

Microcomputer controller for household washing machine

2008-10-29 发布　　2009-10-01 实施

中华人民共和国国家质量监督检验检疫总局
中国国家标准化管理委员会　发布

前言

本标准代替 GB/T 17499—1998 和 GB 14536.14—1998。

本标准是对 GB/T 17499—1998《家用洗衣机电脑程序控制器》和 GB 14536.14—1998《家用和类似用途电自动控制器　家用洗衣机电脑程序控制器的特殊要求》的整合修订。本次修订把GB 14536.14—1998内容整合到 GB/T 17499—1998 中，并作了相应的修改。

本标准与标准 GB/T 17499—1998 相比主要变化如下：

——整合了 GB 14536.14—1998 和 GB/T 17499—1998 的要求；

——把原来第 4 章技术要求和第 5 章试验方法结合在一起，统一在新标准第 6 章中；

——原标准第 6 章的要求调到第 4 章中进行描述。

本标准由中国电器工业协会提出。

本标准由全国家用自动控制器标准化技术委员会(SAC/TC 212)提出并归口。

本标准负责起草单位：广州威凯检测技术研究所、中国电器科学研究院、航天工业总公司三十五所、青岛海尔洗衣机有限总公司。

本标准起草人：竹利平、黄开云、崔锡悦、金玉、王继武、李凤和、高军、吕佩师。

本标准委托全国家用自动控制器标准化技术委员会负责解释。

本标准所代替标准的历次版本发布情况为：

——GB/T 17499—1998；

——GB 14536.14—1998。

家用洗衣机电脑程序控制器

1 范围

本标准规定了家用电动洗衣机电脑程序控制器的分类与命名、技术要求、试验方法、检验规则、标志、包装、运输和储存。

本标准适用于以微处理器为核心、以电信号为基准,晶闸管或类似用途的器件为执行开关所组成的洗衣机电脑程序控制器(以下简称程控器)。

2 规范性引用文件

下列文件中的条款通过本标准的引用而成为本标准的条款。凡是注日期的引用文件,其随后所有的修改单(不包括勘误的内容)或修订版均不适用于本标准,然而,鼓励根据本标准达成协议的各方研究是否可使用这些文件的最新版本。凡是不注日期的引用文件,其最新版本适用于本标准。

GB/T 2828.1—2003 计数抽样检验程序 第1部分:按接收质量限(AQL)检索的逐批检验抽样计划(ISO 2859-1:1999,IDT)

GB/T 4721—1992 印制电路用覆铜箔层压板通用规则(neq IEC 60249:1985～1988)

GB/T 4722—1992 印制电路用覆铜箔层压板试验方法(neq IEC 60249-1:1982)

GB/T 4723—1992 印制电路用覆铜箔酚醛纸层压板(neq IEC 60249-2:1985～1988)

GB/T 4724—1992 印制电路用覆铜箔环氧纸层压板(neq IEC 60249-2:1987)

GB/T 4725—1992 印制电路用覆铜箔环氧玻璃布层压板(neq IEC 60249-2:1987)

GB/T 4288—2003 家用电动洗衣机

GB 14536.1—2008 家用和类似用途电自动控制器 第1部分:通用要求(IEC 60730-1:2003,IDT)

GB/T 17626.2—2006 电磁兼容 试验和测量技术 静电放电抗扰度试验(IEC 61000-4-2:2001,IDT)

GB/T 17626.3—2006 电磁兼容 试验和测量技术 射频电磁场辐射抗扰度试验(IEC 61000-4-3:2002,IDT)

GB/T 17626.4—2008 电磁兼容 试验和测量技术 电快速瞬变脉冲群抗扰度试验(IEC 61000-4-4:2004,IDT)

GB/T 17626.5—2008 电磁兼容 试验和测量技术 浪涌(冲击)抗扰度试验(IEC 61000-4-5:2005,IDT)

GB/T 17626.11—2008 电磁兼容 试验和测量技术 电压暂降、短时中断和电压变化的抗扰度试验(IEC 61000-4-11:2004,IDT)

3 术语和定义

GB 14536.1—2008 中确立的以及下列术语和定义适用于本标准。

3.1

常态条件 normal condition

温度为 20 ℃±5 ℃,相对湿度为 45%～85%的试验条件。

3.2

额定正常负载 rated normal load

按洗衣机的铭牌标定,洗衣机桶内加入额定洗涤容量和额定用水量,洗衣机按常用(标准)洗涤程序运行时,程控器所承受的负载。

3.3

额定洗涤容量　rated washing capacity

一次可洗干燥状态标准洗涤物的最大质量,以千克(kg)为单位(按 GB/T 4288—2003 的附录 A 中 A.4 规定的洗涤物计算)。

[GB/T 4288—2003,3.12]

3.4

额定用水量　rated consumption of water

半自动和全自动洗衣说明书中标称,进行一次常用(标准)洗涤程序所规定用水量的概约数,以升(L)为单位。

[GB/T 4288—2003,3.15]

3.5

常用(标准)洗涤程序　normal washing program

在产品使用说明书中规定的包括洗涤、漂洗、脱水的完整常用洗涤程序。

[GB/T 4288—2003,3.28]

4　分类与命名

4.1　产品名称代号,用大写汉语拼音字母 K 表示

4.2　按程控器的自动化程度划分:

a)　普通型控制器,用大写汉语拼音字母 P 表示;

b)　模糊型控制器,用大写汉语拼音字母 M 表示。

4.3　按程控器所控制的洗衣机种类划分:

a)　波轮式控制器,用大写汉语拼音字母 B 表示;

b)　搅拌式控制器,用大写汉语拼音字母 J 表示;

c)　滚桶式控制器,用大写汉语拼音字母 G 表示。

4.4　按程控器规格划分:

用洗衣机洗涤容量的千克数乘以 10 表示。

4.5　按设计顺序划分:

a)　设计序号用阿拉伯数字 1、2、3…顺序表示;

b)　改进设计用大写汉语拼音字母 A、B、C…(I、O 除外)顺序表示。

4.6　型号命名格式:

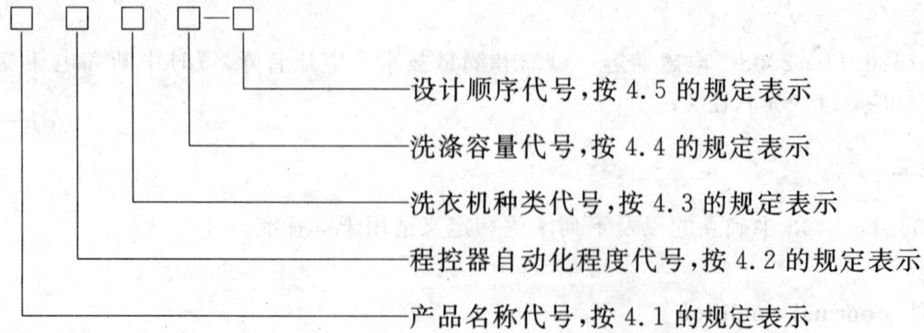

4.7　型号命名示例

例 1:KPB42

表示:为普通型、波轮式、所控制的洗衣机容量为 4.2 kg 的电脑程控器

例 2:KMJ50-1B

表示:为模糊型、搅拌式、5.0 kg、设计序号 1、第二次改进设计的电脑程控器

5 试验的一般说明

5.1 试验条件

5.1.1 GB 14536.1—2008 中的 4.1.2,除对试验环境条件另作规定外,试验均应在无强烈阳光、无热源辐射和无较强电磁干扰的室内进行,并符合下述条件:

a) 环境温度 20 ℃±5 ℃;

b) 相对湿度 60%~70%;

c) 大气压力 86 kPa~106 kPa。

5.1.2 试验电源为单相交流正弦波,电压及频率波动范围不得超过额定值的±1%。

5.1.3 试验时选用的所有仪器仪表都必须在周检期内。

5.1.4 仪器仪表的精度应能满足下述要求:

a) 电工测量仪表(不包括兆欧表)精度不低于 0.5 级,出厂检验不低于 1.0 级;

b) 直流电压 500 V 兆欧表,仪表精度等级不低于 1.0 级;

c) 温度计精度在 0.5 ℃内;

d) 湿度仪表精度在 1%内;

e) 计时器精度在 0.5%内;

f) 声级计固有误差不大于 1 dB。

5.2 检验规则

5.2.1 每个程控器检验合格后方可出厂。出厂时应附有产品质量合格证。

5.2.2 程控器的检验分为出厂检验和型式检验,检验项目及要求见表 1。

5.2.3 出厂检验的必检项目为表 1 的序号 1、3、4、8、9、12 和 15 项。

5.2.4 出厂检验的抽样方案、检验水平、合格质量水平及检查项目,根据 GB/T 2828.1—2003 由生产厂家和订货方共同商定。

5.2.5 经出厂检验后,凡是合格的样品可作为合格品交付订货方。

5.2.6 型式检验

5.2.6.1 程控器在下列情况之一时应进行型式检验:

a) 产品在设计定型和生产定型时;

b) 连续生产的产品每二年至少进行一次;

c) 当产品在设计、工艺、原材料或零部件有重大变更时;

d) 国家质量检测中心提出时。

5.2.6.2 型式检验

a) 型式检验项目为表 1 中的全部项目。样品应从出厂检验合格的产品中随机抽取六只,每三只为一组,共分二组。检验项目相应分为二组,样品和检验项目结合后形成的二个组,应同时进行检验。

b) 检验项目分组如下:

序号 1、2、3、4、5、6、8、9、18、19、20、21、22、23、32、33、34、35 和 36 为一组;

序号 10、11、12、13、14、15、16、17、24、25、26、27、28、29、30 和 31 为另一组。

c) 型式检验若有 1 项 A 类不合格,或者有 2 项 B 类不合格,或者有 3 项 C 类不合格,则该批产品为不合格;若有 1 项 B 类不合格,或者有 2 项 C 类不合格时,需加倍抽样复检不合格项,复检只允许有一项 C 类不合格;若 1 项 B 类不合格和 2 项 C 类不合格同时出现,加倍抽样复检时不允许出现不合格项。

d) 表 1 中第 7 项型式检验为单独抽样、单独进行,样品数量与合格判定,由供需双方商定。若需

方同意时，该项可不作型式检验。

表 1

序号	检验项目	本标准中章条	不合格分类		
		技术要求和试验方法	A	B	C
1	外观与结构	6.2		●	
2	元器件与材料	6.3		●	
3	功能	6.4		●	
4	蜂鸣器音量	6.5			●
5	电压波动适应能力	6.6		●	
6	电压急变性能	6.7		●	
7	无故障运行性能	6.8		●	
8	资料	6.9		●	
9	防触电保护	6.10	●		
10	结构要求	6.11		●	
11	防潮及防尘	6.12	●		
12	常态绝缘电阻	6.13	●		
13	高温高湿绝缘电阻	6.14	●		
14	浸水后绝缘电阻	6.15	●		
15	常态电气强度	6.16	●		
16	高温高湿电气强度	6.17	●		
17	发热	6.18	●		
18	制造偏差和漂移	6.19		●	
19	低温工作	6.20		●	
20	低温储存	6.21		●	
21	高温工作	6.22		●	
22	高温储存	6.23		●	
23	冷热冲击	6.24		●	
24	高温高湿环境应力	6.25		●	
25	耐久性	6.26		●	
26	机械强度	6.27			●
27	跌落试验	6.27			●
28	振动试验	6.27			●
29	爬电距离、电气间隙和穿通绝缘距离	6.28	●		
30	耐热、耐燃和耐漏电起痕	6.29	●		
31	耐腐蚀性	6.30		●	
32	静电放电试验	6.31		●	
33	电磁辐射场试验	6.31		●	
34	电快速瞬变试验	6.31		●	
35	电涌试验	6.31		●	
36	电压跌落试验	6.31		●	

6 技术要求和试验方法

6.1 程控器的使用条件

a) 使用温度范围－5 ℃～50 ℃；

b) 相对湿度在95%以下(温度为25 ℃时)；

c) 工作电源为单相交流，最大额定电压240 V，额定频率50 Hz，最大额定电流16 A；

d) 程控器负载：进水电磁阀、排水电磁阀、洗涤电机及其他电机、电磁铁、加热器等负载。

6.2 外观与结构

6.2.1 目测检验程控器的外观，程控器上装配和焊接的元器件应整齐美观，并便于维修。

6.2.2 焊点光滑，焊接牢固，不允许有虚焊、脱焊、元器件松动等现象。

6.2.3 金属零件表面应有防腐蚀处理。

6.2.4 用卡尺或专用检具检验程控器与洗衣机有装配关系的高度尺寸、位置尺寸和安装尺寸，程控器的外形尺寸和安装尺寸，按键、灯架、数码管及其他显示装置的高度尺寸和位置尺寸，均应满足设计文件或合同要求。

6.3 元器件与材料

6.3.1 变压器的检验按6.12和6.15的规定，变压器的防水防潮性能应满足整机要求。

6.3.2 按键开关应准确、可靠、灵活，使用性能应满足整机要求。

6.3.3 印制板应满足GB/T 4721～GB/T 4725相应的规定。批量生产时，可采用便于冲孔、落料加工的GB/T 4724—1992印制电路用覆铜箔环氧纸层压板。

6.3.4 注塑件应采用阻燃、耐热材料；注塑件表面平整光滑、色泽均匀，不得有裂痕、缩孔等缺陷。

6.3.5 装配后的程控器清洗干净后，应用透明或半透明的绝缘胶灌封。封层厚度均匀、无明显气泡、封胶表面光洁、无油污、不粘手；绝缘胶应具有附着力强、防水、阻燃、耐热、有弹性、无毒、无腐蚀性、无气味和耐老化等性能。

6.4 功能要求

将程控器安装在试验台或洗衣机上，使其按程序运行，程控器的控制功能和程序应符合供需双方协商的规定和要求。在符合安全标准前提下，其功能及程序应正确无误。计时精度误差应小于±1%。

6.5 蜂鸣器音量

在距程控器20 cm处，用声级计测量蜂鸣器音量。蜂鸣器声压级在80 dB～100 dB之间。

6.6 电压波动适应能力

将程控器安装在试验台或洗衣机上，在电源电压分别为额定电压的115%，85%的情况下各运行二个常用洗涤程序，程控器应能满足本标准5.4的规定。

6.7 电压急变性能

将程控器安装在试验台或洗衣机上，在电源电压为额定电压±15%范围内急变的情况下，即在2 s内由额定电压的115%降至85%，再升至为115%作为一个循环，连续进行10次循环操作，程控器应能满足本标准5.4的规定。

6.8 无故障运行性能

组装在洗衣机上的程控器，按洗衣机无故障运行试验方法，以一个常用洗涤程序为一次，运行5 000次。程控器应能满足本标准5.4的规定。

6.9 资料

提供的资料应满足本标准6.1及GB 14536.1—2008第7章，附录H.7的要求。

6.10 防触电保护

6.10.1 GB 14536.1—2008中的第8章除下述内容外，均不适用。

GB 14536.1—2008中的8.4适用。

GB 14536.1—2008中附录H.8适用。

6.10.2 程控器本身不具备防触电保护措施，必须组装在洗衣机中才能安全使用。

6.10.3 程控器若有易触及的危险带电部件，应在该部件上标有“带电危险”的明显字样或相应标记。

程控器本身的检验、测试、维修应由专业人员进行。应通过隔离变压器接通电源。

6.11 结构要求

GB 14536.1—2008中的第11章除下述内容外，均不适用。

GB 14536.1—2008中11.2.4适用。

GB 14536.1—2008 中 11.6 适用。

GB 14536.1—2008 中 11.11.1 适用。

GB 14536.1—2008 中 11.11.2 适用。

GB 14536.1—2008 中附录 H.11 适用。

6.12 防潮及防尘

GB 14536.1—2008 中的第 12 章，用下述内容代替：

程控器为待机状态，在额定电压 1.15 倍条件下，用浓度 2%的洗衣粉溶液以每分钟 4 滴的速率共滴 200 滴，滴在程控器的任意部位上，程控器应不发生闪络。

6.13 常态绝缘电阻

常态条件下，用 DC 500 V 兆欧表，在程控器带电部件与不带电金属部件之间测量绝缘电阻，应不小于 100 MΩ。

6.14 高温高湿绝缘电阻

程控器在温度 65 ℃±2 ℃，相对湿度(93±3)%条件下放置 48 h 后，在该条件下，用 DC 500 V 兆欧表，在程控器带电部件与不带电金属部件之间测量绝缘电阻，应不小于 1 MΩ。测量时，应擦去被测部位的凝露。

6.15 浸水后绝缘电阻

程控器在 20 cm 深的室温水中浸泡 48 h，取出后甩去插座、按键等内的积水，擦去表面水珠，用 DC500 V 兆欧表，在程控器带电部件与不带电金属部件之间测量绝缘电阻，应不小于 1 MΩ。

6.16 常态电气强度

常态条件下，程控器的电气强度符合 GB 14536.1—2008 中 13.2 的要求。

6.17 高温高湿电气强度

程控器在温度 65℃±2℃，相对湿度(93±3)%条件下放置 48 h 后，在该条件下，程控器的电气强度符合 GB 14536.1—2008 中 13.2 的要求。

6.18 发热

常态条件、1.15 倍额定电压和额定(正常)负载下，程控器按常用(标准)洗涤程序运行，待发热元器件温度稳定不再上升后，用热电偶测量散热板、变压器外壳及其他发热元器件温度，温升应不高于 60 K。

6.19 制造偏差和漂移

在 6.22 和 6.24 及 6.26、6.27 各项试验后，程序控制器应符合 6.4 的规定。

6.20 低温工作

程控器在－10 ℃±2 ℃下放置 1 h 后，在该条件下通电运行二个常用(标准)洗涤程序，其功能及程序应正确无误。

6.21 低温储存

程控器在－40 ℃±2 ℃下放置 2 h，然后恢复到常态条件保持 1 h 后，将程控器安装在试验台或洗衣机上通电运行常用(标准)洗涤程序，其功能及程序应正确无误。

6.22 高温工作

程控器在 60 ℃±2 ℃下放置 1 h 后，在该条件下通电运行二个常用(标准)洗涤程序，其功能及程序应正确无误。

6.23 高温储存

程控器在 75 ℃±2 ℃下放置 24 h，然后恢复到常态条件保持 1 h 后，将程控器安装在试验台或洗衣机上，通电运行常用(标准)洗涤程序，其功能及程序应正确无误。

6.24 冷热冲击

程控器在－20 ℃±2 ℃下放置 1 h，然后在 2 min 内将程控器移至 60 ℃±2 ℃下放置 1 h 为一个循环。再将程控器在 2 min 内移至−20 ℃±2 ℃下放置 1 h,连续共进行 10 个循环。最后一个循环结束后,程控器应在 60 ℃±2 ℃条件下。然后恢复到常态条件保持 1 h 后,将程控器安装在试验台或洗衣机上,通电运行常用(标准)洗涤程序,其功能及程序应正确无误。

6.25　高温高湿环境应力

程控器在温度 65 ℃±2 ℃,相对湿度(93±3)%条件下放置 48 h,然后恢复到常态条件保持 1 h 后,将程控器安装在试验台或洗衣机上,通电运行常用(标准)洗涤程序,其功能及程序应正确无误。

6.26　耐久性

GB 14536.1—2008 中的第 17 章,用下述内容代替:

程控器在设计时应考虑到,程控器在正常使用中,不应发生有损害本标准要求的电气或机械故障,绝缘不应损坏,触点和连接不应由于受热、振动等原因而导致松动。

用下述方法进行验证:

程控器组装在洗衣机上,常态条件、额定电压、额定负载下,通过按常用(标准)洗涤程序连续运行 48 h,拆下程控器检查:元器件不应损坏和变形,触点和连接不应松动,绝缘电阻满足本标准 13.1 的规定。

6.27　机械强度

程控器的结构设计应考虑到,程控器应有足够的机械强度,能承受正常储存、运输、装配和使用过程中所产生的外力,不变形、不损坏、连接不应断裂,通电后能正常工作。

通过跌落试验和振动试验进行验证。

跌落试验:将正规包装的程控器包装箱,从距水泥地面 50 cm 高度处作以下试验:包装箱正置和倒置自由下落各一次。

振动试验:将程控器按装配洗衣机的安装方式,上下、前后二个方向固定在振动台上,振幅1.5 mm,均匀扫描15 min,速度 1 oct/min。

6.28　爬电距离、电气间隙和穿通绝缘距离

GB 14536.1—2008 中第 20 章和附录 H.20 适用。

6.29　耐热、耐燃和耐漏电起痕

GB 14536.1—2008 中第 21 章适用。

6.30　耐腐蚀性

GB 14536.1—2008 中第 22 章除下述内容外,均适用。

GB 14536.1—2008 中的 22.1.4 用下述内容代替:

程控器经受相对湿度为 93%～97%,温度为 65 ℃±2 ℃,长达 72 h 的试验。

6.31　在电源干扰、磁干扰和电磁干扰下的操作

GB 14536.1—2008 中第 26 章,用下述内容代替:

GB 14536.1—2008 中的 26.1 静电放电抗扰度试验:

将程控器安装在试验台或洗衣机上,按 GB/T 17626.2—2006 的规定,测试等级为空气放电 3 级,将±8 kV 静电加到操作面板和洗衣机的不带电金属部分,在待机、注水、洗涤、排水和脱水状态下进行放电试验,每隔 10 s 一次,分别进行五次试验。试验过程中,各零部件不得因放电而损坏,程控器应能继续按原设定的程序运行。

GB 14536.1—2008 中的 26.2 无线电频率电磁辐射场抗扰度试验:

将程控器安装在试验台或洗衣机上,按 GB/T 17626.3—2006 的规定,标准极限场强选 3 V/m,在待机、注水、洗涤、排水和脱水状态下试验,试验过程中,不发生误动作,程控器应能继续按原设定的程序运行。

GB 14536.1—2008 中的 26.3 电快速瞬变脉冲抗扰度试验:

将程控器安装在试验台或洗衣机上,按 GB/T 17626.4—2008 的规定,干扰信号由电源引入,测试等级为2级，在待机、注水、洗涤、排水和脱水状态下各试验1 min。试验过程中，不发生误动作，程控器应能继续按原设定的程序运行。

GB 14536.1—2008中的26.4电涌抗扰度试验：

将程控器安装在试验台或洗衣机上，按GB/T 17626.5—2008的规定，测试水平2级，在待机、注水、洗涤、排水和脱水状态下进行试验，试验过程中，不发生误动作，程控器应能继续按原设定的程序运行。

GB 14536.1—2008中的26.5电压跌落、短期中断和电压变化抗扰度试验：

将程控器安装在试验台或洗衣机上，按GB/T 17626.11—2008的规定，测试水平0级，即100%的电压跌落，持续时间10个周期，在待机、注水、洗涤、排水和脱水状态下进行。每种状态试验10次。试验过程中，不发生误动作，程控器应能继续按原设定的程序运行。

7 标志、包装、运输和储存

7.1 标志

程控器上应有生产厂家、代号和出厂日期等内容的清晰标志。

在包装箱明显部位应有产品名称、型号或代号、数量、重量、体积、出厂日期、生产厂名及地址、防潮和堆码层数等标志。

7.2 包装

7.2.1 程控器包装应在清洁、干燥、无有害介质、相对湿度不大于85%的室温环境下进行。

7.2.2 程控器及合格证应装入防静电塑料袋或防潮塑料袋内，再放入包装箱内，程控器在箱内不应受过度挤压，搬运时不应有明显窜动。

7.2.3 每箱重量10 kg～20 kg为宜。箱体材料和结构应能保证运输和储存的安全。

7.2.4 封箱可采用压敏胶带等材料封严、捆牢，且不得盖住箱面标志。

7.2.5 必要时，程控器的包装可根据运输和使用等条件，供需双方在本标准的基础上另立包装协议。

7.3 运输和储存

7.3.1 环境温度－40 ℃～60 ℃。

7.3.2 在运输和储存过程中，不应发生摔撞、过度挤压、浸水、雨淋等损害。

7.3.3 储存应置于通风良好、相对湿度不大于85%的仓库中。储存期超过12个月时，应进行复查检验。

7.3.4 长期存放时，堆码底部应用木板垫起，防止受潮。

ICS 71.040.99
N 53

中华人民共和国国家标准

GB/T 17506—2008
代替 GB/T 17506—1998

船舶黑色金属腐蚀层的电子探针分析方法

The analysis method of corrosive layer on ferrous metals of ship with EPMA

2008-06-16 发布　　2009-03-01 实施

中华人民共和国国家质量监督检验检疫总局
中国国家标准化管理委员会　发布

前言

本标准代替 GB/T 17506—1998《船舶黑色金属腐蚀层的电子探针分析方法》。

本标准与 GB/T 17506—1998 相比主要变化如下：

——对适用范围进行了重新规定；

——对规范性引用文件、术语和定义进行了修改；

——增加了数据修约；

——对分析过程的细节进行了修改和补充，增加了对过渡层表面腐蚀形貌观察的内容；

——将自动元素定量分析法引入本标准；

——对分析报告内容进行了补充。

本标准的附录 A 为资料性附录。

本标准由中国船舶重工集团公司提出。

本标准由全国微束分析标准化技术委员会归口。

本标准起草单位：中国船舶重工集团公司第七二五研究所。

本标准主要起草人：张永辉、王春芬、张海峰、徐国照、高灵清。

本标准所代替标准的历次版本发布情况为：

——GB/T 17506—1998。

船舶黑色金属腐蚀层的电子探针分析方法

1 范围

本标准规定了船舶黑色金属材料海洋环境腐蚀层的电子探针分析的试样制备、标样选择、测量步骤和分析条件及分析结果处理。

本标准适用于海洋环境下船舶黑色金属块状腐蚀试样的分析。对其他环境下的黑色金属材料腐蚀层的电子探针分析可参照执行。

2 规范性引用文件

下列文件中的条款通过本标准的引用而成为本标准的条款。凡是注日期的引用文件，其随后所有的修改单(不包括勘误的内容)或修订版均不适用于本标准，然而，鼓励根据本标准达成协议的各方研究是否可使用这些文件的最新版本。凡是不注日期的引用文件，其最新版本适用于本标准。

GB/T 4930 微束分析 电子探针分析 标准样品技术条件导则(GB/T 4930—2008，ISO 14593：2003，IDT)

GB/T 8170 数值修约规则

GB/T 15074 电子探针定量分析方法通则

3 术语和定义

下列术语和定义适用于本标准。

3.1

腐蚀介质 corrosive medium

与给定金属接触并使该金属发生腐蚀的物质。

3.2

块状腐蚀试样 lumpy corrosive sample

腐蚀产物具有足够的附着力并可进行抛光的试样。

3.3

腐蚀层 corrosive layer

金属发生腐蚀后形成的生成物及被腐蚀区域。一般由腐蚀表层、腐蚀内层、腐蚀过渡层组成。

3.4

腐蚀表层 surface corrosive layer

被腐蚀金属与腐蚀介质相接触层。

3.5

腐蚀内层 inside corrosive layer

被腐蚀金属与腐蚀介质作用而腐蚀形成的腐蚀产物层。

3.6

腐蚀过渡层 transition corrosive layer

腐蚀内层与未腐蚀基体的过渡区。

4 方法提要

在海洋环境下被腐蚀的制件上，在所需分析的部位，垂直于腐蚀层截取分析样品，经嵌镶、磨抛成金相样品。用电子探针波谱仪分析腐蚀层的组成元素，用二次电子像和背散射电子像确定分析部位，并观察腐蚀过渡层的腐蚀形貌特征。通过分析为判定腐蚀介质、腐蚀产物类型及形貌特征类型提供必要的依据。

5 仪器设备和材料

5.1 仪器设备

仪器设备主要包括：

——电子探针或带波谱仪的扫描电镜；

——真空喷镀仪或溅射仪；

——磨光机和抛光机；

——金相试样嵌镶机；

——超声波清洗仪；

——光学显微镜；

——干燥器；

——红外线烘烤灯。

5.2 材料

材料主要包括：

——嵌镶材料：各种不含硫、氯元素的固结材料；

——试剂：蒸馏水(或去离子水)、无水乙醇、丙酮等。

5.3 其他

毛刷、小木铲、胶带纸等。

6 标准样品的选择

6.1 优先选择与被测试样成分相近的国家标样。没有合适的国家标样时按 GB/T 15074 规定选择，所选择标样应符合 GB/T 4930 要求。

6.2 测定氧化物金属元素时，推荐选用三氧化二铁(Fe_2O_3)、四氧化三铁(Fe_3O_4)、三氧化二铬(Cr_2O_3)、三氧化二铝(Al_2O_3)、氧化镍(NiO)、氧化铜(CuO)等国家标样。测定硫时推荐选用二硫化铁(FeS_2)、硫酸钙($CaSO_4$)、硫化锰(MnS)等国家标样。测定含 Na 及 Cl 离子的腐蚀产物时推荐选用二氯铝硅酸钠[$Na(AlSiO_4)(Cl_2)$]或组分与腐蚀产物相近的其他标样。对含碱金属元素(钠、钾等)的试样进行测量时，应选择在测量条件下稳定的标样。

7 试样及其制备

7.1 腐蚀表层试样

7.1.1 腐蚀表层试样用于分析附着在试样表层上的腐蚀介质。

7.1.2 从原始试样垂直于腐蚀层截取试块，推荐试块尺寸小于 25 mm×25 mm×20 mm。试块腐蚀表层向上用导电胶固定于样品座。试样放入喷涂仪中镀上厚度约 20 nm 碳膜后备用。

7.2 腐蚀内层试样

7.2.1 腐蚀内层试样用于分析试样内层腐蚀产物类型。

7.2.2 可利用分析后的腐蚀表层试样或另行截取试块。

7.2.3 若腐蚀层表面的粉末及腐蚀介质很易脱落，可用毛刷轻轻刷掉；若表面腐蚀介质较多不易刷掉，需将试块置于蒸馏水中浸泡约 30 min,然后用蒸馏水冲洗 2 次～3 次,再用无水乙醇冲洗后在红外线烘烤灯下烘干备用。

7.2.4 将上述处理后的试块腐蚀面与试样座垂直,由固结材料嵌镶试样。对腐蚀层较薄的试块,其截面的放置应与轴线倾斜 30°～45°。

7.2.5 将嵌镶好的试块磨抛成金相试样。在金相显微镜 300～350 倍下检查金相样品表面应无明显抛痕,否则应重新磨抛。

7.2.6 抛光后的试样与所需标样一起放入喷涂仪中镀上厚度约 20 nm 碳膜。

7.3 腐蚀过渡层试样

7.3.1 腐蚀过渡层试样用于分析基体腐蚀特征。

7.3.2 一般可直接使用制备好的腐蚀内层试样。若腐蚀产物影响观察时,可用下述方法制备试样:

a) 取制备的腐蚀表层试样或另行截取试块。

b) 用小木铲去除试样表面腐蚀产物,再用胶带纸反复粘去表面残余腐蚀产物,将试样放于丙酮内浸泡 30 min,然后在丙酮溶液中用超声波仪进行清洗。

c) 将试样用无水乙醇清洗 2 次～3 次,然后烘干备用。

d) 再按 7.2.4 及 7.2.5 步骤处理后即可作过渡层分析试样。

8 测量步骤和分析条件

8.1 仪器、试样及标样状态

按 GB/T 15074 要求使仪器、试样和标样处于正常工作状态。

8.2 腐蚀表层试样分析

8.2.1 将试样放入电子探针样品室内,用光学显微镜观察,调整试样表面位于光学聚焦平面上。

8.2.2 低倍下使用背散射电子像或二次电子像初选分析部位,然后在合适倍数下,选择有代表性的分析部位。

8.2.3 任取 5 点以上进行元素定性分析。推荐条件:加速电压 15 kV,束斑 50 μm,束流 1×10^{-7} A。

8.3 腐蚀内层试样分析

8.3.1 将试样放入样品室内,由光学显微镜调整试样在光学聚焦平面上。

8.3.2 在腐蚀内层的低倍背散射电子像或二次电子像上初选分析部位,然后在合适倍数下,选择有代表性的分析部位。

8.3.3 选择合适的试验条件。推荐:加速电压 20 kV,束流 5×10^{-8} A,束斑直径可在确保整个束斑轰击在腐蚀层内条件下调整。

8.3.4 进行元素定性分析。

8.3.5 根据定性分析结果确定分析标样。

8.3.6 按照 GB/T 15074 选择分析晶体、谱线、扣除背景位置及计数时间。

8.3.7 依次测量标样和试样中所测元素的特征 X 射线强度和背景强度。

8.3.8 将标样和试样所测得的数据分别进行死时间、背景和束流校正,化合物标样还需将标样中测得的 X 射线强度换算成纯元素的相应 X 射线强度,随后计算各元素的 X 射线相对强度比。

8.3.9 将 X 射线强度比数据进行 ZAF 修正计算得到试样中各组成元素的质量分数。氧化物百分含量按化合价比计算。

8.3.10 具有自动分析功能的仪器,选择满足 GB/T 15074 要求的试验参数后,可跳过 8.3.6～8.3.9 步骤,直接进行自动元素定量分析。

8.3.11 在每个样品上,任取 5 个部位进行定量分析,取平均值作为分析结果。

8.4 腐蚀过渡层试样分析

8.4.1 腐蚀形貌观察

8.4.1.1 采用二次电子像或背散射电子像进行观察，观察范围应包括所取试样上的整个过渡层。对观察到的各类腐蚀特征均需拍摄典型照片。

8.4.1.2 在条件允许下，可对去除腐蚀产物后所暴露出的基体表面的腐蚀特征作进一步观察。

8.4.2 典型区域成分分析

8.4.2.1 对可能出现的沿晶界腐蚀的区域，采用与分析内层腐蚀产物的相同工作条件对晶界上出现的腐蚀产物进行成分分析。

8.4.2.2 对可能出现的向晶内扩展形成穿晶裂纹的区域，采用与分析内层腐蚀产物的相同工作条件对裂纹尖端区域进行成分分析。

8.4.2.3 对其他腐蚀区域，必要时采用与分析内层腐蚀产物相同的工作条件进行成分分析。

9 分析结果

9.1 数据修约

对定量分析结果依照 GB/T 8170 的有关规定进行数据修约。

9.2 分析报告

分析报告主要包含如下内容：

——样品来源：名称、编号、委托单位及委托人；

——使用仪器型号；

——试验条件：加速电压，电子束电流，束斑直径，X 射线出射角；

——标样：标样名称、标样级别；

——修正方法；

——腐蚀表层、内层、过渡层成分分析结果，过渡层腐蚀特征描述，并附典型照片；

——分析人员、审核人员、技术负责人、检验单位公章；

——报告日期。

推荐的分析报告格式见附录 A。

附 录 A
（资料性附录）
分 析 报 告

委托单位＿＿＿＿＿＿＿＿委托人＿＿＿＿＿＿报告编号＿＿＿＿＿＿

试样名称＿＿＿＿＿＿＿＿试样编号＿＿＿＿＿＿送样日期＿＿＿＿＿＿

仪器型号＿＿＿＿＿＿加速电压＿＿电子束束流＿＿束斑直径＿＿X射线出射角＿＿＿＿

标样＿＿＿＿＿＿＿＿＿＿＿＿＿＿＿＿＿＿＿＿

标样级别＿＿＿＿＿＿＿＿＿＿＿＿＿＿＿＿＿＿

分析结果：

一、腐蚀表层

（给出腐蚀表层元素定性分析结果。）

二、腐蚀内层

（给出腐蚀内层元素定性及定量结果，并指明修正方法。）

三、腐蚀过渡层

（给出过渡层腐蚀形貌类型，附典型照片。进行成分分析的，给出典型区域成分分析结果及修正方法。）

分析人员＿＿＿＿＿＿＿＿审核人＿＿＿＿＿＿技术负责人＿＿＿＿＿＿

检验单位：

年　　月　　日

ICS 71.040.99
N 53

中华人民共和国国家标准

GB/T 17507—2008
代替 GB/T 17507—1998

透射电子显微镜 X 射线能谱分析生物薄标样的通用技术条件

General specification of thin biological standards for X-ray EDS microanalysis in transmission electron microscope

2008-06-16 发布　　2009-03-01 实施

中华人民共和国国家质量监督检验检疫总局
中国国家标准化管理委员会　发布

前 言

本标准代替 GB/T 17507—1998《电子显微镜 X 射线能谱分析生物薄标样通用技术条件》。

本标准与 GB/T 17507—1998 相比主要变化如下：

——将标准名称改为“透射电子显微镜 X 射线能谱分析生物薄标样通用技术条件”；

——生物薄标样的厚度范围定在 50 nm～300 nm(1998 年版的 3.8；本版的 3.8)；

——对生物薄标样的常见元素测试时，推荐的加速电压值定为 35 kV～80 kV(1998 年版的 4.2.3.1；本版的 4.2.3.1)；

——删除对钾、钠等不稳定元素进行分析时的规定(1998 年版的 4.3.2.2)；

——删除对标样运输的规定(1998 年版的 5.2)；

——生物薄标样使用期限由 2 年改为 5 年(1998 年版的 5.3.2；本版的 5.2.2)；

——本标准的附录 A 是资料性附录。

本标准由全国微束分析标准化技术委员会提出并归口。

本标准起草单位：中国人民解放军第二军医大学、复旦大学上海医学院和中国人民解放军军事医学科学院。

本标准主要起草人：杨勇骥、俞彰、张德添。

本标准所代替标准的历次版本发布情况为：

——GB/T 17507—1998。

引　言

X 射线微区成分分析技术在生物医学领域内已得到越来越广泛的应用，与此相适应的 X 射线微区成分分析标准化工作也显示出其重要性。对于生物医学领域，X 射线微区成分分析主要用于薄生物样品中的元素分析。生物组织中的元素浓度较低，主要以可溶性元素（如钾、钠、钙、镁、磷、硫、氯等）的方式存在于生物组织中。生物组织与金属、矿石材料差别很大，其分析方法有很大不同，不能以现有的金属、矿石分析标准来规范。而应以标准化为准绳，使生物薄标样检测技术标准化，进而对其生物医学研究的结果作统一、完善、精确的评估与论述，是目前国内外生物医学 X 射线微区成分分析领域急需解决的重要问题。为此，制定了本项国家标准。

透射电子显微镜X射线能谱分析生物薄标样的通用技术条件

1 范围

本标准规定了透射电子显微镜X射线能谱分析生物薄标样的技术要求、检测条件和检测方法。

本标准适用于生物薄标样的透射电子显微镜X射线能谱分析。

2 术语和定义

下列术语和定义适用于本标准。

2.1

生物薄试样 thin biological sample

指采用超薄切片机切成的、厚度为50 nm～300 nm的生物试样。

2.2

平均原子序数(或 *G* 因子、平均加重权) average atomic number(or *G* factor、average aggravating weight)

生物试样和生物标样的化学组成成分的元素因子。平均原子序数 G 可用式(1)计算得到:

$$G=\sum_{i=1}^{n}C_iZ_i^{2}/A_i \quad \cdots\cdots(1)$$

式中:

C_i——薄试样或薄标样化学组成中元素 i 所占的质量百分比;

Z_i——元素 i 的原子序数;

A_i——元素 i 的原子量。

3 生物薄标样的技术要求

3.1 生物薄标样材料的物理性质、化学性质要尽可能地与被分析的生物薄试样相一致。生物薄标样中元素的浓度值建议用原子吸收光谱法测定,并给出元素定值与偏差。

3.2 用以制备生物薄标样的基质材料,其平均原子序数要接近生物试样的平均原子序数,为3.28。

3.3 生物薄标样应具有较高的抗电子辐射及抗污染能力。

3.4 标样材料的母体应有足够量,除足够供应化学定值消耗外,保证能在被确认后制成200个以上的标样成品。

3.5 生物薄标样的均匀性判别指数应不大于3。

3.6 生物薄标样的稳定性判别指数应不大于3。

3.7 生物薄标样的元素浓度误差应小于±5%。

3.8 生物薄标样的厚度应在50 nm～300 nm范围内。

3.9 生物薄标样应制备成直径小于等于3 mm的超薄切片,可用多孔或单孔的尼龙支持网、碳支持网及其他低背景材料的支持网夹持。

4 生物薄标样的检测

4.1 标样的初检

4.1.1 用光学显微镜观察生物薄标样,初选出均匀、平坦、无污染及无破损的标样。

4.1.2 用分析电镜的透射模式或扫描透射模式对生物薄标样进行检查，选取均匀、无污染及无破损的部位作为测试区域，用能谱仪的面扫描功能对生物薄标样进行面扫描测试，检查测试区域元素分布图中元素的分布是否均匀。

4.2 均匀性的检测

4.2.1 生物薄标样必须具备微米尺度空间范围的元素均匀性。

4.2.2 生物薄标样均匀性判别指数 HI 由式(2)表示：

$$HI = \sigma/\sqrt{X} \qquad \cdots\cdots(2)$$

$$\sigma = \sqrt{\sum_{i=1}^{15}(X_i - X)^2/N-1}$$

$$X = \sum_{i=1}^{15} X_i/N$$

式中：

σ——实测计数值标准偏差；

X——平均计数值；

X_i——第 i 次测量计数值；

N——计数次数，$N=15$。

4.2.3 测量条件与方法

4.2.3.1 对生物薄标样的常见元素测试时，推荐的加速电压值为 35 kV～80 kV。

4.2.3.2 在确定的加速电压下，所选束流应使 X 射线的计数率达 500 cps 以上。

4.2.3.3 束斑直径约 500 nm。

4.2.3.4 被分析元素的原子序数 $Z\leqslant32$ 时，采用 K 线系；被分析元素的原子序数 $72>Z>32$ 时，采用 L 线系；被分析元素的原子序数 $Z\geqslant72$ 时，采用 M 线系。

4.2.3.5 从一个母体制备的批量生物薄标样中，随机选取 3 个标样，每个标样最少选 5 个测试点，每个测试点测一次 100 s～200 s，共计 15 个计数测量值。

4.2.3.6 判别方法，在式(2)中 $HI\leqslant3$，则认为标样是均匀的。

4.3 稳定性测量

4.3.1 生物薄标样稳定性判别指数由式(3)表示：

$$SI = \sigma/\sqrt{Y} \qquad \cdots\cdots(3)$$

$$\sigma = \sqrt{\sum_{i=1}^{10}(Y_i - Y)^2/N-1}$$

$$Y = \sum_{i=1}^{10} Y_i/N$$

式中：

σ——实测计数值标准偏差；

Y——平均计数值；

Y_i——第 i 次测量计数值；

N——计数次数，$N=10$。

4.3.2 测量条件与方法

4.3.2.1 在与测量均匀性相同的工作条件下，对标样任选一点，作一次 50 s～100 s 计数测量，连续测 10 次。

4.3.2.2 判别方法只要式(3)中 $SI\leqslant3$，则认为标样是稳定的。

4.4 检测报告发布

检测报告的发布可参考附录 A 的格式。

5 包装与储运

5.1 标样包装

5.1.1 建议将生物薄标样置于生物样品专用的透射电镜样品盒内。

5.1.2 装有生物薄标样的样品盒与干燥剂袋一起放在泡沫塑料中，连同标样说明书置于一个有密封盖的透明塑料盒容器中。

5.1.3 装有标样的塑料盒容器，应装在干燥、防潮、防尘和防霉的箱中，箱中应有装箱单。

5.1.4 装箱单、包装盒、包装箱的外表，应注明标样的名称、标准号、数量、包装者、生产日期及检验印章等。

5.2 保管

5.2.1 生物薄标样应妥善保存于干燥器中。

5.2.2 生物薄标样使用期限为5年。

附　录　A
（资料性附录）
透射电子显微镜X射线能谱分析生物薄标样检测报告

报告编号：
送样单位：
送样日期：
标样内容：
测定项目：
送样人姓名：
测量条件：
仪器型号：
仪器条件：
加速电压：
束斑直径：
检测结果：
标样编号：
标样化学成分：
初检结果：
均匀度 HI：
稳定度 SI：
标样浓度：

分析单位(公章)：　　　　分析人姓名：

审核人姓名：　　　　分析日期：　　年　　月　　日

报告书共　　页

ICS 43.040.20
T 38

中华人民共和国国家标准

GB 17509—2008
代替 GB 17509—1998

汽车及挂车转向信号灯配光性能

Photometric characteristics of direction indicators for motor vehicles and their trailers

2008-12-31 发布　　　　2010-01-01 实施

中华人民共和国国家质量监督检验检疫总局
中国国家标准化管理委员会　发布

前　言

本标准的全部技术内容为强制性。

本标准对应于联合国欧洲经济委员会 ECE R6 Rev3 Amend5《关于批准汽车及挂车转向信号灯的统一规定》,一致性程度为非等效,主要差异如下:

——删除了管理条款;

——删除了"制造商生产一致性控制方法的最低要求"附件;

——删除了"检验员抽样的最低要求"附件;

——增加了检验规则。

本标准的主要技术要求,如:一般要求,配光性能,光色和试验方法等,与 ECE R6 Rev3 Amend5 一致。

本标准代替 GB 17509—1998《汽车和挂车转向信号灯配光性能》,与前版相比较主要变化如下:

——修改了前版第 2 章"引用标准";

——修改了前版第 3 章"术语和分类",改为第 3 章"术语和定义"和第 4 章"分类";

——修改了前版第 4 章"配光性能",改为本版第 6 章的"要求";

——删除了前版第 5 章"对灯泡的规定",相关增加内容入本版第 6 章的"要求";

——修改了前版第 6 章"光度测量方法",改为本版第 7 章的"试验方法";

——删除了前版第 7 章"色度测量方法",相关增加内容入本版第 6 章的"要求"和第 7 章的"试验方法";

——修改了前版第 8 章"检验规定",改为本版第 8 章"检验规则";

——增加了与光源模块相关的内容;

——增加了闪烁点亮的试验要求;

——增加了不可更换光源转向信号灯的测量方法;

——增加了转向信号灯安装高度不高于 750 mm 的配光测量要求;

——增加了转向信号灯有不止一个位置或者在一个区域内的不同位置时的配光测量要求。

对于新申请型式检验的汽车及挂车转向信号灯,本标准自 2010 年 1 月 1 日起实施;对于本标准实施前已通过型式检验的汽车及挂车转向信号灯,本标准自 2012 年 1 月 1 日起实施。

本标准由国家发展和改革委员会提出。

本标准由全国汽车标准化技术委员会归口。

本标准起草单位:上海汽车灯具研究所。

本标准主要起草人:王华、陈戟、俞培锋。

本标准所代替标准的历次版本发布情况为:

——GB 17509—1998。

汽车及挂车转向信号灯配光性能

1 范围

本标准规定了汽车及挂车转向信号灯配光性能的技术要求、试验方法和检验规则。

本标准适用于M、N和O类车辆使用的各种类型转向信号灯。

本标准中,上述转向信号灯也称为装置。

2 规范性引用文件

下列文件中的条款通过本标准的引用而成为本标准的条款。凡是注日期的引用文件,其随后所有的修改单(不包括勘误的内容)或修订版均不适用于本标准,然而,鼓励根据本标准达成协议的各方研究是否可使用这些文件的最新版本。凡是不注日期的引用文件,其最新版本适用于本标准。

GB 4599 汽车用灯丝灯泡前照灯

GB 4785 汽车及挂车外部照明和光信号装置的安装规定

GB 15766.1 道路机动车辆灯丝灯泡 尺寸、光电性能要求(GB 15766.1—2000 idt IEC 60809:1995)

ECE R37 关于机动车及其挂车灯具认证用灯丝灯泡认证的统一规定

3 术语和定义

GB 4785 中确立的术语和定义适用于本标准。

4 分类

4.1 转向信号灯的类别

按在车辆上的安装位置和功能,规定装置的类别和光分布最小角(见图1):

a) 1类装置 安装位置与近光灯或前雾灯的距离不小于40 mm的前转向信号灯;

b) 1a类装置 安装位置与近光灯或前雾灯的距离大于20 mm,小于40 mm的前转向信号灯;

c) 1b类装置 安装位置与近光灯或前雾灯的距离不大于20 mm的前转向信号灯;

d) 2a类装置 安装在车辆后部,具有一个发光强度等级的后转向信号灯;

e) 2b类装置 安装在车辆后部,具有两个发光强度等级的后转向信号灯;

f) 3类装置 用于在车辆上仅装用本类侧转向信号灯场合的侧前转向信号灯;

g) 4类装置 用于在车辆上装用2a类或者2b类装置场合的侧前转向信号灯;

h) 5类和6类装置 用于在车辆上装有1类、1a类、1b类和2a类、2b类装置场合的辅助侧转向信号灯。

4.2 图1中垂直角V为相对于水平面的角度,水平面以上为正,水平面以下为负;水平角H为相对于基准轴线和车辆向前行驶方向的角度,在装置的光度测量状态,在基准轴线以右为正,以左为负。

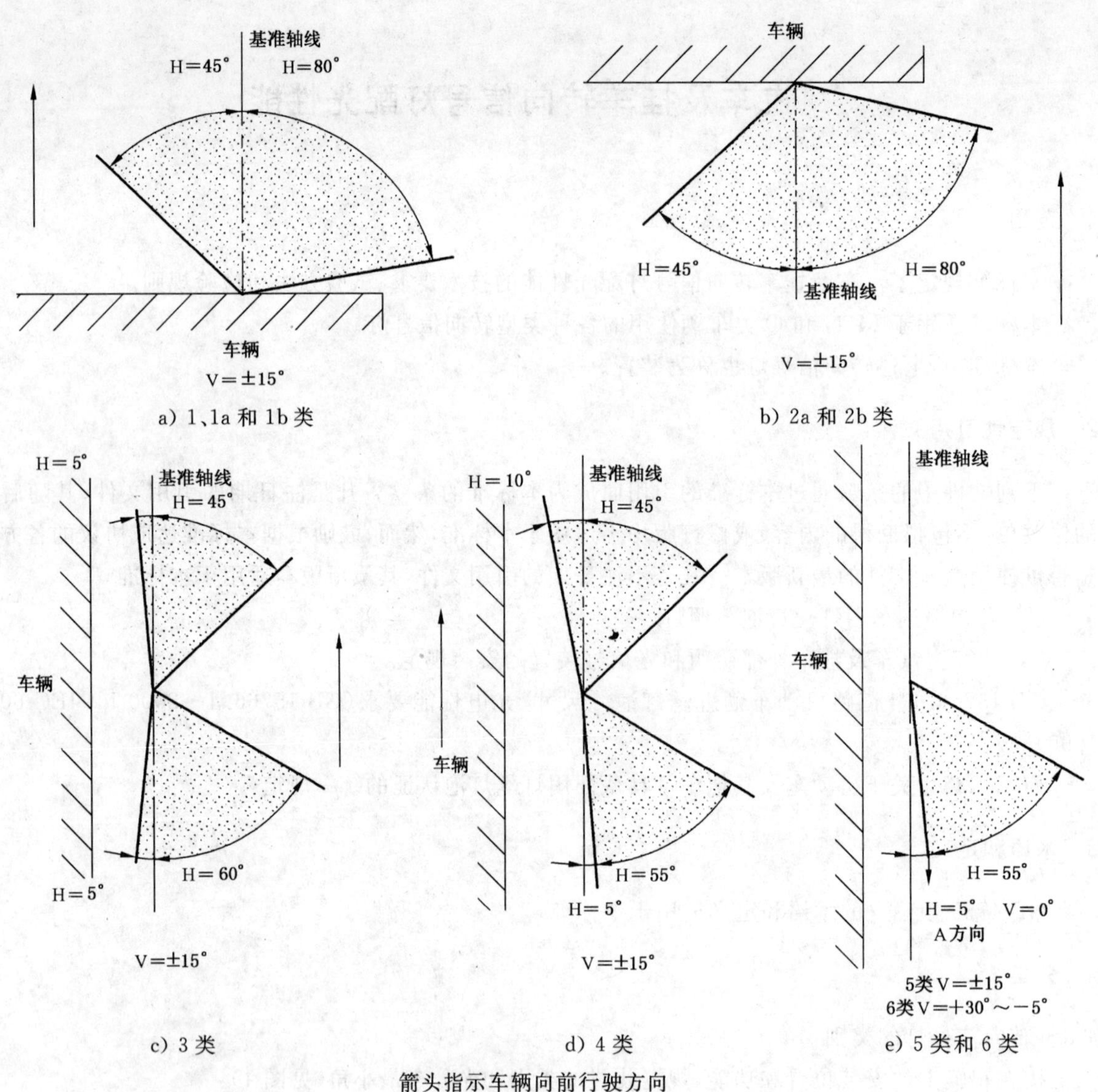

箭头指示车辆向前行驶方向

图 1 转向信号灯的类别和光分布最小角

5 转向灯的不同型式

在以下主要方面有差异的装置：

a) 商标名称或商标；

b) 光学系统的特性(发光强度等级，光分布最小角，使用的灯丝灯泡或光源模块的种类等)；

c) 装置的类别。

但是，灯丝灯泡颜色或者滤光片颜色改变可以视为同一型式。

6 要求

6.1 该装置应设计和制造成在正常使用条件下，即使受到振动，仍能保证满足使用要求和符合本标准规定。

6.2 在图 2 所示的区域内，装置的光色应为琥珀色，其色度特性应符合 GB 4785 规定。在该区域外，光色应无明显变化。

6.3 可更换光源的装置应使用符合 GB 15766.1 或 ECE R37 规定的灯丝灯泡。

6.4 对于使用的光源模块，应当设计为即使在黑暗中也能将其安装在正确的位置上；并且能够防止误操作。

6.5 配光性能

6.5.1 对光分布的要求见图 2。图 2 中格栅线交叉处的数字为百分数，表示该方向发光强度最小值与基准轴线方向[1、1a、1b、2a、2b、3 或 4 类(向前)]或 A 方向(6 类)发光强度最小值的比值，A 方向即 H=5°、V=0°方向。

6.5.2 各类装置在基准轴线方向或在 A 方向的发光强度应符合表 1 的规定。

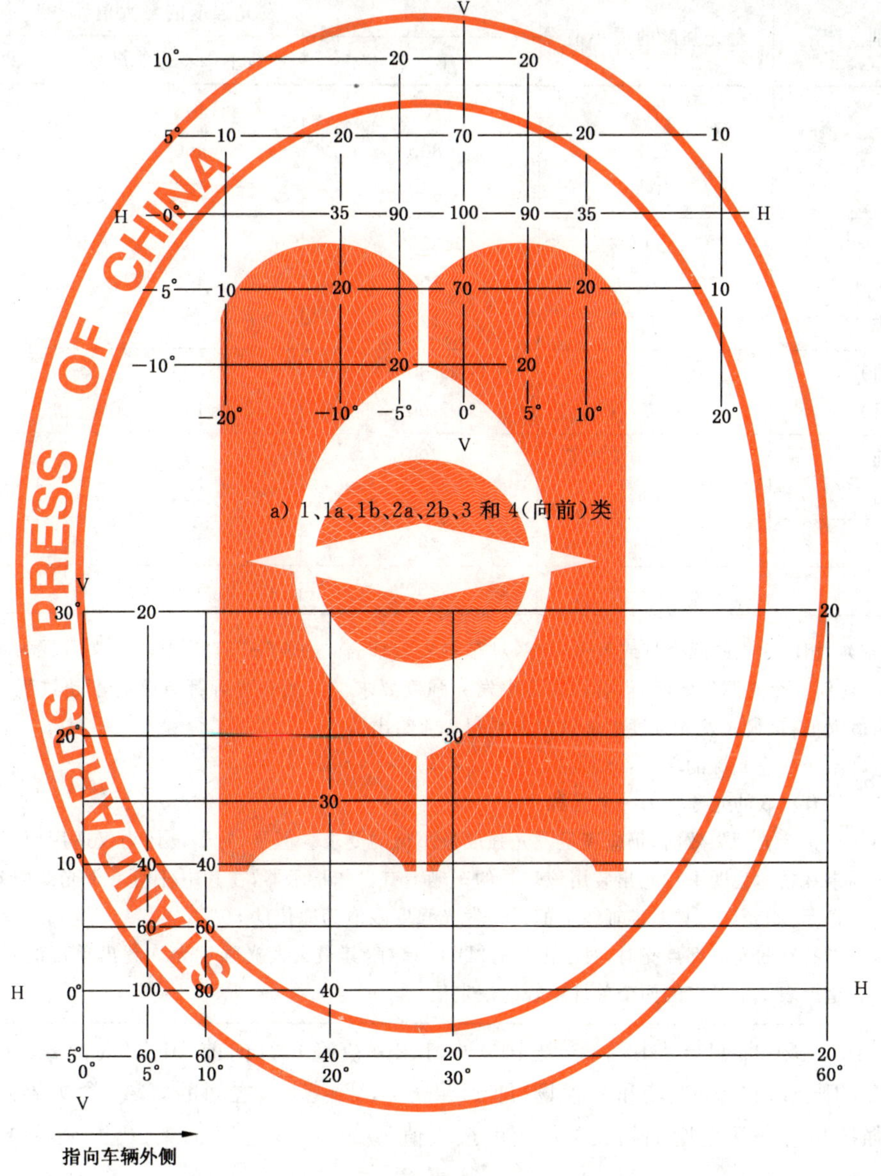

a) 1、1a、1b、2a、2b、3 和 4(向前)类

b) 6 类

图 2 配光分布

6.5.3 在发光强度分布范围内(见图 2)除基准轴线方向和 A 方向外：

6.5.3.1 其他各方向上相应各类装置的发光强度应不小于表 1 发光强度的最小值与相应方向标明的百分数的乘积；

6.5.3.2 在该范围内发出的光应变化均匀，即在格栅线围成的范围内任一方向测得的发光强度不应小于该方向周围诸方向中的发光强度的最小值。

6.5.4 在光分布最小角范围内(见图 1)对各类装置的要求：

6.5.4.1　发光强度应符合：

a)　1b类装置不小于0.7cd；

b)　1、1a、2a、3、4(向前)和2b(白天)类不小于0.3cd；

c)　2b(夜晚)类装置不小于0.07cd；

d)　4(向后)类和5类装置不小于0.6cd。

表 1

单位为坎德拉

类　别	发光强度的最小值	发光强度的最大值		
		单　灯	标有"D"的单灯	两个单灯组合
1	175	700[a]	490[a]	980[a]
1a	250	800[a]	560[a]	1 120[a]
1b	400	860[a]	600[a]	1 200[a]
2a	50	350[a]	350[a]	350[a]
2b(白昼)	175	700[a]	490[a]	980[a]
2b(夜晚)	40	120[a]	84[a]	168[a]
3(向前)	175	700[a]	490[a]	980[a]
3(向后)	50	200[a]	140[a]	280[a]
4(向前)	175	700[a]	490[a]	980[a]
4(向后)	0.6	200[a]	140[a]	280[a]
5	0.6	200[a]	140[a]	280[a]
6	50	200[a]	140[a]	280[a]

[a] 除了2a类，相同功能的两个灯或者多个灯，对车辆安装而言，根据GB 4785中的定义可视为单灯。在这种情况下，当任何一个光源失效时，仍应符合最小发光强度要求。当所有光源都点亮时不超过表1中对应的发光强度的最大值，该最大发光强度由单灯限值乘以1.4给出。

对于包含不止一个光源的单灯：

a)　所有串联的光源视为一个光源。

b)　当一个光源失效时，仍应满足发光强度最小值的要求。但是，对于设计为仅适用两个光源的灯具，如果在技术说明书中指出装用该灯具的车辆上有操作指示器，在其中任何一个光源失效的时候均能够显示，则允许灯具基准轴线上的最小发光强度限值为原值的50%。

c)　当所有的光源都点亮时，对于未标有"D"的单灯，其最大发光强度允许超出单灯的规定值，但不允许超出表1中对应的两个单灯组合的规定值。

6.5.4.2　在10°视场(即H=±10°，V=±10°)外，1、2b(夜晚)、3(向前)和4(向前)类装置的发光强度应不大于表2的限值；在10°视场和5°视场(即H=±5°，V=±5°)之间的区域(含边界)，这些装置允许的最大发光强度也应平缓地增加到表1规定的最大值。

表 2

单位为坎德拉

类　别	在10°视场外发光强度的最大值		
	单　灯	标有"D"的单灯	双　灯
2b(夜晚)	100	70	140
1、3(向前)和4(向前)	400	280	560

6.5.4.3　在15°视场(即H=±15°，V=±15°)外，1a和1b类装置的发光强度应不大于表3的值；在15°视场和5°视场之间的区域，这些装置允许的最大发光强度也应平缓地增加到表1的最大值。

表 3　　单位为坎德拉

类　别	在15°视场外发光强度的最大值		
	单　灯	标有"D"的单灯	双　灯
1a	250	175	350
1b	400	280	560

6.5.5　在可以观察到装置的任何方向，发光强度不得大于表1的最大值。

6.6　对于2b类装置，应测量它在白昼和夜晚使用状态下，自电源接通时至基准轴线方向上的发光强度达到光源连续发光时初始测量值的90%所需的时间，对应于夜晚的时间不应超过对应于白昼的时间。

6.7　当装置安装高度不高于750 mm，−5°以下测量点和区域不进行测量。

7　试验方法

7.1　试验暗室、装置及设备，应符合GB 4599规定。

7.2　应确定装置基准轴线方向上的视表面边界。

7.3　配光测试电压

7.3.1　对装用可更换灯丝灯泡的装置，配光性能测量应使用相应类型的标准灯丝灯泡，并且在规定的试验光通量下进行。

7.3.2　不可更换光源的装置配光性能测量，应各自在6.75 V、13.5 V或28.0 V电压下进行测量。

7.3.3　对于需用特殊电源的装置，制造商应提供为此类光源所需的专用电源，并在制造商规定的电压下进行测量。

7.3.4　对于使用附加装置获得夜晚发光强度的2b(夜晚)类装置，为测量夜晚发光强度而施加于附加装置的电压应等同于测量白昼发光强度而施加于灯泡的电压。

7.4　配光性能测量前，应将光源以测量时的电压点亮，使其光性能趋于稳定。

7.5　对于因装置结构的限制，使用发光二极管(LED)或者需要间歇工作才能避免过热的情况下，允许在闪烁状态下进行测量：

7.5.1　其应在$f=(1.5\pm0.5)$ Hz的频率下转换开关，并且在95%光强度峰值时测量，脉冲持续时间应当大于0.3 s。

7.5.2　在装用可更换灯丝灯泡的装置中，灯丝灯泡应在试验光通量下点亮。在所有其他的情况下，使用6.3中规定的电压，电压上升时间和下降时间不超过0.01 s。

7.5.3　在闪烁测量的情况下，最终测量的发光强度结果是最大发光强度。

7.6　各类装置的配光性能测量：

7.6.1　对于不可更换光源的装置配光性能测量，应用装置内现有的光源。

7.6.2　当装用数只灯丝灯泡，允许使用批量生产的灯丝灯泡在6.75 V、13.5 V或28.0 V电压下进行测量，应修正所产生的发光强度值，按6.3相应规定的试验光通量与试验电压(6.75 V、13.5 V或28.0 V)下光通量的平均值之比是修正系数，所使用的每个灯丝灯泡的实际光通量与其平均值的偏差应不大于±5%；也可以在每个灯泡的位置上逐一使用工作于试验光通量状态的标准灯泡进行测量，并将每个位置上的单独测量结果相加。

7.6.3　对于所有不是装用灯丝灯泡的装置，经过1 min和30 min的闪烁模式($f=1.5$ Hz，灯亮时间与一次闪烁全过程时间比为50%)后，其发光强度应符合表1、表2和表3最大值和最小值的要求，点亮1 min时的各点的发光强度，应通过点亮1 min和点亮30 min时在HV上的发光强度的比值与点亮30 min时各点的发光强度测量结果相乘得出。

7.7　当进行配光测试时，应进行适当的遮蔽，以避免杂散光。

7.8　配光性能的测量距离，应保证能应用光度学中的距离平方反比定律。

7.9 从灯具基准中心观察时，光接收器的张角是介于10′至1°之间。

7.10 在图1中任何一个方向测量时，其角度偏差应不大于15′。

7.11 装置安装在车上，有不止一个位置或者在一个区域内的多个不同位置时，配光测量应在每个位置，或者在制造商指定的基准轴区域内的极限位置进行测量。

7.12 按6.2色度检验应使用标准光源A(色温2 856 K)。对于不可更换光源的装置，则应各自在6.75 V、13.5 V或28.0 V电压下进行测量。用目视观察图2区域外的光色变化。

8 检验规则

8.1 装置的不同型式按第5章规定判定。

8.2 装置应进行型式检验和生产一致性检验。符合8.3或8.4相应规定的，则认为该装置通过型式检验或生产一致性检验。

8.3 型式检验

8.3.1 制造商应提供：

a) 足以识别该型式装置的图纸一式三份，并标明基准轴线(H=0°，V=0°)，基准中心和安装在车辆上的几何位置；

b) 一份简明的技术说明书。除了不可更换光源的装置外，应规定所使用的灯丝灯泡类型；

c) 样灯两只(对于可更换光源的装置，包括灯丝灯泡)，对于2b类装置，需要时应提供获得两个发光强度等级的附加装置。

8.3.2 每只样灯应符合6.1、6.3或6.4，以及6.6规定。

8.3.3 按第7章规定进行试验时，每只样灯应符合6.2和6.5相应规定。

8.4 生产一致性检验

8.4.1 对型式检验合格的装置，用从批量产品中随机抽取的样灯来判定其生产一致性。

8.4.2 随机抽取的样灯应符合6.1、6.3或6.4，以及6.6规定。

8.4.3 按第7章规定进行试验时，随机抽取的样灯应符合6.2规定。

8.4.4 按第7章规定进行试验时，随机抽取的样灯应符合6.5相应规定，允许其中：

a) 最小发光强度不小于6.5规定值的80%；

b) 最大发光强度不大于6.5规定值的120%。

ICS 43.040.20
T 38

中华人民共和国国家标准

GB 17510—2008
代替 GB 17510—1998

摩托车光信号装置配光性能

Photometric characteristics of light-signalling devices for motorcycles

2008-11-10 发布　　2009-05-01 实施

中华人民共和国国家质量监督检验检疫总局
中国国家标准化管理委员会　发布

前　言

本标准的全部技术内容为强制性。

本标准对应于联合国欧洲经济委员会 ECE R50—2004《关于摩托车、轻便摩托车前位灯，后位灯，制动灯，转向信号灯和牌照灯认证的统一规定》，一致性程度为非等效，主要差异如下：

——删除了管理条款；

——删除了“制造厂一致性检验的最低要求”附件；

——牌照板的尺寸和测量点根据我国国情相应更改。

主要技术要求，如：一般技术要求、发光强度、光色和试验方法则与上述法规一致。

本标准代替 GB 17510—1998《摩托车光信号装置配光性能》，与前版相比较主要变化如下：

——修改了前版 3.2 和 4.2 中转向信号灯的分类与限值；

——删除了前版 3.3 中原有的 1 类和 2 类牌照板的尺寸规格；

——修改了前版 4.2 制动灯的最大限值；

——修改了前版 5.1 中前位灯的光色要求；

——修改了前版 9.1 中不同型式的判定原则；

——增加了与前照灯混合的前位灯的最大限值；

——增加了对多个安装位置的灯具的检测要求；

——增加了非灯丝灯泡信号灯的检测要求；

——增加了闪烁工作的灯具的检测要求。

本标准自实施之日起，GB 17510—1998 废止。新申请型式检验的装置，应符合本标准。

本标准实施的过渡要求：对于本版标准实施前已通过型式检验的装置，对照本版标准相应规定如有不符，给予 24 个月的过渡期。

本标准由国家发展和改革委员会提出。

本标准由全国汽车标准化技术委员会归口。

本标准起草单位：上海汽车灯具研究所、国家摩托车质量监督检验中心(天津)。

本标准主要起草人：费音、俞培锋、李钢。

本标准所代替标准的历次版本发布情况为：

——GB 17510—1998。

摩托车光信号装置配光性能

1 范围

本标准规定了摩托车和轻便摩托车用前位灯、后位灯、制动灯、转向信号灯和后牌照灯有关配光性能的要求、试验方法和检验规则等。

本标准适用于摩托车和轻便摩托车用前位灯、后位灯、制动灯、转向信号灯和后牌照灯。

在本标准中，上述各种信号灯也称为装置。

2 规范性引用文件

下列文件中的条款通过本标准的引用而成为本标准的条款。凡是注日期的引用文件，其随后所有的修改单（不包括勘误的内容）或修订版均不适用于本标准，然而，鼓励根据本标准达成协议的各方研究是否可使用这些文件的最新版本。凡是不注日期的引用文件，其最新版本适用于本标准。

GB 4599　汽车用灯丝灯泡前照灯

GB 4785　汽车及挂车外部照明和光信号装置的安装规定

GB 15766.1　道路机动车辆灯丝灯泡　尺寸、光电性能要求(GB 15766.1—2000,idt IEC 60809:1995)

GB 18100　摩托车照明和光信号装置的安装规定

ECE R37　关于机动车及其挂车灯具认证用灯丝灯泡认证的统一规定

3 术语和定义

GB 18100 确立的术语和定义适用于本标准。

4 分类

4.1　按在车辆上的安装位置和功能，规定装置的类别和光分布最小角范围。

以下图1、图2、图3和图4中垂直角V为相对于水平面的角度，水平面以上为正，水平面以下为负；水平角H为相对于基准轴线和车辆向前行驶方向的角度。在装置的光度测量状态，在基准轴线以右为正，在基准轴线以左为负。箭头指示车辆向前行驶方向。

4.1.1　前位灯分为(见图1)：

a)　单独安装的前位灯；

b)　成对安装的前位灯。

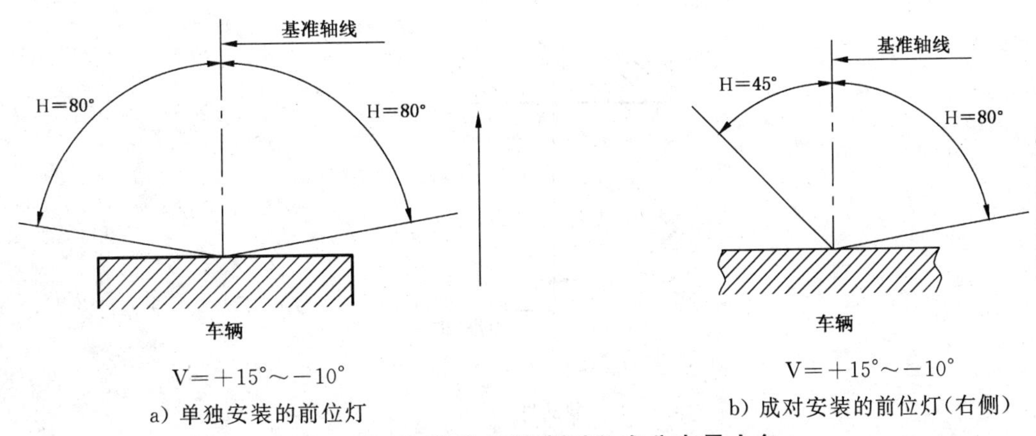

a) 单独安装的前位灯　　b) 成对安装的前位灯(右侧)

图1　前位灯的类别和光分布最小角

4.1.2 后位灯分为(见图 2):

a) 单独安装的后位灯;

b) 成对安装的后位灯。

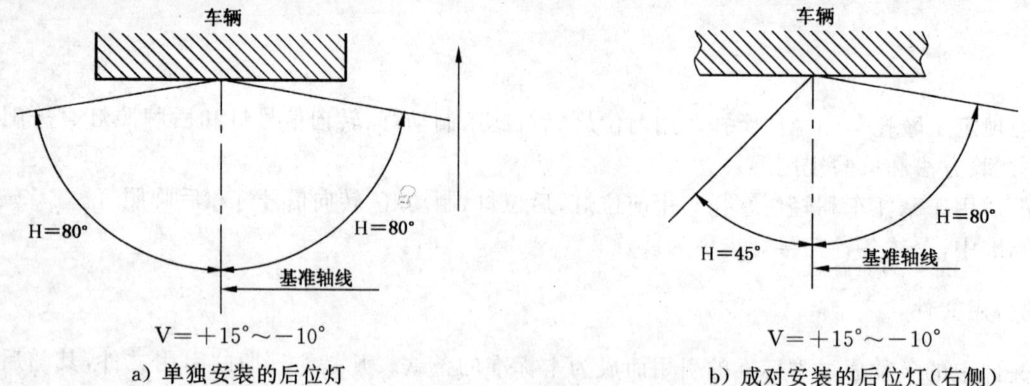

a) 单独安装的后位灯　　b) 成对安装的后位灯(右侧)

图 2 后位灯的类别和光分布最小角

4.1.3 转向信号灯分为(见图 3):

a) 11 类装置　与邻近近光灯的最小两灯间距不小于 75 mm 的前转向信号灯;

b) 11a 类装置　与邻近近光灯的最小两灯间距不小于 40 mm 的前转向信号灯;

c) 11b 类装置　与邻近近光灯的最小两灯间距不小于 20 mm 的前转向信号灯;

d) 11c 类装置　与邻近近光灯的最小两灯间距小于 20 mm 的前转向信号灯;

e) 12 类装置　摩托车后部安装的转向信号灯。

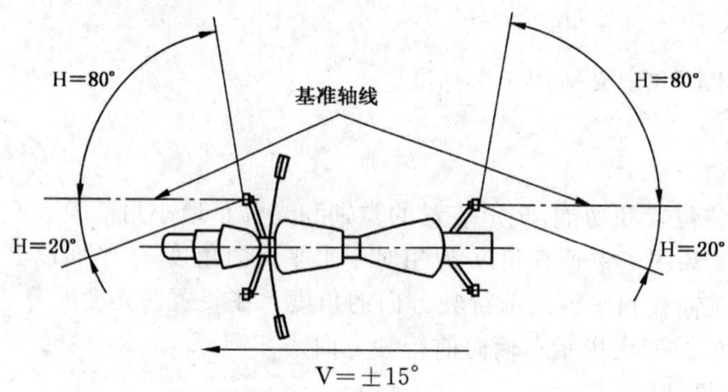

11 类、11a 类、11b 类、11c 类和 12 类转向信号灯

图 3 转向信号灯的类别和光分布最小角

4.1.4 制动灯(见图 4):

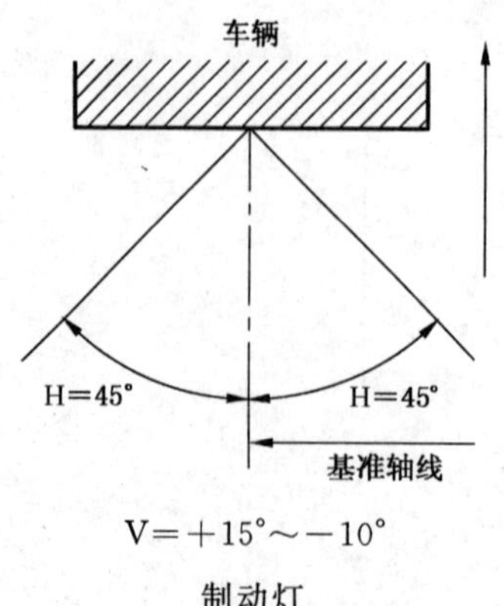

制动灯

图 4 制动灯的光分布最小角

5 装置的不同型式

在以下主要方面有差异的装置：

a) 商标名称或商标；

b) 光学系统的特性(发光强度等级，光分布最小角，使用的灯丝灯泡或光源模块的种类等)；

c) 装置的类别。

但是，灯丝灯泡颜色或者滤光片颜色的改变不影响型式的变化。

6 要求

6.1 一般要求

6.1.1 装置应设计和制造成在正常使用条件下，即使受到振动，仍应保证满足使用要求和符合本标准规定。

6.1.2 对于使用的光源模块，应当设计为即使在黑暗中也能将其安装在正确的位置上；并且能够防止误操作。

6.1.3 如果使用灯丝灯泡，则该灯泡应符合 GB 15766.1 或 ECE R37 规定。

6.2 配光性能

6.2.1 前位灯、后位灯、制动灯和转向信号灯的光度分布要求见图 5，图中格栅线交叉处的数字为百分数，它表示本标准要求的该方向发光强度最小值与基准轴线方向光强度最小值的比值，图中的 H＝0°和 V＝0°对应的是基准轴线方向。

在发光强度分布范围(见图 5)内，各种装置发出的光应均匀，即在格栅线围成的范围内任一方向测得的发光强度不得小于该方向周围诸方向中最小的发光强度值。

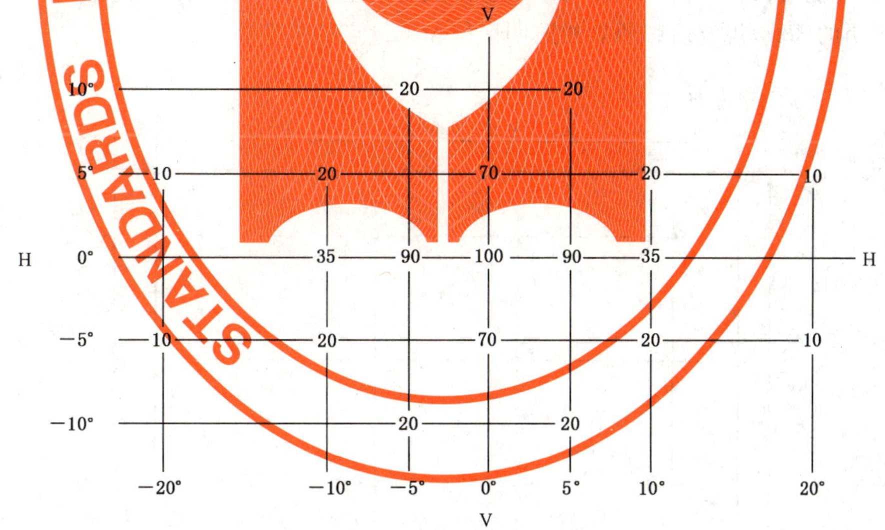

图 5 发光强度分布范围

6.2.2 前位灯、后位灯、制动灯和转向信号灯在基准轴线上的发光强度应符合表 1 规定，并且在光分布最小角范围内的发光强度不应低于表 1 规定的最小发光强度限值。

表 1 前位灯、后位灯、制动灯和转向信号灯在基准轴线上的发光强度 单位为坎德拉

灯具名称	最小值	最大值	光分布最小角范围内最小发光强度限值
后位灯	4	12[a]	0.05
前位灯	4	60[b]	0.05
制动灯	40	185	0.3

表 1（续） 单位为坎德拉

灯具名称	最小值	最大值	光分布最小角范围内最小发光强度限值
11 类转向信号灯	90	700[c]	0.3
11a 类转向信号灯	175	700[c]	0.3
11b 类转向信号灯	250	800[c]	0.3
11c 类转向信号灯	400	860[c]	0.3
12 类转向信号灯	50	350	0.3

[a] 当后位灯与制动灯组成混合灯时，允许在水平面下 5°以下方向上发光强度为 60 cd。

[b] 当前位灯与前照灯混合时，最大值为 100 cd。

[c] 该限值仅应用于 H=±5°和 V=±10°的范围内，H=±5°和 V=±10°的范围外最大光强度限值为 400 cd。

6.2.3 对于多光源的单灯：

a) 在任何一个光源失效的情况下，仍应符合最小发光强度值要求。

b) 在所有光源点亮的情况下，其发光强度最大限值由表 1 规定的最大值乘以 1.4 给出。

c) 所有串联在一起的光源可以看作一个光源。

6.2.4 若后位灯与制动灯组合或混合成一个装置，则在 H=±10°和 V=±5°范围内的 11 个测量方向（见图 5）上，同时点亮该两灯时与单独点亮后位灯时实际测量的发光强度的比值应不小于 5。

如果后位灯与制动灯是包含不止一个光源的单灯，则上述测量值应当将所有光源全部点亮后测量得出。

6.2.5 装置在车辆上有超过一个的安装位置或在一个区域内可以有多个不同的位置时，应当在所有位置上重复进行光度测量；或者，按区域相对于制造商规定的基准轴线的极限位置进行测量。

6.2.6 按照照明的区域，规定后牌照灯的照明区域和测量点见图 6 所示。

单位为毫米

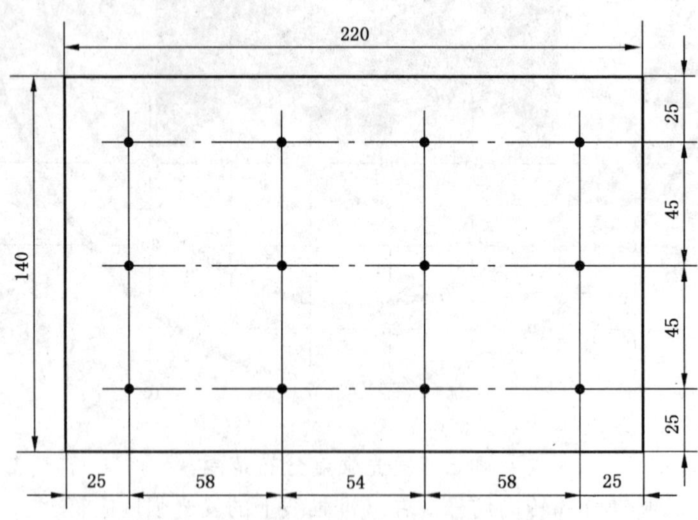

图 6 后牌照灯的照明区域和测量点

6.2.7 后牌照灯照射在各测量点（见图 6）的亮度应不小于 2 cd/m²，并且符合下述亮度均匀性要求：

$$\frac{B_2 - B_1}{L} \leqslant 2B_0 \quad \text{cm}$$

式中：

B_1 和 B_2——任意两测量点的亮度，单位为坎德拉每平方米（cd/m²）；

B_0——图 6 中所示诸测量点的最小亮度，单位为坎德拉每平方米（cd/m²）；

L——B_1 和 B_2 之间的距离，单位为厘米(cm)。

6.2.8 牌照灯的制造商应当规定一个或以上的位置，或者是一个和牌照板相关的区域，适合安装该装置；当灯泡安装在制造商指定位置上的时候，发射光对于照亮的牌照板平面上任何一个点的入射角不应超过 82°，这个角度从距离牌照板表面最远的照明区域的极端位置测量；若装置内具有一个以上的照明光学单元，则本条要求仅适用于由有关单元提供照明的照明区域的相关部分。

7 光色

7.1 前位灯发射白色光；后位灯和制动灯发射红色光；转向信号灯应发射琥珀色光；后牌照灯应发射不使后牌照板颜色发生明显改变的白色光。

7.2 若后牌照灯与其他后部灯复合或组合为一个装置，该装置应不向后直接发射非红色光。

7.3 各种光色的色度特性应符合 GB 4785 的规定。

8 试验方法

8.1 试验暗室、装置及设备，应符合 GB 4599 的规定。

8.2 对装用可更换灯丝灯泡的装置，测量时应在装置中使用标准灯泡，并使它工作于发出试验光通量的状态。

8.3 装用几个光源的装置的测量

8.3.1 在装用批量生产的 6.75 V 或 13.5 V 可更换灯丝灯泡的装置，可使用批量生产的灯泡测量，所产生的发光强度值应予修正。试验光通量与试验电压(6.75 V 或 13.5 V)下光通量的平均值之比为修正系数。所使用的每个灯丝灯泡的实际光通量与其平均值的偏差应不大于±5%；也可以在每个灯泡的位置上逐一使用工作于试验光通量状态的标准灯泡进行测量，并将每个位置上的单独测量结果相加。

8.3.2 在装用不可换光源或其他光源的场合，按照制造商规定的电压测量，需要时制造商应提供专用的供电装置。

8.4 对于所有不是装用灯丝灯泡的装置，点亮后 1 min 和 30 min 应分别进行发光强度的测量，其结果应符合表 1 最大值和最小值的要求；在每个测量点在点亮后 1 min 的发光强度可以由点亮 30 min 后的发光强度计算得到，其换算系数为 HV 点在点亮后 1 min 和 30 min 的发光强度的比值。对于转向灯，应当在闪烁状态进行测量(1.5 Hz，灯亮时间与一次闪烁全过程的时间比为 50%)。

8.5 按照制造商规定的基准轴线和基准中心确定装置的初始测量位置。

8.6 测量距离应使光度学二次方反比例定律适用。

8.7 从基准中心观察，光接收器的张角应在 10′到 1°范围内。

8.8 各测量方向的角度偏差应不大于 15′。

8.9 测量前装置应充分预燃，使其光性能趋于稳定。

8.9.1 通常光度值应在光源持续点亮的情况下测量；

8.9.2 对于闪烁工作的灯具，需避免在测量过程中使灯具过热。如果由于装置结构的限制，允许在闪烁状态下进行测量，比如，使用发光两极管(LED)或者需要间歇工作才能避免过热的情况。

如果这样，必须在 $f=(1.5\pm0.5)$ Hz 的频率下转换开关，并且在 95% 发光强度峰值时测量，脉冲持续时间应大于 0.3 s。

在装用可更换灯丝灯泡的灯具中，灯丝灯泡必须在试验光通量下点亮。在所有其他的情况下，使用 8.2 和 8.3 中规定的电压，电压上升时间和下降时间应不超过 0.01 s。

在闪烁测量的情况下，最终的测量结果应是测量中最大的发光强度。

8.10 后牌照灯的亮度在漫反射率已知的无色漫反射面上测量。无色漫反射面的尺寸与牌照板尺寸相同或者大于测量点要求的尺寸。测量时应将其中心定位于测量点的中心。无色漫反射面应放置在牌照板通常应处于的位置，且在托架前 2 mm 处。亮度测量应垂直于漫反射面测量，允许在图 6 所示的测量点的任何方向上有5°的偏差，测量点为直径25 mm的圆。应根据将漫反射率修正为1.0的修正系数对亮度测量结果进行修正。

8.11 色度检验应使用A光源(色温为2 856 K)。对于使用不可更换光源的灯具，则应在6.75 V或13.5 V电压下进行测量。对光分布角范围外部分须目视观察是否有颜色锐变。

8.12 用目视方法观察后牌照灯照明时牌照板的颜色变化。

9 检验规则

9.1 装置的不同型式按第5章规定判定。

9.2 装置应进行型式检验和生产一致性检验。符合9.3或9.4相应规定的，则认为该装置通过型式检验或生产一致性检验。

9.3 型式检验

9.3.1 制造商应提供：

9.3.1.1 装置的用途。

9.3.1.2 对于转向信号灯，需说明种类。

9.3.1.3 足以识别该型式装置的图纸一式三份，并标明基准轴线(H=0°，V=0°)，基准中心和安装在车辆上的几何位置；如果有不同的安装情况或安装位置则需注明，包括：

9.3.1.3.1 装置在车上的安装位置相对于车辆基准平面的基准轴线的不同的安装角度；

9.3.1.3.2 装置相对于地面的不同角度；

9.3.1.3.3 对于装置本身的基准轴线的不同的旋转角度；

9.3.1.3.4 对于后牌照板照明装置，该装置允许相对于要照明的后牌照板放置的区域有多个安装位置。

9.3.1.4 一份简明的技术说明书。除了不可更换光源模块的装置外，应规定所使用的灯丝灯泡类型。

9.3.1.5 装置两只(对于可更换光源的装置，包括灯丝灯泡)。

9.3.2 每只装置应符合6.1规定。

9.3.3 按第8章规定进行试验，每只装置应符合6.2和第7章规定。

9.4 生产一致性检验

9.4.1 对型式检验合格的装置，用从批量产品中随机抽取的样品来判定其生产一致性。

9.4.2 随机抽取的样品应符合6.1规定。

9.4.3 按第8章规定进行试验，随机抽取的样品应符合第7章规定。

9.4.4 按第8章规定进行试验，前位灯、后位灯、制动灯和转向信号灯样品的配光性能应符合将表1中的发光强度最小值减小为原数值的80%、发光强度最大值增大为原数值的120%后的要求。

9.4.5 按第8章规定进行试验，后牌照灯样品的配光性能应符合6.2.7规定，安装位置应符合6.2.8规定。

ICS 67.220.20
X 42

中华人民共和国国家标准

GB 17511.1—2008
代替 GB 17511.1—1998

食品添加剂 诱惑红

Food additive—Allura red

2008-06-25 发布　　2009-01-01 实施

中华人民共和国国家质量监督检验检疫总局
中国国家标准化管理委员会　发布

前　言

本标准的4.2和7.1为强制性，其余为推荐性。

本标准与日本《食品添加物公定书》第七版(1999)(食用赤色40号，诱惑红)一致性程度为非等效。

本标准代替GB 17511.1—1998《食品添加剂　诱惑红》。

本标准与GB 17511.1—1998相比，主要变化如下：

——将外观由暗红色粉末修改为暗红色粉末或颗粒(1998版的3.1，本版的4.1)；

——将鉴别方法做了修改(1998版的4.2.3.1、4.2.3.2本版的5.2.3.1、5.2.3.2)；

——砷、重金属、铅含量的测定按照GB/T 5009中的规定进行(1998版的4.13、4.14、4.15，本版的5.14、5.15、5.16)；

——分光光度比色法平行测定的允许差由2%修改为1.0%(1998版的4.3.2.8，本版的5.3.2.8)；

——对氯化物和硫酸盐含量的测定方法作了修改(1998版的4.4.2、4.4.3，本版的5.5.1，5.5.2)；

——干燥减量与氯化物和硫酸盐含量分别控制(1998版的3.2，本版的4.2)；

——将未磺化芳族伯胺(以苯胺计)总含量的测定方法由液相色谱法修改为化学分析法(1998版的4.12，本版的5.13)。

本标准的附录A和附录B为规范性附录。

本标准由中国石油和化学工业协会提出。

本标准由全国染料标准化技术委员会(SAC/TC 134)和全国食品添加剂标准化技术委员会(SAC/TC 11)归口。

本标准起草单位：上海染料研究所有限公司、天津多福源实业有限公司、沈阳化工研究院。

本标准主要起草人：马凯音、李子会、蒲爱军、葛蕾红、邓松培、肖杰。

本标准于1998年首次发布。

食品添加剂　诱惑红

1　范围

本标准规定了食品添加剂诱惑红的要求、试验方法、检验规则以及标志、包装、运输、贮存。

本标准适用于由4-氨基-5-甲氧基-2-甲基苯磺酸经重氮后与6-羟基-2-萘磺酸钠偶合，经盐析、精制而成的染料。该产品可添加于食品、药品、化妆品中，作着色剂用。

2　规范性引用文件

下列文件中的条款通过本标准的引用而成为本标准的条款。凡是注日期的引用文件，其随后所有的修改单(不包括勘误的内容)或修订版均不适用于本标准，然而，鼓励根据本标准达成协议的各方研究是否可使用这些文件的最新版本。凡是不注日期的引用文件，其最新版本适用于本标准。

GB/T 601　化学试剂　标准滴定溶液的制备

GB/T 602　化学试剂　杂质测定用标准溶液的制备

GB/T 603　化学试剂　试验方法中所用制剂及制品的制备

GB/T 5009.76—2003　食品添加剂中砷的测定

GB/T 6682—2008　分析实验室用水规格和试验方法(ISO 3696:1987,MOD)

3　化学名称、结构式、分子式和相对分子质量

化学名称：6-羟基-5-[(2-甲氧基-5-甲基-4-磺基苯)偶氮]-2-萘磺酸二钠盐

结构式：

分子式：$C_{18}H_{14}N_2Na_2O_8S_2$

相对分子质量：496.42(按2007年国际相对原子质量)

4　要求

4.1　外观

暗红色粉末或颗粒。

4.2　技术要求

食品添加剂诱惑红应符合表1规定。

表1　食品添加剂诱惑红的要求

项　　目		指　标
诱惑红，w/%	≥	85.0
干燥减量，w/%	≤	10.0
氯化物(以 NaCl 计)及硫酸盐(以 Na_2SO_4 计)，w/%	≤	5.0

表 1（续）

项　目		指　标
水不溶物，w/%	≤	0.20
低磺化副染料，w/%	≤	1.0
高磺化副染料，w/%	≤	1.0
6-羟基-5-[(2-甲氧基-5-甲基-4-磺基苯)偶氮]-8-(2-甲氧基-5-甲基-4-磺基苯氧基)-2-萘磺酸二钠盐，w/%	≤	1.0
6-羟基-2-萘磺酸钠，w/%	≤	0.30
4-氨基-5-甲氧基-2-甲基苯磺酸，w/%	≤	0.20
6,6′-氧代-双(2-萘磺酸)二钠盐，w/%	≤	1.0
未磺化芳族伯胺(以苯胺计)，w/%	≤	0.01
砷(以 As 计)，w/%	≤	0.000 1
重金属(以 Pb 计)，w/%	≤	0.002
铅(以 Pb 计)，w/%	≤	0.001

5　试验方法

本标准所用的试剂和水，在没有注明其他要求时，均指分析纯试剂和 GB/T 6682—2008 规定的三级水。试验中所需标准溶液、杂质标准溶液、制剂及制品在没有注明其他规定时，均按 GB/T 601、GB/T 602、GB/T 603 规定配制。

5.1　外观

在自然光线条件下用目视测定。本品为暗红色粉末或颗粒。

5.2　鉴别

5.2.1　试剂

5.2.1.1　硫酸；

5.2.1.2　乙酸铵溶液：1.5 g/L。

5.2.2　仪器设备

5.2.2.1　分光光度计；

5.2.2.2　比色皿：10 mm。

5.2.3　分析步骤

5.2.3.1　称取约 0.1 g 试样，精确至 0.001 g。溶于 100 mL 水中，呈红色澄清溶液。

5.2.3.2　称取约 0.2 g 试样，精确至 0.001 g。溶于 20 mL 硫酸中，呈暗紫红色，取此液(2～3)滴，加入 5 mL 水中，振摇，呈红色。

5.2.3.3　称取约 0.1 g 试样，精确至 0.001 g。溶于 100 mL 乙酸铵溶液中，取此溶液 1 mL，加乙酸铵溶液配至 100 mL，该溶液的最大吸收波长为(499±2)nm。

5.3　诱惑红含量的测定

5.3.1　三氯化钛滴定法(仲裁法)

5.3.1.1　方法提要

在酸性介质中，染料中偶氮基被三氯化钛还原分解成氨基化合物，按三氯化钛标准滴定溶液的消耗量，计算其含量的质量分数。

5.3.1.2　试剂和材料

5.3.1.2.1　酒石酸氢钠；

5.3.1.2.2　三氯化钛标准滴定溶液：$c(TiCl_3)=0.1$ mol/L(现用现配，配制方法见规范性附录 A)；

5.3.1.2.3　钢瓶装二氧化碳。

5.3.1.3　仪器设备

见图 1。

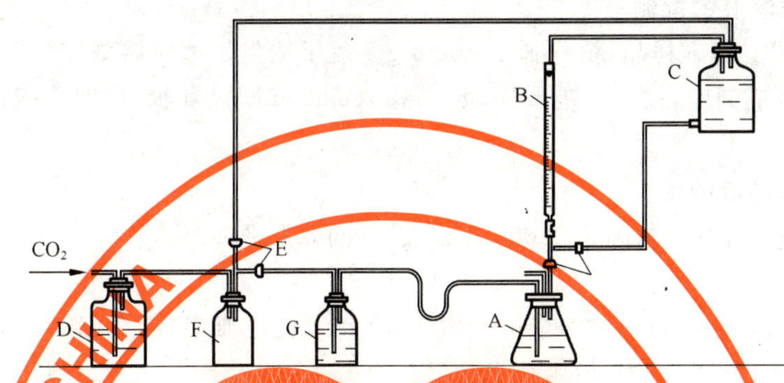

A——锥形瓶(500 mL)；

B——棕色滴定管(50 mL)；

C——包黑纸的下口玻璃瓶(2 000 mL)；

D——盛 100 g/L 碳酸铵和 100 g/L 硫酸亚铁等量混合液的容器(5 000 mL)；

E——活塞；

F——空瓶；

G——装有水的洗气瓶。

图 1　三氯化钛滴定法的装置图

5.3.1.4　分析步骤

称取约 5 g 试样，精确至 0.000 2 g。溶于 100 mL 新煮沸并冷却至室温的水中，移至 500 mL 容量瓶中，用水稀释至刻度，摇匀。准确吸取该溶液 50 mL 置于 500 mL 锥形瓶中，加入酒石酸氢钠 15 g 和水 150 mL，振荡溶解后，按图 1 装好仪器，在液面下通入二氧化碳的同时，加热至沸，并用三氯化钛标准滴定溶液滴定至其固有颜色消失为终点。

5.3.1.5　结果计算

诱惑红含量的质量分数 w_1，数值以%表示，按式(1)计算：

$$w_1=\frac{(V/1\,000)\times c\times(M/4)}{m_1\times 50/500}\times 100 \qquad (1)$$

式中：

V——滴定试样耗用的三氯化钛标准滴定溶液的体积的数值，单位为毫升(mL)；

c——三氯化钛标准滴定溶液的浓度的实际数值，单位为摩尔每升(mol/L)；

m_1——试样质量的数值，单位为克(g)；

M——诱惑红的摩尔质量的数值，单位为克每摩尔(g/mol)(M=496.42)。

计算结果表示到小数点后 1 位。

5.3.1.6　允许差

取两次平行测定结果的算术平均值作为测定结果，两次平行测定结果的绝对差值不大于 1.0%。

5.3.2　分光光度比色法

5.3.2.1　方法提要

将试样与已知含量的诱惑红标准样品分别用水溶解后，在最大吸收波长处，分别测其吸光度，然后计算其含量的质量分数。

5.3.2.2　试剂

5.3.2.2.1　乙酸铵溶液：1.5 g/L；

5.3.2.2.2 诱惑红标准样品：含量(质量分数)≥85.0%(三氯化钛滴定法)。

5.3.2.3 仪器设备

5.3.2.3.1 分光光度计；

5.3.2.3.2 比色皿：10 mm。

5.3.2.4 诱惑红标准溶液的配制

称取约 0.5 g 诱惑红标准样品，精确到 0.000 2 g。溶于适量乙酸铵溶液中，移入 1 000 mL 容量瓶中，加乙酸铵溶液稀释至刻度，摇匀。吸取 10 mL，移入 500 mL 容量瓶中，加乙酸铵溶液稀释至刻度，摇匀。

5.3.2.5 诱惑红试样溶液的配制

称取约 0.5 g 诱惑红试样，精确到 0.000 2 g。以下同 5.3.2.4。

5.3.2.6 分析步骤

将诱惑红标准溶液和诱惑红试样溶液分别置于 10 mm 比色皿中，同在(499±2)nm 波长处用分光光度计测定各自的吸光度，以乙酸铵溶液作参比液。

5.3.2.7 结果计算

诱惑红含量的质量分数 w_2，数值以%表示，按式(2)计算：

$$w_2 = \frac{A}{A_s} \times w_s \qquad (2)$$

式中：

A——诱惑红试验溶液的吸光度；

A_s——诱惑红标准样品溶液的吸光度；

w_s——诱惑红标准样品含量的质量分数(三氯化钛滴定法)数值，用%表示。

计算结果表示到小数点后 1 位。

5.3.2.8 允许差

取两次平行测定结果的算术平均值作为测定结果，两次平行测定结果的绝对差值不大于 1.0%。

5.4 干燥减量的测定

5.4.1 分析步骤

称取约 2 g 试样，精确至 0.001 g。置于已质量恒定的 ϕ(30～40)mm 称量瓶中，在(135±2)℃恒温烘箱中烘至质量恒定。

5.4.2 结果计算

干燥减量的质量分数 w_3，数值以%表示，按式(3)计算：

$$w_3 = \frac{m_2 - m_3}{m_2} \times 100 \qquad (3)$$

式中：

m_2——试样干燥前的质量，单位为克(g)；

m_3——干燥至质量恒定的试样的质量，单位为克(g)。

计算结果表示到小数点后 1 位。

5.4.3 允许差

取两次平行测定结果的算术平均值作为测定结果，两次平行测定结果的绝对差值不大于 0.2%。

5.5 氯化物(以 NaCl 计)及硫酸盐(以 Na_2SO_4 计)含量的测定

5.5.1 氯化物(以 NaCl 计)含量的测定

5.5.1.1 试剂和材料

5.5.1.1.1 硝基苯；

5.5.1.1.2 活性炭；

5.5.1.1.3 硝酸溶液:1+1;

5.5.1.1.4 硝酸银溶液:$c(AgNO_3)=0.1$ mol/L;

5.5.1.1.5 硫酸铁铵溶液;

配制方法:称取 14 g 硫酸铁铵,溶于 100 mL 水中,过滤,加硝酸溶液 10 mL,贮存于棕色瓶中。

5.5.1.1.6 硫氰酸铵标准滴定溶液:$c(NH_4CNS)=0.1$ mol/L。

5.5.1.2 试验溶液的配制

称取约 2 g 试样,精确至 0.001 g。溶于 150 mL 水中,加活性炭 10 g,温和煮沸(2~3)min。冷却至室温,加入硝酸溶液 1 mL,不断摇动均匀,放置 30 min(其间不时摇动)。用干燥滤纸过滤。如滤液有色,则再加活性炭 2 g,不时摇动下放置 1 h,再用干燥滤纸过滤(如仍有色则更换活性炭重复操作至滤液无色)。每次以水 10 mL 洗活性炭三次,滤液合并并移至 250 mL 容量瓶中,加水至刻度,摇匀。用于氯化物和硫酸盐含量的测定。

5.5.1.3 分析步骤

移取 50 mL 试验溶液,置于 500 mL 锥形瓶中,加硝酸溶液 2 mL 和硝酸银溶液 10 mL(氯化物含量多时要多加些)及硝基苯 5 mL,剧烈摇动到氯化银凝结,加入硫酸铁铵溶液 1 mL,用硫氰酸铵标准滴定溶液滴定过量的硝酸银到终点并保持 1 min,同时以同样方法做一空白试验。

5.5.1.4 结果计算

氯化物(以 NaCl 计)的质量分数 w_4,数值以%表示,按式(4)计算:

$$w_4=\frac{[(V_1-V)/1\,000]\times c\times M}{m_4\times(50/250)}\times 100 \qquad (4)$$

式中:

V——滴定试样耗用硫氰酸铵标准滴定溶液的体积,单位为毫升(mL);

V_1——滴定空白溶液耗用硫氰酸铵标准滴定溶液的体积,单位为毫升(mL);

c——硫氰酸铵标准滴定溶液浓度,单位为摩尔每升(mol/L);

m_4——试样质量,单位为克(g);

M——氯化钠的摩尔质量,单位为克每摩尔(g/mol)(M=58.4)。

计算结果表示到小数点后 1 位。

5.5.1.5 允许差

取两次平行测定结果的算术平均值作为测定结果,两次平行测定结果的绝对差值不大于 0.3%。

5.5.2 硫酸盐(以 Na_2SO_4 计)含量的测定

5.5.2.1 试剂

5.5.2.1.1 氢氧化钠溶液:0.2 g/L;

5.5.2.1.2 盐酸溶液:1+99;

5.5.2.1.3 氯化钡标准滴定溶液:$c(1/2BaCl_2)=0.1$ mol/L(配制方法见规范性附录 B);

5.5.2.1.4 酚酞指示液:10 g/L;

5.5.2.1.5 玫瑰红酸钠指示液:称取 0.1 g 玫瑰红酸钠,溶于 10 mL 水中(现用现配)。

5.5.2.2 分析步骤

吸取 25 mL 试验溶液(5.5.1.2),置于 250 mL 锥形瓶中,加 1 滴酚酞指示液,滴加氢氧化钠溶液呈粉红色,然后滴加盐酸溶液到粉红色消失,摇匀,溶解后不断摇动下用氯化钡标准滴定溶液滴定,以玫瑰红酸钠指示液作液外指示,在滤纸上呈现玫瑰红色斑点保持 2 min 不褪为终点。

同时以相同方法做空白试验。

5.5.2.3 结果计算

硫酸盐(以 Na_2SO_4 计)的质量分数 w_5,数值以%表示,按式(5)计算:

$$w_5=\frac{(V_1-V_2)/1\,000\times c\times(M/2)}{m_4\times(25/250)}\times 100 \qquad (5)$$

式中：

V_1——滴定试验溶液耗用氯化钡标准滴定溶液的体积的数值，单位为毫升(mL)；

V_2——滴定空白溶液耗用氯化钡标准滴定溶液的体积的数值，单位为毫升(mL)；

c——氯化钡标准滴定溶液浓度的实际数值，单位为摩尔每升(mol/L)；

M——硫酸钠的摩尔质量的数值，单位为克每摩尔(g/mol)(M=142.04)；

m_4——试样的质量的数值，单位为克(g)。

计算结果表示到小数点后1位。

5.5.2.4 允许差

取两次平行测定结果的算术平均值作为测定结果，两次平行测定结果的绝对差值不大于0.2%。

5.5.3 氯化物(以NaCl计)及硫酸盐(以Na_2SO_4计)的含量总和的结果计算

氯化物(以NaCl计)及硫酸盐(以Na_2SO_4计)含量的质量分数总和w_6，数值以%表示，按式(6)计算：

$$w_6 = w_4 + w_5 \qquad (6)$$

式中：

w_4——氯化物(以NaCl计)的质量分数，用%表示；

w_5——硫酸盐(以Na_2SO_4计)的质量分数，用%表示。

计算结果表示到小数点后1位。

5.6 水不溶物含量的测定

5.6.1 仪器

5.6.1.1 G4玻璃砂芯坩埚；

5.6.1.2 恒温烘箱。

5.6.2 分析步骤

称取约3 g试样，精确至0.001 g。置于500 mL烧杯中，加入(50～60)℃水250 mL，使之溶解，用已在(135±2)℃烘至质量恒定的玻璃砂芯坩埚过滤，并用热水充分洗涤到洗涤液无色，在(135±2)℃恒温烘箱中烘至质量恒定。

5.6.3 结果计算

水不溶物的质量分数w_7，数值以%表示，按式(7)计算：

$$w_7 = \frac{m_6}{m_5} \times 100 \qquad (7)$$

式中：

m_5——试样的质量，单位为克(g)；

m_6——干燥后水不溶物的质量，单位为克(g)。

计算结果表示到小数点后2位。

5.6.4 允许差

取两次平行测定结果的算术平均值作为测定结果，两次平行测定结果的绝对差值不大于0.05%。

5.7 低磺化副染料含量的测定

5.7.1 试剂

5.7.1.1 甲醇；

5.7.1.2 乙酸铵溶液：7.8 g/L。

5.7.2 仪器设备

5.7.2.1 液相色谱仪：输液泵——流量范围(0.1～5.0)mL/min，在此范围内其流量稳定性为±1%；

检测器——多波长紫外分光检测器或具有同等性能的紫外分光检测器；

5.7.2.2 色谱柱：长为150 mm，内径为4.6 mm的不锈钢柱，固定相为C_{18}、粒径5 μm；

5.7.2.3 数据处理机:色谱工作站或满量程(1～5)mV 记录仪;

5.7.2.4 超声波发生器;

5.7.2.5 定量环:20 μL。

5.7.3 色谱分析条件

5.7.3.1 检测波长:515 nm;

5.7.3.2 柱温:40℃;

5.7.3.3 流动相:a) 乙酸铵溶液;b) 甲醇;

浓度梯度:50 min 线性浓度梯度从 A∶B(100∶0)至 A∶B(0∶100);

5.7.3.4 流量:1 mL/min;

5.7.3.5 进样量:20 μL。

可根据仪器不同,选择最佳分析条件,流动相应摇匀后用超声波发生器进行脱气。

5.7.4 试验溶液的配制

称取约 0.01 g 诱惑红试样,精确至 0.000 2 g。加乙酸铵溶液溶解并定容至 100 mL。

5.7.5 标准溶液的配制

称取置于真空干燥器中干燥 24 h 后的克力西丁磺酸偶氮 β-萘酚约 0.01 g,精确至 0.000 2 g。溶于 5 mL 甲醇后,用乙酸铵溶液定容至 100 mL。另外称取置于真空干燥器中干燥 24 h 后的克力西丁偶氮薛佛氏酸盐约 0.01 g,精确至 0.000 2 g。用乙酸铵溶液溶解并定容至 100 mL。分别吸取上述溶液各 10 mL,并分别用乙酸铵溶液定容至 100 mL,以此作为溶液 A 和溶液 B。然后分别吸取 10.0 mL、5.0 mL、2.0 mL、1.0 mL 上述溶液 A 和溶液 B,分别用乙酸铵溶液定容至 100 mL。作为系列标准溶液。

5.7.6 分析步骤

在 5.7.3 规定的测试条件下,分别用微量注射器吸取试验溶液及标准溶液注入并充满定量环进行色谱检测,待最后一个组分流出完毕,进行结果处理。测定各标准溶液物质的峰面积,绘制成标准曲线。测定试验溶液中克力西丁磺酸偶氮 β-萘酚和克力西丁偶氮薛佛氏酸盐的峰面积,根据标准曲线求出各自物质的量,再求其合值。

5.8 高磺化副染料含量的测定

5.8.1 试剂

同本标准的 5.7.1。

5.8.2 仪器设备

同本标准 5.7.2。

5.8.3 色谱分析条件

同本标准的 5.7.3。

5.8.4 试验溶液的配制

同本标准的 5.7.4。

5.8.5 标准溶液的配制

分别称取置于真空干燥器中干燥 24 h 后的克力西丁磺酸偶氮 G 盐和克力西丁磺酸偶氮 R 盐约 0.01 g,精确至 0.000 2 g,分别用乙酸铵溶液溶解并定容至 100 mL。分别吸取上述溶液各 10 mL,并分别用乙酸铵溶液定容至 100 mL,以此作为溶液 A 和溶液 B。然后再分别吸取 10.0 mL、5.0 mL、2.0 mL、1.0 mL 上述溶液 A 和溶液 B,用乙酸铵溶液定容至 100 mL。作为系列标准溶液。

5.8.6 分析步骤

在 5.7.3 规定的测试条件下,分别用微量注射器吸取试验溶液及标准溶液注入并充满定量环进行色谱检测,待最后一个组分流出完毕,进行结果处理。测定各标准溶液物质的峰面积,制成标准曲线。测定试验溶液中克力西丁磺酸偶氮 G 盐和克力西丁磺酸偶氮 R 盐的峰面积,根据标准曲线求出各自物质的量,再求其合值。

5.9 6-羟基-5-[(2-甲氧基-5-甲基-4-磺基苯)偶氮]-8-(2-甲氧基-5-甲基-4-磺基苯氧基)-2-萘磺酸二钠盐含量的测定

5.9.1 试剂

同本标准的5.7.1。

5.9.2 仪器设备

同本标准的5.7.2。

5.9.3 色谱分析条件

同本标准的5.7.3。

5.9.4 试验溶液的配制

同本标准的5.7.4。

5.9.5 标准溶液的配制

称取置于真空干燥器中干燥24 h后的6-羟基-5-[(2-甲氧基-5-甲基-4-磺基苯)偶氮]-8-(2-甲氧基-5-甲基-4-磺基苯氧基)-2-萘磺酸二钠盐约0.01 g,精确至0.000 2 g。用乙酸铵溶液溶解并定容至100 mL。吸取该溶液10 mL,用乙酸铵溶液定容至100 mL,以此作为溶液A,再分别吸取10.0 mL、5.0 mL、2.0 mL、1.0 mL上述溶液A,用乙酸铵溶液定容至100 mL。作为系列标准溶液。

5.9.6 测试方法

在5.7.3规定的测试条件下,分别用微量注射器吸取试验溶液及标准溶液注入并充满定量环进行色谱检测,待最后一个组分流出完毕,测定标准溶液物质的峰面积,绘制成标准曲线。测定试验溶液中该物质的峰面积,根据标准曲线求出此物质的量。

5.10 6-羟基-2-萘磺酸钠含量的测定

5.10.1 试剂

同本标准的5.7.1。

5.10.2 仪器设备

同本标准的5.7.2。

5.10.3 色谱分析条件

除检测波长为290 nm外,其他条件同本标准的5.7.3。

5.10.4 试验溶液的配制

同本标准的5.7.4。

5.10.5 标准溶液的配制

称取置于真空干燥器中干燥24 h后的6-羟基-2-萘磺酸钠约0.01 g,精确至0.000 2 g。用乙酸铵溶液溶解并定容至100 mL。吸取上述溶液10 mL,用乙酸铵溶液定容至100 mL,此液作为溶液A。然后再分别吸取3.0 mL、2.0 mL、1.0 mL上述溶液A,用乙酸铵溶液定容至100 mL,作为系列标准溶液。

5.10.6 分析步骤

在5.10.3规定的测试条件下,分别用微量注射器吸取试验溶液及标准溶液注入并充满定量环进行色谱检测,待最后一个组分流出完毕,测定各标准溶液中6-羟基-2-萘磺酸钠的峰面积,绘制成标准曲线。测定试验溶液中6-羟基-2-萘磺酸钠的峰面积,根据标准曲线求出此物质的量。

5.11 4-氨基-5-甲氧基-2-甲基苯磺酸含量的测定

5.11.1 试剂

同本标准的5.7.1。

5.11.2 仪器设备

同本标准的5.7.2。

5.11.3 色谱分析条件

同本标准的5.10.3。

5.11.4 试验溶液的配制

同本标准的5.7.4。

5.11.5 标准溶液的配制

称取置于真空干燥器中干燥24 h后的4-氨基-5-甲氧基-2-甲基苯磺酸约0.01 g,精确至0.000 2 g。用乙酸铵溶液溶解并定容至100 mL。吸取上述溶液10 mL,用乙酸铵溶液定容至100 mL作为溶液A。然后再分别吸取10.0 mL、5.0 mL、2.0 mL、1.0 mL溶液A,用乙酸铵溶液定容至100 mL,作为系列标准溶液。

5.11.6 分析步骤

在5.10.3规定的测试条件下,分别用微量注射器吸取试验溶液及标准溶液注入并充满定量环进行色谱检测,待最后一个组分流出完毕,测定各标准溶液中4-氨基-5-甲氧基-2-甲基苯磺酸的峰面积,制成标准曲线。测定试验溶液中4-氨基-5-甲氧基-2-甲基苯磺酸的峰面积,根据标准曲线求出此物质的量。

5.12 6,6′-氧代-双(2-萘磺酸)二钠盐含量的测定

5.12.1 试剂

同本标准的5.7.1。

5.12.2 仪器

同本标准的5.7.2。

5.12.3 色谱分析条件

同本标准的5.10.3。

5.12.4 试验溶液的配制

同本标准的5.7.4。

5.12.5 标准溶液的配制

称取置于真空干燥器中干燥24 h后的6,6′-氧代-双(2-萘磺酸)二钠盐约0.01 g,精确至0.000 2 g,用乙酸铵溶液溶解并定容至100 mL。吸取上述溶液10 mL,用乙酸铵溶液定容至100 mL作为溶液A。然后再分别吸取10.0 mL、5.0 mL、2.0 mL、1.0 mL溶液A,用乙酸铵溶液定容至100 mL,作为系列标准溶液。

5.12.6 分析步骤

在5.10.3规定的测试条件下,分别用微量注射器吸取量取试验溶液及标准溶液注入并充满定量环进行色谱检测,待最后一个组分流出完毕,测定各标准溶液中6,6′-氧代-双(2-萘磺酸)二钠盐的峰面积,绘制成标准曲线。测定试验溶液中6,6′-氧代-双(2-萘磺酸)二钠盐的峰面积,根据标准曲线求出此物质的量。

5.13 未磺化芳族伯胺(以苯胺计)总含量的测定

5.13.1 试剂和材料

5.13.1.1 乙酸乙酯;

5.13.1.2 盐酸溶液:1+10;

5.13.1.3 盐酸溶液:1+3;

5.13.1.4 溴化钾溶液:500 g/L;

5.13.1.5 碳酸钠溶液:200 g/L;

5.13.1.6 氢氧化钠溶液:40 g/L;

5.13.1.7 氢氧化钠溶液:4 g/L;

5.13.1.8 R盐溶液:20 g/L{0.05 N};

5.13.1.9 亚硝酸钠溶液:3.52 g/L{0.05 N};

5.13.1.10 苯胺标准溶液:0.100 0 g/L。

配制:用小烧杯称取0.500 0 g新蒸馏的苯胺,移至500 mL容量瓶中,以150 mL盐酸溶液

(4.13.1.3)分三次洗涤烧杯，并入 500 mL 容量瓶中，水稀释至刻度。移取 25 mL 该溶液至另一 250 mL 容量瓶中，水定容。此溶液苯胺浓度为 0.100 0 g/L。

5.13.2 仪器设备

5.13.2.1 可见分光光度计；

5.13.2.2 比色皿：40 mm。

5.13.3 试样萃取溶液的配制

称取约 2.0 g 试样于 150 mL 烧杯中，精确至 0.001 g。加 100 mL 水和 5 mL(5.13.1.6)氢氧化钠溶液，在温水浴中搅拌至完全溶解。将此溶液移入分液漏斗中，少量水洗净烧杯。每次以 50 mL 乙酸乙酯萃取两次，合并萃取液。以 10 mL 氢氧化钠溶液(5.13.1.7)洗涤乙酸乙酯萃取液，除去痕量色素。再每次以 10 mL 盐酸溶液(5.13.1.3)对乙酸乙酯溶液反萃取三次。合并该盐酸萃取液，然后用水稀释至 100 mL，摇匀。此溶液为试样萃取溶液。

5.13.4 标准对照溶液的制备

吸取 2.0 mL 苯胺标准溶液至 100 mL 容量瓶中，用盐酸溶液(5.13.1.2)稀释至刻度，混合均匀。

吸取该稀释液 10 mL，移入透明洁净的试管中，浸入盛有冰水混合物的烧杯内冷却 10 min。在试管中加入溴化钾溶液 1 mL 及亚硝酸溶液 0.5 mL，稍用力摇匀后仍置于冰水浴中冷却 10 min，进行重氮化反应。另取一个 25 mL 容量瓶移入 R 盐溶液 1 mL 和碳酸钠溶液 10 mL。将上述试管中的苯胺重氮盐溶液加至盛有 R 盐溶液的容量瓶中，边加边略振摇容量瓶，用少许水洗净试管一并加入容量瓶中，再以水定容至。充分混匀后在暗处放置 15 min。该溶液为对照溶液。

5.13.5 测试溶液的制备

吸取试样萃取溶液 10 mL，按本标准的 5.13.4 相同方法进行重氮化和偶合，配制测试溶液。

5.13.6 参比溶液的制备

吸取盐酸溶液(5.13.1.2)10 mL、碳酸钠溶液 10 mL 及 R 盐溶液 1 mL 于 25 mL 容量瓶中，水定容。该溶液为参比溶液。

5.13.7 分析步骤

将标准对照溶液和测试溶液分别置于比色皿中，在 510 nm 波长处用分光光度计测定各自的吸光度 A_0、A_1，以参比溶液(5.13.6)作参比。

5.13.8 结果

$A_1 \leqslant A_0$ 即为合格。

5.14 砷(以 As 计)含量的测定

5.14.1 试剂

5.14.1.1 硝酸；

5.14.1.2 硫酸溶液：1+1；

5.14.1.3 硝酸-高氯酸混合溶液：3+1；

5.14.1.4 砷(As)标准溶液(0.001 mg/mL)：取 0.1 mg/mL 的砷(As)标准溶液 1 mL 于 100 mL 容量瓶中，稀释至刻度。每 1 mL 相当 0.001 mg 砷。

5.14.2 仪器

按 GB/T 5009.76 中 10 的装置。

5.14.3 分析步骤

称取约 1 g 实验室样品，精确至 0.001 g。置于圆底烧瓶中，加硝酸 1.5 mL 和硫酸 5 mL，用小火加热赶出二氧化氮气体，溶液变成棕色，停止加热，放冷后加入硝酸-高氯酸混合液 5 mL，强火加热溶液至透明无色或微黄色，如仍不透明，放冷后再补加硝酸-高氯酸混合溶液 5 mL，继续加热至溶液澄清无色或微黄色并产生白烟，停止加热，放冷后加水 5 mL 加热至沸，除去残余的硝酸-高氯酸(必要时可再加水煮沸一次)，继续加热至发生白烟，并将白烟赶净，保持 10 min，放冷后移入 100 mL 锥形瓶中，以下按

GB/T 5009.76—2003 中第 11 章规定进行测定。

5.15　**重金属(以 Pb 计)含量的测定**

5.15.1　**试剂**

5.15.1.1　硫酸；

5.15.1.2　盐酸；

5.15.1.3　盐酸溶液：1+3；

5.15.1.4　乙酸溶液：1+3；

5.15.1.5　氨水溶液：1+2；

5.15.1.6　硫化钠溶液：100 g/L；

5.15.1.7　铅(Pb)标准溶液(0.01 mg/mL)：取 0.1 mg/mL 的铅(Pb)标准溶液 10 mL 于 100 mL 容量瓶中，稀释至刻度。

5.15.2　**仪器设备**

5.15.2.1　白金（石英或瓷)坩埚；

5.15.2.2　定性滤纸；

5.15.2.3　纳氏比色管。

5.15.3　**试料溶液及空白试验溶液的配制**

称取约 2.5 g 试样，精确至 0.001 g。置于用白金制(石英制或瓷制)坩埚中，加少量硫酸润湿，缓慢灼烧，尽量在低温下使之几乎全部灰化，再加硫酸 1 mL，逐渐加热至硫酸蒸气不再发生。放入电炉中，在(450～550)℃灼烧至灰化，然后放冷。加盐酸 3 mL，摇匀，再加水 7 mL 摇匀，用定性滤纸过滤。用盐酸溶液 5 mL 及水 5 mL 洗涤滤纸上的残留物，将洗液和滤液合并，加水配至 50 mL，作为试料溶液。

用同样方法不加试料配制为空白试验溶液。

5.15.4　**试验溶液的配制**

量取 20 mL 试料溶液，放入纳氏比色管中，滴一滴酚酞，滴加氨水溶液(同时振摇)至溶液呈红色，再加乙酸溶液 2 mL（如有浑浊则过滤，并用水洗滤纸)，加水至刻度，作为试验溶液。

5.15.5　**标准比色溶液的配制**

量取 20 mL 空白试验溶液，放入纳氏比色管中，移入铅标准溶液 1.0 mL，滴一滴酚酞，以下配制方法同试验溶液(5.15.4)，作为标准比色溶液。

5.15.6　**分析步骤**

在试验溶液(5.15.4)和标准比色溶液(5.15.5)中分别加入硫化钠溶液 2 滴，摇匀，在暗处放置 5 min 后进行观察，用空白试验溶液进行比较，试验溶液的颜色不得深于标准比色溶液。

5.16　**铅(以 Pb 计)含量的测定**

5.16.1　**试剂**

同本标准的 5.15.1。

5.16.2　**仪器**

同本标准 5.15.2。

5.16.3　**试验溶液的配制**

同本标准的 5.15.3、5.15.4。

5.16.4　**标准比色溶液的配制**

同本标准 5.15.5。

5.16.5　**分析步骤**

在试验溶液(5.16.3)和标准比色溶液(5.16.4)中分别加入硫化钠溶液 2 滴，摇匀，在暗处放置 5 min 后进行观察，用空白试验溶液进行比较，试验溶液的颜色不得深于标准比色溶液。

6 检验规则

6.1 组批

以批为单位(以一次拼混的均匀产品为一批)。

6.2 采样

瓶装产品采样应从每批包装产品箱总数中选取10%箱,再从抽出的箱中选取10%瓶,在每瓶的中心处取出不少于50 g的样品,取样时应小心,不使外界杂质落入产品中,将所取样品迅速混匀后从中取约100 g,分别装于二个清洁干燥的磨口玻璃瓶中,并用石蜡密封,注明生产厂名、产品名称、批号、生产日期,一瓶供检验,一瓶留样备查。

6.3 检验

按本标准第4章的要求,逐批、全项目检验。

6.4 判定规则与复验

若检验结果有任何一项不符合本标准要求时,应重新自该批产品中取双倍试料,对该不合格项目进行复验,若复验结果符合本标准要求时,则判该批产品为合格,反之,则判该批产品为不合格。

7 标志、包装、运输、贮存

7.1 标志

每一瓶(袋、桶)出厂产品,应有明显的标识,内容包括:"食品添加剂"字样、产品名称、生产厂名和地址、生产许可证编号及标志、卫生许可证编号、产品标准号和标准名称、保质期、生产日期和批号、净含量、使用说明。

7.2 包装

使用食用级聚乙烯塑料瓶或其他符合食品和药品包装要求的材料包装,外套纸箱固封。包装形式可由制造厂商与用户协商确定。

7.3 运输

运输时必须防雨、防潮、防晒,不得与有毒、有害等其他物资混装、混运、一起堆放。

7.4 贮存

7.4.1 本产品贮存在干燥、通风、阴凉的专用仓库内,防止污染。

7.4.2 在包装完整、未启封的情况下,自生产之日起保质期为5年。逾期重新检验是否符合本标准要求,合格仍可使用。

附 录 A
（规范性附录）
三氯化钛标准滴定溶液的配制方法

A.1 试剂

A.1.1 盐酸；

A.1.2 硫酸亚铁铵；

A.1.3 硫氰酸铵溶液：200 g/L；

A.1.4 硫酸溶液：1+1；

A.1.5 三氯化钛溶液；

A.1.6 重铬酸钾标准滴定溶液：$\left[c\left(\frac{1}{6}K_2Cr_2O_7\right)=0.1\ mol/L\right]$，按 GB/T 601 配制与标定。

A.2 仪器

见本标准图 1。

A.3 三氯化钛标准滴定溶液的配制

A.3.1 配制

取三氯化钛溶液 100 mL 和盐酸 75 mL 置于 1 000 mL 棕色容量瓶中，用新煮沸并已冷却到室温的水稀释至刻度，摇匀，立即倒入避光的下口瓶中，在二氧化碳气体保护下贮藏。

A.3.2 标定

称取 3 g 硫酸亚铁铵，精确至 0.2 mg，置于 500 mL 锥形瓶中，在二氧化碳气流保护作用下，加入新煮沸并已冷却的水 50 mL，使其溶解，再加入硫酸溶液 25 mL，继续在液面下通入二氧化碳气流作保护，迅速准确加入重铬酸钾标准滴定溶液 35 mL，然后用需标定的三氯化钛标准溶液滴定到接近计算量终点，立即加入硫氰酸铵溶液 25 mL，并继续用需标定的三氯化钛标准溶液滴定到红色转变为绿色，即为终点。整个滴定过程应在二氧化碳气流保护下操作，同时做一空白试验。

A.3.3 结果计算

三氯化钛标准溶液浓度的实际数值 $c(TiCl_3)$，单位以摩尔每升(mol/L)表示，按式(A.1)计算：

$$c(TiCl_3)=\frac{V_1\times c_1}{V_2-V_3} \qquad \text{(A.1)}$$

式中：

V_1——重铬酸钾标准滴定溶液(A.1.6)的体积的数值，单位为毫升(mL)；

V_2——滴定被重铬酸钾标准溶液$[c(\frac{1}{6}K_2Cr_2O_7)=0.1\ mol/L]$氧化成高钛所用去的三氯化钛溶液的体积的数值，单位为毫升(mL)；

V_3——滴定空白用去三氯化钛溶液的体积的数值，单位为毫升(mL)；

c_1——重铬酸钾标准滴定溶液浓度的实际数值，单位为摩尔每升(mol/L)。

计算结果表示到小数点后 4 位。

以上标定需在分析样品时即时标定。

附 录 B
（规范性附录）
氯化钡标准溶液的配制方法

B.1 试剂

B.1.1 氯化钡；

B.1.2 硫酸标准滴定溶液：$c\left(\frac{1}{2}H_2SO_4\right)=0.1$ mol/L，按 GB/T 601 配制与标定；

B.1.3 氨水；

B.1.4 玫瑰红酸钠指示液（称取 0.1 g 玫瑰红酸钠，溶于 10 mL 水中，现用现配）；

B.1.5 广泛 pH 试纸。

B.2 配制

称取氯化钡 12.25 g，溶于 500 mL 水，移入 1 000 mL 容量瓶中，稀释至刻度，摇匀。

B.3 标定方法

吸取硫酸标准滴定溶液 20 mL，加水 50 mL，并用氨水中和到广泛 pH 试纸为 8，然后用氯化钡标准滴定溶液滴定，以玫瑰红酸钠指示液作液外指示，在滤纸上呈现玫瑰红色斑点保持 2 min 不褪为终点。

B.4 结果计算

氯化钡标准滴定溶液浓度的实际数值 $c\left(\frac{1}{2}BaCl_2\right)$，单位以摩尔每升（mol/L）表示，按式（B.1）计算：

$$c\left(\frac{1}{2}BaCl_2\right)=\frac{V\times c}{V_1} \qquad \text{(B.1)}$$

式中：

V——硫酸标准滴定溶液（B.1.2）的体积的数值，单位为毫升（mL）；

c——硫酸标准滴定溶液浓度的实际数值，单位为摩尔每升（mol/L）；

V_1——氯化钡标准滴定溶液体积的数值，单位为毫升（mL）。

计算结果表示到小数点后 4 位。

ICS 67.220.20
X 42

中华人民共和国国家标准

GB 17511.2—2008
代替 GB 17511.2—1998

食品添加剂 诱惑红铝色淀

Food additive—Allura red aluminum lake

2008-06-25 发布 2009-01-01 实施

中华人民共和国国家质量监督检验检疫总局
中国国家标准化管理委员会 发布

前　言

本标准的4.2,7.1为强制性,其余为推荐性。

本标准与日本《食品添加物公定书》第七版(1999)(食用赤色40号铝色淀)一致性程度为非等效。

本标准代替GB 17511.2—1998《食品添加剂　诱惑红铝色淀》。

本标准与GB 17511.2—1998相比,主要变化如下:

——含量指标项目由原标准的以色酸计修改为以钠盐计,与日本《食品添加物公定书》第七版(1999)(食用赤色40号铝色淀)的指标项目一致(1998版的3.2,本版的4.2);

——分光光度比色法平行测定的允许差由2%修改为1.0%(1998版的4.3.2.8,本版的5.3.2.8);

——将未磺化芳族伯胺(以苯胺计)总含量的测定方法由液相色谱法修改为化学分析法(1998版的4.13,本版的5.12);

——取消了氯化物(以NaCl计)及硫酸盐(以Na_2SO_4计)指标项目,与日本《食品添加物公定书》第七版(1999)(食用赤色40号铝色淀)的指标项目一致;

——重金属(以Pb计)含量的测定修改为"湿法消解"处理试样(1998版的4.15,本版的5.14);

——钡(以Ba计)含量的测定修改为硫酸钡沉淀限量比色法(1998版的4.17,本版的5.16);

——检验规则、标志、包装、运输、贮存等条款作了修改(1998版的第5章、第6章,本版的第6章、第7章)。

本标准的附录A为规范性附录。

本标准由中国石油和化学工业协会提出。

本标准由全国染料标准化技术委员会(SAC/TC 134)和全国食品添加剂标准化技术委员会(SAC/TC 11)归口。

本标准起草单位:上海染料研究所有限公司、天津多福源实业有限公司、沈阳化工研究院。

本标准主要起草人:金小敏、李子会、蒲爱军、叶英青、邓松培、刁雯蓉。

本标准于1998年首次发布。

食品添加剂　诱惑红铝色淀

1　范围

本标准规定了食品添加剂诱惑红铝色淀的要求、试验方法、检验规则以及标志、包装、运输、贮存。

本标准适用于由食品添加剂诱惑红和氢氧化铝作用生成的颜料色淀，本品可添加于食品、药品、化妆品中，作着色剂用。

2　规范性引用文件

下列文件中的条款通过本标准的引用而成为本标准的条款。凡是注日期的引用文件，其随后所有的修改单(不包括勘误的内容)或修订版均不适用于本标准，然而，鼓励根据本标准达成协议的各方研究是否可使用这些文件的最新版本。凡是不注日期的引用文件，其最新版本适用于本标准。

GB/T 601　化学试剂　标准滴定溶液的制备

GB/T 602　化学试剂　杂质测定用标准溶液的制备

GB/T 603　化学试剂　试验方法中所用制剂及制品的制备

GB/T 5009.76—2003　食品添加剂中砷含量的测定

GB/T 6682—2008　实验室用水规格和试验方法(ISO 3696:1987,MOD)

GB 17511.1—2008　食品添加剂　诱惑红

3　分子式和相对分子质量

分子式:$C_{18}H_{14}N_2Na_2O_8S_2$

相对分子质量:496.42(按2007年国际相对原子质量)

4　要求

4.1　外观

红色粉末。

4.2　技术要求

食品添加剂诱惑红铝色淀应符合表1规定。

表1　食品添加剂诱惑红铝色淀的要求

项　　目		指　　标
诱惑红铝色淀(以钠盐计),w/%	≥	10.0
干燥减量,w/%	≤	30.0
盐酸和氨水中不溶物,w/%	≤	0.5
低磺化副染料,w/%	≤	1.0
高磺化副染料,w/%	≤	1.0
6-羟基-5-[(2-甲氧基-5-甲基-4-磺基苯)偶氮]-8-(2-甲氧基-5-甲基-4-磺基苯氧基)-2-萘磺酸二钠盐,w/%	≤	1.0
6-羟基-2-萘磺酸钠,w/%	≤	0.3
4-氨基-5-甲氧基-2-甲基苯磺酸,w/%	≤	0.2

表 1（续）

项　　目		指　　标
6,6′-氧代-双(2-萘磺酸)二钠盐,w/%	≤	1.0
未磺化芳族伯胺(以苯胺计)总,w/%	≤	0.01
砷(以 As 计),w/%	≤	0.000 3
重金属(以 Pb 计),w/%	≤	0.002
铅(以 Pb 计),w/%	≤	0.001
钡(以 Ba 计),w/%	≤	0.05

5　试验方法

本标准所用试剂和水,在没有注明其他要求时,均指分析纯试剂和 GB/T 6682 规定的三级水。试验中所需标准溶液、杂质标准溶液、制剂及制品在没有注明其他规定时,均按 GB/T 601、GB/T 602、GB/T 603 规定配制。

5.1　外观

在自然光线条件下用目视测定。

5.2　鉴别

5.2.1　试剂

5.2.1.1　硫酸;

5.2.1.2　硫酸溶液:1+19;

5.2.1.3　盐酸溶液:1+17;

5.2.1.4　氢氧化钠溶液:90 g/L;

5.2.1.5　乙酸铵溶液:1.5 g/L;

5.2.1.6　活性炭。

5.2.2　仪器

5.2.2.1　分光光度计;

5.2.2.2　比色皿:10 mm。

5.2.3　分析步骤

5.2.3.1　称取试样约 0.1 g。加硫酸 5 mL,在水浴中不时地摇动,加热约 5 min 时,溶液呈暗紫红色。冷却后,取上层澄清液(2～3)滴,加水 5 mL,溶液呈红色。

5.2.3.2　称取试样约 0.1 g。加硫酸溶液 5 mL,充分摇匀后,加乙酸铵溶液配至 100 mL,溶液不澄清时进行离心分离。然后取此液 1 mL～10 mL,加乙酸铵溶液配至 100 mL,使测定的吸光度在 0.2～0.7 范围内,此溶液的最大吸收波长为(499±2)nm。

5.2.3.3　称取试样约 0.1 g。加入盐酸溶液 10 mL,在水浴中加热,使大部分溶解。加活性炭 0.5 g,充分摇匀后过滤。取无色滤液,加氢氧化钠溶液中和后,呈现铝盐反应。

5.3　诱惑红铝色淀含量的测定

5.3.1　三氯化钛滴定法(仲裁法)

5.3.1.1　方法提要

在酸性介质中,染料中偶氮基被三氯化钛还原成隐色体,按三氯化钛标准滴定溶液的消耗量,计算其含量的质量分数。

5.3.1.2　试剂和材料

5.3.1.2.1　酒石酸氢钠。

5.3.1.2.2 三氯化钛标准滴定溶液：$c(TiCl_3)=0.1$ mol/L（现用现配，配制方法见规范性附录A）。

5.3.1.2.3 钢瓶装二氧化碳。

5.3.1.3 仪器

见图1。

5.3.1.4 分析步骤

称取一定量的试样（以使0.1 mol/L三氯化钛标准滴定溶液消耗量约20 mL），精确至0.000 2 g，置于500 mL锥形瓶中，加入酒石酸氢钠25 g和新煮沸水200 mL，激烈振荡溶解后，按图1装好仪器，在液面下通入二氧化碳的同时，用三氯化钛标准滴定溶液滴定到其固有颜色消失为终点。

5.3.1.5 结果计算

诱惑红铝色淀（以钠盐计）含量的质量分数 w_1，数值以%表示，按式(1)计算：

$$w_1=\frac{(V/1\,000)\times c\times(M/4)}{m_1}\times 100=\frac{V\times c\times 12.41}{m_1} \quad \cdots\cdots (1)$$

式中：

V——滴定试样耗用的三氯化钛标准滴定溶液的体积，单位为毫升(mL)；

c——三氯化钛标准滴定溶液的浓度，单位为摩尔每升(mol/L)；

m_1——试样的质量，单位为克(g)；

M——诱惑红铝色淀的摩尔质量，单位为克每摩尔(g/mol)(M=496.42)。

计算结果表示到小数点后1位。

5.3.1.6 允许差

取两次平行测定结果的算术平均值作为测定结果，两次平行测定结果的绝对差值不大于1.0%。

A——锥形瓶(500 mL)；

B——棕色滴定管(50 mL)；

C——包黑纸的下口玻璃瓶(2 000 mL)；

D——盛100 g/L碳酸铵和100 g/L硫酸亚铁等量混合液的容器(5 000 mL)；

E——活塞；

F——空瓶；

G——装有水的洗气瓶。

图1 三氯化钛滴定法的装置图

5.3.2 分光光度比色法

5.3.2.1 方法提要

将试样与已知含量的诱惑红标准样品分别用水溶解后，在最大吸收波长处，分别测其吸光度，然后计算其含量的质量分数。

5.3.2.2 试剂

5.3.2.2.1 酒石酸氢钠；

5.3.2.2.2 乙酸铵溶液：1.5 g/L；

5.3.2.2.3 诱惑红标准样品：含量（质量分数）≥85.0%（三氯化钛滴定法）。

5.3.2.3 仪器设备

5.3.2.3.1 分光光度计；

5.3.2.3.2 比色皿：10 mm。

5.3.2.4 诱惑红标准试验溶液的配制

称取约 0.5 g 诱惑红标准样品，精确到 0.000 2 g。溶于适量乙酸铵溶液中，移入 1 000 mL 容量瓶中，加乙酸铵溶液稀释至刻度，摇匀。吸取 10 mL，移入 500 mL 容量瓶中，加乙酸铵溶液稀释至刻度，摇匀。

5.3.2.5 诱惑红铝色淀试验溶液的配制

称取一定量的试样（以使试验溶液的吸光度在 0.2～0.7 范围内为准），精确至 0.000 2 g。加入适量乙酸铵溶液，加入酒石酸氢钠 2 g，加热至（80～90）℃，溶解后移入 1 000 mL 容量瓶中，用乙酸铵溶液稀释至刻度，摇匀。吸取 10 mL 移入 500 mL 容量瓶中，再用乙酸铵溶液稀释至刻度，摇匀。

5.3.2.6 分析步骤

将诱惑红标准试验溶液和诱惑红铝色淀试验溶液分别置于 10 mm 比色皿中，同在（499±2）nm 波长处用分光光度计测定各自的吸光度，以乙酸铵溶液作参比液。

5.3.2.7 结果计算

诱惑红铝色淀含量的质量分数 w_2，数值以%表示，按式（2）计算：

$$w_2 = \frac{A}{A_s} \times w_s \qquad (2)$$

式中：

A——诱惑红铝色淀试验溶液的吸光度；

A_s——诱惑红标准试验溶液的吸光度；

w_s——诱惑红标准样品含量的质量分数，用%表示。

计算结果表示到小数点后 1 位。

5.3.2.8 允许差

取两次平行测定结果的算术平均值作为测定结果，两次平行测定结果的绝对差值不大于 1.0%。

5.4 干燥减量的测定

按 GB 17511.1—2008 中 4.4 的规定进行。结果的允许差不大于 0.5%。

5.5 盐酸和氨水中不溶物含量的测定

5.5.1 试剂

5.5.1.1 盐酸；

5.5.1.2 盐酸溶液：1+17；

5.5.1.3 氨水溶液：4+96；

5.5.1.4 硝酸银溶液：$c(AgNO_3)=0.1$ mol/L。

5.5.2 仪器设备

5.5.2.1 G4 玻璃砂芯坩埚；

5.5.2.2 恒温烘箱。

5.5.3 分析步骤

称取约 2 g 试样，精确至 0.001 g。置于 600 mL 烧杯中，加水 20 mL 和盐酸 20 mL，充分搅拌后加入热水 300 mL，搅拌，盖上表面皿，在（70～80）℃水浴中加热 30 min，冷却，用已在（135±2）℃烘至质量恒定的玻璃砂芯坩埚过滤,用水约 30 mL 将烧杯中的不溶物冲洗到坩埚中,至洗液无色后,先用氨水溶液 100 mL 洗涤,后用盐酸溶液 10 mL 洗涤,再用水洗涤到洗涤液用硝酸银溶液检验无白色沉淀,然后在(135±2)℃恒温烘箱中烘至质量恒定。

5.5.4 结果计算

盐酸和氨水中不溶物的质量分数 w_3,数值以%表示,按式(3)计算:

$$w_3 = \frac{m_2}{m_3} \times 100 \quad \cdots\cdots (3)$$

式中:

m_3——试样质量,单位为克(g);

m_2——干燥后水不溶物的质量,单位为克(g)。

计算结果表示到小数点后 2 位。

5.5.5 允许差

取两次平行测定结果的算术平均值作为测定结果,两次平行测定结果的绝对差值不大于 0.05%。

5.6 低磺化副染料含量的测定

5.6.1 试剂

5.6.1.1 甲醇;

5.6.1.2 硫酸溶液:1+99;

5.6.1.3 乙酸铵溶液:7.8 g/L。

5.6.2 仪器设备

5.6.2.1 液相色谱仪:输液泵——流量范围(0.1~5.0)mL/min,在此范围内其流量稳定性为±1%;
检测器——多波长紫外分光检测器或具有同等性能的紫外分光检测器;

5.6.2.2 色谱柱:长为 150 mm,内径为 4.6 mm 的不锈钢柱,固定相为 C_{18}、粒径 5 μm;

5.6.2.3 数据处理机:色谱工作站或满量程(1~5)mV 记录器;

5.6.2.4 超声波发生器;

5.6.2.5 定量环:20 μL。

5.6.3 色谱分析条件

同 GB 17511.1—2008 中 5.7.3。

5.6.4 试验溶液的配制

称取约 0.1 g 诱惑红铝色淀试样,精确至 0.000 2 g。加硫酸溶液 5 mL,充分摇匀后,用乙酸铵溶液定容至 100 mL。溶液混浊时,离心分离,此溶液作为试验溶液。

5.6.5 标准溶液的配制

称取置于真空干燥器中干燥 24 h 后的克力西丁磺酸偶氮β-萘酚约 0.01 g,精确至 0.000 2 g。溶于 5 mL 甲醇,加乙酸铵溶液准确配至 100 mL。另外称取置于真空干燥器中干燥 24 h 后的克力西丁偶氮薛佛氏酸盐约 0.01 g,精确至 0.000 2 g,加乙酸铵溶液准确配至 100 mL。分别吸取上述溶液各10 mL,并分别用乙酸铵溶液准确配至 100 mL,以此作为溶液 A 和溶液 B。然后再分别吸取 10.0 mL、5.0 mL、2.0 mL、1.0 mL 上述溶液 A 和溶液 B,分别用乙酸铵溶液准确配至 100 mL 作为系列标准溶液。

5.6.6 分析步骤

在以上给定测试条件下分别用微量注射器吸取试验溶液及标准溶液注入并充满定量环进行色谱检测,待最后一个组分流出完毕,进行结果处理。测定各标准溶液物质的峰面积,绘制成标准曲线。测定试验溶液中克力西丁磺酸偶氮β-萘酚和克力西丁偶氮薛佛氏酸盐的峰面积,根据上述标准曲线求出各自物质的含量,再求其合计值。

5.7 高磺化副染料含量的测定

5.7.1 试剂和材料

同5.6.1。

5.7.2 仪器设备

同5.6.2。

5.7.3 色谱分析条件

按5.6.3规定的测试条件。

5.7.4 试验溶液的配制

准确吸取20 μL按5.6.4配制的试验溶液作为试液。

5.7.5 标准溶液的配制

称取置于真空干燥器中干燥24 h后的克力西丁磺酸偶氮G盐和克力西丁磺酸偶氮R盐各约0.01 g,分别精确至0.000 2 g。加乙酸铵溶液准确配至100 mL,分别准确吸取上述溶液各10 mL,并分别用乙酸铵溶液准确配至100 mL,以此作为溶液A和溶液B。再分别吸取10.0 mL、5.0 mL、2.0 mL、1.0 mL上述溶液A和溶液B,分别用乙酸铵溶液定容至100 mL作为系列标准溶液。

5.7.6 分析步骤

在以上给定测试条件下分别用微量注射器吸取试验溶液及标准溶液注入并充满定量环进行色谱检测,待最后一个组分流出完毕,进行结果处理。测定各标准溶液物质的峰面积,绘制成标准曲线。测定试验溶液中克力西丁磺酸偶氮G盐和克力西丁磺酸偶氮R盐的峰面积,根据上述标准曲线求出各自物质的含量,再求其合计值。

5.8 6-羟基-5-[(2-甲氧基-5-甲基-4-磺基苯)偶氮]-8-(2-甲氧基-5-甲基-4-磺基苯氧基)-2-萘磺酸二钠盐含量的测定

5.8.1 试剂和材料

同5.6.1。

5.8.2 仪器设备

同5.6.2。

5.8.3 色谱分析条件

按5.6.3规定的测试条件。

5.8.4 试验溶液的配制

准确吸取20 μL按5.6.4配制的试验溶液作为试液。

5.8.5 标准溶液的配制

称取置于真空干燥器中干燥24 h后的6-羟基-5-[(2-甲氧基-5-甲基-4-磺基苯)偶氮]-8-(2-甲氧基-5-甲基-4-磺基苯氧基)-2-萘磺酸二钠盐约10 mg,精确至0.000 2 g。用乙酸铵溶液溶解,准确配至100 mL,吸取该溶液10 mL加乙酸铵溶液准确配至100 mL,以此作为溶液A。吸取10.0 mL、5.0 mL、2.0 mL、1.0 mL溶液A,分别用乙酸铵溶液定容至100 mL作为系列标准溶液。

5.8.6 分析步骤

在以上给定测试条件下分别用微量注射器吸取试验溶液及标准溶液注入并充满定量环进行色谱检测,待最后一个组分流出完毕,进行结果处理。测定各标准溶液物质的峰面积,绘制成标准曲线。测定试液中该物质的峰面积,根据上述标准曲线求出本物质含量。

5.9 6-羟基-2-萘磺酸钠含量的测定

5.9.1 试剂和材料

同5.6.1。

5.9.2 仪器设备

同5.6.2。

5.9.3 色谱分析条件

除检测器改用紫外光吸收检测器(检测波长 290 nm)外，其他均按 5.6.3 规定的测试条件。

5.9.4 试验溶液的配制

准确吸取 20 μL 按 5.6.4 配制的试验溶液作为试液。

5.9.5 标准溶液的配制

称取置于真空干燥器中干燥 24 h 后的 6-羟基-2-萘磺酸钠约 0.01 g，精确至 0.000 2 g，用乙酸铵溶液溶解，准确配至 100 mL，吸取 10 mL 上述溶液加乙酸铵溶液准确配至 100 mL 作为溶液 A。分别吸取 3.0 mL、2.0 mL、1.0 mL 溶液 A，分别用乙酸铵溶液定容至 100 mL 作为系列标准溶液。

5.9.6 分析步骤

在以上给定测试条件下分别用微量注射器吸取试验溶液及标准溶液注入并充满定量环进行色谱检测，待最后一个组分流出完毕，进行结果处理。测定各标准溶液物质的峰面积，绘制成标准曲线。测定试验溶液中 6-羟基 2-萘磺酸钠的峰面积，根据上述标准曲线求出本物质含量。

5.10 4-氨基-5-甲氧基-2-甲基苯磺酸含量的测定

5.10.1 试剂和材料

同 5.6.1。

5.10.2 仪器设备

同 5.6.2。

5.10.3 色谱分析条件

按 5.9.3 规定的测试条件。

5.10.4 试验溶液的配制

准确吸取 20 μL 按 5.6.4 配制的试验溶液作为试液。

5.10.5 标准溶液的配制

称取置于真空干燥器中干燥 24 h 后的 4-氨基-5-甲氧基-2-甲基苯磺酸约 0.01 g，精确至 0.000 2 g，用乙酸铵溶液溶解，准确至 100 mL。吸取上述溶液 10 mL，加乙酸铵溶液准确配至 100 mL 作为溶液 A。分别吸取 2.5 mL、2.0 mL、1.0 mL 溶液 A，用乙酸铵溶液准确配至 100 mL 作为标准溶液。

5.10.6 分析步骤

在以上给定测试条件下分别用微量注射器吸取试验溶液及标准溶液注入并充满定量环进行色谱检测，待最后一个组分流出完毕，进行结果处理。测定各标准溶液物质的峰面积，绘制成标准曲线。测定试验溶液中 4-氨基-5-甲氧基-2-甲基苯磺酸的峰面积，根据上述标准曲线求出本物质的含量。

5.11 6,6′-氧代-双(2-萘磺酸)二钠盐含量的测定

5.11.1 试剂和材料

同 5.6.1。

5.11.2 仪器设备

同 5.6.2。

5.11.3 色谱分析条件

按 5.9.3 规定的测试条件。

5.11.4 试验溶液的配制

准确吸取 20 μL 按 5.6.4 配制的试验溶液作为试液。

5.11.5 标准溶液的配制

称取置于真空干燥器中干燥 24 h 后的 6,6′-氧代-双(2-萘磺酸)二钠盐约 0.01 g，精确至 0.000 2 g。用乙酸铵溶液溶解，准确配到 100 mL。吸取 10 mL 上述溶液，加乙酸铵溶液，准确配至 100 mL 作为溶液 A。分别吸取 10.0 mL、5.0 mL、2.0 mL、1.0 mL 溶液 A，用乙酸铵溶液准确配至 100 mL 作为标准溶液。

5.11.6 分析步骤

在以上给定测试条件下分别用微量注射器吸取试验溶液及标准溶液注入并充满定量环进行色谱检测，待最后一个组分流出完毕，进行结果处理。测定各标准溶液物质的峰面积，绘制成标准曲线。测定试液中6,6′-氧代-双(2-萘磺酸)二钠盐的峰面积，根据上述标准曲线求出本物质含量。

5.12 未磺化芳族伯胺(以苯胺计)总含量的测定

按GB 17511.1—2008中5.13规定进行。

5.13 砷(以As计)含量的测定

5.13.1 方法提要

试样经湿法消解处理后，然后采用"砷斑法"进行限量比色。

5.13.2 试剂

5.13.2.1 硝酸；

5.13.2.2 硫酸溶液：1+1；

5.13.2.3 硝酸-高氯酸混合溶液：3+1；

5.13.2.4 砷(As)标准溶液(0.001 mg/mL)。

配制：取0.1 mg/mL的砷(As)标准溶液1 mL于100 mL容量瓶中，稀释至刻度。每1 mL相当0.001 mg砷。

5.13.3 仪器设备

按GB/T 5009.76中10的装置。

5.13.4 试验溶液的制备

称取约2.5 g试样，精确至0.001 g。置于圆底烧杯中，加硝酸5 mL，润湿样品，沿瓶壁加入硫酸溶液约15 mL，再缓缓加热赶出二氧化氮气体，至瓶中溶液开始变成棕色，停止加热。放冷后加入硝酸-高氯酸混合溶液约15 mL，继续加热，强火加热至溶液至透明无色或微黄色，至生成大量的二氧化硫白色烟雾，最后溶液应呈无色或微黄色(如仍有黄色则再补加硝酸-高氯酸混合溶液5 mL后处理)。冷却后加水15 mL，煮沸除去残余的硝酸-高氯酸(必要时可再加水煮沸一次)，继续加热至发生白烟，保持10 min，放冷。将溶液移入50 mL容量瓶中，用水洗涤圆底烧瓶，将洗涤液并入容量瓶中，加水至刻度，摇匀，作为诱惑红铝色淀试验溶液。

5.13.5 空白溶液的配制

按相同方法，取同样量的硝酸、硫酸和硝酸-高氯酸混合溶液配制空白溶液。

5.13.6 分析步骤

分别吸20 mL试液、20 mL空白溶液移入各自的100 mL锥形瓶中，以下按GB/T 5009.76中第11章所示的规定进行测定。

5.14 重金属(以Pb计)含量的测定

5.14.1 方法提要

诱惑红铝色淀经湿法消解处理后，稀释至一定体积，在pH等于4时，加入硫化钠溶液，然后进行限量比色。

5.14.2 试剂

5.14.2.1 盐酸；

5.14.2.2 硝酸；

5.14.2.3 氨水；

5.14.2.4 硫酸溶液：1+1；

5.14.2.5 盐酸溶液：1+3；

5.14.2.6 乙酸氨溶液：1+9；

5.14.2.7 硝酸-高氯酸混合溶液(3+1)；

配制：量取60 mL硝酸，加20 mL高氯酸，混匀。

5.14.2.8　硫化钠溶液：100 g/L；

5.14.2.9　铅(Pb)标准溶液(0.01 mg/mL)：取 0.1 mg/mL 的铅(Pb)标准溶液 10 mL 于 100 mL 容量瓶中，稀释至刻度。

5.14.3　试验溶液的配制

量取 20 mL 试验溶液(5.13.4)。加氨水搅拌调整 pH，再加乙酸铵溶液调至 pH4，加水配至 50 mL，作为检测溶液。

5.14.4　比较溶液的配制

量取 20 mL 空白试验溶液(5.13.5)及铅标准溶液 2.0 mL。与 5.14.3 一样操作，配成比较溶液。

5.14.5　分析步骤

在两种溶液(5.14.3)和(5.14.4)中各加硫化钠溶液 2 滴后，摇匀，放置 5 min，检测溶液颜色不应深于比较溶液。

5.15　铅含量的测定

5.15.1　试剂

同 5.14.2。

5.15.2　试验溶液的配制

量取制备的试样液(5.13.4)10 mL，加稀盐酸溶液配至 25 mL，作为试验液。

5.15.3　标准比色溶液的配制

量取空白试验溶液(5.13.5)10 mL，吸取 1.0 mL 铅标准溶液加稀盐酸溶液配至 25 mL，作为标准比色溶液。

5.15.4　分析步骤

在试验溶液(5.15.2)和标准比色溶液(5.15.3)中分别加入硫化钠溶液 2 滴，摇匀，在暗处放置 5 min 后进行观察，试验溶液的颜色不得深于标准比色溶液。

5.16　钡(以 Ba 计)含量的测定

5.16.1　试剂

5.16.1.1　硫酸；

5.16.1.2　无水碳酸钠；

5.16.1.3　盐酸溶液：1＋3；

5.16.1.4　硫酸溶液：1＋19；

5.16.1.5　钡标准溶液：氯化钡($BaCl_2 \cdot 2H_2O$)177.9 mg，用水溶解并定容至 1 000 mL。每 1 mL 含有 0.1 mg 钡(0.1 mg/mL)。

5.16.2　试验溶液的配制

称取约 1 g 试样，精确至 0.001 g，放于白金坩埚或陶瓷坩埚中，加少量硫酸润湿，徐徐加热，尽量在低温下使之几乎全部灰化。放冷后，再加硫酸 1 mL，慢慢加热至几乎不发生硫酸蒸汽为止，放入马福炉中，于 800 ℃灼烧 3 h。冷却后，加无水碳酸钠 5 g 充分混合，加水 20 mL，加热，将混合物溶解。冷却后过滤，用水洗涤滤纸上的残渣至洗涤液不呈硫酸盐反应为止。然后将纸上的残渣与滤纸一起移至烧杯中，加盐酸溶液 30 mL，充分摇匀后煮沸。冷却后过滤，用水 10 mL 洗涤滤纸上的残渣。将洗涤液与滤液合并，在水浴上蒸发到干涸。加水 5 mL 使残渣溶解，必要时过滤，加盐酸溶液 0.25 mL，充分混合后，再加水配至 25 mL 作为试验溶液。

5.16.3　标准比浊溶液的配制

取 5 mL 钡标准溶液，加盐酸溶液 0.25 mL。加水至 25 mL，作为标准比浊溶液。

5.16.4　分析步骤

在试验溶液(5.16.2)和标准比浊溶液(5.16.3)中各加硫酸溶液 1 mL 混合，放置 10 min 时，试验溶液混浊程度不得超过标准比浊溶液。

6 检验规则

6.1 组批

以批为单位(以一次拼混的均匀产品为一批)。

6.2 采样

瓶装产品采样应从每批包装产品箱总数中选取10%箱,再从抽出的箱中选取10%瓶,在每瓶的中心处取出不少于50 g的样品,取样时应小心,不使外界杂质落入产品中,将所取样品迅速混匀后从中取约100 g,分别装于二个清洁干燥的磨口玻璃瓶中,并用石蜡密封,注明生产厂名、产品名称、批号、生产日期,一瓶供检验,一瓶留样备查。

6.3 检验

食品添加剂诱惑红铝色淀质量检验中所有项目为出厂检验。

6.4 判定规则与复验

若检验结果有任何一项不符合本标准要求时,应重新自该批产品中取双倍试料,对该不合格项目进行复验,若复验结果符合本标准要求时,则判该批产品为合格,反之,则判该批产品为不合格。

7 标志、包装、运输、贮存

7.1 标志

每一瓶(袋、桶)出厂产品,应有明显的标识,内容包括:"食品添加剂"字样、产品名称、生产厂名和地址、生产许可证编号及标志、卫生许可证编号、产品标准号和标准名称、保质期、生产日期和批号、净含量、使用说明。

7.2 包装

使用食用级聚乙烯塑料瓶或其他符合食品和药品包装要求的材料包装,外套纸箱固封。包装形式可由制造厂商与用户协商确定。

7.3 运输

运输时必须防雨、防潮、防晒,不得与有毒、有害等其他物资混装、混运、一起堆放。

7.4 贮存

7.4.1 本产品贮存在干燥、通风、阴凉的专用仓库内,防止污染。

7.4.2 在包装完整、未启封的情况下,自生产之日起保质期为5年。逾期重新检验是否符合本标准要求,合格仍可使用。

附 录 A
（规范性附录）
三氯化钛标准滴定溶液的配制方法

A.1 试剂

A.1.1 盐酸；

A.1.2 硫酸亚铁铵；

A.1.3 硫氰酸铵溶液：200 g/L；

A.1.4 硫酸溶液：1+1；

A.1.5 三氯化钛溶液；

A.1.6 重铬酸钾标准滴定溶液：$\left[c\left(\frac{1}{6}K_2Cr_2O_7\right)=0.1\ \text{mol/L}\right]$，按 GB/T 601 配制与标定。

A.2 仪器设备

见本标准图 1。

A.3 三氯化钛标准滴定溶液的配制

A.3.1 配制

取三氯化钛溶液 100 mL 和盐酸 75 mL 置于 1 000 mL 棕色容量瓶中，用新煮沸并已冷却到室温的水稀释至刻度，摇匀，立即倒入避光的下口瓶中，在二氧化碳气体保护下贮藏。

A.3.2 标定

称取约 3 g 硫酸亚铁铵，精确至 0.2 mg，置于 500 mL 锥形瓶中，在二氧化碳气流保护作用下，加入新煮沸并已冷却的水 50 mL，使其溶解，再加入硫酸溶液 25 mL，继续在液面下通入二氧化碳气流作保护，迅速准确加入重铬酸钾标准滴定溶液 35 mL，然后用需标定的三氯化钛标准溶液滴定到接近计算量终点，立即加入硫氰酸铵溶液 25 mL，并继续用需标定的三氯化钛标准溶液滴定到红色转变为绿色，即为终点。整个滴定过程应在二氧化碳气流保护下操作，同时做一空白试验。

A.3.3 结果计算

三氯化钛标准溶液浓度的实际数值 $c(TiCl_3)$，单位以摩尔每升(mol/L)表示，按式(A.1)计算：

$$c(TiCl_3)=\frac{V_1\times c_1}{V_2-V_3} \qquad \text{(A.1)}$$

式中：

V_1——重铬酸钾标准滴定溶液(A.1.6)的体积的数值，单位为毫升(mL)；

V_2——滴定被重铬酸钾标准溶液$\left[c\left(\frac{1}{6}K_2Cr_2O_7\right)=0.1\ \text{mol/L}\right]$氧化成高钛所用去的三氯化钛溶液的数值体积，单位为毫升(mL)；

V_3——滴定空白用去三氯化钛溶液的体积的数值，单位为毫升(mL)；

c_1——重铬酸钾标准滴定溶液浓度的准确数值，单位为摩尔每升(mol/L)。

计算结果表示到小数点后 4 位。

以上标定需在分析样品时即时标定。

ICS 71.100
G 77

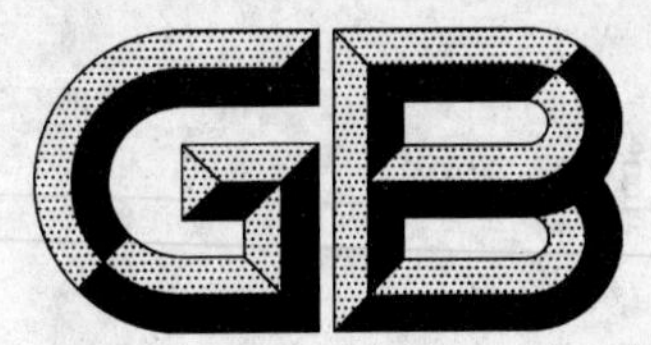

中华人民共和国国家标准

GB 17514—2008
代替 GB 17514—1998

水处理剂　聚丙烯酰胺

Water treatment chemicals—Polyacrylamide

2008-09-18 发布　　　　2009-09-01 实施

中华人民共和国国家质量监督检验检疫总局
中国国家标准化管理委员会　发布

前　言

本标准中表1中Ⅰ类产品指标为强制性的，Ⅱ类产品指标和其他条文为推荐性的。

本标准代替GB 17514—1998《水处理剂　聚丙烯酰胺》。

本标准与GB 17514—1998相比主要变化如下：

——增加了产品分类；

——将“污水处理用”改为“Ⅱ类”并不再分等级；

——丙烯酰胺单体含量“Ⅰ类”由“≤0.05%”改为“≤0.025%”；“Ⅱ类”由“≤0.10%”、“≤0.20%”改为“≤0.05%”；

——溶解时间做了调整。

本标准由中国石油和化学工业协会提出。

本标准由全国化学标准化技术委员会水处理剂分会(SAC/TC 63/SC 5)归口。

本标准负责起草单位：同济大学、安徽天润化学工业股份有限公司、天津化工研究设计院、杭州银湖化工有限公司。

本标准主要起草人：李风亭、陶阿晖、李琳、俞益平、潘娣、白莹、邵宏谦、朱传俊。

本标准于1998年首次发布。

水处理剂 聚丙烯酰胺

1 范围

本标准规定了水处理剂聚丙烯酰胺的技术要求、试验方法、检验规则以及标志、包装、运输、贮存等。

本标准适用于非离子型和阴离子型的固体及胶体聚丙烯酰胺。

该产品主要用作饮用水、工业及废水、污水处理的絮凝剂。

2 规范性引用文件

下列文件中的条款通过本标准的引用而成为本标准的条款。凡是注日期的引用文件，其随后所有的修改单(不包括勘误的内容)或修订版均不适用于本标准，然而，鼓励根据本标准达成协议的各方研究是否可使用这些文件的最新版本。凡是不注日期的引用文件，其最新版本适用于本标准。

GB/T 191 包装贮运图示标志

GB/T 601 化学试剂 标准滴定溶液的制备

GB/T 603 化学试剂 试验方法中所用制剂及制品的制备(GB/T 603—2002,ISO 6353-1:1982,NEQ)

GB/T 4946—1985 气相色谱法术语

GB/T 6003.1 金属丝编织网试验筛

GB/T 6678 化工产品采样总则

GB/T 6682 分析实验室用水规格和试验方法(GB/T 6682—2008,ISO 3696:1987,MOD)

3 产品分类

聚丙烯酰胺产品按用途分为两类，Ⅰ类:饮用水处理用;Ⅱ类:工业及废水、污水处理用。

4 技术要求

4.1 外观:固体聚丙烯酰胺为白色或微黄色颗粒或粉末;胶体聚丙烯酰胺为无色或微黄色胶状物。

4.2 分子量:根据用户要求提供，与标称值的相对偏差不大于10%。

4.3 水解度:与标称值的绝对差值不大于2%，或根据用户要求提供。非离子型产品，水解度不大于5%。

4.4 固含量:固体聚丙烯酰胺的固含量应符合表1要求，胶体聚丙烯酰胺的固含量应不小于标称值。

4.5 水处理剂聚丙烯酰胺还应符合表1要求。

表 1

项目		指标	
		Ⅰ类	Ⅱ类
固含量(固体),w/%	≥	90.0	88.0
丙烯酰胺单体含量(干基),w/%	≤	0.025	0.05
溶解时间(阴离子型)/min	≤	60	90
溶解时间(非离子型)/min	≤	90	120
筛余物(1.00 mm 筛网),w/%	≤	5	10
筛余物(180 μm 筛网),w/%	≥	85	80
不溶物(阴离子型),w/%	≤	0.3	2.0
不溶物(非离子型),w/%	≤	0.3	2.5

5 试验方法

本标准所用试剂和水，在没有注明其他要求时，均指分析纯试剂和符合 GB/T 6682 三级水的规定。

试验中所需标准溶液、制剂及制品，在没有特殊注明时，均按 GB/T 601、GB/T 603 的规定制备。

5.1 分子量的测定

5.1.1 方法提要

使用 85 g/L 的硝酸钠溶液将试样配制成稀溶液。用乌氏黏度计测定其极限黏数，按经验公式计算试样的分子量。

5.1.2 试剂和溶液

5.1.2.1 硝酸钠溶液：85 g/L。

5.1.3 仪器、设备

5.1.3.1 乌氏黏度计(如图 1)：毛细管内径 0.55 mm(±2%)，30 ℃±0.1 ℃时，85 g/L 硝酸钠溶液流过计时标线 E、F 的时间在 100 s～130 s 之间。

5.1.3.2 恒温水浴：可控制 30 ℃±0.1 ℃。

5.1.3.3 秒表：分度值 0.1 s。

5.1.3.4 耐酸滤过漏斗：G_3，40 mL。

5.1.4 分析步骤

5.1.4.1 硝酸钠溶液流出时间的测定

将洁净、干燥的乌氏黏度计垂直置于 30 ℃±0.1 ℃的恒温水浴中，使 D 球全部浸没在水面下。将经过 G_3 耐酸滤过漏斗过滤的硝酸钠溶液加入到乌氏黏度计的充装标线 G、H 之间为止，恒温 10 min～15 min。将 M 管套一胶管，用夹子夹住。用洗耳球将硝酸钠溶液吸入到 D 球一半。取下洗耳球，开启 M 管。用秒表测量硝酸钠溶液流过计时标线 E、F 的时间。重复测定三次，误差不超过 0.2 s，取其平均值 t_0。

5.1.4.2 试液的制备

用已知质量的干燥的 50 mL 烧杯称取约 0.03 g 固体试样或相当量的胶体试样，精确至 0.2 mg，用硝酸钠溶液溶解。全部转移到 100 mL 容量瓶中，用硝酸钠溶液稀释至刻度，摇匀。

5.1.4.3 测定

按 5.1.4.1 硝酸钠溶液流出时间测定的手续，测定试液的流出时间 t_1。

5.1.5 结果计算

以 dL/g 表示的极限黏数[η]按式(1)计算：

$$[\eta]=\frac{\sqrt{2(\eta_{sp}-\ln\eta_r)}}{\rho}=\frac{\sqrt{2[(t_1/t_0-1)-\ln(t_1/t_0)]}}{mw_1} \quad \cdots\cdots(1)$$

式中：

η_{sp}——增比黏度，$\eta_{sp}=\frac{(t_1-t_0)}{t_0}$；

η_r——相对黏度，$\frac{t_1}{t_0}$；

ρ——试液的质量浓度的数值，单位为克每分升(g/dL)；

t_1——试液流过黏度计计时标线 E、F 的时间的数值，单位为秒(s)；

t_0——硝酸钠溶液流过黏度计计时标线 E、F 的时间的数值，单位为秒(s)；

m——试料的质量的数值，单位为克(g)；

w_1——5.3 测得的固含量的质量分数，%。

单位为毫米

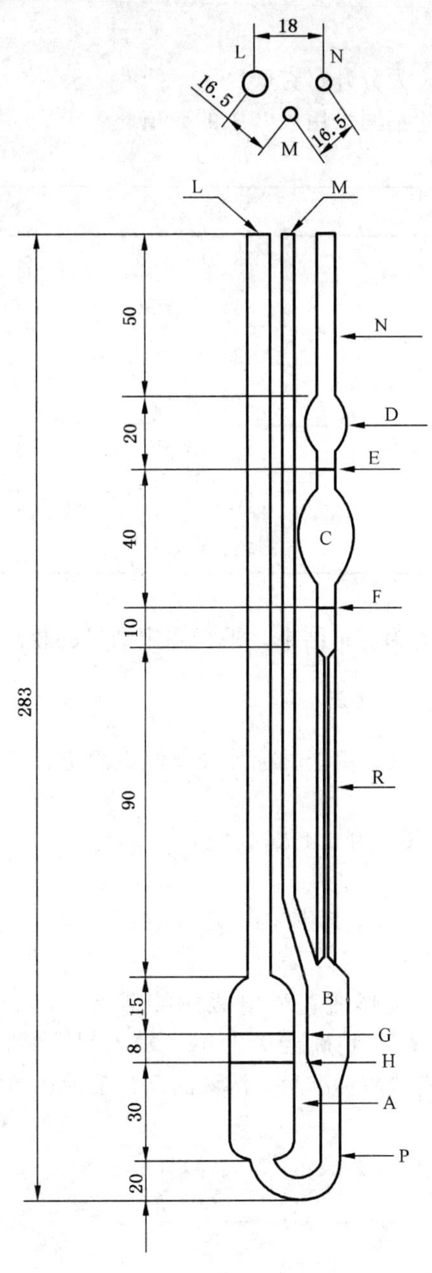

A——低部贮球，外径 26 mm；

B——悬浮水平球；

C——计时球，容积 4.0 mL(±0.5%)；

D——上部贮球；

E、F——计时标线；

G、H——充装标线；

L——架置管，外径 11 mm；

M——下部出口管，外径 6 mm；

N——上部出口管，外径 7 mm；

P——连接管，内径 6.0 mm(±5%)；

R——工作毛细管，内径 0.55 mm(±2%)。

图 1 乌氏黏度计

分子量 M 按式(2)计算：

$$[\eta] = KM^{\alpha} \qquad \cdots\cdots(2)$$

式中：

$[\eta]$——极限黏数的数值，单位为分升每克(dL/g)；

K,α——经验常数，依水解度的不同采用表2中的数值。

表 2

水解度/%	K	α
0	3.73×10^{-4}	0.66
5	3.36×10^{-4}	0.68
10	3.22×10^{-4}	0.692
15	3.15×10^{-4}	0.70
20	3.17×10^{-4}	0.705
25	3.20×10^{-4}	0.707
30	3.34×10^{-4}	0.708

5.1.6 允许差

取平行测定结果的算术平均值为测定结果。平行测定结果的相对偏差不大于5%。

5.2 水解度的测定

5.2.1 方法提要

以甲基橙-靛蓝二磺酸钠为指示剂，用盐酸标准滴定溶液滴定。

5.2.2 试剂和材料

5.2.2.1 盐酸标准滴定溶液：$c(HCl)$ 约 0.1 mol/L。

5.2.2.2 甲基橙溶液：1 g/L。

5.2.2.3 靛蓝二磺酸钠溶液：2.5 g/L，使用期10天。

5.2.3 分析步骤

将盛有100 mL水的250 mL锥形瓶置于电磁搅拌器上，放入搅拌子，开动搅拌。分别称取约0.03 g粉状试样或相当量的胶状试料，精确至0.2 mg。加入到锥形瓶中，使其完全溶解。加1滴甲基橙溶液、1滴靛蓝二磺酸钠溶液，用盐酸标准滴定溶液滴定。溶液由黄绿色变成浅灰色即为终点。

5.2.4 结果计算

水解度 w_H 以质量分数计，数值以%表示，按式(3)计算：

$$w_H = \frac{(V/1\,000)cM_1}{mw_1 - (M_2 - M_1)(V/1\,000)c} \times 100 \qquad \cdots\cdots(3)$$

式中：

V——滴定中消耗的盐酸标准滴定溶液的体积的数值，单位为毫升(mL)；

c——盐酸标准滴定溶液实际浓度的准确数值，单位为摩尔每升(mol/L)；

M_1——丙烯酰胺键节的摩尔质量的数值，单位为克每摩尔(g/mol)(M_1=71.07)；

M_2——丙烯酸钠的摩尔质量的数值，单位为克每摩尔(g/mol)(M_2=94.04)；

m——试料的质量的数值，单位为克(g)；

w_1——试样的固含量的质量分数，用%表示。

5.2.5 允许差

取平行测定结果的算术平均值为测定结果。平行测定结果的绝对差值不大于1%。

5.3 固含量的测定

5.3.1 方法提要

在一定温度下，将试样置于电热干燥箱内烘干至恒量。

5.3.2 仪器、设备

一般实验室仪器和以下仪器。

5.3.2.1 电热干燥箱：温度可控制在 120 ℃±2 ℃。

5.3.2.2 称量瓶：Φ 40 mm×30 mm 或铝盘。

5.3.3 分析步骤

使用预先于 120 ℃±2 ℃下干燥恒量的称量瓶称取约 1 g 试样，精确至 0.2 mg，置于电热干燥箱中，在 120 ℃±2 ℃下干燥至恒量。

5.3.4 结果计算

固含量以质量分数 w_1 计，数值以%表示，按式(4)计算：

$$w_1 = \frac{m_1 - m_0}{m} \times 100 \qquad (4)$$

式中：

m_1——干燥后试样与称量瓶质量的数值，单位为克(g)；

m_0——称量瓶质量的数值，单位为克(g)；

m——试样的质量的数值，单位为克(g)。

5.3.5 允许差

取平行测定结果的算术平均值为测定结果。平行测定结果的绝对差值，固体产品不大于 0.5%，胶体产品不大于 0.3%。

5.4 丙烯酰胺单体含量的测定

5.4.1 气相色谱法(仲裁法)

5.4.1.1 方法提要

用规定体积和浓度的甲醇-水溶液浸取聚丙烯酰胺至平衡，用气相色谱法测定浸取液中丙烯酰胺色谱峰面积。

5.4.1.2 试剂和材料

5.4.1.2.1 甲醇。

5.4.1.2.2 甲醇-水混合溶剂：体积比 8∶2。

5.4.1.2.3 氮气：纯度 99.99%。

5.4.1.2.4 载体：Chromosorb W-HP 型，粒度 180 μm～250 μm。

5.4.1.2.5 固定液：聚乙二醇，相对分子质量 20 000。

5.4.1.3 仪器、设备

一般实验室用仪器和以下设备。

5.4.1.3.1 气相色谱仪：具有氢火焰离子化检测器，敏感度小于或等于 1×10^{-10} g/s。

5.4.1.3.2 进样器：2 μL 或 5 μL 微量注射器。

5.4.1.3.3 色谱柱：长 2 m，内径 3 mm 的不锈钢柱，装填表面涂有与其质量比为 20% 聚乙二醇固定液的 Chromosorb W-HP 载体。使用前该色谱柱需在 175 ℃～180 ℃，以 20 mL/min 的氮气流老化处理 12 h 以上。

5.4.1.3.4 记录仪：满标量程 5 mV。

5.4.1.4 试液的制备

5.4.1.4.1 粉状聚丙烯酰胺试液

称取 2.9 g～3.1 g 固体试样，于干燥的 100 mL 具塞磨口锥形瓶中，精确至 0.2 mg，移取 30 mL 甲醇-水混合溶剂于锥形瓶中，盖上瓶塞。

摇动锥形瓶，使试样分散均匀，在室温下放置 20 h。然后将锥形瓶妥善地固定在康氏振荡器上，勿使瓶塞松动，于室温下振荡 4 h。静置后取上层清液作为试样溶液。

注：除用康氏振荡器外，也可以用电磁搅拌器，以能将试样搅动为宜。

5.4.1.4.2 胶状聚丙烯酰胺试液

称取 9 g～11 g 胶状试样于干燥的 250 mL 具塞磨口锥形瓶中，精确至 0.2 mg，加入相当试样含水体积 4 倍的甲醇，盖上瓶塞。以下按 5.4.1.4.1 操作。

5.4.1.5 分析步骤

5.4.1.5.1 调整仪器

气化室温度：230 ℃。

柱温：165 ℃。

检测器温度：230 ℃～240 ℃。

气体流速：氮气流速 20 mL/min；氢气流速 50 mL/min；空气流速 550 mL/min。

柱前压：约 0.16 MPa。

记录仪走纸速度：根据要求和色谱峰宽窄适当选择。

5.4.1.5.2 校准

5.4.1.5.2.1 外标法：按 GB/T 4946—1985 中的 5.15 进行。

5.4.1.5.2.2 丙烯酰胺标准样品的制备

将工业品或化学纯的固体丙烯酰胺经二次重结晶处理，即得含量为 99% 的丙烯酰胺标准样品。

5.4.1.5.2.3 丙烯酰胺标准溶液的配制

称取 0.100 0 g±0.000 1 g 丙烯酰胺置于 100 mL 烧杯中，加入约 15 mL 甲醇-水混合溶剂溶解。全部转移到 50 mL 容量瓶中，用甲醇-水混合溶剂稀释至刻度，得到含量为 2.00 mg/mL 的丙烯酰胺标准溶液。

用移液管分别移取 5 mL、10 mL 含量为 2.00 mg/mL 的丙烯酰胺标准溶液置于 20 mL 容量瓶中，用甲醇-水混合溶剂稀释至刻度，得到含量为 0.50 mg/mL 及 1.00 mg/mL 的丙烯酰胺标准溶液。

用移液管移取 5 mL 含量为 2.00 mg/mL 的丙烯酰胺标准溶液置于 50 mL 容量瓶中，用甲醇-水混合溶剂稀释至刻度，得到含量为 0.20 mg/mL 的丙烯酰胺标准溶液。

用移液管移取 1 mL、2 mL、5 mL、10 mL 含量为 0.20 mg/mL 的丙烯酰胺标准溶液，分别加到 4 个 20 mL 容量瓶中，用甲醇-水混合溶剂稀释至刻度，得到含量分别为 0.01 mg/mL、0.02 mg/mL、0.05 mg/mL、0.10 mg/mL 的丙烯酰胺标准溶液。

5.4.1.5.2.4 校准曲线的绘制

按 5.4.1.5.1 调节色谱仪使之稳定一段时间，待记录仪基线呈直线后，用微量注射器分别吸取含量为 0.01 mg/mL、0.02 mg/mL、0.05 mg/mL、0.10 mg/mL、0.20 mg/mL、0.50 mg/mL、1.00 mg/mL、2.00 mg/mL 的丙烯酰胺标准溶液各 2 μL 注入气相色谱仪内，并适当调节衰减，使色谱峰在记录纸上处于适当位置。

根据记录仪记录的不同丙烯酰胺标准溶液的色谱峰大小计算面积。

在双对数坐标纸上，以各丙烯酰胺标准溶液的含量为横坐标，以相应的色谱峰面积为纵坐标，绘制校准曲线。该校准曲线可绘制两条：由丙烯酰胺含量等于和小于 0.20 mg/mL 的各点对相应各色谱峰面积作图得一直线；由丙烯酰胺含量大于 0.10 mg/mL 的各点对相应色谱峰面积作图得另一直线。

5.4.1.5.3 测定

在 5.4.1.5.1 条的条件下，移取 2 μL 试液注入气相色谱仪内，得到相应的色谱峰。

根据记录得到的试液中丙烯酰胺的色谱峰大小计算面积。

由色谱峰面积，在校准曲线上查得对应的丙烯酰胺含量。

5.4.1.6 结果计算

丙烯酰胺单体以质量分数 w_2 计，数值以%表示，按式(5)计算：

$$w_2 = \frac{V\rho}{mw_1 \times 1\,000} \times 100 \qquad \cdots\cdots(5)$$

式中：

V——试液中甲醇与水的体积之和的数值，单位为毫升(mL)；

ρ——由校准曲线查得的丙烯酰胺的质量浓度，单位为毫克每升(mg/L)；

m——试料的质量的数值，单位为克(g)；

w_1——5.3 测得的试样的固含量的质量分数，用%表示。

5.4.1.7 允许差

取三次平行测定结果的算术平均值为测定结果。单个测定值与算术平均值的相对偏差不大于20%。

5.4.2 溴化法

5.4.2.1 方法提要

在试样溶液中加入过量的溴酸钾-溴化钾溶液，在酸性介质中溴酸钾和溴化钾反应生成的溴与试样中丙烯酰胺的双键加成。反应完成后，加入过量的碘化钾还原未反应的溴而生成碘，用硫代硫酸钠标准滴定溶液回滴析出的碘。

5.4.2.2 试剂和材料

5.4.2.2.1 盐酸。

5.4.2.2.2 盐酸溶液：1+1。

5.4.2.2.3 碘化钾溶液：200 g/L。

5.4.2.2.4 甲醇-水提取液：体积比为 8∶2。

5.4.2.2.5 溴酸钾-溴化钾溶液：$c\left(\frac{1}{6}KBrO_3\right)$约 0.1 mo/L。

5.4.2.2.6 硫代硫酸钠标准滴定溶液：$c(Na_2S_2O_3)$约 0.05 mol/L。

5.4.2.2.7 淀粉指示液：10 g/L。

5.4.2.3 仪器、设备

一般实验室用仪器和以下仪器。

5.4.2.3.1 康氏振荡器。

5.4.2.4 试验溶液制备

5.4.2.4.1 水溶液法

称取 0.3 g～0.5 g 粉状试样或相当于 0.5 g 固含量的胶状试样，精确至 0.2 mg，置于 250 mL 碘量瓶中，加入 100 mL 水，振荡至试样完全溶解。

5.4.2.4.2 提取法

称取 14 g～16 g 粉状试样，精确至 0.2 mg，置于 250 mL 锥形瓶中，用移液管加入 150 mL 提取液，用胶塞盖紧瓶口，在高于 15 ℃的室温下放置 20 h 后，在康氏振荡器上振荡 4 h。用移液管准确移取上层清液 10 mL～40 mL[根据残留丙烯酰胺的大致含量确定移取量，使式(6)中试样和空白试验所耗硫代硫酸钠标准滴定溶液的体积之差约为 2 mL～4 mL]，放入 250 mL 碘量瓶中，加水使总体积约为 100 mL。

5.4.2.5 分析步骤

在 5.4.2.4.1 和 5.4.2.4.2 的试验溶液中，用移液管在碘量瓶中准确加入 20 mL 溴酸钾-溴化钾溶液，10 mL 盐酸溶液，立即盖紧塞子，水封、摇匀，置于暗处 30 min 后迅速加入 10 mL 碘化钾溶液，立即用硫代硫酸钠标准滴定溶液滴定，滴定至浅黄色时，加入 1 mL～2 mL 淀粉指示剂，继续滴定至蓝色消失时即为终点。记录滴定所消耗硫代硫酸钠标准滴定溶液的毫升数。在滴定过程中应避免阳光照射，滴定速度要适当快些，不要剧烈摇动。在滴定 5.4.2.4.2 试验溶液时，若室温高于 20 ℃，应将碘量瓶置于冷水中滴定。同时做空白试验。

5.4.2.6 结果计算

聚丙烯酰胺中的残留丙烯酰胺含量以质量分数 w_2 计，数值以%表示，按式(6)计算：

$$w_2 = \frac{(V_0/1\,000 - V/1\,000)cM/2}{mw_1} \times 100 \quad \cdots\cdots(6)$$

式中：

V_0——空白试验所消耗硫代硫酸钠标准滴定溶液的体积的数值，单位为毫升(mL)；

V——试样所消耗硫代硫酸钠标准滴定溶液的体积的数值，单位为毫升(mL)；

c——硫代硫酸钠标准滴定溶液的浓度的准确数值，单位为摩尔每升(mol/L)；

M——丙烯酰胺的摩尔质量的数值，单位为克每摩尔(g/mol)(M=71.07)；

m——试料的质量的数值，单位为克(g)；

w_1——试样固含量的质量分数，用%表示。

当用提取法制备试样溶液时，试样质量按式(7)计算：

$$m = \frac{m_0 V}{V_0} \quad \cdots\cdots(7)$$

式中：

m_0——5.4.2.4.2 称取的试样的质量的数值，单位为克(g)；

V_0——加入的提取液总体积的数值，单位为毫升(mL)；

V——移取的提取液的体积的数值，单位为毫升(mL)。

5.4.2.7 允许差

取平行测定结果的算术平均值为测定结果，两次平行测定结果的绝对差值水溶液法制样时单个测定值与平均值不大于5%、提取法制样时单个测定值与平均值不大于10%。

5.5 溶解时间的测定

5.5.1 方法提要

随着试样的不断溶解，溶液的电导值不断增大。全部溶解后，电导值恒定。一定量的试样在一定量水中溶解时，电导值达到恒定所需时间，为试样的溶解时间。

5.5.2 仪器、设备

5.5.2.1 电导仪：测量范围 0.01 μs～10^6 μs，配有记录仪，量程 4 mV。

5.5.2.2 恒温槽：温度可控制 30 ℃±1 ℃。

5.5.2.3 电磁搅拌器：具有加热和控温装置，配有长度为 3 cm 的搅拌子。

5.5.3 分析步骤

将盛有 100 mL 水和搅拌子的 200 mL 烧杯放入电磁搅拌器上的恒温槽中。将电导仪的电极插入烧杯，与烧杯壁距离 5 mm～10 mm，与搅拌子距离约 5 mm。开动电磁搅拌，调节液面漩涡深度约 20 mm。打开加热装置，使恒温槽温度升至 30 ℃±1 ℃，恒温 10 min～15 min。调节记录纸线速度，选择电导仪量程。

称取 0.040 g±0.002 g 试样，由漩涡上部加入至烧杯中。

当记录仪指示的电导值 3 min 内无变化时，停止试验。

5.5.4 分析结果的表述

从加入试样至电导值开始恒定的时间为溶解时间。

以 min 表示的溶解时间由记录仪的走纸长度换算。

5.5.5 允许差

取平行测定结果的算术平均值为测定结果。平行测定结果的绝对差值不大于 5 min。

5.6 筛余物的测定

5.6.1 方法提要

将一定量的试样置于试验筛中，在振筛机上筛分一定时间，计算不同筛网的筛余物。

5.6.2 仪器、设备

5.6.2.1 试验筛：符合 GB/T 6003.1 的规定，规格为 Φ200 mm×50 mm，配有 1.00 mm 筛网的筛盘、

180 μm 筛网的筛盘以及筛盖、底盘。

5.6.2.2 振筛机:偏心频率每分钟约 350 次。

5.6.3 **分析步骤**

将已经称量的底盘、180 μm 筛网的筛盘、1.00 mm 筛网的筛盘由下至上依次安装好。

称取约 200 g 试样,精确至 1 g,置于最上层试验筛中,盖好筛盖,固定在振筛机上。启动振筛机筛分 20 min。

振筛结束,仔细地自上而下逐一分开筛堆,迅速称量载有筛留物的每个试验筛和载有筛出物的底盘(精确至 1 g)。

5.6.4 **结果计算**

5.6.4.1 1.00 mm 筛网筛余物以质量分数 w_3 计,数值以%表示,按式(8)计算:

$$w_3 = \frac{m_2 - m_1}{m} \times 100 \qquad \cdots\cdots(8)$$

式中:

m_2——1.00 mm 筛网的筛盘及物料质量的数值,单位为克(g);

m_1——1.00 mm 筛网的筛盘质量的数值,单位为克(g);

m——试料的质量的数值,单位为克(g)。

5.6.4.2 180 μm 筛网筛余物以质量分数 w_4 计,数值以%表示,按式(9)计算:

$$w_4 = \frac{m_4 - m_3}{m} \times 100 \qquad \cdots\cdots(9)$$

式中:

m_4——180 μm 筛网的筛盘及物料的质量的数值,单位为克(g);

m_3——180 μm 筛网的筛盘质量的数值,单位为克(g);

m——试料的质量的数值,单位为克(g)。

5.6.5 **允许差**

取平行测定结果的算术平均值为测定结果,两次平行测定结果的绝对差值 1.00 mm 筛网筛余物不大于 0.5%;180 μm 筛网筛余物不大于 2%。

5.7 **不溶物含量的测定**

5.7.1 **仪器、设备**

一般实验室仪器和以下设备。

5.7.1.1 不锈钢网:孔径 0.11 mm(120 目),Φ100 mm×100 mm。

5.7.1.2 电磁搅拌器。

5.7.2 **分析步骤**

称取约 0.4 g 试样,精确至 0.2 mg,将其缓缓加入盛有 1 000 mL 水并已开动搅拌的 1 000 mL 烧杯中。保持旋涡深度约 4 cm,常温下溶解 6 h。用事先经丙酮洗涤二次并干燥恒量的不锈钢网过滤该溶液,过滤后,将不锈钢网连同不溶物在 120 ℃±2 ℃下干燥至恒量。

5.7.3 **结果计算**

不溶物含量以质量分数 w_5 计,数值以%表示,按式(10)计算:

$$w_5 = \frac{m_2 - m_1}{m_0} \times 100 \qquad \cdots\cdots(10)$$

式中:

m_2——不锈钢网加不溶物总质量的数值,单位为克(g);

m_1——不锈钢网质量的数值,单位为克(g);

m_0——试料的质量的数值,单位为克(g)。

5.7.4 **允许差**

取平行测定结果的算术平均值为测定结果，两次平行测定结果的绝对差值Ⅰ类不大于0.02%，Ⅱ类不大于0.2%。

6 检验规则

6.1 本标准规定的全部指标项目为出厂检验项目，应由生产厂的质量监督检验部门按本标准的规定逐批检验。生产厂应保证所有出厂的产品都符合本标准要求。

6.2 使用单位有权按照本标准的规定对所收到的产品进行验收。

6.3 聚丙烯酰胺产品每批不超过3 t。

6.4 按GB/T 6678规定确定采样单元数。

固体产品采样时，用采样器垂直插入至料层深度3/4处采样。将所采样品混匀，用四分法将所采样品缩分至不少于200 g，胶体产品采样总量不少于500 g。分别分装入两个清洁、干燥、带磨口塞的广口瓶中，密封。瓶上贴标签，注明：生产厂名、产品名称、类别、批号、采样日期和采样者姓名。一瓶供检验用，另一瓶保存三个月备查。

6.5 检验结果中如果有一项指标不符合本标准要求时，应重新自两倍量的包装单元中采样核验。核验结果有一项不符合本标准要求时，整批产品为不合格。

6.6 当供需双方对产品质量发生异议时，按照《中华人民共和国质量法》的规定办理。

7 标志、包装、运输、贮存

7.1 水处理剂聚丙烯酰胺的包装上应涂刷牢固的标志，内容包括：生产厂名、产品名称、类别、商标、批号或生产日期、净质量、厂址以及GB/T 191规定的标志4“怕热”和标志7“怕湿”。

7.2 每批出厂的水处理剂聚丙烯酰胺应附有质量证明书，内容包括：生产厂名、产品名称、类别、产品批号或生产日期、净质量、产品质量符合标准的证明及标准编号。

7.3 水处理剂聚丙烯酰胺采用双层包装。每袋(桶)净质量为25 kg、50 kg或根据用户要求确定。

7.4 运输时应使用有蓬的工具，严防雨淋、曝晒。贮存在阴凉、通风干燥的库房内。

7.5 水处理剂聚丙烯酰胺的贮存期为二年。

ICS 65.020
B 72

中华人民共和国国家标准

GB/T 17526—2008
代替 GB/T 17526—1998

漆　　蜡

Lacquer wax

2008-08-07 发布　　2009-03-01 实施

中华人民共和国国家质量监督检验检疫总局
中国国家标准化管理委员会　发布

前　言

本标准是对 GB/T 17526—1998《漆蜡》的修订。

本标准与 GB/T 17526—1998 的主要技术差异：

——本标准的结构、技术要素及表述规则按 GB/T 1.1—2000《标准化工作导则　第1部分：标准的结构和编写规则》进行了修改；

——根据漆蜡的用途对其进行了分类；

——对质量指标项目进行了调整；

——对质量指标中相关指标值作了修订；

——删除了原标准中的附录 A 和附录 B。

本标准由中华全国供销合作总社提出。

本标准由中华全国供销合作总社西安生漆涂料研究所归口。

本标准起草单位：中华全国供销合作总社西安生漆涂料研究所。

本标准主要起草人：张飞龙、张瑞琴、王成章。

本标准所代替标准的历次版本发布情况为：

——GB/T 17526—1998。

漆　　蜡

1　范围

本标准规定了漆蜡的相关术语和定义、分类、质量要求、检验方法及规则、包装、储存和运输。

本标准适用于以漆树籽为原料，经加工而得的漆蜡（即从漆籽外果皮、中果皮中所取得的固体油脂）。

2　规范性引用文件

下列文件中的条款通过本标准的引用而成为本标准的条款。凡是注日期的引用文件，其随后所有的修改单（不包括勘误的内容）或修订版均不适用于本标准，然而，鼓励根据本标准达成协议的各方研究是否可使用这些文件的最新版本。凡是不注日期的引用文件，其最新版本适用于本标准。

GB 2716　食用植物油卫生标准

GB/T 5009.11　食品中总砷及无机砷的测定

GB/T 5009.12　食品中铅的测定

GB/T 5009.37　食用植物油卫生标准的分析方法

GB/T 5525—2008　植物油脂　透明度、气味、滋味鉴定法

GB/T 5528　植物油脂水分及挥发物含量测定法

GB/T 5529　植物油脂检验　杂质测定法

GB/T 5530　动植物油脂　酸值和酸度测定（GB/T 5530—2005，ISO 660:1996，IDT）

GB/T 5532　植物油碘价测定

GB/T 5534　动植物油脂皂化值的测定（GB/T 5534—1995，idt ISO 3657:1988）

GB/T 5536　植物油脂检验　熔点测定法

3　术语和定义

下列术语和定义适用于本标准。

3.1

色泽　colour

漆蜡本身带有的色泽。主要来自于漆蜡中的油溶性色素。

3.2

熔点　melting point

漆蜡由固态熔化成液态的温度，也就是固态和液态的蒸汽压相等时的温度。

3.3

水分及挥发物　moisture and volatile matter

在一定温度条件下，漆蜡中所含的微量水分和挥发物。

3.4

不溶性杂质　insoluble impurity

漆蜡中不溶于石油醚等有机溶剂的物质。

3.5

酸值　acid value

中和 1 g 漆蜡中所含游离脂肪酸需要消耗的氢氧化钾的毫克数。

3.6

碘值 iodine value

在规定条件下与100 g漆蜡发生加成反应所需碘的克数。

3.7

皂化值 saponification value

皂化1 g漆蜡所需消耗的氢氧化钾的毫克数。

3.8

溶剂残留量 residual solvents

1 kg漆蜡中残留的溶剂毫克数。

4 分类

漆蜡分为普通漆蜡和食品用漆蜡。

5 技术质量要求

5.1 普通漆蜡质量指标要求见表1。

表1 普通漆蜡质量指标

项目		指标
色泽及外观		常温下为固体，颜色有淡黄、黄绿、灰白、灰黄
气味		有生漆籽煎炒香气味（即蜡香味）
熔点/℃		45～53
水分及挥发物/%	≤	0.03
不溶性杂质/%	≤	0.5
酸值(KOH)/(mg/g)	≤	18
碘值(I)/(g/100 g)	≤	25
皂化值(KOH)/(mg/g)		200～240

5.2 食品用漆蜡应符合质量指标要求见表2，卫生安全要求应符合GB 2716。

表2 食品用漆蜡质量指标

项目		指标
色泽及外观		常温下为白色固体
气味		有生漆籽煎炒香气味（即蜡香味）
熔点/℃		45～53
水分及挥发物/%	≤	0.03
不溶性杂质/%	≤	0.03
酸值(KOH)/(mg/g)	≤	18
碘值(I)/(g/100 g)	≤	25
皂化值(KOH)/(mg/g)		200～240
总砷(以As计)/(mg/kg)	≤	0.1
铅(Pb)/(mg/kg)	≤	0.1
溶剂残留量/(mg/kg)		不得检出

6 检验方法

6.1 气味检验

按 GB/T 5525—2008 第 6 章执行。

6.2 熔点检验

按 GB/T 5536 执行。

6.3 水分及挥发物检验

按 GB/T 5528 执行。

6.4 不溶性杂质

按 GB/T 5529 执行。

6.5 酸值检验

按 GB/T 5530 执行。

6.6 碘值检验

按 GB/T 5532 执行。

6.7 皂化值检验

按 GB/T 5534 执行。

6.8 砷的检验

按 GB/T 5009.11 执行。

6.9 铅的检验

按 GB/T 5009.12 执行。

6.10 溶剂残留量检验

按 GB/T 5009.37 执行,温度条件由 50 ℃改为 60 ℃。

7 检验规则

7.1 抽样

随机从包装中取出蜡块,用小刀从蜡块中心上、中、下取 50 g～100 g 试样,每批取样总量不超过 1 000 g,把取的试样熔化在一起,从中取 400 g～500 g 供理化检验用,其余备查。

7.2 出厂检验

7.2.1 应逐批检验,并出具检验报告。

7.2.2 按本标准第 5 章的规定检验,对于食品用漆蜡其总砷、铅可不做出厂检验。

7.3 型式检验

7.3.1 当原料、设备、工艺有较大变化或质量部门提出要求时,均应进行型式检验。

7.3.2 按本标准第 5 章的规定项目全部检验。

7.4 判定规则

产品指标中有一项不合格时,即判定为不合格产品。

8 包装、储存和运输

8.1 包装与标志

8.1.1 漆蜡用双层麻袋(或化纤袋)包装,每件净重 50 kg。

8.1.2 包装上应标明产品名称、生产厂家、净重、生产日期。

8.2 储存

应储存于阴凉、干燥及避光处，严禁与有毒、有异味和可能产生污染的物品一同存放。

8.3 运输

防止曝晒、高温、雨淋和与有毒、有异味和可能产生污染的物品混装同运。

ICS 71.080.60
G 17

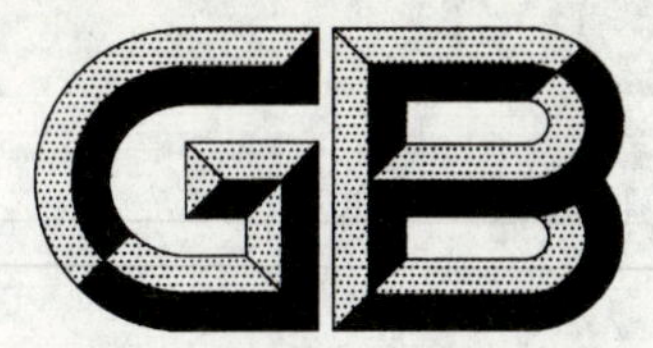

中华人民共和国国家标准

GB/T 17529.1—2008

代替 GB/T 17529.1—1998,GB/T 17530.1—1998

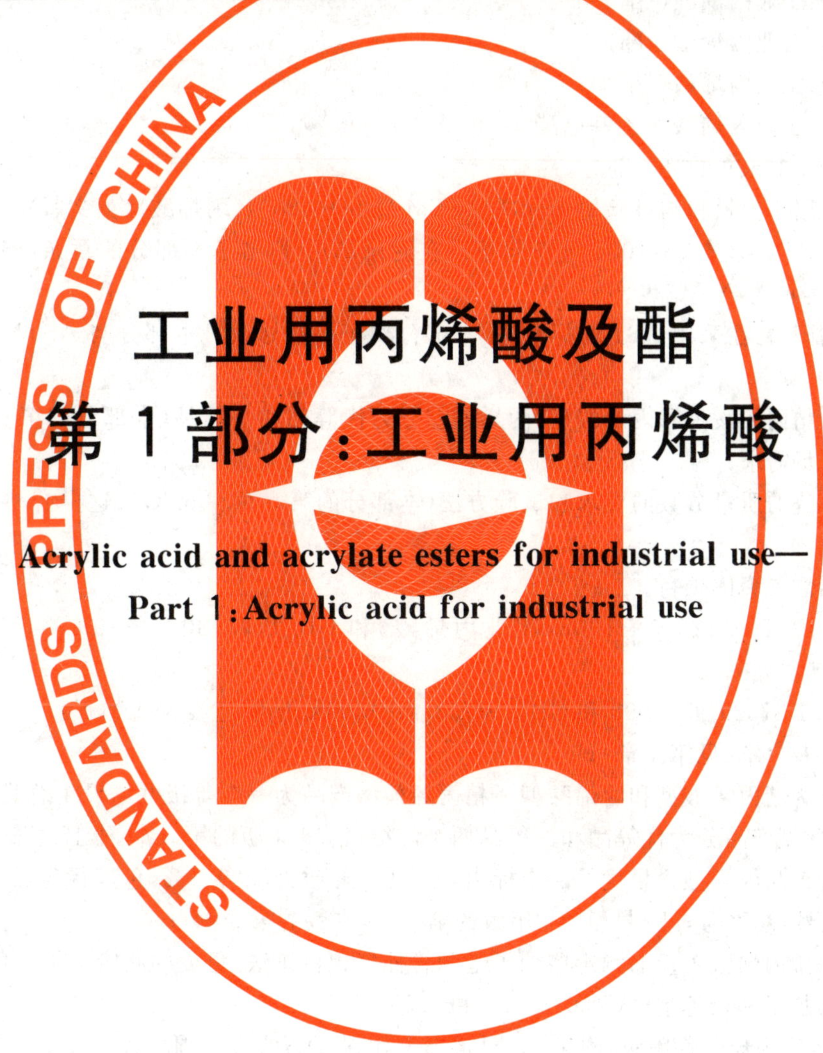

工业用丙烯酸及酯 第1部分:工业用丙烯酸

Acrylic acid and acrylate esters for industrial use—Part 1:Acrylic acid for industrial use

2008-05-14 发布　　　　2008-10-01 实施

中华人民共和国国家质量监督检验检疫总局
中国国家标准化管理委员会　发布

前言

GB/T 17529《工业丙烯酸及酯》分为5个部分：

——第1部分：工业丙烯酸；

——第2部分：工业丙烯酸甲酯；

——第3部分：工业丙烯酸乙酯；

——第4部分：工业丙烯酸正丁酯；

——第5部分：工业丙烯酸2-乙基己酯。

本部分为GB/T 17529的第1部分。

本部分修改采用美国材料与试验协会标准ASTM D 4416:2004《丙烯酸》(英文版)。

本部分根据ASTM D 4416:2004重新起草。在附录A中列出了本部分的章条编号与ASTM D 4416:2004章条编号的对照一览表。

考虑到我国的国情，在采用ASTM标准时，本部分作了一些修改。本部分与ASTM D 4416:2004的主要差异如下：

——产品分为精丙烯酸型和丙烯酸型，丙烯酸型分为优等品和一等品(本部分的第5章)。这是为了满足市场需求；

——增加了总醛的质量分数的要求和试验方法(本部分的第5章和6.3)。这样有利于产品质量的控制；

——未设丙烯酸二聚体项目。

本部分代替GB/T 17529.1—1998《工业丙烯酸》和GB/T 17530.1—1998《工业丙烯酸纯度的测定　气相色谱法》。

本部分与GB/T 17529.1—1998和GB/T 17530.1—1998相比，主要变化如下：

——增加了外观一章(见第4章)；

——将产品分为精丙烯酸型和丙烯酸型。精丙烯酸型产品为一个等级并增设了总醛项目和试验方法，丙烯酸型产品分为优等品和一等品两个等级(1998年版的第3章，本版的第5章和6.3)；

——丙烯酸型产品丙烯酸含量优等品指标由≥99.0%修改为≥99.2%，色度优等品指标由≤20号(铂-钴色号)修改为≤15号(1998年版的第3章，本版的第5章)；

——试验方法中丙烯酸含量的测定增加了毛细管柱气相色谱法，色度的测定增加了色差计法，水分的测定增加了气相色谱法(见6.3、6.4和6.5)。

本部分的附录C为规范性附录，附录A、附录B和附录D为资料性附录。

本部分由中国石油和化学工业协会提出。

本部分由全国化学标准化技术委员会有机分会(SAC/TC 63/SC 2)归口。

本部分负责起草单位：中国石油吉林石化分公司电石厂。

本部分参加起草单位：扬子石化-巴斯夫有限责任公司、北京东方石油化工有限公司东方化工厂和上海华谊丙烯酸有限公司。

本部分主要起草人：杨永梅、李茹春、韩淑杰、刘丽萍、孔伟莉。

本部分所代替标准的历次版本发布情况为：

——GB/T 17529.1—1998；

——GB/T 17530.1—1998。

工业用丙烯酸及酯
第1部分：工业用丙烯酸

1 范围

本部分规定了工业用丙烯酸的要求、试验方法和标志、包装、运输、贮存及安全等。

本部分适用于由丙烯催化氧化法制得的丙烯酸的生产、检验和销售。

分子式：$CH_2CHCOOH$

相对分子质量：72.06（按2005年国际相对原子质量）

2 规范性引用文件

下列文件中的条款通过GB/T 17529的本部分的引用而成为本部分的条款。凡是注日期的引用文件，其随后所有的修改单（不包括勘误的内容）或修订版均不适用于本部分，然而，鼓励根据本部分达成协议的各方研究是否可使用这些文件的最新版本。凡是不注日期的引用文件，其最新版本适用于本部分。

GB 190—1990　危险货物包装标志

GB/T 191—2008　包装储运图示标志(ISO 780:1997,MOD)

GB/T 1250　极限数值的表示方法和判定方法

GB/T 2366　化工产品中水分含量的测定　气相色谱法

GB/T 3143—1982(2004)　液体化学产品颜色测定法（Hazen单位——铂-钴色号）

GB/T 6283—1986　化工产品中水分含量的测定　卡尔·费休法（通用方法）(eqv ISO 760:1978)

GB/T 6678—2003　化工产品采样总则

GB/T 6680—2003　液体化工产品采样通则

GB/T 6682—1992　分析实验室用水规格和试验方法(neq ISO 3696:1987)

GB/T 9722—2006　化学试剂　气相色谱法通则

GB/T 17530.3　工业丙烯酸及酯色度的测定

GB/T 17530.5　工业丙烯酸及酯中阻聚剂的测定

3 分类和命名

工业用丙烯酸按用途分为精丙烯酸型和丙烯酸型。精丙烯酸型产品和丙烯酸型产品均可用作生产丙烯酸乳液和丙烯酸酯等，精丙烯酸型产品主要用作生产高吸水性树脂等。

4 外观

无色透明液体，无悬浮物和机械杂质。

5 要求

工业用丙烯酸应符合表1所示的技术要求。

表 1　技术要求

项　　目		指　　标		
		精丙烯酸型	丙烯酸型	
			优等品	一等品
丙烯酸的质量分数/%	≥	99.5	99.2	99.0
色度/Hazen 单位(铂-钴色号)	≤	10	15	20
水的质量分数/%	≤	0.15	0.10	0.20
总醛的质量分数/%	≤	0.001	—	
阻聚剂[4-甲氧基苯酚(MEHQ)] 的质量分数/10^{-6}		200±20。可与用户协商制定。		

6　试验方法

6.1　警示

试验方法规定的一些试验过程可能导致危险情况。操作者应采取适当的安全和防护措施。

6.2　一般规定

除非另有说明,在分析中仅使用确认为分析纯的试剂和 GB/T 6682—1992 中规定的三级水。

6.3　丙烯酸含量和总醛含量的测定

6.3.1　方法提要

在选定的工作条件下,使样品汽化后经色谱柱分离,用火焰离子化检测器检测,采用内标法定量。丙烯酸含量的计算为 100 减去有机杂质(不包括丙烯酸二聚体)和水的质量分数;总醛含量的计算为丙烯醛、糠醛和苯甲醛质量分数的相加。

6.3.2　试剂

6.3.2.1　癸二酸二甲酯:质量分数不小于 99.4%,内标物;

6.3.2.2　氢气:体积分数不低于 99.8%。使用前需用脱水装置、硅胶、分子筛或活性炭等进行净化处理;

6.3.2.3　氮气:体积分数不低于 99.8%。使用前需用脱水装置、硅胶、分子筛或活性炭等进行净化处理;

6.3.2.4　空气:无腐蚀性杂质。使用前进行脱油、脱水处理。

6.3.3　仪器

6.3.3.1　气相色谱仪:配有火焰离子化检测器,整机灵敏度和稳定性应符合 GB/T 9722—2006 中的有关规定。对样品中 0.001%(质量分数)的组分所产生的峰高应大于噪声的两倍;

6.3.3.2　色谱数据处理机或色谱工作站;

6.3.3.3　进样器:自动进样器或微量注射器,5 μL 或 10 μL。

6.3.4　色谱分析条件

推荐的色谱柱和典型色谱操作条件见表 2。填充柱典型色谱图参见附录 B 图 B.1,毛细管柱典型色谱图参见附录 B 图 B.2,各组分的相对保留值参见附录 B 表 B.1。其他能达到同等分离程度的色谱柱和色谱操作条件均可使用。

表 2　填充柱与毛细管柱推荐分析条件

项　　目	填充柱	毛细管柱
色谱柱	ϕ3 mm×2 m 不锈钢柱或 ϕ3 mm×2 m 玻璃柱	柱长/柱内径/液膜厚度：10 m×0.53 mm×1.0 μm
载体	硅藻土载体(Uniport S) 0.147 mm～0.175 mm	DB-聚乙二醇 20M-2-硝基对苯二甲酸(FFAP)
固定液	聚乙二醇 20M-2-硝基对苯二甲酸(FFAP)＋己二酸新戊二醇聚酯(NPGA)	
固定液质量比	FFAP∶NPGA∶Uniport S ＝ 15∶5∶100	
气化室温度/℃	200	230
柱箱温度	初始温度 120℃，第一阶升温速率 1.5℃/min，第一阶温度 145℃，保持 2 min，第二阶升温速率 5℃/min，最终温度 190℃，保持 40 min	初始温度 130℃，保持 2 min，升温速率 20℃/min，最终温度 200℃，保持7 min，平衡时间 5 min
检测器温度/℃	200	260
载气(氮气)流量/(mL/min)	65	8
燃气(氢气)流量/(mL/min)	55	45
助燃气(空气)流量/(mL/min)	610	300
分流比	—	1∶8
内标物量与样品量比例	0.02∶10	0.01∶10
进样量/μL	1	1

6.3.5　分析步骤

6.3.5.1　相对校正因子的测定

相对校正因子的测定方法见附录 C。

6.3.5.2　样品测定

在 50 mL 具塞三角瓶中，加入 0.02 g(填充柱气相色谱法)或 0.01 g(毛细管柱气相色谱法)癸二酸二甲酯(内标物)，再加入 10 g 实验室样品，以上称量均精确至 0.000 2 g，混匀。在推荐的色谱分析条件下，将此混合物进行色谱分析。

6.3.6　结果计算

各组分的质量分数 w_i，数值以%表示，按式(1)计算：

$$w_i = \frac{A_i m_s}{A_s m} \times f_i \times 100 \qquad \cdots\cdots(1)$$

式中：

A_i——组分 i 峰面积的数值，单位为平方厘米(cm^2)或为毫伏分(mV・min)；

m_s——内标物质量的数值，单位为克(g)；

A_s——内标物峰面积的数值，单位为平方厘米(cm2)或为毫伏分(mV・min)；

m——试料质量的数值，单位为克(g)；

f_i——组分 i 相对内标物的校正因子的数值。

注：出现未知组分时，以邻近组分相对校正因子计算。

6.3.6.1　丙烯酸含量计算

丙烯酸的质量分数 w_1，数值以%表示，按式(2)计算：

$$w_1 = 100 - w(\text{水}) - \sum w_i \qquad \cdots\cdots(2)$$

式中：

w(水)——6.5 测得的水的质量分数，数值以%表示；

$\sum w_i$——样品中有机杂质(不包括丙烯酸二聚体)质量分数的总和。

取两次平行测定结果的算术平均值作为测定结果,两次平行测定结果的绝对差值不大于0.05%。

6.3.6.2 总醛含量计算

总醛的质量分数 w_2,数值以%表示,按式(3)计算:

$$w_2 = \sum w_i \quad \cdots\cdots(3)$$

式中:

$\sum w_i$——样品中丙烯醛、糠醛、苯甲醛质量分数的总和,数值以%表示。

取两次平行测定结果的算术平均值作为测定结果,两次平行测定结果的绝对差值不大于0.000 3%。

6.3.7 仲裁法

仲裁法为填充柱气相色谱法。

6.4 色度的测定

6.4.1 目视比色法

按GB/T 17530.3的规定进行。

6.4.2 色差计法(仲裁法)

6.4.2.1 方法提要

基于色度学的基本原理,通过色差计测得样品在420 nm~710 nm的透光度,与色度标准比较,以Hazen单位(铂-钴色号)表示结果。

6.4.2.2 仪器

6.4.2.2.1 色差计:光谱范围:420 nm~710 nm,带宽20 nm,重复性:(xy)±0.0004,透射率:±0.5%,光程长度:0.1 mm~50 mm;

6.4.2.2.2 比色皿:玻璃材质,长50 mm,宽10 mm。

6.4.2.3 试剂

0号铂-钴标准溶液:按GB/T 3143—1982(2004)配制。

6.4.2.4 测定步骤

待仪器自检结束后,将0# 铂-钴标准溶液移入比色皿,置于测量槽中,调整仪器零点。将实验室样品移入比色皿,置于测量槽,选择所需色度标准与光程后,读取结果。

6.5 水分的测定

6.5.1 卡尔·费休法(仲裁法)

按GB/T 6283—1986的规定进行。

用注射器称取实验室样品约2 g,精确至0.001 g。

取两次平行测定结果的算术平均值为测定结果,两次平行测定结果的绝对差值不大于0.01%。

6.5.2 气相色谱法

按GB/T 2366的规定进行。

典型色谱操作条件参见附录D表D.1,典型色谱图参见附录D图D.1。

取两次平行测定结果的算术平均值为测定结果,两次平行测定结果的绝对差值不大于0.02%。

6.6 阻聚剂的测定

按GB/T 17530.5的规定进行。

7 检验规则

7.1 检验分类

本标准采用出厂检验。表1技术要求中规定的所有项目均为出厂检验项目。

7.2 组批

桶装产品以一次包装量为一批。罐装产品以车罐或船罐的单位包装量为一批。

7.3 采样

按 GB/T 6678—2003 和 GB/T 6680—2003 的规定采样。

7.4 判定规则与复检

检验结果的判定按 GB/T 1250 中修约值比较法进行。检验结果如果有一项指标不符合本标准要求时,应重新自两倍量的包装单元中采样进行复检,复检结果即使只有一项指标不符合本标准要求,则整批产品为不合格。

7.5 检验

工业用丙烯酸应由生产厂的质量检验部门按本标准检验,生产厂应保证出厂的产品均符合本标准要求,每批出厂的产品都应附有一定格式的质量证明书,其内容包括:生产厂名称、产品名称、产品批号或生产日期和本标准的编号等。

用户应在收到工业用丙烯酸 15 天之内检验质量是否符合本标准的要求。

8 标志、包装、运输、贮存

8.1 标志

工业用丙烯酸包装容器上应有牢固的标志,标明产品名称、生产厂名称、厂址、商标、批号或生产日期、质量等级、净含量、本标准编号以及 GB 190—1990 中规定的"腐蚀品"和"易燃液体"标志和 GB/T 191—2008中规定的"向上"和"怕晒"标志。

8.2 包装

工业用丙烯酸应采用清洁干燥的全塑桶或加衬钢桶包装或采用罐体材料为不锈钢的能够防冻保温的火车、汽车等罐体灌装。桶装时每桶净含量 200 kg,或者按用户要求的规格包装。桶口、罐口应予加垫密封,严防产品渗出或水渗入。

8.3 运输

工业用丙烯酸运输时按危险化学品的有关规定进行运输,运输时,应轻拿轻放,防止碰撞。

8.4 贮存

工业用丙烯酸易冻、易聚合,应贮存在 15℃～30℃的库房内。

9 安全

9.1 工业用丙烯酸具有腐蚀性并易燃、易爆、易聚合。提醒使用者要避免皮肤接触及接触明火,要防冻、防晒、切勿倒置及猛烈撞击。

9.2 工业用丙烯酸结冻时,如果采取不恰当的解冻方法,会导致激烈聚合。建议用不超过 35℃的温水对丙烯酸解冻。不得从部分冻结的容器中将母液排走。在任何情况下均不可使用蒸汽解冻丙烯酸。不得使用电加热解冻丙烯酸。

附 录 A
（资料性附录）
本标准章条编号与 ASTM D 4416:2004 标准章条编号对照

表 A.1 给出了本标准章条编号与 ASTM D 4416:2004 标准章条编号对照的一览表。

表 A.1　本标准章条编号与 ASTM D 4416:2004 标准章条编号对照

本标准章条编号	对应 ASTM D 4416:2004 标准的章条编号
1	1.1
2	2
3	—
4	3.1
5	3.1
6.1	6
6.2	—
6.3	5.1.1
6.4	5.1.3
6.5	5.1.2
6.6	5.1.4
7	—
8	7
9	1.4

附 录 B
（资料性附录）
气相色谱法测定丙烯酸含量和总醛含量典型色谱图及相对保留时间、相对校正因子推荐值

B.1 填充柱典型色谱图(见图 B.1)

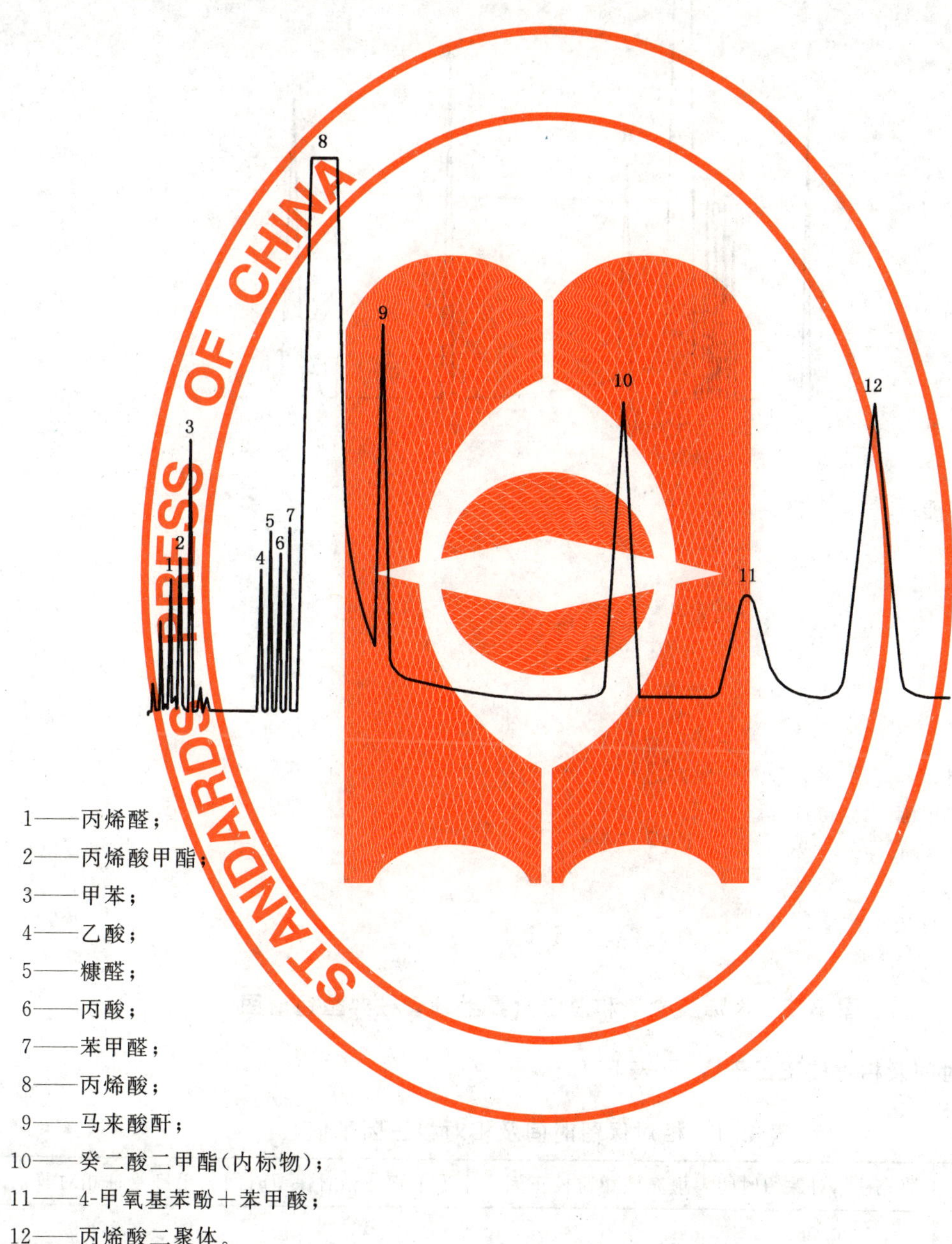

1——丙烯醛；
2——丙烯酸甲酯；
3——甲苯；
4——乙酸；
5——糠醛；
6——丙酸；
7——苯甲醛；
8——丙烯酸；
9——马来酸酐；
10——癸二酸二甲酯(内标物)；
11——4-甲氧基苯酚+苯甲酸；
12——丙烯酸二聚体。

图 B.1 丙烯酸含量和总醛含量填充柱典型色谱图

B.2 毛细管柱典型色谱图(见图B.2)

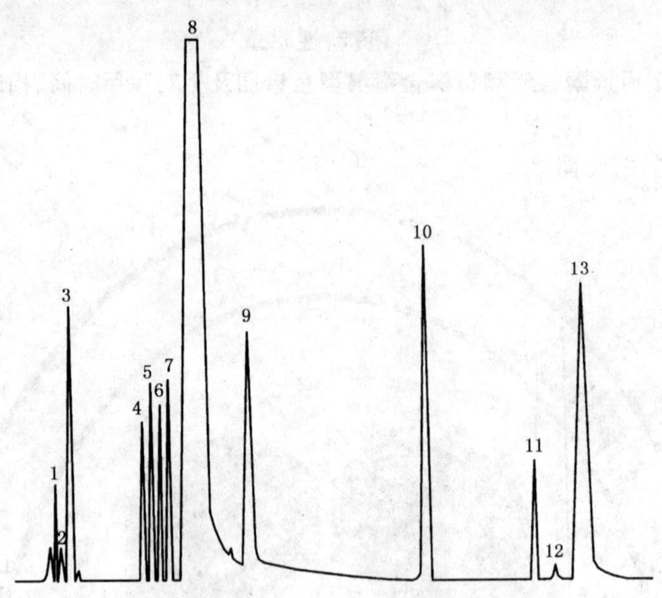

1——丙烯醛;
2——丙烯酸甲酯;
3——甲苯;
4——乙酸;
5——糠醛;
6——丙酸;
7——苯甲醛;
8——丙烯酸;
9——马来酸酐;
10——癸二酸二甲酯(内标物);
11——4-甲氧基苯酚;
12——苯甲酸;
13——丙烯酸二聚体。

图 B.2 丙烯酸含量和总醛含量毛细管柱典型色谱图

B.3 相对保留时间及相对校正因子值(见表B.1)

表 B.1 相对保留时间及相对校正因子值

组分	填充柱相对保留时间	填充柱相对校正因子	毛细管柱相对保留时间	毛细管柱相对校正因子
丙烯醛	0.08	1.74	0.24	0.94
丙烯酸甲酯	0.13	1.44	0.25	0.88
甲苯	0.21	0.57	0.28	0.34
乙酸	0.54	2.32	0.61	1.75
糠醛	0.66	1.49	0.69	0.91
丙酸	0.76	1.45	0.80	1.13

表 B.1（续）

组分	填充柱相对保留时间	填充柱相对校正因子	毛细管柱相对保留时间	毛细管柱相对校正因子
苯甲醛	0.88	1.00	0.88	0.62
丙烯酸	1.00	—	1.00	—
马来酸酐	1.51	2.12	1.58	3.65
内标物	3.30	1.00	3.31	1.00
4-甲氧基苯酚	4.00	—	4.01	—
苯甲酸	4.00	—	4.16	0.45
丙烯酸二聚体	4.44	4.38	4.36	4.61

附 录 C
（规范性附录）
相对校正因子的测定

C.1 方法提要

通过测定已知质量比的内标物和样品中杂质组分组成的校准用标准样品，各杂质组分与内标物的响应值之比即为其相对质量校正因子。

C.2 试剂

C.2.1 丙烯酸：色谱纯或质量分数不小于99.2%工业品；
C.2.2 丙烯醛：色谱纯；
C.2.3 丙烯酸甲酯：色谱纯；
C.2.4 甲苯：色谱纯；
C.2.5 乙酸：色谱纯；
C.2.6 糠醛：色谱纯；
C.2.7 丙酸：色谱纯；
C.2.8 苯甲醛：色谱纯；
C.2.9 马来酸酐：色谱纯；
C.2.10 苯甲酸：色谱纯；
C.2.11 丙烯酸二聚体：色谱纯；
C.2.12 癸二酸二甲酯：质量分数不小于99.4%，内标物。

C.3 相对校正因子的测定

在预先称量的100 mL容量瓶中加入适量丙烯醛、丙烯酸甲酯、甲苯、乙酸、糠醛、丙酸、苯甲醛、马来酸酐、苯甲酸、丙烯酸二聚体和癸二酸二甲酯(内标物)，其加入量要分别称量，并均精确至0.000 2 g。再用丙烯酸稀释至刻度，充分摇匀，配制成与样品中各组分含量相近的校准用标准样品，在与测定样品相同的色谱分析条件下，将上述标准样品重复测定三次，将作为稀释剂的丙烯酸重复测定三次，分别测得各组分及内标物的峰面积。

C.4 相对校正因子的计算

各组分相对内标物的校正因子 f_i 按式(C.1)计算：

$$f_i = \frac{A_s m_i}{(A_i - A_{i0}) m_s} \qquad \cdots\cdots(C.1)$$

式中：

A_s——内标物峰面积的数值，单位为平方厘米(cm^2)或为毫伏分(mV·min)；
m_i——标准样品中组分 i 质量的数值，单位为克(g)；
A_i——组分 i 峰面积的数值，单位为平方厘米(cm^2)或为毫伏分(mV·min)；
A_{i0}——丙烯酸中组分 i 测定三次峰面积的平均值，单位为平方厘米(cm^2)或为毫伏分(mV·min)；
m_s——标准样品中内标物质量的数值，单位为克(g)。

C.5 相对校正因子的定期测定

相对校正因子应实际测定，并应定期进行校验。

附 录 D
（资料性附录）
气相色谱法测定丙烯酸中水分的典型色谱操作条件及典型色谱图

D.1 气相色谱法测定丙烯酸中水分的典型色谱操作条件(见表 D.1)

表 D.1 气相色谱法测定丙烯酸中水分的典型操作条件

项目	分析条件
仪器	气相色谱仪,配有热导检测器
载气	氢气,体积分数不低于 99.8 %
色谱柱	ϕ3 mm×2 m 不锈钢柱
填充物	GDX-101(0.175 mm～0.246 mm)
温度	汽化室:200℃,柱箱:160℃,检测器:200℃
检测器桥流	100 mA
载气流速	50 mL/min
进样量	1 μL

D.2 气相色谱法测定丙烯酸中水分的典型色谱图(见图 D.1)

1——空气；
2——水；
3——丙烯酸。

图 D.1 气相色谱法测定丙烯酸中水分的典型色谱图

ICS 35.060
L 74

中华人民共和国国家标准

GB/T 17548—2008/ISO/IEC 13210:1999
代替 GB/T 17548—1998

信息技术 POSIX 标准符合性的测试方法规范和测试方法实现的要求和指南

Information technology—Requirements and guidelines for test methods specification and test method implementation for measuring conformance to POSIX standards

(ISO/IEC 13210:1999,IDT)

2008-07-18 发布 2008-12-01 实施

中华人民共和国国家质量监督检验检疫总局
中国国家标准化管理委员会 发布

前言

本标准等同采用 ISO/IEC 13210:1999《信息技术 POSIX 标准符合性的测试方法规范和测试方法实现的要求和指南》。

本标准与该国际标准在技术内容上是完全一致的,仅做了一些编辑性修改,并对附录 B 的章条按照顺序进行了调整。

本标准代替 GB/T 17548—1998,与 1998 版标准相比,本标准发生了如下的主要变化:

——标准名称改为"POSIX 标准符合性的测试方法规范和测试方法实现的要求和指南";

——引用标准中由软件工程术语国家标准 GB/T 11457—2006 代替了原文中的 IEEE Std 729,其他引用标准均改为对应的国家标准;

——增加了断言的类型,并对每种断言类型从结构、语法等方面进行了介绍;

——增加了测试方法实现和测试方法规范对测试结果代码的要求描述;

——增加了轮廓测试方法和宏方面的内容;

——增加了用 C 语言和 Ada 语言编写断言的示例。

本标准的附录 A 和附录 B 为资料性附录。

本标准由中华人民共和国信息产业部提出。

本标准由全国信息技术标准化技术委员会归口。

本标准起草单位:中国电子技术标准化研究所。

本标准主要起草人:李海波、冯惠、杨瑛、谢谦、张勇。

本标准所代替标准的历次版本发布情况为:

——GB/T 17548—1998。

信息技术 POSIX标准符合性的测试方法规范和测试方法实现的要求和指南

1 概述

1.1 范围

本标准适用于POSIX标准符合性测试方法的开发和使用,也适用于其他应用编程接口规范的开发和使用。本标准旨在供测试方法规范和测试方法实施的开发者和使用者使用。

本标准的用户包括:

——断言编写者:格式化断言;

——断言测试编写者:写断言测试;

——测试套件或系统的采购者:解释测试套件的结果。

本标准的目的在于为测量某个被测实现(IUT)符合POSIX标准而开发断言和相关测试方法而定义要求和提供指导。测试方法实现包括符合性测试软件(CTS),POSIX符合性测试规程(CTP),以及符合性文档(CD)的审核。

对某个实现的POSIX标准符合性测试包括测试该实现所声称的符合本标准要求的能力和行为,这些测试方法旨在提供一种合理且实际的保证,使得该实现符合本标准。但这些测试方法的使用不能担保某个实现就一定符合本标准。要保证这种符合性,通常需要进行穷举测试(见7.2.1),而穷举测试无论在技术上,还是在经济上都是做不到的。

1.2 规范性引用文件

下列文件中的条款通过本标准的引用而成为本标准的条款。凡是注日期的引用文件,其随后所有的修改单(不包括勘误的内容)或修订版均不适用于本标准,然而,鼓励根据本标准达成协议的各方研究是否可使用这些文件的最新版本。凡不注日期的引用文件,其最新版本适用于本标准。

GB/T 11457—2006 信息技术 软件工程术语

GB/T 17178.1—1997 信息技术 开放系统互连 一致性测试方法和框架 第1部分:基本概念(idt ISO/IEC 9646-1:1994)

GB/T 27025—2008 检测和校准实验室能力的通用要求(idt ISO/IEC 17025:2005)

1.3 符合性准则

测试方法规范和实现声称符合本标准,应符合标准所包含的所有要求,"应"指出了必须符合的声明和要求。本标准中作为指南或方法标识出的材料是建议或可选项,比如所有的例子、注释和脚注。

1.3.1 测试方法规范符合性准则

某个测试方法规范符合本标准应包含所有下列准则:

——适用时,应使用本标准中规定的,必需的定义、类型、语法和结构(见第3章);

——应使用本标准中规定的测试结果代码用于本标准定义的测试结果(见第4章);

——除了标准中已定义的，应定义规范中使用的任何测试方法规范结构和测试结果代码；

——应规定符合性测试结果代码清单，以指明对被测试规范的符合性(见 4.3.1)。

符合性测试方法规范可以规定本标准中没有规定的其他结构。

1.3.2 测试方法实现符合性准则

符合本标准的测试方法实现应包含下列所有准则：

a) 某个测试方法实现符合本标准应记录它符合本标准，并应记录任何其他声明符合的测试方法规范；

b) 测试方法实现应测试通常规定了用“或”字分割的一套实例断言的每个实例；

c) CTS 应尽最大可能的自动化；

d) CTS 文档应包含下列内容：

——安装、配置和执行 CTS 的所有必要信息；

——被测试的标准的版本；

——CTS 概述和该 CTS 测试的可选的基本标准特性；

——与本标准所定义的推荐的偏离；

——CTS 的已知限制；

——与具体的发行相关的修改；

——具体的配置参数；

——开发系统硬件要求如内存、磁盘空间、终端和打印机；

——开发系统软件要求；

——执行 CTS 需要的硬件和软件要求；

——任何故障排除规程的描述；

——如果必要，测试方法实现的文档应包括执行 CTP 和 CD 审核的说明；

——测试方法实现文档应描述如何收集和解释结果；

——可针对标准的需要规定附加准则。

当不存在测试方法规范时，测试方法实现应根据基本标准导出测试方法规范，测试方法实现应符合上述的所有准则。

1.4 IUT 符合性评估

图 1 描述了一个使用本标准根据一个已有的基础标准得到测试方法标准的情况下，对一个 IUT(被测实现)进行符合性评估的基本模型。这个测试方法标准应确定满足符合要求必需的测试结果代码并提供可据此导出测试方法的断言。当执行某个测试方法实现时，该实现要提供能够解析出最终测试代码的中间测试结果。当最终测试代码与符合性测试结果代码相匹配时，判断实现是符合的。

注：本过程没有包括认可机构可能要求的每个潜在步骤，诸如符合性文档审核，其仅涉及到测试方法标准中确定的符合性测试结果代码和由测试方法实现所驱动的最终测试结果代码之间的关系。

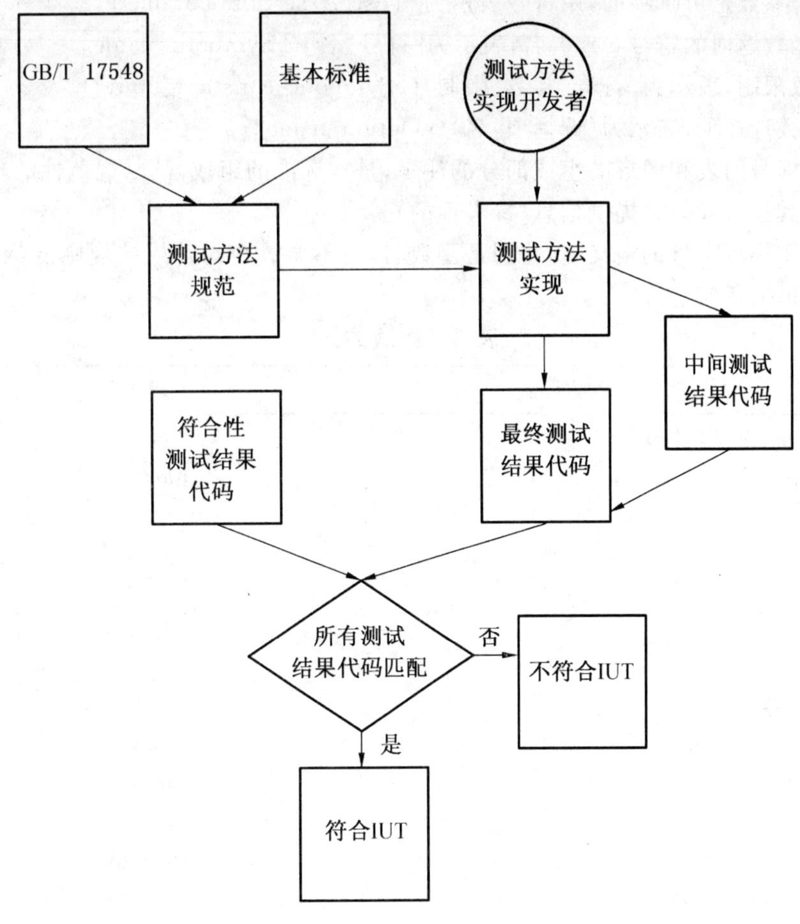

图1 单一基本标准

2 术语和一般要求

2.1 约定

在本标准中所使用的排版约定是：

1） 斜体字型用于：

——定义的术语首次出现；

——2.2.1、2.2.2和2.2.3中定义术语的交叉参考；

——在使用中通常用实值替代的参数(可选变元和操作数)；

——C语言数据类型和函数名；

——全局外部变量名；

——元素对基本标准子条款引用。

2） 黑体字型用于：

——测试结果代码。

3） 宽字型用于：

——描述所讲到的实际使用的系统的输入输出示例；

——对实用程序名、元素分组以及C语言标题的引用；

——断言中使用的关键词。

4） 需要的测试断言参数符号表示为〈Test_Assertion_Parameter〉。

5） 头文件表示为〈header〉。

6） 注释符‘()＊’意味着产生式重复了零次或多次。

7) 测试断言参数是可选项的，用符号表示为〈Test_Assertion_Parameter〉。

8) 由各种函数返回的符号 *errno* 名，表示为[符号_名]([Symbolic_name])。

9) 符号常数限制，表示为{符号_常数_限制}([Symbolic_constant_limit])。

10) 符号常数选择项，表示为{选择项_名}([Option_name])。

11) 作为带标号的表和图形的组成部分的注释，是本标准的组成部分(规范性的)。而在正文内的脚注和其他注释只是提供信息(参考性的)。

12) 通常使用小写字母的定义名，特别是函数名，决不要放在句首或按规则的英文语法要求使用大写字母的任何地方。

表 1 排版约定

引　用　内　容	示　　例
C 语言头文件(C Language header)	〈sys/stat. h〉
数据类型(Data types)	*long*
定义术语(Defined terms)	*file*
环境变量(Environment variables)	**PATH**
差错号(Error number)	[EINTR]
文件名(File name)	filename
函数变元声明(Function argument declaration)	unsigned long int
函数变元(Function argument)	*argl*
函数声明(Function declaration)	long int
函数名(Function name)	*funct* ( )
全局外部变量(Global external)	*errno*
IEEE Std 1003. n—19xx 引用	*POSIX. n*
依赖于实现的限制(Implementation-dependent limit)	{MAX_INPUT}
元字符(Metacharacter)	*(任何字符串)
参数(Parameters)	〈*path*〉
对其他标准的引用(Reference to other standards)	[GB/T 15481—2000]
x. y 章的引用(Section x. y reference)	见 x. y 或 x. y
特殊字符(Special character)	〈newline〉
符号常量限制(Symbolic constant limit)	{LINK_MAX}
符号常量选项(Symbolic constant option)	{_POSIX_JOB_CONTROL}
符号常量值(Symbolic constant value)	_POSIX_JOB_CONTROL
头文件中定义的符号(Symbol defined in header)	_POSIX_JOB_CONTROL
表引用(Table reference)	Table 2-1
实用名字(Utility name)	tar
变量(Variable)	*st_atime*

13) 诸如<、≤等数学符号仅能用在公式、断言分类赋值以及条件断言前面的条件从句中。

14) 在某些情况下，列表信息呈"直线"排列成行，而在另一些情况下，则是一些单独标号的表。这种安排纯系为了方便排字，这两种情况之间没有规范性的差异。

15) 当规定一个名字时，使用双引符号。

16) 当对一个具体的值进行规定时，使用单引号。

17) 上面列举的约定只是为了容易阅读。在本标准的排版编辑中出现的前后不一致的地方不是有意的，不具有规范性质。

18) 所有断言实例按照第 9 章书写。

表 1 是对排版约定的总结。

2.2 术语和定义

2.2.1 术语

本标准采用下列术语和定义:

2.2.1.1

可以 may

测试方法规范和实现的可选项。在本标准中,*不必(need not)*用作*可以(may)*的否定。

2.2.1.2

应 must

同 shall。

2.2.1.3

应 shall

测试方法规范或实现的一项要求。

2.2.1.4

宜 should

对测试方法规范或实现推荐的惯例。

2.2.2 一般术语

本标准采用下列定义:

2.2.2.1

断言 assertion

按照本标准定义的格式对 IUT 进行符合性测试的要求规范。此规范定义了测试什么和什么样的符合实现为真。断言是测试方法规范和测试方法标准的基本实体。

2.2.2.2

断言标识符 assertion identifier

赋给一个断言的标识符。由可移植标识字符集组成,并按照 3.3.1 中规定的命名空间要求以及其他符合本标准的测试方法标准规定的常规要求。

元素名字和断言标识符一起应唯一地表示一个测试方法规范中的断言。

2.2.2.3

断言测试 assertion test

能够产生用于评估一个实现是否符合某个断言的结果代码软件或过程性方法。

2.2.2.4

基本标准 base standard

根据一个标准编制出测试方法规范和/或开发出的一个测试方法实现,这个标准就叫基本标准。

2.2.2.5

符合性 conformance

产品、过程或服务所实现的所有规定的符合性要求。

2.2.2.6

符合性文档 Conformance Document (CD)

POSIX 标准的符合性文档,即符合基本标准中规定要求的符合性文档。

2.2.2.7

符合性文档审核 conformance document audit

评审某个符合性文档判断其符合文档断言中规定的基本标准要求的过程。

2.2.2.8

符合性日志　conformance log

便于人阅读的信息记录,作为测试产生的结果,其足以验证测试结果值。

2.2.2.9

符合性要求　conformance requirement

在基本标准中声明的要求,其以有限的、可度量的和清晰的方式标识了具体要求。

2.2.2.10

符合性测试规程　Conformance Test Procedure (CTP)

进行符合性测试时,与其他测试方法一起使用来度量符合性的手册规程。

2.2.2.11

符合性测试软件　Conformance Test Software (CTS)

用于断定对标准的符合性的测试软件。

2.2.2.12

符合性测试　conformance testing

测试某个被测实现符合性实现的程度。

2.2.2.13

符合实现　conforming implementation

满足规定的所有相关的符合性要求的实现。

2.2.2.14

符合性测试结果代码　conforming test code

针对符合性实现,CTS 能够报告每个断言相关的测试结果代码的完整列表。

2.2.2.15

CTS 构建系统　CTS build system

用于编译和配置某个 CTS 的软硬件系统。

2.2.2.16

CTS 执行系统　CTS execution system

执行 CTS 的软硬件系统。

2.2.2.17

文档断言　documentation assertion

由被测基本标准的要求所产生的某个断言,该断言记录了具体的特性和行为。

2.2.2.18

元素　element

功能接口或命名空间的分配。元素的例子如:C 函数或实用程序。名字空间分配的例子包括头文件或出错返回值常数。

2.2.2.19

最终测试结果代码　final test result code

不要求进一步处理的某个断言测试产生的测试结果代码。

2.2.2.20

正式测试规范　formal test specification

使用测试方法规范规定的正式方法进行断言测试的规范。测试方法规范应规定这个正式的测试规范是规范性的,还是资料性的。

2.2.2.21

实现 implementation

基本标准或轮廓的要求。

测试方法规范应具体定义在本规范中实现的含义。

此处所提到的实现不要和定义的实现相混淆。

2.2.2.22

被测实现(IUT) Implementation Under Test (IUT)

被测试标准的实现。某个 IUT 由所部署的不同系统的软硬件组成。

测试方法规范应对本规范中实现的构成进行具体定义。

2.2.2.23

中间测试结果代码 intermediate test result code

从断言测试中获得的测试结果代码,该代码需要进一步处理以确定最终的测试结果代码。

2.2.2.24

逻辑表达 logical expression

使用逻辑与(&&)和或(‖)操作符来表示真实或错误的布尔逻辑表达式。结果值常用于确定某个'if…else'语句采用那个条件。

2.2.2.25

选项 option

基本标准中定义的任何行为或特性,其不需要在所有的符合实现中出现。

2.2.2.26

可移植标识符字符集 portable identifier character set

组成可移植标识符的字符集。这个字符集仅有下列字符组成:

A B C D E F G H I J K L M N O P Q R S T U V W X Y Z

a b c d e f g h i j k l m n o p q r s t u v w x y z

0 1 2 3 4 5 6 7 8 9 . _ ()-

2.2.2.27

被测系统 system under test

被测实现所在的计算机软硬件系统。

2.2.2.28

测试用例 test case

为达到一个具体的测试目的或测试目的的合并所要求行动的规范。在 OSI 中,测试用例可以是一般性的、抽象的或可执行的。

2.2.2.29

测试方法实现 test method implementation

用于度量符合性的软件、规程或其他方法。

2.2.2.30

测试方法规范 test method specification

表示一个基本标准作为断言所要求功能和行为并提供符合测试结果代码的完整集的文档。

2.2.2.31

测试方法标准 test method standard

作为标准采用的一个测试方法规范。

2.2.2.32

测试目的　test purpose

良好定义的测试目标的非形式化描述,它集中于诸如在适当的要求规范中所规定的单个一致性要求或一套相关的符合性要求(例如,验证对特殊参数的特殊值的支持。)

2.2.2.33

测试报告　test report

表述测试结果和其他根据 IUT 进行测试的有关信息。

2.2.2.34

测试结果代码

描述断言测试结果的值。

2.2.2.35

测试软件　test software

为了执行或辅助执行必需的检测而使用的软件。

2.2.2.36

测试支持　test support

被测试的标准没有规定的或规定了,但没有要求的那些工具,为了执行一个断言测试,需要 SUT 提供。

2.2.2.37

测试常量　testing constant

被测标准中没有规定的,但是测试断言必需的常量。

2.2.2.38

裁决准则　verdict criteria

见符合性测试结果代码。

2.2.3　缩略语

下列缩略语适用于本标准:

IEEE(The Institute of Electrical and Electronics Engineers):美国电气与电子工程师学会

IUT(Implementation Under Test):被测实现

OSE(Open System Environment):开放系统环境

PASC(Portable Applications Standards Committee):可移植性应用标准委员会

CD(Conformance Document):符合性文档

CTP(Conformance Test Procedures):符合性测试规程

CTS(Conformance Test Software):符合性测试软件

POSIX(Portable Operating System Interface):可移植操作系统接口

POSIX.n:IEEE Std 1003.n-XXXX

SUT(System Under Test):被测试系统

3　断言定义、类型、语法和结构

3.1　引言

本章定义了必需的断言类型(见 3.3)以及书写断言的语法。第 8 章描述了来源于基本标准的断言的建立。

断言是对一个或多个元素功能或行为的声明,要充分详细以便测试方式实现者能够编写断言测试代码,其来源于基本标准的一个或多个要求。声明断言以便**通过**(**PASS**)的测试结果代码表明符合标准。

测试方法规范可以选择使用其他断言定义、类型、语法和结构。如果一个测试方法规范选择偏离了标准中的规定,应详细记录这个断言的定义、类型、语法和所使用的结构。所有断言应至少有两个与它们相关的附加组成部分:

——标准中定义的断言标识符;

——符合测试结果代码(见4.3.1)。

一个断言可以要求多个前提条件。前提条件包括图2中所列出的条目。所描述的前提条件的全部或都不可能或不可能应用到给定的断言。

本章定义的名字包含在〈〉中的是符号名字。它们用于表示在写断言时应提供的具体细节。适用时,应提供由这些符号名字要求的细节。当不适用时,应不适用它们。

一个测试方法规范应提供基本标准的完整覆盖。测试方法规范是为测试方法实现的开发者而编写的,而且当正确应用时,提供授权的方式来指出明确地符合基本标准。产生的断言应是完整的、可理解的和正确的。

测试方法应按照同样的部分、条款和子句相对应POSIX标准来组织。

断言应仅为了符合性要求而编写。

为声明所编写的断言不应仅适用于一个实现的使用而不适用于实现本身。

在声明中使用明确的术语的声明,对程序员来讲仅是一个警告或一个实现建议。

3.2 类属断言结构

图2表示了类属断言结构。

除了一般断言和一般文档断言要求'For'结构和〈Test_Text〉结构外,对〈Generic_Assertion〉的唯一要求的文本是〈Test_Text〉。

```
For〈Element_1〉…〈Element_n〉:
If〈Applicable_Standard〉then
  If〈Option〉then
    If〈Test_Support〉then
        (Setup:〈Setup_Requirements〉)*
      Test:〈Test_Text〉
      (TR: 〈Testing_Requirements〉)*
      (Note:〈Notes〉)*
    Else〈No_Test_Support〉
   Else〈No_Option〉
Else〈No_Application_Standard〉
```

图2 类属断言结构

本结构为本章定义的每个断言类型提供了基础。对于每个类属断言结构的规范应根据应用而确定。〈Test_Text〉适用于某个类属断言。

允许测试方法规范在结构的具体术语的标识符表示上具有一定的灵活性;但是,同样的表示应保持一致。例如,else可以表示为else、ELSE、ELSE:,Else等,只要表示是一致的即可。

断言是从上往下执行的,如果前提条件没有被SUT或IUT支持,那么断言结果将由相应的'Else'执行。

3.2.1 For

如果一个贯穿多种元素的特性或行为是相似的，那么采用'For'结构以一种精确和准确的方式对多个元素规定同样的要求。这种结构常常在编写一般断言时使用。

'For'也可以作为跳转结构使用，这类似于编程语言中使用的方式。它可以列出函数集或常量集作为断言体中引用参数的替换。

3.2.2 If then Else

'If 〈precondition〉，then…Else 〈outcome〉'结构用于规定测试某个断言所必需的要求。在断言结构中用'If〈precondition〉'子句表达，当要求不满足时，由'Else〈outcome〉'子句表达。

当 SUT 支持前提条件时，'if'子句为真(TRUE)。当 SUT 不支持前提条件时，'If'子句为假(FALSE)，相应的'Else'子句决定了报告的结果。

当没有提供必需的前提条件时，这种结构提供了一种简单的方法为断言赋值。

3.2.3 适用的标准

〈Applicable_Standard〉表示这个基本标准适用于测试这个断言。〈Applicable_Standard〉可以是由断言衍生出的单个基本标准，或是断言应用的多个基本标准。这个参数可以逻辑方式表达。

3.2.4 选项

〈Option〉代表不必在所有符合性实现中出现的基本标准定义的任何行为或特性。此参数可以逻辑方式表示。

3.2.5 测试支持

〈Test_support〉表示那些被测试的标准没有规定、或规定了但没有要求，被测系统(SUT)在执行断言测试中又需要的工具，为了彻底地测试一个实现，在一个被测系统中，测试方法规范可能需要非相关的选项特性来支持。

3.2.6 设置要求

〈Setup_Requirements〉是测试计划或测试人员为执行断言测试必须履行来建立适当环境的步骤。〈Setup_Requirements〉可能有一个或多个步骤。它是创建适当测试环境的说明。如果某个设置要求步骤没有成功，那么符合性测试方法应报告那个步骤失败了，失败的原因。如果任何设置步骤都没有成功，报告的测试结果代码应是 **UNRESOLVED**。

3.2.7 测试文本

〈Test_Text〉规定了要执行的测试。通常采用〈action〉〈result〉格式。当一个断言要求多重测试时，可以列表或表格的形式定义最少的被测项目。

3.2.8 测试要求

〈Testing_Requirements〉为一个断言规定了要求的最少测试。最典型的情况就是，当一个断言允许多个方式测试。检测要求宜用于在同样的测试环境下，规定文件类型必需的最小集。

〈Setup_Requirements〉可能依赖于断言的语境。因此对于一个单一的断言有可能有多个检测要求，每个检测要求适用于一个具体的断言语境。

当一个断言为了测试彻底，要求多次测试时，以列或表的方式提供测试参数以代替重复的文字。

3.2.9 注释

〈Notes〉表示让那些使用测试方法规范的人了解的附加信息。

3.3 断言类型和结构

根据基本标准的文字，每个断言结构应有对应于五个断言类型的可能的格式之一。这些断言类型是：

——基础；

——一般；

——参考；

——文档；

——一般文档。

每个断言结构都是基于图 2 所示的类属断言结构。

3.3.1 断言标识符

每个断言都有一个断言标识符，其在断言结构中用符号〈Assertion_Identifier〉、〈D_ Assertion_Identifier〉、〈GA_ Assertion_Identifier〉、〈GD_ Assertion_Identifier〉、〈R_ Assertion_Identifier〉指出。本标准给出如下的编写断言标识符的指南：如果使用了其他惯例，它们应在符合本标准的测试方法规范中规定：

[(〈specification_list〉)]〈Assertion_Type〉〈portable_identifier_chars〉

此处，〈specification_list〉是其他断言标识符应用的标准和规范的列表；作为可选项时，使用圆括号表示。〈Assertion_Type〉指出了断言的类型，它是下面规定的类型或测试方法规范规定的其他类型之一。〈portable_identifier_chars〉选自可移植标识字符集，其给出了断言的标识符或名字。注意在一个〈Assertion_Identifier〉中不允许空格，唯一的空间只能以逗号的形式在〈specification_list〉中出现。

下面的字符集是为〈Assertion_Type〉保留的，而且仅能作为指出断言类型使用；测试方法规范应定义所应用的断言标识符惯例。见图 3。

〈Assertion_Type〉	断言类型	断言标识符符号
D_	文档断言	〈D_Assertion_Identifier〉
GA_	一般断言	〈GA-Assertion_Identifier〉
GD_	一般文档断言	〈GD-Assertion_Identifier〉
R_	引用断言	〈R-Assertion_Identifier〉
〈NULL〉	基础断言	〈Assertion_Identifier〉

图 3 断言类型

符合推荐指南的断言标识符实例：

23

GA_17

GA_stdC_proto_decl

17.35

R_erofs

下面的子句为每个断言类型规定了布局。第四章提供了使用 POSIX 标准文本为每个断言类型编写断言的实例。

3.3.2 基础断言

符号〈Basic_Assertion〉代表关于单一元素的一个或多个标准要求。〈Basic_Assertion〉的书写应符合图 4 的断言结构。

〈Assertion_Identifier〉〈Generic_Assertion〉

图 4 基础断言结构

3.3.2.1 用于基础断言的断言标识符

在一个元素中，〈Assertion_Identifier〉是对每个〈BASIC_ASSERTION〉的唯一标识。这些标识符宜是数字的，也可以包含小数点和小数部分。同类标识符相关的断言宜按照数字顺序相对其他已编号的断言进行排列。非数值断言标识符的断言可以按照任何顺序排列，包括断言和数值断言标识符之间的布置。对策是断言来讲，数值断言标识符的应用并不意味着一个特殊的次序。

3.3.3 一般断言

一般断言为由基本标准导出的行为或功能的声明，这些声明适用于多个元素，并对每个适用的元素扩展成一个或多个特定的断言。

在一个测试方法规范中，一般断言应是唯一标识符。测试方法规范应以索引方式记录每个一般断言的位置。

符号〈General_Assertion〉表示以相似的方式影响多个元素的标准要求。每个一般断言导致一个或多个断言。一般断言的格式应符合图5的断言结构。图2所表示的'For'结构对每个一般断言是必需的。

```
〈GA_Assertion_Identifier〉
  〈Generic_Assertion〉
```

图5 一般断言结构

一般断言所列出的或暗含的每个元素，应使用图4所示结构并参考其对应的〈General_Assertion〉，对每个元素产生一个基础断言。这些基础断言的编写要符合图6的断言结构。

```
〈Assertion_Identifier〉〈Generic_Assertion〉
See:〈GA_Assertion_Identifier〉
```

图6 一般断言产生的断言

3.3.3.1 用于一般断言的断言标识符

在一个基本标准中，用于一般断言的断言标识符具有唯一性。建议给〈GA_Assertion_Identifier〉赋予类似下列有意义的名字：

GA_stdC_proto-用于C标准原型声明的一般断言

GA_commC_result-用于通用C结果声明的一般断言

3.3.4 引用断言

符号〈Reference_Assertion〉表示避免对同一元素执行同样断言测试的成倍次数的方法。当一个基本标准在同样的元素多次重复一个要求，此时使用引用断言。测试方法编写者一旦在元素中声明了这个基础断言，在元素中其他位置的重复文字就被声明为引用断言。当一个断言已存在于一个元素中，而且仅能在元素中被断言引用，此时仅能使用引用断言。引用断言也可以是已存在的多个断言。引用断言应包含衍生于标准的文字。

引用断言的编写应符合图7所示的断言结构。

```
〈R_Assertion_Identifier〉
(Setup:〈Setup_Requirements〉) *
Test:    〈Test_Text〉
See:     〈Assertion_Identifier〉
注：'Setup'为可选择行。
```

图7 引用断言

引用断言不能写成一般断言，反之亦然。引用断言是指对应于基本标准文本的断言，当扩展时，一般断言不能有基本标准的文本。

3.3.4.1 用于引用断言的断言标识符

每个元素中的断言标识符〈R_Assertion_Identifier〉是唯一的。这些标识符在前缀之后是数值，可以包含小数点和小数部分。和同类标识符相关的断言,相对其他已编号的断言,按照数字的顺序排列。非数值的断言标识符可按照任何顺序排列,包括断言和数值断言标识符之间的布置。数值断言标识符对测试断言来讲,不应意味着某种特殊的顺序。

3.3.5 文档断言

当基本标准明确要求对某些特定属性要进行记录时,文档断言是测试方法规范中所必要的。

标准可以要求某个销售商的符合性文档指定文档断言,以便文档的组织能够类似标准。

可以在较高层次的标题之下出现信息,或者用标准的一章节、条款或子句,目的在于覆盖贯穿标准的多个章节、条款和子句。

每个文档断言应陈述文档应归属的章节、条款或子句。当断言依赖于符合性文档,其采用支持或不支持的声明机制时,这个断言应使用符号{CD_*},此处'*'是为已扩展的。符号{CD_*}建议在表中规定选项与每个符号的关联。这个文档的类型为处理多种选项提供了合理的方法。

文档断言用于标识符合性文档要求。文档断言的编写应符合图8所示断言结构格式。

〈D_Assertion_Identifier〉〈Generic_Assertion〉

图8 文档断言结构

POSIX 标准通常要求在符合性文档中对特定属性进行记录。当要求时,这个文档作为 POSIX 符合性文档(PCD)引用。在编写 PCD 时,基本标准的所有文档要求都要满足。如果存在一个测试方法规范,那么 PCD 应包含文档断言所要求的所有稳当。PCD 中提供的信息应直接可以溯源到基本标准的要求。

3.3.5.1 文档断言的断言标识符

对每个元素,用于〈Documentation_Assertion〉的断言标识符是唯一的。这些标识符在前缀之后是数值,可以包含小数点和小数部分。和同类标识符相关的断言,相对其他已编号的断言,按照数字的顺序排列。非数值的断言标识符可按照任何顺序排列,包括断言和数值断言标识符之间的布置。数值断言标识符对测试断言来讲,不应意味着某种特殊的顺序。

3.3.6 一般文档断言

一般文档断言以类似的方式影响多个元素。每个一般文档断言为每个适用的元素产生一个或多个文档断言。

从一般断言衍生的每个断言包含了所衍生的一般文档断言的一个参考。一般文档断言的编写应符合图9所示结构。图2所示的'For'结构对每个一般断言文档是所要求的。

〈GD_Assertion_Identifier〉
　　〈Generic_assertion〉

图9 一般文档断言结构

由一般文档断言列出的或隐含的每个元素,应使用图10所示结构为每个元素产生文档断言。'See:'为相应的一般文档断言提供了一个参考。

〈Assertion_Identifier〉〈Generic_Assertion〉
　　See:〈GD_Assertion_Identifier〉

图10 衍生于一般文档断言的文档断言

3.3.6.1 用于一般文档断言的断言标识符

在每个测试方法规范中,断言标识符〈GD_Assertion_Identifier〉是唯一的。

建议〈General_Documentation_Assertion〉断言标识符按照下述方式给出具有意义的名字：

GD_stdC_proto——用于C标准原型声明的一般文档断言

GD_commC_result——用于通用C结果声明的一般文档断言

3.3.7 不使用的断言标识符

当测试方法规范的研发者想知道以前使用的，但是现在的草案或规范都不使用的断言标识符时，这个断言标识符应在每个元素的末尾列出，或按照图11所示方式用单词 **Unused** 表示出。

```
〈Assertion_Identifier〉Unused
Or:
Unused〈Assertion_Identifier〉:,〈Assertion_Identifier〉)*
```

图 11 不使用的断言标识符实例

3.4 宏

3.4.1 介绍

由于测试方法要求准确的规范，而且断言包含许多重复的阶段，在产生断言时可以对基本标准的公共文字采用宏机制分组处理。应在测试方法规范中对宏机制的使用细节进行规定。

3.4.2 宏命名规则和用法

前缀"M"应为宏命名保留。宏名字应由来自于可移植标识符集的字符组成，除了圆括号、破折号、(,)、'-'以外，并应以"M_"开头。宏命名应按其目的描述给出有意义的名字。此外，仅在一个元素中使用的宏建议在名字中包含元素的名字，以便给出读者关于其范围的信息。贯穿于基本标准的宏不应具有同一个元素名字。

注：例如，宏应按照下列方式定义和使用：

M_GA_stdC_proto_decl　包含了用于C标准原型声明的〈General_Assertion〉文本的宏名字

M_fork_extra_inherit　在 *fork()* 调用中处理外部继承的宏名字

宏定义可能看起来像下述：

```
M_GA_stdC_proto_decl(hdr. proto)=
    If PCTS_C_standard Then
        Setup:The header〈hdr〉 is included.
        Test:The function prototype proto is declared.
    Else NO_OPTION
    Note:GA_stdC_proto_declaration
```

这样的定义将为〈General_Assertion〉所覆盖的C标准原型声明产生下面的定义：

```
GA_stdC_proto_decl M_GA_stdC_proto_declaration(header,synopsis_prototype)
```

这样的〈General_Assertion〉在元素中出现的方式如下：

```
1        M_GA_stdC_proto_decl(semaphore. h,
              "int sem_init(sem_t * sem,int pshared,unsigned int value);")
```

上面对'1'断言的定义采用了宏调用的方式完成的。有含义的名字能够让读者明白，这是一个用于覆盖C标准原型声明的一般断言(GA_)的宏(M_)。

3.5 总结

对断言的准确结构应根据基本标准的要求而变化。此处描述的前提条件和其他符号名可以适用于一个给定的断言。然而，所有断言至少有以下三个部分：

——断言标识符，例如〈Assertion_Identifier〉；

——断言测试,例如〈Test_Text〉;

——符合性测试结果代码(见 4.3.1)。

4 测试结果代码

4.1 引言

本章包含了测试方法实现和测试方法规范所使用的对测试结果代码的要求。

4.2 测试方法实现

对测试方法实现的测试结果代码仅有两种类型:最终结果代码和中间结果代码。测试方法实现可以使用附加的中间测试结果代码为用户就为什么产生测试结果代码提供更多的信息。测试方法实现不应为标准中规定的测试代码给出任何其他含义,而且适用时,要求使用这些测试结果代码。测试方法实现不应为最终的测试结果代码定义任何含义,除了本标准定义的。

4.2.1 中间测试结果代码

中间测试结果代码是要求进一步处理以确定最终结果代码。中间测试结果代码如下:

——**UNRESOLVED**-至少有下列条件之一是真:

a) 该断言测试需要人工检查,以确定其结果;

b) 断言测试的建立没有以期望方式完成;

c) 含有断言测试的测试程序被意外中断;

d) 断言测试不能进行,因为它所依赖的前面的断言测试失败;

e) 含有断言测试的测试程序未启动;

f) 测试程序的编译或执行产生了意外的差错或警告;

g) 由于其他原因,断言测试未能得到最终的测试结果代码。

所有产生的 **UNRESOLVED** 测试结果代码都应在做出符合性声明(见第 6 章)之前解决,求出一个最终测试结果代码。

如果在确定某个断言测试的结果时发生的意外事件可能使该结果无效,则测试方法应尽可能地指出它,并报告事件的发生。

如果断言测试在这种事件发生后不能完成,则测试结果代码应是 **UNRESOLVED**。如果测试方法实现是 CTS,则应力争继续执行测试程序,但任何不能执行的断言测试应报告为 **UNRESOLVED**。一个 CTS 应当力争用最大限度地执行断言测试,以使测试从意外事件中恢复过来,并保证后续测试结果的有效性和正确性。

——**INCOMPLETE**-断言测试不能证明通过,但是也没有出现失败。

4.2.2 最终测试结果代码

最终测试结果代码对确定测试断言的结果不需要进一步处理。当测试结果代码为 **PASS** 或 **UNTESTED** 时,测试方法应尽可能地提供充足的信息,以确定该结果的原因。最终测试结果代码是:

——**PASS**- IUT 符合断言所规定的要求;

——**FAIL**- IUT 不符合断言所规定的要求;

——**NO_APPLICABLE_STANDARD** - 测试断言所要求的标准没有 IUT 支持;

——**NO_OPTION** - 测试断言所要求的基本标准的可选项没有 IUT 支持;

——**NOT_APPLICABLE** - 断言没有应用到这个轮廓;

——**NO_TEST_SUPPORT** - 支持断言测试所必需的软硬件在 IUT 上不可用;

——**UNTESTED** - 对这个断言没有断言测试。

当对测试断言不能可移植性测试时,允许 **UNTESTED** 测试结果。确定断言是否具有可移植测试的能力依赖于以下因素:

a) 测试方法编写者规定断言的能力,以便它们可测试;

b) 测试方法编写者为每个断言设计可移植测试场景的能力;

c) 测试方法标准所要求的基本标准。

对一个断言指派为 **UNTESTED** 测试结果代码,只能在作为可测试断言试图写断言都失败之后才能使用。多数情况下,对于具体的实现没有可移植的断言能够进行测试。测试套件的编写者应尽可能地为非移植断言提供充足的测试。

允许一个断言为 **UNTESTED** 测试结果代码的完整理由如下:

1) 对这个断言尚没有可移植的测试方法。

不可能为所有的符合性测试系统编写出一种可移植的测试方法,因为实际的软件可能随 CTS 所支持的目标系统不同而不同。当某个软件不得不为被测系统定制时,就有可能出现这种情况,而且有可能每个被测试系统的测试方法也不同。

当实现不能移植地测试一个断言时,提供 CTS 的测试组织必须提供要遵守的规程。

2) 对在基本标准中的相应声明要进行符合性测试,但其特殊性尚不足以编写可移植的测试。

从软件测试的角度来讲,POSIX 标准对特性规定的不是很清晰。例如在 GB/T 14246.1—1993 中声明 *stat.h* 数据项应当含有有意义的值。要验证一个 *stat* 结构是否含有有意义的值,CTS 很难确定测试软件。也许为 POSIX 标准编写的补充要求可以在可适用的 POSIX 标准中提到这些声明。

3) 对这个断言尚没有可靠的测试方法。

标准制定者也不能使软件测试或规程测试确定断言是否符合可适用标准中的声明。例如当为标准中的某个特定函数尽量确定已用去的时钟时间的情况。

4) 这个断言测试要求建立规程,而这些规程涉及到需要某个测试方法的用户付出过多的努力。

5) 这种断言测试在多数系统上都需要花费过多的时间和资源。

6) 建立一个断言测试将需要过多的测试开发时间。

7) 这种断言测试可能对某种测试方法的完成有不利的影响。

当允许 **UNTESTED** 测试结果代码时(见图 12),允许提供 **UNTESTED** 测试结果代码的理由如上面所列出的任何一个。

只有在上述的最终测试结果代码不可用的情况下,才能使用附加的最终测试结果代码。测试方法所使用的任何一个附加的最终测试结果代码应记录在测试方法文档中。

测试方法不应对上述的描述的测试结果代码附加任何其他的含义。

4.3 测试方法规范

4.3.1 符合的测试结果代码

对一个断言来讲,符合的测试结果代码(见图 12)证明符合基本标准。每个测试方法规范应为每个断言声明其符合的测试结果代码集。

和这些断言相关的代码如 9.1.1 所示。

实体	测试结果代码
Applicable_Standard	〈No_Applicable_Standard〉
Option	〈No_Option〉
Test_Support	〈No_Test_Support〉
Test	PASS,UNTESTED

图 12 实体对可允许的测试结果代码

当一个断言集具有相互排除的前提条件,对一个 IUT 的 **PASS** 的最终测试结果代码可能发生。我们建议将相互排除断言作为一个提示进行标注,最终测试结果代码可以是 **PASS**。

对标识相互排除断言的表示法的导则为:

PASS[〈Assertion_Identifier〉,…〈Assertion_Identifier〉]

见图 16 和 9.1.2 断言 01-02 和 13-15 的示例。

5 测试报告

5.1 测试报告

对 IUT 的测试方法执行的结果在测试报告中进行总结。测试报告应包含下列信息:

——要符合的标准名称和版本;

——使用的测试方法实现的名称和版本号;

——测试方法实现要符合的测试方法规范;

——测试信息系统的名称、型号和配置,以及根据实现者的标识模式所陈述的实现的名称、版本和发行水平;

——CD 审核的名称和版本(如果标准要求一个 CD);

——IUT 测试的日期。

此外,下列信息应可用:

——每个断言测试的测试结果;

——对测试方法所作的任何修改的描述;

——如何复制测试结果的信息。

如果最终测试结果代码产生与测试方法实现,这个测试方法实现与测试方法标准对应的断言所产生的符合性测试结果代码相匹配,那么这个 IUT 就符合这个标准或轮廓。

5.2 符合性文档(CD)审核

当文档断言要求细节,应提供详细的资料。可以参考系统文档来替换提供这些细节,但是这些参考文件必须是合适的。

一些标准要求来自销售商的 CD 结构要与相关的基本标准相类似。允许和要求的 CD 信息应出现在较高层次的标题之下,或以包含标准内容的部分、条款或子条款的形式出现,目的在于覆盖多个部分、条款和子条款。

如果基本标准没有具体规定 CD 的结构要与标准相匹配,那么可以允许其他格式;然而,强烈建议尽可能地与标准的结构相一致。

6 轮廓

6.1 定义

轮廓明确地描述了一套标准集中各标准之间的关系,这些标准在一起使用并可以为所使用的基本标准规定特殊的细节。为了充分利用已经定义好的功能和接口,可以参考其他国际标准轮廓(ISP),并因此限制其参考基本标准的方向。

因此,一个轮廓包括:

——规定其应用的基本标准并限制了特定行为和特性的实现,以最大化应用的可移植性;

——不应规定任何有可能与参考的基本标准引起冲突或不符合的要求;

——引用的基本标准中规定的变量可以要求一个较大的最大-最小值或一个较小的最大最小值;

——在基本标准之间要求一定的交互作用;

——可以包含符合性要求,其要比所参考的基本标准更具体,范围有一定的限制。

6.2 符合轮廓

轮廓通过引用基本标准作为规范的一部分。此外,轮廓可能规定基本标准中的实现所要求的特性和行为,并对基本标准中规定的条款很少限制界限和大小。轮廓可以规定其引入的基本标准之间的关系,例如基本标准实现间的互操作性。

因此,对于一个符合轮廓的实现来讲,其应符合轮廓所合并的所有基本要求以及轮廓本身所规定的所有要求。符合轮廓的要求在轮廓本身中规定。测试方法尽可能地与轮廓分离,应用于度量符合这个轮廓。

6.2.1 轮廓测试方法

轮廓测试方法为轮廓中所包含的每个基本标准的测试方法的合并。

6.2.2 基本标准测试方法

如果没有标准或认可的方式来测量符合特殊的基本标准,轮廓测试方法应规定基本标准没有应用到符合这个轮廓的测试。应注意已存在一些认可的测试符合标准的方法,其没有测试方法规范;例如,有些国家成员体已有验证C标准实现的符合性的认证程序。但是没有C标准的测试方法规范。

轮廓测试方法应规定测试符合基本标准的标准或已认可的方式。如果一个用于基本标准的测试方法遵循了标准中规定的测试方法的要求,那么轮廓测试方法也应为这个基本标准规定修改的符合性矩阵。当测试方法用于测量符合某个基本标准,应用应与轮廓的要求保持一致。例如,测试软件的配置应按照轮廓中的规定的使用限制,而不是基本标准中规定的,特别是在它们有不同的情况之下。否则应使用轮廓中要求的基本标准规定的可选项配置测试软件。

6.2.3 具体轮廓的测试方法

6.3 符合性评估

此处提出了评估符合轮廓的两个模型。它们是从1.4的单个基本标准模型衍生出来的,并为认可机构执行轮廓符合性评估提供了指南。

两个模型采用了已有的测试方法标准。第一个使用了多个基本测试方法,第二个使用了一个轮廓测试方法标准。二者在概念上保证了实质性的一致性。

关键问题是要注意到这些模型的基本目的是要解释测试方法标准所包含的测试结果代码与在进行符合性评估时,从CTS和CTP获得的测试结果代码之间的关系。

6.3.1 使用多种基本测试方法标准

图13中的模型刻画了有几个基本标准构成的轮廓与它们相关的测试方法标准。由几个基本标准测试方法实现构成的轮廓测试方法实现并与用于符合性测试的现存测试方法标准相一致。测试方法标准标识符合性测试结果代码,然后按照每个轮廓的要求进行修改。这样产生了轮廓符合性测试结果代码的单一标识集。当执行轮廓测试方法实现时,要解决所有中间测试结果代码,以产生最终的测试结果代码。如果符合测试结果代码的轮廓与最终测试结果代码匹配,那么可以判断这个实现符合轮廓。

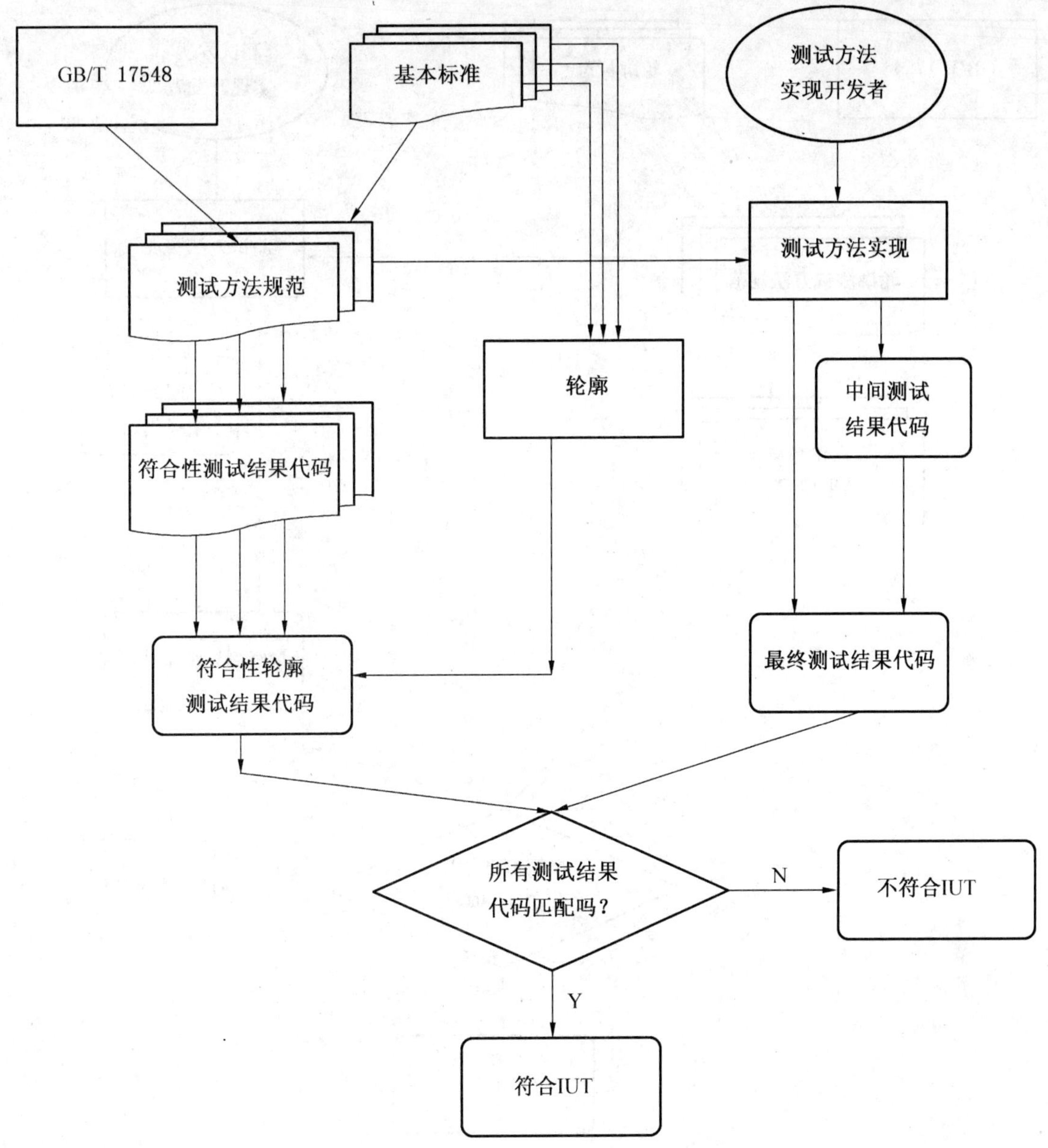

图 13　多重基本标准轮廓

6.3.2　使用轮廓测试方法标准

图 14 中的模型与图 13 中模型类似，尽管在这个模型中，多重轮廓标准（从每个相关基本标准中衍生出的）用它们相关的轮廓测试方法标准来描述（从基本测试方法中衍生出来的）。轮廓符合性测试结果代码由每个轮廓测试方法标准来标识。在这个实例中的轮廓 CTS 是轮廓测试方法标准要求配置的实际的一个或多个基本标准 CTSs（例如，一些选项是必要的）。如果轮廓符合性测试结果代码与最终的测试结果代码相匹配，那么可以判断这个实现符合轮廓。

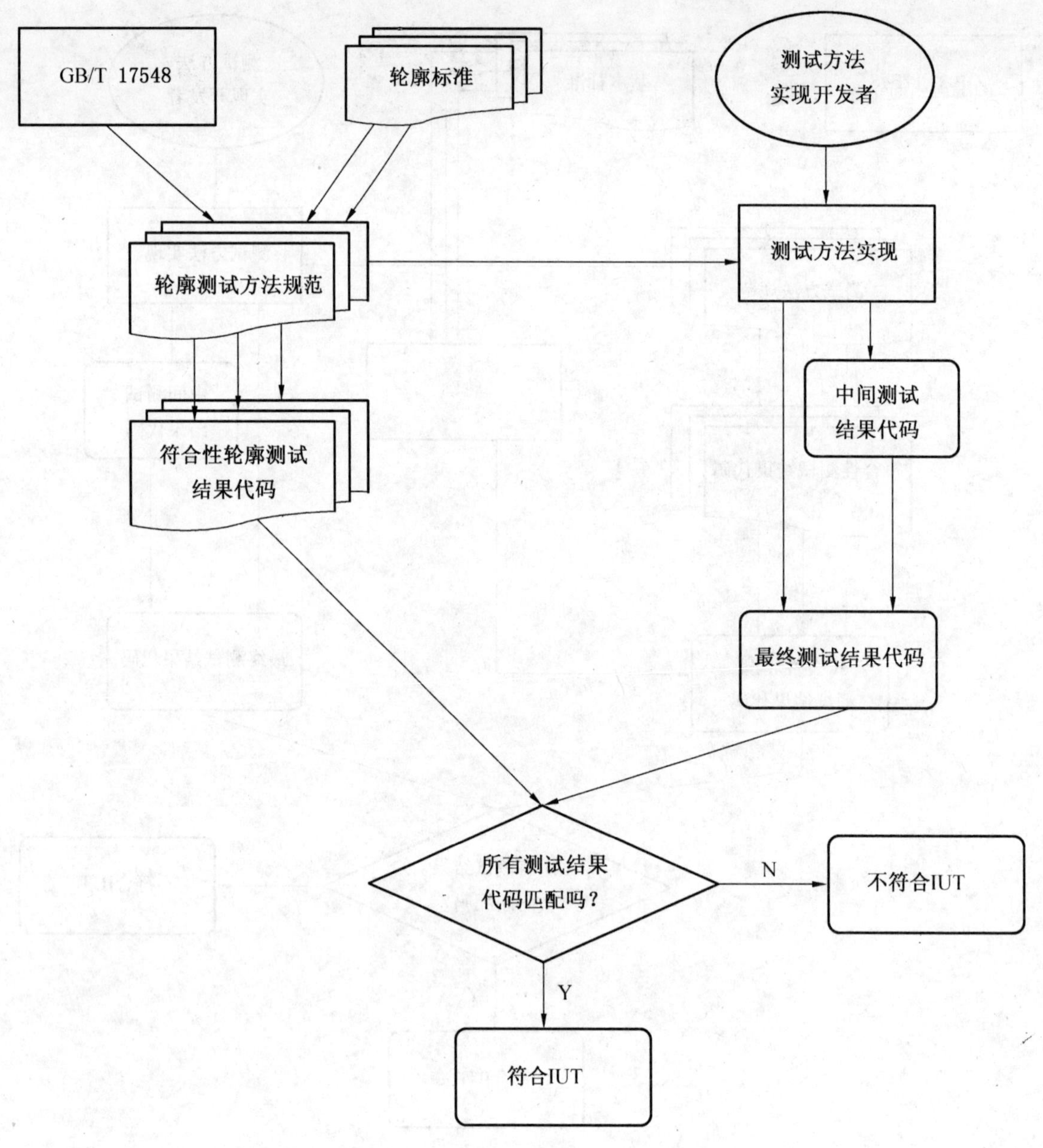

图 14　多重轮廓的轮廓标准

7　用于测试级别与复杂性级别的导则

本章包含了一些信息类材料，对后面的内容起到指导的作用。

7.1　引言

原则上讲，符合性测试的目标就是要确定被测实现是否符合有关标准中的规定。实际存在的限制因素使人们不可能进行穷举测试，许多经济方面的考虑还可能对严格的测试有更大的限制。

在测试方法的设计和开发过程中，这些限制的存在使得元素复杂性级别将决定满足符合性要求的测试的级别。

因此，本标准按照给出的符合性范围，划分为三种主要的测试级别和三种主要的元素复杂性测试级别。

三种主要的测试级别是：

——穷举测试；

——详细测试；

——鉴别测试。

三种主要的元素复杂性级别是：

——简单元素；

——中等元素；

——复杂元素。

7.2 测试级别

7.2.1 穷举测试

穷举测试寻求验证一个元素的各个方面的行为，包括所有的置换情况。例如：对某个给定的用户命令的穷举测试，应当要求测试该命令的不带选项的情况、带每种选项的情况、带每对选项的情况等等，直到对所有的可选择项的各种置换情况都测试完为止。

各种命令选项和置换情况很快会达到一个巨大的、在现实的时间内难以完成测试数目。举一个例子，在 GB/T 14246.1—1993 中约有 37 个不同的出错情况。一种差错的发生往往可能影响对另一个差错的正确检测。37 个差错的穷举测试不仅要求对每一个差错进行一次测试，而且要对这些差错的每个可能的置换情况都测试一次。因此，不是测 37 次，而是要测几十亿(2 的 37 次幂)次。

因此，穷举测试通常是不可行的。

7.2.2 详细测试

详细测试是穷举测试的一种替代方法。详细测试力求验证一个元素的各个方面的行为，但并不测试所有的置换情况。例如，对某个给定的命令进行详细测试，首先应测试该命令不带选择项情况，然后一个个地测试每种带选项的情况，也可以测试可能的选项组合。

前面假设的例子有 37 个出错情况，详细测试可能需要进行 38 次测试，这是一个可操作的数目。

详细测试是一种可行的解决方案。在对大量的元素逐个进行测试的过程中，可以同时测试子元素的某些组合。

在这个讨论中要考虑到由每个软件元素的规约导出的断言的数目。详细测试的目的是要测试在孤立的情况下各个方面的功能，因而比穷举测试要可行得多。但当一个元素的各方面功能的数量很大时，详细测试也是不大可行的。因而定义了第三级的测试。

7.2.3 鉴别测试

鉴别测试力求验证被测元素的一些特色特性。它包括对该元素进行某种粗略的检查，以最小命令语法调用该元素，并验证它的最小功能。

例如，对某个 C 语言编译程序的鉴别测试会将这个 C 编译程序与系统中的另一种语言的编译程序区别开来，但不必与本系统中的或者另一系统中的其他 C 编译程序区别。鉴别测试不要求验证 C 编译程序手册中规定的所有的语法和功能。对某个 C 编译程序的适当的鉴别测试，应当是验证建立 C 编译程序的特色特征所必须的最小程序结构。

7.3 复杂性级别

7.3.1 简单元素

简单元素是在对该元素的描述中已完全定义了的元素。简单元素只有几个要测试的断言，而且其功能与 POSIX 标准中定义的其他元素无关。简单元素的例子包括在 POSIX.2 中规定的 cat 实用程序和在 GB/T 14246.1—1993 中规定的 *close* ()函数。对简单元素应进行详细测试。

7.3.2 中等元素

中等元素是具有中等数目的断言的元素，并可依赖 POSIX 标准中定义的其他元素的功能。中等元素的例子如 POSIX.2 中规定的 grep 和 sed 实用程序，这些程序除支持正则表达式之外还支持其固有的功能。详细测试应当是中等元素的目标，但有些情况下可能是不可实现的。

7.3.3 复杂元素

复杂元素是那些实现某种语言、依赖中等元素的功能或对硬件有影响的元素。详细测试一般需要进行数量很多的断言测试。复杂元素的例子如 POSIX.2 中规定的 sh 和 awk 实用程序，它们实现正则表达式和某种语言。对复杂元素，详细测试只能用于测试该元素的某些特殊方面。

7.4 结论

每个元素的功能是根据测试级别和元素复杂性级别的定义进行分析和评价的。由于选项、事件和事件计时的可能组合数相当大，因而通常不能进行穷举测试。

根据详细测试定义的非正则性，测试的详细程度应因 CTS 的不同而异，在一个 PCTS 里，断言不同，测试的详细程度也不同。CTS 实施者必须对此做出选择。精确地定义推荐测试的级别以及取消这种自由度不属于本标准的范围。

8 断言编写指南

8.1 引言

本章仅包含信息性材料。本章为编写测试方法规范的断言提供了指南。本标准的使用者也可以采用其他方法以满足本标准的要求。

编写断言时有三个基本步骤：

——识别要求和其各自的断言类型；

——为每个要求识别所有的前提条件；

——编写断言文本。

8.1.1 识别符合性要求

符合性要求就是那些要求符合的。在句子中必须是*明确的*，它们必须规定或明确符合性实现的具体要求。符合性要求不是模糊的，不应造成一个实现的质量或性能属性与另外一个不同。

测试做得不错和测试做的正确是完全不同的。前者表明了实现的质量，虽然很重要，但是在符合性测试的范围之外。这是留给系统开发者来确定他们的系统对一个给定的实现是否执行的好。符合性测试所关心的仅是所要求的实现的功能或行为是正确的。在识别符合性要求时，下列的步骤非常有用：

——核查标准的定义和术语部分，以识别用于定于符合性要求的术语。特别要注意存在*应(shall)*、*可以(may)*、*宜(should)*、*能(can)*、*定义的实现(implementation-defined)*、*未定义(undefined)*和*未规定(unspecified)*的定义。在这些术语中，*应(shall)*常用于 POSIX 和其他国际和成员体国家标准中，意味着一个要求。*可以(may)*、*宜(should)*和*能(can)*的使用表示明确性相对小一些。

此外，检查标准符合性部分所包含的相关材料。这些部分通常涉及到对标准的所有符合性要求。

——显著标明那些没有使用明确定义的术语，以陈述的方式出现的代表同一意思的术语。

——检查陈述中包含的作为明确要求候选的那些术语以决定那些是，那些不是。始终要记住，符合性要求是那些符合标准的要求。检查标准中涉及到符合性要求的相关基本原理。要记住这些基本原理仅是信息提示，甚至有可能是错的。

在标准的基准要求以及可选特性和行为中可以找到符合性要求。为此，要注意*可以(may)*的使用，将其与具有*应(shall)*要求的实现中的可选项区别开，当*可以(may)*选项支持时。

例如，对结果的声明

实现可以做 A 或做 B。

不是本质上为实现建立任何要求。这个声明允许要么 A 或 B 发生，但是可以不要求两个例子曾经是**真(TRUE)**。这个实现可以做一个，两个，两者都不，或者甚至是其他(C)。然而，对结果的声明：

　　实现要么做 A，要么做 B。

　　如果 A 发生了，那么 A1 应……

构成了当 A 发生时实现的符合性要求。

另外两个容易混淆的术语是 *unspecified* 和 *undefined*，乍看，它们可能意味着同一个意思。其实它们不同。在 PASC 标准中，*unspecified* 源于正确程序结构或正确数据的行为，*undefined* 是指源于错误的程序结构或错误数据。*unspecified* 的目的在于允许标准编写者为正确的程序结构考虑不明确的行为。同样，*undefined* 目的在于允许一定的错误条件发生，要求不产生诊断信息。在这两个情况下，两者都不会为一个测试断言产生符合性要求，但是可以产生文档要求(见 3.3.5 文档断言)。

定义这些术语由标准编写者来做，并且要让断言编写者明白它们的用法。同样，声明意味着最终确定的术语的使用应将可适用性作为明确的要求来检查。自身所要求的或与其他符合性要求相联的符合性要求要对应某个断言。

当标准在陈述中使用了术语而不是*"应"(shall)*，其可能符合要求，断言编写者必须要慎重决定产生的声明是否是标准的要求。*"可以"(may)*这个词的使用就是一个例子。包含*"可以"(may)*这个词的某些声明没有提供足够的清晰度或构成一个符合性要求。例如，

调用 *fopen* ()函数可使底层文件的 *st_atime* 字段被标记为修改。

这个声明没有说明这种行为适用于所有的文件类型，还是只适用于某个特殊的实现。声明不能构成实现的一个符合性要求。对上面这个声明无法编写断言，这种断言不能评估为**假(FALSE)**并且对符合标准没有提供信息。因此，一个断言仅能被评估为**真(TRUE)**或就相关的符合性要求完全评估为无意义。(这种断言可以反映一个实现的质量，但是实现的质量不是标准符合性问题)。如果上面的声明有相关的文档要求，那么编写一个断言来验证符合性文档。

然而，如果*"可以"(may)*用于描述标准所允许的一个可选的特性并且声明在描述可选特性的行为属性时使用*"应"(shall)*。然而在标准中包含这样的结构是一个不好的惯例，如果出现这种情况，在*"可以"(may)*中使用*"应"(shall)*来构成符合性要求。

在写断言和测试套件时，"*可以*"作为允许术语来定义符合性要求可能不好处理。每个"*可以*"都能够指函数控制流中的一个分支，它的定义由系统的实现来处理。从断言和断言测试的角度看，建立执行"*可以*"特征的一个可靠的测试套件很困难，这种测试可能试图使用这个特征并报告结果，如果(从标准的角度看)这个特征确实起作用，它也不能报告出错。不幸的是，一个"*可以*"特性的一种可允许的副作用会带来巨大的灾难。

声明中包含*"应"*表明是一个符合性要求，当这个可选行为被实现支持和适用时。标准中不使用*"宜"*标识一个符合性要求，但是可以认为是推荐性惯例。

8.1.2 确定要求和断言类型

8.1.2.1 术语和断言

基本标准的符合性要求经常要求使用下列术语产生断言的特定类型。必须对基本标准进行检查以确定是那种情况：

——应：基础断言；

——可以：基于"若文档化(if documented)"的文档断言以及一个或多个基础断言每个所包含的一个或多个〈Option〉属性；

——未规定：基于"若文档化(if documented)"的文档断言以及一个或多个可移植性或非可移植性基础断言的合并；

——未定义：基于"若文档化(if documented)"的文档断言以及没有断言；

——定义的实施：文档断言以及一个或多个可移植的或非可移植的基础断言；

——文档化：文档断言；

——基本标准的符合性要求常要求下列术语不产生断言，必须检查基本标准来确定是否是下述情况：

- 宜；

- 未定义；
- 扩展；
- 仅用于实施用途的声明而不用于实现，不产生断言；
- 对编程人员的警告；
- 实施建议。

在基本标准中使用的其他术语与上述术语直接相关。其中部分如图15所规定的：

术语/惯用语	规定的术语
可以(can)	may
may vary	may
is	shall
must	shall
will	shall
document	documented
implementation warning	should

图15 术语

8.1.2.2 **指南**

下面描述了一个已被成功用于在一个基本标准中确定明确要求的过程。

8.1.2.2.1 **基本标准**

使用基本标准中规定的关键字来显著表示所有声明。在POSIX标准中，这些通常为shall、will、may以及or。同样显著标明声明也就意味着这些词的使用。例如，

调用*fopen* ()函数可使底层文件的*st_atime*字段被标记为修改。

这个声明就暗含着“应”意思。确定这些被显著标明的声明哪些仅用于应用并将其删除。断言仅能为实现要求而编写。

8.1.2.2.2 **可选断言文本**

获得不同颜色的显著标明。

仔细审查标准并对基于选项而产生断言的术语和惯用语显著标明。

8.1.2.2.3 **文档断言文本**

只有符合基本标准具体特性的，才需要这一步，并要记录。POSIX标准通常要求这些文件在一个符合性文档中，通常作为PASC(或POSIX)符合性文件来引用。当一个基本标准具有同样的要求，必须产生文档断言。

拿一支钢笔或铅笔。

仔细看标准并划出那些产生文档断言的术语和惯用语。

8.1.2.3 **明确符号**

这个方法为基本标准特性提供了命名惯例，这是改进测试方法规范的可读性和精确性所需要的，并允许测试方法实现参考那些在测试方法规范中使用一致的术语的基本标准特性。

为了使产生的断言容易明白，应采用系统的方法以确保断言文本的一致。确定所有由基本标准和相关的基本标准规定的前提条件。如果基本标准没有做，为每个前提条件指定一个符号。当一个标准对于前提条件文字描述不清晰，测试方法编写者不得不提出定义与前提条件相关的符号。

——当断言依赖于PCD，其用于对一个〈Option〉的支持或非支持的声明机制，所使用的符号及其相关的文字必须确定。建议命名与这些要求相关的符号，并以“PCD_”开头；

——当断言依赖于基本标准限制，不需要获得对所有的符合性实现，那么应为这些断言建立一个符

号和测试限制，以便使用。与这些要求相关的符号建议命名，并以“CTS_”开头；

——当断言依赖于〈Test_Support〉，那么建议建立符号。与这些要求相关的符号应命名，并以“TS_”开头；

——所有与 PCD_，CTS_和 TS_指派相关的符号建议在一个或多个表中列出，并与符号的名称及其用途相关联。

8.1.2.4 产生断言

断言是基本标准中已明确声明所必要的。单个的断言可能包括一个以上的明确要求。由于标准的编写通常按照平铺直叙的格调写的，因此没有充分的信息可以从基本标准中拷贝过来作为一个断言。每个断言应作为独立于标准的声明而存在，并且用文字表达出来以便陈述要求符合实现。

要求支持确定的实现或非规定的行为的断言是不可移植的。可移植地测试断言的能力在确定与断言有关的文字时将会是一个重要的因素。不能进行移植性测试的基本标准规范建议由进行可移植测试的断言以及陈述非移植性测试特性的断言来解决。

8.1.3 基础断言

GB/T 14246.1—1993 文本以及其相关的由 IEEE Std2003.1 所规定的断言提供的实例已改变并与本标准的断言结构相一致。

8.1.4 结论

编写断言是一个学习的过程。两个 2003 工作组成员为同一个基本标准编写断言，不会写出同样的断言，尽管这两个断言都是正确的。

8.2 识别前提条件

当‘if〈precondition〉’结构评价是**真**的，才能处理后面的结构。当‘if〈precondition〉’结构评价是**假**，接下来则是按照“Else”来处理。

当一个前提条件不是断言所必需的，前提语法及其对应‘Else’都不声明。

在贯穿一个断言结构时，如果对前提的支持没有提供，测试结果代码从‘Else’符号所对应的结果获取。

8.2.1 〈Applicable_Standard〉

第一个前提是产生断言的〈Applicable_Standard〉。例如，如果一个断言是 GB/T 14246.1—1993 中规定的元素，相应的前提条件将会是：

If GB/T 14246.1—1993 then

…

Else〈No_Applicable_Standard〉

基本标准中对所有断言的〈Applicable_Standard〉应与标准中的一样。如果评估〈Applicable_Standard〉为**真**，按照断言的逻辑，应继续执行到下一个前提条件。如果评估〈Applicable_Standard〉为**假**，断言逻辑应结束并返回〈No_Applicable_Standard〉。

这个前提条件的目的是为了能使轮廓断言的开发者建立基本标准。

对文本规范，见 3.2.2。

8.2.2 选项

〈Option〉指一个可选的元素或可适用标准中所定义元素的特性。如果断言依赖于现存的一个可选元素或可适用标准中定义的特性，每个可选特性应作为选项进行定义，创建一个嵌套的 IF 结构。

例如，在 GB/T 14246.1—1993 标准中，一个允许的可选项是对 C 标准的支持。

GB/T 14246.1—1993 中，2.7.3：声明依赖 C 语言标准语言支持的实现，应声明所有函数的函数原型。

如果标准 C 被支持了，所有函数必须作为函数原型声明。

用来测试一个给定的函数是否为真的断言将以下列形式开始：

If GB/T 14246.1—1993 then

If Standard C then

...

Else 〈No_Option〉

Else 〈No_Applicable_Standard〉

来自 GB/T 14246.1—1993,1.3.4 的另外一个例子,被实现的函数是否作为一个宏:

GB/T 14246.1—1993,1.3.4(3):对于作为宏实现的库函数的任何引用应扩展成代码以计算它的每一个实参……。

测试诸如 write()函数的断言应按照如下形式开始:

If GB/T 14246.1—1993 Then

If write()is defined as a macro when the header 〈unistd.h〉 is included,then

...

Else〈No_Option〉

Else 〈No_Applicable_Standard〉

为了测试一个断言逻辑进行到下一步,一个〈Option〉应被评估为**真**。如果〈Option〉不是必需的,其应被指派为 NONE 并被评估为**真**。如果〈Option〉被评价为**假**,断言逻辑应结束并返回〈No_Option〉。

文本规范,见 3.2.4。

例如:GB/T 14246.1—1993 中的 3.1.1.2。

基本标准文本:

分支(fork)函数创建了一个新的进程。…GB/T 14246.1—1993 标准所定义的所有其他进程特性应与父进程和子进程一样。

测试方法断言:

23

如果支持与{_POSIX_JOB_CONTROL}相关的行为,那么

测试:当对 *fork()* 的完整调用成功,那么子进程与其父进程会话相同。

否则　　No_Option

例如:GB/T 14246.1—1993 中的 3.1.1.4。

基本标准文本:

对下面每个条件,如果检查到这个条件,*fork()* 函数应返回-1 并对 *errno* 设定相应的值:

[ENOMEM]　进程要求的空间远超过系统所能提供的。

测试方法断言:

28

如果实现支持 [ENOMEN]对 *fork()* 的检查,那么

测试:当进程要求的空间超过系统所能支持的,那么调用 *fork()* 返回(*pid_t*)-1,给 *errno* 设定[ENOMEN],并且没有进程创建。

否则　No_Option

29

如果实现不支持[ENOMEM]对 *fork()* 的检查,那么

测试:当进程要求的空间超过系统所能支持的,那么调用 *fork()* 成功(除非检查出一个不同的出错条件)。

见 GB/T 14246.1—1993 的 2.4 的 GA26。

否则　No_Option

8.2.3 测试支持

标准制定的本质是允许实现中未清晰定义的特性存在。例如,GB/T 14246.1—1993 允许只读文件系统的存在,但是没有定义创建的机制。

当功能既没有被定义,也没有被基本标准要求时,在这种情况下导致测试断言的研制,在没有功能性支持时不能转换为断言测试,这就是〈Test_Support〉。一个〈Test_Support〉的前提条件可以是硬件或软件或者包含两者,要求被测实现支持。

文本规范,见 3.2.4。

例如:GB/T 14246.1—1993 中的 3.1.1.2。

基本标准文本:

fork 函数创建了一个新的进程。…GB/T 14246.1—1993 标准中所定义的其他进程特性应与父进程和子进程一样。

测试方法断言:

20

如果 PCTS_GTI_DEVICE:

测试:当调用 *fork()* 成功了,那么对子进程的控制中止应与父进程一致。

否则:No_Test_Support

8.2.4 设置(setup)

设置涉及到执行'Test:'断言结构所要求的测试环境的状态。其文本建议包含基本标准规定的所有前提条件并且可以包括手动或自动的规程。

对'Setup'文本的一些指南如下:

——如果〈Test_Text〉子句开头是 *when* 或 *where*,这个子句建议移入〈Setup_Requirements〉。

——如果〈Test_Text〉对需要测试的文件或特性规定了限制,这些限制建议移入〈Setup_Requirements〉。

——如果涉及到特殊要求,当时在基本标准中没有陈述,诸如用 CLOCAL clear 打开一个终端文件,这要求在〈Setup_Requirements〉中陈述。

例如:GB/T 14246-1:1993 中的 6.4.2.2。

基本标准文本:

如果文件状态设置了 O_APPEND 标记,那么在每次写之前将文件的偏移量设置到文件的末端。

测试方法断言:

11

设置:若设定文件状态 O_APPEND 标记

测试:那么在每次 *write()* 前,调用 *write()* 将文件的偏移量设置到文件的末端。

TR:测试以 O_WRONLY 和 O_RDWR 模式打开的文件。

8.3 编写〈Test_Text〉

〈Test_Text〉是功能性行为的声明。它宜以一种允许对符合实现纠正行为或功能的方式编写。

12

测试:在调用 write()_成功返回之前,通过字节数增加文件偏移量。

8.3.1 使用表格

例如:GB/T 14246.1—1993 中的 2.8.1。

基本标准文本:

在 GB/T 14246.1—1993 标准中使用的下列限定词在 C 语言标准中定义:

{2}:{CHAR_BIT},{CHAR_MAX},{CHAR_MIN},{INT_MAX},{INT_MIN},{LONG_MAX},{LONG_MIN},{MB_LEN_MAX},{SCHAR_MAX},{SCHAR_MIN},{SHRT_

MAX},{SHRT_MIN},{UCHAR},{UNIT_MAX},{USHRT_MAX}。

测试方法断言：

01

设置：在测试模式中包含头文件〈limits.h〉.

测试：下列符合和相应的值已定义而且值符合C标准的要求，如表2所示：

表2 C语言标准限制

符号	值	描述
CHAR_BIT	8	位的最大数
CHAR_MAX		见下面的注释
CHAR_MIN		见下面的注释
INT_MAX	＋32767	最小的最大值
INT_MIN	－32767	最大的最小值
LONG_MAX	＋2147483647	最小的最大值
LONG_MIN	－2147483647	最大的最小值
MB_LEN_MAX	1	最小的最大值
SCHAR_MAX	＋127	最小的最大值
SCHAR_MIN	－127	最大的最小值
SHRT_MAX	＋32767	最小的最大值
SHRT_MIN	－32767	最大的最小值
UCHAR_MAX	255	最小的最大值
UINT_MAX	65535	最小的最大值
ULONG_MAX	4294967295	最小的最大值
USHRT_MAX	65535	最小的最大值

8.3.2 使用测试要求

例如：GB/T 14246.1—1993中3.3.1.4。

基本标准文本：

如果信号捕获功能执行了一个 *return*，被中断函数的行为应为该函数所描述的行为。被忽略的信号不应影响任何函数的行为；被阻滞的信号直到被交付前不影响任何函数的行为。

测试方法断言：

60

测试：当产生了任何被阻滞的信号，同时正在执行任何函数，那么这个信号不能对函数的行为产生影响。

TR： 对函数 *fcnt1()*，*open()*，*pause()*，*read()*，*sleep()*，*sigsuspend()*，*wait()*，*waitpid()* 以及 *write()* 测试. SIGALRM 对 *sleep()* 动作没有规定。

8.3.3 注释

当CTS编写者要产生一个可移植CTS，要知道附加的因素，此时要增加注释。

例如：GB/T 14246.1—1993中2.6。

基本标准文本：

LOGNAME　登录名与目前的进程相关。值应该由可移植文件名字符集中的字符构成。

注：一个应用或安装要求使用可移植文件名字符集外的字符，严格地讲不符合GB/T 14246标准的要求。然而，希望这些字符可以在许多国家都可能使用。在可能的情况下允许应用程序和安装这样使用。对于这种条件的变化GB/T 14246标准不定义出错。

测试方法断言：

02

如果环境变量 LOGNAME 被实现定义而且目前的值也被实现定义了，那么

测试：环境变量 LOGNAME 相应于登录名与目前的进程相关。

注：测试由可移植文件名字符集构成的 LOGNAME 不是尚待证实的，因为 GB/T 14246.1—1993 在注释中暗含此条件可以冗余。

否则　　No_Option

8.4　其他断言类型

8.4.1　一般断言

基本标准中使用一种一般化的声明对元素的公共功能进行定义时，使用一般断言。一般声明在测试方法标准合适的领域中进入到具体的断言。一般断言也允许单个声明管理后续断言的语言，为测试方法标准产生一致的术语。

在制定一般断言时可以采用一种有序的进程：

1）　确定元素类和元素之间的公共准则。这可以通过检查标准中的引言材料、标准的每个部分以及每个元素的细节而获得。

2）　在最初的公共准则的基础上建立分组公共元素。这可能是一个循环迭代的过程，因为公共准则要根据需要进行调整。

3）　确定每个元素的具体特性。

4）　创建描述特性的一般惯用语。

5）　当合适时，验证一般断言真正代表每个公共元素。

一旦制定了一般断言，必须为每个适用的元素扩展到一个具体的断言，可以参考一般断言的溯源。不测试一般断言，它是被测断言的派生。

例如：GB/T 14246.1—1993 中 2.7.3。

基本标准文本：

声明依赖 C 语言标准语言支持的实现，应声明所有函数的函数原型。

声明依赖通用 C 语言支持的实现，对所有不返回“简单”整数的函数，应声明结果的类型。

测试方法断言：

对所有具有非 *void* 和非 *int* 的结果类型：

GA_STDC_func_prot-01

如果是标准 C 语言：

设置：包含头文件〈 *. h〉.

测试：声明函数原型 *type1 funct(type2, type3).*

否则　　No_Applicable_Standard

如果是程序设计语言—通用 C

设置：包含头文件〈 *. h〉.

测试：函数 *funct()* 声明具有 *type1* 的结果类型。

否则　　No_Applicable_Standard

对所有具有 *void except assert()* 类型的元素：

如果是标准 C：

设置：包含头文件〈 *. h〉.

测试：声明函数原型 *void funct(type2, type3).*

否则　　No_Applicable_Standard

对所有具有 *int except setjmp()和 sigsetjmp* 结果类型的元素：

如果是标准 C：

设置：包含头文件〈*.h〉.

测试：声明函数原型 *int funct(type2,type3)*.

否则　　No_Applicable_Standard

如果是通用 C：

设置：包含头文件〈*.h〉.

测试：函数 *funct()* 要么声明具有结果类型 *int*，要么在头文件中不声明。

否则　　No_Applicable_Standard

对 *setjmp()* 和 *sigsetjmp()* 的 *funct()*

如果 *funct()* 没有定义为宏，那么

设置：包含头文件〈*.h〉.

测试：函数 *funct()* 作为与外面联接的标识符和结果类型 *int()* 来声明。

8.4.2 引用断言

引用断言是指在被测元素内引用另一个已存在的断言。引用断言常用于避免在同一个元素中重复写同样的断言的情况。

例如：GB/T 14246.1—1993 中 6.4.2.2 和 6.4.2.4。

基本标准文本：

如果 *write()* 在成功写数据后被一个信号中断，要么返回-1 并设置 *errno* 为[EINTR]，要么应返回已写的字节数。

[EINTR]　写操作被一个信号中断，要么没有数据传输，要么实现没有对文件报告局部传输。

测试方法断言：

R_01

设置：在任何数据被写之前，*write()* 被信号中断。

测试：调用 *write()* 返回值 *(ssize_t)*-1，并设置 *errno* 为[EINTR].

见：　[GB/T 14246.1—1993 中 6.4.2.4 断言 39]

39

设置：在任何数据被转移之前，接收信号中止 *write()*。

测试：调用 *write()* 返回值 *(ssize_t)*-1，并设置 *errno* 为[EINTR].

8.4.3 文档断言

文档断言确保 PCD 是完成的，因此涉及到可移植应用编写者的需求。PCD 确保为 IUT 标识与 PASC 基本标准相关的特性。

POSIX 标准规定何时要求符合性文档文本和何时可以被要求它。产生文档断言的一些 POSIX 惯用语以及它们相关的符合性测试结果代码如表 3 所示：

表 3　惯用语指示可允许的测试结果代码

惯用语	允许测试结果代码	
定义的实现	文档化	
may vary	文档化	No_Documentation
未规定	文档化	No_Documentation
未定义	文档化	No_Documentation
shall document	文档化	

文本类似于这些惯用语——诸如“shall be documented”,其类似于“shall document”同样产生文件断言。

当一个基本标准规定某特性或行为应被文档化时,要求文档断言。对于这些断言,销售商不需要在符合性文档中提供文件,允许的测试结果代码如表 4 所示。

表 4 特性表示允许的测试结果代码

features	Allowable Test Result Codes	
特性(features)	Documented	No_Documentation
行为(behaviors)	Documented	No_Documentation

例如:GB/T 14246.1—1993 中 6.4.2.2。

基本标准文本:

如果在成功写了一些数据后,*write()* 方法被一个信号中断,要么返回-1 并设置 *errno* 为[EINTR],要么返回所写的字节数。

测试方法断言:

D_03

如果条件是,当在数据写成功之后 *write()* 被信号中断,返回-1 并设置 *errno* 为[EINTR]或者返回的读字节数要文档化:

测试:细节包含在 PCD 的 6.4.2.2 中。

否则　　No_Option

8.5 宏

下面是一个宏如何被用来表示一个断言的示例。注意此处没有定义“宏语言”,并且只起到一个宏是如何出现的示例。要求使用者按照 3.4 规定或定义任何使用的宏惯例。

例如:GB/T 14246.1—1993 中 6.4.2.2 和 6.4.2.4。

基本标准文本:

如果 *write()* 在写数据成功后,被信号中断,要么返回-1,设置 *errno* 为[EINTR],要么返回已写字节数。

[EINTR]　写操作被信号中断,要么没有数据转移,要么实现没有为这个文件报告局部转移。

测试方法断言:

```
#define M_write_interrupted(XXX)
 If{PCD_WRITE_INTERRUPTED} is XXX,then
  If OCTS_GTI_DEVICE,then
   Setup: Interrupt with a signal a write()  to a terminal device file after successfully writ-
          ing some data.
   测试:调用 write()。

#define M_NO_OPTION_NO_TEST_SUPPORT
      Else No_Implicit_Option
   Else No_Test_Support
#define M_NO_OPTION
   Else No_Implicit_Option
```

12

M_write_interrupted(真),返回已写字节数。

M_NO_OPTION_NO_TEST_SUPPORT

13

M_write_interrupted(假),返回 *(ssize_t)*-1 并设置 *errno* 为[EINTR]。

M_NO_OPTION_NO_TEST_SUPPORT

14

M_write_interrupted("not documented")要么返回已写字节数,要么返回 *(ssize_t)*-1 并设置 *errno* 为[EINTR]。

M_NO_OPTION_NO_TEST_SUPPORT

15

M_write_interrupted("真 && 实现支持特殊文件"),返回已写字节数。

M_NO_OPTION

16

M_write_interrupted("假 && 实现支持特殊文件"),返回 *(ssize_t)*-1 并设置 *errno* 为[EINTR]。

M_NO_OPTION

17

M_write_interrupted("not documented && the implementation supports character special files"),要么返回已写字节数,要么返回 *(ssize_t)*-1 并设置 *errno* 为[EINTR]。

M_NO_OPTION

9 综合示例

9.1 允许的测试结果代码规范

9.1.1 示例:C 语言绑定的允许的 write()方法测试结果代码

元素	断言#	允许的测试结果代码		
write	01	PASS[1,2]	NO_APPLICATION_STANDARD	
write	02	PASS[1,2]	NO_APPLICATION_STANDARD	
write	03	PASS	NO_OPTION	
write	04	PASS	NO_OPTION	
write	05	PASS		
write	06	PASS		
write	D01	PASS	NO_OPTION	
write	07	PASS	NO_TEST,4	
write	08	PASS	NO_TEST_SUPPORT	
write	09	PASS	NO_OPTION	
write	10	PASS	NO_OPTION	
write	D02	PASS	NO_OPTION	
write	11	PASS	NO_OPTION	
write	12	PASS	NO_OPTION	NO_OPTION
write	D03	PASS	NO_OPTION	
write	13	PASS[13-15]	NO_OPTION	NO_TEST_SUPPORT
write	14	PASS[13-15]		NO_TEST_SUPPORT

图 16 实体对可允许的测试结果代码规范

元素	断言#	允许的测试结果代码		
write	15	PASS[13-15]		NO_TEST_SUPPORT
write	16	PASS		
write	17	PASS		
write	18	PASS		
write	D04	PASS		
write	19	PASS		
write	20	PASS		
write	21	PASS	NO_TEST,2	
write	22	PASS		
write	23	PASS	NO_TEST,3	
write	24	PASS	NO_OPTION	
write	25	PASS	NO_OPTION	
write	26	PASS		
write	27	PASS		
write	28	PASS	NO_TEST_SUPPORT	
write	29	PASS	NO_TEST_SUPPORT	
write	30	PASS	NO_TEST_SUPPORT	
write	31	PASS	NO_OPTION	NO_TEST,1
write	32	PASS	NO_OPTION	NO_TEST,1
write	33	PASS	NO_OPTION	NO_TEST,1
write	34	PASS	NO_OPTION	NO_TEST,1
write	35	PASS		

图 16（续）

9.1.2 示例:C 语言绑定的 write()方法断言

下述断言中的 write()方法摘自 IEEE Std 2003.1—1992{4}并且进行了改进以符合本标准。

01

如果是标准 C 语言

设置:包含头文件〈unistd.h〉

测试:函数原型 ssize_t write(int, const void *, size_t)被声明。

见 GB/T 14246.1—1993 中 2.7.3 的 GA36。

否则　No_Applicable_Standard。

02

如果是通用 C 语言

设置:包含头文件〈unistd.h〉

测试:函数 write()被声明并且返回值类型为 *ssize_t* 。

见 GB/T 14246.1—1993 中 2.7.3 的 GA36。

否则　No_Applicable_Standard.

03

如果当头文件〈unistd. h〉被包含时 *write()* 方法被定义为一个宏

设置:使用正确的参出类型(或者在 CStandard{3}支持的用例中提供的兼容参数类型)调用宏 *write()* 。

测试:宏 *write()* 展开为一个运算结果类型为 *ssize_t* 的表达式,见 GB/T 14246.1—1993 中 2.7.3 中的 GA37。

否则　　No_Option

04

如果当头文件〈unistd. h〉被包含时 *write()* 方法被定义为一个宏

设置:使用正确的参数类型(或者在 CStandard{3}支持的用例中提供的兼容参数类型)调用宏 *write()* 。

测试:*write()* 的参数仅被计算一次,当需要时全部用圆扩号保护,并且如果需要其结果值也通过额外的圆扩号保护。

见 GB/T 14246.1—1993 中 1.3.4 的 GA01。

否则　　No_Option

05

测试:对 *write(fildes, buf, nbyte)* 的一次调用将把 *buf* 指向的缓冲中的 *nbyte* 个字节内容写入与打开文件描述符参数 *fildes* 相关联的文件中,并且返回实际写入的字节数。

06

设置:文件类型是一个普通文件。

测试:调用 *write(fildes, buf, 0)* 方法,返回 0 值并且没有将文件的 *st_ctime* 和 *st_mtime* 域打上更新标记,没有数据被写入文件。

TR:测试 O_APPEND 标识的清除和 O_APPEND 标识的设置。

D_01

如果当参数 *nbyte* 为 0 时调用 *write()* 方法且该文件不是普通文件记录。

测试:见 GB/T 14246.1—1993 中 6.4.2.2。

否则　　No_Option

07

设置:使用一个普通文件或者其有搜索能力的文件类型

测试:调用 *write(fildes, buf, name)* 方法,在文件内与文件描述符参数 *fildes* 相关联的文件偏移量处开始写入(数据)。

08

测试:在对 *write()* 方法调用返回成功之前,实际写入的字节数增加到文件偏移量中。

09

设置:对一个普通文件成功调用了 *write()* 方法后,当前文件偏移量大于调用前文件的长度。

测试:调用后,文件的长度设置为文件的偏移量。

10
设置:打开一个不支持搜索的文件。
测试:在文件当前位置调用 *write()* 方法。

D_02
如果对一个无搜索能力记录的文件调用 *write()* 方法后,文件偏移量的值
　　测试:见 GB/T 14246.1—1993 中 6.4.2.2。
否则　　No_Option

11
设置:当文件状态标识 O_APPEND 被设置
测试:那么每次调用 *write()* 方法都会导致文件偏移量指向文件的末尾。
测试:对处于 O_WRONLY 和 O_RDWR 两种模式下打开的文件进行测试。

12
设置:文件是一个普通文件类型, *write()* 方法请求写入的字节数大于实际空余空间。
测试:调用 *write()* 方法只能写入与实际空余空间相同的字节数。

R_01
设置:在任何数据被写入之前发送一个信号中断 *wirte()* 方法。
测试:对 *write()* 方法的调用返回值 *(ssize_t)*-1 并且设置 *errno* 为[EINTR]。
见:[GB/T 14246.1—1993 中 6.4.2.4 的断言 39]

D_03
如果在以下条件下: *write()* 方法被一个信号中断前已经成功写入一些数据时,返回-1 且设置 *errno* 为[EINTR]或者已经被记录的字节数。
　　测试:见 GB/T 14246.1—1993 中 6.4.2.2。
否则　　No_Option

13
如果{PCD_WRITE_INTERRUPTED} 为 TRUE:
　　如果 PCTS_GTI_DEVICE:
　　　　设置:在成功写入一些数据后,通过信号中断向一个终端设备文件的 *write()*。
　　　　测试: *write()* 方法的调用返回实际写入的字节数。
　　否则　　No_Test_Support
否则　　No_Option

14
如果{PCD_WRITE_INTERRUPTED} 为 FALSE:
　　如果 PCTS_GTI_DEVICE:
　　　　设置:在成功写入一些数据后,通过信号中断向一个终端设备文件的 write()。
　　　　测试: *write()* 方法的调用返回 *(ssize_t)*-1 且 *errno* 设置为[EINTR]。
　　否则　　No_Test_Support

否则　　　No_Option

15

如果{PCD_WRITE_INTERRUPTED} 未指定：

　　如果 PCTS_GTI_DEVICE：

　　　　设置：在成功写入一些数据后，通过信号中断向一个终端设备文件的 *write()*。

　　　　测试：*write()* 方法的调用返回实际写入的字节数或者 *(ssize_t)*-1 且 *errno* 设置为[EINTR]。

　　否则　　No_Test_Support

否则　　　No_Option

16

如果{PCD_WRITE_INTERRUPTED}为真且实现支持字符特殊文件

　　设置：在成功写入一些数据后，通过信号中断向一个终端设备文件的 *write()*。

　　测试：*write()* 方法的调用返回实际写入的字节数。

否则　　No_Option

17

如果{PCD_WRITE_INTERRUPTED}为 FALSE 且实现支持字符特殊文件

　　设置：在成功写入一些数据后，通过信号中断向一个终端设备文件的 *write()*。

　　测试：*write()* 方法的调用返回实际写入的字节数或者 *(ssize_t)*-1 且 *errno* 设置为[EINTR]。

否则　　No_Option

18

如果{PCD_WRITE_INTERRUPTED}为 FALSE 且实现支持字符特殊文件

　　设置：在成功写入一些数据后，通过信号中断向一个终端设备文件的 *write()*。

　　测试：*write()* 方法的调用返回实际写入的字节数或者 *(ssize_t)*-1 且 *errno* 设置为[EINTR]。

否则　　No_Option

D_04

测试：当 *nbyte* 值大于{SSIZE_MAX}时，调用 *write()* 的详细描述参见 CD 中 6.4.2.2。

19

设置：对一个常规文件调用 *write()* 方法返回成功。

测试：从前次 *write()* 操作改变的任意字节位置开始执行 *read()* 操作返回的数据就是上次 *write()* 写入的数据。

20

设置：一个普通文件在成功调用 *write()* 方法的所引用位置已经包含了数据。

测试：该引用位置的数据被覆盖。

21

设置：文件类型为管道或 FIFO 且 *write()* 方法已经传输了一些数据，*nbyte* 小于或等于{PIPE_BUF}。

测试：调用 *write(fildes, buf, nbyte)errno* 没有设置为[EINTR]。

TR:对管道和 FIFO 都进行测试

22
设置:文件类型为管道或 FIFO
测试:调用 *write()* 方法在管道或 FIFO 结尾追加
TR:对管道和 FIFO 都进行测试

23
设置:文件类型为管道或 FIFO 且 *nbyte* 小于或等于{PIPE_BUF}
测试:调用 *write()* 方法不会造成与其他正在进行的管道或 FIFO 写操作的数据交叉。
TR:对管道和 FIFO 都进行测试

R_02
设置:文件类型为管道或 FIFO,设置 O_NONBLOCK 标识,进行 *write()* 操作时不能接受其他数据。
测试:调用 *write()* 方法没有阻塞进程。
见[GB/T 14246.1—1993 中 6.4.2.2 的断言 28]

24
如果实现支持字符特殊文件的非阻塞 I/O
设置:文件类型为字符特殊文件,设置 O_NONBLOCK 标识,在 *write()* 操作时不能接受其他数据。
测试:调用 *write()* 方法没有阻塞进程。
否则　　No_Option
注:在 IEEE Std 1003.16—1993 的终端设备文件的用例被断言 43 覆盖。

25
如果实现支持特殊块文件的非阻塞 I/O
设置:文件类型为块文件,设置 O_NONBLOCK 标识,在 *write()* 操作时不能接受其他数据。
测试:调用 *write()* 方法没有阻塞进程。
否则　　No_Option

26
设置:文件类型为管道或 FIFO,设置 O_NONBLOCK 标识,*nbyte* 小于或等于{PIPE_BUF},管道或 FIFO 中存在数据 *nbyte* 个字节的空间。
测试:调用 *write(fildes, buf, nbyte)* 完全成功,返回 *nbyte* 。
TR:对管道和 FIFO 都进行测试
TR:当{PIPE_BUF}>{PCTS_PIPE_BUF}时,测试 *nbyte* 的值和包含的{PCTS_PIPE_BUF}。

27
设置:当文件类型为管道或 FIFO,O_NONBLOCK 被清除,*nbyte* 小于或等于{PIPE_BUF}。
测试:调用 *write(fildes, buf, nbyte)* 方法产生阻塞直到空间允许完成 *write()* 操作或者 *write()* 操作被一个信号终端。
TR:当{PIPE_BUF}>{PCTS_PIPE_BUF}时,测试 *nbyte* 的值和包含的{PCTS_PIPE_BUF}。

28

如果{PIPE_BUF}〈={PCTS_PIPE_BUF}

设置:文件类型为管道或 FIFO,设置 O_NONBLOCK 标识,*nbyte* 大于{PIPE_BUF},至少有一个字节可以被写入。

测试:调用 *write()* 方法传输能够传输的数据,返回实际写入的字节数。

TR:对管道和 FIFO 都进行测试

否则　No_Test_Support

29

如果{PIPE_BUF}〈={PCTS_PIPE_BUF}

设置:文件类型为管道或 FIFO,设置 O_NONBLOCK 标识,*nbyte* 大于{PIPE_BUF},没有数据能够被写入。

测试:调用 *write()* 方法,返回值[(*ssize_t*)-1],设置 *errno* 为[EAGAIN],不传输任何数据。

TR:对管道和 FIFO 都进行测试

否则　No_Test_Support

30

如果{PIPE_BUF}〈={PCTS_PIPE_BUF}

设置:文件类型为管道或 FIFO,设置 O_NONBLOCK 标识,*nbyte* 〉{PIPE_BUF}字节,且前面所有写入管道或 FIFO 的数据已经被读。

测试:调用 *write()* 方法,传输至少{PIPE_BUF}字节。

TR:对管道和 FIFO 都进行测试

否则　No_Test_Support

31

如果实现支持字符特殊文件的非阻塞 I/O

设置:文件类型为字符特殊文件,设置 O_NONBLOCK 标识,且文件不能立即接受数据。

测试:调用 *write()* 方法阻塞直到数据能够被接受。

否则　No_Option

注意:GB/T 14246.1—1993 中 7.1.1.8 的断言 43 包含了终端设备文件的这种情况。

32

如果实现支持特殊块文件的非阻塞模式 I/O

设置:文件类型为块文件,清除 O_NONBLOCK 标识,文件不能立即接受数据。

测试:调用 *write()* 方法阻塞,直到能够接受数据。

否则　No_Option

33

如果实现支持字符特殊文件的非阻塞 I/O

设置:文件类型为字符特殊文件,设置 O_NONBLOCK 标识,数据能够被写入且不阻塞进程。

测试:调用 *write()* 方法写入可写的数据并返回实际写入的字节数或者返回值(*ssize_t*)-1 且设置 *errno* 为[EAGAIN],不传输数据。

否则　No_Option

注意:GB/T 14246.1—1993 中 7.1.1.8 的断言 44 的包含了终端设备文件的这种情况。

34

如果 实现支持特殊的块文件的非阻塞模式 I/O

设置:文件类型为块文件,设置 O_NONBLOCK 标识,一些数据能够被写入且不阻塞进程。

测试:调用 *write()* 方法写入可写的数据并返回实际写入的字节数或者返回值 *(ssize_t)*-1 且设置 *errno* 为[EAGAIN],不传输数据。

否则 No_Option

35

设置:调用 *write()* 方法成功写入 0 个以上字节

测试:标记更新文件的 *st_ctime* 和 *st_mtime* 域

R_03

测试:当调用 *write()* 方法成功完成时,写入的字节数被返回

见:[GB/T 14246.1—1993 中的 6.4.2.2 Assertion(s) 4]

R_04

测试:当调用 *write()* 方法非成功完成时,值 *(ssize_t)*-1 被返回,且 *errno* 被设置以指示错误。

参见:[GB/T 14246.1—1993 中 6.4.2.4 的 Assertion(s) 35-42]

9.1.3 示例:Ada 语言绑定的 write()方法断言

下述断言中的 *write()* 方法摘自 IEEE Std 1003.5—1992 并且进行了改进以符合本标准。

01

设置:包 POSIX_IO 被使用

测试:过程 Write 被定义为如下:

```
Procedure Write
   (File : in File Descriptor;
   Buffer : in IO_Buffer;
   Last : out POSIX. IO_Count;
   Masked_Signals : in POSIX. Signal_Masking := POSIX. RTS_Signals);
```

02

测试:对 *Write(file, buff, last, masked_signals)* 的调用会将 *buff* 中的内容全部写入打开文件描述符 *file* 关联的文件中并且将 *buff* 中的最后一个写入的 POSIX 字符的索引放入 *last* 中,异常[POSIX_Error]不会产生。

TR:测试 *masked_signals* 取值为三个定义值中的每一个的情况且参数取默认值或不使用的情况。

R_01

设置:当没有 POSIX 字符可以被写入,且文件处于阻塞模式时

测试:调用 *write()* 向文件中写入 POSIX 字符引起一个异常

见:[GB/T 14246.1—1993 中 X.Y.Z 的 Assertion(s) 5-12]

03

设置:*Blocking* 选项设置为 *False* 打开一个文件并进行一次 *Write* ,不同的情况下 *write* 将会引起阻塞。

测试:对这个文件调用 *Write(file, buff, last, masked_signals*)会立即返回并且设置 *last* 为 *Buffer'first-1*

TR:测试 *masked_signals* 取值为三个已定义值的每一种情况、该参数取默认值的情况和不使用该参数的情况。

04

设置:创建一个管道或 FIFO 作为测试中的 file

测试:在一个单独的操作中,调用 *Write(file, buff, last, masked_signals)* 将传输 *Limit* 限定的 POSIX 字符。

TR:对管道和 FIFO 类型的 *file* 以及 *CLimit* 取值

POSIX_Configurable_File_limits. Pipe_Length_Limit-1

POSIX_Configurable_File_limits. Pipe_Length_Limit,

POSIX_Configurable_File_limits. Pipe_Length_Limit +1 进行测试。

测试 *masked_signals* 取值为三个已定义值的每一种情况、该参数取默认值的情况和不使用该参数的情况。

注意:见 POSIX.3 第 5 部分的原因 3。

见:[GB/T 14246.1—1993 中的 X. Y. Z 的 Assertion(s) GA]

05

设置:确保 *file* 没有打开

测试:调用 *Write(file, buff, last, masked_signals)* 产生异常[POSIX_Error],并且[Get_Error_Code]返回值 Bad_File_Descriptor。

06

设置:打开一个没有处于写状态的 *file* 。

测试:调用 Write(file, buff, last, masked_signals)产生异常[POSIX_Error],并且[Get_Error_Code]返回值 Bad_File_Descriptor。

07

设置:通过一个信号中断一次对 *Write(file, buff, last, masked_signals)* 的调用

测试:对 *Write()* 的调用引发异常[POSIX_Error],并且[Get_Error_Code]返回值 *Interrupted_Operation* 。

08

如果支持任务控制

设置:在后台进程组中创建一个进程。

测试:从后台进程组的一个进程中调用 *write()* 向控制终端写入,引发异常[POSIX_Error],并且[Get_Error_Code]返回值 *Interrupted_Operation* 。

TR:测试孤儿进程组和忽略 *POSIX_Signals . Signal_Terminal_Output* 信号的情况。测试 *masked_signals* 取值为三个已定义值的每一种情况、该参数取默认值的情况和不使用该

参数的情况。

否则 · No_Option

09

设置:创建管道和 FIFO,只打开写入端。

测试:调用 *Write(file, buff, last, masked_signals)* 产生异常[POSIX_Error],并且[Get_Error_Code]返回值[Broken_Pipe]。

TR:管道和 FIFO 类型作为 *file* 来测试。测试 *masked_signals* 取值为三个已定义值的每一种情况、该参数取默认值的情况和不使用该参数的情况。

10

设置:创建一个文件。该文件满足是允许的最大文件大小且能够存放在设备上。向文件写数据以超过其最大限度。

测试:调用 *Write(file, buff, last, masked_signals)* 产生异常[POSIX_Error],并且[Get_Error_Code]返回值 *File_Too_Large* 。

TR:测试 *masked_signals* 取值为三个已定义值的每一种情况、该参数取默认值的情况和不使用该参数的情况。

注意:在无文件大小限制的系统或文件大小限制非常大的情况下可能不能执行此测试。

11

设置:除了留一小块空间用于完成设备的填充测试外,用文件填满设备。调用 *Write()* 向设备空间写入。

测试:调用 *Write(file, buff, last, masked_signals)* 产生异常[POSIX_Error],并且[Get_Error_Code]返回值 *No_Space_Left_On_Device* 。

TR:测试 *masked_signals* 取值为三个已定义值的每一种情况、该参数取默认值的情况和不使用该参数的情况。

12

如果支持终端设备

设置:在两个终端端口间使用一个反馈电缆或者其他方法连接两个终端设备以便模拟调制解调器的断开。

测试:当 *file* 是一个终端设备并且调制解调器的断开被设备的终端接口检测到时,调用 *Write(file, buff, last, masked_signals)* 产生异常[POSIX_Error],并且[Get_Error_Code]返回值 *Input_Output_Error* 。

TR:测试 *masked_signals* 取值为三个已定义值的每一种情况、该参数取默认值的情况和不使用该参数的情况。

否则 No_Option

附 录 A
（资料性附录）
参 考 文 献

本附录列出了有关的标准。

A.1 有关的标准

- ISO/IEC 8348:1996 信息技术 开放系统互连 网络服务定义.
- GB/T 14246.1—1993 信息技术 可移植操作系统接口(POSIX) 第一部分:系统应用程序界(POSIX.1).
- GB/T 15272—1994 程序设计语言 C.
- IEEE Std 2003.1—1992 信息技术 POSIX 符合性测试方法.
- IEEE Std 1003.1b—1993 IEEE 信息技术标准 可移植操作系统接口(POSIX) 第1部分:系统应用程序编程接口(API) 补篇1:实时扩展(C 语言).

附　录　B
（资料性附录）
基本理论和注释

B.1　概述

B.1.1　范围

本标准不涉及如何建立一个测试套的问题。测试的目标系统可以是嵌入式的小系统，也可以是中大型系统。而且还认可某些公司有自己的符合这个标准的特殊条件，即要求一种不能移植的测试方法。

在讨论中将自动测试与交互式的测试相对照，得出的结论是：测试方法可以包括交互式的测试，尽管目标应当是用自动测试的方法进行详细测试。得出这个结论时承认进行交互式测试要求增加硬件，例如它需要用两个异步的端口，而不是一个。这样才可以进行闭环测试。

IEEE计算机协会的应用可移植标准委员会（下简称委员会）内针对该标准与PASC、POSIX标准的适应性有相当多的讨论。委员会的观点是该标准中提出的需求和方法可以应用于更广范围的规范；最终的一致性意见限定于POSIX范围，其他的工作不在此范围内。

B.1.2　符合性准则

B.1.2.1　测试方法实现符合性准则

该标准的制定者认为有必要要求CTS的开发者证明其测试套件的特性。标准的制定者没有规定所需CTS文件的准确特性，理解每个CTS的系统符合性测试就像让商场来决定消费者的需求一样。

当标准规定文件必须提供如何执行CTS的信息时，其意味着任意CTS可能仅执行整个符合性测试中的一个子集。CTS实现不仅需要POSIX标准，还有可能依赖有关的设备。文件需要描述基于CTS设计环境的安装和执行方法。

举例说明需要考虑的条款，本标准制定者提供下列带有附加信息例子，即CTS文件包可以随附CTS产品提供：

a）对用户接口语法的定义；
b）CTS转换为目标系统的程序描述，如果CTS要求这样的转换；
c）CTS输出格式；
d）CTS输出样本的实例；
e）获得CTS输出程序描述；
f）获得CTS输出程序的实例；
g）可能对CTS执行有很大影响的已知断言测试。

B.2　定义和一般要求

B.2.1　定义

B.2.1.1　一般术语

B.2.1.1.1　断言标识符

2003工作组对于断言标识符的命名习惯并没有严格要求，取而代之的是为每个测试方法标准定义使用的惯例提供指导。实际的做法也是如此。这种灵活性允许本标准应用于当前不能预期的情况——这也正是IEEE Std 1003.3—1991的主要问题。

B.2.1.1.2　符合性测试软件（CTS）

本标准定义CTS是软件。测试一个断言要求执行该断言测试软件。但该断言测试软件所产生的结果可能得不到该断言测试的最终结果代码。为了使该断言测试得出最终PASS或FAIL的测试结果代码,可能需要进行人工的执行规程。换句话说,对于某些断言测试,为了得到最终结果,既需要运行一个软件,也需要一个人工执行的规程。例如,一个元素(如 LP 命令)可能使一个断言的定义要求在打印机上打印某些特殊的字符。这个断言测试软件能将这些字符输送给打印机,但不能验证打印机是否打印出了正确的字符。在这个例子中,该断言测试软件的测试结果代码就将是一个中间测试结果代码,如 UNRESOLVED。这个测试结果的信息将指出某人必须遵循某个规程,以验证打印机打印出了正确的字符。在这个例子中,为了使该断言测试得到 PASS 或 FAIL 的测试结果代码,软件和人工的规程都需要。总之,产生符合性声明所需要的最终结果可能需要软件测试和人工执行的规程。

B.2.1.1.3 CTS 构建系统

CTS 构建系统不必是一致的。然而,对每个具体的目标系统,所有的软件都需要配置的 CTS。用于生成配置的 CTS 的编译环境是被测实现的一部分。

B.2.1.1.4 元素

既然元素的概念在标准中普遍深入,有必要对元素进行足够精确和通用的定义以获得多标准和绑定的实现。

B.2.1.1.5 被测实现(ITU)

一个 ITU 包括两个部分,两个部分都是软件。一部分是可适用标准的实现(如一个操作系统)。另一部分是从接口到实现的机制(如编辑器)。在 API 符合性测试中,这两部分都是 ITU 的组成。但是,两部分可能处于不同的硬件平台(系统)上,这些平台还包含其他的测试支持机制(如打印机,GTI 等)。编辑器及其所在的硬件系统叫做 CTS 构建系统。整个系统包含 CTS 构建系统,实现和其他被称为 SUT 的支撑硬件和软件。

B.2.1.1.6 测试用例

断言测试是对软件或程序是否可执行的一种具体测试用例类型。IEEEStd20032003 工作组也发现对测试用例的定义并不是很清楚。不论如何定义,各公司和人员对此的观点都各不相同。对于测试用例术语的使用,一种观点认为测试用例是仅能验证环境设置的极小部分的代码;另一种观点认为测试用例是对某个元素的所有断言的所有测试。IEEEStd20032003 工作组决定在本标准中不使用该术语。

B.2.1.1.7 测试方法标准

大部分的混淆来源于术语测试方法。委员会决定通过使用测试方法规范或测试方法实现来澄清这个术语和本标准的意图。

B.2.1.1.8 测试目标

ISO/IEC 对于具有关联关系的测试目标和断言测试的定义是截然不同的,一个测试套件的编写对两个概念都是需要的。断言是对功能的重述,标准中的断言是通过提供完备性测试,即测试套件编写者认为验证 ITU 符合标准需求的测试。测试目标是如何编写测试程序和努力证明任务的一种描述。测试编写者希望能有对测试目标和断言测试明确的条款定义。

B.3 断言的定义、类型、语法和结构

B.3.1 一般断言的结构

标准的使用者除了可以使用这里提出的格式,还可以使用任一种被充分定义的格式。委员会研究使用标识符〈FTS〉作为正式测试规范中允许开发测试方法的技术规范的标志。然而,委员会很难精确定义〈FTS〉的应用和作为最终删除基准的标志,该指示用于正式测试规范开发中排除〈FTS〉的条款。

测试结果代码"非应用标准"专门用于开发地址文档,同时还包含一些标准,每个标准都有 ITU 支持。测试结果代码已经被应用于符合这个标准的开发。

B.3.1.1 选项

标准中对选项的概念存在很大争论,选项的等级可以详细说明,名称与选项等级直接或间接相关。委员会认为不论选项被直接或间调用都会引起很大的争论和混乱。有的认为没有直接选项,有的则不

然。无论如何，选项在过去一段时期要么可以测试，要么不可以测试。

委员会认为对选项进一步描述是没有成效的目标，所以决定删除描述选项的参数。

B.3.2 断言的分类和结构

B.3.2.1 断言标识符

断言中是否存在'If 〈Applicable Standard〉'取决于继承断言的轮廓间的关系。当轮廓要求提供基本标准时，不存在'If 〈Applicable Standard〉'行，这不是轮廓的选项。换句话说，No_Applicable _Standard 不是轮廓文件中符合测试方法规范的断言的一致性测试结果代码。当轮廓文件选择应用标准时，需要'If 〈Applicable Standard〉'行。

但是，应用包含〈specification-list〉的断言标识符可以获得非常大的信息。参见上述如何使用的例子。

逗号在移植标识符字母之外，通过特意放置逗号可以获得用逗号隔开的断言标识符列表。逗号在〈specification-list〉中的使用是违背 2.2.2.2 对断言标识符的定义的，但是在〈specification-list〉中定义和逗号的使用是充分透明的。

B.3.2.2 引用断言

为了保证每个元素测试的完成，引用断言仅应用于一个元素内，而不是跨元素。CTS 对于两个不同元素表现出来的相同断言，无需要提供两个完全相同的测试，但每个元素都必须执行确认测试。

B.3.2.3 文档断言

在一个元素中文档断言具有唯一性。文档断言反映了元素中一个特殊元素的特殊需求，例如〈Basic-Assertion〉s，一般的文档断言存在于解决跨元素需求。这个方法允许所谓普通的概念被应用于文档断言，例如〈Basic-Assertion〉s，它使得对于标准的理解和使用更加简单。

B.4 测试结果代码

B.4.1 测试方法执行

B.4.1.1 最终测试结果代码

NO_OPTION 的应用意味着这些选项对于获得基本标准或轮廓文件的一致性具有支持作用。当被轮廓文件改变的基本标准要求执行选项和确认要求同一选项不被支持时，**NO_OPTION** 符号令人混淆。**NO_OPTION** 符号更适于传达断言不适合应用轮廓文件的情况。

驳回想删除 NOT_APPLICABLE 详细定义的异议投票的原因如下：

——这个测试结果代码已证明对 FIPS 151-2 非常有用，基于 ISO/IEC 9945-1:1990 和 ISO/IEC 9899 的轮廓文件(信息技术-程序设计语言-C)；

——**NO_OPTION** 是不适用的，当断言不适用于所要求的轮廓文件。

例子：

FIPS 151-2 要求支持{_POSIX_NO_TRUNC}。从 IEEE Std 2003.1—1992 确认 EXECL[32].

如果不支持{_POSIX_NO_TRUNC}…

当测试与 FIPS 151-2 一致性时，为避免确认结果令人混淆允许使用 NO_OPTION 中的最终结果代码。

1) 当验证与{POSIX_NO_TRUNC}相关的确认时，{POSIX_NO_TRUNC}的结果是测试结果代码 PASS 和 NO_OPTION。

2) 测试结果代码 NO_OPTION 声明，CTS 已经测试了不存在将测试结果代码提供给每个确认程序的选项。CTS 不应该为测试断言程序提供代码，断言要求选项出现，但禁止存在轮廓文件。

断言程序不适用，而且正确的测试结果代码是 **NOT_APPLICABLE**。

——当轮廓文件根据基本标准定义的功能改变其范围和选项时，对基本标准的确认结果可能还是

NOT_APPLICABLE。一个简单的例子,轮廓文件加大了有实现程序支持的开放文档的最小值。这个最小值会在基本标准中定义。与基本标准相关的断言结果可能都会是 **NOT_APPLICABLE**,断言可能会被"特殊轮廓文件断言"代替。

——**NOT_APPLICABLE** 提供了对轮廓文件更为清晰的理解。轮廓文件不包含"NOT support POSIX Job Control"的特点十分不清楚。断言结果是 **NOT_APPLICABLE** 不需要进一步的解释。**NOT_APPLICABLE** 为断言测试提供了一个单一的测试结果代码,为支持移植应用提供了正确的测试结果代码规范。

一旦最终测试结果代码与 **UNTESTED** 相关,所有的必要条件将很难达到。这就是说,如果一个实现程序显示需要非移植测试,那么 **UNTESTED** 变成了容许测试结果代码,并且 CTS 不需要确认测试。

当前的程序与实际测试并不完全一致。多数情况下,在测试方法标准实现后,测试程序执行应该是不可移植的。

测试方法标准应力争确保完成最大值测试和现实的适应性测试。

B.5 测试报告

B.5.1 测试报告

术语"测试报告"已经代替了应用于 IEEE Std 1003.3—1991 草案中的术语"符合性说明",这与 ISO 导则 17025 术语保持一致。

测试方法规范提供了基本标准打算陈述的唯一完整的可理解的规范(测试方法标准被批准的时候)。每个断言是完备的、并由具体的要求组成,形成的标准不需要附加的、正式的解释内容对其目的进行描述——标准缺乏解释。这个标准不仅宜作为测试方法实现的基础,而且宜作为测试机构符合性声明的基准标准。

B.6 轮廓文件

B.6.1 定义

没有提供轮廓断言的具体实例。产生轮廓断言所需的所有信息在整个标准中已提供。

轮廓文件实际上就是一个新的基本标准。不同点在于轮廓文件可能是由多个文档构成的。然而,这不会改变开发符合测试方法技术条款和/或者标准定义的执行程序的必要条件。委员会不能鉴定特殊的、附加的,可能会用于所有可能的轮廓文件的必要条件,也不可能看到测试断言不可能开发成功的环境,这个环境不同于任何其他的基本标准的开发环境。图 13 和图 14 出现的符合性原型仅是许多应用于轮廓文件的原型中的两个。

B.7 测试和复杂性级别的指南

B.7.1 测试级别级

B.7.1.1 鉴别测试

国际标准的制定者决定当开发一个 CTS 时,有必要定义测试的级别。这一点已写进实际的标准中,以便指导制定 POSIX 标准的 CTS 的机构。测试级别分为穷举测试、详细测试和鉴别测试。本标准对每种测试方法进行了讨论。

国际标准制定者的结论是每个 CTS 可以不同,每个断言的测试级别也可以不同。

B.7.2 复杂性等级

B.7.2.1 复杂性

当一个被测试元素的上下文完全不同时就有软件问题。实用而又经济的办法是什么呢?从设计的角度看,在一个 CTS 中,一个元素的成分、这个元素与其他元素的相互关系是出现这种复杂性的原因。

每个元素的复杂性起码有两个方面。一个方面是该元素本身功能的复杂性。另一个方面是测试该元素的功能的难度有多大。一个元素也可以有许多功能，为了测试该元素的各个方面必须定义几百个断言，但这个元素的测试相对简单，而另一个元素可能功能很简单，但测试却并不简单。

国际标准的制定者选择只处理一个方面，这就是处理元素功能的复杂性。

B.7.3 结论

标准开发者考虑并拒绝删除第7部分的提议。反对的观点是"这部分包含的CTS必要条件是主观性的，不可测量的"。这是事实。然而，这部分的句子都是不可测量的，大量POSIX.3中涉及一般概念的定义，其他标准中有的一般概念。例如ISO/IEC DIS9646-1：……信息技术-OSI一致性测试方法学和框架——第一部分：一般概念，讨论应用于OSI各层的一般一致性测试概念。因为这些文件中反对被驳回。

本附录专门处理符合性测试的概念以及此断言和CTS的编写者必须作出的元素评价。

B.8 断言编写指南

B.8.1 编写〈Test_Text〉

一个句子的陈述：

只要可能〈Test_Text〉应使用与基本标准相同的文本编写。

因为这种情况不能代表委员会希望鼓励或支持的实际情况，可能会从标准中删除。

断言测试准确代表标准转达的含义是至关重要的，过去简单模仿基本标准的文本经常导致含糊和无意义的确认测试。应用基本标准中的文本的适宜性应由确认测试编写者判定。标准中告诉断言测试编写者在〈Test_Text〉中的使用什么是不合适的。

B.8.2 其他断言类型

B.8.2.1 引用断言

引用断言限制在一个可以保证元素执行完整测试的元素范围内。

ICS 35.240.15
L 64

中华人民共和国国家标准

GB/T 17552—2008/ISO/IEC 7813:2006
代替 GB/T 17552—1998

信息技术 识别卡 金融交易卡

Information technology—Identification cards—Financial transaction cards

(ISO/IEC 7813:2006,IDT)

2008-06-18 发布 2008-11-01 实施

中华人民共和国国家质量监督检验检疫总局
中国国家标准化管理委员会 发布

前　言

本标准等同采用国际标准 ISO/IEC 7813:2006《信息技术　识别卡　金融交易卡》(英文版)。

本标准代替 GB/T 17552—1998《识别卡　金融交易卡》。

本标准与 GB/T 17552—1998 相比,主要变化如下:

——增加了自动柜员机(automated teller machine(ATM))、现金支付(cash disbursement)、商品和服务(goods and services)、个人标识号码(personal identification number(PIN))、PIN 登录设备(PIN Entry Device(PED))、服务代码(service code)、磁道数据(track data)等的术语和定义;

——增加了缩略语;

——标准的规定和文本的描述上更加明确和清晰;

——对磁道数据结构和信息内容作了明确规定,便于使用;

——提出集成电路卡的结构和数据内容,并指出为了互操作性,建议考虑 ICC 上的金融应用符合 JR/T 0025。

本标准由中华人民共和国信息产业部提出。

本标准由中国电子技术标准化研究所归口。

本标准起草单位:中国电子技术标准化研究所。

本标准主要起草人:金倩、冯敬、乔申杰、耿力、袁理、王文峰。

引　言

本标准是描述识别卡参数以及这种卡在国际交换中应用的系列标准之一。

本标准规定了金融交易卡的结构和数据内容。

信息技术　识别卡　金融交易卡

1　范围

本标准规定了发起金融交易时使用到的磁道数据的数据结构和数据内容。它从人和机器两方面考虑，指出对一致性的最低要求。它包括卡的布局、记录技术、编号体系和注册规程，但不包括安全要求。

GB/T 17554 规定了用于检测本标准规定参数的 ID-1 型卡的测试规程。

2　一致性

如果金融交易卡符合下述规定的所有必要要求，则该金融交易卡与本标准一致。

与本标准一致的必要条件是与 ISO/IEC 4909、GB/T 14916、GB/T 15120、GB/T 15694、GB/T 16649、ISO/IEC 10536、ISO/IEC 14443、ISO/IEC 15693 中所相应规定的要求一致。

3　规范性引用文件

下列文件中的条款通过本标准的引用而成为本标准的条款。凡是注日期的引用文件，其随后所有的修改单(不包括勘误的内容)或修订版均不适用于本标准，然而，鼓励根据本标准达成协议的各方研究是否可使用这些文件的最新版本。凡是不注日期的引用文件，其最新版本适用于本标准。

GB/T 14916　识别卡　物理特性(GB/T 14916—2006,ISO/IEC 7810:2003,IDT)

GB/T 15120(所有部分)　识别卡　记录技术

GB/T 15694(所有部分)　识别卡　发卡者标识

GB/T 16649(所有部分)　识别卡　带触点的集成电路卡

GB/T 17554(所有部分)　识别卡　测试方法

JR/T 0025(所有部分)　中国金融集成电路(IC)卡规范

ISO/IEC 4909:2006　银行卡　磁条第 3 磁道的数据内容

ISO/IEC 10536(所有部分)　识别卡　无触点的集成电路卡

ISO/IEC 14443(所有部分)　识别卡　无触点的集成电路卡　接近式卡

ISO/IEC 15693(所有部分)　识别卡　无触点的集成电路卡　邻近式卡

4　定义

下列术语和定义适用于本标准。

4.1

自动柜员机　automated teller machine

ATM

需要例如卡和身份识别号(PIN)等消费者鉴别方法以实现基本银行柜员功能，例如存款、提款、转账、预借现金和余额查询等的一种无人管理电子设备。

4.2

现金提取　cash disbursement

用金融交易卡提取现金的动作，包括在 ATM 上提取现金、预借现金或者在销售点终端上提取现金。

4.3

金融交易卡　financial transaction card

包含发卡机构和持卡人信息的磁道数据的载体,它为金融交易提供必要的数据内容。

4.4

商品和服务　goods and services

除了现金提取之外的金融交易的范围。

4.5

个人识别码　personal identification number

PIN

持卡人持有的用于身份验证的代码或口令。

4.6

PIN 输入设备　PIN Entry Device

PED

持卡人输入 PIN 的设备。

注:也称为 PIN 键盘(见 ISO 9564)。

4.7

服务代码　service code

发卡机构用来指明卡片可允许交易参数的 3 位数字。

4.8

磁道数据　track data

在磁道 1 或磁道 2 定义的必备或可选的数据元素(见第 7 章)。

注:磁道数据可以在物理卡的磁条上,也可以被包含在集成电路或其他媒介上。

5　缩略语

下列缩略语适用于本标准。

ICC　集成电路卡
ID-1　识别卡-1(见 GB/T 14916)
IIN　发卡机构标识号
PAN　主账号
PED　PIN 输入设备
PIN　个人识别码

6　ID-1 型卡的物理特性

6.1　凸印字符

凸印字符的要求在 GB/T 15120 中规定。凸印字符应该在卡的正面,在卡上磁条(当存在时)的反面。

6.2　失效日期的凸印

当该字段被凸印时,应该按照 2 位数字的月份(MM)后随 2 位数字的年份(YY)来表示。应使用分隔符来区分字段,例如 MM/YY 或 MM-YY。

6.3　磁条

当存在磁条时,磁条应被放置在卡的背面。其位置和编码技术应如 GB/T 15120 的相应部分所规定。

6.4　带触点的集成电路卡

带触点的 ICC 应符合 GB/T 16649 中定义的 ICC 的物理特性。

6.5 无触点的集成电路卡

无触点的ICC应与ISO/IEC 10536-1、ISO/IEC 14443-1、ISO/IEC 15693-1的可适用部分一致。

7 磁道数据结构和数据内容

7.1 磁道1结构和数据内容

7.1.1 结构A

保留给发卡机构使用。

7.1.2 结构B(见表1)

表1 磁道1结构

符号	描述	字符代码/字符的编号
STX	起始标志	%
FC	格式代码	B
PAN	主账号(见7.4.1)	最多19位数字
FS	字段分隔符	^
NM	姓名(见7.4.2) 姓氏 姓氏分隔符 名字或初始为空白(需要时) 中间名或其首写字母(当其后为称谓时) 称谓(当使用时)	2至26位字符 / 空白 .
FS	字段分隔符	^
ED	失效日期(见7.4.3)	4位数字或^
SC	服务代码(见7.4.4)	3位数字或^
DD	附加数据	剩余字符
ETX	结束标志	?
LRC	纵向冗余校验码(见GB/T 15120)	1个字符
	最大记录长度	79个字母或数字字符

7.1.2.1 字符代码

字符代码是基于7位修正的ASCII格式的,在GB/T 15120的磁条部分相关章条描述。同样的代码在GB/T 15120的每一部分均用到。

7.2 磁道2结构和数据内容(见表2)

表2 磁道2结构

符号	描述	字符代码/字符的编号
STX	起始标志	;
PAN	主账号(见7.4.1)	最多19位数字
FS	字段分隔符	=
ED	失效日期(见7.4.3)	4位数字或=
SC	服务代码(见7.4.4)	3位数字或=
DD	附加数据	剩余的可用字符

表 2（续）

符号	描述	字符代码/字符的编号
ETX	结束标志	?
LRC	纵向冗余校验码（见 GB/T 15120）	1 个字符
	最大记录长度	40 个数字字符

7.2.1 字符代码

字符代码是基于 5 位修正的 ASCII 格式的，在 GB/T 15120 的磁条部分相关章条描述。同样的代码在 GB/T 15120 的每一部分均用到。

7.3 磁道 3 结构和数据内容

当存在时，磁道 3 的结构和数据内容应如 ISO/IEC 4909:2006 中所规定。

7.4 数据元

7.4.1 主账号

主账号（PAN）由 6 位数字的发卡机构标识号（IIN）、可变长（最大 12 位数字）个人账户号和校验位组成，如 GB/T 15694.1 中所定义。GB/T 15694.2 描述了 IIN 的申请和注册规程。

7.4.2 姓名

最小编码数据应为一个字母字符（作为姓氏）加上姓氏分隔符。

为了区分姓氏和姓名字段中的其他逻辑元素，需要用到空白字符。终止姓名字符的分隔符应该跟随在姓名字段的最后逻辑元素之后被编码。如果仅有姓氏被编码，则字段分隔符（FS）跟随在姓氏分隔符之后。

7.4.3 失效日期

格式 YYMM，其中 YY 表示年份的后 2 位，MM 是月份的数字表示。

7.4.4 服务代码

服务代码是一个由三个子字段组成的数字字段，由独立的数字来表示。

它用来指示发卡机构对磁条交易的接收准则，以及支持磁条标识的等效应用的相关集成电路或凸印是否存在于卡上。

每一个子字段通过其位置（位置 1、位置 2 和位置 3）和操作来确定其值，允许判别各自的功能。终端和其他卡接受设备在每个子字段上独立操作（见表 3）。

7.5 服务代码的分配（见表 3）

表 3 服务代码的分配

值	位置 1		位置 2	位置 3	
	交换	技术	授权处理	允许的服务	要求 PIN
0	—	—	正常[e]	不限制	要求 PIN
1	国际[a]	—	—	不限制	—
2	国际[a]	集成电路卡[b]	发卡机构[f]	仅商品和服务	—
3	—	—	—	仅 ATM	要求 PIN
4	—	—	发卡机构[f]，除非有例外的双方协定适用	仅现金	—
5	国家[c]	—	—	仅商品和服务	要求 PIN
6	国家[c]	集成电路卡[b]	—	不限制	如果有 PED[g]，则要 PIN 提示

表 3(续)

<table>
<tr><th rowspan="2">值</th><th colspan="2">位置 1</th><th rowspan="2">位置 2
授权处理</th><th colspan="2">位置 3</th></tr>
<tr><th>交换</th><th>技术</th><th>允许的服务</th><th>要求 PIN</th></tr>
<tr><td>7</td><td>专用[d]</td><td>—</td><td>—</td><td>仅商品和服务</td><td>如果有 PED[g],
则要 PIN 提示</td></tr>
<tr><td>8</td><td>—</td><td>—</td><td>—</td><td>—</td><td>—</td></tr>
<tr><td>9</td><td>测试</td><td>—</td><td>—</td><td>—</td><td>—</td></tr>
<tr><td colspan="6">注:所有未定义的值由 ISO 保留供将来使用。</td></tr>
<tr><td colspan="6">a 位置 1,值 1 和 2 指示国际交换。
b 位置 1,值 2 和 6 指示卡包含集成电路和如果可行的话,金融交易应由集成电路来操作。
c 位置 1,值 5 和 6 指示仅在发行国内可用,特定双边协定可以突破该限制。
d 位置 1,值 7 指示专用,特定双方协定可以突破该限制。
e 位置 2,值 0 指示交易需根据商户协定中规定的要求被验证,和/或在特殊销售点,由发卡计划建立管理接受的规则。
f 位置 2,值 2 和 4 指示交易在线操作,并且被发卡机构或发卡机构的代理批准。
g 位置 3,值 6 和 7 指示商户将遵循商户协定中的规则,和/或如果 PED 不可操作,或在 PED 提示给出的情况下,持卡人没有提供 PIN,则由发卡计划建立规则。</td></tr>
</table>

8 集成电路结构和数据内容

集成电路卡的结构和通用数据内容在 GB/T 16649 中规定,包含许多可选项;在可能的情况下,为了互操作性,强烈建议考虑 ICC 上的金融应用符合 JR/T 0025。